U0136990

中华国学文库

颜氏家训集解

王利器 撰

中华书局

图书在版编目(CIP)数据

颜氏家训集解/王利器撰. —北京:中华书局,2014.9
(2024.3 重印)
(中华国学文库)
ISBN 978-7-101-10291-8

Ⅰ.颜…　Ⅱ.王…　Ⅲ.①家庭道德-中国-南北朝时代
②《颜氏家训》-研究　Ⅳ.B823.1

中国版本图书馆 CIP 数据核字(2014)第 145599 号

书　　名　颜氏家训集解
撰　　者　王利器
丛 书 名　中华国学文库
责任编辑　石　玉
责任印制　管　斌
出版发行　中华书局
(北京市丰台区太平桥西里 38 号　100073)
http://www.zhbc.com.cn
E-mail:zhbc@zhbc.com.cn
印　　刷　河北新华第一印刷有限责任公司
版　　次　2014 年 9 月第 1 版
2024 年 3 月第 4 次印刷
规　　格　开本/880×1230 毫米　1/32
印张 22¼　插页 2　字数 568 千字
印　　数　10401-11000 册
国际书号　ISBN 978-7-101-10291-8
定　　价　88.00 元

中华国学文库出版缘起

《中华国学文库》的出版缘起，要从九十年前说起。

1920年，中华书局在创办人陆费伯鸿先生的主持下，开始编纂《四部备要》。这套汇集三百三十六种典籍的大型丛书，精选经史子集的"最要之书"，校订成"通行善本"，以精雅的仿宋体铅字排印。一经推出，即以其选目实用、文字准确、品相精美、价格低廉的鲜明特点，最大限度地满足了国人研治学问、阅读典籍的需要，广受欢迎。丛书中的许多品种，至今仍为常用之书。

新中国成立之后，党和国家倡导系统整理中国传统文献典籍。六十馀年来，在新的学术理念和新的整理方法的指导下，数千种古籍得到了系统整理，并涌现出许多精校精注整理本，已成为超越前代的新善本，为学界所必备。

同时，随着中华民族以前所未有的自信快速发展，全社会对中国固有的学术文化——国学，也表现出前所未有的关注和重视。让中华文化的优秀成果得到继承和创新，并在世界范围内进行传播和弘扬，普惠全人类，已经成为中华民族的历史使命。当此之时，符合当代国民阅读需要的权威的国学经典读本的出现，实为当务之急。于是,《中华国学文库》应运而生。

《中华国学文库》是我们追慕前贤、服务当代的产物,因此,它自当具备以下三个基本特点:

一、《文库》所选均为中国学术文化的"最要之书"。举凡哲学、历史、文学、宗教、科学、艺术等各类基本典籍,只要是公认的国学经典,皆在此列。

二、《文库》所选均为代表当代最新学术水平的"最善之本",即经过精校精注的最有品质的整理本。其中既有传统旧注本的点校整理本,如朱熹《四书章句集注》,也有获得学界定评的新校新注本,如余嘉锡《世说新语笺疏》。总之,不以新旧为别,惟以善本是求。

三、《文库》所选均以新式标点、简体横排刊印。中国古籍向以繁体竖排为标准样式。时至当代,繁体竖排的标准古籍整理方式仍通行于学术界,但绝大多数国人早已习惯于现代通行的简体横排的图书样式。《文库》作为服务当代公众的国学读本,标准简体字横排本自当是恰当的选择。

《中华国学文库》将逐年分辑出版,每辑十种,一次推出;期以十年,以毕其功。在此,我们诚挚希望得到学术界、出版界同仁的襄助和广大读者的支持。

中华书局自1912年成立,至今已近百岁。我们将《中华国学文库》当作向中华书局百年诞辰敬献的一份贺礼,更是向致力于中华民族和平崛起、实现复兴大业的全国人民敬献的一份厚礼。我们自当努力,让《中华国学文库》当得起这份重任,这份荣誉。

中华书局编辑部

2010年12月

目　录

叙　录

自从隋文帝杨坚统一南北朝分裂的局面以来，在漫长的封建社会里，颜氏家训是一部影响比较普遍而深远的作品。王三聘古今事物考二写道："古今家训，以此为祖。"袁衷等所记庭帏杂录下写道："六朝颜之推家法最正，相传最远。"这一则由于儒家的大肆宣传，再则由于佛教徒的广为征引〔一〕，三则由于颜氏后裔的多次翻刻；于是泛滥书林，充斥人寰，"由近及远，争相矜式"〔二〕，岂仅如王钺所说的"北齐黄门颜之推家训二十篇，篇篇药石，言言龟鉴，凡为人子弟者，可家置一册，奉为明训，不独颜氏"〔三〕而已！

唯是此书，以其题署为"北齐黄门侍郎颜之推撰"，于是前人于其成书年代，颇有疑义。寻颜氏于序致篇云："圣贤之书，教人诚孝。"勉学篇云："不忘诚谏。"省事篇云："贾诚以求位。"养生篇云："行诚孝而见贼。"归心篇云："诚孝在心。"又云："诚臣殉主而弃亲。"这些"诚"字，都应当作“忠”，是颜氏为避隋讳〔四〕而改；风操篇云：“今日天下大同。”终制篇云：“今虽混一，家道罄穷。”明指隋家统一中国而言；书证篇“裸股肱”条引国子博士萧该说，国子博士是该入隋后官称〔五〕；又书证篇记“开皇二年五月，长安民掘得秦时铁称权”；这些，都是入隋以后事。而勉学篇言：“孟劳者，鲁之宝刀名，亦见广雅。”书证篇引广雅云：“马薤，荔也。”又引广雅云：“晷柱挂景。”其称广雅，不像曹宪音释一样，为避隋炀帝杨广讳而改名博雅。然则此书盖成于隋文帝平陈以后，隋炀帝即位之前，其当六世纪之末期乎。

此书既成于入隋以后，为何又题署其官职为“北齐黄门侍郎”呢？寻颜之推历官南北朝，宦海浮沉，当以黄门侍郎最为清显。陈书蔡凝传写道：“高祖尝谓凝曰：‘我欲用义兴主婿钱肃为黄门郎，卿意何如？’凝正色对曰：‘帝乡旧戚，恩由圣旨，则无所复问；若格以佥议，黄散之职，故须人门兼美，唯陛下裁之。’高祖默然而止。”这可见当时对于黄散之职的重视。之推在梁为散骑侍郎，入齐为黄门侍郎，故之推于其作品中，一则曰“忝黄散于官谤”〔六〕，再则曰“吾近为黄门郎”〔七〕，其所以如此津津乐道者，大概也是自炫其“人门兼美”吧。然则此盖其自署如此，可无疑义。不特此也，隋书音乐志中记载“开皇二年，齐黄门侍郎颜之推上言”云云。而直斋书录解题十六又著录：“稽圣赋三卷，北齐黄门侍郎琅邪颜之推撰。”则史学家、目录学家也都追认其自署，而没有像陆法言切韵序前所列八人姓名，称其入隋以后之官称为“颜内史”〔八〕了。

在南北朝分裂割据的年代里，长江既限南北，鸿沟又判东西，战争频繁，兵连祸结，民生涂炭，水深火热。于斯时也，一般封建士大夫是怎样生活下去的呢？王俭褚渊碑文写道：“既而齐德龙兴，顺皇高禅，深达先天之运，匡赞奉时之业，弼谐允正，徽猷弘远，树之风声，著之话言，亦犹稷、契之臣虞、夏，荀、裴之奉魏、晋，自非坦怀至公，永鉴崇替，孰能光辅五君，寅亮二代者哉！”〔九〕这是当时一般士大夫的写照。当改朝换代之际，随例变迁，朝秦暮楚，“禅代之际，先起异图”〔一○〕，“自取身荣，不存国计”〔一一〕者，滔滔皆是；而之推殆有甚焉。他是把自己家庭的利益——“立身扬名”〔一二〕，放在国家、民族利益之上的。他从忧患中得着一条安身立命的经验：“父兄不可常依，乡国不可常保，一旦流离，无人庇荫，当自求诸身耳。”〔一三〕他一方面颂扬“不屈二姓，夷、齐之节”〔一四〕；一方面又强调“何事非君，伊、箕之义也。自春秋已来，家有奔亡，国有吞灭，君臣固无常分矣”〔一五〕。一方面宣称“生不可惜”〔一六〕，“见危授命”〔一七〕；一方面又指出“人身难得”〔一八〕，“有此生然后养之，勿徒养其无生也”〔一九〕。因之，他虽“播越他乡”，还是“靦冒人间，不敢坠失”〔二○〕。“一手之中，向背如此”〔二一〕，终于像他自己所说的那样，“三为亡国之人”〔二二〕。然而，他还在向他的子弟强聒：“泯躯而济国，君子不咎。”〔二三〕甚至还大颂特颂梁鄱阳王世子谢夫人之骂贼而死〔二四〕,北齐宦者田敬宣之"以学成忠"〔二五〕,而痛心"侯景之难,……贤智操行,若此之难"〔二六〕;大骂特骂"齐之将相,比敬宣之奴不若也"〔二七〕。当其兴酣落笔之时,面对自己之"予一生而三化"〔二八〕、"往来宾主如邮传"〔二九〕者,吾不知其将自居何等?如此训家,难道像他那样,摆出一副问心无愧的样子,说两句"未获殉陵墓,独生良足耻"〔三〇〕,"小臣耻其独死,实有愧于胡颜"〔三一〕,就可以"为汝曹后车"〔三二〕吗?然而,后来的封建士大夫却有像陆奎勋之流,硬是胡说什么"家训流传者,莫善于北齐之颜氏,……是皆修德于己,居家则为孝子,许国则为忠臣"〔三三〕。这难道不是和颜之推一样,无可奈何地故作自欺欺人之语吗?

颜之推的悲剧,也是时代的悲剧。唐人崔涂曾有一首读庾信集诗写道:"四朝十帝尽风流,建业、长安两醉游;唯有一篇杨柳曲,江南江北为君愁。"〔三四〕我们读了这首诗,就会自然而然地联想到颜之推,因为,他二人生同世,行同伦,他们对于"朝市迁革"〔三五〕所持的态度,本来就是伯仲之间的。他们一个写了一篇哀江南赋,一个写了一篇观我生赋,对于身经亡国丧家的变故,痛哭流涕,慷慨陈辞,实则都是为他们之"竞己栖而择木"〔三六〕作辩护,这正是这种悲剧的具体反映。姚范跋颜氏家训写道:"昔颜介生遭衰叔,身狎流离,宛转狄俘,阽危鬼录,三代之悲,剧于荼蓼,晚著观我生赋云:'向使潜于草茅之下,甘为畎亩之民，无读书而学剑，莫抵掌以膏身，委明珠而乐贱，辞白璧以安贫，尧、舜不能辞其素朴，桀、纣无以污其清尘，此穷何由而至？兹辱安所自臻？'玩其辞意，亦可悲矣。"〔三七〕他"生于乱世，长于戎马，流离播越，闻见已多"〔三八〕，于是他掌握了一套庸俗的处世秘诀，说起来好像头头是道，面面俱圆，而内心实则无比空虚，极端矛盾。他在序致篇写道："每常心共口敌，性与情竞，夜觉晓非，今悔昨失，自怜无教，以至于斯。"这是他由衷的自白。纪昀在他手批的黄叔琳节钞本中一再指出："此自圣贤道理。然出自黄门口，则另有别肠——除却利害二字，更无家训矣。此所谓貌似而神离。"〔三九〕"极好家训，只末句一个费字，便差了路头。杨子曰：'言，心声也。'盖此公见解，只到此段地位，亦莫知其然而然耳。"〔四〇〕"老世故语，隔纸扪之，亦知为颜黄门语。"〔四一〕纪氏这些假道学的庸言，却深深击中了这位真杂学〔四二〕的要害。当日者，颜氏飘泊西南，间关陕、洛，可谓"仕宦不止车生耳"〔四三〕了。他为时势所迫，往往如他自己所说那样，"在时君所命，不得自专"〔四四〕。梁武帝萧衍好佛，小名命曰阿练〔四五〕，后又舍身同泰；颜氏亦向风慕义，直至归心。梁元帝萧绎崇玄，"至乃倦剧愁愤，辄以讲自释"〔四六〕；颜氏虽自称"亦所不好"，然亦"颇预末筵，亲承音旨"〔四七〕。当日者，梁武之饿死台城，梁元之身为俘虏，玄、释二教作为致败之一端，都为颜氏所闻所见，他却无动于中，执迷不悟，这难道不是像他所讽刺的"眼不能见其睫”〔四八〕吗？他徘徊于玄、释之间，出入于“内外两教”〔四九〕之际，又想成为“专儒”〔五〇〕，又要“求诸内典”〔五一〕。当日者，梁武帝手敕江革写道：“世间果报，不可不信。”〔五二〕王褒著幼训写道：“释氏之义，见苦断身，证灭循道，明因辨果，偶凡成圣，斯虽为教等差，而义归汲引。”〔五三〕因果报应之说，风靡一时，于是颜之推也推波助澜地倡言：“今人贫贱疾苦，莫不怨尤前世不修功业；以此而论，安可不为之作地乎？”〔五四〕又劝诱他的子弟：“汝曹若顾俗计，树立门户，不弃妻子，未能出家；但当兼修戒行，留心诵读，以为来世津梁。人身难得，勿虚过也。”〔五五〕他这一席话，难道仅仅是在向他的子弟“劝诱归心”〔五六〕而已吗？不是的，他的最终目的是在“偕化黔首，悉入道场”〔五七〕。何孟春就曾经指出：“是虽一家之云，而岂姁姁私焉为其子孙计哉？”〔五八〕南宋时，黄震在晓谕新城县免仇杀榜写道：“人生难得，中土难生。”〔五九〕这八个字，不是这个理学家平白无故地捃摭前人牙慧，而是封建统治阶级的代言人，为要熄灭如火如荼的阶级斗争，而使用的釜底抽薪的亘古心传。马克思曾一针见血地指出：“宗教是人民的鸦片，宗教是苦难世界的灵光圈。”〔六〇〕恩格斯也尖锐地指出：“在历史上各个时期中，绝大多数的人民都不过是以各种不同形式充当了一小撮特权者发财致富的工具。但是所有过去的时代，实行这种吸血的制度，都是以各种各样的道德、宗教和政治的谬论来加以粉饰的：牧师、哲学家、律师和国家的活动家总是向人民说，为了个人幸福他们必定要忍饥挨饿，因为这是上帝的意旨。”〔六一〕颜之推正是这样的哲学家。

颜氏此书，虽然乍玄乍释，时而说“神仙之事，未可全诬”〔六二〕，时而说“归周、孔而背释宗，何其迷也”〔六三〕，而其“留此二十篇”〔六四〕之目的，还是在于“务先王之道，绍家世之业”〔六五〕。这是封建时期一般士大夫所以训家的唯一主题。

但是，今天我们整理此书，诚能“剔除其封建性的糟粕，吸收其民主性的精华”〔六六〕，则此书仍不失为祖国文化遗产中一部较为有用的历史资料。

此书涉及范围，比较广泛。那时，河北、江南，风俗各别，豪门庶族，好尚不同。颜氏对于佛教之流行，玄风之复扇〔六七〕，鲜卑语之传播〔六八〕，俗文字之盛兴〔六九〕，都作了较为翔实的纪录。至如梁元帝之“民百万而囚虏，书千两而烟炀”〔七〇〕，使宝贵的文化遗产，蒙受历史上最大的一厄〔七一〕；以及“齐之季世，多以财货托附外家，喧动女谒”〔七二〕；以及当时的“贵游子弟，多无学术，至于谚云：‘上车不落则著作，体中何如则秘书’”〔七三〕；以及俗儒之迂腐，至于“邺下谚云：‘博士买驴，书券三纸，未有驴字’”〔七四〕。这些，都是很好的历史文献，提供给我们知人论世的可靠依据，外此其馀，颜氏对于研讨祖国丰富的文化遗产，亦作出了一定的贡献。

第一，此书对于研究南北诸史，可供参考。颜氏作品，除观我生赋自注外，像风操篇所言"梁武帝问一中土人，……何故不知有族"，这个人就是夏侯亶〔七五〕；勉学篇所言"江南有一权贵"，以羊肉为蹲鸱，这个人就是王翼〔七六〕；文章篇言"并州有一士族，好为可笑诗赋"，这个人就是姜质〔七七〕；省事篇所言"近世有两人，朗悟士也，性多营综"，这两个人就是祖珽、徐之才〔七八〕，这些，都可以补证南北诸史。教子篇所说的高俨〔七九〕，兄弟篇所说的刘瓛〔八〇〕，治家篇所说的房文烈〔八一〕和江禄〔八二〕，风操篇所说的裴之礼〔八三〕，勉学篇所说的田鹏鸾〔八四〕和李恕〔八五〕，文章篇所说的刘逖〔八六〕，名实篇所说的韩晋明〔八七〕，归心篇所说的王克〔八八〕，风操篇所说的武烈太子萧方等〔八九〕，这些，都可与南北诸史参证。而风操篇所说的臧逢世〔九〇〕，慕贤篇所说的丁觇，涉务篇所说的梁世士大夫不能乘马云云〔九一〕，这些，更足补梁书之阙如。慕贤篇所说的张延隽〔九二〕，勉学篇所说的姜仲岳，这些，更足补北齐书之俄空。又如杂艺篇所说常射与博射之分，则提供给我们弄通南史柳恽传所言博射之事。

第二，此书对于研究汉书，可供参考。旧唐书颜师古传写道："父思鲁，以学艺称。……叔父游秦，……撰汉书决疑十二卷，为学者所称；后师古注汉书，亦多取其义。"大颜、小颜之精通汉书，或多或少地都受了家训的影响。

如书证篇言“犹豫”之“犹”为兽名，汉书高后纪师古注即以犹为兽名；同篇引太公六韬以说贾谊传之“日中必熭”，师古注亦引六韬为说；同篇又引司马相如封禅书“导一茎六穗于庖”，而训导为择，师古注亦从郑氏说，训导为择。这些地方，师古都暗用之推之说，尤足考见其遵循祖训，墨守家法，步趋惟谨，渊源有自也。

第三，此书对于研究经典释文，可供参考。经典释文是研究儒、道两家代表作品的重要参考书。纂写经典释文的陆德明，是颜之推商量旧学的老朋友，他们的意见，往往在二书中可考见其异同。如书证篇言“杕杜，河北本皆为夷狄之狄，此大误也”；诗唐风杕杜释文则云：“本或作夷狄之狄，非也。”书证篇言“左传‘齐侯痎，遂痁’……世间传本多以痎为疥，……此臆说也”；释文则引梁元帝之改疥为痎，此尤足考见他们君臣间治学的相互影响之处。书证篇引王制“蠃股肱”郑注之“擐衣”，谓：“萧该音宣是，徐爰音患非。”释文则云：“擐旧音患，今宜读宣，依字作揎，字林云：‘揎臂也，先全反。’是。”音辞篇言：“物体自有精粗，精粗谓之好恶；人心有所去取，去取谓之好恶。”释文叙录条例则云：“质有精粗，谓之好恶；心有爱憎，谓之好恶。”至如书证篇言：“诗云黄鸟于飞，集于灌木。传云：灌木，丛木也。”“近世儒生，因改为冣”，而有徂会、祖会之音之失，更可订正释文所下徂会、祖会、亦外等犯的错误。

第四，此书对于研究文心雕龙，可供参考。如文章篇云："夫文章者，原出五经：诏命策檄，生于书者也；序述论议，生于易者也；歌咏赋颂，生于诗者也；祭祀哀诔，生于礼者也；书奏箴铭，生于春秋者也。"文心雕龙宗经篇则云："故论说辞序，则易统其首；诏策章奏，则书发其源；赋颂歌赞，则诗立其本；铭诔箴祝，则礼统其端；记传盟檄（从唐写本），则春秋为根。"与颜氏说可互参，这是古代主张文章原本五经的代表作。同篇又云："自古文人，多陷轻薄：屈原露才扬己，显暴君过；宋玉体貌容冶，见遇俳优；东方曼倩滑稽不雅；司马长卿窃赀无操；王褒过章僮约；扬雄德败美新；李陵降辱夷虏；刘歆反覆莽世；傅毅党附权门；班固盗窃父史；赵元叔抗竦过度；冯敬通浮华摈压；马季长佞媚获诮；蔡伯喈同恶受诛；吴质诋诃乡里；曹植悖慢犯法；杜笃乞假无厌；路粹隘狭已甚；陈琳实号粗疏；繁钦性无检格；刘桢屈强输作；王粲率躁见嫌；孔融、祢衡诞傲致殒；杨修、丁廙扇动取毙；阮籍无礼败俗；嵇康凌物凶终；傅玄忿斗免官；孙楚矜夸凌上；陆机犯顺履险；潘岳干没取危；颜延年负气摧黜；谢灵运空疏乱纪；王元长凶贼自诒；谢玄晖侮慢见及。凡此诸人，皆其翘秀者，不能悉记，大较如此。"文心雕龙程器篇则云："略观文士之疵：相如窃妻而受金；杨雄嗜酒而少算；敬通之不循廉隅；杜笃之请求无厌；班固谄窦以作威；马融党梁而黩货；文举傲诞以速诛；正平狂憨以致戮；仲宣轻脆以躁竞；孔璋惚恫以粗疏；丁仪贪婪以乞货；路粹餔啜而无耻；潘岳诡诪于愍、怀；陆机倾仄于贾、郭；傅玄刚隘而詈台；孙楚狠愎而讼府。诸有此类，并文士之瑕累。”颜氏论证，与之大同。同篇又云：“文章当以理致为心肾，气调为筋骨，事义为皮肤，华丽为冠冕。”文心雕龙附会篇则云：“夫才量学文，宜正体制，必以情志为神明，事义为骨髓，辞采为肌肤，宫商为声色；然后品藻玄黄，摛振金玉，献可替否，以裁厥中：斯缀思之恒数也。”他们所持的文学理论，都以思想性为第一，艺术性为第二。不过，之推所谓事义偏重在事，彦和所谓事义偏重在义，故一为皮肤，一为骨髓，非有所抵牾也。萧统文选序写道：“事出于沉思，义归乎翰藻。”很好地说明了二者的具体内容及其相互关系。

第五，音辞一篇，尤为治音韵学者所当措意。周祖谟颜氏家训音辞篇注补序写道：“黄门此制，专为辨析声韵而作，斟酌古今，掎摭利病，具有精义，实为研求古音者所当深究。”〔九三〕

外此其馀，在重道轻器的封建历史时期，他对于祖暅之的算术〔九四〕，陶弘景〔九五〕、皇甫谧、殷仲堪〔九六〕的医学，都给予应有的重视，也是难能而可贵的。

这部集解，是以卢文弨抱经堂校订本为底本，而校以宋本、董正功续家训〔九七〕、罗春本〔九八〕、傅太平本〔九九〕、颜嗣慎本〔一〇〇〕、程荣汉魏丛书本〔一〇一〕、胡文焕格致丛书本〔一〇二〕、何允中汉魏丛书本〔一〇三〕、朱轼朱文端公藏书十三种本[一〇四]、黄叔琳颜氏家训节钞本[一〇五]、文津阁四库全书本[一〇六]、鲍廷博知不足斋丛书本[一〇七]、屏山聂氏汗青簃刊本[一〇八]。我所见到的还有嘉庆丁丑廿二年南省颜氏通谱本，以其所据为颜本，无所异同，且间有新出讹谬之处，故未取以雠校。其它援引各书，亦颇夥颐，不复一一覼缕了。

此书在唐代，即有别本流传，如归心篇"儒家君子"条以下，广弘明集卷二十八引作"诫杀、家训"，而法苑珠林卷一百十九且著录之推诫杀一卷，则唐代且以此单行了。同篇之"高柴、折像"，广弘明集"折像"作"曾晰"，原注云："一作'折像'。"凡此都是唐代有别本之证。而广弘明集卷三引归心篇"欲顿弃之乎（今本'乎'作'哉'）"句下，尚有"故两疏得其一隅，累代咏而弥光矣"两句，则本书尚有佚文；这当是颜书之旧，固非郭为崃所引风操篇"班固书集亦云家孙"之下，尚有"戴逵称安道则家弟"一句[一〇九]之比（此乃郭氏妄为窜入，因为乾隆时人所见家训，不会多于今本）。宋淳熙台州公库本，今所见者，系元廉台田氏补修重印本，故间有不避宋讳之处。此本颇有影钞传世者，知不足斋丛书即据述古堂钞本重刻（无校刊名衔），光绪间，汗青簃又据以重刻。卢文弨校定本所据宋本，盖亦钞本，故与宋本时有出入，翁方纲讥其未见宋本[一一〇]，是也。我所据的，尚有海昌沈氏静石楼藏影宋钞本及秦曼君校宋本。此外，又得见董正功续家训宋刻残本卷六至卷八共三卷，此书除全引颜氏原文可供校勘外，颇时有疏证颜书之处，今亦加以甄录〔一一一〕。惜钱遵王读书敏求记所载之七卷本半宋刻半影钞者，祁承㸁淡生堂藏书目丛书类所载颜氏传书八种中之颜氏家训，今亦不可得而见矣。外此其馀，如敦煌卷子本勤读书钞（伯·二六〇七）、刘清之戒子通录〔一一二〕、胡寅崇正辨〔一一三〕、吕祖谦少仪外传、曾慥类说〔一一四〕等，亦颇引颜书，多为前人所未见或未及征引，今皆得而雠校之，于以是正文字，实已不无小补，不知能免于颜氏所讥之“妄下雌黄”〔一一五〕否也？

为了更全面地了解颜之推其人，除了把他的这部著作从事集解之外，我还把颜之推传和他流传下来的作品，统统收辑在一起，加以校注，以供研究者参考。本书脱稿后，承杨伯峻同志拨冗审阅，谨此致谢。

一九五五年五月初稿

一九七八年三月五日重稿

一九八九年三月第三次增订

〔一〕道宣广弘明集、道世法苑珠林、法琳辨正论、祥迈辨伪录、法云翻译名义集等都征引颜氏家训。

〔二〕〔三三〕陆奎勋陆堂文集三训家恒语序。案：袁桷清容居士集卷三十二先大夫行述：“公幼从王先生镭学问，戒以躬行为持身本，每授以言行编诸书，公守而行之。至是书陶靖节诗、颜氏家训为一编以寄意。”举此一端，亦足以见其书影响之大矣。

〔三〕王钺读书丛残。

〔四〕隋文帝杨坚父名忠,见隋书高祖纪上。

〔五〕隋书儒林何妥传:"兰陵萧该者,梁鄱阳王恢之孙也。……梁荆州陷,与何妥同至长安。……开皇初,赐爵山阴县公,拜国子博士。"

〔六〕〔二八〕〔三一〕〔三六〕〔七〇〕 观我生赋。

〔七〕止足篇。

〔八〕据泽存堂本广韵,古逸丛书本则作"颜外史"。

〔九〕文选卷五八。

〔一〇〕李百药北齐书杜弼传史臣曰。

〔一一〕姚思廉陈书后主纪史臣曰。

〔一二〕〔三二〕〔六四〕 序致篇。

〔一三〕〔一七〕〔二一〕〔二五〕〔二七〕〔三五〕〔四六〕〔四七〕〔五〇〕〔六五〕〔六七〕〔七三〕〔七四〕〔一一五〕 勉学篇。

〔一四〕〔一五〕〔四一〕〔四四〕 文章篇。

〔一六〕〔一九〕〔二三〕〔二四〕〔二六〕〔六二〕〔九五〕 养生篇。

〔一八〕〔四九〕〔五四〕〔五五〕〔五六〕〔五七〕〔六三〕 归心篇。

〔二〇〕〔五一〕 终制篇。

〔二二〕观我生赋自注。

〔二九〕全唐诗詹敦仁劝王氏入贡宠予以官作辞命篇。

〔三〇〕颜之推古意。

〔三四〕才调集卷七。唐诗纪事卷六一云:"涂,字礼山,光启进士也。"全唐诗收入无名氏卷一,未知何据。此条承四川师范学院王仲镛同志以出处见告。

〔三七〕援鹑堂文集卷二。

〔三八〕慕贤篇。

〔三九〕〔六八〕 教子篇。

〔四〇〕治家篇。

〔四二〕颜氏家训旧列入儒家，直斋书录解题始归之杂家，而述古堂藏书目及清修四库全书从之。

〔四三〕太平御览四九六引汉官仪，又七七三引异语。

〔四五〕一切经音义卷十四大宝积经第八十二卷："阿练儿：梵语虏质不妙；旧云阿兰，唐云寂静处也。"

〔四八〕涉务篇。

〔五二〕梁书江革传。

〔五三〕梁书王规传。

〔五八〕馀冬叙录卷四十五。

〔五九〕黄氏日钞卷七十九。

〔六〇〕马克思恩格斯全集中文版第一卷第四五三页。

〔六一〕马克思恩格斯全集中文版第七卷第二六九到二七〇页。

〔六六〕新民主主义论，毛泽东选集横排本第二卷第六六八页。

〔六九〕〔九四〕〔九六〕杂艺篇。

〔七一〕隋书牛弘传。

〔七二〕省事篇。

〔七五〕梁书夏侯亶传。

〔七六〕梁书王翼传。

〔七七〕魏书成淹传。

〔七八〕杭世骏诸史然疑、缪荃孙云自在龛随笔俱以为指祖珽、徐之才二人。

〔七九〕北齐书武成十二王琅邪王俨传。

〔八〇〕南史刘瓛传。

〔八一〕北史房法寿传。

〔八二〕南史江夷传。

〔八三〕南史裴邃传。

〔八四〕北齐书、北史傅伏传。

〔八五〕李慈铭谓"李恕"当作"李庶"，见北史李崇传。

〔八六〕北齐书文苑刘逖传。

〔八七〕北齐书韩轨传。

〔八八〕北周书王褒传。

〔八九〕南史梁元帝诸子传。

〔九〇〕梁书文苑臧严传。

〔九一〕资治通鉴卷一百九十二本此。

〔九二〕资治通鉴卷一百二十七本此。

〔九三〕辅仁学志十二卷一、二合期,一九四三年。

〔九七〕今即称续家训。

〔九八〕成化刊本上卷题署为"建宁府同知绩溪程伯祥刊",下卷为"建宁府通判庐陵罗春刊",而日本宽文二年壬寅三月吉日村田庄五郎刊行本,则上下卷俱题为"建宁府通判庐陵罗春刊",两本前后俱无序跋,取其与程荣本有别,故简称罗本。

〔九九〕今简称傅本。

〔一〇〇〕今简称颜本。

〔一〇一〕今简称程本。

〔一〇二〕今简称胡本。

〔一〇三〕万历壬辰腊月何允中据何镗本刻入汉魏丛书者,改署"东海屠隆纬真甫纂",故或称屠本,今则简称何本。

〔一〇四〕今简称朱本。

〔一〇五〕今简称黄本。

〔一〇六〕今简称文津本。

〔一〇七〕据述古堂影宋本重雕,今简称鲍本。

〔一〇八〕光绪间刻,盖从鲍本出,今简称汗青簃本。

〔一〇九〕思闻集称名篇。

〔一一〇〕复初斋文集卷十六书卢抱经刻颜氏家训注本后。

〔一一一〕颜如瓌曾见董书于都穆处,已取以参互校订矣,见所撰后序。案:

清光绪嘉定县志卷六水利志上："嘉靖元年，巡抚李充嗣、水利郎中颜如瓌濬。"此则颜如瓌宦绩之可考见者。

〔一一二〕文津阁四库全书本。

〔一一三〕成化刊本。

〔一一四〕明刊本。

卷第一

序致　教子　兄弟　后娶　治家

序致第一〔一〕

夫圣贤之书，教人诚孝〔二〕，慎言检迹〔三〕，立身扬名〔四〕，亦已备矣。魏、晋已〔五〕来，所著诸子〔六〕，理重事复，递相模斆〔七〕，犹屋下架屋，床上施床耳〔八〕。吾今所以复为此者〔九〕，非敢轨物范世也〔一〇〕，业以整齐门内〔一一〕，提撕〔一二〕子孙。夫同言而信〔一三〕，信其所亲；同命而行，行其所服。禁童子之暴谑〔一四〕，则师友之诫不如傅婢之指挥〔一五〕；止凡人之斗阋〔一六〕，则尧、舜之道不如寡妻之诲谕〔一七〕。吾望此书为汝曹之所信，犹贤于傅婢寡妻耳。

〔一〕六朝以前作品，自序往往在全书之末，亦有在全书之首者，如孝经之开宗明义第一章是，此亦其比。傅本"第"作"篇"。

〔二〕诚孝，即忠孝，隋人避文帝父杨忠讳改为"诚"。隋书高祖纪下："仁寿元年正月辛丑，战亡者入墓诏：'君子立身，虽云百行，唯诚与孝，最为其首。'"诚孝即忠孝。北史文苑许善心传:"上顾左右曰:'我平陈国,唯获此人,既能坏其旧君,即我诚臣也。'……又撰诚臣传一卷。"隋书杨素传:"炀帝手诏劳素,引古人有言曰:'疾风知劲草,世乱有诚臣。'"诚臣即忠臣,俱避隋讳改。

〔三〕卢文弨曰:"检,居奄切。检迹,犹言行检,谓有持检,不放纵也。"器案:乐府诗集卷六十七张华游猎篇:"伯阳为我诫,检迹投清轨。"则检迹亦六朝习用语。

〔四〕立身扬名,卢文弨曰:"见孝经。"案:孝经开宗明义章:"立身行道,扬名于后世,以显父母,孝之终也。"

〔五〕已,傅本作"以",古通。后不出。

〔六〕赵曦明曰:"隋书经籍志儒家有徐氏中论六卷,魏太子文学徐干撰;王氏正论一卷,王肃撰;杜氏体论四卷,魏幽州刺史杜恕撰;顾子新语十二卷,吴太常顾谭撰;谯子法训八卷,谯周撰;袁子正论十九卷,袁准撰;新论十卷,晋散骑常侍夏侯湛撰。"

〔七〕斅,卢文弨曰:"与'效'同。"

〔八〕卢文弨曰:"世说文学篇:'庾仲初作扬都赋,谢太傅云:"此是屋下架屋耳。"'刘孝标引王隐论杨雄太玄经曰:'玄经虽妙,非益也,是以古人谓其屋下架屋耳。'"刘盼遂曰:"太平御览六百一引三国典略曰:'祖珽上修文殿御览,徐之才谓人曰:"此可谓床上之床,屋下之屋也。"'知此语固六朝之恒言矣。"陈直曰:"卢说是也。大义谓废材重叠而无用也。"器案:隋薛道衡大将军赵芬碑铭并序:"不复架屋施床。"唐释法琳辨正论信毁交报篇:"是周因殷礼,损益可知,名目虽殊,还广前致,亦犹床上铺床,屋下架屋也。"则此语为六朝、唐人习用语,居然可知。程氏遗书伊川先生语录五:"作太玄,本要明易,却尤悔如易,其实无益,真屋下架屋,床上叠床。"宋景文笔记卷上:"夫文章必自名一家,然后可以传不朽;若体规画圆,准方作矩,终为人之臣仆。古人讥屋下架屋,信然。陆机曰:'谢朝花于已披,启夕秀于未振。'韩愈曰:'惟陈言之务去。'此乃为文之要。五经皆不同体,孔子没后,百家奋兴,类不相沿,皆得此旨。"宋祁以叠床架屋指斥模拟派文学,意亦与颜氏相近。鲍本"耳"作"尒"。

〔九〕元注:"一本无'今'字。"

〔一〇〕卢文弨曰:"车有轨辙,器有模范,喻可为世人仪型也。"案:左传隐公五年:"吾将纳民于轨物者也。"

〔一一〕通鉴一四七梁武纪三:"国子博士封轨,素以方直自业。"胡三省注:"业,事也,以方直为事。"此文之业,意与之同。

〔一二〕卢文弨曰:"诗大雅抑:'匪面命之,言提其耳。'笺:'我非但对面语之,亲提撕其耳。'"

〔一三〕意林一、后汉书王良传注、御览四三〇引子思子累德篇:"同言而信,信在言前;同令而化,化在令外。"淮南子缪称篇:"同言而民信,信在言前也;同令而民化,诚在令外也。"徐干中论贵验篇:"子思曰:'同言而信,信在言前也;同令而化,化在令外也。'"即此文所本。文子精诚篇:"故同言而信,信在言前也;同令而行,诚在令外也。"刘昼新论履信篇:"同言而信,信在言前;同教而行,诚在言外。""化"作"行",与此同。

〔一四〕郝懿行曰:"谑,谓谑浪也。或谓'谑'当为'虐',非是。"

〔一五〕卢文弨曰:"傅婢,见汉书王吉传,师古注:'傅婢者,傅相其衣服衽席之事。'指挥,与指麾义同。汉书韩信传:'虽有舜、禹之智,嘿而不言,不如喑聋之指麾也。'"器案:傅婢,即侍婢,后汉书吕布传:"私与傅婢情通。"三国志魏书吕布传作"与卓侍婢私通",是其证也。

〔一六〕凡人,颜本作"兄弟"。

〔一七〕卢文弨曰:"诗大雅思齐:'刑于寡妻。'传:'適妻也。'笺:'寡有之妻。'案:寡者,少也,故云適妻。朱子则训寡德之妻,谦辞也。"朱亦栋曰:"案:吴越春秋:'专诸者,堂邑人也。伍胥之亡楚如吴时,遇之于涂,专诸方与人斗,将就敌,其怒有万人之气,甚不可当,其妻一呼即还。子胥怪而问其状:"何夫子之盛怒也,闻一女子之声而折还,宁有说乎?"专诸曰:"子观吾之仪,宁类愚者也?何言之鄙也!夫屈一人之下,必伸万人之上。"'之推正用此语。"

吾家风教〔一〕,素为整密。昔在龆龀,便蒙诱诲〔二〕;每从两兄〔三〕,晓夕温凊〔四〕,规行矩步〔五〕,安辞定色〔六〕,锵锵翼翼〔七〕,若朝严君焉〔八〕。赐以优言,问所好尚,励短引长,莫不恳笃。年始九岁,便丁荼蓼〔九〕,家涂〔一〇〕离散,百口索然〔一一〕。慈兄鞠养,苦辛备至;有仁无威〔一二〕,导示不切。虽读礼传〔一三〕,微爱属文〔一四〕,颇为凡人之所陶染〔一五〕,肆欲轻言,不修边幅〔一六〕。年十八九,少知砥砺〔一七〕,习若自然〔一八〕,卒难洗荡。二十已后〔一九〕,大过稀焉;每常心共口敌〔二〇〕,性与情竞〔二一〕,夜觉晓非,今悔昨失〔二二〕,自怜无教,以至于斯。追思平昔之指,铭肌镂骨〔二三〕,非徒古书之诫,经目过耳也〔二四〕。故留此二十篇,以为汝曹后车耳〔二五〕。

〔一〕风、教,义同。毛诗序:"风,风也,教也,风以动之,教以化之。"又文章篇及观我生赋俱有"风教"语。

〔二〕诱诲,各本及戒子通录(以下简称通录)卷二引俱作"诲诱",今从宋本。

〔三〕赵曦明曰:"案:南史颜协传:'子之仪、之推。'此云两兄,或兼有群从也。"卢文弨曰:"颜氏家庙碑(案:颜真卿撰)有名之善者,云之推弟,隋叶令。据此则之善亦是之推兄。"陈直曰:"按:南史颜协传:'二子之仪、之推。'颜真卿颜含大宗碑铭云:'之仪,周御正中大夫新野公。之仪弟之推,之推弟之善,隋叶令侍读。'据此之推仅有一兄,之善则为三弟。真卿属于嫡支，当决然可信。或之仪有弟早卒，故称两兄耳。又庾信集有同颜大夫初晴诗，亦和之仪之作也。”

〔四〕卢文弨曰：“礼记曲礼上：‘凡为人子之礼，冬温而夏凊。’注：‘温以御其寒，凊以致其凉。’释文：‘凊，七性反，字从冫，本或作水旁，非也。’”

〔五〕王叔岷曰：“案庄子田子方篇：‘进退一成规，一成矩。’韩诗外传一：‘行步中规，折旋中矩。’（又见说苑辨物篇）”晋书潘尼传：“规行矩步者，皆端委而陪于堂下。”

〔六〕卢文弨曰：“礼记曲礼上：‘安定辞。’又冠义：‘凡人之所以为人者，礼义也。礼义之始，在于正容体，齐颜色，顺辞令。’”

〔七〕卢文弨曰：“广雅释训：‘锵锵，走也。翼翼，敬也，又和也。’案锵锵，犹跄跄，礼记曲礼下：‘士跄跄。’言不得如大夫已上容仪之盛也。”

〔八〕赵曦明曰：“易：‘家人有严君焉，父母之谓也。’”器案：后汉书张湛传：“矜严好礼，动止有则，居处幽室，必自修整，虽遇妻子，若严君焉。”御览二一二引谢承后汉书：“魏朗动有礼序，室家相待如宾，子孙如事严君焉。”世说新语德行篇：“华歆遇子弟甚整，虽闲室之内，严若朝典。”朝典以礼言，严君以人言。

〔九〕卢文弨曰：“言失所生也。荼蓼，喻苦辛。上音徒，下音了。”器案：此以苦辛喻丧失父母，家境困难，下文“苦辛备至”，即承此言。周颂良耜篇毛传以为“荼蓼，苦菜”。后汉书陈蕃传：“诸君奈何委荼蓼之苦，息偃在床。”李贤注：“诗国风曰：‘谁谓荼苦，其甘如荠。’周颂曰：‘未堪家多难，予又集于蓼。’”

〔一〇〕家涂，程本、胡本、何本、黄本作“家徒”，今从宋本，终制篇亦言“家涂空迫”。家涂，犹终制篇之言家道。南齐书高帝纪：“策相国齐公文曰：‘妖沴载澄，国涂悦穆。’”涂字义同。

〔一一〕世说言语篇：“郗超曰：‘大司马……必无若此之虑，臣为陛下以百口保之。’”又尤悔篇：“王大将军起事，丞相兄弟诣阙谢，……丞相呼周侯曰：'百口委卿。'"通鉴二三五胡注："人谓其家之亲属为百口。"

〔一二〕卢文弨曰："晋书嵇康传：'幽愤诗曰："母兄鞠育，有慈无威。"'"李详曰："唐书李善果传载母崔氏训善果曰：'吾寡妇也，有慈无威，使汝不知教训，以负清忠之业。'"

〔一三〕礼传，所以别礼经而言，礼经早已失传，今之礼记与大戴礼记即礼传也。

〔一四〕属文，联字造句，使之相属，成为文章，犹言作文也。本书慕贤篇："有丁觇者，洪亭民耳，颇善属文。"汉书贾谊传："年十八，以能诵诗书属文，称于郡中。"师古曰："属谓缀辑之也，言其能为文。"刘淇助字辨略一曰："颜氏家训：'虽读礼传，微爱属文。'此微字，不辞也。"杨伯峻曰："微，少也，小也。故下文云云。"

〔一五〕北齐书颜之推传："还习礼传，博览群书，无不该洽。"即本此文。卢文弨曰："言为凡庸人之所熏陶渐染也。"

〔一六〕修，旧本皆作"备"，卢文弨、郝懿行俱校作"修"，卢云："案：北齐书之推传云：'好饮酒，多任诞，不修边幅。'正本此。后汉书马援传：'公孙述欲授援以封侯大将军位，宾客皆乐留，援晓之曰："公孙不吐哺走迎国士，反修饰边幅，如偶人形，此子何足久稽天下士乎？"'"器案：马援传注："言若布帛修整其边幅也。左传曰：'如布帛之有幅焉，为之度，使无迁。'"又公孙述传论："方乃坐饰边幅。"注："边幅，犹有边缘，以自矜持。"修、饰义同，今据改正。

〔一七〕礼记儒行篇："近文章，砥砺廉隅。"卢文弨曰："'少'与'稍'同。"郝懿行曰："终制篇云：'年十九，值梁家丧乱。'观此，知古人颠沛之顷，不忘修行也。"

〔一八〕卢文弨曰："大戴礼保傅篇：'少成若天性，习贯如自然。'"王叔岷曰："案贾谊新书保傅篇：'孔子曰：少成若天性，习贯如自然。'（一本"贯"作"惯"，古通；又见汉书贾谊传。）大戴礼保傅篇'习贯如自然'，作'习贯之为常'，卢氏失检。"

〔一九〕二十,旧本都作"二十",宋本注云:"一本作'三十'。"抱经堂本据定作"三十"。按此上紧承"年十八九"言,自以作"二十"为是,后勉学篇亦有"二十之外",今仍定作"二十"。

〔二〇〕卢文弨曰:"心共口敌,谓口易放言,而心制之,使不出也。"器案:三国志魏书武帝纪注引魏略载策魏公上书:"口与心计,幸且待罪。"又周鲂传:"目语心计。"嵇康家诫:"若志之所之,则口与心誓,守死无二。"太平御览三六七引傅子拟金人铭:"心与口谋。"文选卢子谅赠刘琨一首并序:"口存心想。"俱谓心口自语也。用目语义同。

〔二一〕王叔岷曰:"案刘子防欲篇:'性贞则情销,情炽则性灭。'"

〔二二〕淮南子原道篇高诱注:"月悔朔,今悔昨。"盖此文所本。王叔岷曰:"案庄子则阳篇:'未尝不始于是之,而卒诎之以非也。'寓言篇:'始时所是,卒而非之。'陶渊明归去来辞:'觉今是而昨非。'"

〔二三〕卢文弨曰:"镂,卢候切。犹言刻骨。"器案:文选左太冲魏都赋:"或镂肤而钻发。"刘渊林注以镂肤即文身。王叔岷曰:"案曹植上责躬诗表:'刻肌刻骨,追思罪戾。'"

〔二四〕各本俱无"也"字,宋本注云:"一本有'也'字。"抱经堂本据补,今从之。器案:抱朴子内篇对俗:"经乔、松之目。"又杂应:"外形不经目,外声不入耳。"又外篇博喻:"故有不能下棋,而经目识胜负;不能徽弦,而过耳解郑雅。"用经目、过耳,与此正同。

〔二五〕元注:"'车'一本作'范'。"赵曦明曰:"汉书贾谊传:'前车覆,后车戒。'"案:傅本作"范"。鲍本"耳"作"尒"。王叔岷曰:"新书保傅篇:'前车覆,而后车戒。'大戴礼保傅篇:'前车覆,后车诫。'"

教子第二〔一〕

上智不教而成,下愚虽教无益,中庸之人,不教不知也〔二〕。古者，圣王有胎教之法：怀子三月，出居别宫，目不邪视，耳不妄〔三〕听，音声滋味，以礼节之〔四〕。书之玉版，藏诸金匮〔五〕。生子咳哫〔六〕，师保固明孝仁礼义，导习之矣〔七〕。凡庶纵不能尔，当及婴稚〔八〕，识人颜色，知人喜怒，便加教诲，使为则为，使止则止〔九〕。比及数岁，可省笞罚。父母威严而有慈，则子女畏慎而生孝矣。吾见世间，无教而有爱，每不能然；饮食运为〔一〇〕，恣其所欲〔一一〕，宜诫翻奖〔一二〕，应诃反笑〔一三〕，至有识知，谓法当尔。骄〔一四〕慢已习，方复〔一五〕制之，捶挞至死而无威，忿怒日隆而增怨，逮于〔一六〕成长，终为败德〔一七〕。孔子云"少成若天性，习惯如自然"是也〔一八〕。俗谚曰："教妇初来，教儿婴孩〔一九〕。"诚哉斯语！

〔一〕傅本"第"作"篇"，下不更出。

〔二〕后汉书杨终传："终以书戒马廖云：'上智下愚，谓之不移；中庸之流，要在教化。'"即此文所本。论语阳货篇："唯上智与下愚不移。"后汉书胡广传："京师谚曰：'天下中庸有胡公。'"李贤注："中，和也；庸，常也；中和可常行之德也。"郝懿行曰："秦、汉以来，以中庸为中材之称号，故贾谊过秦论云：'材能不及中庸。'"王叔岷曰："王符潜夫论德化篇：'上智与下愚之民少，而中庸之民多。中民之生世也，犹铄金之在炉也。从笃变化，惟冶所为；方圆厚薄，随镕制尔。'荀悦申鉴杂言下篇：'上、下不移，其中则人事存焉尔。'"

〔三〕元注："一本作'倾'。"

〔四〕赵曦明曰："大戴礼保傅篇：'青史氏之记曰："古者胎教：王后腹之七月而就宴室，太史持铜而御户左，太宰持斗而御户右；比及三月者。

王后所求声音非礼乐，则太师缊瑟而称不习，所求滋味非正味，则太宰倚斗而言曰：不敢以待王太子。"'卢辩注：'王后以七月就宴室，夫人妇嫔，即以三月就其侧室。'又云：'周后妃任成王于身，立而不跛，坐而不差，独处而不倨，虽怒而不詈：胎教之谓也。'"卢文弨曰："列女传：'太任有娠，目不视恶色，耳不听淫声，口不出傲言。'"

〔五〕匮，罗本、傅本、颜本、程本、胡本、南北朝文别解（以后简称别解）一作"柜"，字同。赵曦明曰："大戴礼保傅篇：'素成胎教之道，书之玉版，藏之金匮，置之宗庙，以为后世戒。'"案：事文类聚引"藏诸"作"藏之"。

〔六〕生子，各本都作"子生"，司马温公家范三、事文类聚后集六引亦作"子生"，此从抱经堂本。咳提，元注："说文：'咳，小儿笑也。提，号也。'一本作'孩提'。"案：家范、事文引正作"孩提"。郝懿行曰："说文：'啼，号也。'字不作提，广韵：'提，鸟鸣。'集韵：'音题，与啼同。'即本颜氏此训也。"器案：史记扁鹊传："曾不可以告咳婴之儿。"汉夏承碑："咳孤愤泣。"说文口部："咳，古文从子作孩。"孟子尽心上："孩提之童。"赵岐注："孩提，二三岁之间，在襁褓，知孩笑，可提抱者也。"是咳孩本为一字，后人始分咳为笑貌、孩为婴孩也。赵岐释提为提抱，汉书贾谊传："孩提有识。"颜师古曰："孩，小儿也；提谓提撕之。"又王莽传上颜师古注："婴儿始孩，人所提挈，故曰孩提也。孩者，小儿笑也。"说与赵氏同。真诰卷七甄命授第三："忽发哀音之兮讶。"注："此作奚胡音，犹今小儿啼不止，谓为'咳呱'也。"则咳又有提义。刘盼遂引吴承仕说，仅就咳为言，可备一说，其言曰："内则名子之礼：'三月之末，姆先相曰："母某敢用时日，祗见孺子。"夫对曰："钦有师。"父执子之右手，咳而名之。妻对曰："记有成。"遂左还授师。'钦有师者，教之敬，使有循；记有成者，识夫言，使有就。所谓子生三月则父名之，为师保父母教子之始。此云咳提，盖用此义。"

〔七〕孝仁礼义，宋本、罗本、傅本作"仁孝礼义"，家范、事文引同；颜本、程本、胡本、别解作“仁智礼义”；宋本元注：“一本作‘孝礼仁义’。”抱经堂本从汉书改作“孝仁礼义”，今从之。赵曦明引汉书贾谊传曰：“昔者，成王幼，在襁褓之中，召公为太保，周公为太傅，太公为太师，此三公之职也；于是为置三少，皆上大夫也，曰少保、少傅、少师。故乃孩提有识，三公三少，固明孝仁礼谊以导习之矣。”器案：汉书是，所谓“孝为百行之首”也。

〔八〕及，颜本、程本、胡本、文津本、别解作“抚”，琴堂谕俗编上引亦作“抚”。

〔九〕纪昀曰：“此自圣贤道理，然出自黄门口，则另有别肠，除却利害二字，更无家训矣，此所谓貌合而神离。”

〔一〇〕卢文弨曰：“运为，即云为。管子戒篇注：‘云，运也。’”器案：琴堂谕俗编正作“云为”。运为，犹言所为，运即音云，施肩吾春日美新绿词：“天公不语能运为，驱遣羲和染新绿。”正读平声，用法与此相同，则六朝、唐人，俱以运为作云为用也。周法高曰：“班固东都赋：‘乌睹大汉之云为乎？’”陈槃曰：“案从‘军’从‘云’之字，往往相通。如鸩鸟，一名‘运日鸟’，‘运’又作‘晖’，或作‘鸡’，或作‘云’（参李贻德左传贾服注辑述四庄三十二年使鍼季酖之条）。卢氏谓‘运为’即‘云为’，当是也。又案‘云为’，两汉人常辞。汉书王莽传中、下书曰：‘帝王相改，各有云为。’又莽曰：‘灾异之变，各有云为。’”又曰：“从‘员’、从‘军’、从‘云’之字亦互通。越语上‘广运百里’，西山经作‘广员百里’。哀十二年左氏经‘公会卫侯、宋皇瑗于郧’，‘郧’，公羊作‘运’，宣四年左传‘䢵子’，释文云：‘本又作郧。’商颂玄鸟：‘景员维河。’笺：‘员，古文作云。’‘运’之为‘员’，亦犹‘郧’之为‘运’、‘䢵’之为‘郧’、‘云’之为‘员’、‘云’之为‘运’矣。……‘云为’，旧籍常辞。说苑善说载晋献公时东郭民祖朝对献公曰：‘古之将曰桓司马者，朝朝其君，举而晏，御呼车，骖亦呼车。御肘其骖曰：“子何越云为乎？”’”又曰：“王念孙读书杂志淮南内篇第十五：‘运字古读若云。'原注:'吕氏春秋谕大篇引夏书天子之德广运,与文为韵;管子形势篇:受辞者,名之运也,与尊为韵;越语:广运百里,韦注曰:东西为广,南北为运;西山经:广员百里,广员即广运;墨子非命上篇:譬犹运钧之上而立朝夕者也,中篇运作员;庄子天运篇释文曰:天运,司马氏作天员;管子戒篇:四时云下而万物化,云即运字。'说文:'鸩一名曰运日。'刘逵吴都赋注作'云日'。是'运''云'古通,王氏已言之矣。"

〔一一〕卢文弨曰:"各本'欲'皆作'慾'。"案:少仪外传上、事文类聚后六引作"欲",今从之。

〔一二〕诫,元注:"一本作'训'。"

〔一三〕黄叔琳曰:"曲传常态,善道凡情,可为炯戒也。"卢文弨曰:"说文:'诃,大言而怒也。从言,可声,虎何切。'"元注:"'笑',一本作'嗤'。"案:少仪外传引"诃"作"呵"。

〔一四〕骄,元注:"一本作'憍'。"案:家范引正作"憍"。

〔一五〕复,元注:"一本作'乃'。"案:家范、琴堂谕俗编引正作"乃"。

〔一六〕于,少仪外传、通录二引作"乎"。

〔一七〕器案:尚书大禹谟:"反道败德。"某氏传:"败德义。"左传僖公十五年:"先君之败德,及可数乎?"文选刘孝标广绝交论:"败德殄义。"

〔一八〕卢文弨曰:"汉书贾谊传引。"器案:抱朴子勖学篇:"盖少则志一而难忘,长则神放而易失,故修学务早,及其精专,习与性成,不异自然也。"足为此说注脚。

〔一九〕司马温公书仪四:"古有胎教,况于已生?子始生未有知,固举以礼,况于已有知?孔子曰:'幼成若天性,习惯如自然。'颜氏家训曰:'教妇初来,教子婴孩。'故慎在其始,此其理也。若夫子之幼也,使之不知尊卑长幼之礼,每致侮詈父母,殴击兄姊,父母不加诃禁,反笑而奖之,彼既未辨好恶,谓礼当然;及其既长,习已成性,乃怒而禁之,不可复制,于是父疾其子,子怨其父,残忍悖逆,无所不至。此盖父母无深识远虑，不能防微杜渐，溺于小慈，养成其恶故也。”困学纪闻一：“（易）蒙之初曰发，家人之初曰闲。颜氏家训曰：‘教儿婴孩，教妇初来。’”翁元圻注：“杨诚斋易家人初九传：‘妇训始至，子训始稚。’盖本此。”至正直记一曰：“‘惜儿惜食，痛子痛教。’此言虽浅，可谓至当。至‘教子婴孩，教妇初来’，亦同。”案：教儿，少仪外传作“教子”，与书仪、至正直记同。海录碎事卷七上引仍作“教儿”。又野客丛书二九引此文，二语倒植，与困学纪闻、至正直记同。

凡人不能教子女者，亦非欲陷其罪恶；但重于诃怒〔一〕。伤其颜色，不忍楚挞惨〔二〕其肌肤耳。当以疾病为谕〔三〕，安得不用汤药针艾〔四〕救之哉？又宜思勤督训者，可愿〔五〕苛虐于骨肉乎？诚不得已也。

〔一〕文选喻巴蜀檄：“重烦百姓。”李善注：“重，难也；不欲召聚之。”怒，类说四四引作“恐”。

〔二〕类说“不”上有“又”字，“挞”下无“惨”字。礼记学记：“夏楚二物，收其威也。”注：“楚，荆也。”

〔三〕类说引“谕”作“喻”。

〔四〕类说“艾”作“灸”。

〔五〕可愿，颜本作“岂愿”，家范同。

王大司马母魏夫人〔一〕，性甚严正；王在湓城〔二〕时，为三千人将，年逾四十，少不如意，犹捶挞之，故能成其勋业。梁元帝时〔三〕，有一学士，聪敏〔四〕有才，为父所宠，失于教义：一言之是，遍于行路，终年誉之；一行之非，揜藏文饰〔五〕，冀其自改。年登婚宦〔六〕，暴慢日滋，竟以言语不择，为周逖〔七〕抽肠〔八〕衅鼓〔九〕云。

〔一〕赵曦明曰："梁书王僧辩传：'僧辩字君才，右卫将军神念之子也。世祖以僧辩为征东将军、开府仪同三司、江州刺史，封长宁县公。承圣三年，加太尉、车骑大将军；顷之，丁母太夫人忧，策谥曰贞敬太夫人。夫人姓魏氏，性甚安和，善于绥接，家门内外，莫不怀之。及僧辩克复旧京，功盖天下，夫人恒自谦损，不以富贵骄物，朝野咸共称之，谓为明哲妇人也。'"钱大昕曰："注中应增入'贞阳既践位，仍授僧辩大司马，领太子太傅、扬州牧'数句，则'大司马'字，方有着落。"

〔二〕赵曦明曰："寻阳记：'晋武太康十年，因江水之名，而置江州；成帝咸和元年，移理湓城，即今郡是。'"周一良曰："此说非也。宋齐史书屡见湓城，俱不言为州治所在。梁书四三韦粲传：'见江州刺史当阳公大心曰：中流任重，当须应接，不可缺镇。今直且张声势，移镇湓城。'知梁世湓城亦非江州治所。盖寻阳要地，有兵事则置兵，犹建康之有石头、东府等城也。且家训此事非指僧辩为江州刺史时而言。据梁书四五王僧辩传，'湘东王为江州，仍除云骑将军司马，守湓城'，为三千人将，正是时也。若指为刺史时，奚啻三千人将耶？梁书敬帝纪，太平二年正月分寻阳等五郡置西江州。舆地纪胜引庐山记云，梁太清二年萧大心因侯万之乱，欲依险固，乃移于湓口城，即今城也。元和郡县志谓江州自晋元帝后或理湓城，或理寻阳，或理半洲，并在湓城近侧。陈书二〇华皎传，镇湓城，知江州事，是陈代江州又尝治湓城矣。"

〔三〕赵曦明曰："梁书元帝纪：'世祖孝元皇帝讳绎，字世诚，小字七符，高祖第七子也，承圣元年冬十一月丙子，即皇帝位于江陵。'"

〔四〕少仪外传上引"敏"作"明"。

〔五〕通录二引"揜"作"掩"，文同。卢文弨曰："文亦饰也。集韵文运切。"

〔六〕婚宦，即后娶篇所谓"宦学婚嫁"，为六朝人习用语。本书后娶篇：

“爰及婚宦。”列子力命篇：“语有之：‘人不婚宦，情欲失半；人不衣食，君臣道息。’”世说新语栖逸篇：“李廞是茂曾第五子，清贞有远操，而少羸病，不肯婚宦。”宋书郑鲜之传：“文皇帝以东关之役，尸骸不反者，制其子弟，不废婚宦。”北史韩麒麟传：“朝廷每选举人士，则校其一婚一宦，以为升降，何其密也。”法苑珠林七五、太平广记二九四引幽明录：“此人归家，遂不肯别婚，辞亲出家作道人。……后母老迈，兄丧，因还婚宦。”

〔七〕卢文弨曰：“周逖无考，唯陈书有周迪传，梁元帝授迪持节通直散骑常侍、壮武将军、高州刺史，封临汝县侯。始与周敷相结，后绐敷害之。其人强暴无信义，宜有斯事。但未知此学士何人耳。”

〔八〕北齐书王琳传：“张载性深刻，为帝所信，荆州疾之如仇，故陆纳等因人之欲，抽肠系马脚，使绕而走，肠尽气绝。”文选刘孝标广绝交论：“隳胆抽肠。”吕延济注：“抽，拔也。”

〔九〕史记高祖本纪：“而衅鼓。”集解：“应劭云：‘衅，祭也，杀牲以血涂鼓曰衅。’”

父子之严，不可以狎；骨肉之爱，不可以简。简则慈孝不接，狎则怠慢生焉。由命士以上，父子异宫，此不狎之道也〔一〕；抑搔痒痛〔二〕，悬衾箧枕〔三〕，此不简之教也。或问曰：“陈亢喜闻君子之远其子〔四〕，何谓也？”对曰：“有是也。盖君子之不亲教其子也，诗有讽刺之辞，礼有嫌疑之诫，书有悖乱之事，春秋有衺僻〔五〕之讥，易有备物〔六〕之象：皆非父子之可通言，故不亲授耳〔七〕。”

〔一〕赵曦明曰：“礼记内则：‘由命士以上，父子皆异宫，昧爽而朝，慈以旨甘，日出而退，各从其事，日入而夕，慈以旨甘。’”

〔二〕赵曦明曰："礼记内则：'子事父母，妇事舅姑，及所，下气怡声，问衣寒燠，疾痛苛痒，而敬抑搔之，出入则或先或后，而敬扶持之。'"器案：抑搔，郑玄注解为按摩，孟子梁惠王篇："为长者折枝。"赵岐注："折枝，按摩也。"则按摩为古代保健工作之一。

〔三〕赵曦明曰："礼记内则：'父母舅姑将坐，奉席请何乡；将衽，长者奉席请何趾；少者执床与坐，御者举几，敛席与簟，悬衾箧枕，敛簟而襡之。'"案：孔颖达疏云："悬其所卧之衾，以箧贮所卧之枕。"

〔四〕陈亢，孔子弟子。论语季氏篇："陈亢问于伯鱼曰：'子亦有异闻乎？'对曰：'未也。尝独立，鲤趋而过庭，曰："学诗乎？"对曰："未也。""不学诗，无以言。"鲤退而学诗。他日，又独立，鲤趋而过庭。曰："学礼乎？"对曰："未也。""不学礼，无以立。"鲤退而学礼。闻斯二者。'陈亢退而喜曰：'问一得三：闻诗，闻礼，又闻君子之远其子也。'"皇疏引范宁曰："孟子曰：'君子不教子，何也？势不行也。教者必以正，以正不行，继之以忿，继之以忿，则反夷矣。父子相夷，恶也。'"

〔五〕僻，类说作"辟"，字同。

〔六〕易系辞上："备物致用，立成器以为天下利。"

〔七〕元注："其意见白虎通。"赵曦明曰："案：白虎通辟雍篇：'父所以不自教子何？为其渫渎也。又授受之道，当极说阴阳夫妇变化之事，不可以父子相教也。'"郝注同。

齐武成帝〔一〕子琅邪王〔二〕，太子母弟也，生而聪慧，帝及后并笃爱之，衣服饮食，与东宫相准。帝每面称之曰："此黠儿也，当有所成〔三〕。"及太子即位〔四〕，王居别宫〔五〕，礼数〔六〕优僭〔七〕，不与诸王等；太后犹谓不足，常以为言。年十许岁〔八〕，骄恣无节，器服玩好，必拟乘舆〔九〕；尝朝南殿，见典御〔一〇〕进新冰，钩盾〔一一〕献早李，还索不得，遂大

怒,询〔一二〕曰:“至尊已有,我何意〔一三〕无?”不知分齐〔一四〕,率皆如此。识者多有叔段州吁〔一五〕之讥。后嫌宰相,遂矫诏斩之〔一六〕,又惧有救〔一七〕,乃勒麾下军士,防守殿门〔一八〕;既无反心,受劳而罢,后竟坐此幽薨〔一九〕。

〔一〕赵曦明曰:“北齐书武成纪:‘世祖武成皇帝讳湛,神武第九子也。’”

〔二〕琅邪,鲍本、傅本等作“琅琊”,字同。赵曦明曰:“北齐书武成十二王传:‘明皇后生后主及琅邪王俨。’琅邪王俨传:‘俨字仁威,武成第三子也,初封东平王,武成崩,改封琅邪。’”

〔三〕北齐书琅邪王俨传:“帝每称曰:‘此黠儿也,当有所成。’以后主为劣,有废立意。”卢文弨曰:“方言一:‘自关而东,赵、魏之间,谓慧为黠。’”

〔四〕赵曦明曰:“北齐书后主纪:‘后主纬,字仁纲,大宁二年,立为皇太子,河清四年,武成禅位于帝,夏四月景(唐避“丙”字嫌名讳改为“景”)子,皇帝即位于景阳宫,大赦,改元天统。’”

〔五〕赵曦明曰:“俨传:‘俨恒在宫中,坐含光殿以视事,和士开、骆提婆忌之,武平二年,出俨居北宫。’”

〔六〕古言礼亦谓之数,左传昭公三年:“子太叔为梁丙、张趯说朝聘之礼,张趯曰:‘善哉!吾得闻此数。’”前言礼,后言数,此二文同义之证。诗小雅我行其野序郑玄笺云:“刺其不正嫁娶之数。”即用数为礼。

〔七〕优僭,言礼数优待,不嫌其僭越过分。卢文弨以为“僭”当是“借”之误,非是。

〔八〕六朝人言数目时,率于其下缀以“许”字,俱不定之词,犹今言“左右”也。此文“年十许岁”,即十岁左右也。又治家篇:“三四许日。”即三四天左右也。又风操篇:“一百许日。”即一百天左右也。又慕贤篇:“四万许人。”即四万人左右也。又勉学篇:“五十许字。”即五十字左右也。法苑珠林六五引荀氏灵鬼志:“未达减一里许。”幽明录:“忽见大坎,满中蝼蛄,将近斗许。”于“许”字之上,复以“减”字、“将近”字形容之,则其为“左右”之义,至为明白矣。

〔九〕卢文弨曰:“独断:‘天子至尊,不敢渫渎言之,故托之于乘舆。乘犹载也,舆犹车也;天子以天下为家,不以京师宫室为常处,则当乘车舆以行天下,故群臣托乘舆以言之。’”

〔一〇〕赵曦明曰:“隋书百官志:‘中尚食局,典御二人,总知御膳事。’”

〔一一〕赵曦明曰:“隋书百官志:‘司农寺,掌仓市薪菜、园池果实,统平准、太仓、钩盾等署令丞;而钩盾又别领大囿、上林、游猎、柴草、池薮、苜蓿等六部丞。’”郝懿行曰:“钩盾,义见汉书昭帝纪。”案:昭纪注引应劭曰:“钩盾,宦者近署。”续汉书百官志三:少府“钩盾令一人,六百石。本注曰:‘宦者,典诸近池苑游观之处。’丞、永安丞各一人,三百石。本注曰:‘宦者,永安,北宫东北别小宫名,有园、观。’苑中丞、果丞、鸿池丞、南园丞各一人,二百石。本注曰:‘苑中丞,主苑中离宫。果丞,主果园。’”

〔一二〕颜本注曰:“询、诟同,怒也,詈也。音后。”卢文弨曰:“询,呼寇切,说文同诟,左氏襄公十七年传杜注:‘询,骂也。’”

〔一三〕北齐书俨传:“俨器服玩饰,皆与后主同,所须悉官给于南宫,尝见新冰早李,还怒曰:‘尊兄已有,我何意无。’从是,后主先得新奇,属官及工匠必获罪,太上、胡后犹以为不足。”器案:何意,犹言孰料。文选刘越石重赠卢谌诗:“何意百炼刚,化为绕指柔。”又谢灵运还旧园作见颜范二中书:“何意冲飙激,烈火纵炎烟。”又曹子建杂诗:“何意回飙举,吹我入云中。”又吴季重答魏太子:“何意数年之间,死丧略尽。”古诗为焦仲卿妻作:“新妇谓府吏:‘何意出此言?’”御览九六〇引幽明录:“空中有骂者曰:‘虞晚,汝何意伐我家居?’”

〔一四〕分齐,谓本分齐限也。诗小雅楚茨:“或肆或将。”正义:“将,分齐也。”义近。

〔一五〕赵曦明曰："见左氏隐元、二、三年传。"案：见三年及四年两年。

〔一六〕赵曦明曰："俨传：'俨以和士开、骆提婆等奢恣，盛修第宅，意甚不平，谓侍中冯子琮曰："士开罪重，儿欲杀之。"子琮赞成其事。俨乃令王子宜表弹士开，请付禁推；子琮杂以他文书奏之，后主不审省而可之。俨诳领军厍狄伏连曰："奉敕令领军收士开。"伏连信之，伏五十人于神兽门外（唐避"虎"字讳，改"虎"为"兽"，亦或称"神武门"），诘旦，执士开，送御史，俨使冯永洛就台斩之。'后主纪：'武平二年七月，太尉（案：据北齐书，当为太保）琅邪王俨矫诏杀录尚书事和士开于南台。'"

〔一七〕救，颜本、朱本作"敕"。

〔一八〕赵曦明曰："俨传：'俨率京畿军士三千馀人屯千秋门。'"

〔一九〕赵曦明曰："俨传：'帝率宿卫者授甲，将出战，斛律光曰："至尊宜自至千秋门，琅邪必不敢动。"从之。光强引俨手以前，请帝曰："琅邪王年少，长大自不复然，愿宽其罪。"良久，乃释之。何洪珍与士开素善，陆令萱、祖挺并请杀之。九月下旬，帝启太后，欲与出猎。是夜四更，帝召俨，至永巷，刘桃枝反接其手，出至大明宫，拉杀之。时年十四。'"

人之爱子，罕亦[一]能均；自古及今，此弊多矣。贤俊者自可赏爱，顽鲁[二]者亦当矜怜，有偏宠者，虽欲以厚之，更所以祸之[三]。共叔之死，母实为之[四]。赵王之戮，父实使之[五]。刘表之倾宗覆族[六]，袁绍之地裂兵亡[七]，可为灵龟明鉴也[八]。

〔一〕类说引"罕亦"作一"在"字。

〔二〕王符潜夫论考绩篇："群僚举士者，或以顽鲁应茂才。"

〔三〕王叔岷曰："案淮南子人间篇：'事，或欲以利之，适足以害之。'（又见文子微明篇)”

〔四〕共叔,即上条之叔段。叔段逃亡至共国,因称之为共叔。

〔五〕赵曦明曰:“史记吕后纪:‘高祖得戚姬,生赵隐王如意。戚姬日夜啼泣,欲其子代太子,赖大臣及留侯计,得毋废。高祖崩,吕后乃令永巷囚戚夫人,而召赵王鸩之。赵王死,断戚夫人手足,去眼煇耳,饮瘖药,使居厕中,曰人彘。’”

〔六〕赵曦明曰:“后汉书刘表传:‘表字景升,山阳高平人,为镇南将军、荆州牧。二子:琦、琮。表初以琦貌类己,甚爱之。后为琮娶后妻蔡氏之侄,蔡氏遂爱琮而恶琦,毁誉日闻,表每信受。妻弟蔡瑁,及外甥张允,并得幸于表,又睦于琮,琦不自宁,求出为江夏太守。表病,琦归省疾,允等遏于户外,不使得见。琦流涕而去。遂以琮为嗣。琮以印授琦,琦怒投之地,将因丧作乱,会曹操军至新野,琦走江南,琮后举州降操。’”

〔七〕赵曦明曰:“后汉书袁绍传:‘绍字本初,汝南南阳人,领冀州牧,有三子:谭字显思,熙字显雍,尚字显甫。谭长而惠,尚少而美。绍后妻刘氏有宠,而偏爱尚,绍乃以谭继兄后,出为青州刺史,中子熙为幽州刺史。官渡之败,绍发病死,未及定嗣,逢纪、审配,夙以骄侈为谭所病,辛评、郭图,皆比于谭,而与配、纪有隙,众以谭长,欲立之;配等恐谭立而评等为害,遂矫绍遗命,奉尚为嗣。谭自称车骑将军,军黎阳。曹操渡河攻谭,尚救谭,败,退还邺;操进军,尚逆击破操,谭欲及其未济,出兵掩之,尚疑而不许,谭怒,引兵攻尚,败,还南皮;尚复攻谭,谭大败,尚围之急,谭遣辛毗诣操求救;操渡河,尚乃释平原还邺,操进攻邺,尚奔中山。操之围邺也,谭背之,略取甘陵、安平等处,攻尚于中山;尚走故安,从熙。明年,操讨谭,谭堕马见杀。熙、尚为其将张纲所攻,奔辽西乌桓,操击乌桓,熙、尚败,乃奔公孙康于辽东,康斩送之。’”

〔八〕鲍本“为”作“谓”。类说引此句作“可为龟鉴也”。卢文弨曰:“龟可以占事，鉴可以照形，故以此为比。”器案：易颐卦：“舍尔灵龟。”尔雅释鱼：“二曰灵龟。”郭注：“涪陵郡出大龟，甲可以卜，缘中文似瑇蝐，俗呼为灵龟。”

齐朝有一士大夫，尝谓吾曰：“我有一儿，年已十七，颇晓书疏〔一〕，教其鲜卑语及弹琵琶〔二〕，稍欲通解，以此伏事〔三〕公卿，无不宠爱，亦要事也。”吾时俛而不答〔四〕。异哉，此人之教子也！若由〔五〕此业，自致卿相，亦不愿汝曹为之〔六〕。

〔一〕卢文弨曰：“疏，所助切，记也。晋书陶侃传：‘远近书疏，莫不手答。’”器案：书疏，为六朝人习用语，后杂艺篇亦有“书疏尺牍，千里面目”之语。三国志魏书高贵乡公传明元郭后追贬高贵乡公令：“见其好书疏文章，冀可成济。”御览五九五引李充起居诫：“床头书疏，亦不足观。”

〔二〕赵曦明曰：“隋书经籍志：‘鲜卑语五卷，又十卷。’”文廷式纯常子枝语十：“按此，则北朝颇尚鲜卑语，然自隋以后，鲜卑语竟失传，其种人亦混入中国，不可辨识矣。”刘盼遂曰：“高齐出鲜卑种，性喜琵琶，故当时朝野之干时者，多仿其言语习尚，以投天隙。北齐书中所纪者，孙搴以能通鲜卑语，宣传号令；‘祖孝征以解鲜卑语，得免罪，复参相府’；‘刘世清能通四夷语，为当时第一，后主命之作突厥语翻涅槃经，以遗突厥可汗’；‘和士开以能弹胡琵琶，因此得世祖亲狎’，如此等类，屡见非一。又本书省事篇亦云‘近世有两人，朗悟士也，天文、画绘、棋博、鲜卑语、胡书、煎胡桃油、炼锡为银，如此之类，略得梗概’云云。又庾信哀江南赋云：‘新野有生祠之庙，河南有胡书之碣。’知鲜卑语、胡书，为尔时技艺之一矣。”器案：续高僧传十九释法藏传：“天和四年，……周武帝躬趋殿下，口号鲜卑，问讯众僧，几无人对者；藏在末行，挺出众立，作鲜卑语答，殿庭僚众，咸喜斯酬。敕语百官：‘道人身小心大，独超群友，报朕此言，可非健人耶！’”此亦当时朝野好尚之一证。隋书音乐志述齐代音乐云：“杂乐有西凉、鼙舞、清乐、龟兹等，然吹笛、弹琵琶、五弦、歌舞之伎，自文襄以来，皆所爱好，至河清以后，传习尤甚。后主唯赏胡戎乐，耽爱无已；于是繁手淫声，争新哀怨，故曹妙达、安未弱、安马驹之徒，至有封王开府者。”器案：北史恩幸传叙云：“亦有西域丑胡、龟兹杂伎，封王开府，接武比肩，非直独守幸臣，且复多干朝政，赐予之费，帑藏以虚，杼柚之资，剥掠将尽，齐运短促，固其宜哉！”盖慨乎其言之矣。又案：类说卷十九三朝圣政录：“太祖曰：‘资荫子弟，但能在家弹琵琶弄丝竹，岂能治民？’于是未许亲民。”则宋初犹有此恶习。

〔三〕卢文弨曰：“伏与服同。”李详曰：“文选陆机吴王郎中时从梁陈作：‘谁谓伏事浅。’李善注：‘周礼：“大司徒颁职事，十有二曰服事。”郑司农曰：“服事，谓为公家服事，伏与服同。”’”陈汉章说同。

〔四〕卢文弨曰：“俛与俯同。”黄叔琳曰：“俯而不答，便算诤友。”陈直曰：“按：北史恩幸传云：‘曹僧奴子妙达，齐末以能弹胡琵琶，甚被宠遇，官至开封王。’之推所言，似即指妙达也。”

〔五〕元注：“一本作‘用’。”案：类说引亦作“由”。

〔六〕抱朴子讥惑篇：“余谓废已习之法，更勤苦以学中国之书，尚可不须也；况于乃有转易其声音，以效北语，既不能便，良似可耻可笑，所谓不得邯郸之步，而有匍匐之嗤者。”其识与颜之推同。顾炎武日知录十三曰：“嗟乎！之推不得已而仕于乱世，犹为此言，尚有小宛诗人之意；彼阉然媚于世者，能无愧哉！”

兄弟〔一〕第三

夫有人民而后有夫妇，有夫妇而后有父子〔二〕，有父子而后有兄弟：一家之亲，此三而已矣〔三〕。自兹以往，至于九族〔四〕，皆本于三亲焉，故于人伦为重者也，不可不笃。兄弟者，分形连气〔五〕之人也，方其幼也，父母左提右挈〔六〕，前襟后裾〔七〕，食则同案〔八〕，衣则传服〔九〕，学则连业〔一〇〕，游则共方〔一一〕，虽有悖乱之人〔一二〕，不能不相爱也。及其壮也，各妻其妻，各子其子，虽有笃厚之人〔一三〕，不能不少衰也。娣姒之比兄弟〔一四〕，则疏薄矣；今使疏薄之人，而节量〔一五〕亲厚之恩，犹方底而圆盖，必不合矣。惟友悌深至，不为旁人〔一六〕之所移者，免夫！

〔一〕文苑英华卷七百四十八载常得志兄弟论，可与此文互参。

〔二〕鲍本"子"误"母"。

〔三〕赵曦明曰："句首宋本有'尽'字，小学所引无。"器案：通录、小学绀珠三引"三"下都有"者"字，少仪外传上引此句作"尽此三者而已矣"。卢文弨曰："王弼注老子道经：'六亲，父子、兄弟、夫妇也。'"

〔四〕赵曦明曰："诗王风葛藟序：'周室道衰，弃其九族焉。'笺：'九族者，据己上至高祖，下及元孙之亲。'正义：'此古尚书说，郑取用之。异义："今礼戴、尚书欧阳说云，九族：父族四，母族三，妻族二。"'郑有驳，文繁不录。"器案：正义所引五经异义，又见尚书尧典疏、桓公六年左氏传疏及通典卷七十三。白虎通宗族篇与此说同。父族四者，五属之内为一族，父女昆弟适人者与其子为一族，己女昆弟适人者与其子为一族，己之女子子适人者与其子为一族。母族三者，母之父姓为一族，母之母姓为一族，母女昆弟适人者与其子为一族。妻族二者，妻之父姓为一族，妻之母姓为一族。

〔五〕吕氏春秋精通篇："故父母之于子也，子之于父母也，一体而两分，同气而异息，……此之谓骨肉之亲。"文选曹子建求自试表："诚与国分形同气，忧患共之者也。”集注：“钞曰：‘分形，即与父操分形，与兄□□□。’”梁书武陵王纪传：“世祖与纪书曰：‘友于兄弟，分形共气。’”文苑英华七四八引常得志兄弟论：“且夫兄弟者，同天共地，均气连形。”王叔岷曰：“案后汉书陈宠传：‘夫父母于子，同气异息，一体而分。’”

〔六〕史记张耳陈馀传：“左提右挈。”又见汉书张耳传。颜师古注：“提挈，言相扶持也。”

〔七〕公羊传哀公十四年何休注：“袍，衣前襟也。”（王念孙谓“袍”当作“褒”。）尔雅释器：“衱谓之裾。”郭璞注：“衣后裾也。”吴讷小学集解五曰：“左提右挈，谓幼时父母左手引兄以行、右手携弟以走也。前襟后裾，谓兄前挽父母之襟、弟后牵父母之裾也。”

〔八〕卢文弨曰：“说文：‘案，几属。’”后汉书梁鸿传：“妻为具食，不敢于鸿前仰视，举案齐眉。”惠栋后汉书补注曰：“案：方言以案为杯碗之属，云：‘陈、楚、宋、魏之间谓之槁，自关东西谓之案。’故楚汉春秋：‘淮阴侯曰：“汉王赐臣玉案之食。”’史记：‘高祖过赵，赵王自持案进食。’焦氏易林云：‘玉杯大案。’王褒僮约云：‘涤杯整案。’以此推之，其为饮食之具明矣。”沈钦韩两汉书疏证曰：“王念孙广雅疏证引戴氏补注云：‘案者，梡禁之属，礼器注：“禁，如今方案，隋长，局足，高三寸。”案所以置食器，其制盖如今承盘而有足。凡案，或以承食器，或以承用器，皆与几同类，故说文云：“案，几属。”’曲礼：‘凡奉者当心。’今举案高至眉，敬之至。”器案：案，进食之盘也，下安短足，以便席地就食，今所见实物，信与礼器郑玄注合。

〔九〕传服，谓孩子衣服，大孩不能用者，可留给小孩也。晋书儒林氾毓传：“奕世儒素，敦睦九族，客居青州，逮毓七世，时人号其家：‘儿无常父，衣无常主。’”北史序传：“邢子才为李礼之墓志云：‘食有奇味，相待乃餐；衣无常主，易之而出。’”

〔一〇〕“业”谓书写经典之大版。连业，谓其兄曾用之经籍，其弟又从而连用之也。管子宙合篇:“修业不息版。”注:“版,牍也。”戴望校正引宋云:“曲礼:‘请业则起。’郑注:‘业谓篇卷也。’此言修业不息版。古人写书用方版,尔雅曰:‘大版谓之业。’故书版亦谓之业。郑训业为篇卷,以今语古也。”器案:宋氏释业义极是。业盖书六艺之大版,先生以是传之弟子,曰“授业”,弟子从而承之,则曰“受业”,学记曰:“一年视离经辨志,二年视敬业乐群。”玉藻曰:“父命呼,唯而不诺,手执业则投之,食在口则吐之。”俱谓是物也。左传文公四年:“卫宁武子来聘,公与之宴,为赋湛露及彤弓,不辞,又不答赋。使行人私焉,对曰:‘臣以为肄业及之也。’”又定公十年:“叔孙谓郈工师驷赤曰:‘郈非惟叔孙氏之忧,社稷之患也,将若之何?’对曰:‘臣之业,在扬水卒章之四言矣。’”国语鲁语下:“叔孙穆子聘于晋,晋悼公飨之,乐及鹿鸣之三,而后拜乐三,晋侯使行人问焉,……对曰:‘……臣以为肄业及之,故不敢拜。’”俱谓书诗之大版为业也。后汉书独行传:“李业,字巨游。”盖以“游于艺”为义,周、秦、两汉人以六经为六艺,名业字巨游,义正相应也。

〔一一〕论语里仁篇:“游必有方。”郑玄注:“方,常也。”胡三省通鉴注二九:“游谓宴游,学谓讲学。”

〔一二〕赵曦明曰:“宋本‘人’作‘行’。”

〔一三〕赵曦明曰:“宋本‘人’作‘行’。”

〔一四〕赵曦明曰:“尔雅:‘长妇谓稚妇为娣妇,娣妇谓长妇为姒妇。’”器案:此见释亲,“娣妇谓”赵引误作“稚妇谓”,今改正。经典释文卷十丧服经传第十一:“娣姒,音似,兄弟之妻。娣姒或云谓先后,亦曰妯娌。”

〔一五〕吴讷小学集解五曰:“节量,节制度量也。”黄叔琳曰:“节量二字甚妙,不必离间构衅也,只节量其恩,便有多少不如意不尽理处。”器案:治家篇亦有“妻子节量”语,世说政事篇:“何骠骑作会稽,虞存弟謇作郡主簿,以何见客劳损,欲断常客,使家人节量,择可通者作白。”则节量为六朝人习用语。

〔一六〕旁人，傅本、鲍本、小学作“傍人”，吴讷曰：“傍人，谓兄弟妻也。”

二亲既殁，兄弟相顾，当如形之与影，声之与响；爱先人之遗体[一]，惜己身之分气，非兄弟何念哉？兄弟之际，异[二]于他人，望深则易怨[三]，地亲则易弭[四]。譬犹[五]居室，一穴则塞之，一隙则涂之，则[六]无颓毁之虑；如雀鼠之不恤[七]，风雨之不防[八]，壁陷楹沦，无可救[九]矣。仆妾之为雀鼠，妻子之为风雨，甚哉！

〔一〕吴志薛综传：“莹献诗曰：‘嗟臣蔑贱，惟昆及弟，幸生幸育，托综遗体。’”通鉴一四二胡三省注曰：“托灵、托体，皆兄弟同气之谓也。”

〔二〕元注：“‘异’，一本作‘易’。”

〔三〕温公家范七引“则”作“虽”。卢文弨曰：“望，责望也，弟望兄爱我之不至，兄望弟敬我之不至，责望太深，故易生怨。”杨伯峻曰：“疑望为汉书黥布传‘布大喜过望’之望，句言希望过奢而不能满足，则易怨。”

〔四〕地，各本作“他”，温公家范作“比他”，宋本、文津本、抱经堂本作“地”，今从之。少仪外传上引“弭”作“弥”。卢文弨曰：“地近则情亲，怨虽易起，亦易消弭，孟子所谓‘不藏怒，不蓄怨’是也。诗小雅沔水传：‘弭，止也。’”王国维曰：“‘弭’当是‘湃’之讹，湃之言衅。”

〔五〕类说引“犹”作“如”。

〔六〕则，少仪外传引作“故”，类说引作“斯”。

〔七〕赵曦明曰：“雀鼠本行露。”案：诗召南行露：“谁谓雀无角，何以穿我屋？谁谓女无家，何以速我狱？虽速我狱，室家不足。谁谓鼠无牙，何以穿我墉？谁谓女无家，何以速我讼？虽速我讼，亦不女从。”

〔八〕赵曦明曰：“风雨本鸱鸮。”案：诗豳风鸱鸮：“予室翘翘，风雨所漂摇。”

〔九〕救，类说作“久”。

兄弟不睦，则子侄〔一〕不爱；子侄不爱，则群从〔二〕疏薄；群从疏薄，则僮仆〔三〕为仇敌矣。如此，则行路〔四〕皆踖其面而蹈其心〔五〕，谁救之哉？人或交天下之士〔六〕，皆有欢爱〔七〕，而失敬于兄者，何其能多而不能少也！人或将数万之师，得其死力，而失恩于弟者，何其能疏而不能亲也〔八〕！

〔一〕卢文弨曰：“子侄，谓兄弟之子也，其缘起，颜氏于风操篇详之，见卷二，谓晋世已来，始呼叔侄。晋书王湛传：‘济才气抗迈，于湛略无子侄之敬。’是也。史记魏其武安侯传：‘田蚡未贵，往来侍酒魏其，跪起如子侄。’又吕氏春秋亦已有子侄语，是则秦、汉已来即有此称，互见后注。”案：吕氏春秋见疑似篇，王念孙读书杂志馀编上谓史记、吕览之“子侄”当作“子姓”，此自指先秦之称谓言之，六朝以来固不尔也，不可泥古以执今。

〔二〕钱馥曰：“群从之从，疾用切，‘从’母；集韵、类篇似用切，‘邪’母；若子用切，则‘精’母，乃曲礼‘欲不可从’、论语‘从之纯如也’之从。”案卢文弨音从，子用切，故钱氏正之。群从，谓族中子弟。

〔三〕僮仆，类说作“儿童”。

〔四〕行路，即下条之“行路人”，汉、魏、南北朝人习用语，犹言陌生人。文选苏子卿诗：“四海皆兄弟，谁为行路人。”隋书李谔传：“平生交旧，情若弟兄，及其亡没，杳同行路。”

〔五〕颜本注：“踖，迹、七二音，踏也。”郝懿行曰：“踖，音籍，践也。”

〔六〕少仪外传上引跳行另起。

〔七〕爱，宋本作“笑”，各本皆作“爱”，温公家范七、少仪外传引俱作

"爱",今从之。

〔八〕器案:北齐书韦子粲传:"粲富贵之后,遂特弃其弟道谐,令其异居,所得廪禄,略不相及,其不顾恩义如此。"则之推所斥实有所指。纪昀曰:"必如公言,则苟可以不须人救,便不爱亦可矣;圣贤论理,未必如此。"卢文弨曰:"将,子匠切。"

娣姒者,多争之地也,使骨肉居之,亦不若各归四海,感霜露而相思[一],伫日月之相望也[二]。况以行路之人,处多争之地,能无间者鲜[三]矣。所以然者,以其当公务而执[四]私情,处重责而怀薄义也;若能恕己而行,换子而抚,则此患不生矣。

〔一〕诗秦风蒹葭:"蒹葭苍苍,白露为霜;所谓伊人,在水一方。"即此文所本。

〔二〕之,别解作"以"。文选李陵与苏武诗:"安知非日月,弦望自有时。"

〔三〕卢文弨曰:"间,古苋反。""鲜,息浅切。"

〔四〕执,温公家范七作"就"。

人之事兄,不可同于事父[一],何怨爱弟不及爱子乎[二]?是反照而不明也。沛国[三]刘琎,尝与兄瓛[四]连栋隔壁,瓛呼之数声不应,良久方答[五];瓛怪问之,乃曰:"向来[六]未着衣帽故也。"以此事兄,可以免矣。

〔一〕不可同于事父,少仪外传上、通录二俱作"不可不同于事父",温公家范七作"不同于事父"。今案:不可同于事父,原意自通,林思进先生曰:"尔雅释言:'猷,肯,可也。'肯、可互训,此'可'字正作'肯'用。"韩愈故贝州司法参军李君墓志铭:"事其兄如事其父,其行不敢有出焉。”盖本此文。

〔二〕怨，原作“为”，宋本、颜本、朱本、鲍本、汗青簃本俱作“怨”，温公家范亦作“怨”，今从之。

〔三〕通录提行另起。赵曦明曰：“续汉书郡国志：‘沛国属豫州。’”案：类说引“沛国”上有“吴”字。

〔四〕赵曦明曰：“南史刘瓛传：‘瓛字子圭，沛郡相人。笃志好学，博通训义。弟琎，字子璥，方轨正直，儒雅不及瓛，而文采过之。’瓛音桓，琎音津。”器案：刘瓛，南齐书亦有传。艺文类聚三八引任昉求为刘瓛立馆启云：“刘瓛澡身浴德，修行明经。”文选刘孝标辩命论：“近世有沛国刘瓛，瓛弟琎，并一时秀士也。瓛则关西孔子，通涉六经，循循善诱，服膺儒行；琎则志烈秋霜，心贞昆玉，必亭亭高竦，不杂风尘；皆毓德于衡门，并驰声于天地。而官有微于侍郎，位不登于执戟，相次殂落，宗祀无飨。”

〔五〕宋本“答”作“应”。通鉴四八胡注：“毛晃曰：‘良，颇也；良久，颇久也。’或曰：良久，少久也。一曰：良，略也，声轻，故转略为良。”

〔六〕向来，犹今言刚才。陶渊明挽歌诗：“向来相送人，各已归其家。”世说新语文学篇：“丞相乃叹曰：‘向来语，乃竟未知理源所归。’”又：“孙问深公：‘上人当是逆风家，向来何以都不言？’”又方正篇：“问：‘杨右卫何在？’客曰：‘向来不坐而去。’”又假谲篇：“兴公向来忽言欲与阿智婚。”案：“向来”又可单用“向”字。世说新语赏誉篇：“向客何如尊。”又文学篇：“无复向一字。”皆与“向来”之义一也。

江陵〔一〕王玄绍，弟〔二〕孝英、子敏，兄弟三人，特相爱友，所得甘旨新异，非共聚食，必不先尝，孜孜〔三〕色貌，相见如不足者〔四〕。及西台陷没〔五〕，玄绍以形体魁梧〔六〕，为兵所围；二弟争共抱持，各求代死，终不得解，遂并命[七]尔。

〔一〕赵曦明曰："江陵，梁元帝初为荆州刺史所治也。"

〔二〕弟，温公家范七无此字。

〔三〕广雅释训："孜孜，剧也。""剧，勤务也。"

〔四〕论语乡党篇："其言似不足者。"邢疏："其言似不足者，下气怡声，似如不足者也。"器案：此文谓兄弟三人虽勤勉不怠，相见仍有做得不够之感。

〔五〕通鉴一四四胡注："江陵在西，故曰西台。"赵曦明曰："梁书元帝纪：'承圣元年冬十一月景(丙)子，世祖即皇帝位于江陵。三年九月，魏遣柱国万纽、于谨来寇，反者纳魏师，世祖见执，西魏害世祖，遂崩焉。'"案：西台亦见慕贤篇。

〔六〕卢文弨曰："史记留侯世家索隐：'苏林云："梧音忤。"萧该云："今读为吾，非也。"'颜师古注汉书张良传：'魁，大貌也；梧者，言其可惊梧。'"器案："惊梧"当作"惊悟"。

〔七〕并命，谓相从而死也。后汉书公孙瓒传："瓒表绍罪状云：'绍又上故上谷太守高焉、故甘陵相姚贡，横责其钱，钱不备毕，二人并命，绍罪八也。'"三国志张纮传注引吴书："合肥城久不拔，纮进计曰：'古之围城，开其一面，以疑众心；今围之甚密，攻之又急，诚惧并命戮力，死战之寇，固难卒拔。'"世说贤媛篇注引汉晋春秋："后杀经，并及其母。将死，垂泣谢母，母颜色不变，笑而谓曰：'人谁不死！往所以止汝者，恐不得其所也；今以此并命，何恨之有！'"晋书卞壸传："弘讷重议卞壸赠谥云：'贼峻造逆，戮力致讨，身当矢旝，再对贼锋，父子并命，可谓破家为国，守死勤事。'"周书庾信传："哀江南赋云：'才子并命，俱非百年。'"是并命为汉、魏、南北朝人习用语。亦有作"併命"者，太真外传二："国忠大惧，归谓姊妹曰：'我等死在旦夕，今东宫监国，当与娘子等併命矣。'"集韵四十静："併，并，或省。"

后娶第四

吉甫，贤父也，伯奇，孝子也，以〔一〕贤父御孝子，合得终于天性，而后妻间之，伯奇遂放〔二〕。曾参妇死，谓其子曰："吾不及吉甫，汝不及伯奇〔三〕。"王骏丧妻，亦谓人曰："我不及曾参，子不如华、元〔四〕。"并终身不娶，此等足以为诫。其后，假继〔五〕惨虐孤遗，离间骨肉，伤心断肠者〔六〕，何可胜数。慎之哉！慎之哉〔七〕！

〔一〕以，各本无，宋本有。事文类聚后五、合璧事类前二五引有，今从之。

〔二〕赵曦明曰："琴操履霜操：'尹吉甫子伯奇，母早亡，更娶后妻，乃谮之吉甫曰："伯奇见妾美，有邪念。"吉甫曰："伯奇慈心，岂有此也？"妻曰："置妾空房中，君登楼察之。"乃取蜂置衣领，令伯奇掇之。于是吉甫大怒，放伯奇于野。宣王出游，吉甫从，伯奇作歌以感之。宣王曰："此放子之词也。"吉甫感悟，射杀其妻。'"陈直曰："赵氏原注引琴操，但太平御览引列女传，叙事尤详。"器案：曹植贪禽恶鸟论："昔尹吉甫信后妻之谗，而杀孝子伯奇，其弟伯封求而不得，作黍离之诗。"御览四六九引韩诗亦云："黍离，伯封作也。"

〔三〕卢文弨曰："家语七十二弟子解：'曾参，后母遇之无恩，而供养不衰，及其妻以藜烝不熟，遂出之，终身不娶妻，其子元请焉，告其子曰："高宗以后妻杀孝己，尹吉甫以后妻放伯奇，吾上不及高宗，中不及吉甫，庸知其得免于非乎？"'"陈槃曰："案伯奇放流之说，诸家所传，其词繁多，间杂闾巷猥谈。汪师韩以为'此必齐、鲁、韩三家有此遗说'（韩门缀学一伯奇作小弁诗说考）。然有未可遽信者。丁泰、何楷二氏并有辨。丁氏曰：'诗小弁，赵注孟子，谓尹伯奇诗。论衡亦云：伯奇被放，首发早白，诗云：维忧用老。按困学纪闻：韩云：黍离，伯封作（后汉书黄琼传注引说苑同）。陈思王植贪禽恶鸟论：昔尹吉甫信后妻之谗而杀孝子伯奇，其弟伯封求而不得，作黍离之诗。其韩诗之说与？秋槎杂记云：说苑（原注："据文选陆士衡君子行李善注引。"），王国君前母子伯奇，后母子伯封，兄弟相爱。后母欲其子为太子，言王曰：伯奇好妾。王上台视之，母取蜂除其毒而置衣领之中，往过伯奇，伯奇往视袖中，杀蜂。王见，让伯奇。伯奇出，使者袖中有死蜂。使者白王，王见蜂，追之，已自投河中。则伯奇自谗而死，非放逐，安得作小弁诗？'（赤庐札记小弁条）何氏曰：'赵岐孟子注云：伯奇仁人，而父虐之，故作小弁之诗曰何辜于天。亲亲而悲怨之词也。中山胜亦如此说。刘更生且以伯奇为王国子，正谓继母欲立其子伯封而谮之王，王以信之。王充论衡亦云：伯奇放流，首发早白，故诗云惟忧用老。子贡传、申培说（檠案此伪书）翕然同辞，而以为吉甫之邻大夫所作。案琴操云：尹吉甫子伯奇，事亲甚孝。甫娶后妻，欲害伯奇，乃取蜂去尾而自着衣领上，伯奇恐其螫也，趋而掇衣，后妻呼曰：伯奇牵我衣。甫闻之，曰：唉！伯奇惧，走之野，履霜以足，采楟花以食。其邻大夫悯伯奇无罪，为赋小弁，以讽吉甫。吉甫悟，逐后妻而召伯奇。伯奇至，请父复后母，吉甫从之。后母感伯奇孝，化而为慈。诸家之说，盖本于此。但如所云，则不过关人家庭之事，于义小矣。且踧踧周道，鞫为茂草，此岂伯奇之言哉？又韩诗及曹植皆谓吉甫信后妻之谗，杀孝子伯奇，其弟伯封求而不得，作黍离之诗，则与琴操言吉甫感悟召伯奇相矛盾。总之，皆委巷传讹之语，要不足信。'（诗经世本古义）水经注三三引杨雄琴清音：'尹吉甫子伯奇，至孝。后母谮之，自投江中，衣苔带藻。忽梦见水仙，赐其美乐，思惟养亲，扬声悲歌。船人闻之而学之。吉甫闻船人之歌，疑似伯奇，授琴作子安之操。'案此一事，诸家未引，然亦诡异。韩诗外传七：'传曰：伯奇孝而弃于亲。’杨树达曰：‘文称传曰，则固故传记之文也。’（汉书管窥）案：伯奇被放，自是先秦以来流传旧说，然后来递加傅会，盖亦多有之矣。”

〔四〕罗本、颜本、何本“华元”作“曾元”，今从宋本。卢文弨曰：“汉书王吉传：‘吉子骏，为少府，时妻死，因不复娶，或问之，骏曰：“德非曾参，子非华、元，亦何敢娶。”’案：元与华，曾子之二子也，大戴礼及说苑敬慎篇俱云：‘曾子疾病，曾元抱首，曾华抱足。’檀弓作‘曾元、曾申’，是华一名申。”器案：卢引大戴礼，见曾子疾病篇。曾子二子，独檀弓作“曾元、曾申”，与他书异，疑“申”为“华”之坏文也。王吉传注引韩诗外传：“曾参丧妻不更娶，人问其故，曾子曰：‘以华、元善人也。’”所引韩诗外传乃佚文，又见白帖卷六及天中记卷十九引。三国志管宁传：“初，宁妻先卒，知故劝更娶，宁曰：‘每省曾子、王骏之言，意常嘉之。岂自遭之而违本心哉？’”则后娶引曾、王之言以为戒，实自管幼安发之，之推盖又本之耳。

〔五〕卢文弨曰：“假继，谓假母、继母也。颜师古注汉书衡山王赐传：‘假母，继母也。一曰，父之旁妻。’”器案：抱朴子外篇嘉遁篇：“后母假继，非密于伯奇。”又案：隶释卷十六武梁祠画像有“齐继母”、“前母子”题字；史记衡山王传：“元朔四年中，人有贼伤王后假母者。”又见汉书衡山王传，师古曰：“继母也。”汉书王尊传：“美阳女子告假子不孝。”假子即前母子，则不仅继母可称假，即前母子亦可称假，假者谓其非亲生母子也。

〔六〕合璧事类引“断肠”作“肠断”。

〔七〕事文类聚、合璧事类作“谨之哉，谨之哉”，避宋孝宗赵昚讳改。

江左〔一〕不讳庶孽〔二〕，丧室之后，多以妾媵终〔三〕家事；疥癣蚊虻〔四〕，或未〔五〕能免，限以大分，故稀斗阋之耻。河北鄙于侧出〔六〕，不预人流〔七〕，是以必须重娶，至于三

四〔八〕，母年有少于子者。后母之弟，与前妇之兄〔九〕，衣服饮食，爰及婚宦〔一〇〕，至于士庶贵贱之隔，俗以为常。身没之后，辞讼盈公门，谤辱彰道路，子诬母为妾，弟黜兄为佣，播扬先人之辞迹，暴露祖考之长短，以求直己者，往往而有。悲夫〔一一〕！自古奸臣佞妾，以一言陷人者众矣！况夫妇之义，晓夕移之〔一二〕，婢仆求容，助相说引〔一三〕，积年累月，安有孝子乎？此不可不畏。

〔一〕江左，程本、胡本作"江右"，黑心符引同；宋本、罗本、傅本、颜本作"江左"，今从之。六朝人称江东为江左。

〔二〕封建社会称妾所生之子女为庶孽。史记商君传："商君者，卫之诸庶孽子也。"又吕不韦传："子楚，秦诸庶孽孙。"

〔三〕王楙野客丛书十五引"终"作"主"。

〔四〕卢文弨曰："疥癣比痈疽之患轻，蚊虻比蛇蝎之害小，以言纵有所失，不甚大也。"器案：国语吴语："申胥进谏曰：'譬越之在吴也，犹人之有腹心之疾也。……夫齐、鲁譬诸疾疥癣也。'"韦昭解："疥癣在外，为害微也。"此文本之。

〔五〕未，宋本作"不"，今从诸本，黑心符、通录二都作"未"。

〔六〕野客丛书十五曰："自古贱庶出之子，王符无外家，为乡人所贱。孝成曰：'崔道固如此，岂可以偏庶侮之。'颜氏家训曰：'江左不讳庶孽，河北鄙于侧出。江左丧室之后，多以妾媵主家事；河北必须重娶，至于三四母。'至唐而此风犹存，观褚遂良请千牛不荐嫡庶表曰：'永嘉以来，王涂不竞，在于河北，风俗乖乱，嫡待庶如奴，妻遇妾若婢。降及隋代，斯流遂远，独孤后禁庶子不得近侍。圣朝深革前弊，人以才进，不论嫡庶，于今二纪；今日荐千牛、舍人，仍此为制，礼所未安。'观此，可以见汉、晋以来，重嫡而轻庶矣。窃又考之，赵简子使姑布子卿相诸子，至毋卹，曰：'此真将军矣。'简子曰：'此其母贱，翟婢也。'对曰：'天之所授，虽贱必贵。'于是以毋卹为世子。知此意自古而然。"

〔七〕人物志流业篇："人流之业，十有二焉：有清节家，有法家，有术家……。"人流之流，与士流、学流、文流、某家者流之流义同。周一良曰："案黄门此语，稽之史册，信而有征。梁书二一王志传载年九岁居所生母忧，哀容毁瘠，是志乃庶子，而下文云弱冠选尚宋孝武女安固公主，拜驸马都尉秘书郎。褚涉亦以庶子而尚公主。皆是江左不讳庶孽之证。重嫡庶之别固是周汉以来旧俗，边塞各族入中原亦相沿成风。晋书一〇二刘聪载记：'既杀兄和，群臣劝即尊位。聪初让其弟北海王乂，久乃许曰：四海未定，贪孤年长，待乂年长，复子明辟。'盖以其非正后所出也。北魏庶子确不预人流，如魏书二四崔道固传：'道固贱出，嫡母兄攸之、目莲等轻侮之，……略无兄弟之礼。'又崔邪利传：'二女侮法始庶孽。'魏书四六李䜣传：'䜣母贱，为诸兄所轻。'又八九高遵传：'遵贱出，兄矫等常欺侮之，及父亡，不令在丧位。'又一〇四序传载魏收'有贱生弟仲同，先未齿录'。皆与黄门所言符合。魏书一八元孝友传称：'将相多尚公主，王侯亦取后族，故无妾媵，习以为常。……举朝略是无妾，天下殆皆一妻。'此又某一时期之特殊情况矣。少数民族之汉化未深者亦不乏例证。宋书九六鲜卑吐谷浑传：'浑庶长，廆正嫡。浑自称我是卑庶，理无并大。'魏书七三杨大眼传：'武都氐难当之孙也，侧出，不为其宗亲顾待，颇有饥寒之切。'是氐人亦歧视侧出矣。"

〔八〕平步青霞外捃屑卷五艳雪盦杂觚五娶四娶："况太守年谱：'十八岁娶熊恭人，二十六岁，熊卒；二十八岁，续王宜人，四十四岁，王卒；四十六岁，再续舒宜人，五十岁，舒卒；五十二岁，三续李宜人，五十六岁，李卒；五十七岁，四续万恭人。'是太守凡五娶。独异志言：'钟繇年七十而纳正室。'是亦不可以已乎？颜氏家训云：'江左丧室之后，多以妾媵主家；河北必须重娶，至于三四。’至唐而此风犹存。按国朝沈端恪公亦四娶，邵文靖（灿）娶史，继娶李（知瑗女）、蔡、陶、李（即继李弟右文女，可怪），何独河北乎？”

〔九〕卢文弨曰：“此弟与兄，皆指其子言。”

〔一〇〕通录“婚宦”作“婚嫁”，误。婚宦即下条所谓“宦学婚嫁”也。教子篇亦云：“年登婚宦。”

〔一一〕赵曦明曰：“北史崔亮传：‘亮祖修之，修之弟道固，字季坚，其母卑贱，嫡母兄攸之、目莲等轻侮之，父缉以为言，侮之愈甚。乃资给之，令其南仕。时宋孝武为徐、兖二州刺史，以为从事。道固美形貌，善举止，习武事；会青州刺史新除，过彭城，孝武谓曰：“崔道固人身如此，而世人以其偏庶侮之，可为叹息。”目莲子僧深，位南青州刺史，元妻房氏，生子伯驎、伯骥，后纳平原杜氏，生四子：伯凤、祖龙、祖螭、祖虬。后遂与杜氏及四子居青州，房母子居冀州，僧深卒，伯骥奔赴，祖龙与讼嫡庶，并以刀剑自卫，若怨仇焉。’”李慈铭曰：“案：魏书杨大眼传：‘大眼妻潘氏，善骑射，生三子：长甑生，次领军，次征南。后娶继室元氏。大眼死，甑生等问印绶所在，时元氏始怀孕，自指其腹曰：“开国当我儿袭之，汝等婢子，勿有所望。”甑生深以为恨。’又酷吏李洪之传：‘洪之微时，妻张氏助洪之经营资产，自贫至贵，多所补益。有男女几十人。后得刘氏，刘芳从妹，洪之钦重，而疏薄张氏，为两宅别居；由是二妻妒竞，互相讼诅，两宅母子，往来如仇。’北齐书薛琡传：‘魏东平王元匡妾张氏，淫逸放恣，琡纳以为妇，惑其谗言，逐前妻于氏，不认其子，家内怨忿，竟相告列，深为世所讥鄙。’”

〔一二〕之，通录引作“时”。

〔一三〕卢文弨曰：“说，舒芮切。”器案：说引，犹言诱引。

凡庸之性，后夫多宠前夫之孤〔一〕，后妻必虐〔二〕前妻之子；非唯妇人怀嫉妒之情〔三〕，丈夫有沈惑之僻，亦事势

使之然也。前夫之孤，不敢与我子争家，提携鞠养，积习生爱，故宠之；前妻之子，每居己生之上，宦学〔四〕婚嫁，莫不为防焉，故虐之。异姓宠则父母被怨，继亲〔五〕虐则兄弟为仇，家有此者，皆门户〔六〕之祸也。

〔一〕孤，倭名类聚钞一作"子"。

〔二〕必虐，倭名类聚钞作"多恶"，合璧事类后五作"又虐"。

〔三〕北齐书元孝友传"尝奏表云：'凡今之人，通无准节，父母嫁女则教以妒，姑姊逢迎必相劝以忌，以制夫为妇德，以能妒为女工'"云云，与之推所言相合，此亦当时之坏风习也。

〔四〕卢文弨曰："宦学，见礼记曲礼上，正义：熊氏云：'宦谓学仕宦之事，学谓学习六艺之事。'"器案：汉书楼护传："以君卿之才，何不宦学乎？"敦煌写本父母恩重经讲经文："何名婚嫁宦学？婚嫁又别，宦学又别。宦为士(仕)宦，学为学业。"

〔五〕继亲，后母也。蔡邕胡公碑："继亲在堂。"

〔六〕门户，犹今言家庭。汉书东方朔传："或失门户。"晋书卫玠传："玠妻先亡。山简见之曰：'昔戴叔鸾嫁女，唯贤是与，不问贵贱；况卫氏权贵门户、令望之人乎？'于是遂以女妻焉。"又乐广传："夏侯玄谓乐方曰：'卿家虽贫，可令专学，必能兴卿门户也。'"

思鲁等〔一〕从舅殷外臣〔二〕，博达之士也。有子基、谌〔三〕，皆已成立，而再娶王氏。基每拜见后母，感慕呜咽，不能自持，家人莫忍仰视。王亦凄怆，不知所容，旬月求退，便以礼遣，此亦悔事也。

〔一〕郝懿行曰："杭大宗诸史然疑云：'颜之推二子：一思鲁，一敏楚。家训中屡言之。敏作愍。'"

〔二〕陈直曰："颜真卿颜含大宗碑铭云：'思鲁字孔归，隋司经校书，长宁王侍读，东宫学士。'殷外臣当为颜之推之妻兄弟，史籍无考，殷、颜二姓，世为婚姻。"器案：颜鲁公集颜勤礼碑："父思鲁，娶御正中大夫殷美童女，殷美童集呼颜郎是也。"则思鲁亦娶于殷，是颜氏与殷氏为旧婚媾矣。尔雅释亲："母之从兄昆弟为从舅。"

〔三〕傅本、鲍本夺"谌"字。

后汉书曰："安帝时，汝南薛包〔一〕孟尝，好学笃行，丧母，以至孝闻。及父娶后妻而憎包，分出之。包日夜号泣，不能去，至被殴杖〔二〕。不得已，庐于舍外，旦入而洒埽〔三〕。父怒，又逐之，乃庐于里门，昏晨不废〔四〕。积岁馀，父母惭而还之。后行六年服，丧过乎哀〔五〕。既而弟子求分财异居，包不能止，乃中分其财：奴婢引〔六〕其老者，曰：'与我共事久，若不能使也。'田庐取其荒顿者〔七〕，曰：'吾少时所理〔八〕，意所恋也。'器物取其朽败者，曰：'我素所服〔九〕食，身口所安也。'弟子数〔一〇〕破其产，还复〔一一〕赈给。建光中〔一二〕，公车特征〔一三〕，至拜侍中〔一四〕。包性恬虚〔一五〕，称疾不起，以死自乞。有诏赐告归也〔一六〕。"

〔一〕各本"包"下有"字"字，此从宋本。

〔二〕卢文弨曰："说文：'殴，捶击物也。'徐锴曰：'以杖击也。'"

〔三〕洒埽，各本作"洒扫"，文选答宾戏注："'埽'，即今'扫'字。"

〔四〕器案：通鉴五〇载此事，胡三省注曰："不废定省之礼也。"

〔五〕卢文弨曰："见易小过大象传。"案：易小过象曰："山有雷，小过，君子以行过乎恭，丧过乎哀，用过乎俭。"封建社会，父母死，子行三年服，薛包行六年服，故曰丧过乎哀。

〔六〕引,宋本作"取",馀本亦作"引"。赵曦明曰:"案:范书作'引',小学同。"器案:引亦取也。后汉书孔融传注引融家传:"生四岁时,每与诸兄共食梨,融辄引小者。大人问其故,答曰:'我小儿,法当取小者。'"御览三八五引孔融外传同。上言引,下言取,互文见义也。

〔七〕后汉书李贤注:"顿犹废也。"元注本之。

〔八〕理,后汉纪十一、御览四一四引汝南先贤传作"治"。此盖传钞者避唐高宗李治讳改。

〔九〕器案:古谓用为服,说文舟部:"服,用也。"周武王剑铭:"带之以为服。"御览三四四引沈约具东宫谢敕赐孟尝君剑启:"谨加玩服,以深存古。"俱为"用"义。

〔一〇〕卢文弨曰:"数音朔。"

〔一一〕刘淇助字辨略一曰:"还,广韵云:'复也。'世说:'世人即以王理难裴,理还复申。'还复,重言也,然还亦有仍意,理还复申,若云理仍复申也。"

〔一二〕赵曦明曰:"建光,安帝年号。"

〔一三〕赵曦明曰:"续汉书百官志:'卫尉属有公车司马令一人,六百石,掌宫南阙门,凡吏民上章、四方贡献及征诣公车者。'"胡三省注曰:"特,独也,独征之,当时无与并者。"

〔一四〕赵曦明曰:"续汉书百官志:'侍中,比二千石,无员,掌侍左右,赞导众事,顾问应对,法驾出,则多识者一人参乘,馀皆骑在乘舆车后。'"

〔一五〕汝南先贤传:"包归先人冢侧,种稻种芋,稻以祭祀,芋以充饭,耽道说理,玄虚无为。"见御览九七五引。

〔一六〕卢文弨曰:"此段见范书卷六十九刘平等传首总序。章怀注:'汉制:吏病满三月当免,天子优赐其告,使得带印绶,将官属归家养病,谓之赐告也。'"器案:汉书高纪注引汉律:"吏二千石有赐告。"

治家第五

夫风化者〔一〕，自上而行于下者也，自先而施于后者也。是以父不慈则子不孝，兄不友则弟不恭，夫不义则妇不顺矣。父慈而子逆，兄友而弟傲，夫义而妇陵，则天之凶民，乃刑戮之所摄〔二〕，非训导之所移也。

〔一〕后汉书顺帝纪："汉安元年八月丁卯，遣侍中杜乔、光禄大夫周举、守光禄大夫郭遵、冯羡、栾巴、张纲、周栩、刘班等八人，分行州郡，班宣风化，举实臧否。"

〔二〕向宗鲁先生曰："'摄'借作'慑'，孙氏墨子亲士间诂有说。"案：孙云："说文心部：'慑，失气也。一曰：服也。'吕氏春秋论威篇：'威所以慑之也。'高注：'慑，惧也。'此慑字与之同。古摄字多借为慑。左襄十一年传云：'武震以摄威之。'韩诗外传云：'上摄万乘，下不敢敖于匹夫。'"说并见王引之经义述闻。

笞怒废于家，则竖子之过立见〔一〕；刑罚不中，则民无所措手足〔二〕。治家之宽猛，亦犹国焉〔三〕。

〔一〕卢文弨曰："吕氏春秋荡兵篇：'家无怒笞，则竖子婴儿之有过也立见。'广韵：'竖，童仆未冠者，臣庾切。'见，形电切。"器案：史记律书："故教笞不可废于家，刑罚不可捐于国，诛伐不可偃于天下。"杨雄方言二："传曰：'慈母之怒子也，虽折葼笞之，其惠存焉。'"郭璞注："言教在其中也。"抱朴子用刑篇："鞭扑废于家，则僮仆怠惰。"唐律疏议卷一名例："刑罚不可弛于国，笞捶不得废于家。"宋景文笔记下："父慈于箠，家有败子。"

〔二〕论语子路篇:“刑罚不中,则民无所措手足。”邢疏:“刑罚枉滥,则民踏地局天,动罹刑网,故无所错其手足也。”

〔三〕赵曦明曰:“左氏昭二十年传:‘子产曰:惟有德者,能以宽服民;其次莫如猛。夫火烈,民望而畏之,故鲜死焉。水濡弱,民狎而玩之,则多死焉,故宽难。’”

孔子曰:“奢则不孙〔一〕,俭则固;与其不孙也,宁固〔二〕。”又云:“如〔三〕有周公之才之美,使骄且吝,其馀不足观也已〔四〕。”然则可俭而不可吝已。俭者,省〔五〕约为礼之谓也;吝者,穷急不恤之谓也。今有施则奢〔六〕,俭则吝;如能施而不奢,俭而不吝〔七〕,可矣〔八〕。

〔一〕孙,同逊,罗本、傅本、颜本、程本、胡本、何本作“逊”,下并同。

〔二〕见论语述而篇。孔安国曰:“固,陋也。”

〔三〕如,罗本、傅本、颜本、程本、胡本、何本作“虽”,今论语作“如”。

〔四〕见论语泰伯篇。

〔五〕卢文弨曰:“案:说文系传:‘媘,减也。’徐锴谓颜氏家训作此媘字,今本殆亦后人所改矣。”

〔六〕施则奢,卢文弨曰:“旧本皆作‘奢则施’,今依下文乙正。”

〔七〕吝,罗本、傅本、颜本、程本、胡本、何本作“悋”,字同。

〔八〕艺文类聚二三引王昶家诫:“治家亦有患焉:积而不能散,则有鄙吝之累;积而好奢,则有骄上之罪。大者破家,小者辱身,此二患也。”

生民之本,要当稼穑而食,桑麻以衣。蔬果之畜,园场之所产;鸡豚之善〔一〕,埘圈之所生。爰及栋宇器械,樵苏〔二〕脂烛〔三〕,莫非种殖〔四〕之物也。至能守其业者,闭门而为生之具以〔五〕足,但家无盐井耳〔六〕。今北土风俗,率能躬俭节用，以赡衣食；江南奢侈，多不逮焉。

〔一〕善，少仪外传下作“膳”。周礼天官膳夫郑玄注：“膳之言善也，今时美物曰珍膳。”案：颜氏言善，亦犹汉人之言珍膳也。

〔二〕卢文弨曰：“汉书韩信传：‘樵苏后爨。’方言：‘苏，芥，草也。’”器案：史记淮阴侯传集解引汉书音义：“樵，取薪也。苏，取草也。”

〔三〕卢文弨曰：“古者以麻蒉为烛，灌以脂；后世唯用牛羊之脂，又或以蜡，或以柏，或以桦。”李详曰：“韦昭博弈论：‘穷日尽明，继以脂烛。’”陈汉章说同。

〔四〕殖，抱经堂本作“植”，古通。

〔五〕少仪外传下“以”作“已”。

〔六〕赵曦明曰：“左思蜀都赋：‘家有盐泉之井。’刘良注：‘蜀都临邛县、江阳汉安县，皆有盐井。巴西充国县盐井数十。’杜预益州记：‘州有卓王孙盐井，旧常于此井取水煮盐。义熙十五年治井也。’”案：“蜀都”当作“蜀郡”。陈直曰：“本段系述北土人士之治生，盐井为西蜀之特产，在此比拟，殊觉不伦。当为之推入北周后，游益州时所联系之感想耳。”器案：华阳国志巴志：“临江县……其豪门亦家有盐井。”又：“广都县……大豪冯氏有鱼池盐井。”又梓潼人士：“张寿字伯僖，涪人也，少给县丞杨放为佐。放为梁贼所得，寿求之积六年，始知其生存，乃卖家盐井得三十万，市马五匹，往赎放。”北堂书钞一四六引杜预益州记：“益州有卓王孙井，旧尝于此井取水煮盐。”

梁孝元世，有中书舍人〔一〕，治家失度，而过严刻〔二〕，妻妾遂共货刺客，伺醉而杀之〔三〕。

〔一〕赵曦明曰：“隋书百官志：‘中书省通事舍人，旧入直阁内；梁用人殊重，简以才能，不限资地，多以他官兼领，其后除通事，直曰中书舍人。’”

〔二〕晋书荀晞传:"以严刻立功。"严刻谓严酷苛刻也。

〔三〕少仪外传下引句末有"也"字。

世间名士〔一〕,但务宽仁;至于饮食饟馈〔二〕,僮仆〔三〕减损,施惠然诺〔四〕,妻子节量,狎侮宾客,侵耗乡党:此亦为家之巨蠹矣。

〔一〕名士,谓享大名之士,无论文武显隐也。汉末名士录见三国志注引,世说新语文学篇袁宏作名士传,晋张辅有名士优劣论。

〔二〕卢文弨曰:"'饟'与'饷'同,式亮切。"

〔三〕卢文弨曰:"古僮仆作'童',童子作'僮',后乃互易,此下'家童'字却与古合。"

〔四〕通鉴六二胡注:"然,是也,决辞也;诺,应也,许辞也。"

齐吏部侍郎房文烈〔一〕,未尝嗔怒,经霖雨〔二〕绝粮,遣婢籴米,因尔逃窜,三四许日,方复擒之。房徐曰:"举家〔三〕无食,汝何处来?"竟无捶挞〔四〕。尝寄人宅〔五〕,奴婢〔六〕彻屋为薪略尽,闻之颦蹙〔七〕,卒无一言。

〔一〕卢文弨曰:"北史房法寿传:'法寿族子景伯,景伯子文烈,位司徒左长史,性温柔,未尝嗔怒。'为吏部郎时,下载此事。"

〔二〕赵曦明曰:"左氏隐九年传:'凡雨自三日以往为霖。'"

〔三〕李调元剿说三:"举家,犹云全家,今尚有此言。"

〔四〕宋本、鲍本、汗青簃本"捶挞"下有"之意"二字,注云:"一本无'之意'两字。"

〔五〕卢文弨曰:"以宅寄人也。"

〔六〕婢,宋本、鲍本、汗青簃本作"仆"。

〔七〕孟子滕文公下:"己频顣曰:'恶用是鶂鶂者为哉!'"赵岐注:"频顣,

不悦。”“颦蹙”即“频颇”。

裴子野〔一〕有疏亲故属饥寒不能自济者，皆收养之；家素清贫〔二〕，时逢水旱，二石米为薄粥，仅得遍焉，躬自同之，常无厌色。邺下〔三〕有一领军〔四〕，贪积已甚，家童八百，誓满一千〔五〕；朝夕每人〔六〕肴膳，以十五钱为率，遇有客旅，更〔七〕无以兼。后坐事伏法，籍其家产〔八〕，麻鞋一屋，弊衣数库，其馀财宝，不可胜言。南阳有人，为生奥博〔九〕，性殊俭吝，冬至后〔一〇〕女婿谒之，乃设一铜瓯酒〔一一〕，数脔獐肉；婿恨其单率，一举尽之。主人愕然，俯仰命益，如此者再；退而责其女曰：“某郎〔一二〕好酒，故汝常〔一三〕贫。”及其死后，诸子争财，兄遂杀弟〔一四〕。

〔一〕赵曦明曰：“南史裴松之传：‘松之曾孙子野，字几原，少好学，善属文。居父丧，每之墓所，草为之枯，有白兔白鸠，驯扰其侧。外家及中表贫乏，所得奉，悉给之，妻子恒苦饥寒。’”

〔二〕清贫，谓清寒贫穷也。三国志魏书华歆传：“歆素清贫，禄赐以赈施亲戚。”

〔三〕邺下，即邺城，北齐建都于此，在今河南省临漳县境。六朝人率称建都之地为某下，如洛下、吴下、邺下是，犹后代之称京师为都下也。

〔四〕赵曦明曰：“晋书职官志：‘中领军将军，魏官也，文帝践祚，始置领军将军。’”李慈铭曰：“案：此谓厍狄伏连也。北齐书慕容俨传：‘代人厍狄伏连字仲山，为郑州刺史，专事聚敛。武平中，封宜都郡王，除领军大将军，寻与琅邪王俨杀和士开，伏诛。伏连家口有百数，盛夏之日，料以仓米二升，不给盐菜，常有饥色。冬至之日，亲表称贺，其妻为设豆饼，伏连问此豆何得，妻对于食马豆中分减充用，伏连大怒，典马、掌食之人，并加杖罚。积年赐物，藏在别库，遣侍婢一人，专掌管籥。每入库检阅，必语妻子云：“此是官物，不得辄用。”至是簿录，并归天府。’北史云：‘死时，惟著敝裈，而积绢至二万匹。’”

〔五〕一千，宋本、罗本、傅本、颜本、何本、鲍本、汗青簃本作“千人”。

〔六〕每人，此二字各本无，宋本有，今从之。

〔七〕抱经堂校本“更”作“便”。陈直曰：“在六朝时，称几钱尚不称几文，得此可以为证。便无以兼，谓不能得兼味也。”

〔八〕器案：家产，犹言家赀。史记李将军列传：“终广之身，为二千石四十馀年，家无馀财，终不言家产事。”汉书楚元王传：“家产过百万，则以振昆弟，宾客食饮，曰：‘富，民之怨也。’”今则谓之财产。又案：齐东野语十六举王黼、蔡京、童贯、贾似道事，以为多藏之戒，云：“胡椒八百斛，领军鞋一屋，不足多也。”下句即本此文。

〔九〕卢文弨曰：“奥博，言幽隐而广博也。”又曰：“文选陆士衡君子有所思行：‘善哉膏粱士，营生奥且博。’李善注：‘韦昭汉书注曰：“生，业也。”广雅曰：“奥，藏也。”’”器案：李周翰注曰：“言营生深奥且广博矣。”白居易与元九书：“康乐之奥博，多溺于山水；泉明（即渊明）之高古，偏放于田园。”

〔一〇〕太平广记一六五引“后”作“日”。风操篇：“南人，冬至岁首，不诣丧家。”足为此文旁证。

〔一一〕瓯，盛酒器，勉学篇言梁元帝“以银瓯贮山阴甜酒”。

〔一二〕六朝人呼婿为郎。通鉴二〇一胡注：“今人犹呼婿为郎。”

〔一三〕宋本“常”作“尝”，注云：“一本作‘常’字。”案：各本都作“尝”，今从一本，太平广记正作“常”。常贫，犹汉书陈平传之言“长贫”矣。

〔一四〕兄遂杀弟，太平广记作“逐兄杀之”。

妇主中馈〔一〕，惟事酒食衣服之礼耳〔二〕，国不可使预政，家不可使干蛊〔三〕；如有聪明才智，识达古今，正当辅佐君子〔四〕，助其不足〔五〕，必无牝鸡晨鸣〔六〕，以致祸也。

〔一〕赵曦明曰："易家人：'六二，无攸遂，在中馈。'"

〔二〕赵曦明曰："诗小雅斯干：'无非无仪，惟酒食是议。'鲁语：'敬姜曰：王后亲织玄纨；公侯之夫人，加之以纮綖；卿之内子，为大带；命妇成祭服；大夫之妻，加之以朝服；自庶人以下，皆衣其夫。'"器案：朱熹小学嘉言篇引颜氏此文，张伯行集解亦据易、诗为说，又引孟母曰："妇人之礼，精五饭，幂酒浆，养舅姑，缝衣裳而已。"孟母云云，见列女传孟子母传。

〔三〕赵曦明曰："易蛊爻辞：'干父之蛊。'序卦传：'蛊者，事也。'案：昔人用干蛊皆美辞。"器案：王弼注云："干父之事，能承先轨，堪其任者也。"

〔四〕严式诲曰："诗卷耳序：'卷耳，后妃之志也，又当辅佐君子，求贤审官。'"卢文弨曰："君子，谓良人。"

〔五〕小学"助"作"劝"。黄叔琳曰："代为筹画，闺阁之良谟也。易云：'地道无成，而代有终。'亦是此意。"纪昀曰："孟母不云乎：'妇人之职，奉舅姑，缝衣裳，精五饭，事酒浆而已。'助其不足，即司晨之渐也。老子之教，流为刑名，不可谓非老子之过也。东坡韩非论，可谓洞入本原。"

〔六〕赵曦明曰："书牧誓：'牝鸡无晨；牝鸡之晨，惟家之索。'"

江东妇女，略无交游，其婚姻〔一〕之家，或十数年间，未相〔二〕识者，惟以信命〔三〕赠遗，致殷勤焉。邺下风俗〔四〕，专以妇持门户〔五〕，争讼曲直，造请逢迎，车乘填街衢，绮罗盈府寺〔六〕，代子求官，为夫诉屈。此乃恒、代之遗风乎〔七〕？南间贫素，皆事外饰，车乘衣服，必贵齐整；家人妻子，不免饥寒。河北人事〔八〕,多由内政,绮罗金翠,不可废阙,羸马悴奴,仅充而已;倡和〔九〕之礼,或尔汝之〔一〇〕。

〔一〕卢文弨曰:"尔雅释亲:'婿之父为姻,妇之父为婚,妇之父母,婿之父母,相谓为婚姻。'"

〔二〕通录"相"作"有"。

〔三〕卢文弨曰:"信,使人也;命,问也。"器案:程大昌演繁露续集五:"晋人书问,凡言信至或遣信者,皆指信为使人也。"陈师禅寄笔谈六辨疑:"晋武帝炎报帖末云:'故遣信还。'南史:'晨出陌头,属与信会。'古者谓使者曰信,真诰云:'公至山下,又遣一信见告。'谢宣城传云:'荆州信居倚待。'陶隐居帖云:'明旦信还,仍过取反。'虞永兴帖云:'事已信人口具。'凡信者,皆谓使者也。"器案:续谈助四引殷芸小说载魏武杨彪传:"彪妻袁氏答曹公夫人卞氏书:'礼颇非宜,荷受,辄付往信。'"世说文学篇:"魏朝封晋文王为公……司空郑中驰遣信就阮籍求文。"则谓使者为信,自魏建安时已然矣。

〔四〕器案:抱朴子外篇疾谬:"而今俗:妇女休其蚕织之业,废其玄纨之务,不绩其麻,市也婆娑,舍中馈之事,修周旋之好,更相从诣,之适亲戚,承星举火,不已于行,多将侍从,暐晔盈路,婢使吏卒,错杂如市,寻道亵谑,可憎可恶,或宿于他门,或冒夜而反,游戏佛寺,观视渔畋,登高临水,出境庆吊,开车褰帏,周章城邑,杯觞路酌,弦歌行奏,转相高尚,习非成俗。"葛洪所述吴末晋初风俗,已然如此,可与此文互证,足见宋、明理学未兴之前,中国妇女之社会活动,固与男子初无二致也。

〔五〕唐书宰相世系表:"有爵为卿大夫,世世不绝,谓之门户。"寻晋书卫玠传:"玠妻先亡,山简见之曰:'昔戴叔鸾嫁女,唯贤是与,不问其贵贱,况卫氏权贵门户、令望之人乎?'于是遂以女妻焉。"又乐广传:"夏侯玄谓乐方曰:'卿家虽贫,可令专学,必能兴卿门户也。'"梁书王茂传:“茂年数岁,为大父深所异,尝谓亲识曰:‘此吾家之千里驹,成门户者,必此儿也。’”又本书止足篇:“汝家书生门户。”玉台新咏一古乐府陇西行:“健妇持门户,胜一大丈夫。”傅玄苦相篇豫章行:“男儿当门户,堕地自生神。”当门户即持门户,后世言当家本此。

〔六〕赵曦明曰:“广韵引风俗通:‘府,聚也,公卿牧守道德之所聚也。’释名:‘寺,嗣也,治事者嗣续于其内也。’”陈直曰:“汉制,丞相公廨称府,御史大夫以下称寺。外官太守都尉皆称府,县令长称寺。”

〔七〕赵曦明曰:“阎若璩潜邱札记:‘有以恒、代之遗风问者,余曰:拓跋魏都平城县,县在今大同府治东五里,故址犹存,县属代郡,郡属恒州,所云恒、代之遗风,谓是魏氏之旧俗耳。’”器案:阎说是。张伯行小学集解以为“由燕太子丹欲报秦,以宫女结士,馀风未殄故耳”。其说非是。燕自燕,恒、代自恒、代,未可混为一谈。魏书成淹传:“朕以恒、代无漕运之路,故京邑人贫。”即指平城而言。楚辞九章:“悲江介之遗风。”朱熹集注:“遗风,谓故家遗俗之善也。”

〔八〕事,宋本原注:“一本作‘士’字。”案:后汉书贾逵传:“此子无人事于外。”晋书王长文传:“闭门自守,不交人事。”

〔九〕倡和,从宋本,馀本作“唱和”,古通。卢文弨曰:“倡和,谓夫妇。”

〔一〇〕卢文弨曰:“世说惑溺篇载王安丰妇常卿安丰,安丰曰:‘妇人卿婿,于礼为不敬,后勿复尔。’是江南无尔汝之称也。”郝懿行曰:“尔汝之称,今北方犹多。尔,古音泥,上声。”陈汉章曰:“案:此当即受尔汝之实。”器案:孟子尽心下:“人能充无尔汝之实,无所往而不为义也。”赵注:“尔汝之实,德行可轻贱,人所尔汝者也。既不见轻贱,不为人所尔汝,能充大而以自行,所至皆可以为义也。”此文尔汝义正同。言夫妇之间,或相轻贱也。缪一凤与陈二易论尔汝及谥法:“按:尔汝对我之称,二字同语并用,古文对语之辞也。”(明文海卷一百七十一)北史儒林陈奇传:“游雅性护短,因以为嫌,尝众辱奇,或尔汝之,或指为小人。”韩愈听颖师弹琴诗:“昵昵儿女语,恩怨相尔汝。"俱用为相轻贱意。又案:梁玉绳瞥记二:"尔汝者,贱简之称也,故孟子云:'人能充无受尔汝之实,无所往而不义。'世说载孙皓为晋武帝作尔汝歌,帝悔之。魏书陈奇传:'游雅尝众辱奇,或尔汝之。'隋书杨伯丑传:'见公卿不为礼,无贵贱皆汝之。'则虽敌以下犹不□。乃禹告舜曰:'安汝止。'伊尹之告太甲,呼尔者四,呼汝者二(伪书仿古),箕子为武王陈洪范,呼汝者十有三,金縢呼三王为尔者六,洛诰呼汝者七,立政篇呼尔者一,诗卷阿言尔者十三,又民劳'王欲玉汝',盖古之君臣尚质,不相嫌忌,所谓'忘形到尔汝'也。"

河北妇人,织纴组紃〔一〕之事,黼黻锦绣罗绮之工,大优于江东也。

〔一〕卢文弨曰:"礼记内则:'女子十年不出,姆教婉娩听从,执麻枲,治丝茧,织纴组紃。'郑注:'紃,绦。'正义:'纴为缯帛,组、紃俱为绦也。薄阔为组,似绳者为紃。'"

太公曰:"养女太多,一费也〔一〕。"陈蕃曰:"盗不过五女之门〔二〕。"女之为累,亦以深矣。然天生蒸民〔三〕,先人传体〔四〕,其如之何?世人多不举女〔五〕,贼行〔六〕骨肉,岂当如此而望福于天乎?吾有疏亲,家饶妓〔七〕媵,诞育将及,便遣阍竖守之。体有不安,窥窗倚户,若生女者,辄持将去;母随号泣,使人不忍闻也。

〔一〕艺文类聚三五、御览四八五引六韬:"太公曰:'……养女太多,四盗也。'"说本李详、陈汉章。

〔二〕赵曦明曰:"后汉书陈蕃传:'蕃字仲举,上疏曰:"谚云:'盗不过五女之门。'以女贫家也。今后宫之女,岂不贫国乎?"'"

〔三〕诗大雅荡："天生烝民。"郑笺："烝，众也。"

〔四〕传体，宋本、鲍本、事文类聚后十一引作"遗体"。

〔五〕陈汉章曰："韩非子内储说六反篇：'产男则相贺，产女则杀之。'"

〔六〕事文类聚"行"作"其"。

〔七〕妓，家妓。抱朴子外篇崇教："品藻妓妾之妍蚩。"

妇人之性，率宠子婿而虐儿妇。宠婿，则兄弟之怨生焉；虐妇，则姊妹之谗行焉。然则女之行留〔一〕，皆得罪于其家者，母实为之。至有〔二〕谚云："落索〔三〕阿姑餐。"此其相报也〔四〕。家之常弊，可不诫哉〔五〕！

〔一〕留，类说作"届"。

〔二〕至有，类说作"至于"。案勉学篇"梁朝全盛之时，贵游子弟多无学术，至于谚云……"句法与此相同，亦作"至于"。

〔三〕卢文弨曰："落索，当时语，大约冷落萧索之意。"案：尔雅释诂下："貉缩，纶也。"郭注："纶者，绳也，谓牵缚缩貉之，今俗语犹然。"郝懿行义疏曰："貉缩，谓以缩牵连绵络之也。……又变为落索，颜氏家训引谚云：'落索阿姑餐。'落索盖绵联不断之意，今俗语犹然。"器案：朱子文集答吕子约书："请打并了此一落索后，看却须有会心处也。"又朱子语类论语五："无道理底，也见他是那里背驰，那里欠阙，那一边道理是如何，一见便一落索都见了。"朱熹所用落索，即一连串之意，与郝氏所谓"绵联不断之意"相合，但家训此文，却非此意，把"落索"一谚放在全文中去理解，仍以卢说为长。林逋雪赋："清爽晓林初落索，冷和春雨转飘萧。"用法与此谚相近。陶宪曾广方言曰："仇怨曰落索。"案：唐陈羽古意诗："妾貌渐衰郎渐薄，时时强笑意索寞。"索寞亦落索也。

〔四〕孔齐至正杂记论述女扰母家，引证颜氏此文，并云："夫妇皆人女，女必为人妇，久之即为人母，自受之，又自作之，其不悟为可叹也。”而不知此为封建制度之馀毒也。

〔五〕类说引“诫”作“戒”。

婚姻素对〔一〕，靖侯〔二〕成规〔三〕。近世嫁娶，遂有卖女纳财，买妇输绢，比量〔四〕父祖，计较〔五〕锱铢，责多还少，市井无异〔六〕。或猥婿〔七〕在门，或傲妇擅室，贪荣求利，反招羞耻，可不慎欤〔八〕！

〔一〕卢文弨曰：“尔雅释诂：‘妃、合、会，对也。’晋书卫瓘传：‘武帝敕瓘第四子宣尚繁昌公主，瓘自以诸生之胄，婚对微素，抗表固辞。’”器案：王羲之帖：“中郎女颇有所向不？今日婚对，自不可复得。”又：“二族旧对，故欲援诸葛，若以家穷，自当供助昏事。”见全晋文二六，对字义同。

〔二〕赵曦明曰：“晋书孝友传：‘颜含字宏都，琅邪莘人也。豫讨苏峻功，封西平县侯，拜侍中。桓温求婚于含，含以其盛满不许。致仕二十馀年，年九十三卒，谥曰靖侯。’”卢文弨曰：“案：靖侯，之推九世祖也。”

〔三〕郝懿行曰：“第五卷止足篇云：‘靖侯戒子侄曰：“婚姻勿贪势家。”’”器案：颜鲁公集晋侍中右光禄大夫本州大中正西平靖侯颜公大宗碑铭：“桓温求婚，以其盛满不许，因诫子孙云：‘自今仕宦不可过二千石，婚姻勿贪世家。’”

〔四〕器案：比量，犹今言衡量也。本书勉学篇：“比量逆顺。”又省事篇：“比较材能，酌量功伐。”文选贾谊过秦论：“比权量力。”语又见史记游侠传。

〔五〕较，罗本、程本、胡本、何本作“校”，古通。

〔六〕史记平准书正义：“古人未有市及井，若朝聚井汲水，便将货物于井边货卖，故言市井也。”器案：市井犹言市道。御览二一五引语林：

"卿何事人中作市井?"又七〇四引语林:"温曰:'承允好贿,被下必有珍宝,当有市井事。'令人视之,果见向囊皆珍玩焉,与胡父谐贾。"则市井为六朝人习用语。当时婚姻论财,文中子以为"夷虏之道"。寻魏书文成纪,和平四年诏曰:"中代以来,贵族之门,多不率法,或贪利财贿,或因缘私好,在于苟合,无所选择,令贵贱不分,巨细同贯,尘秽清化,亏损人伦。"所言"贪利财贿",即谓婚姻论财也。北齐书封述传:"前妻河内司马氏。一息为娶陇西李士元女,大输财娉,及将成礼,犹竞悬违。述忽取供养像对士元打像作誓,士元笑曰:'封公何处常得应急像,须誓便用!'一息娶范阳卢庄之女,述又径府诉云:'送骡乃嫌脚跛,评田则云咸薄,铜器又嫌古废。'皆为吝啬所及,每致纷纭。"其计较锱铢之事,可见一斑。梁武帝谓侯景曰:"王、谢门高,当于朱、张以下求之。"沈约奏弹王源有云:"王、满连姻,实骇物听。"此皆比量父祖之事也。

〔七〕猥,谓鄙贱。风操篇之猥人,书证篇之猥朝,杂艺篇之断猥之人、猥拙、猥役,北史杨愔传"鲁漫汉自言猥贱",义俱同。

〔八〕卢文弨曰:"古重氏族,致有贩鬻祖曾,以为贾道,如沈约弹王源之所云者。此风至唐时,犹未衰止也。庸猥之婿,骄傲之妇,唯不求佳对,而但论富贵,是以至此。"

借人典籍〔一〕,皆须〔二〕爱护,先有缺坏,就为补治〔三〕,此亦士大夫百行之一也〔四〕。济阳江禄〔五〕,读书未竟,虽有急速,必待卷束〔六〕整齐,然后得起,故无损败,人不厌其求假焉。或有狼籍几案,分散部帙〔七〕,多为童幼婢妾之所点污〔八〕,风雨虫鼠〔九〕之所毁伤,实为累德〔一〇〕。吾每读圣人之书,未尝不肃敬对之;其故纸有五经词义,及贤达〔一一〕姓名,不敢秽用〔一二〕也。

〔一〕典籍，吕氏杂记作"书籍"。

〔二〕皆须，事文类聚别三引作"须加"。

〔三〕魏书李业兴传："业兴爱好坟籍，鸠集不已，手自补治，躬加题帖，其家所有，垂将万卷。"案：齐民要术三有治书法。

〔四〕封建士大夫所订立身行己之道，共有百事，因谓之为百行。说苑谈丛篇、玉海十一引郑玄孝经序、诗经氓郑笺、风俗通义十反篇，都言及百行，新唐书艺文志有杜正伦百行章一卷，今有敦煌唐写本传世。吕希哲吕氏杂记上："予小时，有教学老人谓予曰：'借书而与之，借人书而归之，皆痴也。'闻之便不喜其语。后见颜氏家训说：'借人书籍，皆当爱护，虽有缺坏，先为补治，此亦士大夫百行之一也。'"王士禛居易录三："颜氏家训云：'借人典籍，皆当护惜，先有残缺，就为补缀，亦士大夫百行之一也。'此真厚德之言。或谓还书一痴，小人之言反是。"

〔五〕卢文弨："江禄，南史附其高祖江夷传。禄字彦遐，幼笃学，有文章，位太子洗马，湘东王录事参军，后为唐侯相，卒。"器案：金楼子聚书篇载曾就江录处写得书，当即此人，"录"盖"禄"之误。

〔六〕郝懿行曰："古无镂版书，其典籍皆书绢素，作卷收藏之，故谓之书卷；其外作衣帙包裹之，谓之书帙。"器案：书之多卷者，则分别部居，各为一束。杜甫暮秋枉裴道州手札率尔遣兴寄递呈苏涣侍御："久客多枉友朋书，素书一月凡一束。"则书札卷束，唐时犹如此也。

〔七〕部，以类相聚之部居也。古代书籍就内容分为甲乙丙丁四部。"帙"原作"秩"，今据颜本、程本、胡本、何本、汗青簃本及少仪外传、类说引校改。说文巾部："帙，书衣也。"陈继儒群碎录："书曰帙者，古人书卷外，必有帙藏之，如今裹袱之类，白乐天尝以文集留庐山草堂，屡亡逸，宋真宗令崇文院写校，包以斑竹帙送寺。余尝于项子京家，见王右丞书画一卷，外以斑竹帙裹之，云是宋物。帙如细帘，其内袭以薄缯,观帙字巾旁可想也。”案:香祖笔记引此,“草堂”作“东林寺”,“项子京家”作“秀水项氏”。日本藤原贞干好古小录下有竹帙,云:“一故旧所图。长一尺五分,广一尺三寸,袭绯绫。”大正新修大正藏图像部三宝物具钞二有竹帙图,云是敕书卷帙,与陈继儒所说正合。白氏长庆集苏州南禅院白氏文集记:“乐天有文集七袟,合六十七卷。”“袟”与“帙”同,其作用与今书套相同。一般以十卷为一帙。

〔八〕楚辞七谏:“唐、虞点灼而毁议。”王逸注:“点,污也。”汉书司马迁传:“适足以发笑而自点耳。”师古曰:“点,污也。”三国志吴书韦曜传:“数数省读,不觉点污。”文选奏弹王源:“玷辱流辈。”集注:“音决:‘玷音点。’钞‘玷’为‘点’。”则点又通玷。

〔九〕虫鼠,宋本作“犬鼠”(少仪外传同),原注:“一本作‘虫鼠’。”抱经堂本据小学外篇嘉言引定作“虫鼠”。案:颜本、朱本及类说引都作“虫鼠”,今从之。

〔一〇〕本书文章篇:“虞舜歌南风之诗,周公作鸱鸮之咏,吉甫、史克雅、颂之美者,未闻皆在幼年累德也。”尚书旅獒:“不矜细行,终累大德。”庄子庚桑楚:“恶欲喜怒哀乐六者,累德也。”成玄英疏曰:“德家之患累也。”

〔一一〕贤达,卢文弨曰:“小学作‘圣贤’。”

〔一二〕秽用,颜本、朱本及小学引作“他用”,他用,如覆瓿、当薪、糊窗之类。卢文弨曰:“秽,亵也。”

吾家巫觋〔一〕祷请,绝于言议〔二〕;符书〔三〕章醮〔四〕亦无祈焉,并汝曹所见也。勿为妖妄之费〔五〕。

〔一〕卢文弨曰:“楚语下:‘明神降之,在男曰觋,在女曰巫。’韦注:‘巫、觋,见鬼者,周礼男亦曰巫。’”

〔二〕辨惑编二引“绝于言议”作“绝于吾手”。

〔三〕卢文弨曰:"魏书释老志:'化金销玉,行符敕水,奇方妙术,万等千条。'"陈直曰:"道家书符,起于东汉末期。现出土有初平元年朱书陶瓶,上画符文一道,为流传符文之最古者。"

〔四〕卢文弨曰:"案:道士设坛伏章祈祷曰醮,盖附古有醮祭之礼而名之耳。醮,子肖切。"器案:法苑珠林卷六十八注:"今见章醮,似俗祭神,安设酒脯棋琴之事。"通鉴一七五胡注:"道士有消灾度厄之法,依阴阳五行数术,推人年命,书之如章表之仪,并具贽币,烧香陈读,云奏上天曹,请为除厄,谓之上章。夜中于星辰之下,陈设酒果觧饵币物,历祀天皇、太一、五星、列宿,为书如上章之仪以奏之,名为醮。"吴讷小学集注五:"符章,即今道士所为符箓章醮,为人祈祷荐拔者。"

〔五〕"为"字原无,赵曦明据小学外篇嘉言引补。器案:朱本及少仪外传下引亦有"为"字,今从之。小学、通录、辨惑编二、合璧事类前五五、新编事文类聚翰墨大全壬九(以后简称事文类聚)引此并作"勿为妖妄"。纪昀曰:"极好家训,只末句一个费字,便差了路头。杨子曰:'言,心声也。'盖此公见解,只到此段地位,亦莫知其然而然耳。"

卷第二

风操　慕贤

风操第六

吾观礼经，圣人之教：箕帚[一]匕箸[二]，咳唾[三]唯诺[四]，执烛[五]沃盥[六]，皆有节文[七]，亦为至矣。但既残缺，非复全书；其有所不载，及世事变改者，学达君子，自为节度，相承行之，故世号士大夫风操[八]。而家门[九]颇有不同，所见互称长短；然其阡陌[一〇]，亦自可知。昔在江南，目能视而见之，耳能听而闻之；蓬生麻中[一一]，不劳翰墨[一二]。汝曹生于戎马之间，视听之所不晓，故聊记录[一三]以传示子孙[一四]。

〔一〕赵曦明曰："礼记曲礼上：'凡为长者粪之礼，必加帚于箕上，以袂拘而退，其尘不及长者；以箕自乡而扱之。'"

〔二〕赵曦明曰："礼记曲礼上：'饭黍毋以箸。'"

〔三〕赵曦明曰："礼记内则：'在父母舅姑之所，不敢哕噫、嚏咳、欠伸、跛倚、睇视，不敢唾洟。'"

〔四〕赵曦明曰："礼记曲礼上：'抠衣趋隅，必慎唯诺；父召无诺，先生召无诺，唯而起。'"案：郑玄注："慎唯诺者，不先举，见问乃应。"

〔五〕赵曦明曰："礼记少仪：'执烛，不让不辞不歌。'"卢文弨曰："管子弟子职：'昏，将举火，执烛隅坐，错总之法：横于坐所，栉之远近，乃承厥火，居句如矩，蒸间容蒸，然者处下，捧碗以为绪，右手执烛，左手正栉，有堕代烛。'案：栉亦作堲，谓烛烬；绪亦烛之烬也。堕，倦也，倦则易一人代之。"

〔六〕赵曦明曰："礼记内则：'进盥，少者奉槃，长者奉水，请沃盥；盥卒，授巾，问所欲而敬进之。'"

〔七〕"节文"，各本皆作"节度"，涉下文而误，今从宋本。礼记坊记曰："礼者，因人之情，而为之节文，以为民坊者也。"史记礼书："事有宜适，礼有节文。"此颜氏所本。

〔八〕风操，谓风度节操。晋书裴秀传："少好学，有风操。"又王劭传："美姿容，有风操。"

〔九〕后汉书皇甫规传："刘祐、冯绲、赵典、尹勋，正直多怨，流放家门。"南史萧引传："引曰：'吾家再世为始兴郡，遗爱在人，政可南行，以存家门耳。'"家门，犹今言家庭。

〔一〇〕黄生义府卷下"阡陌"："晋帖：'不审谓粗得阡陌否？'犹言得其梗概也。"器案：阡陌，即途径义。汉书叙例："澄荡愆违，审定阡陌。"法书要录十王羲之帖云："前试论意，久欲呈，多疾，愦愦，遂忘，致今送；愿因暇日，可垂试省。大期贤达兴废之道，不审谓粗得阡陌否？"艺文类聚二引李颙雷赋："来无辙迹，去无阡陌。"宋书王微传：微以书告弟僧谦灵曰："书此数纸，无复词理，略道阡陌，万不写一。"广弘明集十六范泰与谢侍中书："见炽公阡陌如卿；问栖僧于山，诚是美事。"宋书郑鲜之传载其滕羡仕宦议云："举其阡陌，皆可略言矣。"南齐书张融传载融门律自序："政以属辞多出，比事不羁，不阡不陌，非途非路耳。”以“阡陌”与“途路”对文,其义可知。

〔一一〕赵曦明曰:“荀子劝学篇:‘蓬生麻中,不扶而直。’亦见大戴礼记。”器案:大戴礼记见曾子制言上,又见说苑谈丛篇及论衡程材、率性二篇。王叔岷曰:“褚少孙续史记三王世家:‘传曰:蓬生麻中,不扶自直。’”

〔一二〕翰墨,谓笔墨。文选杨子云长杨赋序:“上长杨赋,聊因笔墨之成文章,故藉翰林以为主人,子墨为客卿以讽。”注:“韦昭曰:‘翰,笔也。’”梁简文帝昭明太子集序:“下国远征,殷勤于翰墨。”陈直曰:“蓬生麻中,不扶自直。据马总意林所引曾子,始见于此,但此书应为战国人所依托,正式始见于荀子劝学篇。”器案:此两句文义不贯,疑当作“蓬生麻中,不扶自直;□□□□,不劳翰墨”,今本脱二句八字,义不可通。大戴礼曾子制言上:“蓬生麻中,不扶自直;白沙在泥,与之皆黑。”是其证。抑或“翰墨”是“绳墨”之误,言蓬生麻中,不劳绳墨而自直,即不扶自直之意也。

〔一三〕“录”字宋本无,各本俱有,今据补。

〔一四〕王叔岷曰:“墨子兼爱下篇:‘以其所获,书于竹帛,传遗后世子孙。’(据文选杨德祖答临淄侯牋注引)”

礼云:“见似目瞿,闻名心瞿〔一〕。”有所感触,恻怆心眼;若在从容平常之地,幸须申其情耳〔二〕。必不可避,亦当忍之;犹如伯叔兄弟,酷类先人,可得终身肠断,与之绝耶?又:“临文不讳,庙中不讳,君所无私讳〔三〕。”益知〔四〕闻名,须有消息〔五〕,不必期于颠沛而走也〔六〕。梁世谢举〔七〕,甚有声誉,闻讳必哭〔八〕,为世所讥。又有〔九〕臧逢世〔一〇〕,臧严之子也〔一一〕,笃学修行,不坠门风〔一二〕;孝元经牧江州〔一三〕,遣往建昌〔一四〕督事,郡县民庶,竞修笺书〔一五〕,朝夕辐辏〔一六〕,几案〔一七〕盈积,书有称“严寒”者,必对之流

涕，不省取记，多废公事，物情怨骇〔一八〕，竟以不办而退。此并过事也。

〔一〕颜本注："瞿，音惧，惊也。出杂记。"赵曦明注亦引礼记杂记，并引郑玄注曰："似谓容貌似其父母，名与亲同。"

〔二〕"耳"，宋本作"尔"。器案：世说新语任诞篇："桓南郡被召作太子洗马，船泊荻渚；王大服散后，已小醉，往看桓。桓为设酒，不能冷饮，频语左右，令温酒来。桓乃流涕呜咽，王便欲去。桓以手巾掩泪，因谓王曰：'犯我家讳，何预卿事？'王叹曰：'灵宝故自达。'"桓南郡谓桓玄，玄父温，故以王令左右"温酒"为犯其家讳，而流涕呜咽也。

〔三〕文见礼记曲礼上，郑玄注云："君所无私讳，谓臣言于君前，不辟家讳，尊无二；临文不讳，为其失事正；庙中不讳，为有事于高祖，则不讳曾祖以下，尊无二也，于下则讳上。"

〔四〕"益知"，各本皆作"盖知"，今从抱经堂校定本校改。

〔五〕吴梅曰："消息谓时地。"器案：本书文章篇："当务从容消息之。"书证篇："考校是非，特须消息。"是消息为颜氏习用语。寻汉、魏、六朝人消息都作斟酌义用。古钞本玉篇水部消下云："野王案：消息犹斟酌也。"类聚五十五杜笃书槴赋："承尊者之至意，惟高下而消息。"古文苑郦炎遗命书："消息汝躬，调和汝体。"续汉书百官志注引风俗通："啬者，省也；夫者，赋也；言消息百姓，均其赋役。"后汉书郑弘传注引谢承后汉书："消息繇赋，政不烦苛。"晋书恭帝纪："安帝既不惠：帝每侍左右，消息温凉寝食之间。"晋书华峤传："帝手诏报曰：'辄自消息，无所为虑。'"陆云与兄平原书："兄常欲其作诗文，独未作此曹语，若消息小往，愿兄可试作之。"又云："愿当日消息。"抱朴子外篇嘉遁："潜初飞五，与时消息。"晋书慕容超载记："超下书议复肉刑：'其令博士已上参考旧事，依吕刑及汉、魏、晋律令，消息增损，议成燕律。'"宋书王弘传："弘上书言：'役召之应，存乎消息。'"魏书苏绰传：

"绰奏行六条诏书曰:'善为政者,必消息时宜,而适烦简之中。'"又崔光传附鸿传:"鸿大考百寮议:'虽明旨已行,犹宜消息。'"齐民要术卷七白醪麴第六十五:"穄米酎法:用神麴者,随麴多少,以意消息。"义俱用为斟酌。

〔六〕吴梅曰:"走谓避匿也。"器案:南史谢超宗传:"道隆武人无识,正触其父名,曰:'旦侍宴至尊,说君有凤毛。'超宗徒跣还内。道隆谓检觅毛,至阍待不得,乃去。"又王慈传:"谢凤子超宗尝候僧虔,仍往东斋诣慈,慈正学书,未即放笔。超宗曰:'卿书何如虔公?'慈曰:'慈书比大人,如鸡之比凤。'超宗狼狈而退。"又王亮传:"时有晋陵令沈巑之,性粗疏,好犯亮讳,亮不堪,遂启代之。巑之怏怏,乃造坐云:'下官以犯讳被代,未知明府讳若为攸字,当作无骹尊傍犬,为犬傍无骹尊?若是有心攸?无心攸?乞告示。'亮不履下床跣而走。巑之抚掌大笑而去。"此之闻讳而徒跣,而狼狈,而跣走,即之推所谓颠沛而走也。

〔七〕御览五六二引"梁"作"近"。赵曦明曰:"梁书谢举传:'举字言扬,中书令览之弟,幼好学,能清言,与览齐名。'"

〔八〕类说"哭"作"忌"。案:齐东野语四避讳:"梁谢举闻家讳必哭。"即本此文。

〔九〕各本俱无"有"字,宋本有,今从之。

〔一〇〕卢文弨曰:"案:南史臧焘传附载诸臧,无逢世名。"陈直曰:"臧逢世精于汉书,亦见本书勉学篇。"

〔一一〕赵曦明曰:"梁书文学传:'臧严,字彦威,幼有孝性,居父忧,以毁闻。孤贫勤学,行止书卷不离于手。'"抱经堂本脱"也"字,今据各本补。

〔一二〕周书王罴王述传论:"述不陨门风,亦兄称也。"

〔一三〕赵曦明曰:"梁书元帝纪:'大同六年,出为使持节都督江州诸军事、镇南将军、江州刺史。'"

〔一四〕赵曦明曰:"隋书地理志:'九江郡旧曰江州。''豫章郡统县四。'有建昌县。”

〔一五〕“笺”，从宋本、鲍本；徐本及事文类聚后三、天中记二四作“牋”，卢文弨曰：“牋，亦作笺，博物志：‘郑康成注毛诗曰笺，毛公尝为北海相，郑是此郡人，故以为敬。’案：文选所载牋，皆与王侯书，盖表之次也。”

〔一六〕卢文弨曰：“辐辏，言如车辐之聚于毂也。老子：‘三十辐共一毂。’”

〔一七〕姜宸英湛园札记一：“齐高元荣学尚有文才，长于几案。又薛庆之颇有学业，间解几案。几案恐是案牍解。”吴承仕䌹斋读书记曰：“今名官中文件簿籍为案卷，或曰案件，或曰档案，亦有单称为案者，盖文书计帐，皆就几案上作之，后遂以几案为文件之称。此事盖起于南北朝，北史：‘高元荣有文才，长于几案。’又：‘薛庆之颇有学业，间解几案。’又：‘邢昕号有才藻，兼长几案。自孝昌之后，天下多务，世人竞以吏事取达，文学大衰。’又：‘世隆留心几案，遂有了解之名。’凡云几案者，皆指律令程式掾史简牍言之。其实文章学问，亦几案间事也；其时，乃以几案与文学对言，明以几案为吏事之专名，盖已久矣。”

〔一八〕器案：唐刘驾上巳日诗：“物情重此节。”物情，即谓人情。古代谓人为物，国语周语：“女三为粲，今以美物归汝，而何德以堪之。”美物谓美人也。史记周本纪：“纣大说曰：‘此一物足以释西伯。’”索隐：“一物，谓莘氏之美女也。”南齐书焦度传：“见度身形黑壮，谓师伯曰：‘真健物也。’”健物，犹言健儿。刘劭有人物志，即论人之作也。盖单言之曰物，复言之则曰人物也。

近在扬都，有一士人讳审，而与沈氏交结周厚，沈与其书〔一〕，名而不姓〔二〕，此非人情也。

〔一〕“沈与其书”，朱本作“沈氏具书”。

〔二〕齐东野语四避讳:"如扬都士人名审,沈氏与书,名而不姓,皆谀之者过耳。"即本之推此文。

凡避讳者,皆须得其同训以代换之〔一〕:桓公名白,博有五皓之称〔二〕;厉王名长,琴有修短之目〔三〕。不闻谓布帛为布皓,呼肾肠为肾修也。梁武小名阿练,子孙皆呼练为绢〔四〕;乃谓销錬〔五〕物为销绢物,恐乖其义。或有讳云者,呼纷纭为纷烟〔六〕;有讳桐者,呼梧桐树为白铁树,便似戏笑耳〔七〕。

〔一〕类说、事文类聚后三、合璧事类续三无"换"字。卢文弨曰:"如汉人以'国'代'邦'、以'满'代'盈'、以'常'代'恒'、以'开'代'启'之类是也。近世始以声相近之字代之。"

〔二〕沈揆曰:"博有五白,齐威公名小白,故改为五皓。一本以'博'为'传'者,非。"案:类说、事文类聚、天中记二四即作"传"。赵曦明曰:"宋玉招魂:'成枭而牟呼五白。'王逸注:'五白,博齿也。倍胜为牟。''博'亦作'簙'。"卢文弨曰:"'齐桓'作'齐威',此又宋人避讳改也。之推作观我生赋云:'惭四白之调护,厕六友之谈说。'乃以'四皓'为'四白',此非有所讳,但取新耳。"器案:北堂书钞九四引孔融集:"在家永有攸讳,齐称五皓,鲁有卿对也。"此即家训所本。

〔三〕赵曦明曰:"汉书淮南厉王传:'名长,高祖少子。'所出未详。"卢文弨曰:"案:今淮南子凡'长'字俱作'修'。"李详曰:"高注淮南子序:'以父讳长,故所著诸"长"字皆曰"修"。'"陈汉章说同。陈直曰:"淮南王安在国内避长字,最为严格。现淮河流域所出汉镜,铭云'长相思'者,皆改作'修相思',不仅在淮南子全书之内然也。"器案:琴有修短之说,别无所闻。寻淮南子齐俗篇:"修胫者使之跖钁。"许慎注:"长胫以蹋插者使入深。"案庄子骈拇篇:"是故凫胫虽短,续之则忧；鹤胫虽长，断之则悲。”是则胫以长短言之，维昔而然矣。“琴”疑当作“胫”，音近之误也。又案：齐东野语四避讳类谓：“韩退之辨讳：‘桓公名白，博有五皓之称；厉王名长，琴有修短之目。不闻谓布帛为布皓，肾肠为肾修。’”即本之推此文，而以为韩文，盖记忆偶疏耳。

〔四〕赵曦明曰：“梁书武帝纪：‘高祖武皇帝讳衍，字叔达，小字练儿。’”器案：南史卷五十三梁武帝诸子传：“徐州所有练树，并令斩杀，以帝小名练故。”慧琳一切经音义十四大宝积经第八十二卷：“阿练儿，梵语虏质不妙，旧云阿兰，唐云寂静处也。”又十六：“阿练儿，梵语古译虏质不妙也。亦云阿兰若，唐云寂静也。”萧梁多以佛典取名，则阿练之名本于大宝积经也。又案：齐东野语四避讳：“梁武帝小名阿练，子孙皆呼练为白绢。”“绢”上有“白”字。陈直曰：“汉书记司马相如小字犬子，是为特例。晋宋以来，普记小字，在世说新语中最为显著。若晋荀岳墓碣大书‘小字异于’，在碑刻中殊为罕见，亦可见当时之风气。”器案：类说卷五冥祥记：“晋中书令王珉，有一胡沙门每瞻珉丰采，曰：‘若我复生，得与此人作子，愿亦足矣。’顷之，病卒。珉生一子，始能言，便解外国语及绝国珠具，生所未见即识名目，咸以为沙门先身，故珉字之曰阿练。”则晋人已有以阿练为名矣。晋书王珉传：“二子朗、练，义照中并历侍中。”宋书王弘传：“弘从父弟练，晋中书令珉子也，元嘉中，历显宦，侍中度支尚书。”

〔五〕“销鍊”，鲍本作“销练”，不可从；类说作“销炼”，同。

〔六〕类说、事文类聚“纷烟”作“纷絪”。

〔七〕宋本“耳”作“尔”。卢文弨曰：“案：赵宋之时，嫌名皆避，有因一字而避至数十字者，此末世之失也。”

周公名子曰禽〔一〕，孔子名儿曰鲤〔二〕，止在其身，自可无禁。至若卫侯〔三〕、魏公子〔四〕、楚太子，皆名虮虱〔五〕；

长卿名犬子〔六〕，王修名狗子〔七〕，上有连及〔八〕，理未为通，古之所行，今之所笑也〔九〕。北土多有名儿为驴驹、豚子者〔一〇〕，使其自称及兄弟所名，亦何忍哉？前汉有尹翁归〔一一〕，后汉有郑翁归，梁家亦有孔翁归，又有顾翁宠〔一二〕；晋代有许思妣〔一三〕、孟少孤〔一四〕：如此名字，幸当避之。

〔一〕周公之子鲁公名伯禽，见史记鲁周公世家。

〔二〕卢文弨曰："家语本姓解：'十九娶宋之幵官氏，一岁而生伯鱼。鱼之生也，鲁昭公以鲤鱼赐孔子；孔子荣君之赐，故因名曰鲤，而字伯鱼。'"

〔三〕类说无"卫侯"二字。

〔四〕赵曦明曰："史记韩世家：'襄王十二年，太子婴死，公子咎、公子虮虱争为太子，时虮虱质于楚。'案：战国策韩策作'几瑟'，此所云则未详。"郝懿行曰："'魏'当作'韩'。"亦引史记文为证。器案：淮南子说林篇："头虱与空木之瑟，名同实异也。"高诱注："头中虱，空木瑟，其音同，其实则异也。"据此，则古人以瑟虱同音通用，此荀子正名所谓"惑于用名以乱实"者也。

〔五〕器案：荀子议兵篇言世俗之善用兵者，有燕之缪虮，命名亦同此类，足证春秋、战国时，以虮虱命名者不少矣。

〔六〕赵曦明曰："史记司马相如传：'蜀郡成都人也，字长卿。少时，好读书，学击剑，故其亲名之曰犬子。'"

〔七〕李慈铭曰："案：晋书：'王修，字敬仁，小名苟子，太原晋阳人。'颜氏所称狗子，即其人也。六朝人往往以苟、狗通用，如张敬儿本名苟儿，其弟名猪儿，及敬儿贵后，齐武帝为名，傍加'攵'字作'敬'。梁世何敬容自书名，往往大作'苟'小作'攵'，大作'父'小作'口'，人嘲之曰：'公家狗既奇大，父亦不小。'是皆以'苟'为'狗'之证。敬本从茍,音急,说文:'自急敕也。'与从草之苟迥殊,六朝已不讲字学如此。"李详曰:"世说新语文学篇:'许掾年少时,人以比王苟子。'刘孝标注:'苟子,王修小字。'南朝俗字,有假'苟'为'狗'者,何敬容曾为人所戏'苟子',即'狗子'。"陈汉章说同。陈直曰:"按:晋书外戚传:'王濛子修,字敬仁,小字苟子。'赵氏原注,误作曹魏时之王修。"器案:张敬儿,南齐书有传。侯景小字狗子,见隋书五行志上。又案:史记建元已来王子侯者年表有洮阳侯刘狗彘,则汉人以狗命名者,不止一犬子也。

〔八〕林思进先生曰:"如名狗子,则连及父为狗之类。"

〔九〕器案:下文昔侯霸之子孙条亦云:"古人之所行,今人之所笑也。"王叔岷曰:"案淮南子氾论篇:'于古为义,于今为笑。'"

〔一〇〕类说引"驹"作"狗"。郝懿行曰:"桂未谷缪篆分韵有赵豬、王豬、筐豬等名,又有尹豬子印,又有张狗、左狗等印。"器案:魏书卷九十一有周驴驹传,此正颜氏所指斥者。类说引"驹"作"狗",非是。又释老志有凉州军户赵苟子。宋俞成萤雪丛说一曰:"今人生子,妄自尊大,多取文武富贵四字为名,不以希颜为名,则以望回为名,不以次韩为名,则以齐愈为名,甚可笑也。古者命名,多自贬损,或曰愚曰鲁,或曰拙曰贱,皆取谦抑之义也。如司马氏幼字犬子,至有慕名野狗,何尝择称呼之美哉?尝观进士同年录,江南人习尚机巧,故其小名多是好字,足见自高之心;江北人大体任真,故其小名多非佳字,足见自贬之意。"案:尊大与谦抑之说,足补此书所未备。陈直曰:"如北魏李璧墓志之郑班豚,孙秋生造像之□□白犊,即其例也。"

〔一一〕赵曦明曰:"汉书尹翁归传:'字子兄,平陵人,徙杜陵。'注:'兄读曰况。'"陈直曰:"梁书文学传:'孔翁归,会稽人,工为诗,为南平王大司马府记室。'玉台新咏卷六有奉和湘东王教班婕妤诗。"

〔一二〕赵曦明曰:"未详。"陈直曰:"郑翁归未详,曹魏又有张翁归,见魏志张既传,之推原文未引及。"

〔一三〕孙志祖读书脞录续编三曰："案：许柳子永，字思妣，见世说政事篇。"李慈铭、李详、陈汉章、严式诲、刘盼遂说同。

〔一四〕卢文弨曰："晋书隐逸传：'孟陋，字少孤，武昌人。'"孙志祖说同。李详曰："世说栖逸篇注：'袁宏孟处士铭："处士名陋，字少孤。"'"陈汉章说同。严式诲曰："经典释文叙录：'论语孟整注，十卷。一云孟陋。陋字少孤，江夏人，东晋抚军参军，不就。'"器案：御览五〇四引晋中兴书："孟陋，字少孤，少而贞洁，清操绝伦，口不言世事，时或渔弋，虽家人亦不知所之。太宗辅政，以为参军，不起。桓温躬往造焉，或谓温宜引在府，温叹曰：'会稽王不能屈，非敢拟议也。'陋闻之，曰：'亿兆之人，无官者十居其九，岂皆高士哉？我病疾，不堪恭相王之命，非敢为高也。'"又通典一〇二引孟陋难孙放事。又案：平步青霞外捃屑卷五艳雪盦杂觚有连姓取名一条，讨论及此，征引甚博，然此似非连姓取名之类也。

今人避讳，更急于古。凡〔一〕名子者，当为孙地。吾亲识〔二〕中有讳襄、讳友〔三〕、讳同〔四〕、讳清、讳和、讳禹，交疏造次，一座百犯〔五〕，闻者辛苦，无憀〔六〕赖焉。

〔一〕罗本、颜本、程本、胡本、何本无"凡"字，今从宋本；事文类聚亦无"凡"字。

〔二〕亲识，六朝人习用语。陶渊明形赠影诗："亲识岂相思。"谢惠连顺东西门行："华堂集亲识。"

〔三〕宋本、类说、事文类聚无"讳友"二字，今从馀本。

〔四〕"讳同"，宋本、类说、事文类聚作"讳周"。

〔五〕卢文弨曰："'交疏'当为'疏交'，故容有不识者。疏如字读。一云交往书疏，则当音所去切。造次，仓猝也。"器案：卢后说是，类说、事文类聚引亦作"交疏"。以有书疏交往，故尔造次百犯也。论语里仁篇："造次必于是。"

〔六〕"憀"，程本、胡本作"僇"。卢文弨曰："广韵：'憀，落萧切。'亦作聊，本或作'僇'，非。"郝懿行曰："憀，音聊，玉篇云：'赖也。'集韵云：'无憀赖也。'"器案：汪琬尧峰文钞题欧阳公集："古人为文，未有一无所本者，如韩退之讳辩本颜氏家训。"即指此。

昔司马长卿慕蔺相如，故名相如〔一〕，顾元叹慕蔡邕，故名雍〔二〕，而后汉有朱伥字孙卿〔三〕，许暹字颜回〔四〕，梁世有庾晏婴〔五〕、祖孙登〔六〕，连古人姓为名字，亦鄙事也〔七〕。

〔一〕赵曦明曰："见史记本传。"器案：史记司马相如传："相如既学，慕蔺相如之为人，更名相如。"蔺相如，史记有传。嵇康与山巨源绝交书："长卿慕相如之节。"亦用此事。

〔二〕沈揆曰："三国志：'顾雍，字元叹，以其为蔡邕所叹。'一本作'元凯'者，非。"卢文弨曰："'雍'与'邕'同。"邕，后汉书有传。

〔三〕"朱伥"，原作"朱张"，今据孙志祖说校改。孙氏读书脞录续编三："'朱张'当作'朱伥'，伥字孙卿，见后汉书顺帝纪注。"器案：后汉书顺帝纪："永建元年，长乐少府朱伥为司徒。"注："朱伥，字孙卿，寿春人也。"又来历传："大中大夫朱伥。"又丁鸿传："门下由是益盛，远方至者数千人，彭城刘恺、北海巴茂、九江朱伥，皆至公卿。"又刘恺传："伥能说经书，而用心褊狭。"又周举传："后长乐少府朱伥代郤为司徒。"风俗通义十反篇："司徒九江朱伥，以年老为司隶虞诩所奏。"字俱作"伥"，今据改正。

〔四〕赵曦明曰："未详。"器案：北齐书恩幸和士开传有士曾参，亦连孔丘弟子姓为名字者。

〔五〕钱大昕曰："案：梁书文学传：'庾仲容幼孤，为叔父泳所养。初为安西法曹行参军,泳时已贵显,吏部尚书徐勉拟泳子晏婴为宫僚,泳垂泣曰:“兄子幼孤,人才粗可,愿以晏婴所忝回用之。”’”孙志祖说同。

〔六〕孙志祖读书脞录续编三曰:“祖孙登,见陈书徐伯阳传。”陈直曰:“祖孙登,文苑英华、乐府诗集载其紫骝马等诗,丁福保氏全陈诗卷四共辑得八首。”器案:陈书徐伯阳传:“伯阳与中记室李爽、记室张正见、左户郎贺彻、学士阮卓、黄门郎萧诠、三公郎王由礼、处士马枢、记室祖孙登、比部贺循、长史刘删等为文会之友。”(又见南史徐伯阳传)又侯安都传:“自王琳平后,安都勋庸转大,又自以功安社稷,渐用骄矜,数招聚文武之士,或射驭驰骋,或命以诗赋,第其高下,以差次赏赐之:文士则褚介、马枢、阴铿、张正见、徐伯阳、刘删、祖孙登,武士则萧摩诃、裴子烈等,并为之宾客,斋内动至千人。”即此人也。之推云梁世,则祖孙登亦由梁入陈者。

〔七〕“鄙事”,宋本作“鄙才”,今从馀本。论语子罕篇:“吾少也贱,故多能鄙事。”此之推所本。器案:南史孝义传上:“蔡昙智,乡里号蔡曾子。庐江何伯玙兄弟,乡里号为何展禽。”此则连古人姓名为品题,与此又别。

昔刘文饶不忍骂奴为畜产〔一〕,今世愚人〔二〕遂以相戏,或有指名为豚犊者〔三〕:有识傍观,犹欲掩耳〔四〕,况当〔五〕之者乎?

〔一〕赵曦明曰:“后汉书刘宽传:‘宽字文饶,尝坐客,遣苍头市酒,迂久大醉而还;客不堪之,骂曰:“畜产!”宽使人视奴,疑必自杀,曰:“此人也,骂言畜产,故吾惧其死也。”’”李慈铭曰:“案:畜产字本当作‘嘼’。”刘盼遂曰:“按:说文解字牛部:‘犍,畜犍,畜牲也。’又疒部:‘㿟,畜产疫病也。’又嘼部:‘嘼犍也。’以上三辞,字异而音义同,皆汉人常语也。”

〔二〕抱朴子行品篇："冒至危以侥幸，值祸败而不悔者，愚人也。"

〔三〕案：本篇上文"周公名子曰禽"条云："北土多有名儿为驴驹、豚子者。"寻史记司马相如传："其亲名之曰犬子。"此盖称儿为贱名之始。若三国志吴书孙权传注引吴历："刘景升儿子若豚犬耳。"则人之贱之耳，非其名之比。隋书音乐志载北齐有安马驹，殆之推所斥言者也。

〔四〕左传昭公三十一年："荀跞掩耳而走。"林注："示不忍听。"

〔五〕"当"，各本作"名"，今从宋本，少仪外传下同。

近在议曹〔一〕，共平章百官秩禄〔二〕，有一显贵，当世名臣，意嫌所议过厚。齐朝有一两士族文学之人，谓此贵曰："今日天下大同，须为百代典式，岂得尚作关中旧意〔三〕？明公〔四〕定是陶朱公大儿耳〔五〕！"彼此欢笑，不以为嫌。

〔一〕卢文弨曰："曹，局也。"器案：汉书龚遂传有议曹王生，然续汉书百官志所载诸曹却无之，盖闲曹也。隋书李德林传："遵彦追奏德林入议曹。"盖亦沿汉官之旧。

〔二〕卢文弨曰："平章虽本尚书，后世以为处当众事之称，唐以后遂以系衔。"李详曰："杜甫诗目有'余与主簿平章郑氏女子'语，朱鹤龄注引太平广记'吾当为儿平章'语，盖至唐犹用之。"陈汉章说同。器案：平章犹言商讨，后汉书蔡邕传："更选忠清，平章赏罚。"北史李彪传："平章古今，商略人物。"王梵志诗："有事须相问，平章莫自专。"义俱同。

〔三〕各本句末有"乎"，今从宋本。赵曦明曰："魏都关中，齐承东魏都邺。"刘盼遂曰："北齐书之推本传：'入周为御史上士。'此云议曹，正指其事；然则关中旧意，即就周未并北齐之时而言，邺都既下，故云天下大同，不得尚作旧意。"器案：刘说非是。此当隋时而言：隋统一天下，结束南北对峙局面，故云"大同"；虽都长安，即为新朝，故云"岂得尚作关中旧意";之推写定家训时已入隋,故记其事云"近在议曹"也。周一良曰:"案:作某意犹言作某想法,南北朝习用之。陈书二六徐陵传:'今衣冠礼乐,日富年华,何可犹作旧意,非理望也。'文苑英华六七七载陵此书,作'何可犹作乱世意,而觅非分之官邪'。北史二四崔休传诫诸子曰:'汝等宜皆一体,勿作同堂意。'"

〔四〕器案:汉、魏、六朝人率以"明"字加于称谓之上,以示尊重,如明公、明府、明将军、明使君之等,不一而足。通鉴九四胡三省注曰:"汉、魏以来,率呼宰辅岳牧为明公。"

〔五〕"耳",宋本作"尔",今从诸本。赵曦明曰:"史记越王句践世家:'范蠡去齐居陶,自谓陶朱公。父子耕畜废居,致赀钜万。生少子,及壮,而朱公中男杀人,囚于楚;公遣其少子往视之,装黄金千镒。且遣少子,长男固请行,不听。其母为言,乃遣长子。为书遗所善庄生,曰:"至则进千金,听其所为,慎无与争事。"长男至庄生家,发书进金,如父言。生曰:"可疾去,慎无留,即弟出,勿问所以然。"庄生虽居穷阎,以廉直闻于国,自王以下皆师尊之;及朱公进金,非有意受也,欲成事后复归之。长男不知其意,以为殊无短长也。庄生入见楚王,言:"某星宿某,此则害于楚。"王曰:"今为奈何?"生曰:"独以德为可以除之。"王乃使使者封三钱之府。楚贵人告长男曰:"王且赦。"长男以为赦,弟固当出,复见庄生,生惊曰:"若不去耶?"曰:"固未也。初为弟事;弟今议自赦,故辞生去。"生知其意欲得金,曰:"若自入室取金。"长男即取金持去。生羞为儿子所卖,乃入见楚王曰:"臣前言某星事,王欲以修德报之。今道路皆言陶之富人朱公之子杀人囚楚,其家多持金钱赂王左右,王非恤楚国而赦,以朱公子故也。"王大怒,令杀朱公子。明日下赦令。长男竟持其弟丧归,母及邑人尽哀之。朱公独笑曰:"吾固知必杀其弟也。彼非不爱弟,是少与我俱,见苦为生难,故重弃财。至如少弟者,生而见我富,岂知财所从来,故轻去之,非所惜吝。前日吾所为欲遣少子,固为其能弃财故也。长者不能，故卒以杀其弟，事之理也，无足悲者。吾日夜固以望其丧之来也。”’”

昔侯霸之子孙，称其祖父曰家公〔一〕；陈思王称其父为家父，母为家母〔二〕；潘尼称其祖曰家祖〔三〕：古人之所行，今人之所笑也。今〔四〕南北风俗，言其祖及二亲，无云家者；田里猥人〔五〕，方有此言耳〔六〕。凡与人言，言己世父〔七〕，以次第称之，不云家者，以尊于父，不敢家也。凡言姑姊妹女子子〔八〕：已嫁，则以夫氏称之；在室，则以次第称之。言礼成他族，不得云家也。子孙不得称家者，轻略之也。蔡邕书集，呼其姑姊为家姑家姊〔九〕；班固书集，亦云家孙〔一〇〕：今并不行也。

〔一〕赵曦明曰：“后汉书侯霸传：‘霸字君房，河南密人。矜严有威容，笃志好学，官至大司徒。’”卢文弨曰：“王丹传：‘丹征为太子少傅。时大司徒侯霸，欲与交友，及丹被征，遣子昱候于道，昱迎拜车下，丹下答之，昱曰：“家公欲与君结交，何为见拜？”丹曰：“君房有是言，丹未之许也。”’案：此‘孙’字‘祖’字或误衍。”案：赵与旹宾退录四引此文，并云：“之推，北齐人，逮今七百年，称家祖者，复纷纷皆是，名家望族，亦所不免。家父之称，俗辈亦多有之，但家公家母之名少耳。山简谓‘年三十不为家公所知’（案见晋书山简传），盖指其父，非祖也。”左暄三馀偶笔十：“孔丛子：‘子高以为赵平原君霸世之士，惜其不遇时也。其子子顺以为衰世好事之公子，无霸相之才也。申叔问子顺曰：“子之家公，有道先生，既论之矣；今子易之，是非安在？”’是对子而亦称其父为家公也。”

〔二〕类说“母为”上有“其”字。宋本及宾退录四、实宾录六引上“为”字并作“曰”。海录碎事七上、事文类聚后二引二“为”字都作“曰”。赵曦明曰：“魏志陈思王植传：‘字子建，薨，年四十一。景初中诏撰录所著凡百馀篇。’”卢文弨曰：“陈思王集宝刀赋序：‘家父魏王，乃命有司造宝刀五枚。’下文称‘家王’。又叙愁赋序：‘时家二女弟，故汉皇帝聘以为贵人，家母见二弟愁思’云云。又释思赋序：‘家弟出养族父郎中伊。’”器案：御览六〇八引魏文帝蔡伯喈女赋序：“家公与伯喈，有管、鲍之好。”家公亦指其父操，详后汉书列女董祀妻传。

〔三〕海录碎事七上、合璧事类前二四无“其”字。赵曦明曰：“晋书潘岳传：‘岳从子尼，字正叔。性静退不竞，唯以勤学著述为事。永嘉中，迁太常卿。’今集后人所掇拾者，无家祖语。”器案：晋书潘尼传载乘舆箴云：“而高祖亦序六官。”寻尼祖勖作符节箴，当即在所序六官中，此云“高祖”，当系“家祖”之讹。

〔四〕“今”，各本作“及”，今从宋本，宾退录、实宾录、事文类聚引都作“今”。

〔五〕卢文弨曰：“猥人谓鄙人。”器案：治家篇言“猥婿”，猥字义同，谓猥俗也。

〔六〕“耳”，宋本作“尔”，今从馀本。通鉴一一八胡三省注：“魏、晋之间，凡人子者，称其父曰家公，人称之曰尊公。”

〔七〕世父，谓伯父。仪礼丧服：“世父母。”正义：“伯父言世者，以其继世者也。”尔雅释亲：“父之晜弟，先生为世父。”郭注：“世有为嫡者，嗣世统故也。”陈槃曰：“清章完素如不及斋文钞有世父释，详论世父但专称伯父之长，非通称父之诸兄。李慈铭曰：‘礼经本自明白。后人不知宗法，遂有如颜氏家训所云世父当以次第称之者矣。’（越缦堂读书记）”

〔八〕卢文弨曰：“仪礼丧服每言姑姊妹女子子，郑注：‘女子子者，女子也，别于男子也。’疏云：‘男子女子，各单称子，是对父母生称；今于女子别加一子，故双言二子以别于男一子者。姑对侄，姊妹对兄弟。’”

案：事文类聚、合璧事类不重“子”字，非是。

〔九〕赵曦明曰：“后汉书蔡邕传：‘邕字伯喈，所著诗、赋、碑、诔、铭、赞等凡百四篇，传于世。’”卢文弨曰：“今蔡集未见有此语。”器案：“姑姊”，原作“姑女”，傅本作“姑姊”，今据校正。赵翼陔馀丛考三七：“北史：‘高道穆为京邑，出遇魏帝姊寿阳公主，不避道，道穆令卒棒破其车。公主泣诉帝。帝他日见道穆曰：“家姊行路相犯，深以为愧。”’今俗惟子孙不称家，其犹颜氏之遗训欤！”

〔一〇〕赵曦明曰：“后汉书班彪传：‘子固，字孟坚，所著典引、宾戏、应讥、诗、赋、铭、诔、颂、书、文、记、论、议、六言，在者凡四十一篇。’”卢文弨曰：“今班集亦未见。”案：郭为崃愢闻集称名篇引此下有“戴逵称安道则曰家弟矣”句，盖郭氏所窜入，乾隆时人所见家训，不得多于今本。

凡与人言，称彼祖父母、世父母、父母及长姑，皆加尊字〔一〕，自叔父母以下，则加贤字〔二〕，尊卑之差也。王羲之书，称彼之母与自称己母同〔三〕，不云尊字，今所非也。

〔一〕真诰卷十八握真辅第二本注：“今世呼父为尊，于理乃好，昔时仪多如此也。”案：礼记丧服小记注：“尊，谓父兄。”本篇下文，甲问乙之子曰：“尊侯早晚顾宅？”三国志魏书武帝传注引献帝起居注载袁叙与从兄绍书，称绍为尊兄，又蜀书马良传载与诸葛亮书，称亮兄为尊兄，皆加尊字是也。又南史沈昭略传：“家叔晚登仆射，犹贤于尊君以卿为初荫。”即沈昭略称王晏之父为尊君也。

〔二〕鲍本“以”作“已”，合璧事类续集三引亦作“以”。器案：南史沈昭略传：“王晏常戏昭略曰：‘贤叔可谓吴兴仆射。’”即其例证。

〔三〕赵曦明曰：“晋书王羲之传：‘羲之字逸少，辩赡，以骨鲠称；尤善隶书，为古今之冠。拜护军，苦求宣城郡，不许，乃以为右军将军、会稽内史。’”卢文弨曰：“案：今右军诸帖中，亦不见有此。”

南人冬至岁首，不诣[一]丧家；若不修书，则过节束带[二]以申慰。北人至岁之日[三]，重行吊礼；礼无明文，则吾不取。南人宾至不迎，相见捧手而不揖[四]，送客下席而已；北人迎送并至门，相见则揖，皆[五]古之道也，吾善其[六]迎揖。

〔一〕卢文弨曰：“诣，至也。”

〔二〕论语公冶长：“赤也束带立于朝，可使与宾客言也。”束带，所以示敬意。

〔三〕至岁，谓冬至、岁首二节也。

〔四〕郝懿行曰：“捧手不揖，今南北之俗，遂尔盛行，唯宾至迎送于门为异耳。”

〔五〕“皆”字，宋本有，馀本俱无，今从宋本。

〔六〕穀梁传宣公十有五年：“宋人及楚人平。平者，成也。善其量力而反义也。”又昭公十有三年：“陈侯吴归于陈，善其成之会而归之，故谨而日之。”之推此文，即模仿穀梁，善谓致美也。

昔者，王侯自称孤、寡、不穀[一]，自兹以降，虽孔子圣师，与门人言皆称名也[二]。后虽有臣仆之称[三]，行者盖亦寡焉。江南轻重，各有谓号，具诸书仪[四]；北人多称名者，乃古之遗风，吾善其称名焉。

〔一〕卢文弨曰：“老子德经：‘是以侯王自称孤、寡、不穀，此其以贱为本耶！非乎？’”器案：古天子诸侯，即位未终丧，自称曰孤，既终丧，自称曰寡人。吕氏春秋士容篇注:“孤、寡,谦称也。”淮南原道篇:“是故贵者必以贱为号。”注:“贵者,谓公王侯伯,称孤、寡、不穀,故曰以贱为号。”又人间篇注:“不穀,不禄也,人君谦以自称也。”

〔二〕案:论语公冶长:“左丘明耻之,丘亦耻之。”“十室之邑,必有忠信如丘者焉,不如丘之好学也。”又述而:“吾无行而不与二三子者,是丘也。”即其例证。

〔三〕卢文弨曰:“史记高祖本纪吕公语刘季自称臣,张耳陈馀传馀对耳自称臣,汉书司马迁传载报任安书称仆,杨恽传答孙会宗书亦称仆,他不能遍举。”章悔门韵海馀沈称谓部曰:“流辈自称曰臣,见于战国、先秦文内者,不可胜举,聂政、蔡泽传皆是也。或爵次稍次,自谦如家臣之类耳。……礼运:‘仕于公曰臣,仕于家曰仆。’又徒也,庄子则阳篇:‘仲尼曰:是圣人仆也。’注:‘犹言圣人之仆也。’又自谦之辞,汉书韦玄成传:‘丞相、御史案验玄成,与玄成书曰:“仆素愚陋,过为宰相执事,愿少闻风声,不然,恐子伤高而仆为小人也。”’注:‘自称为仆,卑辞也。’”

〔四〕卢文弨曰:“隋书经籍志:‘内外书仪四卷,谢元撰;书仪二卷,蔡超撰;又十卷,王宏撰;又十卷,唐瑾撰;又书仪疏一卷,周舍撰。’”器案:唐瑾,周书有传,不当阑入江南之列。唐志又有王俭吊答书仪十卷,皇室书仪七卷,鲍衡卿皇室书仪十三卷。谢允书仪二卷,未知与谢元书仪为一为二。六朝、唐人诸书仪,今都不存,读司马温公书仪,可得其仿佛。

言及先人,理当感慕,古者之所易,今人之所难。江南人事不获已〔一〕,须言阀阅〔二〕,必以文翰〔三〕,罕有面论〔四〕者。北人无何〔五〕便尔话说,及相访问。如此之事,不可〔六〕加于人也。人加诸己,则当避之。名位未高,如为勋贵所逼,隐忍方便〔七〕,速报取了;勿使〔八〕烦重,感辱祖父。

若没[九]，言须及者，则敛容肃坐，称大门中，世父、叔父则称从兄弟门中，兄弟则称亡者子某门中[一〇]，各以其尊卑轻重为容色之节，皆变于常。若与君言，虽变于色，犹云亡祖亡伯亡叔也。吾见名士，亦有呼其亡兄弟为兄子弟子门中者，亦未为安贴[一一]也。北土风俗[一二]，都不行此。太山羊偘[一三]，梁初入南；吾近至邺，其兄子肃[一四]访偘委曲，吾答之云：“卿从门中在梁，如此如此[一五]。”肃曰：“是我亲第七亡叔[一六]，非从也。”祖孝征[一七]在坐，先知江南风俗，乃谓之云：“贤从弟门中[一八]，何故不解？”

〔一〕各本无“人”字，今从宋本，少仪外传下亦有也。赵曦明曰：“各本此下有‘乃陈文墨，愊愊无自言者’，宋本注云：‘一本无此十字。’案：无者是也，有则与下复。”郝懿行曰：“愊愊二字，又见文章篇末，检玉篇云：‘愊，乖戾也，顽也。’然此字文人用者绝少，厥义未详。”器案：少仪外传下引与宋本合，赵据一本删是，今从之。

〔二〕卢文弨曰：“史记高祖功臣侯年表：‘明其等曰伐，积日曰阅。’‘阀’与‘伐’同。此阀阅犹言家世。”

〔三〕三国志吴书孙贲传注：“贲曾孙惠，文翰凡数十首。”晋书温峤传：“明帝即位，拜侍中，机密大谋，皆所参综，诏命文翰，亦悉豫焉。”

〔四〕“面论”，少仪外传作“面谕”。

〔五〕赵曦明曰：“颜师古注汉书翟方进传：‘无何，犹言无几，谓少时。’”器案：汉书金日磾传：“何罗亡何从外入。”师古曰：“亡何，犹言无故。”刘淇助字辨略二曰：“诸无何，并是无故之辞。无故犹云无端，俗云没来由是也。”

〔六〕“不可”，鲍本、汗青簃本作“何可”。

〔七〕史记伍子胥传："故隐忍就功名，非烈丈夫，孰能致此哉！"

〔八〕"使"，宋本元注云："一本作'取'。"案：罗本、傅本、颜本、程本、胡本、何本、朱本作"取"。少仪外传亦作"使"，今从之。

〔九〕少仪外传无"没"字。

〔一〇〕赵曦明曰："家之称门古矣，逸周书皇门解：'会群门。'盖言众族姓也。又曰：'大门宗子。'"刘盼遂引吴承仕曰："吴志刘繇传：'王朗遗孙策书曰："刘正礼昔初临州，未能自达；实赖尊门，为之先后。"'此指繇为扬州刺史，畏袁术不敢之州，吴景、孙贲迎至曲阿一事言之。孙贲者，策之从父昆弟，谦不指斥，则谓之尊门，与颜氏所称门中同意。"器案：唐段行琛碑称高祖曰高门，曾祖曰曾门（金石萃编），唐书孝友程袁师传："改葬曾门以来，阅二十年乃毕。"唐济度寺尼惠源和上神空志："曾门梁孝明皇帝。"（金石萃编）盖惠源，萧禹孙女也，则称门风习，至唐犹然。梁章钜称谓录四曰："案：兄弟已亡者，不忍称其兄弟，而称其兄弟之子之名也。"

〔一一〕"安帖"，朱本作"妥帖"，案：易林离之无妄："安帖之家，虎狼为忧。"朱本妄改。

〔一二〕宋本元注："一本无'风俗'二字。"案：罗本、傅本、颜本、程本、胡本、何本、朱本无。

〔一三〕颜本注："偘、侃同。"赵曦明曰："梁书羊侃传：'侃字祖忻，泰山梁甫人。祖规陷魏，父祉，魏侍中金紫光禄大夫。侃以大通三年至京师。'晋书地理志：'泰山郡，汉置，属县有梁父。'案：泰、太，甫、父俱通用。"

〔一四〕卢文弨曰："魏书羊深传：'深字文渊，梁州刺史祉第二子也。子肃，武定末，仪同开府东阁祭酒。'"

〔一五〕如此如此，犹当时之言尔尔。胡三省通鉴八六注："尔尔，犹言如此如此也。"又一六八注："颜之推曰：'如是为尔，而已为耳。'"

〔一六〕器案：自汉、魏以来，习惯于亲戚称谓之上加以亲字，以示其为直系的或最亲近的亲戚关系。本书下文："思鲁等第四舅母，亲吴郡张建女也。"史记淮南王传："大王，亲高皇帝孙。"又梁孝王世家："李太后，亲平王之大母也。"春秋繁露竹林篇："齐顷公，亲齐桓公之孙。"说苑善说篇："鄂君子晰，亲楚王母弟也。"风俗通义怪神篇："安，亲高祖之孙。"晋书武悼杨皇后传："后言于帝曰：'贾公闾有勋社稷，犹当数世宥之，贾妃亲是其女，正复妒忌之间，不足以一眚掩其大德。'"诸亲字，用法俱同。

〔一七〕赵曦明曰："北齐书祖珽传：'珽字孝征，范阳狄道人。'"

〔一八〕梁章钜称谓录三曰："案：不忍称亡者之名，故称其子之门中耳。"

古人皆呼伯父叔父，而今世多单呼伯叔〔一〕。从父〔二〕兄弟姊妹已孤，而对其前，呼其母为伯叔母，此不可避者也。兄弟之子已孤，与他人言，对孤者前，呼为兄子弟子，颇为不忍；北土人〔三〕多呼为姪〔四〕。案：尔雅、丧服经、左传，侄虽名通男女，并是对姑之称〔五〕。晋世已来，始呼叔姪；今呼为姪，于理为胜也〔六〕。

〔一〕黄叔琳曰："汉书二疏传，叔姪亦称父子。"又曰："叔伯乃行次通名，古人即以为字，五十以伯仲是也。去父母而称伯叔，乃晋以下轻薄之习。"赵曦明曰："案：伯仲叔季，兄弟之次，故称诸父，必连父为称。"

〔二〕各本脱"父"字，今从宋本。

〔三〕各本脱"人"字，今从宋本。

〔四〕通典六八："宋代，或问颜延之曰：'甥姪亦可施于伯叔从母耶？'颜延之答曰：'伯叔有父名，则兄弟之子不得称姪，从母有母名，则姊妹之子不可言甥；且甥姪唯施之于姑舅耳。'雷次宗曰：'姪字有女，明不及伯叔；甥字有男，见不及从母；是以周服篇无姪字，小功篇无甥名也。'"

〔五〕宋本"之"作"立"。沈揆曰:"尔雅云:'女子谓舅弟之子为姪。'左传云:'姪其从姑。'丧服经亦一书也,隋书经籍志丧服经传及疏义凡十馀家,一本作'丧服经'者非。"赵曦明曰:"案:尔雅见释亲,左传在僖十四年,丧服经在仪礼内,子夏为之传,其大功九月章:'姪丈夫妇人报。'传曰:'姪者何也?谓吾姑者,吾谓之姪。'"器案:后汉书邓后纪论:"爱姪微愆,髠剔谢罪。"注:"太后兄骘子凤受遗,事泄,骘遂髠妻及凤,以谢天下。"则宋人仍以姪为对姑之称。

〔六〕陆继辂合肥学舍札记三:"姑姪字皆从女,左传所谓'姪其从姑'是也。然尔雅'女子谓舅弟之子为姪',则似兄弟之男子子亦可称姪矣。颜氏家训云:'晋世已来,始呼叔姪。'吾意叔乃对嫂之称,非可施于从父,姪乃对姑之号,可以通于丈夫,相习既久,差不悖于礼者,从之可也。(干禄字书序、柳宗元祭六伯母文皆称姪男。)"

别易会难[一],古人所重;江南饯送,下泣言离[二]。有王子侯[三],梁武帝弟,出为东郡[四],与武帝别,帝曰:"我年已老,与汝分张[五],甚以[六]恻怆。"数行泪下[七]。侯遂密云[八],赧然[九]而出。坐此被责,飘飖舟渚,一百许日,卒不得去。北间风俗,不屑此事,歧路言离,欢笑分首[一〇]。然人性自有少涕泪者,肠虽欲绝,目犹烂然[一一];如此之人,不可强责[一二]。

〔一〕吴曾能改斋漫录十六:"李后主长短句,盖用此耳,故云:'别时容易见时难。'又云:'别易会难无可奈。'然颜说又本文选,陆士衡答贾谧诗云:'分索则易,携手实难。'"萧㪺勤斋集一送王克诚序:"昔颜黄门言:'别易会难,古人所重;江南饯送,下泣言离。'而诗人有'丈夫非无泪,不洒别离间'之云,意颜说乃其常,诗人故反为高奇耳。"胡仔苕溪渔隐丛话后集卷三十九:"复斋漫录云:'颜氏家训云:别易会难,古人所重。江南饯送,下泣言离(从宋本)。北间风俗,不屑此事,歧路言离,欢笑分首。李后主盖用此语耳,故长短句云别时容易见时难。'"器案:释常谈中:"淮南子曰:'杨朱见歧路而泣之,曰:"何以南,何以北。"'高注曰:'嗟其别易而会难也。'"(与今本说林注异)曹丕燕歌行:"别日何易会日难。"嵇康与阮德如诗:"别易会良难。"骆宾王与博昌父老书:"古人云:'别易会难。'不其然乎!"施肩吾遇李山人诗:"别易会难君且住。"文选陆士衡答贾谧诗集注曰:"钞曰:'此言别易会难也。'"张铣注曰:"分别则易,集会则难。"俱在李煜词之前。

〔二〕刘盼遂引吴承仕曰:"按:南史张邵传:'张敷善持音仪,尽详缓之致,与人别,执手曰:"念相闻。"馀响久之不绝。张氏后进皆慕之,其源起自敷也。'明江左自有此风,宋、齐以来已如是矣。"器案:诗邶风燕燕:"之子于归,远送于野,瞻望弗及,泣涕如雨。"则送别下泣,自古而然矣。周一良曰:"案此盖南朝末年风习。世说方正篇载周谟出为晋陵,顗与嵩往别。谟涕泗不止。嵩恚曰:'斯人乃妇女,与人别唯啼泣。'便舍去。顗独留言话,临别流涕。是东晋时饯送犹不必以涕泪为尚矣。"

〔三〕汉书王子侯表第三上曰:"至于孝武,以诸侯王疆土过制,或替差失轨,而子弟为匹夫,轻重不相准,于是诏御史:'诸侯王或欲推私恩分子弟邑者,令各条上,朕且临定其号名。'自是支庶毕侯矣。"

〔四〕钱大昕曰:"此东郡谓建康以东之郡,如吴郡、会稽之类,若秦、汉之东郡,不在梁版图之内。"

〔五〕器案:分张,犹言分别,为六朝人习用语。淳化阁帖二王羲之帖(原题后汉张芝书,今从诸家考定):"且方有此分张,不知此去复得一会不?"法书要录引王羲之帖:"此上下可耳,出外解小分张也。"通典五一:"刘氏问蔡谟曰:'非小宗及一家之嫡,分张不在一处,得立庙不？’”宋书江夏王义恭传：“文帝诫义恭书云：‘今既分张。’”又王微传：“微以书告灵曰：‘昔仕京师，分张六旬耳。’”北齐书高乾传：“乾曰：‘吾兄弟分张，各在异处。’”庾信伤心赋：“兄弟则五郡分张，父子则三州离散。”以分张与离散对文，则分张与离散同义可知。

〔六〕“以”，宋本元注：“一本作‘心’字。”案：罗本、傅本、颜本、程本、胡本、何本、朱本作“心”。

〔七〕王叔岷曰：“史记项羽本纪：‘项王泣数行下。’汉书作‘泣下数行’。”

〔八〕赵曦明曰：“易小畜彖：‘密云不雨。’”卢文弨曰：“语林（艺文类聚二九、御览四八九引）：‘有人诣谢公别，谢公流涕，人了不悲。既去，左右曰：“向客殊自密云。”谢公曰：“非徒密云，乃是旱雷。”’案：以不雨泣为密云，止可施于小说，若行文则不可用之，适成鄙俗耳。”张云璈四寸学五：“按：密云言无泪，盖取小畜‘密云不雨’之义，二字甚奇。”陆继辂合肥学舍札记三：“密云，盖当时里俗语，戏谓不哭也。”

〔九〕卢文弨曰：“说文：‘赧，面惭赤也，奴版切。’俗作赧。”

〔一〇〕“分首”，类说作“分手”。案：首、手古同音通用，仪礼大射仪“后首”郑玄注云：“古文‘后首’为‘后手’。”又士丧礼郑注：“古文‘首’为‘手’。”俱其例证。楚辞九歌河伯朱熹集注：“交手者，古人将别，则相执手，以见不忍相远之意，晋、宋间犹如此也。”然则，交手后即分手也。

〔一一〕世说容止篇：“裴令公目王安丰，眼烂烂如岩下电。”续谈助四引小说：“王夷甫出，语人曰：‘双眸烂烂，如岩下电。’”以烂烂形容目光，与此正同。诗郑风女曰鸡鸣：“明星有烂。”郑笺：“明星尚烂烂然。”

〔一二〕卢文弨曰：“孔丛子儒服篇：‘子高游赵，有邹文、季节者，与子高相友善，及将还鲁，文、节送行，三宿，临别流涕交颐，子高徒抗手而已。其徒问曰：“此无乃非亲亲之谓乎？”子高曰：“始吾谓此二子大夫耳，乃今知其妇人也。人生则有四方之志，岂鹿豕也哉？而常群聚乎！”’案：子高之言，于朋友则可，然不可以概之天伦也。”

凡亲属名称，皆须粉墨〔一〕，不可滥也。无风教〔二〕者，其父已孤，呼外祖父母与祖父母同，使人为其〔三〕不喜闻也。虽质于面，皆当加外以别之〔四〕；父母之世叔父，皆当加其次第以别之；父母之世叔母，皆当加其姓以别之；父母之群从世叔父母〔五〕及从祖父母，皆当加其爵位若姓以别之。河北士人，皆呼外祖父母为家公家母〔六〕；江南田里间亦言之。以家代外，非吾所识。

〔一〕朱轼曰："粉墨者，分别之意。"卢文弨曰："谓修饰。"刘盼遂曰："按：粉墨者，谓摛藻修辞之事也。徐陵宣示诸求官人书云：'既忝衡流，应须粉墨。'盖谓选人年名状貌行义，皆须铨论润饰；粉墨之义，与颜旨同也。说本郝氏晋宋书故。"器案：卢、郝说是，魏书刑罚志载崔纂刘景晖九岁且赦后不合死坐议："奸吏无端，横生粉墨。"义并相同。汉书颜师古注叙例："诋诃言辞，……显前修之纰僻，……乃效矛盾之仇雠，殊乖粉泽之光润。"粉泽，义与粉墨相同。

〔二〕诗序："风，风也，教也；风以动之，教以化之。"又诗序："一曰风。"正义云："随风设教，故名之为风。"

〔三〕卢文弨曰："为，于伪切；为其，犹言代彼人。"

〔四〕卢文弨曰："质于面，谓亲见外祖父母，亦必当称外也。"

〔五〕卢文弨曰："从，直用切，下同。"钱馥曰："'直用'亦当作'疾用'。直是澄母，舌上音，直用切乃轻重之重也。"

〔六〕卢文弨曰："'家母'似当作'家婆'，古乐府：'阿婆不嫁女，那得孙儿抱。'"梁章钜称谓录二："案：北人称母为家家，（器案：北齐书南阳王绰传："呼嫡母为家家。"北史齐宗室传："后王泣启太后曰：'有缘便见家家。'"）故谓母之父母为家公家母。"

凡宗亲[一]世数，有从父[二]，有从祖[三]，有族祖[四]。江南风俗，自兹已往，高秩[五]者，通呼为尊，同昭穆者[六]，虽百世犹称兄弟[七]；若对他人称之，皆云族人[八]。河北士人，虽三二十世，犹呼为从伯从叔。梁武帝尝问一中土人曰[九]："卿北人，何故不知有族？"答云："骨肉易疏[一〇]，不忍言族耳。"当时虽为敏对，于礼未通[一一]。

〔一〕史记五宗世家："同母者为宗亲。"此则引申为同宗之义，仪礼丧服传所谓"同宗则可为之后"是也。后汉书光武纪上："各率宗亲子弟，据其县邑。"又宦者吕强传："又各自征还宗亲子弟在州郡者。……遂收捕宗亲，没入财产焉。"白虎通义有宗亲篇。

〔二〕仪礼丧服："从父昆弟。"注："世父叔父之子也。"

〔三〕尔雅释亲："父之从父晜弟为从祖父。"

〔四〕仪礼丧服："族祖父母。"注："族祖父者，亦高祖之孙。"正义："族祖父母者，己之祖父从父昆弟也。"器案：陶潜赠长沙公族祖诗序曰："长沙公于余为族祖，同出大司马。昭穆既远，以为路人。"潜为晋大司马侃曾孙，则此长沙公者，即潜之从祖祖父，乃云"昭穆既远，以为路人"，视此中土人所云"骨肉易疏，不忍言族"者，于礼未通耶，抑于理有乖也。

〔五〕秩，官秩。

〔六〕封建社会宗庙之制，太祖庙在中，父庙居左曰昭，子庙居右曰穆，如此分派，天子之庙至于七，诸侯之庙至于五，大夫之庙至于三，士人一庙。见礼记王制。此言同昭穆，犹今言同一个老祖宗之意。

〔七〕贾子新书六术："人之戚属，以六为法。人有六亲：六亲始于父，父有二子，二子为昆弟，昆弟又有子，子从父而昆弟，故为从父昆弟。从父昆弟又有子，子从祖而昆弟，故为从祖昆弟。从祖昆弟又有子，子从曾祖而昆弟,故为从曾祖昆弟。从曾祖昆弟又有子,子为族兄弟。备于六,此之谓六亲。”此与“百世犹称兄弟”可互参,所谓“瓜瓞绵绵”也。

〔八〕白虎通义宗亲篇:“族者,凑也,聚也,谓恩爱相流凑也。”上凑高祖,下至玄孙,一家有吉,百家聚之,合而为亲,生相亲爱,死相哀痛,有会聚之道,故谓之族。左襄十二年传:“同族于祢庙。”杜注:“同族谓高祖以下。”周礼小宗伯职:“掌三族之别。”郑注:“三族,谓父子孙,人属之正名。”仪礼士丧礼:“族长莅卜。”郑注:“族长,有司掌族人亲疏者也。”则凡有亲者皆曰族也。礼记杂记下:“夫党无兄弟,使夫之族人主丧。”大戴礼记曾子制言上:“族人之仇,不与聚邻。”注:“族人,谓绝属者。”白虎通义三纲六纪篇:“六纪者,谓诸父、兄弟、族人、诸舅、师长、朋友也。”

〔九〕器案:此中土人指夏侯亶。梁书夏侯亶传:“宗人夏侯溢为衡阳内史,辞日,亶侍御坐,高祖谓亶曰:‘溢于卿疏近?’亶答曰:‘是臣从弟。’高祖知溢于亶已疏,乃曰:‘卿伧人,好不辨族从?’亶对曰:‘臣闻服属易疎,所以不忍言族。’时以为能对。”周一良曰:“夏侯氏来自谯郡之侨人,故黄门称为中土人。南北朝不独称呼有别,对待宗族关系亦自迥异,史书颇有足征者。魏书九七刘裕传:‘其中军府录事参军周殷启(刘)骏曰:今士大夫父母在而兄弟异计,十家而七,庶人父子殊产,八家而五。凡甚者乃危亡不相知,饥寒不相恤,又疾谗其间,不可称数,宜明其禁,以易其风。俗弊如此,骏不能革。’又七一裴植传:‘植虽自州送禄奉母,及赡诸弟,而各别资财,同居异爨,一门数灶,盖亦染江南之习也。’宋书四六王仲德传:‘北土重同姓,谓之骨肉,有远来相投者,莫不竭力营赡。若不至者以为不义,不为乡里所容。仲德闻王愉在江南,是太原人,乃往依之,愉礼之甚薄。’太平广记二四七卢思道条引谈数载思道聘陈,宴会联句作诗,有一人讥刺北人云:榆生欲饱汉,草长正肥驴。为北人食榆,兼吴地无驴,故有此句。思道援笔即续之曰:共甑分炊水,同铛各煮鱼。为南人无情义,同炊异馔也。故思道有此句。吴人甚愧之。"

〔一〇〕少仪外传"踈"作"疏",二字古多混用。文镜秘府论西册文二十八种病:"孔文举与族弟书:'同源派流,人易世踈。'"

〔一一〕吴曾能改斋漫录十:"世以同宗族为骨肉。南史王懿传云:'北土重同姓,谓之骨肉,有远来相投者,莫不竭力营赡。王懿闻王愉在江南贵盛,是太原人,乃远来归愉,愉接遇甚薄,因辞去。'颜氏家训云云,予观南北朝风俗,大抵北胜于南,距今又数百年,其风俗犹尔也。"

吾尝问周弘让〔一〕曰:"父母中外〔二〕姊妹,何以称之?"周曰:"亦呼为丈人。"自古未见丈人之称施于妇人也〔三〕。吾亲表所行,若父属者,为某姓姑;母属者,为某姓姨。中外丈人之妇,猥俗呼为丈母〔四〕,士大夫谓之王母、谢母云〔五〕。而陆机集有与长沙顾母书〔六〕,乃其从叔母也,今所不行。

〔一〕赵曦明曰:"陈书周弘正传:'弟弘让,性闲素,博学多通,天嘉初,以白衣领太常卿光禄大夫,加金章紫绶。'"

〔二〕中外,一称中表,即内外之义。姑之子为外兄弟,舅之子为内兄弟,故有中表之称。下文:"中外怜之。"后汉书郑太传:"明公将帅,皆中表腹心。"三国志魏书管宁传:"中表愍其孤贫。"晋书列女传:"礼仪法度,为中表所则。"世说言语篇:"张玄之、顾敷是顾和中外孙。"又赏誉篇:"谢公答曰:'阮千里姨兄弟,潘安仁中外。'"所言中表、中外,俱一物也。姜宸英湛园札记一曰:"南北朝最重表亲,卢怀仁撰中表实录二十卷,高谅造表亲谱录四十馀卷,(按:俱见隋书经籍志。)此风至唐犹存。"

〔三〕惠栋松崖笔记二:"颜氏家训云云,余读而笑曰:颜氏之学,不及周弘让矣。古诗为焦仲卿妻作曰：'三日断五疋，丈人故嫌迟。'此仲卿妻兰芝谓其姑也。史记刺客列传：'家丈人。'索隐曰：'刘氏曰："谓主人翁也。"又韦昭云："古者，名男子为丈夫，尊妇妪为丈人，故汉书宣元六王传所云丈人，谓淮阳宪王外王母，即张博母也。故古诗曰："三日断五疋，丈人故嫌迟。"'此妇人称丈人之明证也。王充论衡曰：'人形一丈，正形也。名男子为丈夫，尊公妪为丈人。不满丈者，失其正也。'然则焦仲卿之妻称其姑为丈人，自汉已有之矣。或改为大人，此又袭颜氏之陋矣。"卢文弨龙城札记二："案：论衡气寿篇'人形一丈'云云。又史记荆轲传有'家丈人'语，索隐引韦昭云云（已见前惠栋引），以上皆小司马说，今本史记正文'丈人'作'大人'，而旧本皆作'丈人'，盖本是'丈人'，故索隐先引丈夫发其端，若是'大人'，则汉高、霍去病等皆称其父为大人，小司马胡不引，而反引张博母乎？亦不须先言丈夫也。古乐府又有'丈人且安坐'、'丈人且徐徐'之语，乃妇对舅姑之辞。至'丈人故嫌迟'，意偏主姑言，下言遣归，则当兼白公姥，是姑亦得称丈人也。乃史记聂政传严仲子称政之母为大人，又本作'夫人'，注引正义语，与索隐同，而皆作'大人'。愚谓：'夫人'、'大人'，皆'丈人'之讹。颜氏谓'古未以丈人施诸妇人'，此语殊不然。"刘盼遂引吴承仕曰："父之姊妹为姑，母之姊妹为从母，此家训所谓'父母中外姊妹'也。礼有正名，而周云呼为丈人者，盖通俗之便辞也。寻南史后妃传：'吴郡韩兰英有文辞，武帝时以为博士，教六宫书学；以其年老多识，呼为韩公云。'事类略相近。"

〔四〕钱大昕恒言录三："颜之推家训云：'中外丈人之妇，猥俗呼为丈母。'是凡丈人行之妇，并称丈母也。通鉴：'韩滉谓刘元佐曰："丈母垂白，不可使更帅诸妇女往填宫也。"'注：'滉与元佐结为兄弟，视其父为丈人行，故呼其母谓之丈母也，今则惟以妻母为丈母矣。'"刘盼遂引吴承仕曰："中外对文，所包甚广：母之父母为外祖父母，此母党也；妻之父为外舅，此妻党也；姑之子为外兄弟，此姑之党也；女子子之子为外孙，此女子子之党也。以族亲为内，故以异姓为外，其辈行尊于我者，则通谓之丈人，盖晋、宋以来之通语矣。蜀志先主传云：'董承为献帝丈人。'裴注云：'董承，灵帝母董太后之侄，于献帝为丈人，盖古无丈人之名，故谓之舅。'据此，是王母兄弟之子，魏、晋间假名为舅，宋以来则正称丈人。裴意古人称舅，不如后世称丈人之谛也。然则母之兄弟，王母兄弟之子，妻之父母，姑之夫，母之姊妹之夫，皆中外丈人之类也。今呼妻之父母为丈人丈母，盖亦六朝之旧俗欤。"

〔五〕刘盼遂曰："按：王母谓王姓母，谢母谓谢姓母也，此黄门举江左习俗以为例也。"器案：翟灏通俗编称谓篇："颜氏家训谓'士大夫呼中外诸母曰王母谢母'，科场条贯谓'试录中考官不许称张公李公'，亦非其实姓也。"此说得之。

〔六〕赵曦明曰："晋书地理志：'长沙郡属荆州。'陆机传：'字士衡，吴郡人。少有异才，文章冠世，伏膺儒术，非礼不动。年二十而吴灭，退居旧里，闭门勤学。太康末，与弟云俱入洛，造太常张华；华素重其名，如旧相识，曰："伐吴之役，利获二俊。"'"李详曰："本书文章篇引陆机与长沙顾母书，述仲弟士璜死，'痛心拔脑，有如孔怀'。此八字即书中语，亦当引彼证此。"

齐朝士子，皆呼祖仆射为祖公〔一〕，全不嫌有所涉也〔二〕，乃有对面〔三〕以相〔四〕戏者。

〔一〕赵曦明曰："北齐书后主纪：'武平三年二月，以左仆射唐邕为尚书令，侍中祖珽为左仆射。'射音夜。"

〔二〕卢文弨曰："案：祖父称公，今连祖姓称公，故云嫌有所涉；然则称姓家者，亦不可云家公。"

〔三〕韩诗外传二："邻人相暴，对面相盗。"李卫公问对中："敌虽对面，莫测吾奇正所在。”杜甫茅屋为秋风所破歌：“忍能对面为盗贼。”

〔四〕宋本元注云：“‘相’，一本作‘为’字。”

古者，名以正体，字以表德〔一〕，名终则讳之〔二〕，字乃可以为孙氏〔三〕。孔子弟子记事者，皆称仲尼〔四〕；吕后微时，尝字高祖为季〔五〕；至汉爰种〔六〕，字其叔父曰丝〔七〕；王丹与侯霸子语，字霸为君房〔八〕；江南至今不讳字也。河北士人全不辨之，名亦呼为字，字固呼为字〔九〕。尚书王元景兄弟〔一〇〕，皆号名人，其父名云，字罗汉〔一一〕，一皆讳之〔一二〕，其馀不足怪也〔一三〕。

〔一〕演繁露续六：“西京杂记四卷曰：‘梁孝王子贾从朝，年少，窦太后强欲冠之，王谢曰：“礼，二十而冠，冠而字，字以表德，安可勉强之哉！”’后汉传亦以字为表德。”按：匡谬正俗六名字曰：“名以正体，字以表德。”此颜师古袭用乃祖之文。陆游老学庵笔记二：“字所以表其人之德，故儒者谓夫子曰仲尼，非嫚也。先左丞每言及荆公，只曰介甫；苏季明书张横渠事，亦只曰子厚。”

〔二〕卢文弨曰：“左氏桓六年传文。”器案：名终则讳之，即礼记曲礼所谓“卒哭乃讳”也。

〔三〕赵曦明曰：“孙以王父字为氏，如公子展之孙无骇卒，公命以其字为展氏，见左氏隐八年传。”陈槃曰：“案此但就隐八年左传言之耳。实则春秋列国卿大夫，亦有以父字为氏者，如公子遂之子曰公孙归父，字子家，其后为子家氏；公孙枝字子桑，其后为子桑氏，方中履论之矣（古今释疑十）。鲁公子季友之后为季氏，叔牙之后为叔氏；卫公子郢字子南，而其后为南氏（哀二十五年左传：“夺南氏之邑。”）；郑公子喜字子罕，而其子子展称罕氏（襄二十六年左传：“罕氏其后亡者也。”又二十九年传：“罕氏常掌国政。”）；郑公子骈字子驷，故其子子皙称驷氏（襄三十年左传：“子皙以驷氏之甲攻良霄。”）；子产之父公子发字子国，子产称国氏（昭四年左传：“子产作丘赋。……浑罕曰：国氏其先亡乎！”）。此毛奇龄氏论之矣（参西河合集经问卷四）。又王引之曰：‘斗伯棼之子为贲黄（说苑善说篇），贲即棼也。以其父字为氏。’（详春秋名字解诂下）”

〔四〕如论语子张篇所载“仲尼不可毁也”、“仲尼日月也”是。

〔五〕赵曦明曰：“史记高祖本纪：‘姓刘氏，字季。秦始皇帝常曰：“东南有天子气。”于是因东游以厌之。高祖即自疑亡匿，隐于芒、砀山泽岩石之间。吕后与人俱求，常得之。高祖怪问之，吕后曰：“季所居上常有云气，故从往，常得季。”’”

〔六〕“爰种”，罗本、傅本、颜本、胡本、何本、朱本作“袁种”，古通。

〔七〕赵曦明曰：“汉书爰盎传：‘盎字丝，徙为吴相，兄子种谓丝曰：“吴王骄日久，国多奸，今丝欲刻治，彼不上书告君，则利剑刺君矣。南方卑湿，丝能日饮亡何，说王毋反而已，如此幸得脱。”’”

〔八〕赵曦明曰：“后汉书王丹传：‘丹字仲回，京兆下邽人。’馀见前‘称祖父曰家公’注。”

〔九〕各本“固”下有“因”字，抱经堂本删，云：“各本此下有‘因’字，似衍文。”案：郑珍据金石录引无“因呼”二字，西溪丛语下引无“因”字，是，今据删。爱日斋丛钞一引续家训云：“魏常林年七岁，父党造门，问林：‘伯先在否？何不拜？’伯先，父之字也。林曰：‘临子字父，何拜之有！’庾翼子爰客尝候孙盛，见盛子放问曰：‘安国何在？’放答曰：‘在庾稚恭家。’盖放以爰客字父，亦字其父。然王丹对侯昱而字其父，昱不以为嫌；且字可以为孙氏，古尊卑通称，春秋书纪季姜，盖季者字也，杜预曰：‘书字者，伸父母之尊，以称字为贵也。’谓子讳父字，非讳之也，称其父字于人子，人子有所尊而不敢当，亦宜也。”

〔一〇〕赵曦明曰：“北齐书王昕传：‘昕字元景，北海剧人。父云，仕魏朝，有名望。昕少笃学读书,杨愔重其德业,以为人之师表,除银青光禄大夫,判祠部尚书事。弟晞,字叔朗,小名沙弥,幼而孝谨,淹雅有器度,好学不倦,美容仪,有风则。武平初,迁大鸿胪,加仪同三司。性恬淡寡欲,虽王事鞅掌,而雅操不移,良辰美景,啸咏遨游,人士谓之物外司马。'"

〔一一〕卢文弨曰:"魏书王宪传:'宪子嶷,嶷子云,字罗汉。颇有风尚,兖州刺史,坐受所部财货,御史纠劾,付廷尉,遇赦免,卒赠豫州刺史,谥曰文昭。有九子:长子昕,昕弟晖,晖弟旰。'"

〔一二〕郝懿行曰:"前云:'或有讳云者,呼纷纭为纷烟。'谓是耶?"

〔一三〕宾退录二曰:"又有父祖既没,子孙不忍称其字者,亦古之所无。北齐王元景兄弟,讳其父之字,颜之推讥之。然父没而不能读父之书,母没而杯圈不能饮焉,况称其字乎?以情推之,亦未为过。古者,以王父字为氏,虽止一字,似未安也。江南虽不讳字,亦以对子字父为不恭,说见续家训。"案:南史卷十八萧琛传:"琛以旧恩尝犯武帝偏讳,帝敛容,琛从容曰:'名不偏讳,陛下不应讳顺。'上曰:'各有家风。'琛曰:'其如礼何。'"亦当时称讳之轶闻也。

礼间传〔一〕云:"斩缞〔二〕之哭,若往而不反;齐缞〔三〕之哭,若往而反;大功〔四〕之哭,三曲而偯〔五〕;小功缌麻〔六〕,哀容可也,此哀之发于声音也。"孝经云:"哭不偯〔七〕。"皆论哭有轻重质文之声也。礼以哭有言者为号;然则哭亦有辞也。江南丧哭,时有哀诉之言耳〔八〕;山东〔九〕重丧,则唯呼苍天〔一〇〕,期功〔一一〕以下,则唯呼痛深,便是号而不哭。

〔一〕卢文弨曰:"间传,礼记篇名,间,如字;传,张恋切。郑目录云:'以其记丧服之间轻重所宜也。'"钱馥曰:"经传之传直恋切,邮传之传张恋切,直澄母,张知母,同是舌上音而清浊迥别。"

〔二〕卢文弨曰："缞，本作衰，仓回切。下同。"案：斩缞，为封建社会制定五种丧之最重者。凡丧服上曰衰，下曰裳。斩即不缝缉，以极粗生麻布为之，衣旁及下边俱不缝缉。期为三年。

〔三〕卢文弨曰："齐，即夷切，亦作斋。"案：齐衰为五种丧服之一种，次于斩衰，以熟麻布为之。齐谓缝缉也，以其缝缉下边，故曰齐衰。期为一年。

〔四〕大功，五种丧服之一种，以熟布为之，比齐缞为细，较小功为粗。期为九月。

〔五〕"偯"，罗本、傅本、颜本、程本、胡本作"哀"。卢文弨曰："'三曲'，各本皆讹作'三哭'，今依本书改正。郑注：'三曲，一举声而三折也；偯，声馀从也。'释文：'馀起切。'说文作'㥯'。"

〔六〕小功，五种丧服之一种，以熟布为之，比大功为细，较缌麻为粗。期为五月。缌麻，五种丧服之最轻者，以熟布为之，比小功为细。期为三月。

〔七〕"偯"，罗本、傅本、颜本、程本、胡本作"哀"。赵曦明曰："丧亲章：'孝子之丧亲也，哭不偯，礼无容，服美不安，闻乐不乐，食旨不甘：此哀戚之情也。'"

〔八〕郝懿行曰："今北方丧哭，惟妇人或有哀诉之言，男子则未闻。"

〔九〕案：山东，亦指河北。胡三省通鉴一二一注："山东，谓太行、恒山以东，即河北之地。"

〔一〇〕王筠菉友臆说："孟子：'号泣于旻天，于父母。'从知天与父母，皆舜之所号。于即曰也，尔雅：'爰，曰，于也。'"

〔一一〕期功：期谓期服，一年之丧也；功即大功小功。

江南凡遭重丧，若相知者，同在城邑，三日不吊则绝之；除丧，虽相遇则避之，怨其不己悯也。有故及道遥者，致书可也；无书亦如之。北俗则不尔[一]。江南凡吊者，主人之外，不识者不执手[二]；识轻服而不识主人，则不于会所而吊，他日修名诣其家[三]。

〔一〕卢文弨曰："尔，如此也。"

〔二〕刘盼遂曰："按：此谓吊客于众主人之识者执手，不识者不执手，惟主人则识不识执手也。世说新语伤逝篇，张季鹰哭顾彦先，不执孝子手而出，王东亭吊谢太傅，不执末婢手而退（末婢，谢瑗小字，安之少子也），一以显其狂诞，一以纪其凶嫌，不与主人执手，皆失礼也。"

〔三〕名，谓名刺。

阴阳说[一]云："辰为水墓，又为土墓，故不得哭[二]。"王充[三]论衡云："辰日不哭，哭必重丧[四]。"今无教者，辰日有丧，不问轻重，举家清谧[五]，不敢发声，以辞吊客。道书又曰："晦歌朔哭，皆当有罪，天夺其算[六]。"丧家朔望，哀感弥深，宁当惜寿，又不哭也？亦不谕[七]。

〔一〕群书类编故事二"说"作"家"。

〔二〕赵曦明曰："水土俱长生于申，故墓俱在辰。"器案：五行大义卷二论生死所："五行体别，生死之处不同，遍有十二月十二辰而出没。……水受气于巳，胎于午，养于未，生于申，沐浴于酉，冠带于戌，临官于亥，王于子，衰于丑，病于寅，死于卯，葬于辰。土受气于亥，胎于子，养于丑，寄行于寅，生于卯，沐浴于辰，冠带于巳，临官于午，王于未，衰病于申，死于酉，葬于戌。戌是火墓，火是其母，母子不同葬，进行于丑；丑是金墓，金是其子，义又不合，欲还于未；未是木墓，木为土鬼，不畏敢入，进休就辰；辰是水墓，水为其妻，于义为合，遂葬于辰。昔舜葬苍梧，二妃不从，故知合葬非古。然季武子云：'自周公已来，未之有改。'诗云：'穀则异室，死则同穴。'盖以敦其义合，骨肉同归，水土共墓，正取此也。又以四季释所理归于斯。高唐隆以土生于未，盛于戌，壮于丑，终于辰。辰为水土墓，故辰日不哭，以辰日重丧故也。祖踊之哀，岂待移日？高唐所说，盖为浮浅。"萧吉驳高唐隆"辰为水土墓，故辰日不哭"之说，与颜氏此文后先一辙也。世或不知其详，故引五行大义以备考。

〔三〕赵曦明曰："后汉书王充传：'充字仲任，会稽上虞人。家贫无书，常游洛阳市肆，阅所卖书，一见辄能诵忆，遂博通众流百家之言。以为俗儒守文，多失其真；乃闭户潜思，绝庆吊之礼，户牖墙壁，各置刀笔，著论衡八十五篇。'"

〔四〕卢文弨曰："此所引论衡，见辩祟篇。"刘盼遂曰："按：唐李匡乂资暇录云：'辰日不哭，前哲非之切矣。本朝又有故事，诚为不能明矣。今抑有孤辰不哭，其何云耶？'旧唐书张公谨传：'有司奏言："准阴阳书，子在辰，不可哭泣。"又为流俗所忌。'又吕才传：'才叙葬书曰："或云辰日不宜哭泣，遂睆尔而对宾客。"'则此辰日忌哭之说，至唐犹未衰也。"陈直曰："白居易新乐府七德舞云：'张瑾哀闻辰日哭。'此风气至唐犹然也。"

〔五〕卢文弨曰："尔雅释诂：'谧，静也。'音密。"器案：曹植汤妃颂："清谧后宫，九嫔有序。"江淹杂体诗三十首："马服为赵将，疆埸得清谧。"俱谓清静也。

〔六〕罗本、傅本、颜本、程本、胡本、何本、朱本"其"作"之"。朱亦栋曰："案：抱朴子微旨篇：'或问欲修长生之道，何所禁忌？抱朴子曰：按易内戒及赤松子经及河图记命符皆云，天地有司过之神，随人所犯轻重，以夺其算。大者夺纪，纪者三百日也，小者夺算，算者三日也（或作一日）。若乃越井跨灶，晦歌朔哭，凡有一事，辄是一罪，随事轻重，司命夺其算纪。'此道书之说也。"器案：初学记十七、御览四〇一引河图："黄帝曰：'凡人生一日，天帝赐算三万六千，又赐纪二千。圣人得三万六千七百二十，凡人得三万六千。一纪主一岁，圣人加七百二十。'"法苑珠林六二引冥祥记:"一算十二年。"本书归心篇:"阴纪其过,鬼夺其算。"此皆宗教迷信之谰言也。

〔七〕宋本元注:"一本无'亦不谕'三字。"案:少仪外传下、群书类编故事二正无此三字。罗本、颜本、程本、朱本"谕"作"论"。

偏傍之书〔一〕,死有归杀〔二〕。子孙逃窜,莫肯在家〔三〕;画瓦书符,作诸厌胜〔四〕;丧出之日,门前然火〔五〕,户外列灰〔六〕,祓送家鬼〔七〕,章断注连〔八〕:凡如此比,不近有情〔九〕,乃儒雅〔一〇〕之罪人,弹议所当加也〔一一〕。

〔一〕卢文弨曰:"偏傍之书,谓非正书。"案:即谓旁门左道之书。

〔二〕卢文弨曰:"俗本'杀'作'煞',道家多用之,此从宋本。死有煞日,今杭人读为所介切。"郝懿行曰:"今田野愚民,尤信此说。杀读去声,俗字作煞。"器案:吹剑录外集引唐太常博士吕才百忌历载丧煞损害法:"如巳日死者雄煞,四十七日回煞;十三四岁女雌煞,出南方第三家,煞白色,男子或姓郑、潘、孙、陈,至二十日及二十九日两次回家。故世俗相承,至期必避之。"回煞即归煞,此六朝、唐人避煞谰言之可考见者。戴冠濯缨亭笔记七:"今世阴阳家以某日人死,则于某日煞回,以五行相乘,推其殃煞高上尺寸,是日,丧家当出外避之,俗云避煞。然莫知其缘起。予尝见魏志:'明帝幼女淑卒,欲自送葬,又欲幸许。司空陈群谏曰:"八岁下殇,礼所不备,况未期月,而为制服。……又闻车驾幸许,将以避衰。夫吉凶有命,祸福由人,移走求安,则亦无益。"'所谓避衰,即今俗云避煞也,其语所从来亦远矣。盖其初特恶与死者同居,故出外避之,而人遂附会为此说也。"

〔三〕卢文弨曰:"北人逃煞,南人接煞。余在江宁,其俗不知有煞。"刘盼遂曰:"按:殃煞之事,载籍所不恒见。惟徐铉稽神录云:'彭虎子少壮有膂力,尝谓无鬼神。母死,俗巫戒之曰:"某日殃煞当还,重有所杀，宜出避之。”合家细弱，悉出逃匿；虎子独留不去。夜中有人推门入，虎子皇遽无计；先有瓮，便入其中，以板盖头，觉母在板上坐，有人问：“板下无人耶？”母曰：“无。”乃去。’是避煞逃窜，至五代时犹然矣。”器案：太平广记三六三引唐皇甫氏原化记：“唐大历中，士人韦滂膂力过人，夜行一无所惧。……尝于京师暮行，鼓声向绝，主人尚远，将求宿，不知何诣；忽见市中一衣冠家，移家出宅，子弟欲锁门，滂求寄宿。主人曰：‘此宅邻家有丧，俗云防煞，入宅当损人物。今将家口于侧近亲故家避之，明日即归，不可不以奉白也。’韦曰：‘但许寄宿，复何害也。煞鬼吾自当之。’主人遂引韦入宅……。”此事在稽神录之前。

〔四〕汉书王莽传下：“铸作威斗，……欲压胜众民。”后汉书清河孝王庆传：“因诬言欲作蛊道祝诅，以菟为厌胜之术。”陈槃曰：“厌胜之术，不一而足，或止曰‘厌’，史记高帝纪：‘秦始皇帝常曰：东南有天子气。于是因东游以厌之。’又莽传下‘莽见四方盗贼多，复欲厌之’是也。亦或曰‘胜服’，封禅书‘越俗，有火灾，复起屋，必以大，用胜服之’是也。此本巫术，自古有之。苌弘射狸首，欲以致诸侯（封禅书）：如此之类，是其事也。”

〔五〕倭名类聚钞六引“然”作“燃”，是俗字。卢文弨曰：“门前然火，今江以南，亦有此风。”

〔六〕玉烛宝典一引庄子：“有斫鸡于户，悬苇灰于其上，插（疑当作“插”）桃其旁，连灰其下，而鬼畏之。”类聚八六、白帖三〇引庄子：“插桃枝于户，连灰其下，童子入而不畏，而鬼畏之，是鬼智不如童子也。”水经渭水上注：“列异传曰：‘武都故道县有怒特祠，云神本南山大梓也，昔秦文公二十七年，伐之，树疮随合，秦文公乃遣四十人持斧斫之，犹不断。疲士一人伤足不能去，卧树下，闻鬼相与言曰：劳攻战乎？其一曰：足为劳矣。又曰：秦公必持不休。答曰：其如我何？又曰：赤灰跋于子何如？乃默无言。卧者以告，令士皆赤衣，随所斫以灰跋，树断，化为牛入水。故秦为立祠。'”亦鬼物畏连灰之神话也。郭若虚图画见闻志五："刘乙常于奥室坐禅，尝白魏云：'先天菩萨见身此地。'遂筛灰于庭，一夕，有巨迹长数尺，伦理成就。"夷坚乙志十九韩氏放鬼："江、浙之俗信巫鬼，相传人死则其魄复还，以其日测之，某日当至，则尽室出避于外，名为避煞。命壮仆或僧守庐，布灰于地，明日视其迹，云受生为人为异物矣。"夷坚志支乙一董成二郎："而董以此时殂，既敛，家人用俚俗法，筛细灰于灶前，覆以甑，欲验死者所趋。"盖封建迷信传说，惟昔而然矣。

〔七〕刘盼遂曰："周岂明茶话乙第七则云：'英国茀来则博士普许默之工作第五章云："野蛮人送葬归，惧鬼魂复返，多设计以阻之，通古斯人以雪或木塞路，缅甸之清族则以竹竿横放路上，纳巴耳之曼伽族葬后，一人先返，集棘刺堆积中途，设为障碍，上置大石立其一，以手持香炉，送葬者从石上香烟中过，云鬼闻香逗留，不至乘生人肩上越棘刺云云。"今绍兴回丧，于门外焚谷壳，送葬者跨烟而过，始各返其家，其用意正同，即防鬼魂之附着也。'（录自语丝）盼遂案：此亦家训'作诸厌胜，被送家鬼'之俗也。知其流远矣。"器案：岭外代答卷十："家鬼者，言祖考也。"

〔八〕"章断注连"，倭名类聚钞引作"注连章断"，又引日本纪私记云："端出之绳。"刘盼遂曰："周岂明汉译古事记神代卷第二十九节之'布刀玉命急忙将注连挂在后面'一语自注云：'注连系采用颜氏家训语。亦作标绳，用稻草左绹，约间隔八寸，散垂稻草七，次五，次三根，故又写作左绳，又名七五三绳，用作禁出入的标当，挂在神社入口；今正月人家门户亦犹用之，盖以辟不祥也。'盼遂案：以稻草之标绳为注连，当有所出，姑志以俟知者。"器案：古事记上云："即布刀玉命，以尻久米绳，控度其御后方。白言从此以内，不得还入。"次田润注云："尻久米绳者，书纪有'端出之绳'，乃尻笼绳之义，即今之注连绳。"日本此种辟不祥的端出之绳，虽名曰注连，恐与颜氏所说者，亦鼠腊名璞之比耳。寻道藏洞玄部表奏类"岂"字一号，赤松子章历卷一目有断亡人复连章、大断骨血注代命章、断子注章、夫妻离别断注消怪章、虚耗光怪断绝殃注章、解释三曾五祖冢讼章、官私咎谪死病相连断五墓殃注章、数梦亡人混涉消墓注章、大冢讼章二通、新亡迁达开通道路收除上殃断绝复连章、新亡洒宅逐注却杀章。其卷四"岂"字四号载断亡人复连章云："具法位上言，臣谨按仙科，今据某云：'即日叩头列状，素以胎生下官子孙，千载幸遇，得奉大道，诚实欣慰；某信向违科，致有灾厄。某今月某日，染病困重，梦想纷纭，所向非善；寻求算术云，亡某为祸，更相复连，致令此病，连绵不止。恐死亡不绝，注复不断，阖家惶怖，恐不生全。'即日词情恳切，向臣求乞生理；辄为拜章一通，上闻天曹。伏乞太上老君、太上丈人、天师君门下主者，赐为分别，上请本命君十万人，为某解除亡人复连之气，愿令断绝生人魂神属生始，一元一始，相去万万九十馀里，生人上属皇天，死人下属黄泉，生死异路，不得扰乱某身。又恐亡某生犯莫大之罪，死有不赦之僣，系闭在于诸狱，时在河伯之狱，时在女青之狱，时在城隍社庙之中，不知亡人某魂魄在何处，并乞迁达，令得安稳，上升天堂，衣食自然，逍遥无为，坟墓安稳，注讼消沉。某身中疾病，即蒙除愈，复连断绝，元元如愿，以为效信。恩惟太上众真，分别求哀。臣为某上请天官断绝亡人复连章一通，上诣太上曹治。"据此，则章断注连者，谓上章以求断绝亡人之殃注复连也。太平广记三二〇引幽明录："谢玄在彭城，将有齐郡司马隆，弟进，及安东王箱等，共取坏棺，分以作车。少时，三人悉见患，更相注连，凶祸不已。"注连之义，与颜氏所说正同。持以较日本之所谓注连，其事各别。抱朴子内篇仙药："上党有赵瞿者，病癞历年，众治之不愈，垂死，或云：'不及活流弃之，后子孙转相注易。'"注易即注连也。释名释疾病："注病，一人死，一人复得，气相灌注也。"注病即今之传染病。

〔九〕少仪外传引"比"作"者"，"有"作"人"。

〔一〇〕孔安国尚书序:"旁求儒雅。"汉书王章传:"缘饰儒雅,刑罚必行。"又公孙弘传赞:"儒雅则公孙弘、董仲舒。"论衡难岁篇:"儒雅服从。"文心雕龙史传篇:"儒雅彬彬。"

〔一一〕弹,谓弹劾,文选有弹事体。

己孤〔一〕,而履岁〔二〕及长至〔三〕之节,无父,拜母、祖父母、世叔父母、姑、兄、姊,则皆泣〔四〕;无母,拜父、外祖父母、舅、姨、兄、姊,亦如之:此人情也。

〔一〕"己孤",朱本作"若孤"。

〔二〕卢文弨曰:"'履岁'下疑当有'朝'字。"器案:履岁,当是履端岁首之意,即指元旦。左传文公元年:"先王之正时也,履端于始。"御览二九引臧荣绪晋书:"熊远议曰:'履端元日。'"又引庾阐扬都赋:"岁惟元辰,阴阳代纪,履端归馀,三朝告始。"

〔三〕长至,冬至。御览二八引崔浩女仪:"近古妇人,常以冬至日上履袜于舅姑,履长至之义也。"

〔四〕卢文弨曰:"说文:'泣,无声出涕也。'"

江左朝臣,子孙初释服〔一〕,朝见二宫〔二〕,皆当泣涕〔三〕;二宫为之改容。颇有肤色充泽〔四〕、无哀感者,梁武薄其为人,多被抑退〔五〕。裴政〔六〕出服,问讯〔七〕武帝,贬瘦枯槁〔八〕,涕泗滂沱〔九〕,武帝目送〔一〇〕之曰:"裴之礼〔一一〕不死也。"

〔一〕释服,与下文出服义同,言丧服届满,除去丧服。

〔二〕卢文弨曰:"二宫,帝与太子也。"器案:文选集注残本王仲宝褚渊碑文:"升降两宫。"钞曰:"两宫,谓上台及东宫也。"李周翰曰:"两宫,谓天子、太子。"

〔三〕"泣涕",少仪外传下作"涕泣"。

〔四〕离骚注:"泽,质之润也。"

〔五〕抑退,抑止斥退。三国志魏书武纪:"纤毫之恶,靡不抑退。"

〔六〕赵曦明曰:"北史裴政传:'政字德表,仕隋为襄阳总管,令行禁止,称为神明。著承圣实录一卷。'"

〔七〕僧史略上:"如比丘相见,曲躬合掌,口曰不审者何,此三业归仰也,谓之问讯。"盖梁武信佛,故裴政以僧礼相见也。

〔八〕文选西征赋注:"贬,损也。"楚辞渔父:"形容枯槁。"注:"癯瘦瘠也。"王叔岷曰:"庄子刻意篇:'枯槁赴渊者之所好也。'"

〔九〕诗经陈风泽陂:"涕泗滂沱。"毛传:"自目曰涕,自鼻曰泗。"

〔一〇〕左传桓公元年:"目逆而送之。"正义:"未至则目逆,既过则目送。"史记留侯世家:"四人为寿已毕,起去,上目送之。"

〔一一〕赵曦明曰:"南史裴邃传:'子之礼,字子义。母忧居丧,惟食麦饭。邃庙在光宅寺西,堂宇弘敞,松柏郁茂;范云庙在三桥,蓬蒿不剪。梁武帝南郊,道经二庙,顾而叹曰:"范为已死,裴为更生。"之礼卒于少府卿,谥曰庄。子政,承圣中位给事黄门侍郎,魏克江陵,随例入长安。'"

二亲既没,所居斋寝〔一〕,子与妇弗忍入焉。北朝顿丘〔二〕李构〔三〕,母刘氏,夫人亡后,所住之堂,终身锁〔四〕闭,弗忍开入也。夫人,宋广州刺史〔五〕纂之孙女,故构犹染江南风教。其父奖,为扬州刺史,镇寿春〔六〕,遇害。构尝与王松年〔七〕、祖孝征数人同集〔八〕谈宴。孝征善画,遇有纸笔,图写为人。顷之,因割鹿尾,戏截画人以示构,而无他意。构怆然动色,便起就马而去。举坐惊骇,莫测其情。

祖君寻[九]悟，方深反侧[一〇]，当时罕有能感此者[一一]。吴郡陆襄，父闲被刑[一二]，襄终身布衣蔬饭，虽姜菜有切割[一三]，皆不忍食；居家惟以掐[一四]摘供厨。江宁姚子笃[一五]，母以烧死，终身不忍噉炙[一六]。豫章[一七]熊康父以醉而为奴所杀，终身不复尝酒。然礼缘人情，恩由义断，亲以噎死，亦当不可绝食也[一八]。

〔一〕斋寝，斋戒时所居之旁屋。

〔二〕赵曦明曰："宋书州郡志：'顿丘，二汉属东郡，魏属阳平，（晋）武帝泰始二年，分淮阳置顿丘郡，县属焉。'"

〔三〕卢文弨曰："北史李崇传：'崇从弟平，平子奖，字遵穆，容貌魁伟，有当世才度。元颢入洛，以奖兼尚书左仆射，慰劳徐州羽林，及城，人不承颢旨，害奖，传首洛阳。孝武帝初，诏赠冀州刺史。子构，字祖基，少以方正见称，袭爵武邑郡公，齐初，降爵为县侯，位终太府卿。构常以雅道自居，甚为名流所重。'"

〔四〕卢文弨曰："镲，说文作锁。"

〔五〕赵曦明曰："宋书州郡志：'广州刺史，吴孙休永安七年分交州立，领郡十七，县一百三十六。'"

〔六〕赵曦明曰："宋书州郡志：'扬州刺史，前汉未有治所，后汉治历阳，魏、晋治寿春。'"

〔七〕卢文弨曰："北齐书王松年传：'少知名，文襄临并州，辟为主簿，孝昭擢拜给事黄门侍郎。孝昭崩，护梓宫还邺，哭甚流涕；武成虽忿松年恋旧情切，亦雅重之，以本官加散骑常侍，食高邑县侯。'"器案：王松年传又见北史卷三十五，云："其第二子劭最知名。"

〔八〕"集"，抱经堂本误作"席"，宋本以下诸本俱作"集"，今据改正。

〔九〕器案：勉学篇："帝寻疾崩。"文选羊叔子让开府表："以身误陛下，辱高位，倾覆亦寻而至。”刘淇助字辨略二：“寻，旋也，随也，犹今云随即如何也。”

〔一〇〕诗周南关雎：“辗转反侧。”郑笺：“卧而不周曰辗。”孔颖达正义：“反侧犹反覆。”又小雅何人斯：“以极反侧。”郑笺：“反侧，辗转也。”又关雎朱熹集传：“反者辗之过，侧者转之留，皆伏不安席之意。”

〔一一〕罗本、颜本、朱本分段。

〔一二〕吴郡志二一引“刑”作“害”。卢文弨曰：“南史陆慧晓传：‘闲字遐业，慧晓兄子也。有风概，与人交，不苟合，仕至扬州别驾。永元末，刺史始安王遥光据东府作乱，闲以纲佐被收，尚书令徐孝嗣启闲不预逆谋，未及报，徐世标命杀之。四子：厥、绛、完、襄也。襄本名衰，字赵卿，有奏事者误字为襄，梁武帝乃改为襄，字师卿。太清元年为度支尚书。襄弱冠遭家祸，释服，犹若居忧，终身蔬食布衣，不听音乐，口不言杀害。’”器案：文苑英华八四二引江总梁故度支尚书陆君诔：“君讳襄，字师卿，吴人也。……父闲，扬州别驾，齐永元绍历，萧遥光谋反伏诛，闲以州职见害。子绛，其日并命。忠孝之道，萃此一门。襄时年十四，号毁殆灭，布衣蔬食，终于身世。”

〔一三〕吴郡志“割”下有“者”字。王叔岷曰：“案大戴礼曾子制言中篇：‘布衣不完，蔬食不饱。’记纂渊海五二引此文‘蔬’作‘疏’，疏、蔬正、俗字。‘疏饭’即‘粗饭’，礼记丧大记：‘士疏食水饮。’孔疏：‘疏，粗也。食，饭也。’记纂渊海引‘姜’作‘羹’，恐非。”

〔一四〕颜本原注：“掐，音恰。”卢文弨曰：“玉篇：‘爪按曰掐。’”

〔一五〕罗本、傅本、颜本、程本、胡本、何本、朱本、黄本、鲍本、汗青簃本及类说、合璧事类前二四、群书类编故事六“江宁”作“江陵”。类说“笃”作“为”，形近之误。

〔一六〕卢文弨曰：“噉，徒滥切，与啗、啖并同，食也。炙，之夜切。”

〔一七〕卢文弨曰：“晋书地理志：‘豫章郡属扬州。’”

〔一八〕宋本原注：“一本无‘当’字，有‘也’字；一本有‘当’字，无‘也’字。”

案：罗本、傅本、颜本、程本、胡本、何本、朱本、黄本及类说无“也”字；合璧事类、群书类编故事无“当”字。郝懿行曰：“情至者未便可非，颜君此论，理未为通也。”

礼经：父之遗书，母之杯圈，感其手口之泽，不忍读用〔一〕。政为常所讲习，雠校缮写〔二〕，及偏加服用〔三〕，有迹可思者耳。若寻常坟典〔四〕，为生什物〔五〕，安可悉废之乎？既不读用，无容散逸〔六〕，惟当缄保〔七〕，以留后世耳。

〔一〕卢文弨曰：“礼记玉藻：‘父没而不能读父之书，手泽存焉尔；母没而杯圈不能饮焉，口泽之气存焉尔。’郑注：‘圈，屈木所为，谓卮匜之属。’释文：‘圈，起权切。’案：亦作棬。”

〔二〕卢文弨曰：“左太冲魏都赋：‘雠校篆籀。’案：雠谓一人持本，一人读之，若怨家相对，有误必举，不肯少恕也。汉刘向校中秘书，凡一书竟，奏上，每云皆定，以杀青，可缮写。后汉书卢植传：‘臣前以周礼诸经为之解诂，无力供缮写上。’章怀注：‘缮，善也。’”王叔岷曰：“案文选左太冲魏都赋李善注引风俗通云：‘案刘向别录：一人读书，校其上下，得谬误，为校；一人持本，一人读书，若怨家相对，为雠。’”

〔三〕器案：服用即用也，古代谓用曰服。易系辞：“服牛乘马。”诗郑风叔于田：“巷无服马。”吕氏春秋顺民篇：“服剑臂刃。”史记李斯传：“服太阿之剑。”大戴礼记武王践阼篇剑铭曰：“带之以为服。”盐铁论殊路篇：“于越之铤……工人施巧，人主服而朝也。”服皆作用字用。太平御览有服用部二十一卷，所载什物，自帐幔幌帱以下，至于燕脂花胜之属，凡八十种。

〔四〕卢文弨曰：“孔安国尚书序：‘伏羲、神农、黄帝之书，谓之三坟，言大道也；少昊、颛顼、高辛、唐、虞之书，谓之五典，言常道也。’”器案：坟典，一般用为书籍之意。南史丘巨源传：“少好学，居贫，屋漏，恐湿坟典,乃舒被覆书,书获全而被大湿。"

〔五〕卢文弨曰:"史记五帝本纪:'舜作什器于寿邱。'索隐:'什,数也,盖人家常用之器非一,故以十为数,犹今云什物也。'"案史记正义:"颜师古曰:'军法:五人为伍,二伍为什,则共器物。故谓生生之具为什器,亦犹从军及作役者,十人为火,共畜调度也。'"

〔六〕散逸,谓散失亡逸。本书杂艺篇:"梁氏秘阁,散逸以来。"南史何宪传:"博涉该通,群籍毕览,天阁秘宝,人间散逸,无遗漏焉。"

〔七〕卢文弨曰:"缄,古咸切,封也。"案:文选谢惠连杂诗注:"缄,东箧也。"

思鲁等第四舅母,亲吴郡张建女也〔一〕,有第五妹,三岁丧母。灵床〔二〕上屏风,平生旧物,屋漏沾湿,出曝晒之,女子一见,伏床流涕。家人怪其不起,乃往抱持;荐席〔三〕淹渍〔四〕,精神伤怛〔五〕,不能饮食。将以问医,医诊脉〔六〕云:"肠断矣〔七〕!"因尔便吐血,数日而亡。中外怜之,莫不悲叹。

〔一〕林思进先生曰:"俗多误以'亲'字绝句。(案:朱本断句正如此。)案:春秋繁露竹林篇:'齐顷公,亲齐桓公孙。'史记淮南王传:'大王,亲高帝孙。'梁孝王世家:'李太后,亲平王之大母也。'容斋随笔七引颜鲁公书远祖颜含碑,晋李阐之文也,云:'君是王亲丈人,故呼王小字。'皆可证。盖古人自有此种语也。"案:前文"言及先人"条,亦有此例,说详彼注。

〔二〕灵床,即灵座,供奉亡人灵位之几筵也。世说新语伤逝篇:"顾彦先平生好琴,及丧,家人常以琴置灵床上。"晋书本传作"灵座"。

〔三〕周礼春官司几筵郑玄注云:"铺陈曰筵,藉之曰席,筵铺于下,席铺于上,所以为位也。"

〔四〕御览四一五、永乐大典一〇八一三"淹渍"作"泪渍"。

〔五〕"怛"原作"沮"，颜本、程本、胡本、朱本作"怛"，今据改。刘盼遂引吴承仕曰："毛诗：'中心怛兮。'传：'怛，伤也。'"

〔六〕史记仓公传："传黄帝、扁鹊之脉书，五色诊病，知人死生，决嫌疑，定可治。"诊脉，今云看脉。

〔七〕御览、永乐大典"肠"上有"女"字。

礼云："忌日不乐〔一〕。"正以感慕罔极，恻怆无聊〔二〕，故不接外宾〔三〕，不理众务耳〔四〕。必能悲惨自居〔五〕，何限于深藏也？世人或端坐奥室〔六〕，不妨〔七〕言笑，盛营甘美，厚供斋食；迫有急卒〔八〕，密戚至交，尽无相见之理：盖不知礼意乎〔九〕！

〔一〕卢文弨曰："礼记祭义：'君子有终身之丧，忌日之谓也。忌日不用，非不祥也，言夫日，志有所至，而不敢尽其私也。'乐，如字，一音洛。"

〔二〕楚辞九思："心烦愦兮意无聊。"王逸注："聊，乐也。"

〔三〕刘岳云食旧德斋杂著："真德秀读书记：'近时大儒有忌日衣黪衣巾墨衰受吊者。'（案：此指朱熹。）李济翁资暇录云：'亲戚来而不拒。'颜氏家训谓：'不接外宾。'盖谓寻常之宾耳。"

〔四〕封氏闻见记六"众"作"庶"。

〔五〕封氏闻见记此句作"不能悲怆自居"。

〔六〕卢文弨曰："奥室，深隐之室。礼记仲尼燕居：'室而无奥阼，则乱于堂室也。'"

〔七〕封氏闻见记"妨"作"好"。

〔八〕卢文弨曰："卒，与猝同。"案：封氏闻见记引此数句作"卒有急回，宁无尽见之理，其不知礼意乎"。王叔岷曰："庄子大宗师篇：'是恶知礼意乎（今本脱"乎"字）！'"

〔九〕唐语林八载此文,误作颜延之曰。封氏闻见记六忌日曰:“沈约答庾光禄书云:‘忌日制假,应是晋、宋之间,其事未久。未制假前,止是不为宴乐,本不自封闭,如今世自处者也。居丧再周之内,每有忌日,哭临受吊,无不见人之义。而除服之后,乃不见人,实由世人以忌日不乐,而不能竟日兴感,以对宾客,或弛解,故过自晦匿,不与外接。假设之由,寔在于此。’”所说与此可互参。

魏世王修〔一〕母以社日〔二〕亡;来岁社日〔三〕,修感念哀甚,邻里闻之,为之罢社。今二亲丧亡,偶值伏腊分至之节〔四〕,及月小晦后,忌之外〔五〕,所经此日〔六〕,犹应感慕〔七〕,异于馀辰,不预饮宴、闻声乐及行游也。

〔一〕赵曦明曰:“魏志王修传:‘修字叔治,北海营陵人。七岁丧母。’下载此事。”

〔二〕器案:历书以立春后第五戊日为春社,立秋后第五戊日为秋社,此社日不知为春社抑秋社。御览三〇引魏志此事,列入春社;敦煌卷子伯二六二一号引孝子传:“母以社日亡,白秋邻里会,修忆念其母,哀慕号绝,邻里为之罢社。”则以为秋社。

〔三〕赵曦明曰:“各本俱脱‘日’字,宋本作‘来岁有社’,(器案:宋本于“有”字下注云:“一本作‘一’字,一本只云‘来岁社’。”)亦误。案:御览引萧广济孝子传载此事有‘日’字,今据补。”

〔四〕卢文弨曰:“历忌释:‘四时代谢,皆以相生。至于立秋,以金代火,金畏火,故至庚日必伏。庚者,金也。’阴阳书:‘从夏至后第三庚为初伏,第四庚为中伏,立秋后初庚为后伏,亦谓之末伏。’史记秦本纪:‘德公始为伏祠。’魏台访议:‘王者各以其行盛日为祖,衰日为腊。汉火德,火衰于戌,故以戌日为腊。’魏、晋以下,以此推之。分,春、秋分;至,冬、夏至。”

〔五〕“外”，宋本作“日”，不可从。

〔六〕卢文弨曰：“盖谓亲或以月大尽亡，而所值之月，只有二十九日，乃月小之晦日，即以为亲之忌日所经也。”郑珍曰：“六朝时更有忌月之说。张融有孝，忌月三旬不听音乐；晋穆帝将纳后，以康帝忌月疑之，下其议，皆见于史。相沿至唐不废。唐书王方庆传‘议者以孝明帝忌月，请献俘，不作乐’可见。而又有此月中忌前晦前、忌后晦后各三日之说。唐书韦公肃传：‘睿宗祥月，太常奏……前忌与晦三日、后三日，皆不听事，忌晦之明日，百官叩侧门通慰。’盖沿隋以前旧习也。黄门此云‘月小晦后’，正谓忌月之晦前后三日，月小则廿七八九也；此与伏腊分至，皆在忌日之外，故黄门自言：‘已丧亲后值如此，于忌之外，所经等日，犹感慕异于馀辰，不必正忌日也。’‘忌之外所经此日’一句，沈本‘外’作‘日’，误。卢注非。”案：郑说是，今从之。

〔七〕“犹”，抱经堂本误“尤”，今据各本校改。“感”，宋本原注云：“一作‘思’。”案：后娶篇：“基每拜见后母，感慕呜咽。”本篇前文：“言及先人，理当感慕。”“正以感慕罔极，恻怆无聊。”则颜氏凡言悼念亡亲时，皆用感慕。南史张敷传：“生而母亡，年数岁，问知之，虽蒙童，便有感慕之色。”隋书独孤皇后传：“早失二亲，常怀感慕，见公卿有父母者，每为致礼。”盖思慕仅存于心，感慕则形于色也。

刘绍、缓、绥，兄弟并为名器〔一〕，其父名昭〔二〕，一生不为照字，惟依尔雅火旁作召耳〔三〕。然凡文与正讳相犯，当自可避；其有同音异字，不可悉然。劉字之下，即有昭音〔四〕。吕尚之儿，如不为上〔五〕；赵壹之子，傥不作一〔六〕：便是下笔即妨，是书皆触也〔七〕。

〔一〕名器，知名之器，与上文“王元景兄弟皆号名人”之名人义同。古代称人才为器，如国器、社稷器、天下器等是。晋书陈骞传："富年沉敏，蕴兹名器。"

〔二〕沈揆曰："南史刘昭本传，子绍、缓附。一本以'昭'为'照'者非。"赵曦明曰："梁书文学传：'刘昭，字宣卿，平原高唐人。集后汉同异，以注范书。为剡令，卒。子绍，字言明。通三礼，大同中为尚书祠部郎，寻去职，不复仕。弟缓，字含度。历官湘东王记室；时西府盛集文学，缓居其首。随府转江州，卒。'绥，本传不载，疑此字衍。"郑珍曰："据世说雅量注，刘绥，高平人。南史，刘昭，平原人。绥字衍文。御览萧广济孝子传改正。"器案：世说赏誉下注引刘氏谱："绥字万安，高平人。祖奥，太祝令；父斌，著作郎；历骠骑长史。"（隋书经籍志集部："梁有安西记室刘绥集四卷。"）是绥为道真从子，婿为庾翼，皆东晋人物也。不惟郡望不合，父祖各别，并时代亦悬绝，赵、郑疑绥字衍，是也。此盖传钞者涉系旁排行误入，或即因缓字形近而误衍也。沈揆于刘绥不著一字，则所见本初未尝有绥字也。

〔三〕赵曦明曰："尔雅释虫：'萤火即炤。'"案：天中记二四引"召"作"炤"。荀子儒效篇："炤炤兮其用知之明也。"杨倞注："炤与照同。"炤盖照之或体字。

〔四〕郝懿行曰："音劉字者，卯下即钊字昭音尔。牟默人说。"郑珍曰："此下言不讳嫌名也。劉字下半是钊字，钊与昭同音，如讳嫌名，即姓亦不可写也。"刘盼遂引吴承仕曰："劉字上从卯，下从钊，钊音正与昭同。意谓同音异字，悉须避忌，即劉字下体亦触昭音，不可得书也。"器案：郝、郑、吴诸说是。韩愈讳辨："康王钊之孙，实为昭王。"举事虽不同，而说明钊字昭音则一，亦足为证。

〔五〕赵曦明曰："史记齐世家：'太公吕尚者，东海上人。'"

〔六〕赵曦明曰："后汉书赵壹传：'壹字元叔，汉阳西县人。'"

〔七〕刘淇助字辨略三："是书之是，犹凡也，言凡是书札，皆触忌讳也。今谓处处曰是处，犹云到处也。"李调元剿说三："言凡是书札，皆触忌讳也。可为著书之箴。”器案：少仪外传上引酬酢事变：“凡作书启，先记彼人父祖名讳于几案。”此沿六朝积习也。

尝有甲设宴席，请乙为宾〔一〕；而旦于公庭见乙之子，问之曰：“尊侯早晚顾宅〔二〕？”乙子称其父已往〔三〕。时以为笑。如此比例〔四〕，触类〔五〕慎之，不可陷于轻脱〔六〕。

〔一〕器案：归心篇亦有“安能辛苦今日之甲，利后世之乙”之语。今案：古书凡不实指人名而言，率虚设甲乙之词以代之，如韩非子用人篇“罪生甲，祸归乙”是也；或称为某甲某乙，如左传文公十四年“夫已氏”注“犹言某甲”是也；或称为张甲李乙，如三国志魏书王修传注引魏略载太祖与修书“张甲李乙，犹或先之”是也；或称为张甲王乙李丙赵丁，如范缜神灭论“张甲之情，寄王乙之躯；李丙之性，托赵丁之体”是也。

〔二〕周一良曰：“早晚犹言何时，唐人犹习用，刘盼遂氏校笺补正已言之。尊侯乃称人父之尊称，不必官高位重或定是侯爵也。梁书四七吉翂传：‘天监初，父为吴兴原乡令，逮诣廷狱。蔡法度曰：主上知尊侯无罪，得当释亮。’搜神记：‘吴兴一人有二男，一师过其家，语二儿云：君尊侯有大邪气。’皆是其例。南北朝人又有明侯一词，作第二人称之尊称代名词，如魏书七八张普惠传：‘遗书普惠曰：明侯渊儒实学，身负大才。’侯亦非指公侯也。”器案：周说是。世说新语言语篇：“中朝有小儿父病，行乞药。主人问病，曰：‘患疟也。’主人曰：‘尊侯明德君子，何以病疟？’答曰：‘来病君子，所以为疟耳。’”亦为尔时对人父尊称之证。本篇上文云“凡与人言，称彼祖父母、世父母、父母及长姑，皆加尊字”，是也。

〔三〕林思进先生曰：“下云‘时以为笑’者，盖笑其不审早晚，不顾望而对，遽云已往，所谓‘陷于轻脱’，此耳。”刘盼遂曰：“此甲问乙子，乙将以何时可以枉过，乙子不悟，答以其父已往，遂成笑柄。盖六朝、唐人通以早晚二字为问时日远近之辞，洛阳伽蓝记璎珞寺：‘李澄问赵逸曰：“太尉府前砖浮图，形制甚古，犹未崩毁，未知早晚造？”逸曰：“晋义熙十二年，刘裕伐姚泓，军人所作。”’杜甫江雨有怀郑典设诗：‘春雨闇闇塞峡中，早晚来自楚王宫？’李白长干行：‘早晚下三巴？预将书报家。’所云早晚，皆问辞也。迤及近世，则加多字为多早晚，石头记小说中累见。”器案：刘说是。姚元之竹叶亭杂记七：“京中俗语，谓何时曰多早晚（早字俗言读音近盏）。隋书艺术传：‘乐人王令言亦妙达音律。大业末，炀帝将幸江都，令言之子尝从于户外弹琵琶，作翻调安公子曲。令言时卧室中，闻之大惊，蹶然而起曰：“变变。”急呼其子曰：“此曲兴自早晚？”其子对曰：“顷来有之。”’族弟伯山曰：‘然则此语，盖由来已久。’”姚氏所举王令言事，亦足为证。

〔四〕御览二四五引俗说：“江夷为右仆射，主上欲用其领詹事，语王准：‘卿可觅比例。’”

〔五〕易系辞上：“触类而长之。”正义：“谓触逢事类而增长之，若触刚之事类以次增长于刚，若触柔之事类以次增长于柔。”三国志魏书王昶传：“若引而伸之，触类而长之，汝其庶几举一隅耳。”

〔六〕器案：本书养生篇：“但须精审，不可轻脱。”后汉书列女传：“班昭女诫曰：‘动静轻脱，视听陕输，……此谓不能专心正色矣。’”抱朴子汉过篇：“猝突萍骘，骄矜轻侻者，谓之巍峨瑰杰。”轻侻即轻脱，谓轻薄佻脱也。

江南风俗，儿生一期，为制新衣，盥浴装饰，男则用弓矢纸笔，女则刀尺铖缕〔一〕，并加饮食之物，及珍宝服玩，置之儿前，观其发意所取，以验贪廉愚智，名之为试儿〔二〕。亲表聚集，致宴享焉〔三〕。自兹已后，二亲若在，每

至此日，尝有酒食之事耳〔四〕。无教之徒，虽已孤露〔五〕，其日皆为供顿〔六〕，酣畅声乐，不知有所感伤〔七〕。梁孝元〔八〕年少之时，每八月六日载诞〔九〕之辰，常设斋讲；自阮修容薨殁之后〔一〇〕，此事亦绝〔一一〕。

〔一〕少仪外传下、爱日斋丛钞一引"则"下有"用"字。卢文弨曰："刀，剪刀；鍼，古作箴，今又作针；缕，线也。"

〔二〕事文类聚后五"试儿"作"试周"。卢文弨曰："子生周年谓之晬，子对切，见说文。其试儿之物，今人谓之晬盘。"案：今四川试儿谓之抓周。爱日斋丛钞一："晬谓子生一岁，颜氏家训云云，玉壶野史（案：即玉壶清话，所引见卷一）记曹武惠王始生周晬日，父母以百玩之具罗于席，观其所取。武惠王左手执干戈，右手提俎豆，斯须取一印，馀无所视。曹真定人，江南遗俗乃在此。今俗谓试周是也。"据此，则祝穆之改"试儿"为"试周"，乃从时俗也。

〔三〕黄叔琳曰："此风尤盛行于今，所谓无理只取闹也。不肖者或托此以敛财。"

〔四〕少仪外传"耳"作"而"，属下句读。郝懿行曰："今俗庆生辰，遂多如此，颜君所讥弹也。"

〔五〕李详曰："案：嵇康与山巨源绝交书：'少加孤露。'"器案：北史赵隐传："幼小孤露。"纲目集览四九："孤者，幼而无父者也；露者，暴露于外也。"唐人则谓之偏露，孟浩然送莫氏甥诗："平生早偏露。"说略本日知录卷十三。陈槃曰："露，羸也。梁玉绳曰：'管子短语十四：天下乃路。左传昭元年：以露其体。注：羸也。韩子亡征云：罢露百姓。风俗通第九：大用羸露。盖三字古通。'（庭立记闻一）然则孤露即幼孤而羸弱耳。说苑贵德：'幼孤羸露。'简言之则曰'孤露'矣。"

〔六〕少仪外传下"供顿"作"燕饮"，盖据时语改之。唐书高纪："诏所过供顿,免今岁租赋之半。”胡三省资治通鉴一九〇注:“中顿,谓中道有城有粮,可以顿食也。置食之所曰顿。唐人多言置顿。”案:供顿与置顿义近。今谓吃一次饭曰吃一顿饭,本此。

〔七〕爱日斋丛钞五:“梁元帝当载诞之辰,辄斋素讲经。唐太宗谓长孙无忌曰:‘是朕生日,世俗皆为欢乐,在朕翻为感伤:今君临天下,富有四海,而欲承颜膝下,永不可得,此子路有负米之恨也。诗云:“哀哀父母,生我劬劳。”奈何以劬劳之日,更为宴乐乎!’泣数行下,群臣皆流涕。则前世人主未以生日为重,而庆贺成俗已久矣。”案:茶馀客话卷二十二论此及唐太宗事。亭林文集卷三与友人辞祝书云:“生日之礼,古人所无,小弁之逐子,始说我辰,哀郢之故臣,乃言初庆。”

〔八〕宋本“元”下有“帝”字,原注云:“一本无‘帝’字。”案:事文类聚、群书类编故事六有“帝”字。

〔九〕庾信周大将军司马裔神道碑:“今遗腹载诞,流离寇逆。”唐穆宗长庆元年诏:“七月六日,是朕载诞之辰。”陈槃曰:“载诞,六朝人语。哀江南赋:‘降生世德,载诞贞臣。’”

〔一〇〕赵曦明曰:“梁书后妃传:‘高祖阮修容,讳令嬴,本姓石,会稽馀姚人,齐始安王遥光纳焉。遥光败,入东昏侯宫。建康城平,高祖纳为彩女,天监六年八月生世祖,寻拜为修容,随世祖出蕃。大同六年六月薨于江州内寝。世祖即位,追崇为文宣太后。’”卢文弨曰:“金楼子称:‘宣修容,会稽上虞人,以大同九年太岁癸亥六月二日薨。’与史不同。”器案:修容,魏文帝所制,自晋以来,位列九嫔,见通鉴一六四胡注。

〔一一〕事文类聚“此”为“而”字。封氏闻见记四降诞:“近代风俗,人子在膝下,每生日有酒食之会。孤露之后,不宜复以此日为欢会。梁元帝少时,每以载诞之辰,辄设斋讲经,洎阮修容殁后,此事亦绝。”即据此为言。

人有忧疾，则呼天地父母〔一〕，自古而然。今世讳避，触途急切〔二〕。而江东士庶，痛则称祢〔三〕。祢是父之庙号，父在无容称庙，父殁何容辄呼〔四〕？苍颉篇〔五〕有倄字〔六〕，训诂云："痛而呼也〔七〕，音羽罪反。"今北人痛则呼之。声类〔八〕音于耒反〔九〕，今南人痛或呼之。此二音随其乡俗，并可行也〔一〇〕。

〔一〕卢文弨曰："史记屈原传：'夫天者，人之始也，父母者，人之本也，人穷则反本；故劳苦倦极，未尝不呼天也，疾痛惨怛，未尝不呼父母也。'"器案：五灯会元十二潭州兴化绍清禅师："不见道东家人死，西家人助哀，以手捶胸曰：'苍天！苍天！'"

〔二〕卢文弨曰："言今世以呼天呼父母为触忌也，盖嫌于有怨恨祝诅之意，故不可也。"

〔三〕刘盼遂曰："按江东人痛呼祢，当是呼奶，奶者，母之俗字，人穷则呼母，古今不异。颜氏误以为呼祢，实缘奶、祢同音而致疏失。广雅释亲：'奶，母也。'宋书何承天传：'承天年老，荀伯子嘲呼为奶母。承天曰："卿当云凤皇将九子，奶母何言邪？"'北齐书穆提婆传：'后主缅褓之中，令陆令萱鞠养，谓之干阿奶。'李商隐作李贺小传，称贺临终，呼其母曰阿奶。此六朝、唐人呼母为奶之征也。颜氏误奶音为祢，遂难于自解矣。"

〔四〕刘淇助字辨略一："此容字，可辞也。容之为可者，容有许意，转训为可也。"

〔五〕赵曦明曰："汉书艺文志，苍颉一篇，秦丞相李斯作，扬雄、杜林皆作训纂，杜林又作苍颉故，故即诂也。"

〔六〕宋本原注："倄，下交切，痛声也。"傅本有此注，而误为"下痛交切声也"。卢文弨曰："案：倄字音见下，此音疑非颜氏本有。"钱大昕曰：

"案：广韵十四贿部有倄字，云：'痛而叫也，于罪切。'与羽罪音正同。"说文解字八上："倄：刺也，从人肴声。一曰痛声。"段玉裁注："锴曰：谓疾害也。颜氏家训曰：'苍颉篇有倄字，训诂云：痛而呼也。羽罪反。今北人痛则呼之。声类音于来反、今南人痛或呼之。'案：广韵、集韵有羽罪一音，无后一音。按元应佛书音义曰：'痏痏，诸书作侑，通俗文于罪切，痛声曰痏。'此条合之字义俗语，皆无不合。其云'诸书作侑'，盖苍颉训诂亦在其中，借侑为痏，皆有声也。颜氏家训之'倄'，当是'侑'之误，不必与说文牵合。大徐说文改'毒之'为'痛声'，恐是窃取黄门语。又搜神记卷十四云：'闻呻吟之声曰哊哊宜死。'哊亦痏之俗字。"又三上："謷，痛呼也。从言敫声。"段玉裁注："嘑作呼，误。謷与嗷义略同。痛呼若颜氏家训所云：'北人呼羽罪反之音，南人呼于来反之音也。'"

〔七〕宋本原注："謼，火故切。"案：颜本、朱本"火"作"龙"，程本、胡本误作"人"；傅本"切"误"母"。

〔八〕赵曦明曰："隋书经籍志：'声类十卷，魏左校令李登撰。'"

〔九〕"于耒反"，赵曦明曰："俗本作'于来反'，今从宋本。"郝懿行曰："'于耒反'，本或作'于来反'，形近而讹。"

〔一〇〕卢文弨曰："案：倄字今读肴，不与古音合，又转为啰，今俗痛呼阿唷，音育，声随俗变，无定字也。"任大椿苍颉篇考逸下："侑，痛而呼也。羽罪翻。王念孙曰：'风操篇云云，今案：倄字从肴得声，羽罪、于来（当作"耒"）二翻，皆与肴声不协。说文："倄，刺也，一曰痛声，胡茅切。"玉篇音训与说文同，皆无羽罪、于来之音。又案僧祇律卷十三音义云："痏，诸书作侑。"引通俗文云："侑，于罪反，痛声曰侑。"于罪与羽罪同音，然则音羽罪反之倄字，乃侑字之讹，痏、侑并从有得声，与货贿之贿声相近，故苍颉篇训诂音侑羽罪翻，声类音于来（耒）翻，今之痛呼之声，犹有若此者。然考广韵：倄，胡茅反，痛声也；又于罪反，痛而叫也。集韵、类篇并与广韵同，此字之误，其来久矣。'"洪亮吉晓读书斋四录下："案：既有羽罪、于耒二反，则字不当有爻音，疑侑字为侑字传写之误，今北俗痛苦甚尚呼阿侑，读若洧，或尚与古同也。左传昭公三年：'而或燠休之。'服虔注云：'燠休，痛其痛而念之，若今时小儿痛，父母以口就之曰燠休，代其痛也。'阿侑即噢休之转声。"平步青霞外捃屑卷十玉雨淙释谚阿侑条："晓读书四录下云云。按今小说弹词皆书作阿唷，玉篇：'唷，出声也。'集韵同喔。说文：'喔，音声喔喔然。'皆与今俗呼痛声不合。颜氏家训云云，则'侑'当作'侑'，奕协揆刻误，非北江原本矣。"陈汉章曰："通俗文：'痛声曰侑，又曰痏。'皆羽罪反。案：说文：'娞，耦也，亦作侑。'又：'痏，疻痏也。'痛声之侑，当是痏之变。又：'侑，刺也，一曰痛声。'则作侑亦是。"器案：北史儒林熊安生传："后齐任城王湝鞭之，宗道晖徐呼：'安伟！安伟！'"安伟，即阿侑也。

梁世被系劾者〔一〕，子孙弟侄，皆诣阙三日，露跣〔二〕陈谢；子孙有官，自陈解职。子则草屩粗衣〔三〕，蓬头垢面〔四〕，周章〔五〕道路，要候〔六〕执事，叩头流血，申诉冤枉。若配徒隶，诸子并立草庵〔七〕于所署门，不敢宁宅〔八〕，动经旬日，官司驱遣，然后始退。江南诸宪司弹人事，事虽不重〔九〕，而以教义见辱者，或被轻系而身死狱户者，皆为怨仇〔一〇〕，子孙三世不交通矣。到洽〔一一〕为御史中丞，初欲弹刘孝绰〔一二〕，其兄溉〔一三〕先与刘善，苦谏不得，乃诣刘涕泣告别而去。

〔一〕卢文弨曰："劾，胡槩切，又胡得切，推劾也。"

〔二〕胡三省通鉴一四二注："露者，露髻。"高诱淮南子修务篇注："跣足，不及著履也。"

〔三〕颜本、朱本屩下注云："音脚，履也。"卢文弨曰："粗，疏也；布帛之等，缕小者则细良，缕大者则疏恶。"

〔四〕王叔岷曰："案庄子说剑篇：'蓬头突鬓。'宋玉登徒子好色赋：'蓬头挛耳。'山海经西山经郭璞注：'蓬头乱发。'"

〔五〕本书勉学篇："周章询请。"文章篇："周章怖慑。"楚辞九歌王逸注："周章，犹周流也。"文选吴都赋刘渊林注："周章，谓章皇周流也。"又刘越石答卢谌书："自顷辀张。"李善注："辀张，惊惧之貌。"周章、辀张音义俱同。大唐新语酷忍篇："郭霸周章惶怖，拔刀自刳腹而死。"唐人尚用周章字。

〔六〕卢文弨曰："要，于宵切，亦作邀。"

〔七〕卢文弨曰："庵，乌含切，广韵：'小草舍也。'"器案：风俗通愆礼篇："丧者、讼者，露首草舍。"则涉讼露首草舍，自东汉时已然。

〔八〕器案：不敢宁宅，犹诗言"不遑宁处"、左传桓公十八年言"不敢宁居"之意，言不敢安居也。后代通制条格卷二十二之假宁，元典章卷十二之宁家，即此宁宅之意。

〔九〕卢文弨曰："两'事'字似衍其一。"又曰："各本皆误衍一'事'字。"

〔一〇〕宋本"怨"作"死"，原注："一本作'怨'字。"赵曦明曰："案：怨字是，读若冤。"王叔岷曰："'死'乃'怨'之坏字，'怨'，古'怨'字。论语微子篇：'不使大臣怨乎不以。'敦煌本'怨'作'怨'，淮南子兵略篇：'积怨在于民也。'日本古钞卷子本'怨'作'怨'，并其比。"

〔一一〕赵曦明曰："梁书到洽传：'洽字茂沿，彭城武原人。普通六年，迁御史中丞，弹纠无所顾望，号为劲直，当时肃清。'"

〔一二〕赵曦明曰："梁书刘孝绰传：'孝绰字孝绰，彭城人，本名冉，小字阿士。与到洽友善，同游东宫，自以才优于洽，每于宴坐嗤鄙其文；洽衔之。及孝绰为廷尉正，携妾入官府，其母犹停私宅。洽寻为御史中丞，遣令史案其事，遂劾奏之，云："携少妹于华省，弃老母于下宅。"高祖为隐其恶，改"妹"为"姝"，坐免官。'"案：昔人谓"妹"、"姝"二字互倒，则“少姝”亦当为“少妹”之误。

〔一三〕赵曦明曰：“梁书到溉传：‘溉字茂灌，少孤贫，与弟洽俱聪敏，有才学。’”

兵凶战危〔一〕，非安全之道。古者，天子丧服以临师，将军凿凶门而出〔二〕。父祖伯叔，若在军阵，贬损〔三〕自居，不宜奏乐宴会及婚冠吉庆事也。若居围城之中，憔悴容色，除去饰玩〔四〕，常为临深履薄之状焉〔五〕。父母疾笃，医虽贱虽少，则涕泣而拜之，以求哀也〔六〕。梁孝元在江州，尝有不豫〔七〕；世子方等〔八〕亲拜中兵参军〔九〕李猷焉〔一〇〕。

〔一〕卢文弨曰：“汉书晁错传：‘兵，凶器，战，危事也，以大为小，以强为弱，在俯仰之间耳。’”王叔岷曰：“案国语越语下、淮南子道应篇、史记越王句践世家、说苑指武篇、盐铁论论灾篇、汉书主父偃传、文子下德篇、尉缭子武议篇、兵令上篇并云：‘兵者，凶器也。’御览二七一引桓范世要论：‘战者，危事；兵者，凶器。’”

〔二〕赵曦明曰：“淮南子兵略训：‘主亲操斧钺授将军，将辞而行，乃爪鬋设明衣，凿凶门而出。’”案许慎注云：“凶门，北出门也；将军之出，以丧礼处之，以其必死也。”卢文弨曰：“老子道经：‘吉事尚左，凶事尚右，偏将军居左，上将军处右。’言以丧礼处之。”王叔岷曰：“案六韬龙韬立将篇：‘君亲操斧持首，授将其柄，……乃辞而行，凿凶门而出。’（今本脱“凿凶门而出”五字，据长短经出军篇补。）诸葛亮心书出师：‘君辞钺柄以授将曰：从此至军，将军其裁之。……将受词，凿凶门引军而出。’刘子兵术篇：‘夫将者，国之安危，民之性命，不可不重。故诏之于庙堂，授之以斧钺；受命既已，则设明衣，凿凶门。’”

〔三〕公羊桓十一年：“行权有道，自贬损以行权。”汉书艺文志六艺略春秋：“春秋所贬损大人当世君臣，有威权势力，其事实皆形于传。”

〔四〕器案：玩即上文“服玩”之玩。饰玩，谓装饰之品，玩好之器。后汉书皇后纪序论：“选纳尚简，饰玩少华。”南史王昙传：“手不执金玉，妇女亦不得以为饰玩。”

〔五〕诗经小雅小旻：“如临深渊，如履薄冰。”毛传：“如临深渊，恐坠；如履薄冰，恐陷也。”

〔六〕司马温公书仪四：“颜氏家训曰：‘父母有疾，子拜医以求药。’盖以医者亲之存亡所系，岂可傲忽也。”

〔七〕礼记曲礼疏引白虎通曰：“天子病曰不豫，言不复豫政也。”

〔八〕赵曦明曰：“梁书世祖二子传：‘忠壮世子方等，字实相，世祖长子，母曰徐妃。’”

〔九〕赵曦明曰：“隋书百官志：‘皇弟皇子府，置功曹史、录事、记室、中兵等参军。’”

〔一〇〕宋本原注：“一本无‘焉’字。”案：罗本、傅本、颜本、程本、胡本、何本、朱本无“焉”字；少仪外传上引有。

四海之人，结为兄弟〔一〕，亦何容易〔二〕。必有志均义敌〔三〕、令终如始者，方可议之〔四〕。一尔〔五〕之后，命子拜伏，呼为丈人〔六〕，申父友之敬〔七〕；身事彼亲，亦宜加礼。比见北人，甚轻此节，行路相逢，便定昆季〔八〕，望年观貌，不择是非，至有结父为兄、托子为弟者〔九〕。

〔一〕器案：史传所载异姓结为兄弟者，大率由于军伍健儿亡命约同生死。如史记项羽本纪：“汉王曰：‘吾与项羽俱北面受命怀王，约为兄弟，吾翁即若翁。’”此见史籍之始。至北齐书神武纪上：“尒朱兆曰：‘香火重誓，何所虑也。’绍宗曰：‘亲兄弟尚可难信，何论香火。’”渔阳王绍信传：“乃与大富人钟长命结为义兄弟，妃与长命妻为姊妹。”北史司马消难传：“初，隋武、元帝之迎，消难结为兄弟，情好甚笃，隋文每以叔礼事之。”唐瑾传：“于谨……白周文，言：‘谨学行兼修，愿与之同姓，结为兄弟。’”此尤当时北人节概之可考见者。

〔二〕文选东方曼倩非有先生论：“谈何容易。”李善注：“言谈说之道，何容轻易乎？”张铣注：“言谈之辞，何得轻易而为之。”后汉书何进传：“国家之事，亦何容易。”

〔三〕汉书董贤传：“光雅恭敬，知上欲尊宠贤，迎送甚谨，不敢以宾客钧敌之礼。”易林需之同人：“两矛相刺，勇力钧敌。”翟云升校略曰：“均，古通用钧。”

〔四〕黄叔琳曰：“结为兄弟，宜慎如此。”

〔五〕胡三省通鉴六九注：“一尔，犹言一如此也。”

〔六〕郝懿行曰：“呼为丈人犹可；今俗称干爹干娘，于义何居？”

〔七〕“友”，宋本作“交”，原注云：“一本作‘友’。”案：说郛本、爱日斋丛钞作“友”。卢文弨曰：“古者，与其子相友，则拜其亲，谓之拜亲之交。马援有疾，梁松来候之，独拜床下，援不答。孔融先与陈纪友，后与其子群交，更为群拜纪。鲁肃拜吕蒙母，结友而别。诸史所载，如此者非一。”

〔八〕器案：北齐书宋游道传：“与顿丘李奖一面，便定死交。”即其证也。

〔九〕器案：如此结义兄弟，实从当时乱伦之过房制度相应而产生者。自唐、五代以来，降弟为儿、升孙为子之现象，颇为普遍；宗法制度且如此，则交朋结友更无论矣。唐德宗以顺宗子源为第六子，则以孙为子。唐制，尚主者升行与诸父等。五代史晋家人传：“重允，高祖弟，高祖爱之，养以为子。”宋史周三臣传：“李守节乃李筠之子，守节卒无后，即以筠妾所生之子为嗣。”刘攽彭城集内殿崇班康君墓志铭：“君生二岁失父，育于大父，大父育为己子。”袁采袁氏世范一立嗣择昭穆相顺：“设不得已，养弟、侄、孙以奉祭祀。惟当抚之如子，以其财产与之；受所养者，奉所养如父。”如此之等，与颜氏所言者，合而观之，非俗所谓“有钱高三辈，无钱低三辈”之绝好写照耶！

昔者，周公一沐三握发，一饭三吐餐，以接白屋之士，一日所见者七十馀人〔一〕。晋文公以沐辞竖头须，致有图反之诮〔二〕。门不停宾〔三〕，古所贵也。失教之家，阍寺〔四〕无礼，或以主君寝食嗔怒，拒客未通〔五〕，江南深以为耻。黄门侍郎〔六〕裴之礼，号善为士大夫〔七〕，有如此辈，对宾杖之；其门生〔八〕僮仆，接于他人，折旋俯仰〔九〕，辞色应对，莫不肃敬，与主无别也〔一〇〕。

〔一〕赵曦明曰："见荀子，而文小异，说苑亦载之。"卢文弨曰："荀子尧问篇、说苑尊贤篇及尚书大传，唯载见士；其握发吐哺，见史记鲁世家。"器案：韩诗外传三又八、说苑尊贤篇云："穷巷白屋所先见者四十九人。"金楼子说蕃篇："周公旦则读书一百篇，夕则见士七十人也。"韩诗外传、说苑敬慎篇俱载吐握事。吕氏春秋谨听篇、淮南子氾论篇又以一沐三捉发、一饭三吐哺为夏禹事，黄氏日钞以此为形容之语，义或然欤。汉书萧望之传："恐非周公相成王躬吐握之礼，致白屋之意。"师古曰："白屋，谓白盖之屋，以茅覆之，贱人所居。"

〔二〕左传僖公二十四年："初，晋侯之竖头须，守藏者也，其出也，窃藏以逃，尽用以求纳之。及入，求见。公辞焉以沐。谓仆人曰：'沐则心覆，心覆则图反，宜吾不得见也。居者为社稷之守，行者为羁绁之仆，其亦可矣，何必罪居者！国君而仇匹夫，惧者甚众矣。'仆人以告，公遽见之。"

〔三〕卢文弨曰："晋书王浑传：'浑抚循羁旅，虚怀绥纳，座无空席，门不停宾，故江东之士，莫不悦附。'"

〔四〕器案：易说卦："艮为阍寺。"文选西都赋："阉尹阍寺。"张铣注："阍寺皆刑馀人，掌宫禁门户。"此文则用为一般司阍者之称。唐人又作阍侍,李商隐为举人上翰林萧侍郎启:“顷者,曾干阍侍,获拜堂皇。”

〔五〕颜本、朱本“未”作“莫”。

〔六〕赵曦明曰:“隋书百官志:‘门下省置侍中给事、黄门侍郎各四人。’”

〔七〕“号善为士大夫”,自此以下,宋本作“好待宾客,或有此辈,对宾杖之,僮仆引接,折旋俯仰,莫不肃敬,与主无别”。原注:“一本‘裴之礼号善为士大夫,有如此辈,对宾杖之,其门生僮仆,接于他人,折旋俯仰,辞色应对,莫不肃敬,与主无别也’。”少仪外传下引“好待宾客”云云十二字,同宋本,“其门生僮仆”云云二十六字,同今本。事文类聚别二七引作“好待宾客,或有此辈”,馀同今本。器案:南史卷五十八裴邃传:“子之礼,字子义,美容仪,能言玄理,……历位黄门侍郎。”又见梁书卷二十八裴邃传。陈槃曰:“周公下士之说,吕氏春秋下贤:‘周公旦所朝于穷巷之中、瓮牖之下者七十人’;荀子尧问:‘吾所执贽而见者十人,还贽而相见者三十人,貌执之士百有馀人,欲言而请毕事者千有馀人’;尚书大传:‘所执贽而见者十二,委质而相见者三十,其未执贽之士百,我欲尽智得情者千人’(通鉴前编成王元年篇引);鲁世家:‘我一沐三捉发,一饭三吐哺,起以待士’;韩诗外传三:‘布衣之士,所贽而师者十人;所友见者十三人;穷巷白屋,先见者四十九人;时进善百人;教士千人;宫朝者万人’;又曰:‘一沐三握发,一饭三吐哺,犹恐失天下士’;说苑尊贤:‘周公旦,白屋之士,所下者七十人’;论衡谴告:‘周公执贽,下白屋之士’;伪家语贤君,孔子语子路:‘昔者周公居冢宰之尊,……而犹下白屋之士,日见百七十人’。言人人殊。颜云:‘一日所见七十馀人’,今亦未详所出。”又曰:“‘白屋之士’,论衡同上篇曰:‘闾巷之微贱者也。’白屋,伪家语同上篇王肃注:‘草屋也。’元李翀曰:‘白屋者,庶人屋也。春秋:丹桓宫楹,非礼也。在礼,楹,天子丹,诸侯黝,垩,大夫苍,士黈,黄色也。按此则屋楹循等级用采,庶人则不许,是以谓之白屋也。后世诸王皆朱其邸,及宫寺皆施朱,非古矣。南史:有一隐士,多游玉门。或讥之,答曰:诸君以为朱门,贫道如游蓬户。又主父偃曰:士或起白屋而致三公。颜注云:以白茅覆屋。非也。古者,宫室有度,官不及数,则屋室皆露本材,不容僭施采画,是为白屋也。是故山节藻棁,丹楹刻桷,以诸侯、大夫而越等用之,犹见讥诮,则庶人之家,其屋当白屋也。白茅覆屋,古今无传。后世诸侯王及达官所居之屋,概施以朱门,又曰朱邸,以别于白屋也。故凡庶人所居,皆曰白屋矣。'(日闻录)案:李说明晰。"

〔八〕李详曰:"日知录卷二十四言南史所称门生,今之门下人也,历引徐湛之、谢灵运、顾协、姚察等传,证其冗贱。黄门此与僮仆并称,亦从其类也。"器案:赵翼陔馀丛考三六:"唐以后始有座主门生之称,六朝时所谓门生,则非门弟子也。其时仕宦者,许各募部曲,谓之义从;其在门下亲侍者,则谓之门生,如今门子之类耳。"举证亦繁,不备引。

〔九〕礼记玉藻:"折还中矩。"郑玄注:"曲行也。"折旋即折还。

〔一〇〕黄叔琳曰:"裴公之接礼宾客,可谓至矣,宜有国士出其门下。"案:日知录十三曰:"史记:'郑当时诫门下,宾至无贵贱,无留门者。'后汉书:'皇甫嵩折节下士,门无留客。'而大戴礼武王之门铭曰:'敬遇宾客,贵贱无二。'则古已言之矣。观夫后汉赵壹之于皇甫规,高彪之于马融,一谒不面,终身不见。为士大夫者,可不戒哉!"即引颜氏此文而申论之。

慕贤第七

古人云:"千载一圣,犹旦暮也;五百年一贤,犹比髆也〔一〕。"言圣贤之难得,疏阔如此。傥遭不世明达君子,安可不攀附景仰之乎〔二〕？吾生于乱世，长于戎马，流离〔三〕播越〔四〕，闻见已多；所值名贤，未尝不心醉〔五〕魂迷向慕之也。人在少年，神情未定，所与款狎〔六〕，熏渍陶染〔七〕，言笑举动〔八〕，无心于学，潜移〔九〕暗化，自然似之；何况操履艺能、较明易习者也〔一〇〕？是以与善人居，如入芝兰之室，久而自芳也；与恶人居，如入鲍鱼之肆，久而自臭也〔一一〕。墨子悲于染丝〔一二〕，是之谓矣。君子必慎交游焉。孔子曰："无友不如己者〔一三〕。"颜、闵之徒〔一四〕，何可世得！但优于我，便足贵之。

〔一〕罗本、颜本、程本、胡本、何本、朱本"髆"作"膊"。卢文弨曰："孟子外书性善辨：'千年一圣，犹旦暮也。'（案：鲍照河清颂序引孟子此文。）鬻子第四：'圣人在上，贤士百里而有一人，则犹无有也；王道衰微，暴乱在上，贤士千里而有一人，则犹比肩也。'髆，补各切，说文：'肩甲也。'"器案：萧绮拾遗记三录引孟子："千年一圣，谓之连步。"文选李陵答苏武书注引孟子："千年一圣，五百年一贤，圣贤未出，其中有命世者。"类聚二〇、意林引申子："百世有圣人犹随踵，千里有贤人是比肩。"吕氏春秋观世篇："千里而有一士，比肩也。累世而有一圣人，继踵也。士与圣人之所自来，若此其难也。"战国策齐策三："千里而一士，是比肩而立；百世而一圣，若随踵而至也。"庄子齐物论："万世之后，而遇一圣，知其解者，是旦暮遇之也。"越绝书篇叙外传记："百岁一贤，犹为比肩。"贾子新书大政篇下："故暴乱在位，则士千里而有一人，则犹比肩也。"王叔岷曰："韩非子难势篇：'夫尧、舜、桀、纣，千世而一出，是比肩随踵而生也。'御览四百二、天中记二四并引杨泉物理论：'千里一贤，谓之比肩。'伪慎子外篇：'圣人在上，贤士百里而有一人，则犹无有也；王道衰，暴乱在上，贤士千里而有一人，则犹比肩也。’”

〔二〕卢文弨曰：“法言渊骞篇：‘攀龙鳞，附凤翼。’后汉书刘恺传：‘贾逵上书，称恺景仰前修。’案：宋以来，以诗云‘高山仰止，景行行止’，笺训景为明，不可用作景慕义。真西山初慕元德秀而同其名，因字景元，后悟其非，改为希元。鹤林玉露辨之綦详。不知景仰之语古矣，此亦用之。章怀于恺传‘百僚景式’下注云：‘景犹慕也。’是唐人犹不若宋人之拘泥也。”徐文靖曰：“黄山谷曰：‘诗云：景行行止。景，明也。明行则行之。自晋、魏间所谓景庄俭等者，从一人差误，遂相承谬。东汉刘恺传：景仰前修。注：景，慕也。则知此谬，其来尚矣。’按韩诗外传：‘南假子谓陈本曰：诗不云乎，高山仰止，景行行止？吾岂自比君子哉？志慕之而已。’三王世家：‘武帝制曰：高山仰之，景行向之，朕心慕焉。’景训慕为是。山谷之说，未足据也。”（管城硕记二〇）

〔三〕诗经邶风旄丘：“琐兮尾兮，流离之子。”集传：“流离，漂散也。”

〔四〕左传昭公二十六年：“兹不谷震荡播越，窜在荆蛮。”

〔五〕宋本“心”作“神”，少仪外传上同。李详曰：“案：庄子应帝王篇：‘郑有神巫曰季咸，列子见之而心醉。’”案：列子黄帝篇载郑巫事，亦作“心醉”。文选颜延年五君咏：“郭弈已心醉。”注引名士传：“太原郭弈见之心醉，不觉叹服。”又引庄子向秀注：“心醉，迷惑其道也。”

〔六〕款狎，谓款洽狎习。南史梁武纪：“与齐高少而款狎。”又袁顗传：“顗与邓琬款狎。”

〔七〕熏渍陶染，谓熏炙、渐渍、陶冶、濡染。梁昭明太子讲席将毕赋三十韵诗依次用：“慧义比琼瑶，薰染犹兰菊。”

〔八〕宋本“动”作“对”，少仪外传引同今本。

〔九〕王叔岷曰：“案文心雕龙练字篇：‘别、列、淮、淫，字似潜移。’”

〔一〇〕卢文弨曰：“也读为耶。”器案：史记伯夷列传：“此其尤大彰明较著者也。”索隐：“较，明也。”

〔一一〕赵曦明曰："本家语六本篇。"器案：说苑杂言篇："孔子曰：'与善人居，如入兰芷之室，久而不闻其香，则与之化矣；与恶人居，如入鲍鱼之肆，久而不闻其臭，亦与之化矣。'"伪家语本此。向宗鲁先生说苑校证曰："案'兰芷'，家语作'芝兰'，非是。淮南子说林篇：'兰芝以芳。'王念孙读书杂志校'芝'为'芷'，即引此为证。并云：'古人言香草者必称兰芷。芝非香草，不当与兰并称。凡诸书中言兰芝、言芝兰者，皆是芷字之误。'"

〔一二〕墨子所染篇："子墨子见染丝者而叹曰：'染于苍则苍，染于黄则黄，所入者变，其色亦变，五入而已则为五色矣：故染不可不慎也。'"王叔岷曰："论衡率性篇：'墨子哭练丝。'艺增篇：'墨子哭于练丝。'风俗通皇霸篇：'墨翟悲于练丝。'阮籍咏怀诗：'墨子悲染丝。'刘子伤谗篇：'墨子所以悲素丝。'"

〔一三〕论语学而篇文。

〔一四〕史记仲尼弟子列传："颜回者，鲁人也，字子渊，少孔子三十岁。闵损，字子骞，少孔子十五岁。"集解："郑玄曰：'孔子弟子目录云：鲁人。'"

世人多蔽，贵耳贱目〔一〕，重遥轻近〔二〕。少长周旋，如有贤哲，每相狎侮，不加礼敬〔三〕；他乡异县〔四〕，微藉风声〔五〕，延颈企踵〔六〕，甚于饥渴〔七〕。校其长短，核其精粗〔八〕，或彼不能如此矣〔九〕。所以鲁人谓孔子为东家丘〔一〇〕，昔虞国宫之奇，少长于君，君狎之，不纳其谏，以至亡国〔一一〕，不可不留心也。

〔一〕卢文弨曰："见张衡东京赋。"器案：文选东京赋："若客所谓，末学肤受，贵耳而贱目者也。"李善注："桓谭新论曰：'世咸尊古卑今，贵所闻，贱所见。'"抱朴子广譬篇："贵远而贱近者，常人之用情也；信耳而遗目者，古今之所患也。”王叔岷曰：“案汉书杨雄传：‘凡人贱近而贵远。’刘子正赏篇：‘珍遥而鄙近，贵耳而贱目。’”

〔二〕郝懿行曰：“鸡有五德，以近而见烹；黄鹄无此，以远而见重：鲁哀公所以失之于田饶也。”

〔三〕卢文弨曰：“礼记曲礼上：‘贤者狎而敬之。’又曰：‘礼不逾节，不轻侮，不好狎。’郑注：‘为伤敬也。’”黄叔琳曰：“此蔽古即有之，于今为尤。”

〔四〕卢文弨曰：“见蔡邕诗。”案：文选饮马长城窟行：“他乡各异县，展转不可见。”

〔五〕尚书毕命：“树之风声。”孔传：“立其善风，扬其善声。”左传文公六年：“树之风声。”杜注：“因土地风俗为立声教之法。”孔颖达正义：“风俗亦是人君教化，故孝经云：‘移风易俗。’孔注尚书云‘立其善风，扬其善声’是也。”三国志蜀书许靖传注引魏略：“时闻消息于风声。”文选陆士衡文赋：“宣风声于不泯。”又杨德祖答临淄侯牋：“采听风声，仰德不暇。”又吴季重在元城与魏太子牋：“迈德种恩，树之风声。”又司马长卿封禅文：“逖听者风声。”

〔六〕汉书萧望之传：“天下之士，延颈企踵。”说本卢文弨。

〔七〕器案：三国志蜀书诸葛亮传：“亮曰：‘将军总揽英雄，思贤如渴。’”文选曹子建责躬诗：“迟奉圣颜，如渴如饥。”李善注：“迟犹思也。张奂与许季师书曰：‘不面之阔，悠悠旷久，饥渴之念，岂当有忘。’毛诗曰：‘忧心烈烈，载饥载渴。’”

〔八〕“核”，抱经堂本误作“覈”，据严刻本正。罗本、傅本、颜本、程本、胡本、何本、朱本、黄本无二“其”字，今从宋本。

〔九〕此句，宋本作“或能彼不能此矣”，原注：“一本云：‘或彼不能如此矣。’”

〔一〇〕赵曦明曰：“裴松之注魏志邴原传引原别传曰：‘原远游学，诣安邱孙崧，崧辞曰：“君乡里郑君，诚学者之师模也，君乃舍之，所谓以郑为东家丘者也。”原曰：“君谓仆以郑为东家丘，以仆为西家愚夫邪？”’”器案：苏东坡代书答梁先诗施注引家语：“鲁人不识孔子圣人，乃曰：‘彼东家丘者，吾知之矣。’”集注分类东坡先生诗卷七赵次公注引作论衡，文同。此家训所本。后汉纪二三：“宋子俊曰：‘鲁人谓仲尼东家丘，荡荡体大，民不能名。’”文选陈孔璋为曹洪与魏文帝书：“怪乃轻其家丘，谓为倩人。”俱本家语。

〔一一〕左传僖公二年：“晋荀息请以屈产之乘，与垂棘之璧，假道于虞以伐虢。……虞公许之，且请先伐虢。宫之奇谏，不听，遂起师。”五年：“晋侯复假道于虞以伐虢。宫之奇谏曰云云……弗听，许晋使。宫之奇以其族行，曰：‘虞不腊矣，在此行也，晋不更举矣。’……冬十二月丙子朔，晋灭虢，虢公丑奔京师。师还，馆于虞，遂袭虞，灭之。”

用其言，弃其身，古人所耻〔一〕。凡有一言一行，取于人者，皆显称之，不可窃人之美，以为己力〔二〕；虽轻虽贱者〔三〕，必归功焉。窃人之财，刑辟之所处；窃人之美，鬼神之所责〔四〕。

〔一〕赵曦明曰：“左氏定九年传：‘郑驷歂杀邓析而用其竹刑。君子谓子然于是乎不忠，用其道，不弃其人。诗云：“蔽芾甘棠，勿翦勿伐，召伯所茇。”思其人犹爱其树，况用其道而不恤其人乎？’”

〔二〕左传僖公二十四年：“窃人之财，犹谓之盗；况贪天之功，以为己力乎？”文心雕龙指瑕篇：“若掠人美辞，以为己力，宝玉大弓，终非其有。”

〔三〕戒子通录二无“者”字。

〔四〕庄子天道篇：“无鬼责。”又见刻意篇。

梁孝元前在荆州〔一〕，有丁觇者，洪亭民耳〔二〕，颇善属文[三]，殊工草隶；孝元书记[四]，一皆使之[五]。军府[六]轻贱，多未之重，耻令子弟以为楷法[七]，时云[八]："丁君[九]十纸，不敌王褒数字[一〇]。"吾雅爱其手迹，常所宝持。孝元尝遣典签[一一]惠编送文章示萧祭酒[一二]，祭酒问云："君王比赐书翰[一三]，及写诗笔[一四]，殊为佳手[一五]，姓名为谁？那得都无声问[一六]？"编以实答。子云叹曰："此人后生无比，遂[一七]不为世所称，亦是奇事[一八]。"于是闻者少复刮目[一九]。稍仕至尚书仪曹郎[二〇]，末为晋安王[二一]侍读[二二]，随王东下[二三]。及西台[二四]陷殁，简牍湮散，丁亦寻卒于扬州；前所轻者，后思一纸，不可得矣[二五]。

〔一〕陈思书小史七引无"前"字。卢文弨曰："梁书元帝纪：'普通七年，出为使持节都督荆、湘、郢、益、宁、南梁六州诸军事，西中郎将、荆州刺史。'"

〔二〕李详曰："张彦远法书要录：'丁觇与智永同时人，善隶书，世称丁真永草。'此人与永师齐名，则亦非不为世所知者矣。"刘盼遂曰："按：日本见在书目载丁觇注千字文一卷。考千文注释，率皆梁、陈之士，则丁觇殆即颜氏此文所举者。又梁元帝金楼子著书篇云：'梦书一秩十卷，金楼使丁觇撰。'亦其人也。"器案：张怀瓘书断中："智永章草，草书入妙，隶书入能；兄智楷亦工草；丁觇亦善隶书；时人云：'丁真楷草。'"法书会要："陈世丁觇亦工飞白。"则其人已入陈。

〔三〕汉书贾谊传："能诵诗书属文。"文选文赋注："属，缀也。"

〔四〕卢文弨曰："后汉书百官志：'记室令史，主上章表，报书记。'"

〔五〕宋本"使"下有"典"字，原注云："一本无'典'字。"书小史"使"作"委"。

〔六〕本书勉学篇："军府服其志尚。"军府，谓湘东王时都督六州诸军事，故曰军府。吴梅曰："据此可知六朝重门望。"

〔七〕器案：楷法，谓习字者以为模范。世说新语方正篇注引宋明帝文章志："魏时起凌云阁，忘题榜，乃使韦仲将悬梯上题之，比下，须发尽白，裁馀气息，还语子弟云：'宜绝楷法。'"梁书王志传："志善草隶，当时以为楷法。"又作楷式，本书杂艺篇："萧子云改易字体，邵陵王颇行伪字，朝野翕然，以为楷式。"或单称楷，法书要录引陶弘景与梁武帝启："前奉神笔三纸，并今为五，非但字字注目，乃画画抽心，日觉遒媚，转不可说，以酬昔岁，不复相类，正此即为楷，何复多寻钟、王。"

〔八〕宋本原注云："一本无'时云'二字。"案：书小史无"时"。

〔九〕器案：南朝称人为君，时俗所重。梁书任昉传："昉好交结，奖进士友，得其延誉者，率多升擢；故衣冠贵游，莫不争与交好，座上宾客，恒有数十。时人慕之，号曰任君，言如汉之三君也。"陆倕赠任昉诗："任君本达识，张子复清修。"

〔一〇〕"王褒数字"，宋本作"王君一字"，原注云："一本云：'王君数字。'"赵曦明曰："周书王褒传：'褒字子渊，琅邪临沂人。梁国子祭酒萧子云，褒之姑父也，特善草隶；褒以姻戚去来其家，遂相模范，俄而名亚子云，并见重于世。'"郝懿行曰："王君名褒，梁人称为工书，为时所重，见杂艺篇。"

〔一一〕赵曦明曰："南史恩幸吕文显传：'故事：府州部内论事，皆签前直叙所论之事，后云谨签，日月下又云某官某签。故府州置典签以典之，本五品吏，宋初改为七职。宋氏晚运，多以幼少皇子为方镇，时主皆以亲近左右领典签，典签之权稍大。'"器案：唐六典二九："亲王府有典签，掌宣传教言事。"

〔一二〕卢文弨曰："隋书百官志：'学府有祭酒一人。'"书小史不重"祭酒"二字。

〔一三〕本书勉学篇:“世中书翰。”书翰,犹今言书信。文选长杨赋注:“翰,笔也。”

〔一四〕器案:六朝人以诗、笔对言,笔指无韵之文。南齐书晋安王子懋传:“文章诗笔,乃是佳事,然世务弥为根本。”梁书刘潜传:“潜字孝仪,秘书监孝绰弟也。幼孤,兄弟相励勤学,并工属文,孝绰常曰:‘三笔六诗。’三即孝仪,六孝威也。”梁书庾肩吾传:“梁简文帝与湘东王书:‘诗既若此,笔又如之。’”北史萧圆肃传:“撰时人诗笔为文海四十卷。”诸诗笔义并同。

〔一五〕器案:佳手,犹今言一把好手。梁书庾肩吾传:“梁简文帝与湘东王书:‘张士简之赋,周升逸之辩,亦诚佳手,难可复遇。’”又本书杂艺篇:“十中六七,以为上手。”上手与此义同。

〔一六〕书小史无“那得”二字。案:那得,犹言何得。世说新语德行篇:“那得初不见君教儿?”又品藻篇:“万自可败,那得乃尔失卒情?”又任诞篇:“阿乞那得此物?”又排调篇:“千里投公,始得一蛮府参军,那得不作蛮语也!”(据杨勇校笺本)声问,即声闻,犹今言声誉。诗卷阿:“令闻令望。”释文:“‘闻’本作‘问’。”

〔一七〕本书诫兵篇:“但微行险服,逞弄拳擎,大则陷危亡,小则贻耻辱,遂无免者。”案:遂,犹言终也。意林五引杨泉物理论:“班固汉书,因父得成;遂没不言彪,殊异马迁也。”世说新语排调篇:“桓玄素轻桓崖。崖在京下有好桃,玄连就求之,遂不得佳者。”萧纲京洛篇:“谁知两京盛,欢宴遂无穷。”遂都作终解。贺力牧乱后别苏州人:“子常终覆郢,宰嚭遂亡吴。”以“终”“遂”对言,即“遂”犹“终”之的证。

〔一八〕郝懿行曰:“贱家鸡,爱野鹜,俗眼往往如此。”

〔一九〕赵曦明曰:“裴松之注吴志吕蒙传引江表传:吕蒙谓鲁肃曰:‘士别三日,即更刮目相待。’”

〔二〇〕赵曦明曰:“隋书百官志:‘尚书省置仪曹、虞曹等郎二十三人。’”

〔二一〕书小史“末”作“后”。赵曦明曰:“梁书简文帝纪:‘天监五年,封晋安王。'"

〔二二〕通鉴一三〇胡注:"诸王有侍读,掌授王经。"

〔二三〕左传襄公十六年杜注:"顺河东行故曰下。"国语晋语韦注:"东行曰下。"案:南朝人所谓东下,即谓顺江东行也。

〔二四〕通鉴一四四胡注:"江陵在西,故曰西台。"

〔二五〕书小史"得矣"作"复得"。

侯景初入建业〔一〕,台门〔二〕虽闭,公私草扰,各不自全。太子左卫率羊侃〔三〕坐东掖门〔四〕,部分〔五〕经略,一宿皆办,遂得百馀日抗拒凶逆。于时,城内四万许人〔六〕,王公朝士,不下一百,便是恃侃一人安之,其相去如此。古人云:"巢父、许由,让于天下〔七〕;市道小人,争一钱之利〔八〕。"亦已悬〔九〕矣。

〔一〕赵曦明曰:"南史贼臣传:'侯景,字万景,魏之怀朔镇人。初事尒朱荣,高欢诛尒朱氏,景以众降欢,使拥兵十万,专制河南。太清元年二月,上表求降,武帝封景河南王大将军使持节都督河南北诸军事大行台。及与魏通和,二年八月,遂发兵反。'吴志孙权传:'十六年徙治秣陵,明年城石头,改秣陵为建业。'"

〔二〕卢文弨曰:"容斋随笔:'晋、宋间谓朝廷禁近为台,故称禁城为台城,官军为台军,使者为台使。'案:此台门亦谓台城门也。"

〔三〕赵曦明曰:"羊侃见前。梁书本传:'中大通六年,出为晋安太守,顷之,征太子左卫率。太清二年,复为都官尚书。侯景反,侃区分防拟,皆以宗室间之。贼攻东掖门,纵火甚盛;侃亲自距抗,以水沃火,火灭。贼为尖顶木驴攻城,矢石所不能制;侃作雉尾炬,施铁镞,以油灌之,掷驴上焚之,俄尽。贼又东西面起土山以临城;侃命为地道,潜引其土,山不能立。贼又作登城楼车,高十馀丈,欲临射城内;侃曰:

"车高堑虚,彼来必倒。"及车动果倒。后大雨,城内土山崩,贼乘之,垂入;侃乃令多掷火为火城,以断其路,徐于里筑城,贼不能进。十二月,遘疾,卒于台内。'"案:唐六典二八太子左右卫率府:"左右卫率,掌东宫兵仗羽卫之政令,以总诸曹之事。"

〔四〕胡三省通鉴一六八注:"台城正南端门,其左右二门曰东、西掖门。"

〔五〕案:部分,谓部署处分。晋书陶回传:"时骏夜行,甚无部分。"

〔六〕器案:许,古通所。诗小雅伐木:"伐木许许。"说文引作"伐木所所"。礼记檀弓注:"封高尺所。"正义曰:"所是不定之辞。"

〔七〕赵曦明曰:"高士传:'巢父者,尧时隐人也,以树为巢,而寝其上,故时人号曰巢父。尧之让许由也,由以告巢父,巢父曰:"汝何不隐汝形,藏汝光?若非吾友也。"'又曰:'许由,字武仲,阳城槐里人也。尧召为九州长,由不欲闻之,洗耳于颍水滨。巢父曰:"污吾犊口。"牵犊上流饮之。'"

〔八〕器案:御览八三六引曹植乐府歌:"巢、许蔑四海,商贾争一钱。"晋书华谭传:"或问谭曰:'谚言人之相去,如九牛毛。宁有此理乎?'谭对曰:'昔许由、巢父,让天子之贵;市道小人,争半钱之利:此之相去,何啻九牛毛也!'闻者称善。"

〔九〕器案:悬谓悬殊。盐铁论贫富篇:"然后诸业不相远,而贫富不相悬也。"马融论日食疏:"侯甸采卫,司民之吏,优劣相悬,不可不审择其人。"嵇康养生论:"树养不同,则功收相悬。"义同。

130 齐文宣帝〔一〕即位数年,便沉湎纵恣,略无纲纪〔二〕;尚能委政尚书令杨遵彦〔三〕,内外清谧,朝野晏如〔四〕,各得其所〔五〕,物无异议,终天保之朝。遵彦后为孝昭所戮〔六〕,刑政于是衰矣〔七〕。斛律明月〔八〕齐朝折冲之臣〔九〕,无罪被诛,将士解体〔一〇〕,周人始有吞齐之志,关中至今誉之〔一一〕。

此人用兵，岂止万夫之望〔一二〕而已也！国之存亡，系其生死。

〔一〕赵曦明曰："北齐书文宣帝纪：'显祖文宣皇帝，讳洋，字子建，高祖第二子，世宗之母弟。受东魏禅，即皇帝位，改武定八年为天保元年。六七年后，以功业自矜，纵酒肆欲，事极猖狂，昏邪残暴，近世未有。'"

〔二〕纲纪者，总持为纲，分系为纪，引申有纪律意。诗大雅棫朴："勉勉我王，纲纪四方。"又假乐："受福无疆，四方之纲；之纲之纪，燕及朋友。"史记夏禹本纪："亹亹穆穆，为纲为纪。"

〔三〕赵曦明曰："北齐书杨愔传：'愔字遵彦，弘农华阴人，小名秦王。遵彦死，以中书令赵彦深代领机务，鸿胪少卿阳休之私谓人曰："将涉千里，杀骐骥而策蹇驴，可悲之甚。"'"器案：文苑英华七五一卢思道北齐兴亡论："赖有尚书令弘农杨遵彦，魏太傅津之子也。含章秀出，希世伟人，风鉴俊朗，体局贞固，学无不纵，才靡不通，裴、乐谢其清吉，应、刘愧其藻丽，温良恭俭，让恕惠和，高行异才，近古无二。有齐建国，便预经纶，军国政事，一人而已。诘旦坐朝，谘请填凑，千端万绪，令议如流，剖断部领，选举人物，满室盈庭，永无凝滞。虚襟泛爱，礼贤好事，闻人之善，若己有之，智调有馀，尤善当世。谮言屡入，时寄无改，每乘舆四巡，恒守京邑。凡有善政，皆遵彦之为；是以主昏于上，国治于下，朝野贵贱，至于今称之。俄而文宣不豫，弊于趋孽，储君继体，才历数旬，近习预权，小人并进；杨公虑有危机，引身移疾。幼主若丧股肱，固相敦勉。乾明之始，难起戚藩，变成倏忽，殒于殿省。诗云：'人之云亡，邦国殄瘁。'君子是以知齐祚之不昌也。"文中子中说事君篇："子曰：'甚矣，齐文宣之虐也！'姚义曰：'何谓克终？'子曰：'有杨遵彦者，寔国掌命，视民如伤，奚为不终。'"又魏相篇："子曰：'孰谓齐文宣瞢，而善杨遵彦也。'"资治通鉴一六六："齐显祖之初立也,……又能委政杨愔,愔总摄机衡,百度修敕,故时人言主昏于上,政清于下。”黄震古今纪要七:“齐文宣之初立,留心政术,务存简靖,内外肃然,军国机策,独决怀抱,常致克捷。六七年后,以功业自矜,嗜酒淫虐,然能委政杨愔,百度修敕。”诸论杨遵彦,与颜之推说同,可互参也。

〔四〕汉书诸王侯表:“海内晏如。”注:“安然也。”

〔五〕孟子万章上:“得其所哉!”

〔六〕赵曦明曰:“北齐书孝昭帝纪:‘讳演,字延安,神武第六子,文宣之母弟。文宣崩,幼主即位,除太傅录尚书事,朝政皆决于帝。乾明元年,从废帝赴邺,居于领军府。时杨愔等以帝威望既重,内惧权逼,请以帝为太师、司州牧、录尚书事,解京畿大都督。帝时以尊亲而见猜斥,乃与长广王谋,至省坐定,酒数行,于坐执愔等斩于御府之内。’”

〔七〕左传隐公十一年:“君子谓郑庄公失政刑矣,政以治民,刑以正邪,既无德政,又无威刑,是以及邪。”困学纪闻十三:“高洋之恶,浮于石虎、符生,一杨愔安能救生民之溺乎!”

〔八〕赵曦明曰:“北齐书斛律金传:‘金子光,字明月。周将军韦孝宽忌光英勇,乃作谣言,令间谍漏其文于邺;祖珽、穆提婆遂相与协谋,以谣言启帝。遣使赐其骏马,光来谢,引入凉风堂,刘桃枝自后拉而杀之。于是下诏称光谋反,寻发诏尽灭其族。周武帝后入邺,追赠上柱国公,指诏书曰:“此人若在,朕岂能至邺?”’”

〔九〕卢文弨曰:“吕氏春秋召类篇:‘孔子曰:“修之于庙堂之上,而折冲乎千里之外者,其司城子罕之谓乎!”’注:‘冲车,所以冲突敌之车;有道之国,使欲攻者折还其冲车于千里之外,不敢来也。’”王叔岷曰:“案折冲,谓挫折冲车也。诗大雅皇矣:‘与尔临冲。’毛传:‘冲,冲车也。’说文作幢,云:‘陷敶车也。’晏子春秋杂上篇:‘仲尼闻之曰:善哉!不出尊俎之间,而折冲于千里之外,晏子之谓也。’”

〔一〇〕左传成公八年:“四方诸侯,其谁不解体。”正义曰:“谓事晋之心,皆疏慢也。"说略本卢文弨。北齐书宗室思好传:"与并州诸贵书曰:'左丞相斛律明月,世为元辅,威著邻国,无罪无辜,奄见诛殄。'"卢思道北齐兴亡论:"斛律明月属镂之赐,冤动天地。"

〔一一〕抱经堂本"中"下衍"人"字,各本俱无,今据删。

〔一二〕易系辞下:"君子知微知彰,知柔知刚,万夫之望。"说本卢文弨。

张延隽〔一〕之为晋州行台左丞〔二〕,匡维主将〔三〕,镇抚疆埸,储积器用,爱活黎民,隐若敌国矣〔四〕。群小〔五〕不得行志,同力迁之;既代之后,公私扰乱,周师一举,此镇先平〔六〕。齐亡之迹〔七〕,启于是矣。

〔一〕严式诲曰:"通鉴百廿七:'先是,晋州行台左丞张延隽,公直勤敏,储偫有备,百姓安业,疆埸无虞,诸嬖幸恶而代之,由是公私烦扰。'似即据家训之文。"

〔二〕通典二二:"行台省,魏、晋有之。……其官置令仆射,其尚书丞郎,皆随时权制,……盖随其所管之道,置于外州,以行尚书事。"云麓漫钞二:"南史,凡朝廷遣大臣督诸军于外,谓之行台。"

〔三〕职官分纪八引"匡维主将"作"爱养将士",事文大全己一"匡"误"主"。

〔四〕赵曦明曰:"后汉书吴汉传:'诸将见战不利,或多惶惧,汉意气自若。帝时遣人观大司马何为,还言方修战攻之具,乃叹曰:"吴公差强人意,隐若一敌国矣。"'"案:章怀注曰:"隐,威重之貌,言其威重若敌国。"卢文弨曰:"汉书游侠传:'剧孟以侠显,吴、楚反时,天下骚动,大将军得之,若一敌国然。'"

〔五〕诗经邶风柏舟:"愠于群小。"郑笺:"群小,众小人在君侧者。"

〔六〕赵曦明曰:"北史周本纪:'武帝建德五年十月,帝总戎东伐,遣内使王谊攻晋州城,是夜,虹见于晋州城上,首向南,尾入紫宫。帝每日赴城督战。齐行台左丞侯子钦出降。壬申，晋州刺史崔嵩密使送款，上开府王轨应之，未明，登城，遂克晋州。甲戌，以上开府梁士彦为晋州刺史以镇之。'"

〔七〕"齐亡之迹"，宋本作"齐国之亡"，原注："一本云'齐亡之迹'。"

卷第三

勉学

勉学第八[一]

自古明王圣帝，犹须勤学，况凡庶乎[二]！此事遍于经史，吾亦不能郑重[三]，聊举近世切要[四]，以启寤[五]汝耳。士大夫子弟，数岁已上，莫不被教，多者或至礼、传[六]，少者不失诗、论[七]。及至冠婚，体性[八]稍定；因此天机[九]，倍须训诱。有志尚者，遂能磨砺，以就素业[一〇]；无履立[一一]者，自兹堕慢[一二]，便为凡人。人生在世，会当[一三]有业：农民则计量耕稼，商贾则讨论货贿[一四]，工巧则致精器用，伎艺则沈思[一五]法术，武夫则惯习弓马，文士则讲议经书。多见士大夫耻涉农商，差务工伎，射则[一六]不能穿札[一七]，笔则才记姓名[一八]，饱食[一九]醉酒，忽忽[二〇]无事，以此销日[二一]，以此终年[二二]。或因家世馀绪[二三]，得一阶半级[二四]，便自为足，全忘修学[二五]；及有吉凶大事，

议论得失，蒙然张口〔二六〕，如坐云雾〔二七〕；公私宴集，谈古赋诗，塞默低头〔二八〕，欠伸而已〔二九〕。有识旁观，代其入地〔三〇〕。何惜数年勤学，长受一生愧辱哉〔三一〕！

〔一〕吴从先小窗自纪一曰："颜之推勉学一篇，危语动人，录置案头，当令神骨竦惕，无时敢离书卷。"朱轼曰："此篇反覆晓谕，真挚剀切，精粗具备，本末兼赅，凡为学者，皆宜熟玩。"黄侃文心雕龙札记事类篇曰："尝谓文章之功，莫切于事类，学旧文者，不致力于此，则不能逃孤陋之讥，自为文者，不致力于此，则不能免空虚之诮；试观颜氏家训勉学、文章二篇所述，可以知其术矣。"

〔二〕凡庶，犹下文言"凡人"，谓凡人庶民也。汉书王莽传上："食饮之用，不过凡庶。"文选曹元首六代论："权均匹夫，势齐凡庶。"又任彦升为范尚书让吏部封侯第一表："臣素门凡流。"义亦近。

〔三〕靖康缃素杂记二："汉书王莽传称：'非皇天所以郑重降符命之意。'注云：'郑重，犹言频烦也。'颜氏家训亦云云，此真得汉书之义。近沈存中笔谈言石曼卿事云：'他日试使人通郑重，则闭门不纳，亦无应门者。'即以郑重为殷勤，不知何所据而云然？不尔，曾谓使人通频烦可乎？魏志倭人传云：'使知国家哀汝，故郑重赐汝好物也。'亦有频烦之意。今人有以郑重为慎重者，又误矣。"黄生义府下："予谓汉书、颜训是也，然得其意而未得其声，盖郑重即申重（平声）之转去者尔。三国志云云，颜氏家训云云，此用郑重字，皆与颜注合。至白居易诗：'千里故人心，郑重又交情。'郑重字相似。沈括笔谈云云，此又用为珍重之意，非本指也。"案：卢文弨、郝懿行并据汉书王莽传为说，无烦复重也。陈槃曰："案昭元年左传：'于是有烦手淫声。'洪亮吉诂十五云：'服虔谓：郑重其手，而音淫过（元注："公羊疏。"槃案：公羊庄十七年疏也。）；许慎五经通义云：郑重之音，使人淫过（元注："初学记。"）。'是许、服解烦即郑重，而师古本之也。"

〔四〕晋书刘颂传论："虽文惭华婉，而理归切要。"集韵十六屑："切，要也。"

〔五〕卢文弨曰："启，开也；寤，觉也，与悟通。"器案：说郛本"启"作"终"。

〔六〕器案：本书序致篇："虽读礼、传。"钱馥曰："传盖谓春秋三传也。"案：礼指礼经。

〔七〕卢文弨曰："论谓论语。"器案：汉、魏、六朝人简称论语为论，皇侃论语疏叙引别录："鲁人所学，谓之鲁论；齐人所学，谓之齐论；孔壁所得，谓之古论。"何晏论语集解叙："安昌侯张禹本受鲁论，兼讲齐说，善者从之，号曰张侯论。"汉书张禹传载时人为之语曰："欲为论，念张文。"说郛本"诗"作"经"，不可据。

〔八〕体性，即谓体质。国语楚语上："且夫制城邑若体性焉，有首领股肱，至于手拇毛脉。"吕氏春秋壅塞篇："牛之性不若羊，羊之性不若豚。"高注："性犹体也。"盖单言之曰体曰性，兼言之则曰体性也。文选袁宏三国名臣序赞："子瑜都长，体性纯懿。"李善注："都长，谓体貌都闲，而雅性长厚也。"

〔九〕庄子大宗师："其耆欲深者，其天机浅。"成玄英疏："天然机神浅钝。"文选陆士衡文赋："方天机之骏利，夫何纷而不理。"李善注："庄子：'蚿曰：今予动吾天机。'司马彪曰：'天机，自然也。'"李周翰注："天机，自然之性也。"南齐书文学传论："若夫委自天机，参之史传。"

〔一〇〕卢文弨曰："素业，清素之业。魏志徐胡传评：'胡质素业贞粹。'"器案：本书诫兵篇："违弃素业。"杂艺篇："直运素业。"义俱同。晋书陆纳传："汝不能光益父叔，乃复秽我素业邪！"文选任彦升为范尚书让吏部封侯第一表："臣本自诸生，家承素业。"李善注："董仲舒不遇赋曰：'若不反身于素业，莫随世而转轮。'"张铣注："素谓朴素之业也。"

〔一一〕卢文弨曰："履立，谓操履树立。"

〔一二〕戒子通录二引"堕"作"惰"。卢文弨曰："堕，徒果切，与惰同。"

〔一三〕刘淇助字辨略四："会，广韵：'合也。'愚案：合也者，应也，言应当也。本是会合之会，转为应合耳。魏志崔琰传注：'男儿居世，会当得数万兵千匹骑著后耳。'颜氏家训云云，会即当也，会当重言之也。"新方言释言："凡心有所豫期，常言曰会当。"

〔一四〕罗本、颜本、程本、胡本、何本、朱本、别解"讨"作"计"，与上句复，疑误。卢文弨曰："贾，音古，周礼天官大宰：'商贾阜通货贿。'注：'金玉曰货，布帛曰贿。'"

〔一五〕说郛本、程本、胡本"沈"作"深"。文选思玄赋："杂伎艺以为珩。"注："手伎曰伎，体才曰艺。"王叔岷曰："萧统文选序：'事出于沉思。'"

〔一六〕说郛本、罗本、颜本、程本、胡本、何本、朱本及奇赏、别解"则"作"既"，少仪外传上、合璧事类续六、新编事文类聚翰墨大全己四引亦作"既"。

〔一七〕卢文弨曰："札，甲叶也。左氏成十六年传：'潘尪之党与养由基蹲甲而射之，彻七札焉。'"

〔一八〕卢文弨曰："史记项羽本纪：'书足以记姓名而已。'"

〔一九〕论语阳货篇："饱食终日，无所用心。"

〔二〇〕文选宋玉高唐赋："悠悠忽忽。"李善注："悠悠，远貌，忽忽，迷貌，言人神悠悠然远，迷惑不知所断。"又司马子长报任少卿书："居则忽忽若有所亡。"张铣注："忽忽，愁乱貌。"

〔二一〕抱经堂本"销"误"消"，各本及少仪外传、戒子通录、事文类聚后九、合璧事类俱作"销"，今据改正。

〔二二〕左传襄公二十一年："优哉游哉，聊以卒岁。"杜注："言君子优游于衰世，所以辟害，卒其寿。"案：此文"终年"，亦谓终其天年也。

〔二三〕少仪外传"馀绪"作"绪馀"，庄子让王篇："其绪馀以为国家。"

〔二四〕三国志吴书顾雍传："异尊卑之礼，使高下有差，阶级逾邈。"晋书张载传："又为榷论曰：'今士循常习故，规行矩步，积阶级，累阀阅，碌碌然以取世资。'"北史序传:"仲举曰:'吾少无宦情;岂以垂老之年,求一阶半级?'"

〔二五〕宋本原注云:"一本云:'便谓为足,安能自若。'"案:说郛本、罗本、傅本、颜本、程本、胡本、何本、朱本、黄本、奇赏、别解及少仪外传、戒子通录引同一本。黄叔琳曰:"勉学篇言近旨远,多深于阅历之言。"

〔二六〕少仪外传"蒙"作"懵"。卢文弨曰:"蒙然,如说苑杂言篇惠子所云'蒙蒙如未视之狗'。张口,犹所谓'舌挢而不能下'(案:见史记扁鹊仓公列传)也。"王叔岷曰:"案杨雄太玄经务解篇:'小人之知,未知所向,犹泉初发,蒙蒙然也。'庄子天运篇:'予口张而不能嗋。'"

〔二七〕器案:世说新语赏誉篇:"王仲祖、刘真长造殷中军谈。谈竟,俱载出,刘谓王曰:'渊源真可。'王曰:'卿故堕其云雾中。'"后世言云里雾里,本此。

〔二八〕塞默,默不作声,如口塞然。三国志魏书臧洪传:"学薄才钝,不足塞诘。"塞字义近。

〔二九〕仪礼士相见礼:"君子欠伸。"注:"志倦则欠,体倦则伸。"

〔三〇〕卢文弨曰:"家语屈节解:'季孙闻宓子之言,赧然而愧曰:地若可入,吾岂忍见宓子哉!'"器案:北齐书许惇传:"虽久处朝行,历官清显,与邢邵、魏收、阳休之、崔劼、徐之才之徒,比肩同列,诸人或谈说经史,或吟咏诗赋,更相嘲戏,欣笑满堂;惇不解剧谈,又无学术,或竟坐杜口,或隐几而睡,深为胜流所轻。"之推所讥,盖即此人。

〔三一〕卢文弨论学札说曰:"颜延之云:'尊朋临坐,稠览博论,而言不入于高听,人见弃于众视,则慌若迷涂失偶,黡如深夜撤烛,衔声茹气,喋嘿而归。'颜之推云:'吉凶大事,议论得失,蒙然张口,如坐云雾;公私宴集,谈古赋诗,塞默低头,欠伸而已。有识旁观,代其入地。何惜数年勤学,长受一生愧辱哉!'噫,二颜之语,其形容不学之人,致为刻酷。夫知不足,然后能自反也,知困,然后能自强也;若夫不知耻者,又安望其能免耻哉!"

梁朝全盛[一]之时，贵游子弟[二]，多无学术，至于谚云："上车不落则著作，体中何如则秘书[三]。"无不熏衣剃面[四]，傅粉施朱[五]，驾长簷车[六]，跟高齿屐[七]，坐棋子方褥[八]，凭斑丝隐囊[九]，列器玩于左右，从容出入，望若神仙[一〇]。明经求第[一一]，则顾人答策[一二]；三九公宴[一三]，则假手赋诗[一四]。当尔之时，亦快士也[一五]。及离乱之后，朝市迁革[一六]，铨衡[一七]选举，非复曩者[一八]之亲；当路秉权[一九]，不见昔时之党。求诸身而无所得，施之世而无所用。被褐而丧珠[二〇]，失皮而露质[二一]，兀若枯木[二二]，泊[二三]若穷流，鹿独戎马之间[二四]，转死沟壑之际[二五]。当尔之时，诚驽材也[二六]。有学艺者，触地[二七]而安。自荒乱已来，诸见俘虏[二八]。虽百世小人，知读论语、孝经者，尚为人师；虽千载冠冕[二九]，不晓书记者，莫不耕田养马。以此观之，安可不自勉耶[三〇]？若能常保数百卷书[三一]，千载终不为小人也[三二]。

〔一〕文选鲍明远芜城赋："当昔全盛之时。"李善注："全盛，谓汉时也。"张铣曰："全盛之时，谓吴王濞时。"器案：全盛，犹今言极盛，某一时期某一地方之极盛时期皆可言全盛。芜城赋所言谓汉时之广陵，而颜氏家训所言，则谓萧梁之盛世也。

〔二〕卢文弨曰："周礼地官师氏：'凡国之贵游子弟学焉。'郑玄注：'贵游子弟，王公之子弟；游，无官司者。杜子春云："游当为犹，言虽贵犹学。"'"器案：抱朴子外篇崇教："贵游子弟，生乎深宫之中，长乎妇人之手，忧惧之劳，未尝经心，或未免于襁褓之中，而加青紫之官，才胜衣冠,而居清显之位。”所言与此可互证;而唐代诗人,以贵游名篇者,尤数见不鲜矣。

〔三〕少仪外传上“于”作“有”,绀珠集四、翰苑新书二四、新编事文类聚翰墨大全己四引二“则”字都作“即”。隋书经籍志史部总论云:“魏、晋已来,其道逾替,南、董之位,以禄贵游,政、骏之司,罕因才授,故梁世谚曰:‘上车不落则著作,体中何如则秘书。’”御览二三三引后魏书:“秘书郎,自齐、梁之末,多以贵游子弟为之,无其才实,故当时谚曰:‘上车不落则著作,体中何如则秘书。’”唐六典十一秘书省秘书郎原注:“梁秩六百石。江左多任贵游年少,而梁代尤甚,当时谚言:‘上车不落则著作,体中何如则秘书。’”(职官分纪十六同)通典职官八:“秘书郎,自齐、梁之末,多以贵游子弟为之,无其才实。”原注云:“当时谚曰:‘上车不落则著作,体中何如则秘书。’”并本颜氏此文。郭茂倩乐府诗集八七谓此出南史,今南史无文,盖记忆之误。陈汉章曰:“初学记卷十二:‘秘书郎与著作郎,自置以来,多起家之选,在中朝或以才授,江左多仕贵游,而梁世尤甚,当时谚曰:“上车不落为著作,体中何如则秘书。”言其不用才也。’张缵传:‘秘书郎四员,为甲族起家之选,他人不得与。’”器案:世说新语言语篇:“顾司空时为扬州别驾,援翰曰:‘王光禄远避流言,明公蒙尘路次;群下不宁,不审尊体起居何如?’”真诰卷十八握真辅二所载许玉斧尺牍:“渐热,不审尊体动静何如?”又:“阴热,不审尊动静何如?”又:“思湿热,不审尊体动静何如?”王筠与长沙王别书:“筠顿首顿首,高秋凄爽,体中何如?”能改斋漫录二:“今世书问往还,必曰‘不审比来起居何如’。”盖“体中何如”为当时尺牍客套语,此言贵游子弟,无其才实,仅能作一般问候起居之书信而已。周一良曰:“案:上车不落盖指年龄劣足照管身,体中何如则当时尺牍习语,见广弘明集二八上梁王筠与长沙王别书、文苑英华六八六徐陵在北齐与宗室书、六八七与王吴郡僧智书、六七八答族人梁东海太守长孺书、六八五报尹义尚书等皆有是语。伯希和三四四二号写本书仪记尺牍套语，亦有‘体中何如’字样。”器案：吕氏春秋忠廉篇载吴王谓要离：“今汝拔剑则不能举臂，上车则不能登轼，汝恶能？”以言其羸弱也。故抱朴子内篇自叙即斥言“要离之羸”，上车不落，即上车不能登轼之谓也。落，犹言落著也。又案：抱朴子外篇吴失：“不闲尺纸之寒暑，而坐著作之地。”与此文可互参，“尺纸寒暑”，即“体中何如”之谓，不闲，谓滥竽也。又内篇勤求：“自誉之子，云我有秘书，便守事之。”与此文义同，谓假手于人也。

〔四〕“熏”原作“燻”，少仪外传、类说、戒子通录二、野客丛书五、事文类聚后九作“熏”，今据改。

〔五〕史记佞幸传：“故孝惠时，郎侍中皆冠鵕鸃，贝带，傅脂粉，化闳、籍之属也。”后汉书李固传：“固独胡粉饰貌，搔头弄姿。”三国志魏书曹爽传注引魏略：“何晏性自喜动静，粉白不去手，行步顾影。”北齐书文宣纪：“帝或袒露形体，涂傅粉黛。”则男子傅粉之习，起自汉、魏，至南北朝犹然也。

〔六〕倭名类聚钞三引“驾”作“乘”，注云：“俗云庇刺车是也。”卢文弨曰：“簷谓辕也，辕长则坐者安。”器案：卢说非是。簷谓车盖之前簷，犹屋楹之有簷也。字又作檐。晋书舆服志：“通幰车，驾牛，犹如今犊车制，但其幰通覆车上也。”长簷盖通幰异名。段成式柔卿解籍戏呈飞卿三首：“长檐犊车初入门。”又戏高侍御七首：“玳牛独驾长檐车。”则唐时犹有长檐车。今所见六朝壁画，多存其制。苏轼椰子冠诗：“更著短簷高屋帽，东坡何事不违时。”簷字义与此同，今则作帽沿矣。

〔七〕黄本及少仪外传“跟”作“蹑”。卢文弨曰：“跟，古痕切，说文：‘足踵也。’释名：‘足后曰跟。’依此文则当有著义，或字当为跛也。屐，奇逆切。释名：‘屐，搘也，为两足搘以践泥也。’案：自晋以来，士大夫多喜著屐，虽无雨亦著之。下有齿。谢安因喜，过户限，不觉屐折齿，是在家亦著也。旧齿露卯,则当如今之钉鞋,方可露卯。晋泰元中不复彻。今之屐下有两方木,齿著木上,则亦不能彻也。”器案:涉务篇:“梁世士大夫皆为褒衣博带,大冠高履。”高履即高屐也。世说新语简傲篇:“子敬兄弟见郗公,蹑履问讯,甚修外生礼;及嘉宾死,皆著高屐,仪容轻慢。”

〔八〕少仪外传引“棋子”下有“布”字。徐文靖曰:“按南史张永传:‘朝廷所给赐脯饩,必棋坐齐割,手自颁赐。’棋坐,棋褥也。”(管城硕记二五)器案:棋子方褥,即以织成方格图案之绮制成之方形坐褥。释名释采帛:“绮,有棋文,方文如棋也。”唐六典尚书户部卷第三:“八曰江南道,古扬州之南境,今润、常……凡五十有一州焉……厥贡纱编绫纶……。”原注:“润州方棋水波绫。”棋子,是以棋枰罫目形容方格。文选博弈论:“所务不过方罫之间。”张铣注曰:“罫,线之间方目也。”艺文类聚六九引梁简文帝谢赉碧虑棋子屏风启,则在当时用此种图案设计,实为传统之工艺美术矣。东京梦华录八秋社:“以猪羊肉……之属,切作棋子片样。”永乐大典一一六二〇引寿亲养老新书有羊肉面棋子、猪肾棋子。叶昌炽语石九棋子方格:“唐以前碑至精者,无不画方罫,端正条直,有如棋枰。”上举诸例,俱谓其为方块形也。

〔九〕杨升庵文集六七:“晋以后士大夫尚清谈,喜晏佚,始作麈尾;隐囊之制,今不可见,而其名后学亦罕知。颜氏家训云云,王右丞诗(酬张諲):‘不学城东游侠儿,隐囊纱帽坐弹棋。’”又曰:“三国志曹公作欹案卧视,六朝人作隐囊,柔软可倚,又便于欹案。”卮林五:“隐囊之名,宋、齐尚未见也。王元美以为昔人未知隐囊之制,宛委馀编曰:‘古字稳皆作隐,疑即稳囊也。’予意隐字如隐几之隐,即凭义耳。壬戌夏,予于荻渚,与崔孟起泛舟而下,至石硊,密雨连江,轻舟凝滞,缙南史:‘陈后主时,百司启奏,并因宦者蔡临儿、李善度进请,后主倚隐囊,置张贵妃于膝上共决之。’予问孟起,隐囊何义?答云:‘今京师中官坐处,常有裁锦为褥,形圆如毬,或以抵膝,或以揞胁,盖是物也。’”江浩然丛残小语:“隐囊形制,未有详言者,盖即今之圆枕,俗名西瓜枕,又名拐枕,内实棉絮,外包绫缎,设于床榻,柔软可倚,正尚清谈喜晏佚者一需物也。隐音印,即隐几之隐。”札朴四:“今枕榻间方枕,俗呼靠枕,即隐囊也。通鉴(一七六)注云:‘隐囊者,为囊实以细软,置诸坐侧,坐倦则侧身曲肱以隐之。’馥案:隐读如孟子隐几之隐,昔人用于车中,说文:‘绒,车绒也。’急就篇:‘鞇靯鞑韉鞍鑣鉀。’颜注:‘靯,韦囊,在车中,人所凭伏也。今谓之隐囊。’”朱亦栋群书札记十三:“隐囊,如今之靠枕,杜少陵诗:‘屏开金孔雀,褥隐绣芙蓉。’亦其义也。”卢文弨曰:“隐囊,如今之靠枕。南史杜岃传:‘杜嶷斑丝缠稍。’是当时有此名,今未能详也。”器案:斑丝谓杂色丝之织成品。清人王士禛蚕尾续诗十、吴翊凤止稽斋丛稿十之隐囊诗,俱以斑丝为言。

〔一〇〕后汉书郭泰传:“游于洛阳……后归乡里,衣冠诸儒,送至河上,车数千两,林宗唯与李膺同舟而济,众宾望之,以为神仙焉。”世说新语容止篇:“王右军见杜弘治,叹曰:‘面如凝脂,眼如点漆,此神仙中人。’”世说新语企羡篇:“孟昶未达时,家在京口,尝见王恭乘高舆,被鹤氅裘。于时微雪,昶于篱间窥之,叹曰:‘此真神仙中人。’”则所谓魏、晋风流,汉末已开其端,而齐、梁犹袭其弊也。

〔一一〕日知录十六:“唐制有六科:一曰秀才,二曰明经,三曰进士,四曰明法,五曰书,六曰算。当时以诗赋取者谓之进士,以经义取者谓之明经。”又曰:“唐时入仕之数,明经最多。考试之法,令其全写注疏,谓之帖括。”器案:汉旧仪上:“刺史举民有茂材,移名丞相,丞相考召,取明经一科,明律令一科,能治剧一科,各一人。”则以明经取士,自汉已然。文选永明九年策秀才文李周翰注:“高等明经,谓德行高远,明于经国之道,第一者也。”(集注本)则六朝之明经,与唐有别。又案:类说引“求第”作“及第”。

〔一二〕朱本及类说、戒子通录二、合璧事类续六引“顾”作“雇”。陆继辂合肥学舍札记三：“汉书：‘丙吉以私钱顾胡组、郭征卿养视皇曾孙。’颜氏家训：‘明经求第，则顾人答策。’今别作‘僱’，非。”器案：汉书晁错传：“敛民财以顾其功。”师古曰：“顾若今言雇赁也。”广韵十一暮：“雇，本音户，九雇鸟也，相承借为雇赁字。”借雇为顾，盖始于六朝、唐人。又案：汉书萧望之传注：“对策者，显问以政事经义，令各对之，而观其文辞，定高下也。”文选集注残本卷七十一策秀才文：“钞曰：‘策，画也，略也，言习于智略计画，随时问而答之。策有两种：对策者，应诏也，若上召而问之者曰对策，州县举之者曰射策也。对策所兴，兴于前汉，谓文帝十五年，诏举天下贤良俊士，使之射策。’陆善经曰：‘汉武帝始立其科。’”

〔一三〕何焯曰：“三九，似谓上巳重阳。”孙志祖读书脞录七引徐北溟（鲲）曰：“三九谓公卿也。后汉书郎顗传：‘陛下践阼以来，勤心众政，而三九之位，未见其人。’注云：‘三公九卿也。’（抱朴子内篇辨问云：“蔑三九之官，背玉帛之聘。”）又文选张铣注王仲宣公宴诗：‘此侍曹操宴，时操未为天子，故云公宴。’据此，则公宴属公卿可知。”李详曰：“吴志王蕃传裴松之注引吴录：‘跨越三九之位。’亦指公卿而言。”刘盼遂曰：“三者三公，九者九卿，简称三九，此实为汉以后之习语，如隶释载孙叔敖碑：‘三九无嗣。’洪适注云：‘三，三公；九，九卿也。’抱朴子外篇汉通篇：‘宦者夺人主之威，三九死庸竖之手。’又清鉴篇：‘勇力绝伦者，则上将之器；洽闻治乱者，则三九之才也。’凡此，皆以三九与宦者、人主、上将为对文，明三九为公卿无疑矣。”陈直曰：“按：杂艺篇亦云：‘非直葛洪一箭，已解追兵，三九宴集，常縻荣赐。’此指习射而言。据此三九两日，是梁世贵族排日之游宴，或赋诗或比射也。”器案：徐、孙、李、刘说是，何、陈说非。本书杂艺篇：“三九宴集。”义与此同。抱朴子正郭篇：“林宗名振于朝廷，敬于一时，三九肉食，莫不钦重。”梁书长沙嗣王业传：“善述文辞，尤好古体,自非公宴,未尝妄有所为。”又王筠传:“筠为文,能押强韵,每公宴并作,辞必妍美。”又胡僧祐传:“每在公宴,必强赋诗。”又贺琛传:“我自除公宴,不食国家之食。”文选公宴诗收入曹子建以下凡十四首,吕延济注:“公宴者,臣下在公家侍宴也。”

〔一四〕器案:左传隐公十一年:“而假手于我寡人。”杜注:“借手于我寡德之人。”国语晋语:“无必假手于武王。”韦注:“假,借也。”后汉书张奂传:“上天震怒,假手行诛。”又阳球传:“球奏罢鸿都文学云:‘假手请字。’”文心雕龙诏策篇:“安、和政弛,礼阁鲜才,每为诏敕,假手外请。”隋书刘炫传:“炫自状云:‘至于公私文翰,未尝假手。’”史通载文篇说魏、晋已下,伪谬雷同之失有五,其三曰假手。叶绍泰曰:“六朝之文,惟梁称盛,而贵游子弟,为朝士羞,此名人集中所以多代人之作也。”

〔一五〕器案:杂艺篇亦有“才学快士”语,本篇下文“人见邻里亲戚有佳快者”,北史刘延明传有快女婿,义俱同,快即有佳意。

〔一六〕朝市,犹言朝廷。观我生赋:“讫变朝而易市。”与此言“朝市迁革”意同。周礼考工记:“匠人营国,面朝后市。”盖市之前即为朝,朝之后即为市,故言者多以朝市指朝廷。隋书卢思道传载思道孤鸿赋:“虽笼绊朝市,且三十载,而独往之心,未始去怀抱也。”

〔一七〕晋书吴隐之传:“若居铨衡,当用此人。”文选陆士衡文赋:“苟铨衡之所裁。”李善注:“声类:‘苍颉篇曰:铨,称也。曰铨所以称物也。七全切。’汉书曰:‘衡,平也。平轻重也。’”

〔一八〕文选北征赋注:“曩,犹向时也。”

〔一九〕孟子公孙丑上:“夫子当路于齐。”赵岐注:“如使夫子得当仕路于齐,而可以行道。”

〔二〇〕说郛本、颜本、胡本、奇赏“被”作“披”。卢文弨曰:老子德经:“圣人被褐怀玉。”王叔岷曰:“孔子家语三恕篇:‘子路问于孔子曰:有人于此,披褐而怀玉,何如?’阮籍咏怀诗:‘被褐怀珠玉。’”

〔二一〕卢文弨曰："法言吾子篇：'羊质而虎皮，见草而说，见豺而战，忘其皮之虎也。'"

〔二二〕卢文弨曰："陆机文赋：'兀若枯木，豁若涸流。''泊'疑当作'洦'，下文引说文：'洦：浅水貌。'此当用之。匹白切。"器案：续汉书祭祀志上注引应劭汉官载马第伯封禅仪记："遥望其人，端如行朽兀。"兀字用法与此同。朽兀，即兀若枯木也。王叔岷曰："案兀与杌同，玉篇：'杌，树无枝。'弘明集十三王该日烛：'杌然寂泊。'此文洦，即'寂泊'字。又文赋泊作豁，豁有'空虚'义，吕氏春秋适音篇：'以危听清，则耳豁极。'高诱注：'豁，虚。'广雅释诂：'豁，空也。''空虚'与'寂泊'义近，则泊固不必改作洦矣。且'寂泊'与'穷流'，义正相应；若作洦，洦为'浅水貌'，'浅水'与'穷流'固有别也。卢氏盖未深思耳。"

〔二三〕说文解字水部："洦，浅水貌。"洦泊古今字。浅水与穷流，义相若也。

〔二四〕说郛本、程本、何本、奇赏及戒子通录二"鹿独"作"孤独"；今从宋本。少仪外传上、事文类聚后九引亦作"鹿独"。卢文弨曰："礼记王制正义引释名：'无子曰独，独，鹿也，鹿鹿无所依也。'又张华拂舞赋：'独漉独漉，水深泥浊。''独漉'一作'独禄'，亦作'独鹿'，当是彳亍之意，本无定字，故此又倒作'鹿独'也。"焦循易馀籥录十八："鹿独，今俗呼作捋夺。"郝懿行曰："'鹿独'疑当为'独鹿'，荀子成相篇云：'到以独鹿弃之江。'注云：'独鹿与属镂同。'又案：鹿独或当时方言，流离颠沛之意，不得援荀子'到以独鹿'为解也。存以俟知者。"梧舟案："或是'碌碡'二字，味全句神似也。"

〔二五〕器案：转死即转尸。孟子梁惠王下："君之民老弱转乎沟壑。"胡三省通鉴三一注引应劭曰："死不能葬，故尸流转在沟壑之中。"

〔二六〕何焯曰："后人所骂奴才，亦驽材耳。"卢文弨曰："字林：'驽，骀也。'驽骀，下乘，此亦谓下材也。"陆继辂合肥学舍札记三曰："驽材，金圣叹谓始于郭令公之骂其子，非也。刘元海云：'成都王颖不用吾言，逆自奔溃，真驽材也。’王景略云：‘慕容评真驽材也。’语皆在前。又魏尒朱荣谓元天穆曰：‘葛荣之徒，本是驽材。’盖驽材者，驽下之材。颜氏家训云：‘贵游子弟，离乱之后，失皮露质，当此之时，真驽材也。’”赵翼陔馀丛考三八谓驽材即奴才，引证大同。案陈士元俚言解二：“郭子仪自称诸子皆奴材。刘元海谓成都王颖曰：‘逆自奔溃，真奴材也。’田崧曰：‘贼氐奴材，欲觊非分。’刘璋执姚洪，洪骂曰：‘汝奴材，固无取；吾义士岂忍为汝所为。’奴材者，言奴仆之所能，皆卑贱事也。”陆、赵之说，盖又本于陈士元。

〔二七〕案：触地，犹言无论何地也。本书名实篇：“触涂难继。”又养生篇：“触涂牵系。”触涂、触地义同。

〔二八〕少仪外传上、类说引“虏”作“掠”。

〔二九〕文选奏弹王源李善注引袁子正书：“古者，命士已上，皆有冠冕，故谓之冠族。”

〔三〇〕宋本“安”作“汝”，少仪外传上、事文类聚后九引同。

〔三一〕类说“保”作“饱”。

〔三二〕类说、事文类聚后六无“千载”二字。类说“不”作“免”。敬斋古今黈五曰：“世之劝人以学者，动必诱之以道德之精微，此可为上性言之，非所以语中下者也。上性者常少，中下者常多，其诱之也非其所，则彼之昧者日愈惑，顽者日愈偷，是其所以益之者，乃所以损之也。大抵今之学，非古之学也。今之学不过为利而勤，为名而修尔；因其所为而引之，则吾之劝之者易以入，而听之者易以进也。求之前贤，盖得二说焉：齐颜之推家训云：‘有学艺者，触地而安。自荒乱以来，虽百世小人，知读论语、孝经者，尚为人师；虽千载冠冕，不晓书记者，莫不耕田养马。以此观之，安可不自勉耶？若能常保数百卷书，千载终不为小人也。谚曰：“积财千万，不如薄技在身。”’则今人所谓‘良田千顷，不如薄艺随身’者也。韩退之为其侄符作读书城南诗：‘金璧虽重宝，费用难贮储；学问藏之身，身在即有馀。’则今世俗所谓

'一字值千金'者也。古今劝学者多矣,是二说者,最得其要,为人父兄者,盖不可以不知也。"

夫明六经之指,涉百家之书〔一〕,纵不能增益德行,敦厉风俗,犹为一艺〔二〕,得以自资。父兄不可常依,乡国不可常保,一旦流离,无人庇荫,当自求诸身耳。谚曰:"积财千万,不如薄伎在身〔三〕。"伎之易习而可贵者〔四〕,无过读书也。世人不问愚智,皆欲识人之多,见事之广,而不肯读书,是犹求饱而懒营馔,欲暖而惰裁衣也。夫读书之人〔五〕,自羲、农已〔六〕来,宇宙之下,凡识几人,凡见几事,生民〔七〕之成败好恶,固不足论,天地所不能藏,鬼神所不能隐也。

〔一〕卢文弨曰:"六经依礼记经解所列,则诗、书、乐、易、礼、春秋是也。经不可以不明,百家之书,则但涉猎而已。"

〔二〕器案:一艺即一经。汉书艺文志六艺略:"古之学者耕且养,三年而通一艺,承其大体,玩经文而已。是故用日少而畜德多,三十而五经立也。"

〔三〕戒子通录、敬斋古今黈五"伎"作"技";野客丛书二九引"薄伎在身"作"薄艺随身";事文类聚后六引此二句作"积钱千万,无过读书",盖总下文言之,非举谚也。太公家教:"积财千万,不如明解一经;良田千顷,不如薄艺随躯。"至正直记三:"谚云:'日进千文,不如一艺防身。'盖言习艺之人,可终身得托也。"义与此同。

〔四〕戒子通录"伎之"作"而况"。敦煌残卷勤读书抄(伯·二六〇七)引"贵"上有"富"字。

〔五〕戒子通录二引自此句起,跳行另起,则宋人所见之本,自此分段。靖康缃素杂记引此五句在“世人不问愚智”六句之前，盖以臆自为移易。

〔六〕靖康缃素杂记“已”作“以”。

〔七〕勤读书抄“生民”作“生人”，避唐太宗李世民讳改。

有客难主人〔一〕曰：“吾见强弩长戟〔二〕，诛罪安民，以取公侯者有矣；文义习吏〔三〕，匡时富国，以取卿相者有矣；学备古今，才兼文武，身无禄位，妻子饥寒者，不可胜数〔四〕，安足贵学乎？”主人对曰：“夫命之穷达，犹金玉木石也；修以学艺，犹磨莹雕刻也〔五〕。金玉之磨莹，自美其矿璞〔六〕，木石之段块，自丑其雕刻；安可言木石之雕刻，乃胜金玉之矿璞哉？不得以有学之贫贱，比于无学之富贵也。且负甲为兵，咋笔为吏〔七〕，身死名灭者如牛毛，角立杰出者如芝草〔八〕；握素披黄〔九〕，吟道咏德〔一〇〕，苦辛无益者如日蚀，逸乐名利者如秋荼〔一一〕，岂得同年而语矣〔一二〕。且又闻之：生而知之者上，学而知之者次〔一三〕。所以学者，欲其多知〔一四〕明达〔一五〕耳。必有天才，拔群出类〔一六〕，为将则闇与孙武、吴起〔一七〕同术，执政则悬〔一八〕得管仲、子产之教〔一九〕，虽未读书，吾亦谓之学矣〔二〇〕。今子即〔二一〕不能然，不师古之踪迹，犹蒙被而卧耳〔二二〕。

〔一〕卢文弨曰：“难，乃旦切。主人，之推自谓也。”

〔二〕卢文弨曰：“说文：‘弩，弓有臂者。’释名：‘其柄曰臂，钩弦曰牙，牙外曰郭，下曰悬刀，合名之曰机。’书太甲上：‘若虞机张，往省括于度则释。’传：‘机，弩牙也。’郑注考工记：‘戟，今三锋戟也。’释名：‘戟，格也，旁有枝格也。’”器案：汉书鼂错传：“劲弩长戟，射疏及远。”

〔三〕说郛本、罗本、颜本、程本、胡本、何本、朱本、别解“吏”作“史”。卢文弨曰：“大戴礼保傅篇：‘不习为吏，视已成事。’一作‘习史’，亦可通，谓习史书也。汉书艺文志：‘太史试学童，能讽书九千字以上，乃得为史；又以六体试之，课最者，以为尚书、御史、史书令史。’”器案：作“史”者形近之误，下文“咋笔为吏”，即承为言，字正作“吏”。

〔四〕卢文弨曰：“胜，音升。数，色主切。”

〔五〕说文玉部：“莹，玉色也。”段注：“谓玉光明之貌，引申为磨莹。”器案：刘子崇学章：“镜出于金而明于金，莹使然也。”又因显章：“夫火以吹爇生焰，镜以莹拂成鉴。火不吹则无外耀之光，镜不莹必阙内影之照；故吹为火之光，莹为镜之华。人之居代，亦须声誉以发光华，比火镜假吹莹也。”王叔岷曰：“案‘莹’与‘鎣’同，广雅释诂：‘鎣，磨也。’（文选左太冲招隐诗注、江文通杂体诗注引广雅，‘鎣’并作‘莹’。）”

〔六〕卢文弨曰：“铲，古猛切，本作卝，亦作鑛、矿。周礼地官卝人：‘掌金玉锡石之地。’注：‘卝之言矿也，金玉未成器曰矿。’玉篇：‘璞，玉未治者。’”说文石部：“磺，铜铁朴石也。从石黄声，读若穬。卝，古文磺。”（段以卝为后人所加。）段注：“朴，木素也，因以为凡素之称。铜铁朴在石与铜铁之间，可以为铜铁而未成者也。”

〔七〕卢文弨曰：“咋，仕客切，啮也。北齐书徐之才传：‘小史好嚼笔。’”

〔八〕后汉书徐穉传：“角立杰出。”注：“如角之特立也。”王叔岷曰：“案记纂渊海五五引蒋子万机论：‘学者如牛毛（御览六百七引无‘者’字），逸乐名利者如秋荼。’”

〔九〕卢文弨曰：“古者，书籍以绢素写之。太平御览六百六引风俗通曰：‘刘向为孝成皇帝典校书籍十馀年，皆先书竹，改易刊定，可缮写者，以上素也。’黄者，黄卷也；古者，书并作卷轴，可卷舒，用黄者，取其不蠹。”

〔一〇〕文选啸赋：“精性命之至机，研道德之玄奥。”李善注：“管子曰：‘虚无无形者谓之道，化育万物谓之德。’”

〔一一〕说郛本、罗本、颜本、程本、胡本、何本、朱本“如秋荼”作“几秋荼”。卢文弨曰：“日蚀，喻不常有也。盐铁论刑德篇：‘秦法繁于秋荼。’荼至秋而益繁，喻其多也。”器案：文选王元长永明九年策秀才文：“伤秋荼之密网，恻夏日之严威。”张铣注：“荼，草也，其叶繁密，谓刑法酷暴亦如之。”

〔一二〕文选过秦论：“试使山东之国，与陈涉度长絜大，比权量力，则不可同年而语矣。”后汉书朱穆传崇厚论：“岂得同年而语，并日而谈哉？”则以时间为衡量程度，长久则言年，短暂则计日。史记游侠传：“诚使乡曲之侠，与季次、原宪，比权量力，效功于当世，不同日而论矣。”汉书陈馀传：“夫主之与主，岂可同日道哉？”晋书曹志传：“岂与召公之歌棠棣，周诗之咏鸱鸮，同日论哉？”真诰卷十七握真辅第一：“岂可以与夫坐华屋、击钟鼓、飨五鼎、艳绮纨者，同日而论之哉？”朱轼曰：“以上为不学者言学，以下为学者言实学。”

〔一三〕论语季氏篇：“孔子曰：‘生而知之者，上也；学而知之者，次也；困而学之者，又其次也；困而不学，民斯为下矣。’”

〔一四〕罗本、颜本、程本、胡本、何本、朱本、别解“知”作“智”，古通。

〔一五〕大戴礼记哀公问五义篇：“思虑明达而辞不争。”文选潘安仁夏侯常侍诔：“杰操明达。”吕延济注：“明达，通达。”

〔一六〕孟子公孙丑上：“出于其类，拔乎其萃。”赵岐注：“萃，聚也。”梁书刘显传：“聪明特达，出类拔群。”

〔一七〕卢文弨曰：“史记孙子吴起列传：‘孙子武者，齐人也，以兵法见吴王阖庐。阖庐以为将，西破强楚，入郢，北威齐、晋，显名诸侯。吴起者，卫人也，好用兵，魏文侯以为将。起与士卒最下者同衣食，卧不设席，行不乘骑，亲裹赢粮，与士卒分劳苦，用兵廉平，尽能得士心。后之楚，南平百越，北并陈、蔡，却三晋，西伐秦。后为贵族所害。’”

〔一八〕器案：下文“悬见排蹙”。金楼子立言篇上：“鉴人则悬知善恶。”文心雕龙附会篇:“夫能悬设凑理,然后节文自会。”悬字义同。刘淇助字辨略二:“悬犹预也。凡预计遥揣皆曰悬者,悬是系物之称,物系则有不定之势;预计遥揣,有未定之意,故云悬也。”李调元剿说四说同。

〔一九〕卢文弨曰:“史记管晏列传:‘管仲夷吾者,颍上人也,任政于齐,桓公以霸。’循吏列传:‘子产者,郑之列大夫,相郑二十六年而死,丁壮号哭,老人儿啼。’”

〔二〇〕论语学而篇:“虽曰未学,吾必谓之学也。”

〔二一〕朱本“即”作“既”。

〔二二〕卢文弨曰:“言其一物无所见也。”

人见邻里亲戚有佳快者〔一〕,使子弟慕而学之,不知使学古人,何其蔽也哉〔二〕?世人但知跨马被甲,长稍〔三〕强弓,便云我能为将;不知明乎天道,辩乎地利〔四〕,比量逆顺,鉴达兴亡之妙也。但知承上接下,积财聚谷,便云我能为相;不知敬鬼事神〔五〕,移风易俗〔六〕,调节阴阳〔七〕,荐举贤圣之至也〔八〕。但知私财不入,公事夙办,便云我能治民;不知诚己刑物〔九〕,执辔如组〔一〇〕,反风灭火〔一一〕,化鸱为凤之术也〔一二〕。但知抱令守律〔一三〕,早刑晚捨〔一四〕,便云我能平狱;不知同辕观罪〔一五〕,分剑追财〔一六〕,假言而奸露〔一七〕,不问而情得之察也〔一八〕。爰及农商工贾,厮役奴隶,钓鱼屠肉,饭牛牧羊,皆有先达〔一九〕,可为师表〔二〇〕,博学求之,无不利于事也。

〔一〕卢文弨曰:“佳快,言佳人快士,异乎庸流者也。”郝懿行曰:“快,广韵云:‘称心也,可也。’后汉书盖勋传:‘卓问司徒王允曰:“欲得快司隶校尉，谁可作者？"'"器案：胡三省通鉴一一二注："江东人士，其名位通显于时者，率谓之佳胜、名胜。"佳快与佳胜义近。

〔二〕少仪外传上、戒子通录二无"哉"字。

〔三〕"矟"原作"弰"，永乐大典一八二〇八引同；朱本及戒子通录引作"矟"，今据改正。龚道耕先生曰："'弰'当作'矟'，矟与槊同，矛长丈八谓之矟。弰，玉篇训'弓使箭'，集韵训'弓末'，不得云长弰也。"

〔四〕卢文弨曰："孙子始计篇：'天者，阴阳寒暑时制也。地者，远近险易广狭生死也。'司马法定爵篇：'凡战，顺天，阜财，怿众，利地，右兵：是谓五虑。顺天，奉时；阜财，因敌；怿众，勉若；利地，守隘险阻；右兵，弓矢御，殳矛守，戈戟助。'"

〔五〕卢文弨曰："汉书郊祀志：'元帝好儒，贡禹、韦玄成、匡衡等建言，祭祀多不应古礼，乃多所更定。'"

〔六〕卢文弨曰："孝经：'移风易俗，莫善于乐。'"

〔七〕卢文弨曰："书周官：'三公燮理阴阳。'汉书陈平传：'文帝以平为左丞相，对上曰："主臣！宰相佐天子，理阴阳，调四时，理万物，抚四夷。"'"

〔八〕卢文弨曰："案：汉之三公，得自辟举士，士之有行义伏岩穴者，常征上公车，贤者多出其中。"

〔九〕何本、别解及戒子通录二引"刑"作"型"。赵曦明曰："'刑'与'型'同。"王叔岷曰："喻林五引作'形'，刑、形古亦通用，淮南子道应篇：'诚于此者刑于彼。'（又见孔子家语屈节篇）治要引'刑'作'形'，即其比。"

〔一〇〕鲍本"如"下注云："一本作'生'字。"案：傅本作"生"。卢文弨曰："吕氏春秋先己篇：'诗曰："执辔如组。"孔子曰："审此言也，可以为天下。"子贡曰："何其躁也？"孔子曰："非谓其躁也，谓其为之于此，而成文于彼也；圣人组修其身，而成文于天下矣。"'案：家语好生篇亦载此，以为邶诗，而并引'两骖如儛'，殊误。其载孔子之言曰：'为此诗者,其知政乎！夫为组者,总纰于此,成文于彼;言其动于近,行于远也。执此法以御民,岂不化乎！竿旄之忠告,至矣哉！'案:毛诗传云:'御众有文章,言能治众,动于近,成于远也。'语意正相合。"器案:韩诗外传二:"故御马有法矣,御民有道矣,法得则马和而欢,道得则民安而集。诗曰:'执辔如组,两骖如舞。'此之谓也。"则诗今古文都以"执辔如组"取譬御民。

〔一一〕赵曦明曰:"后汉书儒林传:'刘昆,字桓公,陈留东昏人。光武除为江陵令,时县连年火灾,昆辄向火叩头,多能降雨止风。迁弘农太守,虎皆负子渡河。建武二十二年,征代杜林为光禄勋。诏曰:"前在江陵,反风灭火,后守弘农,虎北渡河:行何德政而致是事?"对曰:"偶然耳。"帝叹曰:"此乃长者之言也。"'"

〔一二〕赵曦明曰:"后汉书循吏传:'仇览,字季智,一名香,陈留考城人。县选为蒲亭长。有陈元者,独与母居,而母诣览,告元不孝。览亲到元家,与其母子饮,为陈人伦孝行,譬以祸福之言。元卒成孝子。乡邑为之谚曰:"父母何在在我庭,化我鳲鸮哺所生。"考城令王涣闻览以德化民,署为主簿,谓曰:"主簿闻陈元之过,不罪而化之,得无少鹰鹯之志耶?"览曰:"以为鹰鹯不若鸾凤。"涣谢遣曰:"枳棘非鸾凤所栖,百里非大贤之路。"以一月奉为资,令入太学。'"

〔一三〕汉书杜周传:"前王所是著为律,后王所是疏为令。"

〔一四〕"早刑晚捨",宋本原作"早刑时捨",注云:"'时捨',一本作'晚舍'。"案:说郛本、罗本、颜本、程本、胡本、何本、朱本、别解作"晚舍",戒子通录二作"晚捨",今据改正。意谓早上判刑,晚上立刻赦免也。

〔一五〕朱亦栋曰:"左传成公十七年:'郤犨与长鱼矫争田,执而梏之,与其父母妻子同一辕。'杜注:'系之车辕。'之推此句本此。然此事非明察类,不解之推何以用之?抑或别有所本耶?"李详说同。案:朱、李之说,终不与此合,存以待考。

〔一六〕赵曦明曰:“太平御览六百三十九引风俗通:‘沛郡有富家公,赀二千馀万。子才数岁,失母,其女不贤。父病,令以财尽属女,但遗一剑,云:“儿年十五,以还付之。”其后又不肯与儿,乃讼之。时太守大司空何武也,得其辞,顾谓掾吏曰:“女性强梁,婿复贪鄙,畏害其儿,且寄之耳。夫剑者所以决断;限年十五者,度其子智力足闻县官,得以见伸展也。”乃悉夺财还子。’”

〔一七〕赵曦明曰:“魏书李崇传:‘(崇)为扬州刺史。先是,寿春县人苟泰有子三岁,遇贼亡失,数年,不知所在,后见在同县人赵奉伯家,泰以状告,各言己子,并有邻证。郡县不能断。崇曰:“此易知耳。”令二父与儿各在别处,禁经数旬,然后遣人告之曰:“君儿遇患,向已暴死。”苟泰闻,即号咷,悲不自胜;奉伯咨嗟而已,殊无痛意。崇察知之,乃以儿还泰。’”

〔一八〕赵曦明曰:“晋书陆云传:‘(云)为浚仪令。人有见杀者,主名不立,云录其妻而无所问。十许日遣出,密令人随后,谓曰:“不出十里,当有男子候之与语,便缚来。”既而果然。问之,具服,云:“与此妻通,共杀其夫,闻其得出,故远相要候。”于是一县称其神明。’”

〔一九〕先达,犹言先进也。文选江文通杂体诗卢郎中谌:“常慕先达槩。”李周翰注:“言我慕先达节槩之人。”又庾元规让中书令表:“位超先达。”李周翰注:“言爵禄越先进之人。”

〔二〇〕赵曦明曰:“古圣贤如舜、伊尹皆起于耕,后世贤而躬耕者多,不能以遍举。尸子曰:‘子贡,卫之贾人。’左传载郑商人弦高及贾人之谋出荀罃而不以为德者,皆贤达也。工如齐之斫轮及东郭牙;厮役仆隶如兒宽为诸生都养,王象为人仆隶而私读书;钓鱼屠牛,皆齐太公事;饭牛,宁戚事;卜式、路温舒、张华,皆尝牧羊:史传所载,如此者非一。”

夫所以读书学问〔一〕,本欲开心明目,利于行耳〔二〕。未知养亲者,欲其观古人之先意承颜〔三〕,怡声下气〔四〕,不惮劬劳，以致甘腝[五]，惕然惭惧，起而行之也[六]；未知事君者，欲其观古人之守职无侵[七]，见危授命[八]，不忘诚谏[九]，以利社稷，恻然自念，思欲效之也；素骄奢者，欲其观古人之恭俭节用，卑以自牧[一〇]，礼为教本，敬者身基[一一]，瞿然自失[一二]，敛容抑志也[一三]；素鄙吝者[一四]，欲其观古人之贵义轻财，少私寡欲[一五]，忌盈恶满[一六]，赒穷恤匮[一七]，赧然[一八]悔耻，积而能散也[一九]；素暴悍者，欲其观古人之小心黜己[二〇]，齿弊舌存[二一]，含垢藏疾[二二]，尊贤容众[二三]，苶然沮丧[二四]，若不胜衣也[二五]；素怯懦者，欲其观古人之达生委命[二六]，强毅正直，立言必信[二七]，求福不回[二八]，勃然奋厉，不可恐慑也[二九]：历兹以往，百行皆然[三〇]。纵不能淳[三一]，去泰去甚[三二]。学之所知，施无不达。世人读书者[三三]，但能言之，不能行之[三四]，忠孝无闻，仁义不足；加以断一条讼[三五]，不必得其理；宰千户县，不必理其民[三六]；问其造屋，不必知楣横而棁竖也[三七]；问其为田，不必知稷早而黍迟也[三八]；吟啸谈谑，讽咏辞赋，事既优闲，材增迂诞[三九]，军国[四〇]经纶[四一]，略无施用[四二]：故为武人[四三]俗吏所共嗤诋，良由是乎！

〔一〕黄叔琳曰："文气极平易，义理却极精实。"

〔二〕卢文弨曰："家语六本篇：'忠言逆耳，而利于行。'"案：明吴讷小学集解五引熊氏曰："学在知行二者。能知而不能行，与不学同。然欲行之，必先知之。今有人焉，心无所知，目无所见，而欲足之能行，无是理也。故必读书学问，开心明目，而后可利于行耳。"王叔岷曰："案后汉书王常传：‘闻陛下即位河北，心开目明。’”

〔三〕卢文弨曰：“礼记祭义：‘曾子曰：“君子之所谓孝者，先意承志，谕父母于道。”’晋书孝友传：‘柔色承颜，怡怡以乐。’”

〔四〕卢文弨曰：“礼记内则：‘父母有过，下气怡色柔声以谏。’”

〔五〕“腝”，宋本作“暝”，原注云：“一本作‘旨’。”永乐大典一一六一八载寿亲养老新书引作“腰”，盖即“腝”之讹误；朱本、鲍本作“锳”，自警编小学门引小学引作“脆”。卢文弨曰：“案：广韵：‘腝，肉腝。’读若嫩。暝与煗、暖同，非其义。”案：腝盖即煗字之借，煗，昷也，故可引申为熟烂，暝则煗之或体也。其作“锳”者，俗别字；作“脆”，则以臆改之耳。

〔六〕荀子性恶篇：“故坐而言之，起而可设，张而可施行。”

〔七〕器案：侵谓越局侵上，左传成公十六年：“侵官，冒也。”

〔八〕论语子张篇：“士见危致命。”集解：“孔安国曰：‘致命，不爱其身。’”

〔九〕宋本、少仪外传上“诚”作“箴”，说郛本、小学外篇嘉言仍作“诚”。案：“诚”避隋文帝父“忠”字讳改。

〔一〇〕卑以自牧，卢文弨曰：“易谦初六象传文。”案：王弼注：“牧，养也。”

〔一一〕卢文弨曰：“礼记曲礼上：‘人有礼则安，无礼则危。’哀公问：‘孔子对哀公曰：“所以治礼，敬为大，君子无不敬也，敬身为大。不能敬其身，是伤其亲；伤其亲，是伤其本；伤其本，枝从而亡。”’”严式诲曰：“案：春秋成十三年左传：‘礼，身之干也；敬，身之基也。’”

〔一二〕卢文弨曰：“礼记檀弓上：‘曾子闻之瞿然。’瞿然，惊变之貌，纪具切。列子仲尼篇：‘子贡茫然自失。’”王叔岷曰：“案瞿借为界，说文：‘界，举目惊界然也。’庄子说剑篇：‘文王芒然自失。’”

〔一三〕离骚注：“抑，案也。”文选注作“按也”，字同。

〔一四〕罗本、傅本、颜本、程本、胡本、何本、朱本、黄本、戒子通录二、自警编、别解“吝”作“悋”，俗别字。说文口部：“吝，恨惜也。”徐铉曰：“今俗别作悋，非是。”

〔一五〕王叔岷曰："案老子十九章：'少私寡欲。'庄子山木篇：'少私而寡欲。'"

〔一六〕卢文弨曰："易谦彖辞：'天道亏盈而益谦，地道变盈而流谦，鬼神害盈而福谦，人道恶盈而好谦。'书大禹谟：'满招损。'"

〔一七〕卢文弨曰："赒，周也。高诱注吕氏春秋季春纪：'鳏寡孤独曰穷。'匮，乏也。"

〔一八〕卢文弨曰："赧，奴版切，小尔雅：'面惭曰戁。'戁与赧同。"

〔一九〕卢文弨曰："积而能散，礼记曲礼上文。"

〔二〇〕勤读书抄"黜"作"屈"。卢文弨曰："说文：'黜，贬下也。'"

〔二一〕赵曦明曰："说苑敬慎篇：'常摐有疾，老子往问焉，张其口而示老子曰："吾舌存乎？"老子曰："然。"曰："吾齿存乎？"老子曰："亡。"常摐曰："子知之乎？"老子曰："夫舌之存也，岂非以其柔耶？齿之亡也，岂非以其刚耶？"常摐曰："嘻，是已。天下之事已尽，无以复语子哉！"'"王叔岷曰："案淮南子原道篇：'齿坚于舌，而先之弊。'（又见文子道原篇）孔丛子抗忠篇：'子思见老莱子……老莱子曰：子不见夫齿乎？齿坚刚，卒尽相磨；舌柔顺，终以不弊。'高士篇上：'商容（即常摐），不知何许人也。有疾。老子曰：先生无遗教以告弟子乎？……容张口曰：吾舌存乎？曰：存。曰：吾齿存乎？曰：亡。知之乎？老子曰：非谓其刚亡而弱存乎？容曰：嘻！天下事尽矣。'（又见伪慎子外篇）"

〔二二〕赵曦明曰："左氏宣十五年传：'川泽纳污，山薮藏疾，瑾瑜匿瑕，国君含垢，天之道也。'"案：杜注："藏疾，山之有林薮，毒害者居之。"

〔二三〕论语子张篇："君子尊贤而容众，嘉善而矜不能。"邢昺疏曰："君子之人，见彼贤则尊重之，虽众多，亦容纳之。"

〔二四〕说郛本、罗本、颜本、程本、胡本、何本、朱本、黄本、戒子通录、小学、自警编、别解"荼"作"苶"，朱本注云："荼，同音涅，疲也。"器案：荼者苶之俗，苶又薾之变也。说文："薾，智少力劣也。"广雅释诂："薾，弱也。"卢文弨曰:"庄子齐物论:'苶然疲役,而不知所归。'苶,奴结切;沮,慈吕切;丧,苏浪切。"王叔岷曰:"庄子齐物论篇云云,道藏成玄英疏、王元泽新传、林希逸口义、褚伯秀义海纂微、罗勉道循本诸本,世德堂本,'苶'皆作'茶'。"

〔二五〕赵曦明曰:"礼记檀弓下:'赵文子退然如不胜衣,其言呐呐然如不出诸其口。'"案:正义曰:"其形退然柔和,似不胜衣,言形貌之早退也。"

〔二六〕勤读书抄"委"作"知"。卢文弨曰:"庄子达生篇:'达生之情者,不务生之所无以为;达命之情者,不务知之所无奈何。'"器案:委命,犹言委心任命,文选班孟坚答宾戏:"委命供己,味道之腴。"

〔二七〕论语子路篇:"言必信。"

〔二八〕赵曦明曰:"诗大雅旱麓:'岂弟君子,求福不回。'回,违也,邪也。"

〔二九〕小学、自警编"慑"作"惧"。卢文弨曰:"礼记曲礼上:'贫贱而知好礼,则志不慑。'之涉切。"

〔三〇〕百行,注见治家篇。

〔三一〕自警编"淳"作"纯"。

〔三二〕赵曦明曰:"韩非子外储说左下:'季孙好士,终身庄处,衣服常如朝廷;而季孙适懈,有过失;客以为厌易己,相与怨之,遂杀季孙。故君子去泰去甚。'"卢文弨曰:"'圣人去甚,去奢,去泰。'老子道德经文。"

〔三三〕"世人读书者"句上,宋本有"今"字,原注云:"一本无'今'字。"案:小学、少仪外传引无"今"字,并无"者"字。

〔三四〕史记孙子吴起列传太史公曰:"语曰:'能行之者,未必能言;能言之者,未必能行。'"

〔三五〕胡三省通鉴二七注:"颜师古曰:'凡言条者,一一而疏举之,若木条然也。'"

〔三六〕卢文弨曰:"汉书百官公卿表:'县万户以上为令,减万户为长。'案:

今言千户，言最小之县，犹不能理也。”

〔三七〕宋本、罗本、傅本、颜本、程本、胡本、何本、朱本“豎”作“竪”。卢文弨曰：“释名：‘楣，眉也，近前，若面之有眉也。棳，儒也，梁上短柱也；棳儒犹侏儒，短，故以名之也。’案：尔雅释宫作棁，亦作棳，同音拙。豎，臣庾切，说文：‘豎，立也。’”

〔三八〕宋本、罗本“迟”作“稚”，宋本原注云：“一本作‘迟’字。”卢文弨曰：“尚书大传唐传：‘主春者，张昏中可以种稷；主夏者，火昏中可以种黍。’郑注礼记月令首种云：‘旧说谓稷。’”案：诗鲁颂閟宫传：“先种曰稙，后种曰稚。”但颜氏上言早，则下文自当作迟，使人易晓，不必迂取稚字为配，故不从宋本。

〔三九〕史记封禅书：“言神事，事如迂诞。”汉书艺文志方技略神仙家：“诞欺怪迂之文，弥以益多。”师古曰：“诞，大言也。迂，远也。”

〔四〇〕文选任彦升王文宪集序：“至于军国远图，刑政大典，既道在廊庙，则理擅民宗。”又云：“理穷言行，事该军国。”军国，谓军事与国务也。战国策秦策：“虽有万金，弗得私也，亦充军国之用矣。”

〔四一〕周易屯象曰：“云雷屯，君子以经纶。”孔颖达正义：“经谓经纬，纶谓纲纶。言君子法此屯象有为之时，以经纶天下，约束于物，故云君子以经纶也。”中庸：“唯天下至诚，为能经纶天下之大经。”朱熹章句：“经纶，皆治丝之事：经者，理其绪而分之；纶者，比其类而合之也。”

〔四二〕史记封禅书：“始皇闻此，以各乖异难施用。”后汉书左雄传：“若其面墙，则无所施用。”

〔四三〕抱朴子行品篇：“奋果毅之壮烈，骋干戈以静难者，武人也。”

夫学者所以求益耳〔一〕。见人读数十卷书，便自高大，凌忽〔二〕长者，轻慢同列；人疾之如仇敌，恶之如鸱枭〔三〕。如此以学自损〔四〕，不如无学也。

〔一〕论语宪问篇："吾见其居于位也，见其与先生并行者也，非求益者也，欲速成者也。"

〔二〕凌忽，侵凌慢忽。又作陵忽，南史刘康祖传："恭以豪戚自居，甚相陵忽。"

〔三〕卢文弨曰："诗大雅瞻卬：'懿厥哲妇，为枭为鸱。'笺：'枭鸱，恶声之鸟。亦作'鸤鸮'，见前'化鸱'注。"

〔四〕小学外篇嘉言、戒子通录二、自警编、明霍韬霍氏家训子弟第八引此句作"如此学以求益，今反自损"，少仪外传引同宋本。

古之学者为己，以补不足也；今之学者为人，但能说之也〔一〕。古之学者为人，行道以利世也；今之学者为己，修身以求进也〔二〕。夫学者犹种树也〔三〕，春玩其华，秋登其实〔四〕；讲论文章，春华也，修身利行，秋实也〔五〕。

〔一〕论语宪问篇："古之学者为己，今之学者为人。"集解："孔安国曰：'为己，履而行之；为人，徒能言。'"器案："古之学者为己，今之学者为人"，语又见荀子劝学篇。又北堂书钞卷八十三、太平御览卷六百七引新序："齐王问墨子曰：'古之学者为己，今之学者为人，何如？'对曰：'古之学者，得一善言，以附其身，今之学者，得一善言，务以悦人。'"

〔二〕王楙野客丛书二八："范晔后汉论（桓荣传）曰：'古之学者为己，今之学者为人。为人者，凭誉以显物；为己者，因心以会道。'颜氏家训曰：'古之学者为己，辅不足也；今之学者为人，但能说之也。古之学者为人，行道以济世也；今之学者为己，修身以求进也。'二说不同，皆非吾夫子之意。"引此文"以补"二字作"辅"，"利"作"济"。黄叔琳曰："翻转说，其义乃备。"

〔三〕卢文弨曰："左氏昭十八年传：'闵子马曰："夫学，殖也，不殖将落。”’”

〔四〕说郛本“玩”作“翫”。御览二〇“登”作“取”。记纂渊海六二引“玩”作“翫”,“登”作“取”。卢文弨曰:“韩诗外传七:‘简主曰:“春树桃李,夏得阴其下,秋得食其实。”’魏志邢颙传:‘采庶子之春华,忘家丞之秋实。’”器案:三国志吴书诸葛恪传注引志林:“虞喜曰:‘世人奇其英辩,造次可观,而哂吕侯无对为陋。不思安危终始之虑,是乐春藻之繁华,而忘秋实之甘口也。’”文心雕龙辨骚篇:“翫华而不坠其实。”金楼子著书篇:“春华秋实,怀哉何已。”北齐书文苑传序:“开四照于春华,成万宝于秋实。”都以华实喻学与用。

〔五〕太平御览卷二十引“讲论”作“讲说”,“春华”作“春之华”,“秋实”作“秋之实”。记纂渊海引亦作“春之华”、“秋之实”。

人生小幼,精神专利,长成已后,思虑散逸,固须早教,勿失机也。吾七岁时,诵灵光殿赋〔一〕,至于今日,十年一理,犹不遗忘;二十之外,所诵经书,一月〔二〕废置,便至〔三〕荒芜矣。然人有坎壈〔四〕,失于盛年〔五〕,犹当晚学,不可自弃。孔子云:“五十以学易,可以无大过矣〔六〕。”魏武、袁遗〔七〕,老而弥笃〔八〕,此皆少学而至老不倦也。曾子七十乃学,名闻天下〔九〕;荀卿五十,始来游学,犹为硕儒〔一〇〕;公孙弘四十馀,方读春秋,以此遂登丞相〔一一〕;朱云亦四十,始学易、论语〔一二〕;皇甫谧二十,始受孝经、论语〔一三〕:皆终成大儒,此并早迷而晚寤也。世人婚冠未学,便称迟暮〔一四〕,因循面墙〔一五〕,亦为愚耳。幼而学者,如日出之光,老而学者,如秉烛夜行〔一六〕,犹贤乎瞑目而无见者也〔一七〕。

〔一〕抱经堂本“灵”上有“鲁”字，各本俱无，今据删。赵曦明曰：“后汉书文苑传：‘王逸子延寿，字文考，有俊才，少游鲁国，作灵光殿赋。’今见文选。”

〔二〕宋本原注：“‘月’一本作‘日’字。”鲍本误作“一本有‘日’字”。案：类说作“日”。

〔三〕宋本原注：“一本无‘至’字。”案：类说无“至”字。

〔四〕卢文弨曰：“坎壈，苦感、卢感二切，亦作坎廪，音同。楚辞九辩：‘坎廪兮贫士失职而志不平。’五臣注文选：‘坎壈，困穷也。’”

〔五〕器案：文选曹子建洛神赋：“怨盛年之莫当。”李善注：“盛年，谓少壮之时。”又曹子建美女篇：“盛年处房室，中夜起长叹。”李善注：“苏武答李陵诗：‘低头还自怜，盛年行已衰。’”又吴季重答魏太子牋：“盛年一过，实不可追。”陶渊明集卷四杂诗十二首其一：“盛年不重来，一日难再晨。”元李公焕注：“男子自二十一至二十九，则为盛年。”

〔六〕文见论语述而篇，集解：“易穷理尽性，以至于命。年五十而知天命。以知命之年，读至命之书，故可以无大过也。”朱熹集注：“学易，则明乎吉凶消长之理、进退存亡之道，故可以无大过。”

〔七〕赵曦明曰：“魏志武帝纪注：‘太祖御军三十馀年，手不舍书，昼则讲武策，夜则思经传，登高必赋，及造新诗，被之管弦，皆成乐章。袁遗，字伯业，绍从兄，为长安令。河间张超尝荐遗于太尉朱俊，称遗有冠世之懿、干时之量。太祖称：长大而能勤学，惟吾与袁伯业耳。’”器案：三国志吴书吕蒙传注引江表传：“孙权语蒙曰：‘孟德亦自谓老而好学。’”梁谿漫志五：“曹孟德尝言：‘老而好学，惟吾与袁伯业耳。’东坡云：‘此事不独今人不能，即古人亦自少也。’”

〔八〕勤读书抄“笃”作“固”。

〔九〕类说“七十”作“十七”。黄叔琳曰：“曾子少孔子四十六岁，非晚始学者（郝懿行说同），当别有曾子。”孙志祖读书脞录四：“卢抱经据高诱淮南子说林注'吕望年七十,始学读书,九十为文王作师',疑'曾子'为'吕望'之讹。盖曾子少孔子四十六岁,则其从游,必在少年也。志祖疑'七十'为'十七'之讹,然于书传亦无确证。又宋书建平王宏子景素传内载刘琎疏云:'曾子孝亲,而沈乎水。'又:'曾子不逆薪而爨,知其不为暴也。'然则后人所述曾子事之无考者多矣。"朱亦栋群书札记十:"案:大戴礼曾子立事篇:'三十四十之间而无艺,即无艺矣。五十而不以善闻,则不闻矣。七十而无德,虽有微过,亦可以勉矣。其少不讽诵,其壮不议论,其老不教诲,亦可谓无业之人矣。'之推正用此语,是文章活用之法,不必刻舟以求也。宋景文笔记卷中:'曾子年七十,文学始就,乃能著书。孔子曰:"参也鲁。"盖少时止以孝显,未如晚节之该洽也。'则痴人说梦矣。"器案:孙说是,类说正作"十七",下文"皇甫谧二十始受孝经、论语",盖颜氏以十七、二十之年,俱为晚学矣。许慎说文解字叙曰:"尉律:'学僮十七已上,始试讽籀书九千字,乃得为史。又以八体试之,郡移太史,不正,辄举劾之。'"此盖承周、秦旧制而言。古者,"八岁入小学"(见大戴礼记保傅篇、白虎通辟雍篇、汉书食货志及艺文志、说文解字叙),年十七已上始试,中律者得习为吏;而曾子年十七乃学(此已是入仕之年),较之八岁,已迟九年,故亦谓之晚学也。

〔一〇〕赵曦明曰:"史记孟荀列传:'荀卿,赵人。年五十,始来游学于齐。'索隐:'荀卿,名况。卿者,时人相尊而号曰卿也。'"

〔一一〕勤读书抄引"春秋"下有"杂说"二字,与汉书本传合;又"丞相"作"卿相"。赵曦明曰:"汉书公孙弘传:'弘,菑川薛人。年四十馀,乃学春秋杂说,六十为博士,免归。武帝元光五年,复征贤良文学,策诏诸儒,弘对为第一,拜为博士,待诏金马门。元朔中,代薛泽为丞相,封平津侯。'"器案:御览六一四引应璩答韩文宪书:"昔公孙弘皓首入学。"

〔一二〕勤读书抄无"语"字。赵曦明曰:"汉书朱云传:'云,字游,鲁人。少时通轻侠,年四十乃变节,从博士白子友受易,又事将军萧望之,受论语,皆能传其业。当世高之。'"

〔一三〕"受",各本俱作"授",抱经堂本校定作"受";案:勤读书抄、类说正作"受",今从之。赵曦明曰:"晋书皇甫谧传:'谧,字士安,安定朝那人。年二十,不好学,游荡无度所,后叔母任氏,对之流涕;乃感激,就乡人席坦受书,勤力不怠,遂博综典籍百家之言,以著述为务,自号玄晏先生。'"器案:齐民要术三引崔寔四民月令:"冬十一月,命幼童入小学,读孝经、论语篇章。"汉书匡衡传:"论语、孝经,圣人言行之要,宜先究其意。"是孝经、论语,汉时为初学必读之书;士安年二十始受孝经、论语,盖魏、晋时犹仍沿袭汉制云。

〔一四〕离骚:"惟草木之零落兮,恐美人之迟暮。"王逸注:"迟,晚也。"

〔一五〕卢文弨曰:"书周官:'不学墙面。'"器案:论语阳货篇:"人而不为周南、召南,其犹正墙面而立也欤!"后汉书邓皇后纪:"面墙术学,不识臧否。"注:"尚书曰:'弗学面墙也。'"又作墙面,文选任彦升天监三年策秀才文:"庶非墙面。"李周翰注:"墙面,谓面向墙而无所见者。"通鉴五十汉安帝六年诏康等曰:"面墙术学,不识臧否。"胡三省注曰:"尚书曰:'弗学墙面。'言正墙面而立,无所见。"

〔一六〕卢文弨曰:"说苑建本篇:'师旷曰:"少而好学,如日出之阳;壮而好学,如日中之光;老而好学,如炳烛之明。炳烛之明,孰与昧行乎?"'"器案:艺文类聚八〇引尚书大传:"晋平公问师旷曰:'吾年七十,欲学,恐已暮。'师旷曰:'臣闻老而学者,如执烛之明。执烛之明,孰与昧行?'公曰:'善。'"说苑即本尚书大传。文选古诗:"人生不满百,常怀千岁忧;昼短苦夜长,何不秉烛游?"王叔岷曰:"记纂渊海五六引范子:'师旷对晋平公曰:少而学者,如日出之光;壮而学者,如日中之光;老而学者,如秉烛夜行。'金楼子立言上:'晋平公问师旷曰:吾年已老,学将晚邪?对曰:少好学者,如日盛阳;老好学者,如炳烛夜行。'"

〔一七〕抱朴子外篇勖学:"若乃绝伦之器,盛年有故,虽失之于旸谷,而收之于虞渊;方知良田之晚播,愈于卒岁之荒芜也。日烛之喻,斯言当矣。"

学之兴废,随世轻重。汉时贤俊,皆以一经弘圣人之道〔一〕,上明天时,下该人事〔二〕,用此致卿相者多矣〔三〕。末俗〔四〕已来不复尔〔五〕,空守章句〔六〕,但诵师言,施之世务〔七〕,殆无一可。故士大夫子弟,皆以博涉〔八〕为贵,不肯专儒〔九〕。梁朝皇孙以下,总丱〔一〇〕之年,必先入学〔一一〕,观其志尚,出身〔一二〕已后,便从文史〔一三〕,略无卒业者〔一四〕。冠冕〔一五〕为此者,则有何胤〔一六〕、刘瓛〔一七〕、明山宾〔一八〕、周舍〔一九〕、朱异〔二〇〕、周弘正〔二一〕、贺琛〔二二〕、贺革〔二三〕、萧子政〔二四〕、刘縚〔二五〕等,兼通文史,不徒讲说也。洛阳亦闻崔浩〔二六〕、张伟〔二七〕、刘芳〔二八〕,邺下又见邢子才〔二九〕:此四儒者〔三〇〕,虽好经术,亦以才博擅名。如此诸贤,故为上品〔三一〕,以外率多田野闲人,音辞鄙陋,风操蚩拙〔三二〕,相与专固〔三三〕,无所堪能,问一言辄酬数百,责其指归〔三四〕,或无要会〔三五〕。邺下谚云:"博士买驴,书券〔三六〕三纸,未有驴字。"使汝以此为师,令人气塞。孔子曰:"学也禄在其中矣〔三七〕。"今勤无益之事,恐非业也。夫圣人之书,所以设教,但明练经文,粗通注义〔三八〕,常使言行有得,亦足为人〔三九〕;何必"仲尼居"即须两纸疏义〔四〇〕,燕寝讲堂〔四一〕,亦复何在?以此得胜〔四二〕,宁有益乎?光阴可惜,譬诸逝水〔四三〕。当博览机要〔四四〕,以济功业;必能兼美,吾无间焉[四五]。

〔一〕赵曦明曰:"弘,大之也。"器案:汉有通经致用之说,谓治一经必得一经之用也。如平当以禹贡治河(见汉书本传),夏侯胜以洪范察变(见汉书本传),董仲舒以春秋决狱,(汉书艺文志六艺略有公羊董仲舒治狱十六篇,后汉书应劭传:"董仲舒作春秋决狱二百三十二事。")王式以三百五篇当谏书(见汉书儒林传),皆其例证。论语卫灵公篇:"子曰:'人能弘道,非道弘人。'"集解:"王肃曰:'才大者道随大,才小者随小,故不能弘人。'"

〔二〕黄叔琳曰:"兼此八字,方不愧为穷经之儒。"

〔三〕卢文弨曰:"事皆具汉书儒林传。"

〔四〕汉书朱博传:"今末俗之弊,政事烦多,宰相之材不及古,而丞相独兼三公之事。"末俗谓末世之风俗也。

〔五〕卢文弨曰:"'尔'字疑当重。"刘盼遂曰:"按:六朝人率以尔作如此用,如世说新语品藻篇:'外人论殊不尔。'又云:'身意正尔。'任诞篇云:'未能免俗,聊复尔耳。'又云:'温往卫许亦尔。'宋书孔兴宗传云:'卿不得尔。'水经注三十三:'今则不能尔。'此皆以尔作如此用之成例矣。卢氏不悉当时文法,故有此失。"

〔六〕黄叔琳曰:"俗儒之学,古人所訾;若今人中有此,吾当低头拜之矣。"纪昀曰:"先生固词宗也,奈何轻量天下士!"

〔七〕世务,犹言时务、时事。史记礼书:"时于世务刑名。"汉书主父偃传:"上书言世务。"北史苏威传:"奏荐柳庄:'江南人有学业者多不习世务,习世务者又无学业。'"文选陆士衡拟东城一何高:"曷为牵世务。"吕向注:"言何为牵于时事。"

〔八〕器案:本书有涉务篇,涉字义同。汉书贾山传:"涉猎书记。"师古曰:"言若涉水猎兽,不专精也。"桂馥札朴三曰:"汉时书少,学者皆能专精。晋、宋以后,四部之书,卷帙千万,遂有涉猎之学。南齐书柳世隆传：'世隆性爱涉猎，启太祖借秘阁书，上给二千卷。'"

〔九〕宋本此句作"不肯专于经业"，原注："一本作'专儒'。"赵曦明曰："儒者，专治经也，宋本作'不肯专于经业'，疑是后人所改。"刘盼遂引吴承仕曰："魏、晋以来，清谈始兴，故多以玄儒相对，齐、梁间又分文史玄儒四科，是专目治经者为儒也。"器案：论衡超奇篇："故夫能说一经者为儒生，博览古今者为通人，采掇传书以上书奏记者为文人，能精思著文、连结篇章者为鸿儒。"颜氏所谓专儒，即仲任之所谓儒生，以其仅能说一经，非鸿儒之比，故谓之专儒。文心雕龙才略篇："仲舒专儒，子长纯史。"

〔一〇〕卢文弨曰："诗齐风甫田：'婉兮娈兮，总角丱兮。'传：'总角，聚两髦也；丱，幼稚也。'"

〔一一〕钱大昕曰："梁书武帝纪：'天监九年三月乙未诏曰：王子从学，著自礼经，贵游咸在，实惟前诰，所以式广义方，克隆教道。今成均大启，元良齿让，自兹以降，并宜肄业。皇太子及王侯之子，年在从师者，可令入学。'"

〔一二〕汉书酷吏郅都传："常称曰已背亲而出身，固当奉职，死节官下。"文选祢正平鹦鹉赋："臣出身而事主。"出身，谓出仕则致身于君。

〔一三〕"便从文史"，宋本作"使从文吏"，罗本、傅本、颜本、程本、胡本、何本、朱本、文津本、鲍本、汗青簃本"史"作"吏"。卢文弨曰："汉书东方朔传：'三冬文史足用。'史谓史书也；但此亦兼文章三史而言，旧本作'吏'字，非。"唐晏㑳庵随笔上："卢抱经校颜氏家训，最称善本；然亦有不足者。如勉学篇：'出身以后，便从文吏。'此言梁朝贵游子弟，多不向学，故云：'总丱之年，必先入学，出身已后，便从文吏，略无卒业者。'其文义甚明。而卢氏改为'文史'，而引汉书东方朔传'文史足用'为注，失本义矣。"案：唐说是，此文当从各本作"便从文吏"。

〔一四〕三国志魏书牵招传："年十馀岁，诣同县乐隐受学；后隐为车骑将军何苗长史,招随卒业。”

〔一五〕文选奏弹王源:“衣冠之族。”李善注引袁子正书曰:“古者,命士已上,皆有冠冕,故谓之冠族。”

〔一六〕赵曦明曰:“梁书处士传:‘何胤,字子季,点之弟也。师事沛国刘瓛,受易及礼记、毛诗;入钟山定林寺,听内典,其业皆通。辞职,居若邪山云门寺。世号点为大山,子季为小山,亦曰东山。注周易十卷,毛诗总集六卷,毛诗隐义十卷,礼记隐义二十卷,礼答问五十五卷。’”

〔一七〕抱经堂本“瓛”误“巘”。赵曦明曰:“已见一卷。”

〔一八〕赵曦明曰:“梁书本传:‘明山宾,字孝若,平原鬲人。七岁,能言玄理;十三,博通经传。梁台建,置五经博士,山宾首膺其选。东宫新置学士,又以山宾居之。俄兼国子祭酒。累居学官,甚有训导之益。所著吉礼仪注二百二十四卷,礼仪二十卷,孝经丧礼服义十五卷。’”

〔一九〕赵曦明曰:“梁书本传:‘周舍,字升逸,汝南安成人。博学多通,尤精义理。高祖即位,博求异能之士,范云言之于高祖,召拜尚书祠部郎。居职屡徙,而常留省内,国史诏诰,仪体法律,军旅谟谋,皆兼掌之。预机密者二十馀年,而竟无一言漏泄机事,众尤叹服之。’”

〔二〇〕赵曦明曰:“梁书本传:‘朱异,字彦和,吴郡钱唐人。遍治五经,尤明礼、易,涉猎文史,兼通杂艺,博弈书算,皆其所长。有诏求异能之士,明山宾表荐之。高祖召见,使说孝经、周易义,谓左右曰:“朱异实异。”周舍卒,异代掌机谋,方镇改换,朝仪国典,诏诰敕书,并兼掌之。每四方表疏,当局部领,谘询详断,填委于前,顷刻之间,诸事便了。所撰礼、易讲疏,及仪注、文集百馀篇,乱中多亡逸。’”

〔二一〕赵曦明曰:“陈书本传:‘周思行,汝南安成人。幼孤,及弟弘让、弘直,俱为叔父舍所养。十岁,通老子、周易。起家梁太学博士,累迁国子博士。时于城西立士林馆,弘正居以讲授,听者倾朝野焉。特善玄言,兼明释典,虽硕学名僧,莫不请质疑滞。所著周易讲疏、论语疏、庄子、老子疏、孝经疏及集行于世。’”

〔二二〕赵曦明曰："梁书本传：'贺琛，字国宝，会稽山阴人。伯父玚，授其经业，一闻便通义理，尤精三礼。为通事舍人，累迁，皆参礼仪事。所撰三礼讲疏、五经滞义及诸仪法，凡百馀篇。'"

〔二三〕赵曦明曰："梁书儒林传：'贺玚子革，字文明。少通三礼，及长，遍治孝经、论语、毛诗、左传。湘东王于州置学，以革领儒林祭酒，讲三礼，荆、楚衣冠，听者甚众。'"

〔二四〕赵曦明曰："隋书经籍志：'周易义疏十四卷，系辞义疏三卷，古今篆隶杂字体一卷。'注：'梁都官尚书萧子政撰。'"

〔二五〕赵曦明曰："已见二卷。"

〔二六〕赵曦明曰："魏书本传：'崔浩，字伯渊，清河人。少好文学，博览经史，玄象阴阳百家之言，无不关综。研精义理，时人莫及。太宗好阴阳术数，闻浩说易及洪范五行，善之，因命浩筮吉凶，参观天文，考定疑惑。浩综核天人之际，举其纲纪，诸所处决，多有应验。恒与军国大谋，甚为宠密。'"

〔二七〕赵曦明曰："魏书儒林传：'张伟，字仲业，小名翠螭，太原中都人。学通诸经，讲授乡里，受业常数百人，儒谨泛纳，勤于教训，虽有顽固，问至数十，伟告喻殷勤，曾无愠色。常依附经典，教以孝悌；门人感其仁化，事之如父。'"

〔二八〕赵曦明曰："魏书本传：'刘芳，字伯文，彭城人。聪敏过人，笃志坟典，昼则佣书以自资给，夜则诵读，终夕不寝。为中书侍郎，授皇太子经，迁太子庶子，兼员外散骑常侍。从驾洛阳，自在路以旋师，恒侍坐讲读。芳才思深敏，特精经义，博闻强记，兼览苍、雅，尤长音训，辨析无疑；于是礼遇日隆，赏赉优渥。撰诸儒所注周官、仪礼、尚书、公羊、穀梁、国语音、后汉书音、毛诗笺音义证、周官、仪礼、礼记义证等书。'"

〔二九〕赵曦明曰："北齐书邢邵传：'邵字子才，河间鄚人。十岁，便能属文。少在洛阳，会天下无事，与时名胜专以山水游宴为娱，不暇勤业。尝因霖雨，乃读汉书五日，略能遍记之，复因饮谑倦，方广寻经史，五行俱下，一览便记，无所遗忘。文章典丽，既赡且速。年未二十，名动衣冠。孝昌初，与黄门侍郎李琰之对典朝仪。自孝明之后，文雅大盛；邵雕虫之美，独步当时，每一文出，京都为之纸贵，读诵俄遍远近。晚年，尤以五经章句为意，穷其旨要，吉凶礼仪，公私谘禀，质疑去惑，为世指南。有集三十卷。'"

〔三〇〕宋本原注："一本无'此'字。"案：说郛本、罗本、傅本、颜本、程本、胡本、何本、朱本无"此"字。

〔三一〕晋书刘毅传云："上品无寒门，下品无势族。"寻文选沈休文恩幸传论引刘毅之言作"下品无高门，上品无贱族"，李善注引臧荣绪晋书同唐修晋书，李善注云："言势族之人不居下品，寒门之子不居上班。"又任彦升为萧扬州荐士表："势门上品。"李善注引谢灵运宋书序曰："下品无高门，上品无贱族。"据宋书谢灵运传，灵运撰有晋书，不闻有宋书，此宋书序当为晋书序之误。寻魏人陈群制九品官人之法，分上中下三等，三等之中，又分上中下三品，盖本之班固古今人表，分为三科，定以九等，网罗千载，区别九品，自此言人品者，遂有三六九等之分矣。

〔三二〕卢文弨曰："蚩，无知之貌。诗卫风氓：'氓之蚩蚩。'"

〔三三〕专固，专辄而顽固。书仲虺之诰："好问则裕，自用则小。"传："问则有得，所以足；不问专固，所以小。"

〔三四〕器案：严君平有道德指归，王僧虔戒子书："汝曹未窥其题目，未辨其指归，而终日自欺欺人，人不受汝欺也。"郭璞尔雅序："夫尔雅者，所以通诂训之指归。"邢昺疏："指归，谓指意归乡也。"

〔三五〕器案：要会，谓要领总会。礼记乐记郑玄注："要犹会也。"杜正伦文笔要决："右并要会所归，总上义也。"

〔三六〕卢文弨曰："券，去愿切，下从刀。说文：'契也。'"器案：陆游读书诗："文辞博士书驴券，职事参军判马曹。"本此。

〔三七〕论语卫灵公篇文。

〔三八〕卢文弨曰:"练,练习也。战国秦策:'简练以为揣摩。'粗,才古切,略也。"器案:涉务篇:"明练风俗。"

〔三九〕黄叔琳曰:"唐人所以重进士而卑明经也。今之设科,合进士明经而一之,然其效可睹矣。"

〔四〇〕"仲尼居",孝经开宗明义第一章章首文。赵曦明曰:"陆德明孝经释文:'居,说文作凥,音同。郑康成云:凥,凥讲堂也。王肃云:闲居也。'"案:疏义,系对经注而言,注以释经文,疏以演注义。六朝义疏之学颇盛行,为唐人五经正义导夫前路也。郝懿行曰:"桓谭新论云:'秦延君说尧典篇首两字之说,十馀万言,但说"曰若稽古"三万言。'亦此类也。"

〔四一〕陈直曰:"此即汉秦延君说'曰若稽古'三万言之例。燕寝讲堂,盖在疏义中,辨论仲尼所居之地,为燕寝或讲堂也。"器案:燕寝,闲居之处;讲堂,讲习之所。此言解经之家,对居字理解不同,各持一端。

〔四二〕宋本"以"作"争"。

〔四三〕金楼子立言篇:"驰光不留,逝川倏忽,尺日为宝,寸阴可惜。"

〔四四〕孔安国书序:"删夷烦乱,剪裁浮辞,举其闳纲,撮其机要。"机要,谓机微精要也。三国志魏书管宁传:"韬古今于胸怀,包道德之机要。"

〔四五〕论语泰伯篇:"禹,吾无间然矣。"史记夏本纪正义引孝经钩命决亦有此文。通鉴一二〇:"吾无间然。"胡三省注曰:"吕大临曰:'无间隙可言其失。'谢显道曰:'犹言我无得而议之也。'"

俗间儒士,不涉群书,经纬〔一〕之外,义疏〔二〕而已。吾初入邺,与博陵崔文彦交游〔三〕,尝说王粲集中难郑玄尚书事〔四〕。崔转为诸儒道之,始将发口〔五〕,悬见排蹙〔六〕,云:"文集只有诗赋铭诔〔七〕,岂当论经书事乎?且先儒之中，未闻有王粲也。”崔笑而退，竟不以粲集示之。魏收[八]之在议曹，与诸博士议宗庙事[九]，引据汉书，博士笑曰：“未闻汉书得证经术。”收便忿怒[一〇]，都不复言，取韦玄成传[一一]，掷之而起。博士一夜共披寻之[一二]，达明，乃来谢曰：“不谓玄成如此学也[一三]。”

〔一〕纬所以配经，主要由西汉末年诸儒依附六经而伪造之者。赵曦明曰：“后汉书方术樊英传注：‘七纬者，易纬：稽览图，乾凿度，坤灵图，通卦验，是类谋，辨终备也；书纬：璇机钤，考灵曜，刑德放，帝命验，运期授也；诗纬：推度灾，氾历枢，含神雾也；礼纬：含文嘉，稽命征，斗威仪也；乐纬：动声仪，稽耀嘉，叶图征也；孝经纬：援神契，钩命决也；春秋纬：演孔图，元命包，文耀钩，运斗枢，感精符，合诚图，考异邮，保乾图，汉含孳，佑助期，握诚图，潜潭巴，说题辞也。’”卢文弨曰：“困学纪闻八：‘郑康成注二礼，引易说、书说、乐说、春秋说、礼家说、孝经说，皆纬候也。河洛七纬，合为八十一篇，河图九篇，洛书六篇，又别有三十篇。（案：原文尚有“七经纬三十六篇”句，当补，始与八十一篇之数合。）又有尚书中候、论语谶，皆在七纬之外。’”器案：礼记檀弓正义引郑志：“张逸问：‘礼注曰书说，书说何书也？’答曰：‘尚书纬也。当为注时，时在文网中，嫌引秘书，故所牵图谶，皆谓之说。’”然则汉末人引谶纬而谓之经说者，皆以文网之故耳。

〔二〕陈直曰：“六朝人说经著作，统称讲疏，如梁朱异礼易讲疏、周弘正周易讲疏、贺琛三礼讲疏之类，即本文所称之义疏。”

〔三〕赵曦明曰：“隋书地理志：‘博陵郡，属冀州。’”案：宋本作“博陆”，误。器案：北史崔鉴传：“崔育王子文豹，字蔚。”疑文彦即其弟兄行。

〔四〕赵曦明曰：“魏志王粲传：‘粲字仲宣，山阳高平人。太祖辟为丞相掾，赐爵关内侯。著诗赋论议，垂六十篇。’隋书经籍志：‘后汉侍中王粲集十一卷。'后汉书郑玄传:'玄字康成,北海高密人。游学十馀年,乃归。所注周易、尚书、毛诗、仪礼、礼记、论语、孝经、尚书大传、中候、乾象历,又著天文七政论、鲁礼禘祫义、六艺论、毛诗谱、驳许慎五经异义、答林孝存周礼难,凡百馀万言。'"卢文弨曰:"困学纪闻二:'粲集中难郑玄尚书事,今仅见于唐元行冲释疑,王粲曰:"世称伊、雒以东,淮、汉以北,康成一人而已。咸言先儒多阙,郑氏道备。粲窃嗟怪,因求所学,得尚书注,退思其意,意皆尽矣,所疑犹未喻焉。"凡有二篇。馆阁书目:"粲集八卷。"'案:其集今已亡,抄撮者无此难。难,乃旦切。"案:郝懿行说与卢同。元行冲,唐书卷二百有传,云:"著论自辩,名曰释疑:'王肃规郑玄数千百条,郑学马昭诋劾肃短,诏遣博士张融按经问诘。融推处是非,而肃酬对疲于岁时,四也。王粲曰:世称伊雒以东,淮汉以北,康成一人而已。咸言先儒多阙,郑氏道备,粲窃嗟怪,因求所学得尚书注,退思其意,意皆尽矣,所疑犹未谕焉。……徒欲父康成,兄子慎,宁道孔圣误,讳言郑服非,然则郑服之外皆仇矣,五也。'"

〔五〕发口,犹言出口、开口。文心雕龙总术篇:"予以为发口为言。"

〔六〕李调元剿说卷四:"悬犹预也。凡预计遥揣皆曰悬者,悬是系物之称,物系则有不定之势,预计遥揣,悬也。"卢文弨曰:"排蹙,犹言排笮。"

〔七〕器案:赋为"铺采摛文,体物写志"的有韵之文。铭为"称述功美"的有韵之文。诔为"累列生时行迹"的有韵之文。

〔八〕赵曦明曰:"北齐书魏收传:'收字伯起,小字佛助,钜鹿下曲阳人。读书,夏月坐板床,随树阴讽诵,积年,板床为之锐减,而精力不辍。以文华显。'"

〔九〕宋本"议"作"争"。

〔一〇〕宋本、罗本、鲍本、汗青簃本"收"作"魏"。

〔一一〕卢文弨曰:"汉书韦贤传:'贤少子玄成,字少翁。好学,修父业,以明经擢为谏大夫。永光中,代于定国为丞相,议罢郡国庙,又议太上皇、孝惠、孝文、孝景庙,皆亲尽宜毁,诸寝园日月间祀,皆勿复修。'"

〔一二〕披寻,谓披阅寻讨,披即上文"握素披黄"之披,韩愈进学解:"手不停披于百家之编。"文选琴赋注:"披,开也。"

〔一三〕太平广记二五八引大唐新语:"唐张由古有吏才而无学术,累历台省;尝于众中叹班固有大才而文章不入文选。或谓之曰:'两都赋、燕然山铭、典引等并入文选,何为言无?'由古曰:'此并班孟坚文章,何关班固事。'闻者掩口而笑。"此不知班固,彼不知汉书,可谓无独有偶也。

夫老、庄之书,盖全真养性〔一〕,不肯以物累己也〔二〕。故藏名柱史,终蹈流沙〔三〕;匿迹漆园〔四〕,卒辞楚相,此任纵〔五〕之徒耳。何晏〔六〕、王弼〔七〕,祖述玄宗〔八〕,递相夸尚〔九〕,景附草靡〔一〇〕,皆以农、黄〔一一〕之化,在乎己身,周、孔〔一二〕之业,弃之度外。而平叔以党曹爽见诛,触死权之网也〔一三〕;辅嗣以多笑人被疾,陷好胜之阱也〔一四〕;山巨源以蓄积取讥,背多藏厚亡之文也〔一五〕;夏侯玄以才望被戮,无支离拥肿之鉴也〔一六〕;荀奉倩丧妻,神伤而卒,非鼓缶之情也〔一七〕;王夷甫悼子,悲不自胜,异东门之达也〔一八〕;嵇叔夜排俗取祸,岂和光同尘之流也〔一九〕;郭子玄以倾动专势,宁后身外己之风也〔二〇〕;阮嗣宗沉酒荒迷,乖畏途相诫之譬也〔二一〕;谢幼舆赃贿黜削,违弃其馀鱼之旨也〔二二〕:彼诸人者,并其领袖〔二三〕,玄宗〔二四〕所归。其馀桎梏尘滓之中〔二五〕,颠仆〔二六〕名利之下者,岂可备言乎〔二七〕!直取其清谈雅论〔二八〕,剖玄析微,宾主往复〔二九〕,娱心〔三〇〕悦耳,非济世成俗之要也〔三一〕。洎于梁世〔三二〕，兹风复阐〔三三〕，庄、老、周易，总谓三玄〔三四〕。武皇、简文〔三五〕，躬自讲论。周弘正奉赞大猷〔三六〕，化行都邑，学徒千馀，实为盛美。元帝在江、荆〔三七〕间，复所爱习，召置学生〔三八〕，亲为教授，废寝忘食〔三九〕，以夜继朝〔四〇〕，至乃倦剧愁愤〔四一〕，辄以讲自释〔四二〕。吾时颇预末筵〔四三〕，亲承音旨〔四四〕，性既顽鲁，亦所不好云〔四五〕。

〔一〕淮南览冥训："全性保真，不亏其身。"嵇康幽愤诗："养素全真。"张铣注曰："全真，谓养其质以全真性。"

〔二〕案：庄子天道、刻意二篇俱有"无物累"语，即秋水篇"不以物害己"之意也。王叔岷曰："淮南子氾论篇：'不以物累形。'"

〔三〕颜本、程本、胡本、朱本、黄本、奇赏"史"误"石"。柱史即柱下史省称，张衡周天大象赋："柱史记私而奏职。"省称柱史与此同。赵曦明曰："列仙传：'老子姓李，名耳，字伯阳，陈人也。生于殷时，为周柱下史。关令尹喜者，周大夫也，善内学，常服精华，隐德修行，时人莫知。老子西游，喜先见其气，知有真人当过，物色而迹之，果见老子。老子亦知其奇，为著书授之。后与老子俱游流沙化胡，服苣胜实，莫知其所终。'"

〔四〕赵曦明曰："史记老子韩非列传：'庄子者，蒙人，名周，为漆园吏。楚威王闻其贤，使使厚币迎之，许以为相。周笑曰："子独不见郊祭之牺牛乎？养食之数岁，衣以文绣，以入太庙。当是之时，虽欲为孤豚，岂可得乎？子亟去，无污我。"'"案：此文本之庄子秋水篇及列御寇篇。

〔五〕徐时栋曰："颜氏家训讥老、庄为任纵之徒，而北齐书之推本传亦讥其'多任纵，不修边幅'。"器案：晋书胡毋辅之传："嗜酒任纵，不拘小节。”胡三省通鉴注曰:“任者,任物之自然。”

〔六〕赵曦明曰:“魏志曹真传:‘晏,何进孙也。少以才秀知名,好老、庄言,作道德论及诸文赋著述凡数十篇。’注:‘晏,字平叔。’”

〔七〕赵曦明曰:“魏志钟会传:‘初,会弱冠,与山阳王弼并知名。弼好论儒道,辞才逸辩,注易及老子。为尚书郎,年二十馀,卒。’注:‘弼,字辅嗣。何劭为其传曰:“弼好老氏,通辩能言。何晏为吏部尚书,甚奇弼,叹之曰:仲尼称后生可畏,若斯人者,可与言天人之际乎!”’”

〔八〕礼记中庸:“祖述尧、舜。”文选王仲宝褚渊碑文:“眇眇玄宗。”李周翰注:“玄宗,道也。”器案:隋炀帝敕禁僧风抗礼:“三大悬于老宗。”老宗、玄宗,义同。

〔九〕齐书王僧虔传:“僧虔诫子书曰:‘曼倩有言:“谈何容易。”见诸玄,志为之逸,肠为之抽;专一书,转诵数十家注,自少至老,手不择卷,尚未敢轻言。汝开老子卷头五尺许,未知辅嗣何所道,平叔何所说,指例何所明,而便盛于麈尾,自呼谈士,此最险事。设令袁令命汝言易,谢中书挑汝言庄,张吴兴叩汝言老,端可复言未尝看耶!’”案:当时玄宗之学,递相夸尚,景附草靡,即为人之父者,亦以此诫其子,其风可见矣。

〔一〇〕卢文弨曰:“景,于丙切,俗作影;靡,眉彼切;言如景之附形、草之从风也。”案:本书书证篇说景字云:“晋世葛洪字苑,傍始加彡。”说苑君道篇:“夫上之化下,犹风靡草。东风则草靡而西,西风则草靡而东。在风所由,而草为之靡。”王叔岷曰:“案班固答宾戏:‘猋飞景附。’”

〔一一〕卢文弨曰:“农、黄,神农、黄帝,言道德者宗之。”

〔一二〕周、孔,周公、孔子,言儒学者宗之。

〔一三〕赵曦明曰:“魏志曹真传:‘真子爽,字昭伯,明帝宠待有殊。帝寝疾,引入卧内,拜大将军,假节钺,都督中外诸军事,录尚书事,受遗诏,辅少主。乃进叙南阳何晏等为腹心。弟羲,深以为大忧,或时以谏谕,不纳，涕泣而起。车驾朝高陵，爽兄弟皆从。司马宣王先据武库，遂出屯洛水浮桥，奏免爽兄弟，以侯就第；收晏等下狱，后皆族诛。'注：'魏略："黄初时，晏无所事任。及明帝立，颇为冗官。至正始初，曲合于曹爽，用为散骑侍郎，迁侍中尚书。"'史记贾谊传：'服鸟赋：夸者死权。'"案：金楼子立言篇："道家虚无为本，因循为务。中原丧乱，实为此风；何、邓诛于前，裴、王灭于后，盖为此也。"

〔一四〕罗本"多"作"参"，不可据。赵曦明曰："何劭为王弼传：'弼论道，傅会文辞，不如何晏自然，有所拔得多晏也。颇以所长笑人，故时为士君子所疾。'"卢文弨曰："家语观周篇：'强梁者不得其死，好胜者必遇其敌。'"

〔一五〕何焯曰："山巨源以蓄积取讥，未详所出。"赵曦明曰："晋书山涛传：'涛字巨源，河内怀人。'老子德经：'多藏必厚亡。'"卢文弨曰："案：涛传称其'贞慎俭约，虽爵同千乘，而无嫔媵，禄赐俸秩，散之亲故。及薨后，范晷等上言："涛旧第屋十间，子孙不相容。"帝为之立室'。安有蓄积取讥事？惟陈郡袁毅尝为鬲令，贪浊，而赂遗公卿，以求虚誉，亦遗涛丝百斤，涛不欲异于时，受而藏于阁上；后毅事露，凡所受赂，皆见推检，涛乃取丝付吏，积年尘埃，印封如初。此一事亦不可以蓄积之名加之，疑此语为误。"刘盼遂曰："山巨源疑当是王濬冲，此黄门之笔误也。山、王同在竹林名士，故易混淆。考濬冲之俭吝，如责从子之单衣，索息女之贷钱，钻核而卖李，把筹而计资诸事，备载于世说新语俭啬篇中，故王隐晋书记'天下人谓为膏肓之疾'，阮步兵诋为俗物来败人意（世说新语排调篇），其取讥也钜矣。然则颜氏举王濬冲以为多藏之戒，复何疑焉。"

〔一六〕赵曦明曰："魏志夏侯尚传：'子玄，字太初，少知名。正始初，曹爽辅政。玄，爽之姑子也，累迁散骑常侍中护军。爽诛，征为大鸿胪，数年，徙太常。玄以爽抑黜，内不得意。中书令李丰，虽为司马景王所亲待，然私心在玄，遂结皇后父张缉，谋欲以玄辅政。嘉平六年二月，当拜贵人，丰等欲因御临轩，诸门有陛兵，诛大将军，以玄代之。大将军微闻其谋，请丰相见，即杀之，收玄等送廷尉。钟毓奏丰等大逆无道，皆夷三族。玄格量弘济，临斩东市，颜色不变，举动自若。时年四十六。'庄子人间世：'支离疏者，颐隐于齐，肩高于顶，会撮指天，五管在上，两髀为胁，挫针治繲，足以糊口，鼓筴播精，足以食十人。上征武士，则支离攘臂于其间；上有大役，则支离以有常疾，不受功；上与病者粟，则受三钟与十束薪。夫支离其形者，犹足以养其身，终其天年；又况支离其德者乎？'释文：'会，古外切。撮，子列切。会撮，髻也。古者，髻在项中，脊曲头低，故髻指天也。繲，佳卖反，司马云："浣衣也。"崔作綫，音线。鼓筴，揲蓍钻龟也。播精，卜卦占兆也，司马云："簸箕简米也。"'又逍遥游：'惠子谓庄子曰："吾有大树，人谓之樗，其大本拥肿而不中绳墨，其小枝拳曲而不中规矩，立之途，匠者不顾。"庄子曰："子患其无用，何不树之于无何有之乡，不夭斧斤，物无害者，无所可用，安所困苦哉？"'"案：才望，犹言才气名望。晋书陆机传："负其才望，志匡世难。"世说新语品藻篇："会稽虞骙，元皇时与桓宣武同侠，其人有才理胜望。王丞相尝谓骙曰：'孔愉有公才而无公望，丁潭有公望而无公才，兼之者其在卿乎！'骙未达而丧。"

〔一七〕赵曦明曰："奉倩名粲，世说惑溺篇注：'粲别传曰："粲常以妇人才智不足论，自宜以色为主。骠骑将军曹洪女有色，粲于是聘焉，专房燕婉。历年后，妇病亡，傅嘏往唁粲，粲不明（案：宋本作"粲虽不哭"。）而神伤，岁馀亦亡。亡时年二十九。"'庄子至乐论：'庄子妻死，惠子吊之，方箕踞鼓盆而歌。惠子曰："与人居，长子，老，身死，不哭，亦足矣，又鼓盆而歌，不亦甚乎？"庄子曰："不然。是其始死也，我独何能无概然！察其始而本无生，非徒无生也，而本无形，非徒无形也，而本无气。人且偃然寝于巨室，而我噭噭然随而哭之，自以为不通乎命，故止也。"'"王叔岷曰："案御览三百八十引晋阳秋：'荀灿字奉倩，常曰：妇人者，才智不足论，自宜以色为主。骠骑将军曹洪女，有美色，灿于是聘焉。容服帷帐甚丽，专房宴寝，历数年后，妇偶病亡。未殡，傅嘏往唁灿，不哭神伤，曰：佳人难再得！痛悼不已，岁馀亦亡。'（"灿"与"粲"同。）"

〔一八〕赵曦明曰："晋书王戎传：'戎从弟衍，字夷甫。丧幼子，山简吊之，衍悲不自胜。简曰："孩抱中物，何至于此？"衍曰："圣人忘情，最下不及于情，然则情之所钟，正在我辈。"简服其言，更为之恸。'列子力命篇：'魏人有东门吴者，其子死而不忧，其相室曰："公之爱子，天下无有；今子死而不忧，何也？"东门吴曰："吾尝无子，无子之时不忧。今子死，乃与向无子同，臣奚忧焉？"'"陈直曰："赵氏原注，引列子力命篇魏东门吴事，甚是。北齐姜纂为亡息元略造像记有云：'父纂情慕东门，心凭冥福。'盖六朝文丧子习用之故实。"王叔岷曰："案战国策秦策三：'梁人有东门吴者，其子死而不忧。其相室曰：公之爱子也，天下无有；今子死不忧，何也？东门吴曰：吾尝无子，无子之时不忧；今子死，乃即与无子时同也，臣奚忧焉？'"

〔一九〕赵曦明曰："晋书嵇康传：'康字叔夜，谯国铚人。早孤，有奇才，远迈不群。长好老、庄，常修养性服食之事。山涛将去选官，举康自代，乃与涛书告绝；此书既行，知其不可羁屈也。性绝巧，而好锻。宅中有一柳树甚茂，乃激水圜之，每夏月居其下以锻。东平吕安服康高致，每一相思，千里命驾，康友而善之。后安为兄所枉诉，以事系狱，词相证引，遂复收康。初康居贫，尝与向秀共锻于大树之下，以自赡给。钟会往造焉，康不为之礼，会以此憾之。及是，言于文帝曰："嵇康，卧龙也，不可起。公无忧天下，顾以康为虑耳。"因谮康欲助毌丘俭，宜因衅除之。帝既信会，遂并害之。'案：后汉书张鲁传："不能和光同尘，为谗邪所忌。"老子道经：'和其光，同其尘。'"案：老子想尔注："情性不动，喜怒不发，五藏皆和同相生，与道同光尘也。"

〔二〇〕罗本、颜本、何本、朱本"专"同，程本、胡本、黄本作"权"，戒子通录二亦作"权"。赵曦明曰："晋书郭象传：'象字子玄，少有才理，好老、庄,能清言。州郡辟召,不就。常闲居,以文论自娱。东海王越引为太傅主簿,遂任职当权,熏灼内外,由是素论去之。'老子道经:'后其身而身先,外其身而身存。'"

〔二一〕赵曦明曰:"晋书阮籍传:'籍字嗣宗,陈留尉氏人。本有济世志,属魏、晋之际,天下多故,名士少有全者,由是不与世事,遂酣饮为常。文帝初欲为武帝求婚于籍,籍醉六十日,不得言而止。钟会数以时事问之,欲因其可否而致之罪,皆以酣醉获免。时率意独驾,不由径路,车迹所穷,辄恸哭而反。'庄子达生篇:'夫畏途者十杀一人,则父子兄弟相戒也。'"案:庄子下文云:"必盛卒徒而后敢出焉,不亦知乎!人之所取畏者,衽席之上,饭食之间,而不知为戒者,过也。"此当全引。

〔二二〕赵曦明曰:"晋书谢鲲传:'鲲字幼舆,陈国阳夏人,好老、易。东海王越辟为掾,坐家僮取官稿,除名。鲲不徇功名,无砥砺行,居身于可否之间,虽自处若秽,而动不累高。'淮南子齐俗篇:'惠子从车百乘,以过孟诸,庄子见之,弃其馀鱼。'注:'庄周见惠施之不足,故弃馀鱼。'"王叔岷曰:"抱朴子交际篇:'昔庄周见惠子从车之多,而弃其馀鱼。'博喻篇:'是以惠施患从车之苦少,庄周忧得鱼之方多。'"

〔二三〕赵曦明曰:"晋书裴秀传:'时人为之语曰:"后进领袖,有裴秀。"'"器案:世说赏誉篇下:"胡毋彦国吐佳言如屑,后进领袖。"

〔二四〕文选王仲宝褚渊碑文:"眇眇玄宗。"李周翰注:"玄宗,道也。"

〔二五〕卢文弨曰:"郑注周礼大司寇:'木在足曰桎,在手曰梏。'桎音质。梏,古毒切。"器案:南史刘敬宣传论:"或能振拔尘滓,自致封侯。"尘滓,谓尘俗滓秽。

〔二六〕卢文弨曰:"小尔雅:'颠,殒也。'释名:'仆,踣也。'音赴。"

〔二七〕汉书杜周传:"万事之是非,何足备言。"杜预春秋左氏传序:"躬览载籍,必广记而备言之。"

〔二八〕宋本原注:"'清谈雅论',一本作'清谈高论'。"案:戒子通录二"雅"

作"高"。淮南精神篇注:"直犹但也。"

〔二九〕宋本"剖玄析微,宾主往复"作"辞锋理窟,剖玄析微,妙得入微,宾主往复",原注:"一本作'剖玄析微,宾主往复'。"器案:晋书张凭传:"凭为乡国所称举,刘惔言于简文帝,帝召与语,叹曰:'张凭勃窣为理窟。'"徐陵与杨仆射书:"足下素挺词锋,兼长理窟。"以词锋与理窟对文,当为颜氏所本。又案:晋书乐广传:"广命驾为剖析之。"南史姚察传:"并为剖析,皆有经据。"文选七命注:"剖,析也。"又案:宾主往复,即宾主问答之意。魏、晋、南北朝人称宾主问答为往反。世说新语文学篇:"既共清言,遂达三更。丞相与殷共相往反,其馀诸贤,略无所关。"又:"弟子如言诣支公,正值讲,因谨述开意,往反多时。"又:"谢万作八贤论,与孙兴公往反,小有利钝。"往反即往复也。又有自为宾主一往一复者,世说新语文学篇:"何晏因条向者胜理语弼曰:'此理,仆以为极,可得复难不?'弼便作难,一坐人便以为屈;于是弼自为客主数番,皆一坐所不及。"

〔三〇〕戒子通录"娱"作"怡"。王叔岷曰:"案史记李斯列传:'娱心意,悦耳目。'司马相如列传:'所以娱耳目而乐心意。'"

〔三一〕此句,宋本作"然而济世成俗,终非急务",原注:"一本作'非济世成俗之要也'。"郝懿行曰:"汉文用黄、老为治,而休息无为;曹参师盖公移风,而清静宁一;古来济世成俗,何必非薄老、庄,但须用得其人尔。至于魏、晋以清谈误国,非老、庄之罪也。"

〔三二〕卢文弨曰:"洎,具冀切,及也。"

〔三三〕卢文弨曰:"阐,昌善切。阐明之,使广大也。"

〔三四〕刘盼遂引吴承仕曰:"梁书儒林传:'太史叔明三玄尤精解,当世冠绝。'陈之末季,陆德明撰经典释文,以老、庄继论语之后,居尔雅之前,足以见当时之风尚。"器案:南史张讥传:"笃好玄言,立周易、老、庄而讲授焉。沙门法才、道士姚绥皆传其业。"又金缓传:"通周易、老、庄,时人言玄者咸推之。"南齐书王僧虔传,有书诫子,言及周易、老、庄，而谓："见诸玄，志为之逸。"

〔三五〕卢文弨曰："梁书武帝纪：'少而笃学，洞达儒玄，造周易讲疏、老子讲疏。'又简文帝纪：'博综儒书，善言玄理，所著有老子义、庄子义。'"

〔三六〕器案：大同八年，周弘正启梁主周易疑义，见陈书弘正本传。

〔三七〕器案：江、荆，谓江陵、荆州。宋书武帝纪："江、荆凋残，刑政多阙。"

〔三八〕宋本"召"作"故"。

〔三九〕王叔岷曰："文选王元长三月三日曲水诗序：'犹且具明废寝，昃晷忘餐。'"

〔四〇〕孟子离娄下："仰而思之，夜以继日。"后汉书郅恽传："陛下远猎山林，夜以继昼。"

〔四一〕史记屈原传："劳苦倦极，未尝不呼天也。"倦剧即倦极也。

〔四二〕卢文弨曰："梁书元帝纪：'承圣三年九月辛卯，于龙光殿述老子义，尚书左仆射王褒为执经。乙巳，魏遣其柱国万纽、于谨来寇。冬十月景（丙）寅，魏军至于襄阳，萧詧率众会之。丁卯，停讲。'"

〔四三〕章碣陪王侍郎夜宴诗："小儒末座频倾耳。"末筵犹末座也。

〔四四〕傅本、颜本、胡本、程本、黄本"旨"作"指"，古通。世说新语赏誉篇："东海王敕世子毗云：'讽味遗言，不如亲承音旨。'"注引赵吴郡行状："代太傅越与穆及王承、阮瞻、邓攸书曰：'讽味遗言，不如亲承音旨。'"（又见晋书王承传、阮瞻传）陶潜与子俨等疏："四友之人，亲受音旨。"正统道藏"定"字九号真诰卷十九翼真检第一："二许亲承音旨。"广弘明集十五沈约佛记序："欲悟道者，必妙识所宗，然后能允得其门，亲承音旨。"水经淮水注："丘明亲承圣旨，录为实证。"礼记曲礼上正义："传谓传述为义，或亲承音旨，或师儒相传，故云传。"张怀瓘书断中："师资大令，时亦众矣，非无云尘之远，若亲承妙旨，入于室者，唯独此公。"汉书楚元王传注："师古曰：'承指，谓取霍光之意。'"此亦谓亲自接受梁元之讲说耳。

〔四五〕朱本"不"误"一"。陈直曰："沈约集君子有所思行末四句云：'寂寥茂陵宅，照耀未央蝉。无以五鼎盛，顾嗤三经玄。'是沈隐侯对梁武当时讲论三玄，亦有微词。"器案：之推父协，释褐湘东王国常侍，又兼府记室，见梁书协本传。寻梁书元帝纪："天监十三年封湘东郡王。普通七年，出为使持节都督荆、湘、郢、益、宁、南梁六州诸军事、西中郎将、荆州刺史。大同五年，入为安右将军、护军将军、领石头戍军事。大同六年，出为使持节都督江州诸军事、镇南将军、江州刺史。"协以大同五年卒于江陵，时年四十二。本书序致篇云："年始九岁，便丁荼蓼。"则之推以中大通三年生于江陵，类聚二六引之推古意诗云："宝珠出东国，美玉产南荆，隋侯曜我色，卞氏飞吾声。"盖自道也。北齐书之推传云："世善周官、左氏。之推早传家业，年十二，值绎讲庄、老，便预门徒，虚谈非其所好。"之推年十二时，为大同八年，时绎在江、荆间，北齐书所云，正与家训此文合。顽鲁，谓顽钝愚鲁。晋书阮种传："臣猥以顽鲁之质，应清明之举。"

齐孝昭帝〔一〕侍娄太后〔二〕疾，容色顦悴〔三〕，服膳减损。徐之才〔四〕为灸两穴，帝握拳代痛，爪入掌心，血流满手。后既痊愈，帝寻疾崩，遗诏恨不见太后山陵〔五〕之事。其天性至孝如彼，不识忌讳如此，良由无学所为。若见古人之讥欲母早死而悲哭之〔六〕，则不发此言也。孝为百行之首〔七〕，犹须学以修饰〔八〕之，况馀事乎！

〔一〕赵曦明曰："北齐书孝昭纪：'帝讳演，字延安，神武第六子，文宣母弟。'"卢文弨曰："孝昭纪：'性至孝，太后不豫，出居南宫，帝行不正履，容色贬悴，衣不解带，殆将四旬。殿去南宫五百馀步，鸡鸣而去，辰时方还，来去徒行，不乘舆辇。太后所苦小增，便即寝伏阁外，食饮药物，尽皆躬亲。太后常心痛，不自堪忍，帝立侍帏前，以爪掐手心，血流出袖。'"

〔二〕赵曦明曰："北齐书神武明皇后传：'娄氏，讳昭君，司徒内干之女。'"

〔三〕宋本、罗本、傅本、颜本、程本、胡本、何本、朱本"悴"作"顇"，字同。王叔岷曰："案楚辞渔父：'颜色憔悴。''憔悴'与'顦顇'同。"

〔四〕卢文弨曰："北齐书徐之才传：'之才，丹阳人，大善医术，兼有机辩。'"陈直曰："按：徐之才精于医，见北史艺术徐謇传。隋书经籍志子部医家有徐王方五卷，徐王八世家传效验方十卷，徐氏家传秘方二卷。又在民国初年，河北磁州出土北齐西阳王徐之才墓志，八分书，志文中未言及工医。"

〔五〕广雅释丘："秦名天子冢曰山，汉曰陵。"

〔六〕沈揆曰："淮南子说山训：'东家母死，其子哭之不哀。西家子见之，归谓其母曰："社何爱速死，吾必悲哭社。"（江、淮间谓母为社。）夫欲其母之死者，虽死亦不能悲哭矣。'"

〔七〕器案：玉海十一引郑玄孝经序："孝为百行之首。"孟子公孙丑上赵岐章句："孝，百行之首。"后汉书江革传："孝，百行之冠。"三国志魏书王昶传："昶家诫曰：'夫孝敬仁义，百行之首，而立身之本也。'"

〔八〕荀子君道篇："其为身也谨修饰而不危。"汉书翟方进传："方进内行修饰，供养甚笃。"师古曰："饰，谨也。"文选袁彦伯三国名臣序赞："行不修饰，名迹无愆。"吕向注曰："德行天性，故不待修，而名迹无其愆失。"

梁元帝尝为吾说："昔在会稽〔一〕，年始十二，便已好学。时又患疥〔二〕，手不得拳，膝不得屈。闲斋〔三〕张葛帏避蝇独坐，银瓯贮山阴甜酒〔四〕，时复进之，以自宽痛〔五〕。率意自读史书，一日二十卷，既未师受〔六〕，或不识一字，或不解一语，要自重之，不知厌倦〔七〕。"帝子之尊，童稚之逸，尚能如此，况其庶士冀以自达者哉？

〔一〕赵曦明曰:"隋书地理志:'会稽属扬州。'"案:南朝会稽治山阴,即今浙江绍兴也。

〔二〕"时"字抱经堂校定本脱,各本俱有,今据补正。

〔三〕罗本、颜本、何本、朱本"闲斋"作"闭斋"。

〔四〕洪亮吉晓读书斋初录上:"今世盛行绍兴酒,或以为不知起于何时。今考梁元帝金楼子云:'银瓯贮山阴甜酒,时复进之。'则绍兴酒梁时已有名。颜氏家训勉学篇亦引之。"陈汉章曰:"案:此言山阴酒,本金楼子。"

〔五〕"以自宽痛",宋本原注:"一本作'以宽此痛'。"

〔六〕卢文弨曰:"师受,受于师也。或改'受'为'授'。"

〔七〕卢文弨曰:"金楼子自序:'吾年十三,诵百家谱,虽略上口,遂感心气疾。'又云:'吾小时夏夕中,下绛纱蚊幮,中有银瓯一枚,贮山阴甜酒,卧读,有时至晓,率以为常。又经病疮,肘膝尽烂。比来三十馀载,泛玩众书。'一本'甜酒'作'橘酒'。"

古人勤学,有握锥〔一〕投斧〔二〕,照雪〔三〕聚萤〔四〕,锄则带经〔五〕,牧则编简〔六〕,亦为勤笃〔七〕。梁世彭城刘绮〔八〕,交州刺史勃之孙,早孤家贫,灯烛难办〔九〕,常买荻,尺寸折之,然明夜读。孝元初出会稽〔一〇〕,精选寮寀〔一一〕,绮以才华,为国常侍兼记室〔一二〕,殊蒙礼遇〔一三〕,终于金紫光禄〔一四〕。义阳〔一五〕朱詹〔一六〕,世居江陵,后出扬都〔一七〕,好学,家贫无资,累日不爨,乃时吞纸以实腹〔一八〕。寒无毡被,抱犬而卧。犬亦饥虚〔一九〕,起行盗食,呼之不至,哀声动邻,犹不废业,卒成学士〔二〇〕,官至镇南录事参军〔二一〕,为孝元所礼。此乃不可为之事,亦是勤学之一人〔二二〕。东莞〔二三〕臧逢世,年二十馀,欲读班固汉书,苦假借不久,乃就姊夫刘缓乞丐客刺〔二四〕书翰纸末〔二五〕,手写一本,军府〔二六〕服其志尚,卒以汉书闻。

〔一〕赵曦明曰:"战国秦策:'苏秦读书欲睡,引锥自刺其股,血流至足。'"王叔岷曰:"刘子崇学篇:'苏生患睡,亲锥其股。'通塞篇:'苏秦握锥而愤懑。'"

〔二〕赵曦明曰:"庐江七贤传:'文党,字仲翁。未学之时,与人俱入山取木,谓侣人曰:"吾欲远学,先试投我斧高木上,斧当挂。"仰而投之,斧果上挂,因之长安受经。'"案:见北堂书钞九七、御览六一一引。

〔三〕赵曦明曰:"初学记引宋齐语:'孙康家贫,常映雪读书,清淡,交游不杂。'"案:御览十二亦引宋齐语此文。

〔四〕赵曦明曰:"晋书车武子传:'武子,南平人。博学多通。家贫,不常得油,夏月则练囊盛数十萤火以照书,以夜继日焉。'"

〔五〕赵曦明曰:"汉书兒宽传:'带经而锄,休息,辄读诵。'魏志常林传注引魏略:'常林少单贫,自非手力,不取之于人。性好学,汉末为诸生,带经耕鉏,其妻常自馈饷之,林虽在田野,其相敬如宾。'"王叔岷曰:"案御览六一一引魏略:'常林,少单贫,为诸生,耕带经锄,其妻自担饷馈之,相敬如宾。'又引虞溥江表传:'张纮,事父至孝,居贫,躬耕稼,带经而锄,孜孜汲汲,以夜继日,至于弱冠,无不穷览。'"

〔六〕赵曦明曰:"汉书路温舒传:'温舒字长君,钜鹿东里人。父为里监门,使温舒牧羊,取泽中蒲,截以为牒,编用书写。'注:'小简曰牒。编,联次之。'"

〔七〕"为",宋本作"云",原注:"一本作'为'。"案:事文类聚别四作"云"。

〔八〕器案:何逊增新曲相对联句、照水联句、折花联句、摇扇联句、正钗联句,俱有刘绮,当即此人。

〔九〕"灯烛难办常买荻尺寸折之然明夜读",宋本作"常无灯,折荻尺寸,然明夜读书”，原注：“一本云：‘灯烛难办，常买荻，尺寸折之，然明夜读。’”罗本、颜本、胡本、程本、何本、朱本“然”作“燃”，燃，后起字。事文类聚引作“家贫常无灯，折荻尺寸，燃则（当作“明”）读书”，与宋本合。

〔一〇〕赵曦明曰：“梁书元帝纪：‘天监十三年，封湘东王，邑二千户，初为宁远将军、会稽太守。’”

〔一一〕文选封禅文李善注：“汉书音义曰：‘寀，官也。’”尔雅释诂：“寮，寀，官也。”

〔一二〕赵曦明曰：“隋书百官志：‘皇子府置中录事、中记室、中直兵等参军，功曹史、录事、中兵等参军。王国置常侍官。’”北堂书钞六九引干宝司徒仪：“记室主书仪，凡有表章杂记之书，掌创其草。”孔觊辞荆州安西府记室牋：“记室之局，实惟华要，自非文行秀敏，莫或居之。”宋书孔觊传：“以记室之要，宜须通才敏忠，加性情勤密者。”唐六典二九：“亲王府记室，掌表启书疏。”

〔一三〕“殊蒙礼遇”，抱经堂本脱此四字，各本俱有，今据补正。

〔一四〕“终于金紫光禄”，宋本句末有“大夫”二字，原注云：“一本无‘大夫’二字。”赵曦明曰：“隋书百官志：‘特进、左右光禄大夫、金紫光禄大夫，并为散官，以加文武官之德声者。’”

〔一五〕赵曦明曰：“隋书地理志，荆州有义阳郡义阳县。”

〔一六〕案：金楼子聚书篇有州民朱澹远，疑即詹，去“远”字者，因之推祖名见远，故去“远”字，犹唐人讳虎，称韩擒虎为韩擒也。隋书经籍志子部有朱澹远撰语对十卷、语丽十卷。直斋书录解题卷十四类书类：“语丽十卷，梁湘东王参军朱澹远撰。……澹远又有语对一卷，不传。”陈直说略同，又曰：“书录解题称澹远官湘东王功曹参军，盖据语丽书中结衔如此。本文称为镇南录事参军，亦指梁元帝初官镇南将军、江州刺史也。”

〔一七〕器案：下文云：“下扬都言去海邦。”扬都俱指建业，即今江苏南京市。

庾阐有扬都赋,所铺陈者俱为建业事。隋书地理志下:"丹阳郡,自东晋已后,置郡曰扬州,平陈,诏并平荡耕垦,更于石头城置蒋州。"

〔一八〕事类赋十五引"实"下有"其"字。

〔一九〕器案:饥虚,犹言饥饿,谓腹中空虚而饥饿也。饥、饑古混用。三国志魏书邴原传注引原别传:"诚副饑虚之心。"则饑虚为魏、晋、南北朝人习用语。类说卷十三北户录引家训"抱犬"作"抱火",不可据。

〔二〇〕"卒成学士",宋本作"卒成太学",原注:"一本'卒成学士'。"案:事文类聚作"卒成大学",事类赋作"后以学显"。北户录二引云:"朱詹饥即吞纸,寒即抱犬读书。"

〔二一〕赵曦明曰:"梁书元帝纪:'大同六年,出为使持节都督江州诸军事、镇南将军、江州刺史。'"案:唐六典二九:"亲王府录事参军,掌付勾稽,省署抄目。"

〔二二〕朱本"人"作"又",属下句读。

〔二三〕赵曦明曰:"晋书地理志:'徐州东莞郡,太康中置,东莞县,故鲁郓邑。'"案:臧逢世又见风操篇。

〔二四〕宋本"刺"下有"或"字,原注:"一本无'或'字。"案:爱日斋丛钞二引无"或"字。胡三省通鉴一一四注:"书姓名于奏白曰刺。"陈直曰:"居延汉简甲编一〇七页附二十三,有'黄门官者殷彭'木简,余昔考为即古之名刺。释名释书契云:'下官刺曰长刺,长书中央一行而下也。'在东汉末期,祢衡所用,尚系竹制,此时已改为纸书帖子也。逢世熟精汉书,著述独无考。"

〔二五〕郝懿行曰:"古之客刺书翰,边幅极长,故有馀处,可容书写,非如今时形制杀削之比也。"

〔二六〕三国志魏书崔琰传"涿县孙礼、卢毓始入军府,琰又名之"云云。军府义与此同,谓大将军府也。

齐有宦者内参田鹏鸾〔一〕,本蛮人也〔二〕。年十四五,初为阍寺，便知好学，怀袖握书[三]，晓夕讽诵。所居卑末，使役苦辛，时伺间隙，周章[四]询请。每至文林馆[五]，气喘汗流，问书之外，不暇他语。及睹古人节义之事，未尝不感激沉吟[六]久之。吾甚怜爱，倍加开奖[七]。后被赏遇，赐名敬宣，位至侍中开府[八]。后主之奔青州[九]，遣其西出，参伺[一〇]动静，为周军所获。问齐主[一一]何在，绐云[一二]："已去，计当出境。"疑其不信，欧捶服之[一三]，每折一支[一四]，辞色愈厉，竟断四体而卒[一五]。蛮夷童丱，犹能以学成忠[一六]，齐之将相，比敬宣之奴不若也[一七]。

〔一〕宋本"有"下有"主"字，原注云："一本无'主'字。"何焯曰："'有'疑作'后'，或倒一字。"器案：田鸾见北史恩幸传。北齐书及北史傅伏传载此事，"鹏"下都无"鸾"字。陈直说略同。

〔二〕器案："蛮"为当时居住河南境内之少数民族。水经淮水注："魏太和中，蛮田益宗效诚，立东豫州，以益宗为刺史。"田鹏鸾，盖益宗之族也。

〔三〕王叔岷曰："案文选古诗：'置书怀袖中，三岁字不灭。'"

〔四〕王观国学林卷五："屈平九歌曰：'龙驾兮帝服，聊翱翔兮周章。'五臣注文选曰：'周章，往来迅疾也。'左太冲吴都赋曰：'轻禽狡兽，周章夷犹。'五臣注文选曰：'周章夷犹，恐惧不知所之也。'王文考鲁灵光殿赋曰：'俯仰顾眄，东西周章。'五臣注文选曰：'顾眄周章，惊视也。'观国案：五臣训周章，三说不同，然皆非也。周章者，周旋舒缓之意，盖九歌有翱翔字，吴都赋有夷犹字，灵光殿赋有顾眄字，皆与周章文相属，而翱翔、夷犹、顾眄，亦皆优游不迫之貌，则周章为舒缓之意可知矣。前汉武帝纪：'元狩二年，南越献驯象。'应劭注曰：'驯者教能拜起周章从人意也。'所谓拜起周章者，其举止进退皆喻人意而不怖乱者也。而五臣注文选,反以为迅疾恐惧惊视,则误矣。”器案:楚辞九歌云中君:“聊遨游兮周章。”王逸注:“周章,犹周流也。”应劭风俗通义序:“天下孝廉卫卒交会,周章质问。”集韵十一唐:“倜傽,行貌。”倜傽即周章也。

〔五〕赵曦明曰:“北齐书文苑传:‘后主属意斯文,三年,祖珽奏立文林馆;于是更召引文学士,谓之待诏文林馆焉。’”案:北史齐本纪下:“后主武平四年二月景(丙)午,置文林馆。”

〔六〕胡三省通鉴七五注:“沉吟者,欲决而未决之意,今人犹有此语。”案:此处沉吟有咏叹之意。王叔岷曰:“案文选古诗:‘驰情整中带,沉吟聊踯躅。’魏武帝短歌行:‘但为君故,沉吟至今。’”

〔七〕孔颖达尚书序:“虽有文笔之善,乃非开奖之路。”开奖,谓开导奖励。

〔八〕“位至侍中开府”,北齐书、北史俱作“开府中侍中”。赵曦明曰:“隋书百官志:‘中侍中省,掌出入门阁,中侍中二人。’”器案:通鉴一七二胡注:“内参者,诸阉宦也。”

〔九〕后魏时置青州于乐安,即今山东省广饶县治;后移治东阳,即今山东省益都县治。

〔一〇〕乐府诗集四六读曲歌:“欢但且还去,遣信相参伺。”参伺,谓参稽侦伺也。

〔一一〕罗本、傅本、颜本、程本、胡本、何本、朱本“主”作“王”。案:北齐书、北史俱作“主”。

〔一二〕卢文弨曰:“绐,徒亥切,欺也。”

〔一三〕朱本“欧”作“欲”。卢文弨曰:“欧与殴通,乌后切,捶击也。捶,之累切。”器案:通鉴卷一七三用颜氏此文。

〔一四〕支与肢通。

〔一五〕李详曰:“敬宣此事,北齐书及北史均未载。司马温公据此著入通鉴陈纪太康元年,黄门表忠之意达矣。”

〔一六〕宋本此句作“犹能以学著忠诚”,原注:“一本作‘以学成忠’。”龚道耕先生曰："家训忠字皆作诚，避隋讳，序致篇'圣贤之书，教人诚孝'是其证。此当作'以学著诚'。"

〔一七〕卢文弨曰："将相，谓开府仪同三司贺拔伏恩、封辅相、慕容钟葵等宿卫近臣三十馀人，西奔周师；穆提婆、侍中斛律孝卿皆降周；高阿那肱召周军，约生致齐主，而屡使人告言，贼军在远，以致停缓被获，颜氏故有此愤恨之言。"器案：北史唐邕传："文宣或切责侍臣云：'观卿等，不中与唐邕作奴。'"语意与此相似。

邺平之后，见〔一〕徙入关〔二〕。思鲁尝谓吾曰："朝无禄位，家无积财，当肆筋力〔三〕，以申供养。每被课笃〔四〕，勤劳经史，未知为子，可得安乎？"吾命之曰："子当以养为心，父当以学为教〔五〕。使汝弃学徇财〔六〕，丰吾衣食，食之安得甘？衣之安得暖？若务先王之道，绍家世之业，藜羹缊褐〔七〕，我自欲之〔八〕。"

〔一〕见，犹言被也。史记屈原列传："信而见疑，忠而被谤。"文选张平子西京赋："当足见碾，值毂被轹。"俱以"见""被"互文为义，因明白矣。

〔二〕赵曦明曰："北齐后主纪：'武平七年十月，周师攻晋州。十二月，战于城南，我军大败。帝入晋阳，欲向北朔州，改武平七年为隆化元年，除安德王延宗为相国，委以备御，帝入邺。延宗与周师战于晋阳，为周师所虏。甲子，皇太子从北道至，引文武入朱华门，问以御周之方；群臣各异议，帝莫知所从。于是依天统故事，授位幼主。幼主名恒，时年八岁，改元承光。帝为太上皇帝，后为太上皇后，自邺先趋济州。周师渐逼，幼主又自邺东走。乙丑，周师至紫陌桥，烧城西门。太上皇东走，入济州。其日，幼主禅位于大丞相任城王湝。太上皇并皇后携幼主走青州，周军奄至青州；太上窘急，将逊于陈，与韩长鸾、淑妃等为周将尉迟纲所获，送邺，周武帝与抗宾主礼，并太后、幼主俱送长安,封温国公,后皆赐死。'"

〔三〕后汉书承宫传:"后与妻子之蒙阴山,肆力耕种。"三国志魏书钟毓传:"使民得肆力于农事。"文选陆士衡辩亡论下:"志士咸得肆力。"注:"孔安国尚书传曰:'肆,陈也。'"旧唐书卷二十三职官志二:"肆力耕桑者为农。"

〔四〕器案:笃读为督,左传昭公二十二年司马督,古今人表作司马笃,是二字古通之证。文选潘安仁籍田赋:"靡谁督而常勤兮,莫之课而自厉。"李善注:"字书曰:'督,察也。'王逸楚辞(天问)注:'课,试也。'"以课督对文,与此以课笃连用,义同。汉书主父偃传:"上自虞、夏、殷、周,罔不程督。"注:"程,课也。督,责视也。"文选陆士衡文赋:"课虚无以责有。"课字用法与此同。

〔五〕此句,宋本作"父当以教为事",原注:"'教'一本作'学','事'一本作'教'。"

〔六〕王叔岷曰:"案庄子盗跖篇:'小人殉财。'文选曹子建王仲宣诔注引庄子:'小人徇财。'(与前非一篇之文。)史记贾生列传:'贪夫殉财兮。'文选鵩鸟赋'徇'作'殉',注引列子(疑庄子之误):'贪夫之殉财。''徇''殉'古通。"

〔七〕王叔岷曰:"案墨子非儒下篇:'藜羹不糂。'(荀子宥坐篇同)庄子让王篇:'藜羹不糁。'(韩诗外传七、说苑杂言篇同)吕氏春秋任数篇:'藜羹不斟。'(说文:'糂,以米和羹也。'糁,古文糂。斟,糂之借字。)韩非子五蠹篇:'藜藿之羹。'(淮南子精神篇、史记李斯列传、太史公自序并同。太史公自序正义:'藜似藋而表赤。藿,豆叶也。')"卢文弨曰:"汉书司马迁传:'墨者,粝粱之食、藜藿之羹。'注:'藜草似蓬。'礼记玉藻:'缊为袍。'注:'谓今纩及旧絮也。'诗豳风七月笺:'褐,毛布也。'"器案:韩诗外传二:"曾子褐衣缊绪,未尝完也,粝米之食,未尝饱也,义不合则辞上卿。"说苑立节篇:"曾子布衣缊袍未得完,糟糠之食、藜藿之羹未得饱,义不合则辞上卿。不恬贫穷,安能行此。”以缊袍藜羹对言，当为此文所本。

〔八〕“我自欲之”，各本皆如此作，抱经堂校定本误作“吾自安之”，今据改正。

书曰：“好问则裕〔一〕。”礼云：“独学而无友，则孤陋而寡闻〔二〕。”盖须切磋相起〔三〕明也。见有闭门读书，师心自是〔四〕，稠人广坐〔五〕，谬误差失〔六〕者多矣。穀梁传称公子友与莒挐相搏，左右呼曰“孟劳”〔七〕。“孟劳”者，鲁之宝刀名，亦见广雅〔八〕。近在齐时，有姜仲岳谓：“‘孟劳’者〔九〕，公子左右，姓孟名劳，多力之人，为国所宝。”与吾苦诤。时清河郡守邢峙〔一〇〕，当世硕儒，助吾证之，赧然而伏。又三辅决录〔一一〕云：“灵帝殿柱题曰：‘堂堂乎张，京兆田郎。’”盖引论语，偶以四言，目京兆人田凤也〔一二〕。有一才士，乃言：“时张京兆及田郎二人皆堂堂耳。”闻吾此说，初大惊骇，其后寻愧悔焉。江南〔一三〕有一权贵，读误本蜀都赋注〔一四〕，解“蹲鸱，芋也”乃为“羊”字〔一五〕；人馈羊肉〔一六〕，答书云：“损惠〔一七〕蹲鸱。”举朝惊骇，不解事义〔一八〕，久后寻迹〔一九〕，方知如此〔二〇〕。元氏〔二一〕之世，在洛京时〔二二〕，有一才学重臣〔二三〕，新得史记音〔二四〕，而颇纰缪〔二五〕，误反“颛顼”字，顼当为许录反〔二六〕，错作许缘反〔二七〕，遂谓朝士言〔二八〕：“从来谬音‘专旭’，当音‘专翾’耳。”此人先有高名，翕然〔二九〕信行；期年之后，更有硕儒，苦相究讨，方知误焉。汉书王莽赞云：“紫色蝇声〔三〇〕，馀分闰位〔三一〕。”谓以伪乱真耳。昔吾尝共人谈书，言及王莽形状，有一俊士，自许史学，名价甚高[三二]，乃云："王莽非直鸱目虎吻，亦紫色蛙声[三三]。"又礼乐志云："给太官挏马酒[三四]。"李奇注："以马乳为酒也，揰挏[三五]乃成。"二字并从手。揰[三六]挏[三七]，此谓撞捣[三八]挺挏之，今为酪酒亦然[三九]。向学士又以为种桐时，太官酿马酒乃熟。其孤陋遂至于此。太山羊肃[四〇]，亦称学问，读潘岳赋[四一]"周文弱枝之枣[四二]"，为杖策之杖；世本："容成造歷[四三]。"以歷为碓磨之磨[四四]。

〔一〕赵曦明曰："仲虺之诰文。"

〔二〕赵曦明曰："学记文。"

〔三〕诗卫风淇奥："如切如磋。"尔雅释训："如切如磋，道学也。"郭璞注："骨象须切磋而为器，人须学问以成德。"论语八佾篇："起予者商也。"集解："包曰：'孔子言子夏能发明我意。'"

〔四〕卢文弨曰："庄子齐物论：'夫随其成心而师之，谁独且无师乎？'"王叔岷曰："庄子人间世篇：'夫胡可以及化，犹师心者也。'"

〔五〕史记灌夫传："稠人广众，荐宠下辈，士以此多之。"

〔六〕宋本"差失"作"羞慚"，原注："一本有'差失'字，无'羞'字。"案：各本俱作"羞慚"。

〔七〕赵曦明曰："事在僖元年，传无'呼'字。"案：释文云："孟劳，宝刀名。"

〔八〕赵曦明曰："孟劳，刀也，见释器。"朱亦栋群书札记十："案：孟劳二字，反语为刀，此左右之隐语，即当时之切音也。若姜仲岳所云，是以刀字讹作力字，真堪资笑谈之一噱也。"

〔九〕宋本原注："一本无'孟劳者'三字。"案：罗本、傅本、颜本、程本、胡本、何本、朱本、文津本及天中记二九无此三字。

〔一〇〕赵曦明曰："北齐书儒林传：'邢峙，字士峻，河间鄚人。通三礼、左氏春秋。皇建初,为清河太守,有惠政。'隋书地理志,冀州有清河郡。"

〔一一〕赵曦明曰:"隋书经籍志:'三辅决录七卷,汉太仆赵岐撰,挚虞注。'"

〔一二〕器案:目谓题目,即品题也。后汉书许劭传:"曹操微时,常卑辞厚礼,求为己目。"李贤注:"命品藻为题目。"胡三省通鉴七一注:"目者,因其人之才品为之品题也。"赵曦明曰:"初学记十一引三辅决录注:'田凤为尚书郎,容仪端正,入奏事,灵帝目送之,题柱曰:"堂堂乎张,京兆田郎。"'汉书百官公卿表:'右扶风与左冯翊、京兆尹,是为三辅。'"案:论语子张篇:"堂堂乎张也,难与并为仁矣。"

〔一三〕太平广记二五引"江南"作"梁"。

〔一四〕赵曦明曰:"李善文选注:'左思三都赋成,张载为注魏都,刘逵为注吴、蜀。'"

〔一五〕郝懿行曰:"篆文羊字作羊,与芋形尤近,所以易讹,亦如李林甫读'有杖之杜'矣。"陈直曰:"按:左思蜀都赋云:'交壤所植,蹲鸱所伏。'刘渊林注:'蹲鸱,大芋。'亦引卓王孙云云,本于史记货殖传。"器案:舆地纪胜卷七十五荆湖北路辰州景物上:"芋山,寰宇记云:'在沅陵,山有蹲鸱,如两斛大,食之,终身不饥,今民取之。'"又案:类说卷十谈宾录:"唐率府冯光震入集贤院校文选,注蹲鸱云:'今之芋子,即是著毛萝卜。'"冯光震所见本不误也。冯光震所见与颜氏家训载江南一权贵所读蜀都赋注,俱即刘渊林注也。

〔一六〕广记引此句作"后有人馈羊肉"。

〔一七〕罗本、程本、胡本、何本"损惠"误作"捐惠"。类说卷六庐陵官下记用此文作"损惠",不误。

〔一八〕本书文章篇:"文章当以理致为心肾,气调为筋骨,事义为皮肤,华丽为冠冕。今世相承,趋末弃本,率多浮艳,辞与理竞,辞胜而理伏,事与才争,事繁而才损。"器案:据此则之推之所谓事义,犹文心雕龙事类篇之所谓事类,与文选序之所谓"事出于沉思,义归乎翰藻",分事与义为二者,区以别矣。

〔一九〕广记引“寻迹”作“寻绎”。案:刘子妄瑕章:“今忌(志)人之细短,忘人之所长,以此招贤,是书空而寻迹,披水而觅路,不可得也。”则“寻迹”为南北朝人习用语,广记作“寻绎”,当出臆改。

〔二〇〕朱亦栋群书札记十:“伊世珍琅嬛记:‘张九龄知萧炅不学,相调谑。一日送芋,书称蹲鸱,萧答云:“损芋拜嘉,惟蹲鸱未至耳;然仆家多怪,亦不愿见此恶鸟也。”九龄以书示客,满坐大笑。’案:史记货殖传:‘卓氏曰:“吾闻汶山之下沃野,下有蹲鸱,至死不饥。”’注:‘徐广曰:“古蹲字作踆。”骃案:汉书音义曰:“水乡多鸱,其山下有沃野灌溉。一曰大芋。”’则蹲鸱原有别解,第二子之不学,则真可哂耳。(李善文选注——器案:当作刘逵注:“蹲鸱,大芋也,其形类蹲鸱。”)”李慈铭曰:“案:金楼子杂记篇述王翼向谢超宗借看凤毛事云:‘翼即是于孝武坐呼羊肉为蹲鸱者,乃其人也。’”孙诒让札迻十、刘盼遂说同。案:太平广记二五九引谭宾录:“唐率府兵曹参军冯光震入集贤院校文选,尝注蹲鸱云:‘蹲鸱者,今之芋子,即是著毛萝卜也。’萧令(案:即萧嵩)闻之,拊掌大笑。”(又见大唐新语九著述。)此又以蹲鸱贻为笑柄者。

〔二一〕广记“元氏”作“元魏”。

〔二二〕赵曦明曰:“魏书高祖孝文皇帝纪:‘太和十八年十一月,自代迁都洛阳。二十一年正月,诏改拓拔姓为元氏。’”

〔二三〕管子明法解:“治乱不以法断,而决于重臣。”汉书淮南王安传:“使重臣临存,施德垂赏,以招致之。”重臣,谓权威之臣也。

〔二四〕赵曦明曰:“隋书经籍志:‘史记音三卷,梁轻车都尉参军邹诞生撰。’”器案:此史记音未知何本,据索隐后序称:后汉延笃有音义一卷,又别有音隐五卷,不记作者何人,徐广音义十卷,裴骃仍之,亦有音义。此元氏重臣所得者,恐非同时人邹诞生所撰之本。王叔岷曰:“案司马贞史记索隐序:‘南齐轻车录事邹诞生作音义三卷。音则微殊,义乃更略。’索隐后序亦云:‘南齐轻车录事邹诞生撰音义三卷。音则尚奇,义则罕说。’是邹氏所著,有音兼义,非此所称史记音仅有音者矣。”

〔二五〕礼记大传注:“纰缪,犹错也。”

〔二六〕太平广记二五八引“录”作“绿”。

〔二七〕卢文弨曰:“反与翻同。”

〔二八〕“遂谓朝士言”,宋本原注:“一本作‘遂一一谓言’。”案:罗本、傅本、颜本、程本、胡本、何本、朱本、文津本同一本。

〔二九〕翕然,犹言全然。史记汲郑列传:“以此翕然称郑庄。”又太史公自序:“天下翕然,大安殷富。”

〔三〇〕广记、类说引“蝇”作“蛙”,字同。

〔三一〕续家训七:“紫色,不正之色。蝇声,不正之声也。闰位者,不正之位也;故嬴秦、后魏、朱梁,皆为闰位。”卢文弨曰:“汉书注:“蝇者,乐之淫声。近之学者,便谓蛙鸣,已乖其义,更欲改为蝇声,益穿凿矣。’”器案:卢引汉书注,见叙传“淫蝇而不可听”下。

〔三二〕名价,谓名誉声价。南史张敷传:“父邵使与高士南阳宗少文谈系、象……少文叹:‘吾道东矣。’于是名价日重。”

〔三三〕卢文弨曰:“汉书王莽传:‘莽为人侈口蹶颔,露眼赤睛,大声而嘶,反膺高视,瞰临左右,待诏曰:莽,所谓鸱目虎吻、豺狼之声者矣。’”

〔三四〕卢文弨曰:“汉书百官公卿表:‘少府属官有太官。’注:‘太官,主膳食。’”案:王观国学林三:“前汉礼乐志曰:‘师学百四十二人,其七十二人,给太官挏马酒。’李奇注曰:‘以马乳为酒,撞挏乃成也。’颜师古注曰:‘挏,音动,马酪味如酒,而饮之亦可醉,故呼为酒也。’又前汉百官公卿表曰:‘武帝太初元年,更名家马为挏马。’应劭注曰:‘主乳马,取其汁挏治之,味酢可饮,因以名官也。’如淳曰:‘主乳马,以韦革为夹兜,受数斗,盛马乳,挏取其上肥,因名曰挏马,今梁州亦名马酪为马酒。’晋灼曰:‘挏音挺挏之挏。’观国案:挏马者,乃官号,非酒名也。前汉百官公卿表曰：‘太仆掌舆马，有家马令，五丞一尉。’颜师古注曰：‘家马者，主供天子私用，非大祀、戎事、军国所须，故谓之家马。’武帝太初元年，更名家马为挏马，则改家马之官名为挏马耳。若然，则太仆有挏马令一人，有挏马丞五人，有挏马尉一人，其所治亦主供天子私用之马。则挏马者，乃太仆之属官也。字书曰：‘挏，拥也，引也。’以拥引其马为义，故曰挏马。礼乐志曰‘师学百四十二人，其七十二人，给太官挏马酒’者，乃是以七十二人给事太官，令役以造酒而供挏马官也。以礼乐志上下文考之可以见。志曰：‘河间献王雅乐。至成帝时，谒者常山王禹，世受河间乐，其弟子宋煜等上书言之，下公卿，以为久远难明，议寝。是时，郑声尤甚，哀帝自为定陶王时疾之，及即位，乃下诏罢乐官，在经非郑、卫之乐者条奏。丞相孔光、大司马何武奏其不应经法，或郑、卫之声皆罢，其名号数千，或罢或不罢者也。师学百四十二人，其七十二人，给太官挏马酒，其七十人可罢者。’盖师学乃习学之有禄食者也，师学百四十二人者，冗员如此之多也。其七十二人给太官挏马酒者，以此七十二人拨隶太官，使之役之以造酒，而供挏马之所用也。盖挏马令五丞一尉，其官吏必多，当时挏马所用之酒，太官令供之，故给此七十二人使从役于太官，而使之造酒，而其七十人则罢而不用。盖师学百四十二人，以七十二人拨隶他局，而其馀七十人又罢而不用，是师学百四十二人皆省而不在乐府矣，此皆不应经法者也。哀帝疾郑声而省乐官，本志首尾甚详，而诸家注释汉书，乃以挏马为酒名，则误矣。志曰：‘郊祭乐人员六十二人，给祠南北郊。’又曰：‘给祠南郊用六十七人。’又曰：‘郑四会员六十二人，一人给事雅乐，六十一人可罢。’凡此皆称给，盖给属别局，与给太官之给同也。如诸家注释汉书者，乃以给为给酒，则愈误矣。颜氏家训牵于汉书注释之说，不能稽考辨明，而卒取撞挏之义，又谓挏为桐，当桐花开时造马酒，其凿愈甚矣。”器案：王说给太官义甚是，而谓“役之以造酒而供挏马之所用”，又云“挏马所用之酒”，则非是，说详下。又汉书地理志上：“太原郡注：‘有家马官。’臣瓒曰：‘汉有家马厩，一厩万匹。时以边表有事，故分来在此。家马后改曰挏马也。’师古曰：‘挏音动。’”此足补王说之不逮。

〔三五〕类说“挏”作“撞”。

〔三六〕宋本原注：“挏，都统反。”续家训书证篇同，抱经堂本作“都孔反”。

〔三七〕宋本原注：“挏，达孔反。”器案：汉书百官公卿表上：“武帝太初元年，更名家马为挏马。”注：“晋灼曰：‘挏音挺挏之挏。’师古曰：‘晋音是也，挏音徒孔反。’”王叔岷曰：“淮南子俶真篇：‘掸掞挺挏世之风俗。’高诱注：‘挺挏，犹上下也。’”俞樾湖楼笔谈卷四：“此盖百四十二人中罢遣其七十人，馀者给太官使挏撞马酒；若以‘挏’为‘桐’，是直谓以桐马酒给此七十二人矣；句读之不知，而欲言史学哉！”

〔三八〕类说“挏”作“捣”。

〔三九〕赵曦明曰：“汉书百官公卿表：‘武帝太初元年，更名家马为挏马。’注：‘应劭曰：“主乳马，取其汁挏治之，味酢可饮。”如淳曰：“以韦革为夹兜，受数升，盛马乳，挏取其上肥。今梁州亦名马酪为马酒。”’释名：‘酪，泽也，乳汁所作，使人肥泽也。’”邓廷桢双研斋笔记四：“汉百官公卿表有挏马官，……说文曰：‘挏，擁引也。汉有挏马官作马酒。’案：此法至今西北两路蕃俗犹然，其法以革囊盛马乳，一人抱持之，乘马绝驰，令乳在囊中自相撞动，所谓挏也。往复数十次，即可成酒。余在西域时，亲见额鲁特，及移驻之察哈尔，皆沿此俗。”器案：元耶律铸双溪醉隐集六行帐八珍诗，麆沆：“麆沆，马酮也。汉有挏马，注曰：‘以韦革为夹兜，盛马乳，挏治之，味酢可饮，因以为官。’又礼乐志大官挏马酒，注曰：‘以马乳为酒。’言挏之味酢则不然，愈挏治则味愈甘，挏逾万杵，香味醇浓甘美，谓麆沆。麆沆，奄蔡语也，国朝因之。”（奄蔡，西汉西域传无音，大宛传宛王昧蔡，师古曰：“蔡，千葛切。”书：“二百里蔡。”毛晃韵：“蔡，柔葛切。”广韵亦然。奄蔡，蔡,千葛切为是,今有其种,率皆从事掴马。)

〔四〇〕赵曦明曰:"羊肃,注见卷二。"

〔四一〕赵曦明曰:"晋潘岳,字安仁,著闲居赋,今见文选。"

〔四二〕文选闲居赋李善注:"西京杂记曰:'上林苑有弱枝枣。'广志曰:'周文王时有弱枝之枣甚美,禁之不令人取,置树苑中。'"李周翰注:"周文王时有弱枝枣树,味甚美。"

〔四三〕赵曦明曰:"汉书艺文志:'世本十五篇。'注:'古史官记黄帝以来讫春秋时诸侯大夫。'案:今不传,诸书尚有引用者。注云:'容成,黄帝之臣。'"案:注详书证篇。

〔四四〕段玉裁曰:"古书字多假借,世本假'磨'为'歷',致有此误。古书歷磨通用,同郎击切。碓,都内切,舂具。磨,模卧切,说文作礳,石硙也。"陈直曰:"汉代'歷''磨'二字本相通用,不胜枚举。齐鲁封泥集存有'磨城丞印',即歷城丞也。特律歷之歷,不能假作律磨,故颜氏深以为讥。"器案:古书磨与歷通,为例甚多,如周官遂师注:"磨者,适歷。"山海经中山经:"歷山之石。"郭注:"或作磨。"史记高祖功臣侯表:"磨简侯程黑。"汉表作"歷";春申君传:"濮磨之北。"新序善谋篇作"歷";乐毅传:"故鼎返乎磨室。"战国策燕策作"歷",俱其证。又案:文选闲居赋李善注:"大山肃(脱"羊"字)亦称学问,读岳赋'周文弱枝之枣'为杖策之杖,世本'容成造厤'为碓磨之磨。"即本此文。王叔岷曰:"案吕氏春秋勿躬篇:'容成作曆。'淮南子修务篇:'容成造歷。'后汉书律歷志上刘昭注引(汉唐蒙)博物记:'容成氏造曆,黄帝臣也。'("歷",俗"曆"字。)"

谈说制文,援引古昔〔一〕,必须眼学,勿信耳受〔二〕。江南闾里间,士大夫或不学问,羞为鄙朴〔三〕,道听涂说〔四〕,强事饰辞〔五〕:呼征质为周、郑〔六〕,谓霍乱为博陆〔七〕,上荆州

必称陕西〔八〕，下扬都言去海郡〔九〕，言食则糊口〔一〇〕，道钱则孔方〔一一〕，问移则楚丘〔一二〕，论婚则宴尔〔一三〕，及王则无不仲宣〔一四〕，语刘则无不公干〔一五〕。凡有一二百件，传相祖述〔一六〕，寻问莫知原由，施安〔一七〕时复失所。庄生有乘时鹊起之说〔一八〕，故谢朓〔一九〕诗曰："鹊起登吴台〔二〇〕。"吾有一亲表，作七夕诗云："今夜吴台鹊，亦共往填河〔二一〕。"罗浮山记云〔二二〕："望平地树如荠。"故戴暠〔二三〕诗云："长安树如荠〔二四〕。"又邺下有一人咏树诗云："遥望长安荠。"又尝见谓矜诞为夸毗〔二五〕，呼高年为富有春秋〔二六〕，皆耳学〔二七〕之过也。

〔一〕"援引古昔"，抱经堂本脱此句，各本俱有，今补。

〔二〕郝懿行曰："耳受不如眼学，眼学不如心得，心得则眼与耳皆收实用矣。朱子所谓'一心两眼，痛下工夫'是也。"

〔三〕抱经堂本"朴"作"樸"，各本俱作"朴"，少仪外传上同，今据改正。王叔岷曰："案日本高山寺旧钞卷子本庄子渔父篇：'而鄙樸之心，至今未去。'今本'鄙樸'二字倒。樸、朴正、假字。"

〔四〕论语阳货篇："道听而涂说。"集解引马融曰："闻之于道路，则传而说之。"邢昺疏："若听之于道路，则于道路传而说之。"汉书艺文志："小说家者流，盖出于稗官，街谈巷语，道听涂说者之所造也。"

〔五〕类说"事"作"辨"。黄叔琳曰："缪种流传，古今同慨。"黄侃文心雕龙札记曰："案：晋来用字有三弊，……三曰用典饰滥：呼征质为周、郑，谓霍乱为博陆，言食则糊口，道钱则孔方，称兄则孔怀，论昏则宴尔，求莫而用为求瘼，计偕而以为计阶，转相祖述，安施失所，比喻乖方，斯亦彦和所云'文浇之致弊'也。"说即本此。

〔六〕赵曦明曰："左隐二年传：'周、郑交质。'"卢文弨曰："质，音致，说文：'质以物相赘。'案：赘如赘婿，谓男无娉财，以身自质于妻家也。"

〔七〕赵曦明曰："汉书严助传：'夏月暑时，欧泄霍乱之病相随属也。'又霍光传：'光字子孟，封博陆侯。'"案：本传注："文颖曰：'博，大；陆，平；取其嘉名，无此县也。'师古曰：'亦取乡聚之名以为国号，非必县也，公孙弘平津乡则是矣。'"器案：汉书李广苏建传："上思股肱之美，乃图画其人于麒麟阁，法其形貌，署其官爵姓名；唯霍光不名，曰大司马大将军博陆侯，姓霍氏。"然则"谓霍乱为博陆"，其兴于此乎！

〔八〕"陕"，各本并如此作，抱经堂本作"峡"，云："荆在巴峡西。"此不知妄作，又从而为之辞者也。钱大昕曰："南齐书州郡志：'江左大镇，莫过荆、扬。周世二伯总诸侯，周公主陕东，召公主陕西，故称荆州为陕西也。'俗生耳受，便以陕西代江陵之称，则昧于地理，故颜氏讥之。"龚道耕先生曰："江左侨置雍州于襄阳，襄阳为荆州郡，故称荆州为陕西耳。"刘盼遂曰："案：北周书王褒传：'周弘让复褒书云："与弟分袂西陕，言返东区。"'此正荆州倾没，与褒分散之事也，此西陕斥荆州明矣。陈书周弘正传：'弘正与仆射王褒言于元帝，宜舆驾入建业，时荆、陕人士，咸言王、周皆是东人，弘正面折之曰："若东人劝东，谓为非计；君等西人欲西，岂是良策。"'荆、陕连言，且与东人为对，益明当时通以陕西称荆州矣。"器案：世说新语识鉴篇："王忱死，西镇未定，……晋孝武欲拔亲近腹心，遂以殷为荆州，事定，诏未出。王珣问殷曰：'陕西何故未有处分？'"宋书蔡兴宗传："兴宗出为南郡太守，行荆州事，外甥袁顗曰：'舅今出居陕西。'"又邓琬传："荆州刺史临海王子顼练甲陕西。"南史侯景传："童谣曰：'荆州天子挺应著。'……今庙树重青，必彰陕西之瑞，议者以为湘东军下之征。"又周弘正传："时朝议迁都，但元帝再临荆陕，前后二十馀年，情所安恋，不欲归建业。"陈书何之元传："之元作梁典序云：'洎高祖晏驾之年，太宗幽辱之岁，讴歌狱讼，向陕西不向东都，不庭之民，流逸之士，征伐礼乐，归世祖不归太宗。’”所言陕西，俱指荆州。又宋书王弘传、谢晦传皆称荆州刺史为分陕，文选齐竟陵文宣王行状：“初，沈攸之跋扈上流，称乱陕服。”李善注：“臧荣绪晋书曰：‘武陵王令曰：“荆州势据上流，将军休之，委以分陕之重。”’”御览一六七引盛弘之荆州记：“元嘉中，以京师根本之所寄，荆楚为重镇，上流之所总，拟周之分陕，晋、宋以降，此为西陕。”隋书元孝矩传载隋文帝下书答孝矩：“方欲委裘，寄以分陕。”胡三省通鉴一三〇注：“萧子显曰：‘江左大镇，莫过荆、扬。’弘农郡陕县，周二伯主诸侯，周公主陕东，召公主陕西，故称荆州为陕西。”盖东晋以后，扬、荆两州刺史，膺分陕之任，故荆州有陕西之称。梁元帝封湘东王，是时正在荆州也。

〔九〕抱经堂本“郡”作“邦”，各本俱作“郡”，今改。少仪外传上引“言去海郡”作“要言海郡”，戒子通录七引辨志录引、类说引俱作“要云海郡”，“要云”“要言”，都与上“必称”对文，义较今本为胜。

〔一〇〕赵曦明曰：“左氏昭七年传：‘正考父之鼎铭云：“𫗴于是，鬻于是，以糊余口。”’”器案：左传隐公十一年：“而使糊其口于四方。”庄子人间世：“挫针治繲，足以糊口。”三国志魏书管宁传：“饭鬻糊口。”说文食部：“糊，寄食也。”

〔一一〕赵曦明曰：“晋鲁褒钱神论：‘亲爱如兄，字曰孔方。’”器案：汉书食货志下：“钱圜函方。”注：“孟康曰：‘外圜而内孔方也。’”

〔一二〕赵曦明曰：“左氏闵二年传：‘僖之元年，齐桓公迁邢于夷仪，封卫于楚丘。邢迁如归，卫国忘亡。’”

〔一三〕类说“婚”作“昏”，“宴”作“燕”，少仪外传、戒子通录“宴”作“燕”，古俱通。赵曦明曰：“诗邶谷风：‘宴尔新昏，如兄如弟。’”陈直曰：“六朝人喜用隐语及歇后语。隋诏立僧尼二寺记云：‘敬勒他山，式遵前学。’他山代表石字，亦其类也。”

〔一四〕赵曦明曰：“王粲已见。”

〔一五〕赵曦明曰：“魏志，东平刘桢字公干，附见王粲传。”

〔一六〕类说“传”作“转”。王叔岷曰：“案传借为转，吕氏春秋必己篇：‘若夫万物之情、人伦之传则不然。’高诱注：‘传犹转。’即其证。礼记中庸：‘仲尼祖述尧、舜。’”器案：陆游老学庵笔记八：“国初尚文选，文人专意此书，故草必称王孙，梅必称驿使，月必称望舒，山水必称清晖。至庆历后，恶其陈腐，诸作始一洗之。方其盛时，士子至为之语曰：‘文选烂，秀才半。’”则齐、梁馀风，宋初犹大扇也。

〔一七〕“施安”，少仪外传作“施行”，戒子通录作“文翰”。

〔一八〕赵曦明曰：“太平御览九百二十一引庄子云：‘鹊上高城之垝，而巢于高榆之颠，城坏巢折，陵风而起。故君子之居世也，得时则蚁行，失时则鹊起也。’困学纪闻（卷十）载庄子逸篇有之。”器案：类聚八八、九二、文选和伏武昌登孙权故城诗注、又赠冯文熊诗注并引庄子此文。嵇康集一附秀才答诗：“当流则蚁行，时逝则鹊起。”则全用庄子此文。

〔一九〕赵曦明曰：“南齐书谢朓传：‘朓字玄晖，少好学，有美名。文章清丽，善草隶，长五言诗，沈约常云：二百年来无此诗也。’”

〔二〇〕文选载谢玄晖和伏武昌登孙权故城诗作“鹊起登吴山，凤翔陵楚甸”，李注：“孙氏初基武昌，后都建邺，故云吴山、楚甸也。”孙志祖读书脞录七：“六朝人用鹊起二字为美词，谢灵运述征赋：‘初鹊起于富春，果鲸跃于川湄。’文选谢玄晖和伏武昌诗云云，其意并同。据李善注引庄子云云，然则鹊起非美词矣。”吴骞拜经楼诗话一：“‘吴台’，谢宣城集及文选皆作‘吴山’，黄门所见，盖是朓原本如此。何义门谓吴台即姑苏台。予重刊宣城集，特为更正。”

〔二一〕“亦共往填河”，抱经堂本作“亦往共填河”，各本都作“亦共往填河”，今改。类说作“亦起往填河”。赵曦明曰：“白帖：‘乌鹊填河成桥而渡织女。’尔雅翼：‘相传七夕，牵牛与织女会于汉东，乌鹊为梁以渡，故毛皆脱去。’”卢文弨曰：“岁华纪丽引风俗通云：‘织女七夕当渡河，使鹊为桥。’”

〔二二〕赵曦明曰："罗浮山记：'罗浮者，盖总称焉。罗，罗山也，浮，浮山也，二山合体，谓之罗浮。在增城、博罗二县之境。'"器案：赵引罗浮山记，见御览四一引，御览同卷又引裴渊广州记："罗山隐天，唯石楼一路，时有闲游者少得至。山际大树合抱，极目视之，如荠菜在地。山之阳有一小岭，云蓬莱边山浮来著此，因合号罗浮山。"

〔二三〕戴暠，梁人。

〔二四〕卢文弨曰："此暠度关山诗也，首云：'昔听陇头吟，平居已流涕；今上关山望，长安树如荠。'"陈直曰："玉台新咏卷十选戴暠咏欲眠诗一首，吴兆宜注据升庵诗话，引戴暠从军行两句，吴氏定暠为陈时人，其说是也。"器案：戴诗见乐府诗集二七。苕溪渔隐丛话后九引复斋漫录云："余因读浩然秋登万山（能改斋漫录作"方山"）诗：'天边树若荠，江畔洲（能改斋漫录作"舟"是）如月。'乃知孟真得暠（原误"嵩"）意。"又见能改斋漫录三。杨升庵文集五六："罗浮山记云：'望平地树如荠。'自是俊语。梁戴暠诗：'长安树如荠。'用其语也。后人翻之益工，薛道衡诗：'遥原树若荠，远水舟如叶。'孟浩然诗：'天边树若荠，江畔洲（当作"舟"）如月。'"器案：王维送秘书晁监还日本诗序："扶桑若荠，郁岛如萍。"用法亦同。

〔二五〕赵曦明曰："尔雅释训：'夸毗，体柔也。'案：与矜诞义相反。"陈直曰："赵说是也。诗大雅板篇：'无为夸毗。'毛传：'夸毗以柔人也。'郭注引李巡注曰：'屈己卑身，求得于人。'又曹魏西乡侯兄张君残碑云：'君耻夸比，愠于群小。'始用此词汇入石刻，并同谄媚之义。"器案：后汉书崔骃传达旨："夫君子非不欲仕也，耻夸毗以求举。"注："夸毗，谓佞人足恭，善为进退。"寻论语公冶长："巧言令色足恭，左丘明耻之，丘亦耻之。"集注："孔曰：'足恭，便僻貌。'"

〔二六〕赵曦明曰："后汉书乐恢传：'上疏谏曰："陛下富于春秋，纂承大业。"'注：'春秋谓年也。言年少，春秋尚多，故称富。'案：与高年义相反。"黄叔琳曰："自骈丽声韵之文盛，而假借讹谬之语益多矣。"陈槃曰："汉书高五王齐悼惠王传：'皇帝春秋富。'颜注：'言年幼也。比之于财，方未匮竭，故谓之富。'槃案：高年者则曰'春秋高'。同上传：'高后用事，春秋高。'"

〔二七〕南史沈庆之传："庆之厉声曰：'众人附见古今，不如下官耳学也。'"

夫文字者，坟籍〔一〕根本。世之学徒，多不晓字：读五经者，是徐邈而非许慎〔二〕；习赋诵者，信褚诠而忽吕忱〔三〕；明史记者，专徐、邹而废篆籀〔四〕；学汉书者，悦应、苏而略苍、雅〔五〕。不知书音是其枝叶，小学乃其宗系〔六〕。至见服虔、张揖音义则贵之，得通俗〔七〕、广雅而不屑。一手之中〔八〕，向背〔九〕如此，况异代各人乎〔一〇〕？

〔一〕坟籍，犹言书籍。文选应休琏与从弟君苗君胄书："潜精坟籍，立身扬名，斯为可矣。"吕延济注曰："坟籍为典坟也。"文选序："概见坟籍，旁出子史。"魏书礼志四："周览坟籍。"

〔二〕赵曦明曰："晋书儒林传：'徐邈，东莞姑幕人。永嘉之乱，家于京口。邈姿性端雅，博涉多闻。孝武招延儒学之士，谢安举以应选。年四十四，始补中书舍人，在西省侍帝。虽不口传章句，然开释文义，标明指趣，撰五经音训，学者宗之。'后汉书儒林传：'许慎字叔重，汝南召陵人。性淳笃，博学经籍，撰五经异义，又作说文解字十四篇，皆传于世。'"

〔三〕宋本"忽"作"笑"。赵曦明曰："汉书扬雄传所载诸赋注内时引诸诠之之说，宋祁亦时引之，经典释文间亦引之。诸、褚字不同，未知孰是。隋书经籍志：'字林七卷，晋弦令吕忱撰。'"李详曰："隋书经籍志：'百赋音十卷，宋御史褚诠之撰。'"刘盼遂曰："汉书司马相如传上颜注：'近代之读相如赋者，多皆改易义文，竞为音说，徐广、邹诞生、褚诠之、陈武之属是也。今于彼数家，并无取焉。'"今案：颜监之不取褚诠，盖亦绳其祖武则然。陈直曰："汉书杨雄传各赋之中，萧该音义多引诸诠、陈武之说。司马相如各赋，亦旧有二家之注，见于相如传标题之下颜师古注。诸诠当为褚诠，疑宋、齐时人，与本文正合。"又曰："按：魏书江式传式上表云：'晋世义阳王典祠令任城吕忱，表上字林六卷。'张怀瓘书断云：'晋吕忱字伯雍，撰字林五篇，万二千八百馀字。'（封氏闻见记亦同。）清任大椿小学钩沉有辑本。"器案：隋书经籍志："梁又有中书舍人褚诠之集八卷，录一卷，亡。"史记会注本魏公子传正义："（吕）忱，字伯雍，任城人，吕姓，晋弦令，作字林七卷。"

〔四〕"徐"原作"皮"，今据少仪外传上引改。案：司马贞史记索隐序："贞观中，谏议大夫崇贤馆学士刘伯庄，达学宏才，钩深探赜，又作音义二十卷，比于徐、邹，音则具矣。"正以徐、邹并言，以徐、邹注史记，重在字义，故此云"专徐、邹而废篆籀"也。赵曦明曰："'皮'未详，疑是'裴'字之误，裴骃著史记集解八十卷。或云是'徐'，宋中散大夫徐野民撰史记音义十二卷，见隋书经籍志。"刘盼遂引吴承仕曰："邹谓邹诞生，'皮'疑当为'裴'，或当为'徐'，谓裴骃、徐广也。使皮音为世所行，不应隋、唐间人都不一引。书证篇曰：'史记又作悉，误而为述，裴、徐、邹皆以悉音述。'连言裴、徐、邹，足证此文'皮'字之误。又按：赵注以为'裴'之讹。"器案：谓"皮"为"徐"之误者是，少仪外传引正作"徐"，今已据以改正矣。赵曦明曰："许慎叙说文解字略云：'黄帝之始初作书，盖依类象形。及宣王大篆五十篇，与古文或异。其后七国言语异声，文字异形，秦兼天下，丞相李斯乃奏同之。斯作仓颉篇，中车府令赵高作爰历篇，太史令胡毋敬作博学篇，皆取史籀大篆，或颇省改，所谓小篆者也。是时务繁，初有隶书，以趣约易，而古文由是绝矣。'"

〔五〕赵曦明曰："汉书叙例：'应劭，字仲瑗，汝南南顿人。后汉萧令、御史、营陵令（原脱"陵"字，器据意林引风俗通补）、泰山太守。苏林，字孝友，陈留外黄人。魏给事中。黄初中，迁博士，封安成亭侯。'隋书经籍志：'汉书集解音义二十四卷，应劭撰。三苍三卷，郭璞注。'秦相李斯作苍颉篇，汉扬雄作训纂篇，后汉郎中贾鲂作滂喜篇，故曰三苍。又埤苍三卷、广雅三卷，并魏博士张揖撰。小尔雅一卷，孔鲋撰，李轨略解。"

〔六〕黄叔琳曰："韩云：'士大夫宜略识字。'苏东坡闲时，恒看字书。"

〔七〕赵曦明曰："隋书经籍志：'通俗文一卷，服虔撰。'"

〔八〕器案：意林引抱朴子："一手之中，不无利钝；方之他人，若江、汉之与潢污。"

〔九〕文选李萧远运命论："以向背为变通。"刘良注："盛者向而附之，衰者背而去之，以此为见变通之妙。"

〔一〇〕宋本原注："世人皆以通俗文为服虔造，未知非服虔而轻之，犹谓是服虔而轻之，故此论从俗也。"赵曦明曰："案：后汉书儒林传：'服虔，字子慎，初名重，又名祇，后改为虔。河南荥阳人。以清苦建志，有雅才，善著文论，作春秋左氏传解，又以左传驳何休之所驳汉事六十馀条。拜九江太守。免，遭乱行客，病卒。'"

夫学者贵能博闻〔一〕也。郡国山川，官位姓族，衣服饮食，器皿制度，皆欲根寻，得其原本；至于文字，忽不经怀〔二〕，己身姓名，或多乖舛，纵得不误，亦未知所由。近世有人为子制名：兄弟皆山傍立字，而有名峙者〔三〕；兄弟皆手傍〔四〕立字，而有名機者〔五〕；兄弟皆水傍〔六〕立字，而有名凝〔七〕者。名儒硕学，此例甚多。若有知吾钟之不调〔八〕，一何可笑〔九〕。

〔一〕礼记曲礼上："博闻强识而让，敦善行而不怠，谓之君子。"

〔二〕器案：本书名实篇："公事经怀。"南史袁粲传："虽位仕隆重，不以世务经怀。"经怀，犹今言经心也。

〔三〕宋本"峙"作"跱"。何焯曰："'峙'疑'跱'。"段玉裁曰："说文有跱无峙，后人凡从止之字，每多从山；至如岐字本从山，又改路岐之岐从止，则又山变为止也。颜意谓从山之峙不典，不可以命名。"郝懿行曰："峙盖邢峙耶？"刘盼遂引吴承仕曰："按北齐书：'邢峙字士峻。'名字相应，亦从山作之。颜氏所讥，此其一例。"龚道耕先生曰："宋本是也。颜时俗书'跱'作'峙'，故以正体书之，以见其字本不从山。"陈直曰："说文有跱字，无峙字。后人从止之字，每多变作从山。北齐西门豹祠堂碑云：'望黄岑以俱跱。'祠堂碑为姚元标所书，元标精于小学，故能不误。"

〔四〕宋本及类说"手傍"作"手边"，罗本、傅本，何本作"手傍"，徐本作"木傍"。

〔五〕段玉裁曰："機字本作机，说文有机无機，其機微亦不从木，世俗作機字，亦不典也。"卢文弨曰："'兄弟皆手傍（本作"边"）立字，而有名機者'，'手'误作'木'，'擽'误作'機'，今并注一皆改正。"龚道耕先生曰："宋本作'手边'是也。颜时俗书'機'作'擽'，而'機'字本不从手，与上'跱'字同。说文木部：'機，主发谓之機。''机，机木也。'唐韵：'居履切。'与機字音义俱异，段谓'機字本作机，说文有机无機'，皆不可解。"陈直曰："按：说文機字本作机，北齐宋买造像碑有邑子傅机棒题名，知当时亦有知古义者。"器案：南史梁安成康王秀传："子機嗣。機字智通。機弟推，字智进。"之推所讥，此其一例。以子云之姓或从木作杨、或从扌作扬例之，则相沿久矣。

〔六〕类说"水傍"作"水边"。

〔七〕"凝"，宋本以下诸本俱如此作，独抱经堂本改作"凝"。段玉裁曰："此亦颜时俗字。凝本从仌，俗本从水，故颜谓其不典，今本正文仍作正体，则又失颜意矣。"龚道耕先生曰："'凝'当依原本作'凝'，段说误,见上。”严式诲曰:“案:北齐神武诸子澄、洋、演、湛之属,皆水旁立字,而有新平王凝,正颜氏所讥也。”陈直曰:“按:魏安定王燮造像记云:‘工缋声仪,凝华□极。’赵阿欢造像,凝字亦作凝,俱用正体。但唐思顺坊造弥勒像记(见中州金石记卷二),仍沿六朝俗体作凝,盖其时从水与从冫二字不分,凝字繁作凝,犹北魏荥阳太守元宁造像记润字减作润也。”

〔八〕沈揆曰:“淮南子修务篇:‘昔晋平公令官为钟,钟成而示师旷,师旷曰:“钟音不调。”平公曰:“寡人以示工,工皆以为调;而以为不调,何也?”师旷曰:“使后世无知音则已,若有知音者,必知钟之不调。”’‘吾’字疑当为‘晋’字。一本以‘钟’为‘种’者尤非。”郝懿行曰:“见吕览。”器案:见吕氏春秋长见篇。

〔九〕器案:战国策燕策上:“齐王按戈而却曰:‘此一何庆吊相随之速也。’”说苑尊贤篇:“应侯曰:‘今日之琴,一何悲也。’”古乐府陌上桑:“使君一何愚。”古诗十九首:“音响一何悲。”丰溪艮思氏辞征曰:“一,语助词。”

吾尝从齐主〔一〕幸并州〔二〕,自井陉关入上艾县〔三〕,东数十里,有猎闾村。后百官受马粮在晋阳东百馀里亢仇城侧。并不识二所本是何地,博求古今,皆未能晓。及检字林、韵集〔四〕,乃知猎闾是旧䜊馀聚〔五〕,亢仇旧是禮钪亭〔六〕,悉属上艾。时太原王劭〔七〕欲撰乡邑记注,因此二名闻之,大喜〔八〕。

〔一〕宋本、罗本、鲍本、汗青簃本作“齐主”,馀本俱误作“齐王”,永乐大典三五八〇亦误作“齐王”。

〔二〕赵曦明曰:“隋书地理志:‘太原郡,后齐并州。’”案:北齐书文宣帝纪:“天保九年六月乙丑,帝自晋阳北巡,己巳,至祁连池,戊寅,还晋阳。”又之推传：“天保末，从至天池。”天池即祁连池，胡人呼天曰“祁连”。家训所言，即此时事。

〔三〕赵曦明曰：“汉书地理志：‘常山郡石邑，井陉山在西。太原郡有上艾县。’”器案：井陉为太行八陉之一，见元和郡县志引述征记。尔雅释山：“山绝，陉。”郭璞注：“连山中断绝。”

〔四〕赵曦明曰：“字林见前。隋书经籍志：‘韵集十卷，又六卷，晋安复令吕静撰。’”

〔五〕宋本原注：“獵音猎也。”赵曦明曰：“案：说文：‘邑落曰聚。’”

〔六〕宋本原注：“䝙𧳜，上音武安反，下音仇。”永乐大典同。祁寯藻曰：“案今太原县，故晋阳也，北齐移晋阳县于汾水东。䝙𧳜亭在晋阳东百馀里，当即今寿阳县地。”（䝙𧳜亭集十七自题䝙𧳜亭图序）刘盼遂曰：“按：‘亢’疑为‘丸’字之形误，亭名丸仇，故易讹为䝙𧳜。吴检斋（承仕）先生曰：‘“亢”或是“万”字之误。万、䝙同音，较丸尤近也。’”器案：广韵二十六桓：“䝙，䝙𧳜，亭名，在上女，毋官切。𧳜，音求。”当即本之字林、韵集，“上女”即“上艾”之讹。

〔七〕隋书王劭传“王劭，字君懋，太原晋阳人也。父松年，齐通直散骑侍郎。劭少沉嘿，好读书。弱冠，齐尚书仆射魏收辟参开府军事，累迁太子舍人，待诏文林馆。时祖孝征、魏收、阳休之等尝论古事，有所遗忘，讨阅不能得，因呼劭问之；劭具论所出，取书验之，一无舛误。自是，大为时人所许，称其博物。后迁中书舍人。齐灭入周，不得调。高祖受禅，授著作佐郎”云云。

〔八〕永乐大典“大喜”作“甚善”。

吾初读庄子“螝二首〔一〕”，韩非子曰：“虫有螝者，一身两口，争食相龁，遂相杀也〔二〕”，茫然不识此字何音，逢人辄问，了〔三〕无解者。案：尔雅诸书，蚕蛹名螝〔四〕，又非二首两口贪害之物。后见古今字诂〔五〕，此亦古之虺字〔六〕，积年凝滞，豁然雾解。

〔一〕器案：一切经音义四六引庄子作"虺二首"，螝、虺古今字。

〔二〕赵曦明曰："汉书艺文志：'韩子五十五篇。名非，韩诸公子，使于秦，李斯害而杀之。'案：此所引见说林下，今本'螝'即作'虮'，又讹'蚢'。"郝懿行曰："见韩子说林下篇，今本'螝'作'蚘'，或作'蚢'，并讹也。"器案：尔雅翼三二引韩非，文与颜氏所引同。

〔三〕本书名实篇："了非向韵。"了犹绝也，训见助字辨略。陶潜癸卯岁十二月中作与从弟敬远："萧索空宇中，了无一可悦。"刘绘入琵琶峡望积布矶呈玄晖："却瞻了非向，前观已复新。"文心雕龙指瑕篇："悬领似如可解，课文了不成义。"

〔四〕宋本原注："螝，音溃。"赵曦明曰："螝蛹，释虫文。"

〔五〕赵曦明曰："隋书经籍志：'古今字诂三卷，张揖撰。'"说文："螝，蛹也。"段玉裁注："见释虫。颜氏家训曰：'庄子螝二首。螝即古虺字，见古今字诂。'按字诂原文必曰'古螝今虺'，以许书律之，古字假借也。"

〔六〕李枝青西云札记二："按：管子水地篇曰：'涸泽之精者生于螝。螝者，一头而两身，其形若蛇，其长八尺，以其名呼之，可以取鱼鳖。'此与韩非所云，当是一物。但此云一头两身，与一身两口为异。马骕绎史引韩非子'螝'作'蚘'。"郝懿行曰："大戴礼记虞戴德篇云：'昔商老彭及仲傀。'傀即螝字传写之讹也，可证颜氏之说。"陈倬敤经笔记："案：据此，则虺或作螝，今毛诗巧言篇：'为鬼为蜮。'鬼即螝之省形存声字，三家诗当作'为螝为蜮'，文选鲍照芜城赋云：'坛罗虺蜮。'盖本三家诗也。"陈直曰："汤左相仲虺，荀子作仲岿，史记作中䴙。本文作螝，从虫鬼声，与虺声相近，盖后起之字。"器案：楚辞招魂："雄虺九首。"王逸注："一身九头。"九头极言其多，非一头之谓而已，则虺一身而多首，先民自有此传说。又案："䰢"作"虯"之虯，字当作虺，盖俗字也，鬼、九音近古通，如鬼侯一作九侯，即其比也。寻天问："中央共牧后何怒？"王逸注："言中央之州，有歧首之蛇，争共食牧草之实，自相啄啮。"王注可与此互参。

尝游赵州〔一〕，见柏人城北〔二〕有一小水，土人亦不知名。后读城西门〔三〕徐整〔四〕碑云："洦流东指〔五〕。"众皆不识。吾案说文，此字古魄字也，洦，浅水貌〔六〕。此水汉来本无名矣，直以浅貌目之，或当即以洦为名乎？

〔一〕赵曦明曰："通典：'赵州，春秋时晋地，战国属赵，后魏为赵郡，明帝兼置殷州，北齐改为赵州。'"器案：北齐书之推传："河清末，被举为赵州功曹参军。"游赵州，当在此时。

〔二〕赵曦明曰："柏人，赵地。汉高祖将宿，心动，问知其名，曰：'柏人者，迫于人也。'遂去之。即此。"案：见史、汉高纪。

〔三〕宋本"西"作"南"，说文系传二一洦字下引作"西"。

〔四〕徐整，字文操，豫章人，仕吴为太常卿。

〔五〕"洦流东指"，说文系传作"洦水东会"。

〔六〕段玉裁曰："'洦，古魄字'，此语不见于说文，今本但云：'洦，浅水也。'以颜语订之，说文有脱误，当云：'泊，浅水貌，从水白声；洦，古文泊字也，从水百声。'颜书'魄'字亦误，当作'泊'。"案：段说又见说文解字注十一篇上一洦篆下，其言曰："颜氏家训曰：'游赵州，见柏人城北有一小水，土人亦不知名，后读城西门徐整碑云：洦流东指。案说文此字古泊字也，泊，浅水貌。此水无名，直以浅貌目之，或当即以洦为名乎？'玉裁案：颜书今本讹误，为正之，可读如此。说文作洦，隶作泊，亦古今字也。犬部狛字下云：'读若浅泊。'浅水易停，故泊。又为停泊，浅作薄，故泊亦为厚薄字，又以为憺怕字。今韵以泊入铎，以洦入陌，由不知古音耳。但上下文皆水名，此字次第不应在此，盖转写者以从百从千类之。”郝懿行曰：“今本说文魄下无洦字，盖阙脱也，当据补。”

世中书翰，多称勿勿〔一〕，相承如此，不知所由〔二〕，或有妄言此忽忽之残缺耳。案：说文：“勿者，州里所建之旗也，象其柄及三斿之形，所以趣民事〔三〕。故悤遽者〔四〕称为勿勿〔五〕。”

〔一〕类说、履斋示儿编二三、群书通要己四“勿勿”俱误作“匆匆”。郝懿行曰：“今俗书勿勿为匆匆，尤为谬妄。”

〔二〕“不知所由”，东观馀论上、稗史汇编一一三作“莫原其由”，史容山谷外集诗注六作“莫知其由”。

〔三〕说文勿部无“事”字。山谷外集诗注“趣”作“促”，东观馀论上作“趋”。

〔四〕说文无“悤”字，宋本“悤”作“忩”，乃“悤”之俗体，吾丘衍闲居录引作“怱”，罗本、傅本、颜本、程本、胡本、何本、朱本、文津本作“忽”，类说作“急”。

〔五〕闲居录无“为”字。东观馀论上：“王世将……表中有云：‘顿乏勿勿。’案：颜氏家训云：‘世中书翰，多称勿勿，相承如此，莫原其由，或有妄言此忽忽之残阙耳。说文：“勿者，州里所建之旗，盖以趋民事，故悤遽者称勿勿。”’仆谓颜氏以说文证此字为长。而今世流俗，又妄于勿勿字中斜益一点，读为悤字，弥失真矣。按祭义云：‘勿勿诸，其欲飨之也。’注：‘勿勿，犹勉勉也，（器案：大戴礼记曾子立事篇：“君子终身守此勿勿。”注：“勿勿犹勉勉。”）悫爱之貌。’杜牧之诗：‘浮生长勿勿。’是知勿勿出于祭义，唐人诗中用之，不特称于书翰耳。”楼钥攻媿集七六跋黄长睿东观馀论：“颜之推在牧之数十百年之前，似难以此诗为证。”吾丘衍闲居录曰：“颜说大为谬误。说文曰：‘勿，州里所建旗，象其柄有三游，杂帛幅半异，所以趣民，故遽称勿勿。’又连书㫃字于下，或从㫃，音偃，即周礼旗㫃之㫃，今周礼作从牛，亦误也。匆字说文作悤，解曰：‘多遽悤悤也，从心从囱声。’当是此悤字，颜氏之说误。”陆继辂合肥学舍札记九：“悤，说文：‘多遽悤悤也。’晋书王彪之传：‘无事悤悤，先自猖獗。’是也。勿，说文：‘州里所建旗，象其柄有三游，所以趣民，故冗遽称勿勿。’王大令帖：‘勿勿不具。’是也。今名士简牍，多作勿勿，无所不可。或以悤为匆字之误则非也。”陈直曰：“按：淳化阁帖四有阮研与人书云：‘道增至，得书深慰。已热，卿何如？吾甚勿勿，始过峤，今便下水，末因见卿为叹，善自爱。’此梁代书翰用勿勿之证。之推观我生赋自注云：‘高阿那肱求自镇济州，乃启报应齐主云，无贼勿匆匆就道，周军追齐主而及之。’据此，之推亦随俗改用勿勿为匆匆矣。”

吾在益州〔一〕，与数人同坐，初晴日晃〔二〕，见地上小光，问左右：“此是何物？”有一蜀竖〔三〕就视，答云：“是豆逼耳〔四〕。”相顾愕然，不知所谓。命取将来〔五〕，乃小豆也。穷访蜀土，呼粒为逼，时莫之解。吾云：“三苍、说文，此字白下为匕，皆训粒，通俗文音方力反〔六〕。”众皆欢悟。

〔一〕赵曦明曰：“通典：‘益州，理成都、蜀二县。秦置蜀郡。晋武帝改为成都国，寻亦复旧。自魏、晋、宋、齐、梁，皆为益州。’”陈直曰：“之推本传云：‘齐亡入周，大象末，为御史上士。’益州先属梁代版图，后属北周，本文所记吾在益州，则当为之推在北周时事。”器案：此或为之推从梁元帝在江陵时事，疑不能明也，存以待考。

〔二〕“日晃”，宋本如此作，馀本皆作“日明”，今从宋本。卢文弨曰：“释名：‘光，晃也，晃晃然也。’”

〔三〕卢文弨曰："广韵：'竖，童仆之未冠者。'"

〔四〕说文系传十"皀"下引作"蜀竖谓豆粒为豆皀"，盖总下文言之。广韵二十一麦："豍，豆中小硬者。出新字林。博厄切。"音义与此相近，今四川犹有豆豍之说。魏濬方言据下："小豆谓之豆逼。颜氏家训云云，今俗谓之豆婢，遂又谓之豆奴。"

〔五〕"命取将来"，宋本作"命将取来"。刘淇助字辨略二："此将字，今方言助句多用之，犹云得也。"

〔六〕卢文弨曰："说文：'皀，谷之馨香也，象嘉谷在裹中之形，匕所以扱之。或说，一粒也，读若香。'徐锴系传：'扱，载也。白象谷食。鵖亦从此。'朱翱音皮及切。"案：段玉裁说文解字注五篇下皀字篆下引颜氏此文，颇有是正，今移录之，其言曰："颜氏家训曰：'在益州，与数人同坐，初晴，见地下小光，问左右是何物，一蜀竖就视云：是豆逼耳。皆不知所谓，取来，乃小豆也。蜀土呼豆为逼，时莫之解。吾云：三苍、说文皆有皀字，训粒，通俗文音方力反。众皆欢悟。"

愍楚友婿〔一〕窦如同从河州〔二〕来，得一青鸟，驯养爱玩，举俗〔三〕呼之为鹖。吾曰："鹖出上党〔四〕，数曾见之〔五〕，色并黄黑，无驳杂也。故陈思王鹖赋云：'扬玄黄之劲羽〔六〕。'"试检说文："鴧〔七〕雀似鹖而青，出羌中。"韵集音介〔八〕。此疑顿释。

〔一〕陈直曰："按：颜真卿颜含大宗碑铭云：'愍楚直内史省。'又隋书张胄玄传（又北史八十九），颜愍楚开皇中为内史通事舍人，上言新历。又隋书经籍志，训俗文字略一卷，颜之推撰。颜氏家庙碑则作之推撰俗音字五卷。而唐书经籍志作证俗音字略六卷，颜敏楚撰，未知孰是。姚振宗隋书经籍志考证谓：'之推训俗文字略已不传，疑一部分散在家训文章、勉学、书证、音辞各篇中。'其说是也。之推三子，长思鲁，次愍楚，入北周后生游秦。愍楚谓愍梁元帝江陵之亡，唐志作敏楚，非是。”赵曦明曰：“释名：‘两婿相谓曰亚，又曰友婿，言相亲友也。’”

〔二〕赵曦明曰：“通典：‘河州，古西羌地，秦、汉、蜀陇西郡，前秦苻坚置河州，后魏亦为河州。’”

〔三〕“举俗”，傅本、程本、胡本、何本、文津本作“举族”。

〔四〕赵曦明曰：“汉书地理志：‘上党郡，秦置属并州，有上党关。’”案：北魏时上党治壶关，在今山西省长治县东南。

〔五〕说文系传七鹖下引“曾”作“尝”。卢文弨曰：“数，音朔。”

〔六〕卢文弨曰：“魏志陈思王传：‘植，字子建，太和六年，封植为陈王。’此赋在集中。”

〔七〕“鳻”，原注云：“音介。”诸本“鳻”作“鴓”，“介”作“分”，今俱从抱经堂本改正。说文系传七鳻下引正作“鳻”，不误。

〔八〕“音介”，各本皆误作“音分”，今从抱经堂本。段玉裁曰：“汉书黄霸传鹖雀，师古以为鳻雀，今本汉书注亦误鴓，宋祁据徐锴本曾辨之。”案：段说又见说文解字注四篇上鳻篆下，其言曰：“颜氏家训曰：‘窦如同得一青鸟，呼之为鹖，吾曰：鹖出上党，数曾见之，色并黄黑，故陈思王鹖赋云：扬玄黄之劲羽。试检说文：鳻雀似鹖而青，出羌中。韵集音介，此疑顿释。’汉循吏传：‘张敞舍，鳻雀飞集丞相府。’苏林曰：‘今虎贲所箸鹖也。’师古曰：‘苏说非也。鳻音芥，或作鹖，此通用耳。鳻雀大而色青，出羌中，非武贲所箸也。武贲鹖者色黑，出上党。今时俗人所谓鹖鸡，音曷，非此鳻雀。’按：二书今本舛讹，‘介’误‘分’，‘芥’误‘芬’，‘鳻’误‘鹖’，误‘鴓’，不可读，故全载之。据此，知郭注山海经云‘鹖似雉而大，青色有毛角，斗死乃止’，亦误认‘鳻’为‘鹖’也。今玉篇、毛晃增韵，皆袭汉书误字。”赵曦明曰：“案：段说是也，今从改正。”郝懿行曰：“说文今本作鳻，从鸟介声，则当音介，而此作鴓音分，盖非颜君之过，板本传刻，以形近而讹耳。汉书黄霸传注讹与此同。”器案：困学纪闻十二：“黄霸传鹖雀，颜氏注当为鸽，徐楚金考说文当为鸧。”翁注引王煦曰：“颜氏家训引说文云云，即小颜所本也。玉篇亦作鸧，集韵音分，今徐锴系传作鸧，徐铉本同。别有鳻字，训为鸟聚，非鸟名也。”

梁世有蔡朗者讳纯〔一〕，既不涉学〔二〕，遂呼莼为露葵〔三〕。面墙之徒，递相仿效〔四〕。承圣〔五〕中，遣一士大夫〔六〕聘齐，齐主客郎李恕〔七〕问梁使曰：“江南有露葵否？”答曰：“露葵是莼，水乡所出。卿今食者绿葵菜耳〔八〕。”李亦学问，但不测彼之深浅，乍闻无以核究〔九〕。

〔一〕“者”字各本俱脱，今据类说、能改斋漫录六、海录碎事七补；抱经堂本臆增作“父”，今不从。

〔二〕汉书冯奉世传：“年三十馀矣，乃学春秋，涉大义。”后汉书班超传：“有口辩，而涉猎书传。”注：“涉如涉水，猎如猎兽，言不能周悉，粗窥览之也。”

〔三〕宋本“葵”下有“菜”字，类说、能改斋漫录、海录碎事都无“菜”字。赵曦明曰：“案：露葵乃人家园中所种者，列女传：‘鲁漆室女谓：“昔晋客马逸践吾园葵，使吾终岁不厌葵味。”’古诗：‘青青园中葵，朝露待日晞。’潘岳闲居赋：‘绿葵含露。’唐王维诗：‘松下清斋折露葵。’其非水中之莼明甚。”器案：古文苑载宋玉讽赋：“烹露葵之羹。”即指水产之莼，则蔡朗所呼，不无所本。杜甫夔府书怀四十韵：“倾阳逐露葵。”王洙注引曹子建求通亲亲表“若葵藿之倾太阳”以说之。本草家谓：“古人采葵，必待露解，故名露葵。”李时珍本草纲目菜部：“露葵，今人呼为滑菜。”盖水产之葵，尔雅谓之莬葵，倾阳之葵，尔雅谓之莃，莃、葵音近，而俱以露称，故相混耳。

〔四〕“仿效”，宋本、鲍本、汗青簃本作“仿斅”，同。面墙，见本篇前文“人生小幼”条注一五。

〔五〕赵曦明曰：“承圣，元帝年号。”

〔六〕“士大夫”，能改斋漫录、类说作“士人”。

〔七〕李慈铭曰：“案：李恕之‘恕’当作‘庶’。李庶为李阶子，北史附李崇传，历位尚书郎，以清辩知名，常摄宾司，接对梁客，梁客徐陵深叹美焉。”案：隋书百官志中记后齐官制，尚书省下，祠部尚书所统有主客，“掌诸蕃杂客等事”。

〔八〕类说、能改斋漫录引此句作“今食者绿葵耳”。

〔九〕“核究”，各本皆作“覆究”，今从宋本。

思鲁等姨夫彭城刘灵，尝与吾坐，诸子侍焉。吾问儒行、敏行曰：“凡字与谘议[一]名同音者，其数多少，能尽识乎？”答曰：“未之究也，请导示之。”吾曰：“凡如此例，不预研检，忽见不识，误以问人，反为无赖[二]所欺，不容易也。”因为说之，得五十许字[三]。诸刘叹曰：“不意[四]乃尔！”若遂不知，亦为异事。

〔一〕卢文弨曰：“隋书百官志：‘皇弟、皇子府置谘议参军。’”陈直曰：“按：之推之妻为殷外臣之姊妹，刘灵亦当娶于殷氏，故本文称为思鲁等之姨夫。刘灵善画，并见于杂艺篇，不见于其他文献，再以本文证之，刘灵官谘议，有二子名儒行及敏行也。”器案：此盖之推于诸刘前，不便直斥刘灵之名，故举其官号。

〔二〕卢文弨曰：“史记高祖纪集解：‘江湖之间，谓小儿多诈狡猾者为无赖。’”胡三省通鉴二八七注：“俚俗语谓夺攘苟得无愧耻者为无赖。”

〔三〕刘盼遂曰：“案：敦煌写本切韵下平十六青韵，灵纽字凡二十八，广韵下平十五青韵，灵纽字凡八十七，集韵下平十五青韵，灵纽字凡一百六十五，黄门预修切韵，而所收之字乃减于黄门所说，异矣。”

〔四〕不意,犹四川言"那里谙到"。世说新语贤媛篇:"不意天壤之中,乃有王郎。"又见晋书王凝之妻谢氏传。隋书五行志上:"天监中,茅山隐士陶弘景为五言诗曰:'夷甫任散诞,平叔坐谈空;不意(南史陶弘景传作"岂悟")昭阳殿,忽作单于宫。'"

校定书籍,亦何容易,自扬雄、刘向〔一〕,方称此职耳。观天下书未遍,不得妄下雌黄〔二〕。或彼以为非,此以为是;或本同末异;或两文皆欠,不可偏信一隅也〔三〕。

〔一〕卢文弨曰:"汉书扬雄传:'雄字子云,蜀郡成都人。少好学博览,无所不见,校书天禄阁上。'又艺文志:'成帝时,以书颇散亡,使谒者陈农求遗书于天下;诏光禄大夫刘向校经传诸子诗赋,每一书已,向辄条其篇目,撮其指意,录而奏之。'"案:刘向字子政,传附见汉书楚元王传。

〔二〕黄叔琳曰:"为好雌黄者下一针砭,可谓要言不烦。"卢文弨曰:"梦溪笔谈(卷一):'改字之法,粉涂则字不没,惟雌黄漫则灭,仍久而不脱。'"案:宋景文笔记上:"古人写书,尽用黄纸,故谓之黄卷。颜之推曰:'读天下书未遍,不得妄下雌黄。'雌黄与纸色类,故用之以灭误。今人用白纸,而好事者多用雌黄灭误,殊不相类。道、佛二家写书,犹用黄纸。齐民要术有治雌黄法。或曰:'古人何须用黄纸?'曰:'蘖染之,可用辟蟫。今台家诏敕用黄,故私家避不敢用。'"陈直曰:"雌黄包含两义,一谓不得妄议时流,二为不得妄为涂改。北齐陇东王感孝颂云:'雌黄雅俗,雄飞戚里。'是则属于第一义也。雌黄在本书亦见于书证篇,改田宵为田肯字,皆属于校雠之义。古代写书用黄纸,涂改用雌黄,盖取其同色。"

〔三〕器案:本书文章篇:"举此一隅,触途宜慎。"一隅有单辞、孤证及一个例证之意。此文用前义,文章篇则用后义也。荀子尧问篇:"天下其在一隅。”吕氏春秋用众篇：“此其一隅也。”周礼肆师职：“岁时之祭祀亦如之。”注：“月令：‘仲春命民社。’此其一隅。”战国策秦策一注：“此其一隅也。”嵇康声无哀乐论：“今蒙启导，将言其一隅焉。”又明胆论：“故略举一隅，想不重疑。”梁书刘歊传：“各得一隅，无伤厥义。”北齐书宋游道传：“举此一隅，馀诈可验。”诸“一隅”，都和文章篇用法相同。论语述而篇：“举一隅，不以三隅反，则不复也。”

卷第四

文章　名实　涉务

文章第九

夫文章者,原出五经〔一〕:诏命策檄〔二〕,生于书者也;序述论议〔三〕,生于易者也;歌咏赋颂〔四〕,生于诗者也;祭祀哀诔〔五〕,生于礼者也;书奏箴铭〔六〕,生于春秋者也。朝廷宪章〔七〕,军旅誓诰〔八〕,敷显仁义,发明功德,牧民〔九〕建国,施用多途〔一○〕。至于陶冶性灵〔一一〕,从容讽谏〔一二〕,入其滋味〔一三〕,亦乐事也。行有馀力,则可习之〔一四〕。然而自古文人,多陷轻薄〔一五〕:屈原露才扬己,显暴君过〔一六〕;宋玉体貌容冶,见遇俳优〔一七〕;东方曼倩,滑稽不雅〔一八〕;司马长卿,窃赀无操〔一九〕;王褒过章僮约〔二○〕;扬雄德败美新〔二一〕;李陵降辱夷虏〔二二〕;刘歆反覆莽世〔二三〕;傅毅党附权门〔二四〕;班固盗窃父史〔二五〕;赵元叔抗竦过度〔二六〕;冯敬通浮华摈压〔二七〕;马季长佞媚获诮〔二八〕;蔡伯喈同恶受诛〔二九〕;吴质诋忤乡里〔三〇〕；曹植悖慢犯法〔三一〕；杜笃乞假无厌〔三二〕；路粹隘狭已甚〔三三〕；陈琳实号粗疏〔三四〕；繁钦性无检格〔三五〕；刘桢屈强输作〔三六〕；王粲率躁见嫌〔三七〕；孔融、祢衡，诞傲致殒〔三八〕；杨修、丁廙，扇动取毙〔三九〕；阮籍无礼败俗〔四〇〕；嵇康凌物凶终〔四一〕；傅玄忿斗免官〔四二〕；孙楚矜誇凌上〔四三〕；陆机犯顺履险〔四四〕；潘岳干没取危〔四五〕；颜延年负气摧黜〔四六〕；谢灵运空疏乱纪〔四七〕；王元长凶贼自诒〔四八〕；谢玄晖侮慢见及〔四九〕。凡此诸人，皆其翘秀〔五〇〕者，不能悉纪，大较如此〔五一〕。至于帝王，亦或未免。自昔天子而有才华者，唯汉武、魏太祖、文帝、明帝、宋孝武帝，皆负世议〔五二〕，非懿德之君也。自子游、子夏〔五三〕、荀况〔五四〕、孟轲〔五五〕、枚乘〔五六〕、贾谊〔五七〕、苏武〔五八〕、张衡〔五九〕、左思〔六〇〕之俦，有盛名而免过患者，时复闻之，但其损败居多耳。每尝思之，原其所积〔六一〕，文章之体，标举兴会〔六二〕，发引性灵，使人矜伐〔六三〕，故忽于持操〔六四〕，果于进取〔六五〕。今世文士，此患弥切〔六六〕，一事惬当〔六七〕，一句清巧〔六八〕，神厉九霄，志凌千载〔六九〕，自吟自赏，不觉更有傍人〔七〇〕。加以砂砾所伤，惨于矛戟〔七一〕，讽刺之祸，速乎风尘〔七二〕，深宜防虑，以保元吉〔七三〕。

〔一〕文心雕龙宗经篇："故论说辞序，则易统其首；诏策章奏，则书发其源；赋颂词赞，则诗立其本；铭诔箴祝，则礼总其端；记传盟檄（从唐写本），则春秋为根。"此亦当时主张文章原本五经之说也。

〔二〕文心雕龙诏策篇："命者，使也。秦并天下，改命曰制。汉初定仪则，则命有四品:一曰策书,二曰制书,三曰诏书,四曰戒敕。敕戒州部,诏诰百官,制施赦命,策封王侯。策者,简也。制者,裁也。诏者,告也。敕者,正也。”又檄移篇:“檄者,皦也,宣露于外,皦然明白也。”

〔三〕文心雕龙论说篇:“故议者宜言;说者说语;传者转师;注者主解;赞者明意;评者平理;序者次事;引者胤辞:八名区分,一揆宗论。论也者,弥纶群言,而研精一理者也。”又颂赞篇:“及迁史、固书,托赞褒贬,约文以总录,颂体以论辞,又纪传后评,亦同其名;而仲洽流别,谬称为述,失之远矣。”案:汉书叙传下曰:“其叙曰:‘皇矣汉祖云云。’”师古曰:“自‘皇矣汉祖’以下诸叙,皆班固论撰汉书意,此亦依放史记之叙目耳。史迁则云为某事作某本纪某传,班固谦不言作而改言述,盖避作者之谓圣,而取述者之谓明也。但后之学者,不晓此为汉书叙目,见有述字,因谓此文追述汉书之事,乃呼为汉书述,失之远矣。挚虞尚有此惑,其馀曷足怪乎?”

〔四〕尚书舜典:“诗言志,歌永言。”文心雕龙明诗篇:“民生而志,咏歌所含。”说文欠部:“歌,咏也。”徐锴系传曰:“歌者,长引其声以诵之也。”玉篇言部:“咏,长言也,歌也。”文心雕龙诠赋篇:“赋者,铺也,铺采摛文,体物写志也。”又颂赞篇:“颂者,容也,所以美盛德而述形容也。”赵曦明曰:“‘颂’,宋本作‘诵’,古通用。”案:艺苑卮言一引作“颂”。

〔五〕祭,祭文,文选有祭文类。祀,郊庙祭祀乐歌。乐府诗集一:“周颂昊天有成命,郊祀天地之乐歌也;清庙,祀太庙之乐歌也;我将,祀明堂之乐歌也;载芟、良耜,藉田社稷之乐歌也。然则祭乐之有歌,其来尚矣。”文心雕龙哀吊篇:“赋宪之谥,短折曰哀。哀者,依也,悲实依心,故曰哀也。”又诔碑篇:“诔者,累也,累其德行,旌之不朽也。”御览五九六引挚虞文章流别论:“哀辞者,诔之流也,崔瑗、苏顺、马融等为之,率以施于童殇夭折,不以寿终者。建安中,文帝与临淄侯各失稚子,命徐干、刘桢等为之哀辞。哀辞之体,以哀痛为主,缘以叹息之辞。”

〔六〕文心雕龙书记篇：“书者，舒也，舒布其言，陈之简牍，取象于夬，贵在明决而已。”又奏启篇：“奏者，进也，言敷于下，情进于上也。”又铭箴篇：“铭者，名也，观器必也正名，审用贵乎盛德。”又曰：“箴者，针也（从唐写本），所以攻疾防患，喻针石也。”

〔七〕文章辨体总论作文法引句首有“故凡”二字。

〔八〕礼记曲礼下：“约信曰誓。”尚书甘誓正义曰：“马融云：‘军旅曰誓，会同曰诰。’诰誓俱是号令之辞，意小异耳。”

〔九〕牧民，犹言治民，管子有牧民篇。

〔一〇〕施用多途，宋本作“不可暂无”，注云：“一本作‘施用多途’。”馀师录三引正文及注，俱同宋本，文章辨体总论作文法引作“皆不可无”。

〔一一〕卢文弨曰：“性灵者，天然之美也，陶冶而成之，如董仲舒所言：‘犹泥之在钧，唯甄者之所为；犹金之在镕，唯冶者之所铸。’则有质而有文矣。”器案：汉书董仲舒传：“陶冶而成之。”师古曰：“陶以喻造瓦，冶以喻铸金也，言天之生人有似于此也。”文心雕龙原道篇：“性灵所钟，是谓三才。”诗品上：“咏怀之作，可以陶性灵，发幽思。”北齐书杜弼传：“镕铸性灵，弘奖风教。”艺文类聚卷三十七引陶弘景答赵英才书：“任性灵而直往，保此用以得闲。”南史文学传叙：“自汉以来，辞人代有，大则宪章典诰，小则申叙性灵。”性灵为六朝新起之文艺思潮，即司空图诗品所谓“自然”也。邵氏闻见后录十七：“少陵‘陶冶性灵存底物’，本颜之推‘至于陶冶性情，从容讽谏，入其滋味，亦乐事也’。”苕溪渔隐丛话前十二说同。

〔一二〕卢文弨曰：“白虎通谏诤篇：‘讽谏者，智也。’孔子曰：‘谏有五，吾从讽之谏。’”

〔一三〕卢文弨曰：“滋味，喻嗜学也。滋者，草木之滋，见礼记檀弓上曾子之言，记者以为姜桂之谓也。”器案：诗品序：“五言居文词之要，是众作之有滋味者也。”杜甫九月一日过孟十二仓曹十四主簿兄弟：“清谈见滋味。”

〔一四〕论语学而篇：“行有馀力，则以学文。”

〔一五〕楚辞离骚后序补注引“多”作“常”。后汉书马援传载诫兄子严敦书：“效季良不得，陷为天下轻薄子。”器案：魏、晋以来，对于文人无行，摘斥甚众。文选魏文帝与吴质书：“观古今文人，类不护细行，鲜能以名节自立。”三国志魏书王粲传注：“鱼豢曰：‘寻省往者，鲁连、邹阳之徒，援譬引类，以解缔结，诚彼时文辩之隽也。今览王、繁、阮、陈、路诸人前后文旨，亦何肯不若哉！其所以不论者，时世异耳。余又窃怪其不甚见用，以问大鸿胪卿韦仲将。’仲将曰：‘仲宣伤于肥戆，休伯都无格检，元瑜病于体弱，孔璋实自粗疏，文蔚性颇忿鸷，如是彼为，非徒以脂烛自煎糜也，其不高蹈，盖有由矣。然君子不责备于一人，譬之朱漆，虽无桢干，其为光泽，亦壮观也。’”文心雕龙程器篇：“略观文士之疵：相如窃妻而受金，扬雄嗜酒而少算，敬通之不循廉隅，杜笃之请求无厌，班固谄窦以作威，马融党梁而黩货，文举傲诞以速诛，正平狂憨以致戮，仲宣轻脆以躁竞，孔璋惚恫以粗疏，丁仪贪婪以乞货，路粹铺啜而无耻，潘岳诡诪于愍、怀，陆机倾仄于贾、郭，傅玄刚隘而詈台，孙楚狠愎而讼府。诸有此类，并文士之瑕累。”魏书文苑温子升传：“杨遵彦作文德论，以为古今辞人，皆负才遗行，浇薄险忌，惟邢子才、王元美、温子升，彬彬有德素。”颜氏论点，与诸家大同，可互参也。

〔一六〕陈仁锡曰：“此句不是。”黄叔琳曰：“文人多陷轻薄，评论悉当，独于三闾，未免失实。”纪昀曰：“此自班生语，不干颜君事，谓之决择无识可，谓之失实不可。”赵曦明曰：“史记屈原传：‘屈原者，名平，楚之同姓也。为怀王左徒，王甚任之。上官大夫与之同列，争宠而心害其能，因谗之王，王怒而疏屈平。屈平疾王听之不聪也，谗谄之蔽明也，邪曲之害公也，故忧愁幽思而作离骚。’曦明案：三闾纯臣，此论未是。”钱馥曰：“‘露才扬己’，乃班孟坚语，非颜氏自为评也，注似宜提明。”李详曰:“见班固离骚序,附见王逸楚辞章句后。”陈直说同。

〔一七〕赵曦明曰:“宋玉登徒子好色赋:‘大夫登徒子侍于楚王,短宋玉曰:“玉为人体貌闲丽,口多微辞,性又好色,王勿令出入后宫。”王以登徒子之言问玉,玉对云云。于是楚王称善,宋玉遂不退。’”卢文弨曰:“史记屈原传:‘屈原既死之后,楚有宋玉、唐勒、景差之徒者,皆好辞,而以文见称;然皆祖屈原之从容辞令,终莫敢直谏。’”器案:宋玉讽赋序:“玉为人身体容冶。”即此文所本。

〔一八〕赵曦明曰:“汉书东方朔传:‘朔字曼倩,平原厌次人。上书,高自称誉。上伟之,令待诏公车,稍得亲近。上使诸数射覆,连中,赐帛。时有幸倡郭舍人者,滑稽不穷,与朔为隐,应声即对,左右大惊。上以朔为常侍郎,尝至太中大夫,后常为郎,与枚皋、郭舍人俱在左右,诙啁而已。’”卢文弨曰:“严助传:‘东方朔、枚皋,不根持论,上颇俳优畜之。’”器案:汉书朔本传赞云:“依隐玩世,诡时不逢,其滑稽之雄乎!”

〔一九〕赵曦明曰:“汉书司马相如传:‘相如字长卿,蜀郡成都人。客游梁,梁孝王薨,归而家贫无以自业。素与临邛令王吉相善,往舍都亭。令缪为恭敬,日往朝相如,相如初尚见之,后称病谢吉,吉愈谨肃。富人卓王孙乃与程郑谓令:“有贵客,为具召之。”并召令。长卿谢病不能临,令身自迎,相如为不得已而往。酒酣,令前奏琴,相如为鼓一再行。时王孙有女文君新寡,好音,故相如缪与令相重,而以琴心挑之。文君窃从户窥,心悦而好之,恐不得当也。既罢,相如乃令侍人重赐文君侍者,通殷勤。文君夜奔相如。相如与驰归成都,家徒四壁立。后俱之临邛,卖酒。卓王孙不得已,分与财物。乃归成都,买田宅,为富人。’”李详曰:“案汉书杨雄传:‘司马长卿,窃赀于卓氏。’”器案:后汉书崔骃传注引华峤书曰:“骃讥杨雄,以为窃赀卓氏,割炙细君,斯盖士之赘行,而云不能与此数公者同,以为失类而改之也。”

〔二〇〕罗本、傅本、颜本、程本、胡本、何本、朱本、黄本、文津本、鲍本、汗青簃本及奇赏引“僮”作“童”，书证篇亦作“童”。沈揆曰：“褒有僮约一篇，自言到寡妇杨惠舍，故言‘过章僮约’，下对‘扬雄德败美新’。‘约’字颇似‘幼’字，诸本误以为‘过章童幼’。”赵曦明曰：“案：僮约全文载徐坚初学记。”卢文弨曰：“各本‘僮’并作‘童’，合古仆竖之义，沈氏考证，即已作‘僮’，姑仍之。”钱馥曰：“汉书：‘王褒，字子渊，蜀人，宣帝时为谏议大夫。’”器案：僮约见古文苑十七，为一篇侮辱劳动人民之文。南齐书文学传论：“王褒僮约，……滑稽之流。”意林卷五引邹子：“寡门不入宿。”太公家教云：“疾风暴雨，不入寡妇之门。”子渊自言到寡妇杨惠舍，故颜氏谓之“过章”也。

〔二一〕赵曦明曰：“李善文选杨雄剧秦美新注：‘王莽潜移龟鼎，子云进不能辟戟丹墀，亢词鲠议，退不能草玄虚室，颐性全真；而反露才以耽宠，诡情以怀禄，“素餐”所刺，何以加焉？抱朴子方之仲尼，斯为过矣。’”器案：李善注引李充翰林传论：“扬子论秦之剧，称新之美，此乃计其胜负、比其优劣之义。”又案：后汉书班固传：“固又作典引篇，述叙汉德，以为相如封禅，靡而不典；扬雄美新，典而不实。”李贤注：“体虽典则，而其事虚伪，谓王莽事不实。”

〔二二〕馀师录“虏”作“庭”。赵曦明曰：“史记李将军传：‘广子当户有遗腹子，名陵，为建章监。天汉二年，将步兵五千人，出居延北，单于以兵八万围击陵军。陵军兵矢既尽，士死者过半，且引且战，未到居延百馀里，匈奴遮狭绝道，食乏而救兵不到，虏急击，招降陵。陵曰：“无面目报陛下。”遂降匈奴，单于以女妻之。汉闻，族陵母妻子。自是之后，李氏名败，陇西之士居门下者，皆用为耻焉。’”

〔二三〕赵曦明曰：“汉书楚元王传：‘向少子歆，字子骏。哀帝崩，王莽持政，少与歆俱为黄门郎，白太后，留歆为右曹太中大夫，封红休侯。以建平元年改名秀，字颖叔。及莽篡位，为国师。’王莽传：‘甄丰、刘歆、王舜，为莽腹心，倡导在位，褒扬功德，“安汉”、“宰衡”之号，……皆所共谋。欲进者并作符命，莽遂据以即真。丰子寻复作符命，言平帝后为寻之妻。莽怒,收寻,寻亡,岁馀捕得,词连国师公歆子隆威侯棻、棻弟伐虏侯泳,及歆门人侍中丁隆等,列侯以下,死者数百人。’‘先是,卫将军王涉素养道士西门君惠,君惠好天文谶记,为涉言:“刘氏当复兴,国师公姓名是也。”涉以语大司马董忠,与俱至国师殿中庐道语,歆因言:“天文人事,东方必成。”涉曰:“董公主中军,涉领宫卫,伊休侯主殿中,同心合谋,劫帝东降南阳天子,宗族可全。”歆怨莽杀其三子,遂与涉、忠谋,欲发,孙伋、陈邯告之,刘歆、王涉皆自杀。’”

〔二四〕赵曦明曰:“后汉书文苑传:‘傅毅字武仲,扶风茂陵人,文雅显于朝廷。窦宪为大将军,以毅为司马,班固为中护军,宪府文章之盛,冠于当时。’”

〔二五〕赵曦明曰:“后汉书班彪传:‘子固,字孟坚。以彪所续前史未详,欲就其业。有人上书,告固私改作国史者,收固系狱。郡上其书,显宗甚奇之,除兰台令史,使终成前所著书。永平中,始受诏,潜精积思,二十馀年,至建初中始成。’然则非盗窃父史也。固后亦坐窦宪免官。固不教学诸子,诸子多不遵法度,吏人苦之。及窦氏败,宾客皆逮考,因捕系固,死狱中。若此责固,无辞矣。”陈直曰:“后汉书班彪传叙彪作后传数十篇,王充论衡作百篇。今汉书中仅在韦玄成、翟方进、元后传赞,称司徒掾班彪曰,其他皆讳不言彪,故之推目为盗窃父书也。”器案:意林五引杨泉物理论:“班固汉书,因父得成;遂没不言彪,殊异马迁也。”文心雕龙史传篇:“及班固述汉,因循前业,观司马迁之辞,思实过半。其十志该富,赞序弘丽,儒雅彬彬,信有遗味。至于宗经矩圣之典,端绪丰赡之功,遗亲攘美之罪,征贿鬻笔之愆:公理辨之究矣。”则谓班固盗窃父史,仲长统已辨其诬。汉书韦贤传注:“汉书诸赞,皆固所为,其有叔皮先论述者,固亦具显,以示后人。而或者谓固窃盗父名,观此,可以免矣。”又案:周书柳虬传有班固受金之说,与文心“征贿鬻笔”说合,则六朝人对于班固汉书固有微辞矣。

〔二六〕赵曦明曰："后汉书文苑传：'赵壹，字元叔，汉阳西县人。恃才倨傲，为乡党所指，屡抵罪，有人救，得免。作穷鸟赋，又作刺世疾邪赋，以纾其怨愤。举郡计吏，见司徒袁逢，长揖而已。欲见河南尹羊陟，会其高卧，哭之。'此所谓抗竦过度也。"器案：抗竦，谓高抗竦立，广雅释诂："竦，上也。"文选西京赋注："竦，立也。"

〔二七〕赵曦明曰："后汉书冯衍传：'衍字敬通，京兆杜陵人。更始二年，鲍永行大将军事，安集北方，以衍为立汉将军，领狼孟长，屯太原。世祖即位，永、衍审知更始已死，乃罢兵，降于河内。帝怨永、衍不时至，永以立功任用，而衍独见黜。顷之，为曲阳令，诛斩剧贼，当封，以谗毁，故赏不行。建武末，上疏自陈，犹以前过不用。显宗即位，人多短衍以文过其实，遂废于家。'"

〔二八〕赵曦明曰："后汉书马融传：'融字季长，扶风茂陵人。才高博洽，为世通儒。惩于邓氏，不敢违忤势家，遂为梁冀草奏李固，又作大将军西第颂，以此颇为正直所羞。'"

〔二九〕赵曦明曰："后汉书蔡邕传：'邕字伯喈，陈留圉人。董卓为司徒，举高第，三日之间，周历三台。及卓被诛，邕在司徒王允坐，殊不意，言之而叹，有动于色。允勃然叱之，收付廷尉治罪，死狱中。'"

〔三〇〕罗本、傅本，颜本、程本、胡本，何本、朱本、黄本"忤"作"诃"，宋本及馀师录作"忤"，今从之。赵曦明曰："魏志王粲传附：'吴质，济阴人。'裴松之注：'质字季重，始为单家，少游遨贵戚间，不与乡里相浮沉，故虽已出官，本国犹不与之士名。'"器案：王粲传注引质别传："质先以怙威肆行，谥曰丑侯。质子应上书论枉，至正元中，乃改谥威侯。"此云"诋忤乡里"，当即其怙威肆行，为乡人所不满，故士名不立也。

〔三一〕赵曦明曰："魏志陈思王植传：'善属文，太祖特见宠爱，几为太子者数矣。文帝即位，植与诸侯并就国。黄初二年，监国谒者灌均希旨，奏植醉酒悖慢，劫胁使者。有司请治罪。帝以太后故，贬爵安乡侯。'馀已见前。"

〔三二〕赵曦明曰:"后汉书文苑传:'杜笃,字季雅,京兆杜陵人。博学不修小节,不为乡人所礼。居美阳,与令游,数从请托,不谐,颇相恨。令怨,收笃送京师。'"

〔三三〕赵曦明曰:"魏志王粲传:'自颍川邯郸淳、繁钦、陈留路粹、沛国丁仪、丁廙、弘农杨修、河内荀纬等,亦有文采,而不在七人之列。'裴注引典略曰:'粹字文蔚,与陈琳、阮瑀等典记室,承指数致孔融罪;融诛之后,人睹粹所作,无不嘉其才而畏其笔也。至十九年,从大军至汉中,坐违禁贱请驴,伏法。'鱼豢曰:'文蔚性颇忿鸷。'"

〔三四〕陈琳实号粗疏,详见下条。

〔三五〕赵曦明曰:"魏志裴注:'繁音婆。典略曰:"钦字休伯,以文才机辩,少得名于汝、颍,其所与太子书,记喉转意,率皆巧丽。为丞相主簿,卒。"韦仲将曰:"陈琳实自粗疏,休伯都无检格。"'"器案:检格,犹言法式。北史儒林传:"徐遵明游燕、赵,师事张吾贵,伏膺数月,乃私谓友人曰:'张生名高,而义无检格,请更从师。'"

〔三六〕赵曦明曰:"王粲传:'东平刘桢字公干,太祖辟为丞相掾属,以不敬被刑,刑竟署吏。'裴注引典略曰:'太子尝请诸文学,酒酣坐欢,命夫人甄氏出拜,坐中众人咸伏,而桢独平视。太祖闻之,乃收桢,减死输作。'"器案:世说言语篇注引文士传:"桢性辨捷,所问应声而答,坐平视甄夫人,配输作部,使磨石。武帝至尚方观作者,见桢匡坐正色磨石,武帝问曰:'石何如?'桢因得喻己自理,跪而对曰:'石出荆山悬岩之巅,外有五色之章,内含卞氏之珍,磨之不加莹,雕之不增文,禀气坚贞,受之自然;顾其理枉屈纡绕,而不得申。'帝顾左右大笑,即日赦之。"又见水经谷水注及太平御览四六四引。

〔三七〕赵曦明曰:"魏志王粲传:'王粲字仲宣,山阳高平人。以西京扰乱,乃之荆州,依刘表。表以粲貌寝,而体弱通侻,不甚重也。太祖辟为丞相掾,魏国建,拜侍中。'裴注引韦仲将曰:'仲宣伤于肥戆。'"器案：三国志魏书杜袭传："王粲性躁竞。"文心雕龙程器篇："仲宣轻脆以躁竞。"此皆六朝人谓王粲为率躁之证。

〔三八〕赵曦明曰："后汉书孔融传：'融见操雄诈渐著，数不能堪，故发辞偏宕，多致乖忤。'文苑传：'祢衡，字正平，平原般人。少有才辩，而气尚刚傲，好矫时慢物，惟善孔融，融亦深爱其才。衡始弱冠，而融年四十，遂与为交友，称于曹操。而衡素轻操，操不能容，送与刘表。后复傲慢于表，表耻不能容，以送江夏太守黄祖，祖性急，故送衡与之。祖大会宾客，而衡言不逊。祖大怒，欲加捶，而衡方大骂祖，遂令杀之。'"器案：艺文类聚四〇引袁淑吊古文："文举疏诞以殃速。"又抱朴子有弹祢篇，详正平诞傲致殒之故。

〔三九〕赵曦明曰："魏志陈思王植传：'植既以才见异，而丁仪、丁廙、杨修为之羽翼，几为太子者数矣。文帝御之以术，故遂定为嗣。太祖既虑终始之变，以修颇有才策，于是以罪诛修。文帝即位，诛丁仪、丁廙，并其男口。'裴注：'丁仪，字正礼，沛郡人。丁廙，字敬礼，仪之弟。'"卢文弨曰："廙音异。"器案：陈思王植传注引文士传："廙尝从容谓太祖曰：'临淄侯天性仁孝，发于自然，而聪明智达，其殆庶几。至于博学渊识，文章绝伦，当今天下之贤才君子，不问少长，皆愿从其游而为之死，实天之所以钟福于大魏，而永受无穷之祚也。'欲以劝动太祖，太祖答曰：'植吾爱之，安能若卿言？吾欲立之为嗣何如？'廙曰：'此国家之所以兴衰，天下之所以存亡，非愚劣琐贱者所敢与及。廙闻知臣莫若于君，知子莫若于父。至于君不论明暗，父不问贤愚，而能常知其臣子者何？盖犹相知非一事一物，相尽非一旦一夕。况名公加之以圣哲，习之以人子，今发明达之命，吐永安之言，可谓上应天命，下合人心，得之于须臾，垂之于万世者也。廙不避斧钺之诛，敢不尽心。'太祖深纳之。"

〔四〇〕赵曦明曰："晋书阮籍传：'籍母终，正与人围棋，对者求止，籍留与决赌。既而饮酒二斗，举声一号，吐血数升。裴楷往吊之，籍散发箕踞，醉而直视。'刘孝标注世说引晋阳秋曰:'何曾于太祖座谓阮籍曰:"卿任性放荡,伤礼败俗,若不变革,王宪岂能相容?"谓太祖:"宜投之四裔,以洁王道。"太祖曰:"此贤羸病,君为我恕之。"'"

〔四一〕赵曦明曰:"已见三卷。"案:诗品中:"晋中散嵇康诗,颇似魏文,过为峻切,讦直露才,伤渊雅之致。"

〔四二〕赵曦明曰:"晋书傅玄传:'玄字休奕,北地泥阳人。武帝受禅,广纳直言,玄及散骑常侍皇甫陶共掌谏职,俄迁侍中。初玄进陶,及陶入而抵玄以事,玄与陶争言喧哗,为有司所奏,二人竟坐免官。'"

〔四三〕赵曦明曰:"晋书孙楚传:'楚字子荆,太原中都人。才藻卓绝,爽迈不群,多所陵傲,缺乡曲之誉。年四十馀,始参镇东军事,后迁佐著作郎,复参石苞骠骑将军事。楚既负其才气,颇侮易于苞,至则长揖曰:"天子命我参卿军事。"因此而嫌隙遂构。'"案:"矜誇",省事篇作"矜夸",同。

〔四四〕艺苑卮言八"履"作"陵"。赵曦明曰:"晋书陆机传:'赵王伦辅政,引为相国参军。伦将篡位,以为中书郎。伦之诛也,齐王冏疑九锡文及禅诏,机必与焉,收机等九人付廷尉。成都王颖、吴王晏并救理之,得减死徙边,遇赦而止。时成都王颖推功不居,劳谦下士,机遂委身焉。太安初,颖与河间王颙起兵讨长沙王乂,假机后将军河北大都督,战于鹿苑,机军大败。宦人孟玖,谮其有异志;颖大怒,使牵秀密收机,遂遇害于军中。'"器案:弘明集四颜延之又释何衡阳达性论:"至人尚矣,何为犯顺而居逆哉?"

〔四五〕赵曦明曰:"晋书潘岳传:'岳字安仁,荥阳中牟人。性轻躁,趋世利。其母数诮之曰:"尔当知足,而干没不已乎!"岳终不能改。初,父为琅邪内史,孙秀为小史给岳,岳恶其为人,数挞辱之。赵王伦辅政,秀为中书令,遂诬岳及石崇等谋奉淮南王允、齐王冏为乱,诛之,夷三族,无长幼一时被害。'"案:通雅五:"干没,犹言白没之也。张汤传:'始为小吏干没。'如淳曰:'豫居物以待之,得利为干,失利为没。'此解非也。苏鹗谓干没如陆沉。隋书王劭赞：'干没营利。'宋子京撰刘待制墓铭：'吏得傍缘干没。'干犹言干得之也，没犹言没为己有也，今人动言落钱，落即没字意。"日知录三二曰："史记酷吏传：'张汤始为小吏干没。'徐广曰：'干没，随势沉浮也。'服虔曰：'干没，射成败也。'如淳曰：'豫居物以待之，得利为干，失利为没。'三国志傅嘏传：'岂敢寄命洪流，以徼干没？'裴松之注：'有所徼射，不计干燥之与沉没而为之也。'晋书潘岳传：'其母数诮之曰："尔当知足，而干没不已乎！"'张骏传：'从事刘庆谏曰："霸王不以喜怒兴师，不以干没取胜。"'卢循传：'姊夫徐道覆素有胆决，知刘裕已还，欲干没一战。'魏书宋维传：'维见乂宠势日隆，便至干没。'北史王劭传论：'为河朔清流，而干没荣利。'梁书止足传序：'其进也光宠夷易，故愚夫之所干没。'晋鞞鼓歌明君篇：'昧死射干没，觉露则灭族。'抱朴子：'忘发肤之明戒，寻干没于难冀。'干没大抵是徼幸取利之意。史记春申君传：'没利于前而易患于后也。'即此意。"黄汝成集释引杨氏曰："愚谓干没者，干而亦没，知进不知退，知得不知丧之义。"黄生义府下："汉书注：'得利为干，失利为没。'非也。言以公家财物入己，如水之淹物，沉没无迹也。不水而没，故曰干，与陆沉意同。"

〔四六〕赵曦明曰："南史颜延之传：'延之字延年，琅邪临沂人。读书无所不览，文章冠绝当时，疏诞不能取容。刘湛等恨之，言于义康，出为永嘉太守。延年怨愤，作五君咏，湛以其词旨不逊，欲黜为远郡，文帝诏曰："宜令思愆里间，纵复不悛，当驱往东土，乃至难恕，自可随事录之。"于是屏居，不与人间事者七年。'"案：五代史周太祖纪："为人负气好使酒。"

〔四七〕赵曦明曰："南史谢灵运传：'少好学，文章之美，与颜延之为江左第一。袭封康乐公。性豪侈，衣服多改旧形制，世共宗之，咸称谢康乐也。宋受命，降爵为侯，又为太子左卫率，多愆礼度，朝廷唯以文义处之，自谓不见知，常怀愤惋。出为永嘉太守，肆意游遨，动逾旬朔，理人听讼,不以关怀,称疾去职。文帝征为秘书监,迁侍中。自以名辈,应参时政,多称疾不朝,出郭游行,经旬不归。上不欲伤大臣,讽旨令自解。东归,因祖父之资,生业甚厚,凿山浚湖,功役无已。尝自始宁南山伐木开径,直至临海,太守王琇惊骇,谓为山贼。文帝不欲复使东归,以为临川内史。在郡游放,不异永嘉,为有司所纠,司徒遣使收之。灵运兴兵叛逸,遂有逆志,追讨禽之,廷尉论斩,降死,徙广州。令人买弓刀等物,要合乡里,有司奏收之,文帝诏于广州弃市。'"钱大昕曰:"案:'灵运空疏,延之隘薄'二语,见宋书庐陵王义真传。"

〔四八〕赵曦明曰:"南史王弘传:'曾孙融,字元长,文词捷速,竟陵王子良特相友好。武帝疾笃暂绝,融戎服绛衫,于中书省阁口断东宫仗不得进,欲矫诏立子良。上重苏,朝事委西昌侯鸾,俄而帝崩。融乃处分,以子良兵禁诸门。西昌侯闻,急驰到云龙门,不得进,乃排而入,奉太孙登殿,扶出子良。郁林深怨融,即位十馀日,收下廷尉狱,赐死。'"诗小雅小明:"心之忧矣,自诒伊戚。"王叔岷曰:"诗邶风雄雉:'自诒伊阻。'毛传:'诒,遗。'释文本'诒'作'贻'。'自诒伊戚',又见左宣二年传。"

〔四九〕侮,鲍本、奇赏作"悔",不可据。赵曦明曰:"南史谢裕传:'裕弟述,述孙朓,字玄晖,好学,有美名,文章清丽,启王敬则反谋,迁尚书吏部郎。东昏失德,江祏欲立江夏王宝玄,末更回惑,欲立始安王遥光,遥光又遣亲人刘沨致意于朓,朓自以受恩明帝,不肯答。少日,遥光以朓兼知卫尉事,朓惧见引,即以祏等谋告左兴盛,又语刘暄。暄阳惊,驰告始安王及江祏。始安王欲出朓为东阳郡,祏固执不与。先是,朓尝轻祏为人,至是,构而害之,收朓下狱,死。'"器案:南史本传:"先是,朓尝轻祏为人。祏尝诣朓,朓因言有一诗,呼左右取,既而便停。祏问其故,云:'定复不急。'祏以为轻己。后祏及弟祀、刘沨、刘晏俱候朓,朓谓祏曰:'可谓带二江之双流。'以嘲弄之,祏转不堪。至是,构而害之。"

〔五〇〕卢文弨曰："翘，高貌；翘秀，谓其出拔尤异者。"器案：抱朴子勖学篇："陶冶庶类，匠成翘秀。"宋史熊克传："克幼而翘秀。"

〔五一〕大较，犹言大略。史记货殖传："此其大较也。"

〔五二〕赵曦明曰："汉承秦敝，礼文多阙。孝武即位，罢黜百家，表章六经，兴学校，修郊祀，改正朔，定律历，号令文章，焕然可观；而穷兵黩武，致巫蛊之祸。魏之三祖，咸蓄盛藻，终难免于汉贼之讥。文则薄于兄弟，明则侈于土木。孝武于简文之崩，时年十岁，至晡不临，左右进谏，答曰：'哀至则哭，何常之有！'谢安叹其名理不减先帝。既威权已出，雅有人君之量，已而溺于酒色，为长夜之饮，见弑宠妃。所谓皆负世议者也。"钱馥曰："本文是宋孝武帝，注所云乃晋武帝，盖误也。拟改云：'孝武为人，机警勇决，学问博洽，文章华敏，省读书奏，七行俱下，又善骑射，而奢欲无度，大修宫室，土木被锦绣，嬖妾幸臣，赏赐倾府藏，末年尤贪财利，终日酣饮，少有醒时，所谓皆负世议者也。'或恐赵所据本作'晋孝武帝'，然检诸刻，并是'宋孝武帝'。又案晋纪：'孝武帝或宴集酣乐之后，好为手诏诗章，以赐近臣。或文词率尔，所言蕨杂，中书舍人徐邈应时收敛，还省刊削，皆使可观，经帝重览，然后出之，时议以此多邈。'据此，则必非晋孝武也，赵翁误耳。"李慈铭曰："案：颜氏正文明作'宋孝武帝'，此谓宋世祖孝武帝骏，雅好文藻，而即位后，荒淫酒色，纳其叔父义宣女为殷贵妃，故云负世议也。注以晋武帝当之，误。"刘盼遂曰："按鲍氏知不足斋本家训亦作'宋孝武帝'，赵注误也。考晋、宋二书，于两孝武帝，皆不言有文学，惟隋书经籍志集部：'宋孝武帝集二十五卷。'元注：'梁三十一卷，有录一卷。'文心雕龙时序篇：'自宋武爱文，文帝彬雅，孝武多才，英采云构。'是宋之孝武，其沉思翰藻，有过越人者，而晋帝无闻焉，赵氏必欲以晋易宋，盖其失也。"王叔岷曰："汉书武帝纪：'士或有负俗之累。'注引晋灼注：'负俗，谓被世讥论也。'诗大雅烝民：'民之秉彝，好是懿德。'毛传：'懿，美也。'"

〔五三〕论语先进篇："文学：子游，子夏。"子游姓言名偃，子夏姓卜名商，俱孔子弟子，详史记仲尼弟子列传。

〔五四〕赵曦明曰："汉书艺文志：'孙卿子三十三篇。名况，赵人，为齐稷下祭酒。'师古注：'本曰荀卿，避宣帝讳，故曰孙。'案今书三十二篇。"器案：荀卿，史记有传。汉志云"三十三篇"者，盖并录一卷计之也。谢墉荀子笺释序："荀卿又称孙卿。自司马贞、颜师古以来，相承以为避汉宣帝讳，故改荀为孙。考汉宣名询，汉时尚不讳嫌名；且如后汉李恂与荀淑、荀爽、荀悦、荀彧，俱书本字，讵反于周时人名见诸载籍者而改称之。若然，则左传自荀息至荀瑶多矣，何不改耶？且即任敖、公孙敖俱不避元帝之名骜也。盖荀音同孙，语遂移易，如荆轲在卫，卫人谓之庆卿；而之燕，燕人谓之荆卿；又如张良为韩信都，潜夫论云：'信都者，司徒也，俗音不正曰信都，或曰申徒，或胜屠。然其本一司徒耳。'然则荀之为孙，正如此比。以为避宣帝讳，当不其然。"案谢说是。

〔五五〕史记孟子列传："孟轲，驺人也。受业子思之门人。……退而与万章之徒，序诗、书，述仲尼之意，作孟子七篇。"

〔五六〕赵曦明曰："汉书枚乘传：'乘字叔，淮阴人。为吴王濞郎中，王谋逆，谏不用，去游梁。梁客皆善属辞赋，乘尤高。孝王薨，归淮阴。武帝自为太子时，闻乘名，及即位，乘年老，以安车征，道死。'"

〔五七〕赵曦明曰："汉书贾谊传：'谊，雒阳人。以能诵诗书属文，称于郡中。文帝召以为博士，超迁，岁中至太中大夫，后为长沙王、梁怀王太傅，死，年三十三。'艺文志儒家：'贾谊五十八篇，又赋七篇。'"

〔五八〕赵曦明曰："汉书苏建传：'建中子武，字子卿。以移中监使匈奴，单于欲降之，武不从，留十九岁始归。'文选载武五言诗四篇。"

〔五九〕赵曦明曰："后汉书张衡传：'衡字平子，南阳西鄂人。作二京赋。'"

〔六〇〕赵曦明曰："晋书文苑传：'左思，字太冲，齐国临淄人。造齐都赋，一年乃成。复欲赋"三都"，积思十年，门庭藩溷，皆著笔纸，遇得一句，即便疏之。’”器案：王得臣麈史中：“颜氏家训亦足为良，至论文章，以游、夏、孟、荀、枚乘、张衡、左思为狂（王正德馀师录三引作“枉”），而又诋忤子云（杨本云：“而文崇尚释氏。”），吾不取焉。”即指此文。移孟于荀之上，此则为尊孟而改易古文也。

〔六一〕黄叔琳曰：“文章与学问各别，深于学问，则无此病矣。”

〔六二〕淮南子要略篇：“标举终始之坛。”许慎注：“标，末也。”世说赏誉篇：“王恭始与王建武甚有情，后遇袁悦间之，遂致疑隙。然每至兴会，故有相思时。”文选谢灵运传论：“灵运之兴会标举。”李善注：“兴会，情兴所会也。郑玄注周礼曰：‘兴者，托事于物也。’”

〔六三〕淮南子氾论训：“无擅恣之志，无伐矜之色。”御览六二一引作“矜伐”。史记淮阴侯传论：“不伐己功，不矜其能。”三国志魏书邓艾传：“深自矜伐。”

〔六四〕卢文弨曰：“庄子齐物论：‘罔两问景曰：“曩子行，今子止，曩子坐，今子起，何其无持操与？”’‘持’一作‘特’。”

〔六五〕论语子路篇：“狂者进取。”邢昺疏：“狂者进取于善道，知进而不知退。”

〔六六〕弥切：更为深切。

〔六七〕文体明辨文章纲领引“事”作“字”。少仪外传下“惬”引作“偶”，不可从，下文亦有“文章地理，必须惬当”之语，文选文赋：“惬心者贵当。”李善注：“欲快心者，为文贵当。惬犹快也。”北史高构传：“我读卿判数遍，词理惬当，意所不能及也。”

〔六八〕清巧，谓清新奇巧，为六朝诗一种特征，下文亦言：“何逊诗实为清巧。”又云：“子朗信饶清巧。”诗品下：“鲍令晖歌诗，往往断绝清巧。”

〔六九〕文选嵇叔夜赠秀才入军诗：“凌厉中原。”李善注：“广雅曰：‘凌，驰也。厉，上也。’”案：广雅见释诂。

〔七〇〕晋书王猛传：“扪虱而谈，旁若无人。”文赋有言：“岂怀盈而自足。”此之谓也。

〔七一〕李详曰："荀子荣辱篇：'伤人之言，深于矛戟。'"

〔七二〕少仪外传下引"尘"作"霆"，义较胜，淮南子兵略训："卒如雷霆，疾如风雨。"

〔七三〕易坤："黄裳元吉。"文选东京赋："祚灵主以元吉。"薛综注："元，大也；吉，福也。"

学问有利钝，文章有巧拙。钝学累功，不妨精熟；拙文研思，终归蚩鄙〔一〕。但成学士，自足为人。必乏天才，勿强操笔〔二〕。吾见世人，至无才思〔三〕，自谓清华〔四〕，流布丑拙，亦以众矣〔五〕，江南号为詅痴符〔六〕。近在并州，有一士族，好为可笑诗赋，誂擎〔七〕邢、魏诸公〔八〕，众共嘲弄，虚相赞说〔九〕，便击牛酾酒〔一〇〕，招延声誉。其妻，明鉴妇人也〔一一〕，泣而谏之。此人叹曰："才华不为妻子所容〔一二〕，何况行路〔一三〕！"至死不觉。自见之谓明〔一四〕，此诚难也。

〔一〕陈琳答东阿王牋："然后东野、巴人，蚩鄙益著。"

〔二〕宋本"笔"下有"也"字，馀师录引有，少仪外传下引无。梁书文学庾肩吾传载梁简文帝萧纲与湘东王书："操笔写志，更摹酒诰之文。"黄叔琳曰："至论。"案：钟嵘诗品中："虽谢天才，且表学问。"与此意相会，俱谓学者与文人有别耳。

〔三〕罗本、傅本、颜本、程本、胡本、何本、朱本、文津本"至"下有"于"字，宋本无，今从宋本，少仪外传下、攻媿集五二詅痴符序、说郛本缁古丛编、馀师录引俱无"于"字。

〔四〕晋书左贵嫔传："言及文义，辞对清华。"北史辛德源传："文章绮艳，体调清华。"

〔五〕攻媿集、馀师录引"以"作"已",古通。

〔六〕宋本原注:"诊,力正反。"赵曦明曰:"案:玉篇云:'力丁切。'广雅:'衒也。'类篇:'鬻也。'"郝懿行曰:"案:博雅:'诊,卖也。'"器案:诊痴符,犹后人之言卖痴骇。攻媿集诊痴符序:"海邦货鱼于市者,夸诩其美,谓之诊鱼,虽微物亦然。字书以为'诊,炫卖也'。颜黄门之推作家训云云。"苕溪渔隐丛话后集三九:"宋子京云:'江左有文拙而好刻石者,谓之诊嗤符。'"说郛三六缙古丛编曰:"胡氏渔隐丛话作'诊嗤符',宋景文书作'嗤诊符',要以颜氏'诊痴'为正,大抵论其文藻骫骳,矜伐自鬻,质之集韵:'诊,力正反。'注:'卖也。'岂非痴自炫鬻之意!"稗史汇编一一三:"予案:宋景文题三泉龙洞诗,刊落因(三字有误)漕为刻石,以石本寄公,公答书有云:'江左有文拙而好刊石,谓诊嗤符,非此乎?'予穷其原,乃出于颜之推家训云云。"杨升庵文集七一:"和凝为文,以多为富,有集百卷,自镂版以行,识者多非之曰:'此颜之推所谓诊痴符也。'"宋长白柳亭诗话卷二十一:"景文公题三泉龙洞诗,西洛田漕刻诸石,拓以遗公,公答书曰:'江左有文拙而好刻石,人谓之詅嗤符,非此类乎?'按颜之推家训有曰:'吾见世人至无才思,自谓清华,流布丑拙,亦已众矣,江南号为诊痴符。'嗤与痴疑有误。公所云江左者,指和凝事也。而颜系北齐人,则所云江南,当别有指。宋御史李庚自名其集曰诊痴符,凡二十卷。"

〔七〕诮擎,宋本原注:"上音窕,相呼诱也。下音瞥。"说文手部:"擎,别也;一曰击也。"胡文英吴下方言考三:"诮擎,音调皮。颜氏家训:'诮擎邢、魏诸公。'案:诮擎,戏言也,吴中谓以言戏人曰诮擎。"太平广记一五八引作"轻蔑",臆改。

〔八〕赵曦明曰:"北齐邢邵传:'邵字子才,河间郑人。读书五行俱下,一览便记,文章典丽,既赡且速,每一文出,京师为之纸贵。与济阴温子升为文士之冠,世论谓之温、邢。钜鹿魏收,虽天才艳发,而年事在二人之后，故子升死后，方称邢、魏焉。有集三十卷。’魏收传：‘收字伯起，小字佛助，钜鹿下曲阳人。以文华显，辞藻富逸，撰魏书一百三十卷，有集七十卷。’”

〔九〕徐师录“虚”作“戏”，太平广记“赞说”作“称赞”。器案：魏书成淹传：“子霄，字景鸾，亦学涉，好为文咏，但词彩不伦，率多鄙俗。与河东姜质等朋游相好，诗赋间起，知音之士，所共嗤笑，闾巷浅识，颂讽成群，乃至大行于世。”疑姜质其人，即颜氏所谓并州士族，洛阳伽蓝记卷二正始寺所载庭山赋，即其左证也。

〔一〇〕击牛酾酒，太平广记作“必击牛酾酒延之”。史记李牧传：“日击数牛飨士。”诗小雅伐木：“酾酒有萸。”释文引葛洪云：“酾谓以筐漉酒。”器案：后人作筛酒，一音之转也。

〔一一〕太平广记无“妇”字。

〔一二〕太平广记“容”下有“与”字。

〔一三〕文选苏子卿诗：“四海皆兄弟，谁为行路人。”李善注：“家语曰：‘子游见行路之人，云：鲁司铎火也。’”吕延济注：“天下四海，道合即亲，谁为行路之人相疏者也。”又王仲宝褚渊碑文：“有识留感，行路伤情。”李善注：“论衡曰：‘行路之人，皆能识之。’（下引家语文，与前同，今略）”

〔一四〕赵曦明曰：“老子道经：‘自知者明。’”卢文弨曰：“韩非喻老：‘知之难，不在见人，在自见。故曰：自见之谓明。’”王叔岷曰：“唐赵蕤长短经是非篇引老子：‘内视之谓明。’史记商君列传：‘赵良曰：内视之谓明。’”

学为文章，先谋亲友，得其评裁，知可施行〔一〕，然后出手〔二〕；慎勿师心自任〔三〕，取笑旁人也〔四〕。自古执笔为文者〔五〕，何可胜言。然至于宏丽精华，不过数十篇耳〔六〕。

但使不失体裁〔七〕,辞意可观〔八〕,便称才士〔九〕;要须〔一〇〕动俗〔一一〕盖世〔一二〕,亦俟河之清乎〔一三〕!

〔一〕得其评裁,宋本原注:“一本无此四字。”案:罗本、傅本、颜本、程本、胡本、何本、朱本、黄本、文津本、类说作“得其评裁者”,馀师录引同宋本,并有原注。今从宋本。

〔二〕陈书徐陵传:“每一文出手,好事者已传写成诵。”

〔三〕关尹子五鉴篇:“善心者师心不师圣。”又曰:“如捕蛇,师心不怖蛇。”书断二王献之:“尔后改变制度,别创其法,率尔师心,冥合天矩。”

〔四〕刘盼遂曰:“案下文云:‘江南文制,欲人弹射,知有病累,随即改之。陈王得之于丁廙也。’即发明此文之义。又唐白乐天云:‘凡人为文,私于自是,不忍割截,或失于繁多,其间妍媸,益又自惑。必待交友有公鉴、无姑息者,讨论而削夺之,然后繁简当否,得其中矣。’最足发明颜氏此意。”

〔五〕馀师录“者”作“章”。

〔六〕黄叔琳曰:“眼大如箕。”纪昀曰:“正眼小如豆耳。以宏丽精华论文,是卖木兰之椟,贵文衣之媵也。”

〔七〕文选谢灵运传论:“延年之体裁明密。”李善注:“体裁,制也。”

〔八〕宋本“意”作“义”。

〔九〕罗本、傅本、颜本、程本,胡本、何本、朱本、黄本、文津本“便”作“遂”,宋本及馀师录作“便”,今从宋本。

〔一〇〕宋本、馀师录无“须”字。

〔一一〕文选任彦升天监三年策秀才文:“惟此虚寡,弗能动俗。”李善注:“蔡邕姜肱碑:‘至德动俗,邑中化之。’”张铣注:“而我好学虚寡,弗能得动于时俗。惟此,帝自谓也。”

〔一二〕史记项羽本纪:“自为诗曰:‘力拔山兮气盖世。’”文选夏侯孝若东方朔画赞:“高气盖世。”李周翰注:“过人盖世,谓最高也。”

〔一三〕赵曦明曰："左氏襄八年传：'周诗有之曰："俟河之清，人寿几何？"'"器案：后汉书赵壹传："河清不可俟，人命不可延。"亦本左传。

不屈二姓，夷、齐之节也〔一〕；何事非君，伊、箕之义也〔二〕。自春秋已来，家有奔亡，国有吞灭，君臣固无常分矣〔三〕；然而君子之交绝无恶声〔四〕，一旦屈膝而事人，岂以存亡而改虑？陈孔璋居袁裁书，则呼操为豺狼〔五〕；在魏制檄，则目绍为蛇虺〔六〕。在时君所命〔七〕，不得自专，然亦文人之巨患也，当务从容消息之〔八〕。

〔一〕史记伯夷列传："伯夷、叔齐，孤竹君之二子也。……武王已平殷乱，天下宗周，而伯夷、叔齐耻之，义不食周粟，隐于首阳山。"

〔二〕傅本"非君"作"我为"。赵曦明曰："史记宋世家：'纣为淫泆，箕子谏，不听，或曰："可以去矣。"箕子曰："为人臣谏不听而去，是彰君之恶而自悦于民，吾不忍为也。"乃披发佯狂而为奴。'"器案：孟子公孙丑上："何事非君，何使非民，治亦进，乱亦进，伊尹也。"赵岐注："伊尹曰：'事非其君，何伤也，使非其民，何伤也，要欲为天理物，冀得行道而已矣。'"又万章下："伊尹曰：'何事非君，何使非民，治亦进，乱亦进。'"

〔三〕卢文弨曰："左氏昭三十二年传：'史墨曰："社稷无常奉，君臣无常位，自古以然。"'"王叔岷曰："案庄子秋水篇：'分无常。'"器案：此颜氏自解之辞也。

〔四〕赵曦明曰："战国燕策：'乐毅报燕惠王书曰："臣闻古之君子，交绝不出恶声；忠臣去国，不洁其名。"'"

〔五〕赵曦明曰："魏志袁绍传注引魏氏春秋：'陈琳为袁绍檄州郡文云："操豺狼野心，潜包祸谋，乃欲挠折栋梁，孤弱汉室。"'"

〔六〕赵曦明曰："琳集不传，此无考。"

〔七〕黄本“在”作“任”。

〔八〕消息，注详风操篇。

或问扬雄曰：“吾子少而好赋？”雄曰：“然。童子雕虫篆刻，壮夫不为也〔一〕。”余窃非之曰：虞舜歌南风之诗〔二〕，周公作鸱鸮之咏〔三〕，吉甫、史克雅、颂之美者〔四〕，未闻皆在幼年累德也。孔子曰：“不学诗，无以言〔五〕。”“自卫返鲁，乐正，雅、颂各得其所〔六〕。”大明孝道，引诗证之〔七〕。扬雄安敢忽之也？若论“诗人之赋丽以则，辞人之赋丽以淫”〔八〕，但知变之而已，又未知雄自为壮夫何如也？著剧秦美新〔九〕，妄投于阁〔一〇〕，周章〔一一〕怖慑，不达天命，童子之为耳。桓谭以胜老子〔一二〕，葛洪以方仲尼〔一三〕，使人叹息。此人直以晓算术〔一四〕，解阴阳〔一五〕，故著太玄经〔一六〕，数子为所惑耳〔一七〕；其遗言馀行，孙卿、屈原之不及，安敢望大圣之清尘〔一八〕？且太玄今竟何用乎？不啻覆酱瓿而已〔一九〕。

〔一〕罗本、颜本、程本、何本、朱本“雕”作“彫”。“雕”，后起字。宋本“壮夫”作“壮士”，馀本及馀师录作“壮夫”。赵曦明曰：“宋本‘壮夫’作‘壮士’，非。案：见法言吾子篇。”汪荣宝法言义疏三曰：“‘童子彫虫篆刻’者，说文：‘彫，琢文也。’‘篆，引书也。’虫者，虫书；刻者，刻符。说文序云：‘秦书有八体：一曰大篆，二曰小篆，三曰刻符，四曰虫书，五曰摹印，六曰署书，七曰殳书，八曰隶书。汉兴有草书。尉律：“学僮十七以上始试，讽籒书九千，乃得为史，又以八体试之。郡移大吏，并课最者以为尚书史。”’系传云：‘案汉书注，虫书即鸟书，以书幡信，首象鸟形，即下云鸟虫也。'又案：'萧子良以刻符摹印，合为一体。臣以为符者内外之信，若晋鄙夺魏王兵符，又云借符以骂宋；然则符者，竹而中剖之，字形半分，理应别为一体。'是虫书刻符，尤八书中纤巧难工之体，以皆学僮所有事，故曰'童子彫虫篆刻'。言文章之有赋，犹书体之有虫书刻符，为之者劳力甚多，而施于实用者甚寡，可以为小技，不可以为大道也。壮夫不为者，曲礼云：'三十曰壮。'自序云：'雄以为赋者，又颇似俳优淳于髡、优孟之徒，非法度所存，贤人君子诗赋之正也，于是辍不复为赋。'"器案：齐书陆厥传载沈约答陆厥书："宫商之声有五，文字之别累万，以累万之繁，配五声之约，高下低昂，非思力所学，又非止若斯而已也。十字之文，颠倒相配，字不过十，巧历已不能尽，何况复过于此者乎？灵均已来，未经用之于怀抱，固无从得其仿佛矣。若斯之妙，而圣人不尚，何邪？此盖曲折声韵之巧，无当于训义，非圣哲立言之所急也。是以子云譬之雕虫篆刻，云：'壮夫不为。'"

〔二〕赵曦明曰："礼记乐记：'昔者，舜作五弦之琴，以歌南风。'家语辩乐解：'昔者，舜弹五弦之琴，造南风之诗，其诗曰："南风之薰兮，可以解吾民之愠兮；南风之时兮，可以阜吾民之财兮。"'"器案：乐记郑注："歌词未闻。"孔疏："尸子亦载此歌。尸子杂书，家语非郑所见，故云未详。"

〔三〕赵曦明曰："诗序：'鸱鸮，周公救乱也。成王未知周公之志，公乃为诗以遗王。'"

〔四〕赵曦明曰："诗序：'大雅嵩高、蒸民、韩奕，皆尹吉甫美宣王之诗。駉，颂僖公也。僖公能遵伯禽之法，鲁人尊之，于是季孙行父请命于周，而史克作是颂。'"郝懿行曰："杨德祖答陈思王书已尝非之，颜氏即本其意为说尔。"案：文选杨德祖答临淄侯牋："修家子云，老不晓事，强著一书，悔其少作。若此，仲山、周旦之俦，为皆有譻邪？"李善注："毛诗序曰：'七月，周公遭变，陈王业之艰难。'然诗无仲山甫作者，而吉甫美仲山甫之德，未详德祖何以言之？”

〔五〕见论语季氏篇。汉书艺文志诗赋略：“古者，诸侯卿大夫交接邻国，以微言相感，当揖让之时，必称诗以喻其志，盖以别贤不肖而观盛衰焉，故孔子曰：‘不学诗无以言也。’”器案：诗鄘风定之方中传叙九能之士，中有“登高能赋”一项，即言会同之时，坛坫之上，能赋诗见意也，事见左传、国语者，多不胜举也。

〔六〕论语子罕篇：“子曰：‘吾自卫返鲁，然后乐正，雅、颂各得其所。’”史记孔子世家：“古者，诗三千馀篇，及至孔子，去其重，取可施于礼义，上采契、后稷，中述殷、周之盛，至幽、厉之缺，始于衽席，故曰：‘关雎之乱，以为风始，鹿鸣为小雅始，文王为大雅始，清庙为颂始。’三百五篇，孔子皆弦歌之，以求合韶、武、雅、颂之音，礼乐自此可得而述。”

〔七〕赵曦明曰：“谓孝经。”器案：孔子为曾子陈孝道，撰述孝经，每章之末，俱引诗以明之。

〔八〕赵曦明曰：“二语亦见吾子篇。”汪荣宝义疏曰：“诗人之赋，谓六义之一之赋，即诗也。周礼太师：‘教六诗：曰风，曰赋，曰比，曰兴，曰雅，曰颂。’班孟坚两都赋序云：‘赋者，古诗之流也。’李注云：‘毛诗序曰：“诗有六义焉，二曰赋。”故赋为古诗之流也。’尔雅释诂云：‘则，法也。’诗人之赋丽以则者，谓古诗之作，以发情止义为美，即自序所谓‘法度所存，贤人君子，诗赋之正也’，故其丽以则。艺文志颜注云：‘辞人，谓后代之为文辞。’辞人之赋丽以淫者，谓今赋之作，以形容过度为美，即自序云‘必推类而言，闳侈钜衍，使人不能加也’，故其丽以淫。艺文类聚五十六引挚虞文章流别论云：‘古之作诗者，发乎情，止乎礼义。情之发，因辞以形之，礼义之指，须事以明之，故有赋焉，所以假象尽辞，敷陈其志。古诗之赋，以情义为主，以事类为佐；今之赋，以事形为本，以义正为助。情义为主，则言省而文有例矣；事形为本，则言富而辞无常矣。文之烦省，辞之险易，盖由于此。

夫假象过大,则与类相远;逸辞过壮,则与事相违;辨言过理,则与义相失;丽靡过美,则与情相悖:此四过者,所以背大体而害政教,是以司马迁割相如之浮说,杨雄疾辞人之赋丽以淫。’案:过即淫也。仲洽此论,推阐杨旨,可为此文之义疏。”

〔九〕赵曦明曰:“文见文选。”案:李善注曰:“李充翰林论曰:‘扬子论秦之剧,称新之美,此乃计其胜负、比其优劣之义。’汉书:‘王莽下书曰:“定有天下之号曰新。”’”

〔一〇〕赵曦明曰:“汉书杨雄传:‘王莽时,刘歆、甄丰皆为上公。莽既以符命自立,欲绝其原,丰子寻、歆子棻复献之。诛丰父子,投棻四裔。辞所连及,便收不请。时雄校书天禄阁上,治狱事使者来,欲收雄,雄恐不免,乃从阁上自投下,几死。莽闻之曰:“雄素不与事,何故在此间?”问其故,乃棻尝从雄学作奇字,雄不知情,有诏勿问。然京师为之语曰:“惟寂寞,自投阁;爰清静,作符命。”’”器案:雄解嘲云:“惟寂惟寞,守德之宅;爰清爰静,游神之庭。”京师语据此以讽雄。

〔一一〕周章,注详风操篇。

〔一二〕宋本“桓谭”作“袁亮”,馀师录同,并有注云:“案‘袁亮’今本作‘桓谭’。”赵曦明曰:“汉书杨雄传:‘大司空王邑纳言严尤问桓谭曰:“子尝称雄书,岂能传于后世乎?”谭曰:“必传。顾君与谭不及见也。凡人贱近而贵远,亲见子云禄位容貌,不能动人,故轻其书。老聃著虚无之言两篇,薄仁义,非礼乐,然后世好之者,以为过于五经,自汉文、景之君及司马迁皆有是言。今杨子之书,文义至深,而论不诡于圣人,若使遭遇时君,更阅贤知,为所称善,则必度越诸子矣。”’宋本‘桓谭’作‘袁亮’,未详,当由避‘桓’字,并下字亦讹。”刘盼遂引吴承仕曰:“杨雄本传:‘昔老聃著虚无之言两篇,后世好之者,以为过于五经。今杨子之书,文义至深,而论不诡于圣人,若使遭遇时君,更阅贤智,为所称善,则必度越诸子矣。’桓谭新论称:‘玄经数百年,其书必传,世咸尊古卑今,故轻易之;若遇上好事,必以太玄次五经也。’又云：‘老子其心玄远，而与道合。’此太玄胜老子之说，班书盖本于桓谭也。家训应作‘桓谭’，事在不疑。本作‘袁亮’者，‘老子与道合’一语，引见袁彦伯三国名臣赞李善注，后世校书者，因相涉而致误欤？”

〔一三〕赵曦明曰：“晋书葛洪传：‘洪字稚川，丹阳句容人。自号抱朴子，因以名书。’其尚博篇云：‘世俗率神贵古昔，而黩贱同时，虽有益世之书，犹谓之不及前代之遗文也。是以仲尼不见重于当时，太玄见蚩薄于比肩也。’”器案：文选剧秦美新李善注：“王莽潜移龟鼎，子云进不能辟戟丹墀，亢辞鲠议，退不能草玄虚室，颐性全真，而反露才以耽宠，诡情以怀禄，素餐所刺，何以加焉。抱朴方之仲尼，斯为过矣。”抱朴子吴失篇：“孔、墨之道，昔曾不行；孟轲、杨雄，亦居困否，有德无时，有自来耳。”此亦抱朴以子云方仲尼之证。

〔一四〕汉书艺文志数术略有许商算术二十六卷、杜忠算术十六卷。今有九章算术传于世。直，特也。

〔一五〕汉书艺文志诸子略：“阴阳家者流，盖出于羲和之官。敬顺昊天，历象日月星辰，敬授民时，此其所长也。及拘者为之，则牵于禁忌，泥于小数，舍人事而任鬼。”

〔一六〕赵曦明曰：“雄传：‘以为经莫大于易，故作太玄。’”卢文弨曰：“王涯说玄：‘合而连之者易也，分而著之者玄也。四位之次：曰方，曰州，曰部，曰家。最上为方，顺而数之，至于家。家一一而转，而有八十一家。部三三而转，故有二十七部。州九九而转，故有九州。一方，二十七首而转，故三方而有八十一首。一首九赞，故有七百二十九赞。其外踦赢二赞，以备一仪之月。’”

〔一七〕此句原作“为数子所惑耳”，向宗鲁先生曰：“当作‘数子为所惑耳’。”今据改。

〔一八〕后汉书赵咨传：“复拜东海相，之官，道经荥阳，令敦煌曹暠，咨之故孝廉也，迎路谒候，咨不为留；暠送至亭次，望尘不及。”文选卢子谅赠刘琨诗并书："自奉清尘。"李善注："楚辞曰：'闻赤松之清尘。'然行必尘起，不敢指斥尊者，故假尘以言之。言清，尊之也。"王叔岷曰："案文选司马相如上书谏猎一首：'犯属车之清尘。'李注：'车尘言清，尊之意也。'"

〔一九〕不啻，徐师录作"不翅"，古通。赵曦明曰："雄传：'刘歆谓雄曰："空自苦。今学者有禄利，然尚不能明易，又如玄何？吾恐后人用覆酱瓿也。"雄笑而不答。'师古注：'瓿，音蔀，小罂也。'"卢文弨曰："案侯芭而后，若虞翻、宋衷、陆绩、范望、王涯、吴秘、司马光诸人，咸重太玄，惜颜氏不及见耳。"案：卢氏此言失之，虞、宋、陆、范之徒，颜氏何尝不及见乎？

齐世有席毗〔一〕者，清干〔二〕之士，官至行台尚书〔三〕，嗤鄙文学，嘲刘逖云〔四〕："君辈〔五〕辞藻，譬若荣华〔六〕，须臾之玩，非宏才也〔七〕；岂比吾徒千丈松树〔八〕，常有风霜，不可凋悴矣！"刘应之曰："既有寒木，又发春华，何如也？"席笑曰："可哉〔九〕！"

〔一〕"席毗"，宋本如此作，馀本及别解、徐师录俱作"辛毗"，下并同。赵曦明曰："俗本误作'辛毗'，乃曹魏时人，今从宋本。"陈直曰："北史序传叙李彧之子李礼成事云：'伐齐之役，从帝围晋阳，齐将席毗罗精兵拒帝，礼成力战退之。'当即此人。席毗又附见北史尉迟迥传及隋书于仲文传。"器案：御览九五三、事类赋二四引亦作"席毗"，御览五九九引三国典略载此事，正作"席毗"，今从之。

〔二〕齐书王晏传："晏启曰：'鸾清干有馀，然不谙百氏，恐不可以居此职。'"南史阮孝绪传："孝绪父彦之，宋太尉从事中郎，以清干流誉。"清干，谓清明能干。

〔三〕赵曦明曰："隋书百官志：'后齐制，官行台在令无文，其官置令、仆射,其尚书丞、郎,皆随权制而置员焉。其文未详。'"

〔四〕赵曦明曰:"北齐书文苑传:'刘逖,字子长,彭城丛亭里人。魏末,诣霸府,倦于羁旅,发愤读书,在游宴之中,卷不离手。亦留心文藻,颇工诗咏。'"陈直曰:"北齐书文苑传称'刘逖留心文藻,颇工诗咏'。冯氏诗纪辑有对雨、秋朝野望等五言四首。"器案:御览五九九引三国典略:"刘逖字子长,少好弋猎骑射,后发愤读书,颇工诗咏。行台尚书席毗尝嘲之曰:'君辈辞藻,譬若春荣,须臾之玩,非宏材也;岂比吾徒千丈松树,常有风霜,不可雕悴。'逖报之曰:'既有寒木,又发春荣,何如也?'毗笑曰:'可矣!'"三国典略之文,当即本此。

〔五〕辈,鲍本误"辇"。

〔六〕荣华,宋本作"朝菌",御览、事类赋、馀师录、月令广义二俱作"朝菌"。器案:文选郭景纯游仙诗:"蕣荣不终朝。"李善注:"潘岳朝菌赋序:'朝菌者,时人以为蕣华,庄生以为朝菌,其物向晨而结,绝日而殒。'"庄子逍遥游:"朝菌不知晦朔。"释文:"朝菌,支遁云:'一名舜英。'"则荣华、朝菌,一物而异名。

〔七〕才,御览九五三作"材",三国典略亦作"材"。

〔八〕千丈,罗本、傅本、颜本、程本、胡本、何本、朱本、文津本、奇赏、别解及馀师录俱作"十丈",今从宋本。御览、事类赋、月令广义作"千丈",三国典略亦作"千丈"。卢文弨曰:"世说赏誉上篇:'庾子嵩目和峤森森如千丈松,虽磊砢有节目,施之大厦,有栋梁之用。'"器案:王隐晋书云:"庾敳见和峤曰:'森森如千丈松,虽磥砢多节目,施之大厦,梁栋之用。'"见御览九五三引。

〔九〕可哉,罗本、傅本、颜本、程本、胡本、朱本、文津本、奇赏、别解及月令广义作"可矣",三国典略亦作"可矣",事类赋作"可也",今从宋本。御览、馀师录亦作"可哉"。傅本、鲍本不分段。

凡为文章,犹人乘骐骥〔一〕,虽有逸气〔二〕,当以衔勒

制之〔三〕,勿使流乱轨躅〔四〕,放意〔五〕填坑岸〔六〕也。

〔一〕宋本无"人"字,馀师录亦无;馀本有"人"字,类说、文体明辨文章纲领亦有,今从之。案:文选魏文帝典论论文:"咸以自骋骥騄于千里,仰齐足而并驰。"钟嵘诗品卷中:"征虏卓卓,殆欲度骅骝前。"亦以乘骏马喻为文章。

〔二〕文选魏文帝与吴质书:"公干有逸气,但未遒耳。"三国志魏书王粲传注引典论论文:"徐干时有逸气,然非粲匹也。"文心雕龙风骨篇论刘桢亦云:"有逸气。"逸气,谓俊逸之气。

〔三〕衔勒,宋本及馀师录作"衔策",馀本作"衔勒",类说同,今从之。赵曦明曰:"宋本'衔勒'作'衔策',非。说文:'衔,马勒口中衔行马者也。''勒,马头络衔也。'家语执辔篇:'夫德法者,御民之具,犹御马之有衔勒也。'此言文贵有节制,自当用衔勒;若策者,所以鞭马而使之疾行,非本意矣。"

〔四〕轨躅,犹言轨迹。汉书叙传上:"伏周、孔之轨躅。"注:"郑氏曰:'躅,迹也,三辅谓牛蹄处为躅。'"文选魏都赋:"不睹皇舆之轨躅。"

〔五〕放意,犹言肆意、纵意。列子杨朱篇:"卫端木叔者,子贡之世也。籍其先资,家累万金,不治世故,放意所好,其生民之所欲为、人意之所欲玩者,无不为也,无不玩也。"陶潜咏二疏:"放意乐馀年,遑恤身后虑。"

〔六〕卢文弨曰:"坑岸,犹言坑堑。"案:后汉书朱穆传:"颠队坑岸。"

文章当以理致为心肾〔一〕,气调〔二〕为筋骨,事义为皮肤,华丽为冠冕〔三〕。今世相承,趋末弃本,率多浮艳〔四〕。辞与理竞,辞胜而理伏;事与才争,事繁而才损〔五〕。放逸者流宕而忘归〔六〕,穿凿者补缀而不足〔七〕。时俗如此,安能独违?但务去泰去甚耳〔八〕。必有盛才〔九〕重誉〔一〇〕、改革体裁者，实吾所希〔一一〕。

〔一〕理致，义理情致。南史刘之遴传："说义属诗，皆有理致。"傅本、文体明辨文章纲领引"心肾"作"心胸"，未可从。

〔二〕气调，气韵才调。隋书豆卢勣传："勣器识优长，气调英远。"

〔三〕之推所持文学理论，以思想性为第一，艺术性为第二。文心雕龙附会篇云："夫才量学文，宜正体制，必以情志为神明，事义为骨髓，辞采为肌肤，宫商为声色，然后品藻玄黄，摛振金玉，献可替否，以裁厥中，斯缀思之恒数也。"所论与颜氏相合，可以互参。萧统文选序曰："事出于沉思，义归于翰藻。"萧统之所谓事，即刘、颜之所谓事义；其所谓义，则刘、颜之所谓辞藻也。

〔四〕浮艳，轻浮华艳。陈书江总传："总好学，能属文，于五言、七言尤善，然伤于浮艳。"案：抱朴子外篇辞义："妍而无据，证援不给，皮肤鲜泽，而骨鲠迴弱。"斯浮艳之谓也。

〔五〕黄叔琳曰："南北朝文章之弊，两言道尽。"

〔六〕艺文类聚二五引梁简文帝诫当阳公大心书："立身先须谨重，文章且须放荡。"与之推之说相合，足觇当时风尚。王叔岷曰："案后汉书方术传序：'甚有虽流宕过诞，亦失也。'"

〔七〕补缀，补葺联缀。类说作"补衲"。

〔八〕去泰去甚，馀师录作"去太甚"。纪昀曰："老世故语，隔纸扪之，亦知为颜黄门语。"

〔九〕晋书王衍传："衍既有盛才美貌，明悟若神，常自比子贡。"南史柳惔传："贤子俱有盛才。"盛才，犹言大才。

〔一〇〕重誉，谓隆重之声誉，与下文重名意同。

〔一一〕卢文弨曰："希，望也，本当作'睎'。"案：傅本、鲍本不分段。

古人之文〔一〕，宏材〔二〕逸气，体度〔三〕风格〔四〕，去今实远；但缉缀疎朴〔五〕，未为密致耳。今世音律谐靡〔六〕，章句偶对〔七〕，讳避精详〔八〕，贤于往昔多矣〔九〕。宜以古之制裁为本〔一〇〕，今之辞调为末，并须两存，不可偏弃也。

〔一〕广川书跋五引无“人”字。

〔二〕广川书跋、馀师录“材”作“才”。

〔三〕体度，体态风度。左传文公十八年正义：“和者，体度宽简，物无乖争也。”

〔四〕风格，风标格范。晋书和峤传：“少有风格。”文心雕龙议对篇：“亦各有美，风格存焉。”

〔五〕缉缀：缉，编缉；缀即缀文之缀，缀属也。广川书跋“疎”作“疏”，古通。

〔六〕谐靡，和谐靡丽。

〔七〕偶对，偶配对称。

〔八〕讳避，广川书跋作“避讳”。

〔九〕南史陆厥传：“时盛为文章，吴兴沈约、陈郡谢朓、琅邪王融，以气类相推毂；汝南周颙，善识声韵。约等文皆用宫商，将平上去入四声，以此制韵，有平头、上尾、蜂腰、鹤膝，五字之中，轻重悉异，两句之内，角徵不同，不可增减，世呼为永明体。”

〔一〇〕抱经堂本脱“之”字，各本俱有，今据补。

吾家世文章〔一〕，甚为典正，不从流俗〔二〕，梁孝元在蕃邸时〔三〕，撰西府新文，讫无一篇见录者〔四〕，亦以不偶于世，无郑、卫之音〔五〕故也。有诗赋铭诔书表启疏二十卷，吾兄弟始在草土〔六〕，并未得编次，便遭火荡尽，竟不传于世。衔酷茹恨〔七〕，彻于心髓！操行见于梁史文士传〔八〕及孝元怀旧志〔九〕。

〔一〕急就篇："颜文章。"颜师古注："颜氏本出颛顼之后，颛顼生老童，老童生吴回，为高辛火正，是谓祝融，祝融生陆终，陆终生六子，其五曰安，是为曹姓，周武王封其苗裔于邾，为鲁附庸，在鲁国邹县，其后邾武公名夷父、字曰颜，故春秋公羊传谓之颜公，其后遂称颜氏，齐、鲁之间，皆为盛族。孔氏弟子达者七十二人，颜氏有八人焉，四科之首，回也标为德行。（王应麟补曰："颜回。又颜无繇、颜幸、颜高、颜祖、颜之仆、颜哙、颜回。"）韩子称：'儒分为八。'而颜氏处其一焉。（补曰："齐有颜庚，卫有颜雠由，战国有颜率、颜触，鲁有颜园、颜丁。"）汉有颜驷、颜安乐，以春秋名家。文章，言其文章也。（一作"言有文章之材也"。）"

〔二〕礼记射义："不从流俗。"郑玄注："流俗，失俗也。"孔颖达正义："不从流移之俗。"孟子尽心下："同乎流俗。"朱熹集注："流俗者，风俗颓靡，如水之下流，众莫不然也。"

〔三〕蕃邸，指湘东王。

〔四〕讫，宋本作"纪"，徐本作"记"，今从傅本；惟傅本"文"下误衍"史"字。卢文弨曰："隋书经籍志：'西府新文十一卷，并录，梁萧淑撰。'案：金楼子著书篇所载诸书，有自撰者，有使颜协、刘缓、萧贲诸人撰者，此书当亦元帝所使为之。"器案：唐书艺文志又著录有萧淑新文要集十卷。淑，兰陵人，见齐书萧介传。西府，指江陵，时荆州居分陕之要，故称江陵为西府，犹东晋以历阳为西府也。西府新文，盖梁孝元使萧淑辑录诸臣寮之文，时之推父协正为镇西府谘议参军，未见收录，故之推引以为恨耳。

〔五〕郑、卫之音，指当时浮艳之文。南史萧惠基传："宋大明以来，声伎所尚多郑、卫，而雅乐正声，鲜有好者。"

〔六〕卢文弨曰："草土，谓在苫凷之中也。"案：梁书袁昂传："草土残息，复罹今酷。"资治通鉴唐纪："昭宗天复二年，时韦贻范在草土。"胡三省注："居丧者寝苫枕块，故曰草土。"

〔七〕诗经大雅烝民："柔则茹之，刚则吐之。"释文："茹，广雅云：'食也。'"孔颖达正义："茹者，啖食之名，故取菜之入口名为茹。礼称'茹毛'，亦其事也。"案：世言茹苦衔辛，亦其义也。

〔八〕赵曦明曰："梁书文学传：'颜协，字子和。七代祖含，晋侍中国子监祭酒西平靖侯。父见远，博学有志行，齐治书侍御史兼中丞，高祖受禅，不食卒。协幼孤，养于舅氏，博涉群书，工草隶。释褐，湘东王国常侍兼记室，世祖镇荆州，转正记室。时吴郡顾协，亦在蕃邸，才学相亚，府中称为二协。舅谢暕卒，协居丧，如伯叔之礼，议者重焉。又感家门事义，不求显达，恒辞征辟。大同五年卒。所撰晋仙传五篇、日月灾异图两卷，遇火湮灭。二子：之仪，之推。'"刘盼遂曰："按：此云梁史，盖谓陈领军大著作郎许亨所著之梁史五十三卷（见隋书经籍志），颜不见姚思廉梁史也。此处殊宜分辨。"

〔九〕赵曦明曰："隋书经籍志：'怀旧志九卷，梁元帝撰。'"刘盼遂曰："孝元怀旧志一秩一卷，见金楼子著书篇。又案：北周书颜之仪传：'父协，以见远蹈义忤时，遂不仕进，湘东王引为府记室参军，协不得已乃应命。梁元帝后著怀旧志及诗，并称赞其美。'恐即本家训之说。"陈直曰："颜真卿家庙碑云：'协字子和，感家门事业，不求闻达。元帝著怀旧诗以伤之。'据此，梁元帝除列颜协于怀旧志外，并有怀旧诗也。"器案：金楼子著书篇怀旧序曰："吾自北守琅台，东探禹穴，观涛广陵，面金汤之设险，方舟宛委，眺玉笥之干霄，临水登山，命俦啸侣。中年承乏，摄牧神州，戚里英贤，南冠髦俊，荫真长之弱柳，观茂宏之舞鹤，清酒继进，甘果徐行，长安郡公为其延誉，扶风长者刷其羽毛。于是驻伏熊，回驷□，命邹湛，召王祥，余顾而言曰：'斯乐难常，诚有之矣！日月不居，零露相半，素车白马，往矣不追，春华秋实，怀哉何已！独轸魂交，情深宿草，故备书爵里，陈怀旧焉。'"

沈隐侯曰[一]:"文章当从三易[二]:易见事,一也;易识字,二也;易读诵,三也[三]。"邢子才[四]常曰:"沈侯文章,用事不使人觉,若胸臆语也[五]。"深以此服之。祖孝征[六]亦尝谓吾曰:"沈诗云:'崖倾护石髓[七]。'此岂似用事邪[八]?"

〔一〕赵曦明曰:"梁书沈约传:'约字休文,吴兴武康人。高祖受禅,封建昌县侯,卒谥隐。'"

〔二〕清波杂志十用此文,"文章当从三易"作"古儒士为文,当从三易",盖以臆自为添设。

〔三〕黄叔琳曰:"古今文章,不出难易两途,终以易者为得,与'辞达而已矣'之旨差近也。"徐时栋曰:"吾生平最服此语,以为此自是文章家正法眼藏,故每作文,偶以比事,须用僻典,亦必使之明白畅晓,令读者虽不知本事,亦可会意,至于难字拗句,则一切禁绝之。世之专以怪涩自矜奥博者,真不知其何心也。"

〔四〕卢文弨曰:"子才,邢邵字。"

〔五〕文选文赋:"思风发于胸臆。"

〔六〕卢文弨曰:"孝征,祖珽字。"

〔七〕赵曦明曰:"晋书嵇康传:'康遇王烈,共入山,尝得石髓如饴,即自服半,馀半与康,皆凝而为石。'"器案:此诗今不见沈集,沈游沈道士馆诗有云:"朋来握石髓。"见文选,李善注云:"袁彦伯竹林名士传曰:'王烈服食养性,嵇康甚敬之,随入山。烈尝得石髓,柔滑如饴,即自服半,馀半取以与康,皆凝而为石。'"不知为此诗异文,抑别是一诗。

〔八〕傅本不分段。

邢子才、魏收俱有重名[一],时俗准的[二],以为师匠[三]。邢赏服[四]沈约而轻任昉[五]，魏[六]爱慕任昉而毁沈约，每于谈宴，辞色以之[七]。邺下纷纭，各有朋党[八]。祖孝征尝谓吾曰："任、沈之是非，乃邢、魏之优劣也[九]。"

〔一〕重名，犹言盛名、大名，与前文言"重誉"义同。后汉书孔融传："孔文举有重名。"魏书文苑传："杨遵彦作文德论，以为古今辞人，皆负才遗行，浇薄险忌，惟邢子才、王元景、温子升彬彬有德素。"

〔二〕后汉书灵帝纪："其僚辈皆瞻望于宪，以为准的。"淮南原道篇高诱注："质的，射者之准埶也。"案：准的，犹今言标准目的。

〔三〕师匠，即宗师大匠。范宁春秋穀梁序："肤浅末学，不经师匠。"广弘明集二八上王筠与云僧正书："一代师匠，四海推崇。"

〔四〕赏服，颜本、朱本作"常服"。

〔五〕赵曦明曰："梁书任昉传：'昉字彦升，乐安博昌人。雅善属文，尤长载笔，才思无穷，起草不加点窜。沈约一代词宗，深所推挹。'"

〔六〕抱经堂校定本"魏"下有"收"字，各本及类说俱无，今据删。

〔七〕辞色以之，犹今言争得面红耳热。晋书祖逖传："辞色壮烈，众皆慨叹。"

〔八〕宋本及馀师录"有"作"为"。

〔九〕北齐书魏收传："始收与温子升、邢邵称为后进。邢既被疏出，子升以罪死，收遂大被任用，独步一时，议论更相訾毁，各有朋党。收每议，鄙邢文。邢又云：'江南任昉，文体本疏，魏收非直模拟，亦大偷窃。'收闻，乃曰：'伊常于沈约集中作贼，何意道我偷任昉！'任、沈俱有重名，邢、魏各有所好。武平中，黄门颜之推以二公意问仆射祖珽。珽答曰：'见邢、魏之臧否，即是任、沈之优劣。'"又见北史魏收传及御览五九九引三国典略。器案：六朝时品题人物或文章，往往以所批评之对象的优劣来定批评者之优劣，曹魏时亦有与此类似之事。三国志陈思王植传注引荀绰冀州记："刘准子：峤字国彦，髦字士彦，并为后出之俊。准与裴頠、乐广善，遣往见之。頠性弘方，爱峤之有高韵，谓准曰：'峤当及卿，然髦少减也。'广性清淳，爱髦之有神检，谓准曰：'峤自及卿，然髦尤精出。'准叹曰：'我二儿之优劣，乃裴、乐之优劣也。'"（又见御览四〇九、四四四引郭子。）王叔岷曰："案史通杂说中篇：'观休文宋典，诚曰不工；必比伯起魏书，更为良史。而收每云：我视沈约，正如奴耳。'（原注："出关东风俗传。"）"

吴均集〔一〕有破镜赋〔二〕。昔者，邑号朝歌，颜渊不舍〔三〕；里名胜母，曾子敛襟〔四〕：盖忌夫恶名之伤实也。破镜乃凶逆之兽，事见汉书〔五〕，为文幸避此名也。比世〔六〕往往见有和人诗者，题云敬同〔七〕，孝经云〔八〕："资于事父以事君而敬同〔九〕。"不可轻言也。梁世费旭诗云："不知是耶非〔一〇〕。"殷澐诗云："飖飏云母舟〔一一〕。"简文曰："旭既不识其父〔一二〕，澐又飖飏其母。"此虽悉古事，不可用也。世人或有文章引诗"伐鼓渊渊"者〔一三〕，宋书已有屡游之诮〔一四〕。如此流比〔一五〕，幸须避之。北面事亲，别舅摛渭阳之咏〔一六〕；堂上养老，送兄赋桓山之悲〔一七〕，皆大失也。举此一隅〔一八〕，触涂〔一九〕宜慎。

〔一〕赵曦明曰："梁书文学传：'吴均，字叔庠，吴兴故鄣人。文体清拔，有古气，好事者或斅之，谓为吴均体。'隋书经籍志：'梁奉朝请吴均集二十卷。'本传同。"

〔二〕破镜赋，赵曦明曰："今不传。"

〔三〕赵曦明曰："汉书邹阳传：'里名胜母，曾子不入；邑号朝歌，墨子回车。'案：此文不同，盖各有所本。"郝懿行曰："诸书多称'邑号朝歌，墨子不入'。"洪亮吉晓读书斋二录曰："颜渊事，不知所出，或系曾参之误。”陈汉章曰：“案下句即称曾子，何得上句更是曾子？淮南说山训曰：‘曾子立孝，不过胜母之间；墨子非乐，不入朝歌之邑。’崔骃达旨又云：‘颜回明仁于度毂。’”龚道耕先生曰：“水经淇水注引论语撰考谶云：‘邑名朝歌，颜渊不舍，七十弟子掩目，宰予独顾，由蹶堕车。’”器案：刘昼新论鄙名章：“水名盗泉，尼父不漱；邑名朝歌，颜渊不舍；里名胜母，曾子还轫；亭名柏人，汉君夜遁。何者？以其名害义也。”亦以回车朝歌为颜渊事，与本书同。

〔四〕郑珍曰：“水经淇水注引论语撰考谶云：‘邑名朝歌，颜渊不舍。’淮南子、盐铁论（案见晁错篇）并云：‘里名胜母，曾子不入。’”器案：御览一五七引论语撰考谶：“里名胜母，曾子敛襟。”说苑谈丛篇、论衡问孔篇、新论鄙名章亦以不入胜母为曾子，与本书同；史记邹阳传索隐引尸子，则又以为孔子。

〔五〕赵曦明曰：“汉书郊祀志：‘有言古天子尝以春解祠，祠黄帝用一枭破镜。’注：‘孟康曰：枭，鸟名，食母。破镜，兽名，食父。黄帝欲绝其类，故使百吏祠皆用之。’”

〔六〕比世，犹言比来、今世也。萧纶见姬人诗：“比来妆点异，今世拨鬟斜。”比来与今世对文，则比世犹今世、近世也。文选钟士季檄蜀文：“比年已来。”张铣注：“比，近也。”

〔七〕卢文弨曰：“以同为和，初唐人如骆宾王、陈子昂诸人集中犹然，别有作奉和同云云者，和字乃后人所增入。”陈直曰：“六朝人和诗题，大致称同、和、奉和、仰和四名词，称敬同者尚少见。或作者写诗给友朋时，有此谦称，至编集时又削去敬字欤。”器案：叶梦得玉涧新书云：“类文有梁武帝同王筠和太子忏悔诗云：‘仍取筠韵。’”此当时和诗言同之证。白居易和答诗十首序云：“其间所见，同者固不能自异，异者亦不能强同，同者谓之和，异者谓之答。”

〔八〕见士章。

〔九〕唐明皇注云：“资，取也，言敬父与敬君同。”

〔一〇〕赵曦明曰："汉武帝李夫人歌：'是耶非耶？立而望之。'"卢文弨曰："费旭，江夏人。"刘盼遂曰："案'旭'皆'𣆀'之误字也，隋书经籍志：'尚书义疏，梁国子助教费𣆀作。'陆氏经典释文叙录同。三国、六朝，费氏望出江夏鄳县。"陈直曰："'不知是耶非'一句，现全诗已佚。但昶有巫山高乐府云：'彼美岩之曲，宁知心是非。'与本句相类似，或昶'不知是耶非'诗句当时流传，已为简文所嗤点，故昶自改作'宁知心是非'，亦未可知。又昶诗虽本于汉武帝李夫人歌，但六朝人耶为爷字省文，东魏源磨耶圹志，即源磨爷也。故简文以不识其父讥之。"器案："费旭"当作"费昶"，南史何思澄传："王子云，太原人，及江夏费昶，并为闾里才子。昶善为乐府，又作鼓吹曲，武帝重之。"隋书经籍志集部有梁新田令费昶集三卷。玉台新咏亦颇选入费昶诗。陈直说略同。乐府诗集卷十七载梁费昶巫山高云："彼美岩之曲，宁知心是非。"下句当即颜氏所引异文，抑或因颜氏弹射而改之也。刘盼遂以为当作"费𣆀"，非是。

〔一一〕抱经堂本"飖"作"飘"，下同。赵曦明曰："晋宫阁记：'舍利池有云母舟。'见初学记。"卢文弨曰："'殷澐'疑是'殷芸'，梁书有传：'芸字灌疏，陈郡长平人。励精勤学，博洽群书，为昭明太子侍读。'宜与简文相接也。又有湘东王记室参军褚澐，河南阳泽人，有诗。二者姓名，必有一讹。"

〔一二〕卢文弨曰："以耶为父，盖俗称也。古木兰诗：'卷卷有耶名。'"刘盼遂曰："按南朝通俗称父为耶。南史王彧传：'长子绚，年五六岁，读论语至"周监于二代"，外祖何尚之戏之曰："可改'耶耶乎文哉'。"绚即答曰："尊者之名安可戏？宁可道'草翁之风必舅'？"'缘论语此句为'彧彧乎文哉'，彧是绚之父之名，故何戏改为耶，知南朝通称父为耶矣。"器案：文心雕龙指瑕篇："至于比语求蚩，反音取瑕，虽不屑于古，而有择于今焉。""是耶"之耶为父，"云母"之母为母，即比语求蚩之证；下文"伐鼓"，又反音取瑕之证也，此皆所谓"讳避精详"

者也。

〔一三〕宋本及馀师录无“文章”二字。“伐鼓渊渊”，诗小雅采芑文。

〔一四〕李慈铭曰：“案金楼子（杂记上）云：‘宋玉戏太宰屡游之谈，流连反语，遂有鲍照伐鼓、孝绰布武、韦粲浮柱之作。’此处‘宋书’，本亦作‘宋玉’。”刘盼遂曰：“案梁元帝金楼子杂记篇……据孝元之言，是引诗‘伐鼓渊渊’者为鲍照，然而沈约宋书明远附见南平王铄传中，不见‘伐鼓’之文，亦无‘屡游’之诮。隋书经籍志正史类有徐爰宋书六十五卷，孙严宋书六十五卷，宋大明中撰宋书六十一卷，则明远‘伐鼓’‘屡游’故实，当在此三史中矣。”器案：俞正燮癸巳类稿卷七反切证义已举金楼子及颜氏家训此文为言。文镜秘府论西册论病文二十八种病第二十：“翻语病者，正言是佳词，反语则深累是也。如鲍明远诗云：‘鸡鸣关吏起，伐鼓早通晨。’伐鼓，正言是佳词，反语则不祥，是其病也。崔氏云：‘伐鼓，反语腐骨，是其病。’”是伐鼓反语为腐骨。屡游反语未详。此文心雕龙指瑕篇所谓“比语求蚩，反音取瑕”是也。鲍明远诗，见文选行药至城东桥一首。又案：陆机赠顾交趾公贞诗：“伐鼓五岭表，扬旌万里外。”谢惠连猛虎行：“伐鼓功未著，振旅何时从？”梁武帝藉田诗：“启行天犹暗，伐鼓地未悄。”均引诗“伐鼓渊渊”，不独明远一人而已。诗中密旨六病例反语病六亦云：“篇中正言是佳词，反语则理累。鲍明远诗：‘伐鼓早通晨。’伐鼓则正字，反语则反字。”器又案：六朝人所用伐鼓有二义：一为出师，即本诗经；一为戒晨，水经漯水注云：“后置大鼓于其上（平城白楼），晨昏伐以千椎，为城里诸门启闭之候，谓之戒晨鼓也。”即其义也。若鲍诗所用，则后一义也，此应分别。又案：三国六朝人喜言反语，三国志吴书诸葛恪传载童谣曰：“……于何相求成子阁。”成子阁者，反语石子冈也。又见晋书五行志中，“成子阁”作“常子阁”；又见宋书五行志二，“成子阁”作“杨子阁”。宋书又载时人曰：“清暑者，反言楚声也。”清暑反语亦见晋书孝武帝纪。南齐书五行志载旧宫反穷厩，陶郎来反唐来劳，东田反癫童。南史梁本纪中载大通反同泰。又陈本纪载叔宝反少福，又袁粲传载袁愍反殒门，又梁武帝诸子传载鹿子开反来子哭。隋书五行志上载杨英反嬴殃。旧唐书高宗纪下载通乾反天穷。水经注四河水四载索郎反桑落。太平广记卷一百三十六魏叔麟条叔麟反身戮，武三思条德靖反鼎贼，又卷二百四十九邢子才条蓬莱反裴聋，又卷二百五十邓玄挺条木桶反幪秃，又卷二百五十五安陵佐史条奔墨反北门，契綟秃条天州反偷毡，毛贼反墨槽，曲录铁反曲綟秃，又卷二百五十八郝象贤条宠之反痴种，又卷二百七十八张镒条任调反饶甜，又卷二百七十九李伯怜条洗白马反泻白米，又卷三百一十六卢充条温休反幽婚，又卷三百二十二张君林条高褐反葛号。说略本俞正燮、刘盼遂。

〔一五〕流比，流辈比类。三国志魏书夏侯太初传："拟其伦比，勿使偏颇。"沈约奏弹王源："玷辱流辈。"义同。

〔一六〕赵曦明曰："诗小序：'渭阳，秦康公念母也。康公之母，晋献公之女。文公遭丽姬之难未反，而秦姬卒；穆公纳文公，康公时为太子，赠送文公于渭之阳，念母之不见也，我见舅氏，如母存焉。'"器案：此言母在北堂，而别舅摛渭阳之咏，是为大失也。太平广记二六二引笑林："甲父母在，出学三年而归，舅氏问其学何得，并序别父久。乃答曰：'渭阳之思，过于秦康。'既而父数之：'尔学奚益？'答曰：'少失过庭之训，故学无益。'"资暇集上："征舅氏事，必用渭阳，前辈名公，往往亦然，兹失于识，岂可轻相承耶？审诗文当悟，皆不可征用矣。是以齐杨愔幼时，其舅源子恭问读诗至渭阳未，愔便号泣，子恭亦对之欷歔。"

〔一七〕沈揆曰："家语：'颜回闻哭声，非但为死者而已，又有生离别者也。闻桓山之鸟，生四子焉，羽翼既成，将分于四海，其母悲鸣而送之，声有似于此，谓其往而不返也。孔子使人问哭者，果曰："父死家贫，卖子以葬，与之长决。"子曰："回也善于识音矣。"'一本作'恒山'者，非。”赵曦明曰：“案：沈氏所引家语，见颜回篇，说苑辨物篇亦载之，‘桓山’作‘完山’。”器案：桓山之悲，取喻父死而卖子；今父尚健在，而送兄引用桓山之事，是为大失也。又案：初学记十八、御览四八九引家语作“恒山”，与沈氏所见一本合；抱朴子辨问篇作“完山”，与说苑合。又罗本、傅本、颜本、程本、胡本、何本及徐师录引“桓山”作“栢山”，系避宋讳缺末笔而误；朱本作“北山”，又缘“栢山”音近而误也。

〔一八〕一隅，注详勉学篇“校定书籍”条。

〔一九〕触涂之触，与“触类旁通”之触义同，唐书崔融传：“量物而税，触涂淹久。”

江南文制〔一〕，欲人弹射〔二〕，知有病累〔三〕，随即改之，陈王得之于丁廙也〔四〕。山东风俗，不通击难〔五〕。吾初入邺，遂尝以此忤人〔六〕，至今为悔。汝曹必无轻议也。

〔一〕赵曦明曰：“文制，犹言製文。”器案：徐陵答李颙之书：“忽辱来告，文製兼美。”製、制古通。

〔二〕弹射，犹言指摘、批评。李详曰：“张衡西京赋：‘弹射臧否。’”器案：晋书五行志：“吴之风俗，相驱以急，言论弹射，以刻薄相尚。”

〔三〕诗品上：“张协文体华净，少病累。”所谓病累，主要指声病而言。通鉴二二二胡注：“声病，谓以平上去入四声，缉而成文，音从文顺谓之声，反是则谓之病。”文镜秘府论西册：“家制格式，人谈疾累。”疾累即病累也，其书列有文二十八种病。

〔四〕赵曦明曰：“文选曹子建与杨德祖书：‘仆尝好人讥弹其文，有不善者，应时改定。昔丁敬礼常作小文，使仆润饰之。仆自以才不能过若人，辞不为也。敬礼谓仆：“卿何所疑难，文之佳恶，吾自得之，后世谁相知定吾文者邪？”吾尝叹此达言，以为美谈。’”

〔五〕卢文弨曰："难，乃旦切。"案：击难，攻击责难也。世说新语文学篇："桓南郡与殷荆州共谈，每相攻难。"攻难即此击难也。

〔六〕宋本无"此"字。

凡代人为文，皆作彼语，理宜然矣。至于哀伤凶祸之辞，不可辄代〔一〕。蔡邕为胡金盈作母灵表颂曰："悲母氏之不永，然委我而夙丧〔二〕。"又为胡颢作其父铭曰："葬我考议郎君〔三〕。"袁三公颂曰："猗欤我祖，出自有妫〔四〕。"王粲为潘文则思亲诗云："躬此劳悴〔五〕，鞠予小人〔六〕；庶我显妣，克保遐年。"而并载乎邕、粲之集〔七〕，此例甚众。古人之所行，今世以为讳〔八〕。陈思王武帝诔，遂深永蛰之思〔九〕；潘岳悼亡赋，乃怆手泽之遗〔一〇〕：是方父于虫〔一一〕、匹妇于考也〔一二〕。蔡邕杨秉碑云："统大麓之重〔一三〕。"潘尼赠卢景宣诗云："九五思飞龙〔一四〕。"孙楚王骠骑诔云："奄忽登遐〔一五〕。"陆机父诔〔一六〕云："亿兆宅心，敦叙百揆〔一七〕。"姊诔云："伣天之和〔一八〕。"今为此言，则朝廷之罪人也〔一九〕。王粲赠杨德祖诗云："我君饯之，其乐泄泄〔二〇〕。"不可妄施人子，况储君乎〔二一〕？

〔一〕郝懿行曰："此论亦未尽然，如诗之小弁，宜臼之傅所作，即是哀伤凶祸之辞，可得代为也。"

〔二〕徐师录"然"作"倏"，义较佳。卢文弨曰："此文今蔡集有之。胡金盈，胡广之女。此句作'胡委我以夙丧'。"刘宝楠汉石例一称灵表例举此及司徒袁公夫人马氏灵表，云："灵之为善，常训也，大戴礼曾子篇：'神灵者，品物之本也，阳之精气曰神，阴之精气曰灵。'诗灵台传:‘神之精明者称灵。’故汉书礼乐志安世房中歌,灵凡再见,郊祀歌练时日,灵凡八见,天地一见,赤蛟五见,皆谓神灵也。说文云:‘灵,灵巫以玉事神,从玉霝声。’又云:‘灵或从巫。’案:灵本事神之玉,因以名神;其事神之巫,亦因以名灵。然则灵表者,以兆域为神所依,故表其神灵,王稚子阙称先灵是也。”

〔三〕卢文弨曰:“胡颢,广之孙,议郎,名宁。今蔡集无此篇,与下袁三公颂同逸。”

〔四〕左传昭公八年杜注:“胡公满,遂之后也,事周武王,赐姓曰妫,封之陈。”广韵二十一欣:“袁姓出陈郡、汝南、彭城三望,本自胡公之后。”诗周颂潜:“猗与漆、沮。”郑笺:“猗与,叹美之言也。”

〔五〕罗本、傅本、颜本、程本、胡本、何本、朱本、文津本及馀师录“悴”作“瘁”,字通。诗小雅蓼莪:“哀哀父母,生我劳瘁。”郑笺:“瘁,病也。”

〔六〕蓼莪:“母兮鞠我。”毛传:“鞠,养。”

〔七〕赵曦明曰:“思亲诗,今见粲集中。”

〔八〕宋本及馀师录引句末有“也”字。

〔九〕郝懿行曰:“文心雕龙指瑕篇云:‘永蛰颇疑于昆虫。’”李详曰:“案艺文类聚十四曹植武帝诔:‘潜闼一扃,尊灵永蛰。’”

〔一〇〕赵曦明曰:‘岳集中载悼亡赋,无此句。”郝懿行曰:“潘岳悲内兄则云‘感口泽’,及此云悼亡赋‘怆手泽’,今检潘集,都未见此二语,何也?”

〔一一〕赵曦明曰:“礼记月令:‘季秋之月,蛰虫咸俯。’”

〔一二〕宋本及馀师录作“譬妇为考也”。何焯曰:“白诗中‘譬’字多作‘匹’。”赵曦明曰:“礼记玉藻:‘父没而不能读父之书,手泽存焉尔。’”陈直曰:“金楼子立言篇云:‘陈思之文,群才之隽也。武帝诔云:尊灵永蛰。明帝颂云:圣体浮轻。浮轻有似于蝴蝶,永蛰可拟于昆虫,施之尊极,不其嗤乎。’之推之言,盖与梁元帝相似。”

〔一三〕赵曦明曰:“案今蔡集所载秉碑一篇,无此语。书舜典:‘纳于大麓,烈风雷雨弗迷。’”卢文弨曰：“郑康成注尚书大传云：‘山足曰麓，麓者，录也。古者，天子命大事，命诸侯，则为坛国之外。尧聚诸侯，命舜陟位居摄，致天下之事，使大录之。’”案：汉书王莽传中：“予前在大麓，至于摄假。”用法与此同。陈槃曰：“汉书于定国传：‘永光元年，春霜夏寒，日青无光，元帝以诏条责定国。定国惶恐，上书自劾，归侯印，乞骸骨。元帝报曰：君相朕躬，不敢怠息。万方之事，大录于君。能毋过者，其为圣人。’此诏正用尧典‘纳于大麓’事，则训麓为录，不始于康成之注尚书大传矣。”

〔一四〕赵曦明曰：“今集中有送卢景宣诗一首，无此句。易乾卦：‘九五，飞龙在天，利见大人。’案：九五，君位，飞龙，是圣人起而为天子，故不可泛用。”

〔一五〕赵曦明曰：“此篇今已亡。礼记曲礼下：‘告丧曰天王登假。’假读为遐。”器案：孙楚，晋书本传云：“字子荆，太原中都人也。”隋书经籍志：“晋冯翊太守孙楚集六卷，梁十二卷，录一卷。”本书终制篇：“傥然奄忽。”文选马融长笛赋：“奄忽灭没。”注：“方言：‘奄，遽也。’”三国志蜀书先主传：“亮上言于后主曰：‘伏惟大行皇帝……奄忽升遐。’”文镜秘府论地册十四例轻重错谬之例：“陈王之诔武帝，遂称‘尊灵永蛰’；孙楚之哀人臣，乃云‘奄忽登遐’。”原注：“子荆王骠骑诔，此错谬一例也。见颜氏传。”即据本文为说。王楙野客丛书卷二十八曰：“登遐二字，晋人臣下亦多称之，如夏侯湛曰：‘我王母登遐。’孙楚除娣服诗曰：‘神爽登遐忽一周。’又诔王骠骑曰：‘奄忽登遐。’自此称登遐者不少，亦当时未避忌尔，然不可谓臣下亦可称也。”严可均辑孙楚文失收此句。王叔岷曰：“案墨子节丧篇：‘秦之西有仪渠之国者，其亲戚死，聚柴而焚之，熏上，谓之登遐。’（又见列子汤问篇、博物志异俗篇、刘子风俗篇。）列子黄帝篇：‘而帝登假。’张湛注：‘假当为遐。’周穆王篇：‘世以为登假焉。’注：‘假字当作遐。’”

〔一六〕陆机父抗，吴大司马。类聚四七引机吴大司马陆抗诔无此二语，严可均辑全晋文失收，当据补。

〔一七〕赵曦明曰："此语未见。左氏闵元年传：'天子曰兆民。'书泰誓中：'纣有亿兆夷人。'又康诰：'汝丕远惟商耇成人，宅心知训。'文选刘越石劝进表：'纯化既敷，则率土宅心。'书益稷：'惇叙九族。'舜典：'纳于百揆，百揆时叙。'"

〔一八〕颜本、朱本及馀师录"和"作"妹"。今机集无此文。赵曦明曰："诗大雅大明：'大邦有子，俔天之妹。'传：'俔，磬也。'说文：'俔，谕也。'谓譬喻也。牵遍切。"

〔一九〕器案：金楼子立言篇下："古来文士，异世争驱，而虑动难固（周），鲜无瑕病。陈思之文，群才之隽也，武帝诔云：'尊灵永蛰。'明帝颂云：'圣体浮轻。''浮轻'有似于蝴蝶，'永蛰'可拟于昆虫，施之尊极，不其嗤乎！"文心雕龙指瑕篇："古来文才，异世争驱，或逸才以爽迅，或精思以纤密；而虑动难圆，鲜无瑕病。陈思之文，群才之俊也，而武帝诔云：'尊灵永蛰。'明帝颂云：'圣体浮轻。'浮轻有似于胡蝶，永蛰颇疑于昆虫，施之尊极，岂其当乎！左思七讽，说孝而不从，反道若斯，馀不足观矣。潘岳为才，善于哀文，然悲内兄则云'感口泽'，伤弱子则云'心如疑'。礼文在尊极，而施之下流，辞虽足哀，义斯替矣。"金楼、文心所言，足与颜氏之说互证。

〔二〇〕赵曦明曰："此篇已亡。杨修，字德祖，太尉彪之子。左氏隐元年传：'公入而赋："大隧之中，其乐也融融。"姜出而赋："大隧之外，其乐也泄泄。"'"案：杜注："泄泄，舒散也。"

〔二一〕后汉书安纪赞："降夺储嫡。"李贤注："储嫡，谓太子也。"董逌广川书跋五："秦、汉以后，禁忌稍严，文气日益凋丧，然未若后世之纤密周细，求人功辠于此也。昔左氏书子皮即位，叔向言罕乐得其国；叶公作顾命，楚、汉之际为世本者用之；潘岳奉其母，称万寿以献觞；张永谓其父柩，大行届道；孙盛谓其父登遐；萧惠开对刘成，甚如慈旨；竟陵谓顾宪之曰:'非君无以闻此德音。'鲍照于始兴王则谓:'不足宣赞圣旨。'晋武诏山涛曰:'若居谅闇,情在难夺。'夫顾命、大行、谅闇、德音,后世人臣,不得用之。其以朕自况,与称臣对客,自汉已绝于此,况后世多忌,而得用耶?颜之推曰:'古之文,宏才逸气,体度风格,去今人实远;但缀缉疏朴,未为密致耳。今世音律谐靡,章句对偶,避讳精详,贤于往昔。'之推当北齐时,已避忌如此,其谓'缀缉疏朴',此正古人奇处,方且以避讳精详为工,音律对偶为丽,不知文章至此,衰敝已剧,尚将依依求名人之遗迹邪?吾知溺于世俗之好者,此皆沈约徒隶之习也。"案:董氏之说,足与颜氏之说相辅相成,因此而附及之。又案:傅本、鲍本不分段。

挽歌辞者,或云古者虞殡之歌〔一〕,或云出自田横之客〔二〕,皆为生者悼往告哀之意〔三〕。陆平原〔四〕多为死人自叹之言〔五〕,诗格〔六〕既无此例,又乖制作本意〔七〕。

〔一〕此句及下句"云"字,抱经堂校定本俱作"曰",宋本及各本俱作"云",今据改。赵曦明曰:"左氏哀十一年传:'公孙夏命其徒歌虞殡。'注:'虞殡,送葬歌曲。'"

〔二〕赵曦明曰:"崔豹古今注:'薤露、蒿里,并丧歌也。田横自杀,门人伤之,为作悲歌,言人命如薤上之露,易晞灭也;亦谓人死魂魄归乎蒿里,故有二章。至李延年乃分为二曲,薤露送王公贵人,蒿里送士大夫庶人,使挽柩者歌之,世呼为挽歌。'"案:田横,齐王田荣弟,史记有传。

〔三〕皆为生者悼往告哀之意。傅本、胡本"告"作"苦",不可从。

〔四〕赵曦明曰:"陆机为平原内史。"

〔五〕赵曦明曰:"陆机挽歌诗三首,不全为死人自叹之言,唯中一首云:'广宵何寥廓,大暮安可晨?人往有反岁,我行无归年!'乃自叹之辞。"器案:挽歌诗见文选卷二十八。缪袭挽歌云"造化虽神明,安能复存我"云云。陶潜挽歌辞云"娇儿索父啼,良友抚我哭"云云。又云"肴案盈我前,亲旧哭我傍"云云。又云"严霜九月中,送我出远郊"云云。并为死人自叹之言,固不止一陆平原也。

〔六〕案:唐书艺文志丁部著录诗格、诗式,自元兢以下凡七家。据此,则诗格、诗式,虽自唐人始撰辑成书,而其说则六朝固已发之矣。

〔七〕宋本及馀师录"本意"作"大意"。郝懿行曰:"陶渊明自作挽歌,乃愈见其旷达,然故是变格尔。"

凡诗人之作,刺箴美颂,各有源流,未尝混杂,善恶同篇也。陆机为齐讴篇〔一〕,前叙山川物产风教之盛,后章忽鄙山川之情〔二〕,殊〔三〕失厥体。其为吴趋行〔四〕,何不陈子光、夫差乎〔五〕?京洛行〔六〕,胡不述赧王、灵帝乎〔七〕?

〔一〕沈揆曰:"乐府(卷六十四):'陆机齐讴行备言齐地之美,亦欲使人推分直进,不可妄有所营也。'"器案:文选齐讴行张铣注:"此为齐人讴歌国风也,其终篇亦欲使人推分直进,不可苟有所营。"

〔二〕赵曦明曰:"非也。案本诗'惟师'以下,刺景公据形胜之地,不能修尚父、桓公之业,而但知恋牛山之乐,思及古而无死也。"器案:齐讴行云:"鄙哉牛山叹,未及至人情。"此鄙景公耳,非鄙山川也。齐景公登牛山,悲去其国而死,见韩诗外传卷十、晏子春秋内篇谏上及外篇、列子力命篇及御览四二八引新序。

〔三〕"殊"原作"疎",傅本、朱本及馀师录作"殊",义较胜,今据改正。

〔四〕沈揆曰:"乐府云:'崔豹古今注曰:"吴趋行,吴人以歌其地。"陆机吴趋行曰:"听我歌吴趋。"趋,步也。'一本作'吴越行'者,非。"器案:文选吴趋行刘良注:"此曲,吴人歌其土风也。"

〔五〕赵曦明曰："非也。吴趋乃平原桑梓之邦，以释回增美为体，何为而陈子光、夫差乎？"

〔六〕案：乐府诗集卷三十九煌煌京洛行录魏文帝以下四首，无陆机之作，盖在宋时已亡之矣。

〔七〕罗本、傅本、颜本、何本、朱本及馀师录"胡"作"何"，程本及胡本误作"祠"。赵曦明曰："非也。京洛为天子之居，当以可法可戒为体，何为而述赧王、灵帝乎？"

自古宏才博学，用事误者有矣；百家杂说，或有不同〔一〕，书傥湮灭，后人不见，故未敢轻议之。今指知决纰缪者〔二〕，略举一两端以为诫〔三〕。诗云："有鷕雉鸣〔四〕。"又曰〔五〕："雉鸣求其牡。"毛传亦曰："鷕，雌雉声。"又云："雉之朝雊，尚求其雌〔六〕。"郑玄注月令亦云："雊，雄雉鸣〔七〕。"潘岳赋〔八〕曰："雉鷕鷕以朝雊〔九〕。"是则混杂其雄雌矣〔一〇〕。诗云："孔怀兄弟〔一一〕。"孔，甚也；怀，思也，言甚可思也。陆机与长沙顾母书〔一二〕，述从祖弟士璜死〔一三〕，乃言："痛心拔脑〔一四〕，有如孔怀。"心既痛矣，即为甚思，何故方言有如也〔一五〕？观其此意，当谓亲兄弟为孔怀〔一六〕。诗云："父母孔迩〔一七〕。"而呼二亲为孔迩，于义通乎？异物志〔一八〕云："拥剑状如蟹〔一九〕，但一螯偏大尔〔二〇〕。"何逊〔二一〕诗云："跃鱼如拥剑〔二二〕。"是不分鱼蟹也。汉书："御史府中列柏树，常有野鸟数千，栖宿其上，晨去暮来，号朝夕鸟〔二三〕。"而文士往往误作乌鸢用之〔二四〕。抱朴子说项曼都诈称得仙〔二五〕，自云："仙人以流霞一杯与我饮之，辄不饥渴〔二六〕。”而简文诗云：“霞流抱朴碗〔二七〕。”亦犹郭象以惠施之辨为庄周言也〔二八〕。后汉书：“囚司徒崔烈以银铛锁〔二九〕。”银铛，大锁也；世间多误作金银字〔三〇〕。武烈太子〔三一〕亦是数千卷学士〔三二〕，尝作诗云：“银锁三公脚，刀撞仆射头〔三三〕。”为俗所误〔三四〕。

〔一〕荀子解蔽篇：“今诸侯异政，百家异说，则必或是或非，或治或乱。”史记太史公自序：“整齐百家杂语。”正义：“整齐诸子百家杂说之语。”

〔二〕卢文弨曰：“礼记大传：‘五者，一物纰缪。’注：‘纰，犹错也。’释文：‘纰，匹弥切。缪，本或作谬。’”

〔三〕宋本、鲍本及徐师录引句末有“云”字。

〔四〕此及下句引诗，见邶风匏有苦叶。卢文弨曰：“鷕，说文以水切，今读户小切。”

〔五〕又曰，抱经堂本作“又云”，宋本及各本都作“又曰”，今从之。

〔六〕见诗小雅小弁。

〔七〕见礼记月令季冬之月。郝懿行曰：“郑注月令，今本无‘雄’字，而云：‘雊，雉鸣也。’说文亦云：‘雊，雄雉鸣。’疑颜氏所见古本有‘雄’字，而今本脱之欤？’

〔八〕赵曦明曰：“岳有射雉赋。”

〔九〕朱本注云：“雊，音垢，雌雄鸣也。”此朱轼臆说，不可从。

〔一〇〕赵曦明曰：“徐爰注此赋云：‘延年以潘为误用。案：诗“有鷕雉鸣”，则云“求牡”，及其“朝雊”，则云“求雌”，今云“鷕鷕朝雊”者，互文以举，雄雌皆鸣也。’案：徐说甚是，古人行文，多有似此者。”段玉裁曰：“徐子玉与延年皆宋人也，黄门年代在后，其所作家训，当是袭延年说耳。”案：段玉裁说文解字注四上雊篆：“雊，雄雉鸣也。言雄雉鸣者，别于鷕之为雌雉鸣也。小雅：‘雉之朝雊，尚求其雌。’邶风：‘有鹭雉鸣。’下云：‘雉鸣求其牡。’按：郑注月令云：‘雊，雉鸣也。’是雊不必系雄鸣，则毛公系诸雌，亦望文立训耳。若潘安仁赋：‘雉鹭鹭而朝雊。’此则所谓浑言不别也。颜延年、颜之推皆云潘误用，未孰于训诂之理。”

〔一一〕赵曦明曰：“诗小雅常棣作‘兄弟孔怀’。”

〔一二〕赵曦明曰：“通典：‘秦长沙郡，汉为国，后汉复为郡，晋因之。’”

〔一三〕器案：御览六九五引陆机与长沙夫人书：“士璜亡，恨一襦少，便以机新襦衣与之。”即此一书也。

〔一四〕宋本、罗本、颜本、程本、胡本、何本、朱本“脑”作“恼”，傅本、抱经堂本及馀师录作“脑”，今从之。

〔一五〕“方”字，各本俱脱，宋本、鲍本及馀师录有，今据补正。

〔一六〕器案：魏志管辂传：“辰叙曰：‘辰不以闇浅，得因孔怀之亲，数与辂有所谘论。’”通鉴一三六：“魏主乃下诏，称‘二王所犯难恕，而太皇太后追惟高宗孔怀之思’云云。”胡注：“二王于文成帝为兄弟，诗曰：‘兄弟孔怀。’”文馆词林六九一隋文帝答蜀王敕书：“嫉妒于弟，无恶不为，灭孔怀之情也。”则以兄弟为孔怀，自三国迄北隋，犹然相同也。孙能传剡溪漫笔一曰：“诗文用歇后语，亦是一疵，东京、魏、晋以来多有之。崔骃云：‘非不欲室也，恶登墙而搂处。’崔琰云：‘哲人君子，俄有色斯之志。’傅亮云：‘照邻殆庶。’王融云：‘风舞之情咸荡。’皆载在文选，不以为嫌，绝不可以为法。陶渊明诗：‘再喜见友于。’梁武帝戏刘溉：‘文章假手。’孙莐曰：‘得无贻厥之力乎？’后学相承，遂谓兄弟为友于，子孙为贻厥，少陵诗：‘山鸟幽花皆友于。’昌黎诗：‘岂谓贻厥无基址。’颜鲁公郭汾阳家庙碑：‘友于著睦，贻厥有光。’皆未免俗。若尔，则率土之滨莫非王，何以云倒绷孩儿也。”案：孙氏言歇后语之疵，独未及孔怀，此亦其邻类也。王叔岷曰：“弘明集十一刘君白答僧岩法师书：‘对孔怀之好，敦九族之美。’亦以兄弟为‘孔怀’。”

〔一七〕见诗周南汝坟。

〔一八〕赵曦明曰："隋书经籍志：'异物志一卷，汉议郎杨孚撰。'"

〔一九〕古今注中鱼虫第五："蟛蚏，小蟹也，生海边，食土，一名长卿。其有一螯偏大，谓之拥剑，亦名执火，以其螯赤，故谓执火也。"

〔二〇〕北户录一崔龟图注引"䗛"作"螯"。朱本注云："䗛，音敖，蟹大足，螯同。"

〔二一〕赵曦明曰："梁书文学传：'何逊，字仲言，东海郯人。八岁能赋诗文章，与刘孝绰并见重当世。'"

〔二二〕案：何渡连圻二首作"鱼游若拥剑，猿挂似悬瓜"。

〔二三〕见汉书朱博传。

〔二四〕宋祁曰："浙本亦作'乌'。余谓'乌'字当作'乌'字。"缃素杂记八："余案：白氏六帖与李济翁资暇集，其馀简编所载，及人所引用，皆以为乌鸢，而独家训以为不然，何哉？余所未谕。"（永乐大典二三四五用此文，失记出处。）方以智通雅二四曰："今称御史为乌台，以朱博传'御史府中列柏木，常有野乌数千'也。于文定泥颜氏家训，以为'乌'误作'乌'。智案：唐、宋来皆用乌府，考汉书原作'乌'字，或颜氏别见一本耶？"卢文弨曰："此见朱博传，本皆作'乌'，宋祁因颜此言，谓当作'乌'。"周寿昌曰："颜氏当日所见汉书，或传钞偶误，宋氏取此孤证，欲改古书，未可信也。考御史府称乌署，见唐制书；乌府、乌台，见白六帖；唐张良器有乌台赋云：'门凌晨而豸出，树夕阳而乌来。'正用此事。是唐以来，汉书皆作'乌'，益可证。"陈直曰："汉书刊本，乌鸟二字往往易混。例如张掖郡鸾鸟县，宋嘉祐本即作鸾乌。苏诗云：'乌府先生铁作肝。'是宋人所见朱博传即作野乌。颜氏所见本作野鸟，或字之异同，未可即定鸟为正确字。"

〔二五〕刘盼遂曰："案：葛说又本王充论衡道虚篇。"

〔二六〕卢文弨曰："见祛惑篇。"

〔二七〕今本简文集无此诗。刘盼遂曰："案抱朴子祛惑篇之说，又本之王充论衡道虚篇。道虚篇云：'河东蒲坂项曼都好道，学仙，委家亡去，三年而返家。问其状，曰："去时不能自知，忽见若卧形，有仙人数人将我上天，离月数里而止。见月上下幽冥，幽冥不知东西。居月之旁，其寒凄怆，口饥欲食，仙人辄饮我以流霞一杯。每饮一杯，数月不饥。不知去几何年月，不知以何为过，忽然若卧，复下至此。"河东号之曰斥仙。'此正为抱朴子所本。简文诗云：'霞流抱朴碗。'亦可云'霞流王充碗'乎？宜其为颜氏之所讥也。"

〔二八〕赵曦明曰："案：庄子天下篇，自'惠施多方'而下，因述施之言而辨正之。郭象注云：'昔吾未览庄子，尝闻论者争夫尺棰、连环之意，而皆云庄生之言。案：此篇较评诸子，至于此章，则曰其道舛驳，其言不中，乃知道听涂说之伤实也。'则郭注本分明，颜氏讥之，误也。"按：此指郭象未见庄子以前耳，非误。

〔二九〕银铛，宋本原注："上音狼，下音当。"赵曦明曰："后汉书崔骃传：'孙寔，从弟烈，因傅母入钱五百万，得为司徒。献帝时，子钧与袁绍俱起兵山东，董卓以是收烈付郿狱，锢之银铛铁锁。卓既诛，拜城门校尉。'"能改斋漫录七："韩子苍夏夜广寿寺偶书云：'城郭初鸣定夜钟，苾刍过尽法堂空。移床独向西南角，卧看琅珰动晚风。'案：颜氏家训云云，颜所引银铛字皆从金，子苍所用字皆从玉，仍以银铛为铃铎，而非锁也。子苍博极群书，恐当别有所本，洪龟父亦云：'琅珰鸣佛屋。'"器案：汉书王莽传下："以铁锁琅当其颈。"师古曰："琅当，长锁也。"字正从玉。至谓铃铎为琅珰，当由"三郎郎当"而来耳。

〔三〇〕困学纪闻八引董彦远除正字启："锁定银铛之名，车改金根之目。"上句即此文所申斥之流比。何焯曰："金银借对，谓定银为银也。"

〔三一〕卢文弨曰："南史忠壮世子方等传：'字实相，元帝长子。少聪敏，有俊才，南讨军败溺死，谥忠壮，元帝即位，改谥武烈世子。'"

〔三二〕器案：数千卷学士，谓读数千卷书之学士。本书名实篇："有一士族，读书不过二三百卷。"又勉学篇："若能常保数百卷书。"类说"保"作

"饱"。俱谓读若干卷书也。北史崔儦传:"少以读书为务,负恃才地,大署其户曰:'不读五千卷书者,无得入室。'"杜甫赠韦左丞诗:"读书破万卷。"

〔三三〕萧方等无集传世。案:北齐书王纮传:"帝使燕子献反缚纮,长广王捉头,帝手刃将下,纮曰:'杨遵彦、崔季舒,逃走避难,位至仆射尚书;冒死效命之士,反见屠戮,旷古未有此事。'帝投刃于地,曰:'王师罗不得杀。'遂舍之。"岂方等亦用近事耶?疑不能明也。

〔三四〕能改斋漫录此句作"盖误也"。

文章地理〔一〕,必须惬当。梁简文〔二〕雁门太守行〔三〕乃云:"鹅军攻日逐〔四〕,燕骑荡康居〔五〕,大宛归善马〔六〕,小月送降书〔七〕。"萧子晖〔八〕陇头水〔九〕云:"天寒陇水急,散漫俱分泻,北注徂黄龙〔一〇〕,东流会白马〔一一〕。"此亦明珠之颣〔一二〕、美玉之瑕,宜慎之〔一三〕。

〔一〕案:本书勉学篇:"夫学贵能博闻也。郡国山川……皆欲根寻,得其原本。"寻诗经鄘风定之方中毛传:"故建邦能命龟,田能施命,作器能铭,使能造命,升高能赋,师旅能誓,山川能说,丧纪能诔,祭祀能语:君子能此九者,可谓有德音,可以为大夫。"释文:"能说,如字。郑志:'问曰:山川能说,何谓也?答曰:两读。或言说,说者说其形势也;或曰述,述其故事也。'"孔颖达疏:"山川能说者,谓行过山川,能说其形势而陈述其状也。郑志:'张逸问:传曰山川能说,何谓?答曰:两读。或云说者说其形势;或云述者,述其古事。'则郑为两读,以义俱通故也。"器案:后世地志、图经之作,盖权舆于此,汉书地理志所谓"采获旧闻,考迹诗书,推表山川,以缀禹贡、周官、春秋,下及战国、秦、汉焉"是也。

〔二〕赵曦明曰:"梁书简文帝纪:'讳纲,字世缵,小字六通,高祖第三子。

大宝二年,侯景使王伟等弑之。帝雅好题诗,其序云:"余七岁有诗癖,长而不倦;然伤于轻艳,当时号曰宫体。"'"案:隋书经籍志:"梁简文帝集八十五卷,陆罩撰并录。"周书萧大圜传:"简文集九十卷。"又案:简文前已数见,不应在此始出注,兹仍沿赵、卢之失,率尔识之。

〔三〕赵曦明曰:"汉书匈奴传:'赵武灵王自代并阴山下至高阙为塞,置云中、雁门、代郡。'汉书地理志:'雁门郡,秦置,属并州。'"

〔四〕赵曦明曰:"左氏昭二十一年传:'宋公子城与华氏战于赭丘,郑翩愿为鹳,其御愿为鹅。'汉书匈奴传:'狐鹿孤单于立,以左大将为左贤王,数年病死。其子先贤掸不得代,更以为日逐王。日逐王者,贱于左贤王。'"案:左传杜注:"鹳、鹅,皆阵名。"

〔五〕赵曦明曰:"战国燕策:'苏秦说燕文侯曰:"燕军七百乘,骑六千匹。"'汉书西域传:'康居国与大月氏同俗,东羁事匈奴。'"

〔六〕赵曦明曰:"汉书西域传:'大宛国治贵城山,多善马,马汗血。武帝遣使者持千金及金马以请宛善马,不肯与,汉使妄言,宛遂攻杀汉使。于是天子遣贰师将军伐宛,宛人斩其王毋寡首,献马三千匹。宛王蝉封与汉约,岁献天马二匹。'"

〔七〕赵曦明曰:"汉书西域传:'大月氏为单于攻破,乃远去。不能去者,保南山羌,号小月氏。共禀汉使者有五翖侯,皆属大月氏。'"卢文弨曰:"氏音支。翖与翕同。此殆言燕、宋之军,其与此诸国皆不相及也。"陈直曰:"乐府诗集有简文雁门太守行二首,独无此四句,盖当日所作,不止此数。而此四句反见褚翔雁门太守行篇中,(见冯氏诗纪。)之推为当时人,属于简文所作,当然可信。又简文此作系依题咏事,若汉乐府亦有此题,则专为歌颂洛阳令王稚子而作也。"器案:此乃梁褚翔诗,非简文诗也。梁简文从军行云:"先平小月阵,却灭大宛城,善马还长乐,黄金付水衡。"见乐府诗集卷三十二,此盖相涉而误。又乐府诗集卷三十九载褚翔雁门太守行云:"戎车攻日逐,燕骑荡康居,大宛归善马,小月送降书。"

〔八〕赵曦明曰："梁书萧子恪传：'弟子晖，字景光。少涉书史，亦有文才。'"案隋书经籍志："梁萧子晖集九卷。"

〔九〕赵曦明曰："后汉郡国志：'汉阳郡陇县，州刺史治，有大坂，名陇坻。'注：'三秦记："其坂九回，不知高几许，欲上者七日乃越。高处可容百馀家，清水四注下。"郭仲产秦州记曰："陇山东西百八十里，登山岭东望秦川四五百里，极目泯然。山东人行役升此而顾瞻者，莫不悲思，故歌曰：陇头流水，分离四下。念我行役，飘然旷野。登高远望，涕零双堕。"'"陈直曰："冯氏诗纪萧子晖诗，存春宵等三首，陇头水乐府已佚。"

〔一〇〕赵曦明曰："宋书朱修之传：'鲜卑冯宏称燕王，治黄龙城。'"

〔一一〕赵曦明曰："汉书西南夷传：'自冉駹以东北，君长以十数，白马最大，皆氐类也。'"卢文弨曰："案：陇在西北，黄龙在北，白马在西南，地皆隔远，水焉得相及。"器案：此及雁门太守行所侈陈之地理，皆以夸张手法出之，颜氏以为文章瑕颣，未当。又案：史记荆燕世家："汉四年，使刘贾将二万人、骑数百，渡白马津，入楚地。"正义："括地志云：'黎阳，一名白马津，在滑州白马县北三十里。'"则此处白马，正当以白马津释之，始与"东流"义会，不必远摭西南之白马氐以实之，且白马氐何得言"东流会"也。

〔一二〕赵曦明曰："淮南子氾论训：'夏后氏之璜，不能无考；明月之珠，不能无颣。'"卢文弨曰："考，瑕衅也。颣，若丝之结颣也，卢对切。"王叔岷曰："淮南子说林篇：'若珠之有颣，玉之有瑕。'"

〔一三〕宋长白柳亭诗话卷二十六："旨哉斯言，可为轻于涉笔者戒。"

王籍〔一〕入若耶溪诗云："蝉噪林逾静，鸟鸣山更幽。"江南以为文外断绝〔二〕，物无异议。简文吟咏，不能忘之，孝元讽味〔三〕，以为不可复得，至怀旧志载于籍传。范阳卢询祖〔四〕，邺下才俊，乃言："此不成语，何事于能〔五〕？"魏收亦然其论〔六〕。诗云〔七〕："萧萧马鸣，悠悠旆旌。"毛传曰："言不喧哗也。"吾每叹此解有情致〔八〕，籍诗生于此耳〔九〕。

〔一〕赵曦明曰："梁书文学传下：'王籍，字文海，琅邪临沂人。七岁能属文。及长，好学博涉，有才气。除轻车、湘东王谘议参军，随府会稽，郡境有云门天柱山，籍尝游之，累月不反，至若邪溪，赋诗云云，当时以为文外独绝。'案：此书作'断绝'，疑误。"

〔二〕御览五八六引"文外"作"文章"。陈直曰："南史王籍传载若耶溪诗两句，与之推所引相同。全诗共四韵，见冯氏诗纪。"器案：南史王籍传："至若邪溪赋诗云：'蝉噪林逾静，鸟鸣山更幽。'刘孺见之，击节不能已。"刘孺字季幼，南史卷三十九有传，梁武帝所称为"刘孺洛阳才"者也。

〔三〕案下文亦有"动静辄讽味"语。文心雕龙辨骚篇："扬雄讽味，亦言体同诗雅。"

〔四〕"祖"字各本俱脱，今据宋本补。卢文弨曰："魏书卢观传：'观从子文伟，文伟孙询祖，袭祖爵大夏男。有术学，文辞华美，为后生之俊，举秀才，至邺。'"

〔五〕器案：论语雍也篇："何事于仁，必也圣乎？"之推造句本此。苕溪渔隐丛话前一引蔡居厚宽夫诗话："晋、宋间诗人，造语虽秀拔，然大抵上下句多出一意，如'鱼戏新荷动，鸟散馀花落'、'蝉噪林逾静，鸟鸣山更幽'之类，非不工矣，终不免此病。"此亦言籍此诗之病累者。

〔六〕黄叔琳曰："人世好尚不一，焉能强齐？菖菹脍炙，各从所嗜耳。"

〔七〕见小雅车攻。

〔八〕宋景文笔记中："诗曰'萧萧马鸣，悠悠旆旌'，见整而静也，颜之推爱之。'杨柳依依,雨雪霏霏',写物态,慰人情也,谢玄爱之。'远猷辰告',谢安以为佳话。"陆象山语录:"'萧萧马鸣',静中有动。'悠悠旆旌',动中有静。"王士禛古夫于亭杂录二曰:"愚案:玄与之推所云是矣,太傅所谓'雅人深致',终不能喻其指。"

〔九〕古夫于亭杂录六:"颜之推标举王籍'蝉噪林逾静,鸟鸣山更幽',以为自小雅'萧萧马鸣,悠悠旆旌'得来,此神契语也。学古人勿袭形模,正当寻其文外独绝处。"

兰陵〔一〕萧悫〔二〕,梁室上黄侯之子,工于篇什〔三〕。尝有秋诗〔四〕云:"芙蓉露下落,杨柳月中疏。"时人未之赏也。吾爱其萧散〔五〕,宛然在目〔六〕。颍川荀仲举〔七〕、琅邪诸葛汉〔八〕,亦以为尔。而卢思道〔九〕之徒,雅所不惬〔一〇〕。

〔一〕兰陵,故址在今山东峄县东五十里。

〔二〕赵曦明曰:"北齐书文苑传:'萧悫,字仁祖,梁上黄侯晔之子。天保中入国,武平中太子洗马,曾秋夜赋诗云云,为知音所赏。'"

〔三〕隋书经籍志:"记室参军萧悫集九卷。"邢邵萧仁祖集序:"萧仁祖之文,可谓雕章间出。昔潘、陆齐轨,不袭建安之风;颜、谢同声,遂革太原之气。自汉逮晋,情赏犹自不谐;江北、江南,意制本应相诡。"

〔四〕陈直曰:"萧悫原诗现存,题为秋思,本文'秋'下当脱'思'字。悫诗多见于文苑英华、乐府诗集。冯氏诗纪辑有十七首。"器案:萧悫秋思诗云:"清波收潦日,华林鸣籁初。芙蓉露下落,杨柳月中疏。燕帏缃绮被,赵带流黄裾。相思阻音息,(诗纪云:"玉台作'信'。")结梦感离居。"

〔五〕文选谢玄晖始出尚书省:"乘此终萧散,垂竿深涧底。"李周翰注:"萧散,逸志也。"又江文通杂体诗三十首:"直置忘所宰,萧散得遗虑。"李延济注:"萧散,空远也。"

〔六〕苕溪渔隐丛话后九："皮日休云：'北齐美萧悫"芙蓉露下落，杨柳月中疏"；孟先生(浩然)有"微云淡河汉，疏雨滴梧桐"……此与古人争胜于毫厘也。'"案：皮日休语见孟亭记，尤袤全唐诗话一亦载其说。许顗许彦周诗话云："六朝诗人之诗，不可不熟读，如'芙蓉露下落，杨柳月中疏'，锻炼至此，自唐以来，无人能及也。退之云：'齐、梁及陈、隋，众作等蝉噪。'此语，吾不敢议，亦不敢从。"朱子语类一四〇："或问：'李白"清水出芙蓉，天然去雕饰"，前辈多称此语，如何？'曰：'自然之好。又如"芙蓉露下落，杨柳月中疏"，则尤佳。'"李东阳麓堂诗话："'芙蓉露下落，杨柳月中疏'，有何深意，却自是诗家语。"

〔七〕赵曦明曰："北齐书文苑传：'荀仲举，字士高，颍川人。仕梁为南沙令，从萧明于寒山被执，长乐王尉粲甚礼之，与粲剧饮，啮粲指至骨。显祖知之，杖仲举一百。或问其故，答云："我那知许，当时正疑是麈尾耳。"'"

〔八〕北史文苑传下："诸葛颍，字汉，丹杨建康人也。有集二十卷。"隋书亦有传。此云琅邪，盖举郡望。陈直说略同。

〔九〕赵曦明曰："北史卢子真传：'玄孙思道，字子行。才学兼著，然不持细行，好轻侮人物。文宣帝崩，当朝人士各作挽歌十首，择其善者而用之。魏收等不过得一二首，惟思道独有八篇，故时人称为八米卢郎。'"案：隋书亦有传。

〔一〇〕御览五八六引三国典略："齐萧悫，字仁祖，为太子洗马，尝于秋夜赋诗，其两句云：'芙蓉露下落，杨柳月中疏。'曰：'萧仁祖之斯文，可谓雕章间出。昔潘、陆齐轨，不袭建安之风；颜、谢同声，遂革太乙之气。自汉逮晋，情赏犹自不谐；河北、江南，意制本应相诡。'(案："曰"上当脱"邢邵"二字。)颜黄门云：'吾爱其萧散，宛然在目。而卢思道之徒，雅所不惬。'箕、毕殊好，理宜固然。""太乙"，全北齐文作"太原"。

何逊诗〔一〕实为清巧〔二〕，多形似之言〔三〕；扬都〔四〕论者，

恨其每病苦辛〔五〕,饶贫寒气〔六〕,不及刘孝绰〔七〕之雍容也〔八〕。虽然,刘甚忌之,平生诵何诗,常〔九〕云:"'蘧车响北阙',愐愐不道车〔一〇〕。"又撰诗苑〔一一〕,止取何两篇,时人讥其不广〔一二〕。刘孝绰当时既有重名,无所与让;唯服谢朓〔一三〕,常以谢诗置几案间,动静辄讽味〔一四〕。简文爱陶渊明〔一五〕文,亦复如此。江南语曰:"梁有三何,子朗最多〔一六〕。"三何者,逊及思澄、子朗也。子朗信饶清巧。思澄游庐山,每有佳篇,亦为冠绝〔一七〕。

〔一〕梁书文学何逊传:"东海王僧孺集其文为八卷。初逊文章,与刘孝绰并见重于世,世谓之何刘。世祖著论论之云:'诗多而能者沈约,少而能者谢朓、何逊。'"

〔二〕东观馀论跋何水曹集后云:"古人论诗,但爱逊'露滋寒塘草,月映清淮流',及'夜雨滴空阶,晓灯暗离室'为佳,殊不知逊秀句若此者殊多,如九日侍宴云:'疏树翻高叶,寒流聚细纹。日斜迢递宇,风起嵯峨云。'答高博士云:'幽居多卉木,飞蜨弄晚花,清池映疏竹。'还渡五洲云:'萧散烟雾晚,凄清江汉秋。'答庾郎云:'蛱蝶萦空戏。'日暮望江云:'水影漾长桥。'赠崔录事云:'河流绕岸清,川平看鸟远。'送行云:'江暗雨欲来,浪白风初起。'庾子山辈有所不逮。其他警句尚多,如早梅云:'枝横却月观,花绕凌风台。'铜爵妓云:'曲终相顾起,日暮松柏声。'句殊雄古。而颜黄门谓其'每病苦辛,饶贫寒气',无乃太贬乎?"案诗品:"令晖歌诗,往往断绝清巧。"

〔三〕器案:文选沈约宋书谢灵运传论:"相如工为形似之言,二班长于情理之说。"诗品上:"张协巧构形似之言。"形似,犹今言形象也。苕溪渔隐丛话三八载石林诗话云:"古人论诗多矣,吾独爱汤惠休称谢灵运如初日芙蕖,沈约称王筠为弹丸脱手,两语最当人意。初日芙蕖,非人力所能为，而精彩华丽之意，自然见于造化之外，然灵运诸诗，可以当此者无几。弹丸脱手，虽是输写便利，动无违碍，然其精圆快速，发之在手，筠亦未能尽也。然作诗审到此地，岂复有馀事？韩退之赠张籍云：'君诗多态度，霭霭空春云。'司空图记戴叔伦语云：'诗人之辞，如蓝田日暖，良玉生烟。'亦是形似之微妙者，但学者不能味其言耳。"王叔岷曰："案宋胡仔苕溪渔隐丛话前集八：'诗眼云：形似之意，盖出于诗人之赋，萧萧马鸣、悠悠旆旌是也。古人形似之语，如镜取形、灯取影也。'"沈约宋书谢灵运传："相如巧为形似之言。"钟嵘诗品上评张协诗："巧构形似之言。"诗品序："岂不以指事造形，穷情写物，最为详切者邪？"所谓"指事造形，穷情写物"，即"形似之言"也；中品评鲍照诗："善制形状写物之词。"犹言"善为形似之言"耳。

〔四〕刘盼遂曰："按：扬都指建业而言，本书终制篇云：'先君先夫人皆未还建业旧山，旅葬江陵东郭。承圣末，已启求扬都，欲营迁厝，蒙诏赐银百两，已于扬州小郊北地烧砖，便值本朝沦没，流离如此，数十年间，绝于还望。……且扬都污毁，无复孑遗；还彼下湿，未为得计。'此处以建业与扬都并言，明扬都即建业矣。又北齐书之推本传观我生赋自注：'靖侯以下七世，坟茔皆在白下。'亦即终制篇所云之'建业旧山'也，此亦扬都表建业之证。扬都之名，惟颜君用之，他人文中不多觏也。"器案：曹毗、庾阐并有扬都赋，唐、宋人类书多引之，则称建业为扬都尚矣，不得谓"他人文中多不觏"也，又世说新语文学篇两言庾阐作扬都赋事，庾亮且"大为其名价，云'可三二京、四三都'"矣。

〔五〕类说引"苦辛"作"苦卒"，东观馀论卷下、苕溪渔隐丛话后二引作"辛苦"。弘法大师文镜秘府论南卷论文意："凡为文章皆不难，又不辛苦。"昌龄诗格："诗有六式，三曰不辛苦。"续金针诗格："有自然句，有神助句，有容易句，有辛苦句。容易句，率意遂成。辛苦句，深思而得。"见类说卷五十一。

〔六〕下文"子朗信饶清巧",饶字义同。通鉴九七胡注:"寒者,衰冷无气焰也。"焦竑焦氏笔乘三:"古人论诗,但爱逊'露滋寒塘草,月映清淮流'、'夜雨滴空阶,晓灯暗离室'为佳。然逊句如此者甚多,如'天暮远山清,潮去遥沙出';'疏树翻高叶,寒流聚细文';'室堕倾城佩,门交接幰车';'萧散烟霞晚,凄凉江汉秋';'薄云岩际出,初月波中上';'江暗雨欲来,浪白风初起';'枝横却月观,花绕凌风台';又'水影漾长桥,蛱蝶萦空战';'川平看鸟远',皆秀拔可喜。颜黄门乃谓其'每病苦辛,饶贫寒气',不几于失实乎哉!"

〔七〕赵曦明曰:"梁书刘孝绰传:'孝绰,字孝绰,彭城人。七岁能属文。舅齐中书郎王融深赏异之,每言曰:"天下文章,若无我,当属阿士。"阿士,孝绰小字也。'"

〔八〕史记司马相如传:"雍容闲雅甚都。"文选圣主得贤臣颂:"雍容垂拱。"吕延济注曰:"雍容,闲和貌。"

〔九〕各本无"常"字,宋本有,今据补。

〔一〇〕"蘧车",原作"蘧居",今据孙志祖说校改,孙氏读书脞录七曰:"案:'蘧居','居'字误,当作'车',盖用蘧伯玉事。何逊早朝诗云:'蘧车响北阙,郑履入南宫。'见艺文类聚朝会类、文苑英华,彭叔夏辨证云:'集本题作早朝车中听望,是也。''愊愊不道车',是讥何诗语,然不得其解,岂以'蘧车'二字音韵不谐亮耶?"案:宋本原注:"愊,呼麦反。"卢文弨曰:"玉篇:'乖戾也。'"陈直曰:"按:何逊集早朝车中听望诗云:'诘旦钟声罢,隐隐禁门通,蘧车响北阙,郑履入南宫。'蘧车用蘧瑗事,郑履用郑崇事。本诗蘧车两字甚为分明,而刘孝绰谓作蘧居,因指摘何逊诗句未切合车字,或孝绰当日所看传本作蘧居耳。愊字见玉篇,训为乖戾也。"器案:孙云"用蘧伯玉事"者,见列女传仁智篇。广韵二十一麦引李槩音谱:"愊愊,辩快。"此以重文见义,不当引玉篇之单字。

〔一一〕案:诗苑未见著录,隋书经籍志:"文苑一百卷,孔逭撰。"据玉海艺文志载中兴书目:"道集汉以后诸儒文章:赋,颂,骚,铭,评,吊,典,书,表,论,凡十,属目录。"孝绰所撰诗苑,当是集汉以来诸家之诗,总此二书,则蔚为文笔之大观矣。范德机木天禁语谓:"唐人李淑有诗苑一书,今世罕传。"盖在唐代,孝绰之书已亡,而李淑续作之,然至元时,则李淑之书,一如孝绰之书,俱皆失传矣。

〔一二〕赵曦明曰:"梁书何逊传:'范云见其对策,大相称赏,因结忘年交好。自是一文一咏,云辄嗟赏。沈约亦爱其文。'馀已见上注。"

〔一三〕齐书谢朓传:"朓善草隶,长五言诗,沈约常云:'二百年来无此诗也。'"梁书庾肩吾传:"梁简文与湘东王书:'至如近世谢朓、沈约之诗,任昉、陆倕之笔,斯实文章之冠冕、述作之楷模。'"

〔一四〕动静辄讽味,御览五九九引作"动辄讽吟味其文"。

〔一五〕赵曦明曰:"陶潜,字渊明,一字元亮。晋、宋、南史并有传。"器案:昭明太子陶渊明集序:"余素爱其文,不能释手。"则简文弟兄俱爱陶文也。

〔一六〕赵曦明曰:"梁书文苑传:'何思澄,字元静,东海郯人。少勤学,工文辞。起家为南康王侍郎,累迁平南安成王行参军兼记室,随府江州,为游庐山诗,沈约见之,自以为弗逮。除廷尉正,天监十五年,敕太子詹事。徐勉举学士,入华林,撰遍略,勉举思澄等五人应选,迁治书侍御史。出为秣陵令。入兼东宫通事舍人,除安西湘东王录事参军,舍人如故。时徐勉、周舍以才具当朝,并好思澄学,常递日招致之。卒,有文集十五卷。初,思澄与宗人逊及子朗俱擅文名,时人语曰:"东海三何,子朗最多。"思澄闻之曰:"此言误耳。如其不然,故当归逊。"意谓宜在己也。子朗字世明,早有才思,工清言。周舍每与共谈,服其精理。世人语曰:"人中爽爽何子朗。"为固山令,卒,年二十四,文集行于世。'"

〔一七〕冠绝,为时冠首,断绝流辈。晋书刘琨传:"冠绝时辈。"宋书颜延之传:"文章之美,冠绝当时。"

名实第十

名之与实，犹形之与影也。德艺周厚〔一〕，则名必善焉；容色姝丽，则影必美焉。今不修身〔二〕而求令名于世者〔三〕，犹貌甚恶而责妍影于镜也。上士忘名，中士立名，下士窃名〔四〕。忘名者，体道合德，享鬼神之福祐，非所以求名也；立名者，修身慎行，惧荣观之不显〔五〕，非所以让名也；窃名者，厚貌深奸〔六〕，干浮华之虚称，非所以得名也。

〔一〕德艺周厚，谓德行文艺周洽笃厚也。

〔二〕礼记大学："古之欲明明德于天下者，先治其国；欲治其国者，先齐其家；欲齐其家者，先修其身；欲修其身者，先正其心；欲正其心者，先诚其意；欲诚其意者，先致其知；致知在格物。物格而后知致，知致而后意诚，意诚而后心正，心正而后身修，身修而后家齐，家齐而后国治，国治而后天下平。自天子以至于庶人，壹是皆以修身为本。"修身者，朱熹大学章句以为大学八条目之一。其说八条目曰："于国家化民成俗之意，学者修己治人之方，则未必无小补。"荀子、杨子法言俱有修身篇也。

〔三〕卢文弨曰："左氏襄二十四年传：'夫令名，德之舆也；恕思以明德，则令名载而行之。'"

〔四〕卢文弨曰："庄子逍遥游：'圣人无名。'又天运篇：'老子曰："名，公器也，不可多取。"'后汉书逸民传：'法真逃名而名我随，避名而名我追。'离骚：'老冉冉其将至兮，惧修名之不立。'逸周书官人解：'规谏而不类，道行而不平，曰窃名者也。'"

〔五〕卢文弨曰："老子道经：'虽有荣观，宴处超然。'"器案：老子想尔注："天子王公也，虽有荣观，为人所尊，务当重清静，奉行道诫也。"

〔六〕王叔岷曰："案庄子列御寇篇：'人者厚貌深情。'（又见刘子心隐篇。）意林引鲁连子：'人皆深情厚貌以相欺。'"

人足所履，不过数寸，然而咫尺之途，必颠蹶于崖岸，拱把之梁〔一〕，每沉溺于川谷者，何哉？为其旁无馀地故也〔二〕。君子之立己，抑亦如之。至诚之言，人未能信，至洁之行，物或致疑，皆由言行声名，无馀地也。吾每为人所毁，常以此自责。若能开方轨之路〔三〕，广造舟之航〔四〕，则仲由之言信〔五〕，重于登坛之盟〔六〕，赵熹之降城〔七〕，贤于折冲之将矣〔八〕。

〔一〕把，各本皆作"抱"，今从宋本。孟子告子上："拱把之桐梓。"即以"拱把"连文。何焯曰："此谓独木桥尔。"卢文弨曰："梁，桥也。"器案：两手所围曰拱，只手所握曰把。淮南子缪称篇："故若行独梁，不为无人竞其容。"高诱注："独梁，一木之水桥也。"王叔岷曰："庄子人间世篇：'其拱把而上者，求狙猴之杙者斩之。'"

〔二〕刘盼遂曰："案：庄子外物篇：'夫地非不广且大也，人之所用，容足耳。然则厕足而垫之致黄泉，人尚有用乎？然则无用之为用也亦明矣。'颜氏此文，正取庄意。"

〔三〕赵曦明曰："战国齐策：'苏秦说齐宣王曰："秦攻齐，径亢父之险，车不得方轨，马不得并行，百人守险，千人不能过也。"'"卢文弨曰："亢父，音刚甫。"王叔岷曰："案史记淮阴侯列传：'车不得方轨。'又见汉书韩信传，颜注：'方轨，并行也。'"

〔四〕赵曦明曰："诗大雅大明：'造舟为梁。'传：'天子造舟，诸侯维舟，大夫方舟,士特舟。’正义:‘皆释水文。李巡曰:“比其舟而渡曰造舟。”然则造舟者,比船于水,加板于上,如今之浮桥,杜预云:“则河桥之谓也。”’方言九:‘舟自关而东,或谓之航。’”

〔五〕宋本“言信”作“证鼎”,原注:“一本作‘言信’。”郝懿行曰:“案证鼎谓证鲁之赝鼎也,韩非子以为展禽事。”卢文弨曰:“案证鼎非子路事,韩非子说林下:‘齐伐鲁,索谗鼎,鲁以其雁往,齐人曰:“雁也。”鲁人曰:“真也。”齐人曰:“使乐正子春来,吾将听子。”鲁君请乐正子春。乐正子春曰:“胡不以其真往也?”君曰:“我爱之。”答曰:“臣亦爱臣之信。”’‘雁’与‘赝’同,疑颜氏本误用,而后人改之。”器案:证雁鼎事,吕氏春秋审己篇以为柳下季,郝氏以为韩非子作展禽,非是。

〔六〕赵曦明曰:“左哀公十四年传:‘小邾射以句绎来奔,曰:“使季路要我,吾无盟矣。”使子路,子路辞。季康子使冉有谓之曰:“千乘之国,不信其盟,而信子之言,子何辱焉?”对曰:“鲁有事于小邾,不敢问故,死其城下可也。彼不臣而济其言,是义之也,由弗能。”’”器案:公羊传庄公十三年何休注:“土基三尺、土阶三等曰坛。会必有坛者,为升降揖让,称先君以相接,所以长其敬。”

〔七〕罗本、傅本、颜本、程本、胡本、何本、文津本、别解“憙”作“喜”。沈揆曰:“后汉赵憙传:‘舞阴大姓李氏拥城不下,更始遣柱天将军李宝降之,不肯,云:“闻宛之赵氏有孤孙憙,信义著名,愿得降之。”使诣舞阴,而李氏遂降。’诸本误作‘赵喜’。”陈直曰:“赵注以各本皆误作‘赵喜’,非也,汉代憙喜二字通用,闻喜,韩仁铭碑额作闻憙是其证。”

〔八〕卢文弨曰:“冲,冲车也。晏子杂上:‘仲尼曰:“不出于尊俎之间,而知千里之外,其晏子之谓也。可谓折冲矣。”’”

吾见世人,清名登而金贝〔一〕入,信誉显而然诺〔二〕亏,不知后之矛戟毁前之干橹也〔三〕。虙子贱〔四〕云:“诚于此者形于彼〔五〕。"人之虚实真伪在乎心,无不见乎迹,但察之未熟耳。一为察之所鉴,巧伪不如拙诚〔六〕,承之以羞大矣〔七〕。伯石让卿〔八〕,王莽辞政〔九〕,当于尔时,自以巧密;后人书之,留传万代,可为骨寒毛竖也〔一〇〕。近有大贵,以孝著声〔一一〕,前后居丧,哀毁逾制,亦足以高于人矣。而尝于苫块之中〔一二〕,以巴豆〔一三〕涂脸,遂使成疮,表哭泣之过〔一四〕。左右童竖〔一五〕,不能掩之,益使外人谓其居处饮食,皆为不信。以一伪丧百诚者〔一六〕,乃贪名不已故也〔一七〕。

〔一〕卢文弨曰:"汉书食货志:'金刀龟贝,所以通有无也。'说文:'贝,海介虫也。象形。古者,货贝而宝龟,周而有泉,至秦,废贝行钱。'"器案:高僧传释道远传:"远周贫济乏,身无留财,有元绍比丘,每给以金贝,远让而弗受。"卢思道劳生论:"段珪、张让,金贝是视。"亦以金贝连文。

〔二〕史记陈馀传:"此固赵国立名义,不侵,为然诺者也。"

〔三〕朱亦栋曰:"案韩非子难势篇:'客曰:"人有鬻矛与楯者,誉其楯之坚,物莫能陷也。俄又誉其矛曰:'吾矛之利,物无不陷也。'人有应之曰:'以子之矛,陷子之楯,何如?'其人弗能应也。以为不可陷之楯,与无不陷之矛,为名不可两立也。"'之推之语本此,赵氏失注。说文解字:'橹,大盾也。'"郑珍说同。器案:礼记儒行:"礼义以为干橹。"郑玄注:"干橹,小楯大楯也。"王叔岷曰:"案哀二年穀梁传疏引庄子:'楚人有卖矛及楯者,见人来买矛,即谓之曰:此矛无何不彻。见人来买楯,则又谓之曰:此楯无何能彻者。买人曰:还将尔矛刺尔楯,若何?'"

〔四〕罗本、傅本、颜本、程本、胡本、何本、黄本、文津本、朱本、通录二"虑"

作“宓”,宋本作“虙”。赵曦明曰:“案颜氏有辨,在书证篇。宋本作‘虙’,信颜氏元本,今从之。”

〔五〕卢文弨曰:“家语屈节解:‘巫马期入单父界,见夜敛者,得鱼辄舍之,巫马期问焉。敛者曰:“鱼之大者,吾大夫爱之,其小者,吾大夫欲长之,是以得二者辄舍之。”巫马期返以告孔子,曰:“宓子之德至矣,使民闇行,若有严刑于旁。敢问宓子何行而得于是?”孔子曰:“吾尝与之言曰:‘诚于此者刑于彼。’宓子行此术于单父也。”’案:刑、形古通。据家语乃孔子告子贱之言。”王叔岷曰:“吕氏春秋具备篇:‘巫马期短褐弊裘而往观化于亶父,见夜渔者,得则舍之。巫马期问焉,曰:渔为得也,今子得而舍之,何也?对曰:宓子不欲人之取小鱼也,今所舍者小鱼也。巫马期归告孔子:宓子之德至矣!使小民闇行,若有严刑于旁。敢问宓子何以至于此?孔子曰:丘尝与之言曰:诚乎此者刑乎彼。宓子必行此术于亶父也。’(又见淮南子道应篇。颜氏以‘诚于此者形于彼’为虙子贱之言,是也。卢文弨补注引家语屈节篇,不明句读,以为孔子告子贱之言,大谬!)史记仲尼弟子列传:‘宓不齐,字子贱。’家语弟子解:‘宓不齐,鲁人,字子贱。’”

〔六〕黄叔琳曰:“六字洵为格言,当书绅佩之。”赵曦明曰:“韩非子说林上:‘故曰巧诈不如拙诚。乐羊以有功见疑,秦西巴以有罪益信。’”器案:三国志刘晔传注引傅子引谚,与韩非子同。

〔七〕赵曦明曰:“易恒:‘九三,不恒其德,或承之羞。’”案:王弼注云:“德行无恒,自相违错,不可致诘,故或承之羞也。”

〔八〕赵曦明曰:“左氏襄三十年传:‘伯有既死,使太史命伯石为卿,辞。太史退,则请命焉。复命之,又辞。如是三,乃受策入拜。子产是以恶其为人也,使次己位。’”

〔九〕赵曦明曰:“汉书本传:‘大司马王根,荐莽自代,上遂擢莽为大司马。哀帝即位,莽上疏乞骸骨。哀帝曰:“先帝委政于君而弃群臣,朕得奉宗庙,嘉与君同心合意。今君移病求退,朕甚伤焉。已诏尚书待君奏事。”又遣丞相孔光等白太后：“大司马即不起，皇帝不敢听政。”太后复令莽视事。已因傅太后怒，复乞骸骨。’”器案：白居易放言诗：“周公恐惧流言日，王莽谦恭未篡时；若使当时身便死，一生真伪有谁知。”意与颜氏相同。

〔一〇〕卢文弨曰：“竖，臣庾切，说文：‘立也。’下亦音同。”

〔一一〕以孝著声，各本及类说作“孝悌著声”，今从宋本。

〔一二〕傅本、程本、胡本“于”作“以”。卢文弨曰：“礼记问丧：‘寝苫枕块，哀亲之在土也。’”

〔一三〕卢文弨曰：“本草：‘巴豆，出巴郡，有大毒。’”

〔一四〕郝懿行曰：“朱子有言：‘割股庐墓，亦是为人。’正谓此也。韩非子内储说云：‘宋崇门之巷人，服丧而毁甚瘠，上以为慈爱于亲，举以为官师。明年，人之所以毁死者岁十馀人。’余每读而叹曰：甚哉，世人之爱名，一至此乎！且亲死之谓何？又因以为名，于汝心安乎？吁，亦异矣！”

〔一五〕卢文弨曰：“竖，小使之未冠者。”

〔一六〕文选答宾戏：“功不可以虚成，名不可以伪立。”

〔一七〕卢文弨曰：“案：下当分段。”今从之。

有一士族，读书不过二三百卷，天才钝拙，而家世殷厚，雅自矜持，多以酒犊珍玩〔一〕交诸名士，甘其饵者〔二〕，递共吹嘘〔三〕。朝廷以为文华〔四〕，亦尝〔五〕出境聘。东莱王韩晋明〔六〕笃好文学，疑彼制作，多非机杼〔七〕，遂设宴言〔八〕，面相讨试〔九〕。竟日欢谐，辞人满席，属音赋韵，命笔为诗，彼造次〔一〇〕即成，了非向韵〔一一〕。众客各自沉吟，遂无觉者。韩退叹曰：“果如所量！”韩又尝问曰：“玉珽杼上终葵首，当作何形？”乃答云：“珽头曲圜，势如葵叶耳〔一二〕。”韩既有学，忍笑为吾说之。

〔一〕器案：酒犊，谓牛酒也。汉书公孙弘传：“因赐告牛酒杂帛。”

〔二〕器案：饵谓以利诱人也。后汉书刘瑜传：“奸情赇赂，皆为吏饵。”

〔三〕共，各本作“相”，今从宋本。卢文弨曰：“后汉书郑泰传：‘孔公绪清谈高论，嘘枯吹生。’卢思道孤鸿赋序：‘剪拂吹嘘，长其光价。’”器案：魏书郭祚传：“主上直信季冲吹嘘之说耳。”南齐书柳世隆传：“爱之若子，羽翼吹嘘，得升官次。”梁书刘遵传：“皇太子与遵从兄阳羡令孝仪令：‘吾之劣薄，其生也不能揄扬吹嘘，使得骋其才用。’”文选刘孝标广绝交论李善注引张升反论：“嘘枯则冬荣，吹生则夏落。”又引刘孝标（当作绰）与诸弟书：“任（昉）既假以吹嘘，各登清贯。”方言十二：“吹，扇，助也。”郭注：“吹嘘，扇拂，相佐助也。”

〔四〕器案：后汉书班彪传：“敷文华以纬国典。”北史李谔传：“竞骋文华，遂成风俗，江左齐、梁，其弊弥甚。”文华，犹言文采也。

〔五〕宋本“尝”作“常”。

〔六〕刘盼遂曰：“北齐书韩轨传：‘子晋明嗣爵，天统中，改封为东莱王。诸勋贵子孙中，晋明最留心学问。’家训所说，正其人也。”

〔七〕卢文弨曰：“此以织喻也，魏书祖莹传：‘常语人云：“文章须自出机杼，成一家风骨，何能共人同生活也？”’”器案：省事篇：“机杼既薄，无以测量。”亦以织喻也。文选陆士衡文赋：“虽杼柚于余怀。”注：“杼柚，以织喻也。”机杼、杼柚同义。

〔八〕宴言，谓宴饮言说也。

〔九〕宋本“试”下有“尔”字。

〔一〇〕论语里仁篇：“造次必于是。”集解：“马融曰：‘造次，急遽。’”

〔一一〕卢文弨曰：“了非向韵，言绝非向来之体韵也。韵之为言，始自晋、宋以来，有神韵、风韵、远韵、雅韵之语。”器案：向，谓向来也，即以前之意。本书兄弟篇：“向来未著衣帽故也。”世说新语文学篇：“东亭即于阁下更作,无复向一字。”

〔一二〕沈揆曰:“礼记玉藻注:‘终葵首者,于杼上又广其首,方如椎头。’故以此答为非。”卢文弨曰:“杼上终葵首,本周礼考工记玉人文,杼者,杀也,于三尺圭上除六寸之下,两畔杀去之,使已上为椎头。言六寸,据上不杀者而言。谓椎为终葵,齐人语也。珽,他顶切。杼,直吕切。椎,直追切,今之槌也。杀,色界切。”郝懿行曰:“考工记郑注云:‘齐人谓椎曰终葵。’马融广成颂云:‘翚终葵。’是古以终葵为椎之证也。然尔雅释草复有‘终葵蘩露’之语,是终葵又为草名,其草圆叶,有似椎头。然则颜氏所讥势如葵叶之解,若证以尔雅,抑亦未为全非也。”案:日知录卷三十二终葵条说略同。

治点子弟文章[一],以为声价[二],大弊事也[三]。一则不可常继,终露其情;二则学者有凭,益不精励[四]。

〔一〕少仪外传下引“治”作“装”。卢文弨曰:“治,直之切,理其乱也。点谓点窜润饰之也。”器案:本书书证篇:“至晋世葛洪字苑,傍始加彡,音于景反。而世间辄改治尚书、周礼、庄、孟从葛洪字,甚为失矣。”治字用法,与此文同。尔雅释器:“灭谓之点。”注:“以笔灭字为点。”说文:“点,小黑也。”盖谓以笔加小黑以窜灭其字也。隋书李德林传:“军书羽檄,朝夕填委,一日之中,动逾百数,口授数人,文意百端,不加治点。”资治通鉴陈纪注:“治,修改也。点,涂点也。不加治点,不加涂改也。”则治点为当时习用语。世说新语文学篇注引文章传:“机善属文,司空张华见其文章,篇篇称善,犹讥其作文大治,谓曰:‘人之作文,患于不才;至子为文,乃患太多也。’”又文学篇:“籍时在袁孝尼家,宿醉,扶起书札为之,无所点定,乃写付使,时人以为神笔。”与此文治点意同。外传作“装点”,非是。

〔二〕卢文弨曰:“声,谓名声著闻;价,如市马者,得伯乐一顾而遂倍于常价也。声价见后汉书姜肱传。”器案：世说新语文学篇：“庾仲初作扬都赋成，以呈庾亮；亮以亲族之怀，大为其名价，云：‘可三二京、四三都。’”为名价，犹此言为声价也。

〔三〕傅本、颜本、胡本、何本“大”作“太”。

〔四〕精励，谓精进励奋也。少仪外传“励”作“厉”。后汉书朱浮传：“学者精励，远近同慕。”赵曦明曰：“案：下当分段。”今从之。

邺下有一少年，出为襄国令〔一〕，颇自勉笃。公事经怀，每加抚恤，以求声誉。凡遣兵役，握手送离，或赍梨枣〔二〕饼饵，人人赠别，云：“上命相烦，情所不忍；道路饥渴，以此见思。”民庶称之，不容于口。及迁为泗州别驾〔三〕，此费日广，不可常周，一有伪情，触涂〔四〕难继，功绩遂损败矣〔五〕。

〔一〕赵曦明曰：“魏书地形志：‘北广平郡襄国，秦为信都，项羽更名。二汉属赵国，晋属广平郡。’”

〔二〕梨枣，程本、胡本作“黎枣”，今从宋本。

〔三〕赵曦明曰：“隋书地理志：‘下邳郡，后魏置南徐州，后周改为泗州。’通典职官十四：‘州之佐史，汉有别驾、治中、主簿等官，别驾从刺史行部，别乘传车，故谓之别驾。’注：‘庾亮集答郭豫书：“别驾旧与刺史别乘，其任居刺史之半。”’”

〔四〕本书养生篇：“人生居世，触涂牵系。”触涂，犹言触处也。李卫公问对上：“四头八尾，触处为首。”

〔五〕罗本、傅本、颜本、程本、胡本、何本、朱本“损败”作“败损”，今从宋本。本书治家篇、文章篇俱有“损败”语。隋书食货志：“每年收积，勿使损败。”

或问曰："夫神灭形消，遗声馀价，亦犹蝉壳蛇皮[一]、兽迒鸟迹耳[二]，何预于死者，而圣人以为名教乎[三]？"对曰："劝也[四]，劝其立名，则获其实。且劝一伯夷[五]，而千万人立清风矣；劝一季札[六]，而千万人立仁风矣；劝一柳下惠[七]，而千万人立贞风矣；劝一史鱼[八]，而千万人立直风矣。故圣人欲其鱼鳞凤翼，杂沓参差[九]，不绝于世，岂不弘哉[一〇]？四海悠悠[一一]，皆慕名者，盖因其情而致其善耳。抑又论之[一二]，祖考之嘉名美誉，亦子孙之冕服墙宇也，自古及今，获其庇荫者亦众矣[一三]。夫修善立名者，亦犹筑室树果，生则获其利，死则遗其泽。世之汲汲者[一四]，不达此意，若其与魂爽[一五]俱升、松柏偕茂者[一六]，惑矣哉！"

〔一〕淮南子精神篇："抱素守精，蝉蜕蛇解。"蝉蜕蛇解，即谓蝉壳蛇皮也。李时珍本草纲目："蝉蜕释名：蝉壳。"

〔二〕宋本原注："迒音航。"沈揆曰："迒音航，又音冈，唐韵云：'兽迹。'诸本不考，以为音阙。"卢文弨曰："尔雅释兽：'兔其迹迒。'"器案：说文解字叙："见鸟兽蹄迒之迹。"文选西京赋刘良注："迒，兽径也。"梁范缜神灭论："神即形也，形即神也。是以形存则神存，形谢即神灭也。"王叔岷曰："案庄子寓言篇：'予蜩甲也？蛇蜕也？'成玄英疏：'蜩甲，蝉壳也。蛇蜕，皮也。'孟子滕文公上篇：'兽蹄鸟迹之道，交于中国。'"

〔三〕罗本、傅本、颜本、程本、胡本、何本、朱本、文津本无"名"字，今从宋本。向宗鲁先生曰："当作'而圣人以名为教乎'。"器案：晋书阮瞻传："戎问曰：'圣人贵名教，老、庄明自然。'"

〔四〕黄叔琳曰："一劝字已见大意。"

〔五〕孟子万章下："孟子曰：'伯夷目不视恶色，耳不听恶声，非其君不事，非其民不使，治则进，乱则退，横政之所出，横民之所止，不忍居也。思与乡人处，如以朝衣朝冠，坐于涂炭也。当纣之时，居北海之滨，以待天下之清也。故闻伯夷之风者，顽夫廉，懦夫有立志。'"

〔六〕季札，春秋时吴国公子，让国不居，见史记吴太伯世家。

〔七〕孟子万章下："孟子曰：'柳下惠不羞污君，不辞小官，进不隐贤，必以其道，遗佚而不怨，厄穷而不悯，与乡人处，由由然不忍去也，尔为尔，我为我，虽袒裼裸裎于我侧，尔焉能浼我哉？故闻柳下惠之风者，鄙夫宽，薄夫敦。'"

〔八〕论语卫灵公篇："子曰：'直哉史鱼，邦有道如矢，邦无道如矢。'"集解："孔曰：'卫大夫史鳍，有道无道，行直如矢，言不曲。'"

〔九〕卢文弨曰："'鱼鳞'疑当作'龙鳞'。后汉书光武纪：'天下士大夫固望其攀龙鳞，附凤翼，以成其所志耳。'案：龙八十一鳞，具九九之数；凤举而百鸟随之，皆言其多也。扬雄甘泉赋：'骈罗列布，鳞以杂沓兮，柴虒参差，鱼颉而鸟䀪。'参差，初登、初宜二切。'柴虒'，一本作'偨傂'，初绮、初拟二切。䀪，胡刚切。萧该音义：'诸诠傂音池，又音豸；苏林音解豸冠之豸；韦昭音疏佳反。'"钱馥曰："参在侵韵，不入登韵，初登当是初金之误，宋刊本汉书杨雄传注作初林反，林金一也。"器案：史记淮阴侯列传："天下之士，云合雾集，鱼鳞杂遝。"汉书蒯通传："天下之士云合雾集，鱼鳞杂袭。"师古曰："杂袭，犹杂沓，言相杂而累积。"扬子云解嘲："天下之士，雷动风合，鱼鳞杂袭，咸营于八区。"皆作"鱼鳞"之证。卢氏以为当作"龙鳞"，非是。

〔一〇〕黄叔琳曰："名通之论。"

〔一一〕后汉书朱穆传："悠悠者皆是。"李贤注："悠悠，多也。"

〔一二〕黄叔琳曰："尤见远计。"

〔一三〕各本无"亦"字，今从宋本。左传文公六年："昭公将去群公子，乐豫曰：'不可。公族，公室之枝叶也，若去之，则本根无所庇荫矣。葛藟犹能庇其本根，故君子以为比，况国君乎？'"

〔一四〕世之，各本作"世人"，今从宋本。汉书扬雄传："不汲汲于富贵。"师古注："汲汲，欲速之义，如井汲之为也。"

〔一五〕魂爽，谓魂魄精爽也。左传昭公二十五年："心之精爽，是谓魂魄；魂魄去之，何以能久？"

〔一六〕各本无"者"字，今从宋本。罗本"偕"作"皆"。诗小雅天保："如松柏之茂。"案二卷本于此分卷，以上为卷上，以下为卷下。

涉务〔一〕第十一

士君子之处世〔二〕，贵能有益于物耳，不徒高谈虚论，左琴右书〔三〕，以费人君禄位也。国之用材，大较〔四〕不过六事：一则朝廷之臣，取其鉴达治体〔五〕，经纶〔六〕博雅〔七〕；二则文史之臣，取其著述宪章〔八〕，不忘前古；三则军旅之臣，取其断决有谋，强干〔九〕习事；四则藩屏〔一〇〕之臣，取其明练〔一一〕风俗，清白〔一二〕爱民；五则使命之臣，取其识变从宜，不辱君命〔一三〕；六则兴造〔一四〕之臣，取其程功〔一五〕节费，开略〔一六〕有术，此则皆勤学守行者所能辨也。人性有长短，岂责具美〔一七〕于六涂哉？但当皆晓指趣〔一八〕，能守一职〔一九〕，便无愧耳。

〔一〕涉务二字义同，谓专心致力也。勉学篇："耻涉农商，羞务工技。"即以涉务对文成义。魏书成淹传："子霄……亦学涉，好为文咏。"涉字用法与此同。

〔二〕士君子之处世，罗本、傅本、颜本、程本、胡本、文津本及戒子通录二、别解作"夫君子之处世"，何本、黄本作"夫士君子之处世"，今从宋本。

〔三〕器案：古人往往以琴书并言。本书杂艺篇："父子并有琴书之艺。"文选何敬祖赠张华："逍遥综琴书。"又陶渊明始作镇军参军经曲阿作："委怀在琴书。"又归去来："乐琴书以消忧。"又石季伦思归引序："入则有琴书之娱。"李善注并引刘歆遂初赋："玩琴书以涤畅。"又任彦升为范始兴作求立太宰碑表："琴书艺业述作之茂。"六臣注本李善曰："谢承后汉书曰：'郑敬，字次都，琴书自乐。'"胡克家重雕宋淳熙本李善注误作"汉书曰"云云，郑敬见后汉书郅恽传，云："恽于是乃去，从敬止，渔钓自娱。"又云："敬字次都，清志高世，光武连征不到。"注引谢沈书，亦云："琴书自娱。"盖"清志高世"之士，逍遥物外，谓之"琴书自娱"也可，谓之"渔钓自娱"亦无不可也。"左琴右书"，犹唐书杨绾传之言"左右图史"也，不必定其当为"琴书"或"渔钓"也。

〔四〕卢文弨曰："较，古岳、古孝二切。"器案：文选景福殿赋："此其大较也。"李善注："大较，犹大略也。"

〔五〕任昉王文宪集序："若乃明练庶务，鉴达治体。"

〔六〕易屯卦象："云雷屯，君子以经纶。"中庸："惟天下至诚，为能经纶天下之大经。"朱熹注："经、纶，皆治丝之事。经者，理其绪而分之；纶者，比其类而合之也。"

〔七〕楚辞招隐士序："昔淮南王安，博雅好士。"

〔八〕礼记中庸："仲尼祖述尧、舜，宪章文、武。"正义："祖，始也，言仲尼祖述，始行尧、舜之道也。……宪，法也；章，明也，言夫子法明文、武之德。"

〔九〕强干，谓强力能干也。北齐书唐邕传："唐邕强干，一人当千。"

〔一〇〕诗大雅板："价人维藩，大师维垣，大邦维屏，大宗维翰。"毛传："藩，屏也。”郑笺：“价，甲也，被甲之人，谓卿士掌军事者。”

〔一一〕勉学篇：“明练经文，粗通注义。”任昉王文宪集序：“明练庶务。”明练，谓明晓练习也。

〔一二〕后汉书杨震传：“故旧长者，或欲令为开产业，震不肯，曰：‘使后世称为清白吏子孙，以此遗之，不亦厚乎？’”

〔一三〕论语子路篇：“使于四方，不辱君命。”

〔一四〕兴造，指土木建筑之事。文选陆佐公石阙铭：“兴建庠序。”吕向注：“建，立也。”兴造、兴建义同。

〔一五〕礼记儒行：“程功积事。”孔颖达疏：“程功，程效其功。”文选张平子西京赋：“程巧致功。”薛综注：“程择好匠，令尽致其功夫。”张铣注：“择巧匠以致其功。”

〔一六〕宋本“开略”作“开悟”。

〔一七〕傅本、何本“具美”作“其美”，宋本等作“具美”，今从之。

〔一八〕论衡案书篇：“虽不尽见，指趣可知。”晋书徐邈传：“开释文义，标明指趣。”指趣，犹言旨意也。文选嵇叔夜琴赋并序：“览其旨趣。”李善注：“趣，意也。”

〔一九〕史记太史公自序：“今夫子上遇明天子，下得守职。”

吾见世中文学之士〔一〕，品藻〔二〕古今，若指诸掌〔三〕，及有试用，多无所堪。居承平之世〔四〕，不知有丧乱之祸；处庙堂之下〔五〕，不知有战陈〔六〕之急；保俸禄之资，不知有耕稼之苦；肆〔七〕吏民之上，不知有劳役之勤，故难可以应世经务也〔八〕。晋朝南渡，优借〔九〕士族，故江南冠带〔一〇〕，有才干者，擢为令仆〔一一〕已下，尚书郎中书舍人已上〔一二〕，典掌机要。其馀文义之士，多迂诞浮华，不涉世务〔一三〕；纤微〔一四〕过失，又惜行捶楚〔一五〕，所以处于清高〔一六〕，盖护其

短也[一七]。至于台阁令史[一八],主书[一九]监帅,诸王签省[二〇],并晓习吏用,济办时须[二一],纵有小人之态,皆可鞭杖肃督,故多见委使,盖用其长也。人每不自量,举世怨梁武帝父子爱小人而疏士大夫,此亦眼不能见其睫耳[二二]。

〔一〕案:自孔门以文学列于四科(论语先进),汉魏以来,郡国各有文学掾,汉书王莽传有文学官,隶释卷十四学师宋恩等题名碑有文学师,官师之设,所以培育文学之士也。汉书儒林传所谓"能通一艺以上,补文学、掌故缺"是也。六朝文学之士亦其选也。

〔二〕汉书扬雄传:"称述品藻。"师古曰:"品藻者,定其差品及文质。"江淹杂体诗序:"虽不足品藻渊流,亦无乖商榷云尔。"世说新语有品藻篇。

〔三〕礼记仲尼燕居:"治国其如指诸掌而已乎。"注:"治国指诸掌,言易知也。"论语八佾篇:"子曰:'知其说者之于天下也,其如示诸斯乎!'指其掌。"集解:"包曰:'如指示掌中之物,言其易了。'"中庸:"治国其如示诸掌乎?"朱熹注:"示与视同,视诸掌,言易见也。"陈槃曰:"案中庸郑注曰:'示读如寘诸河干之寘。寘,置也。物而在掌中,易为知力者也。'疏:'治理其国,其事为易,犹如置物于掌中也。'俞樾曰:'按周易坎上六:寘于丛棘。释文云:寘,刘作示。周礼朝士注:示于丛棘。释文曰:示,本作寘。诗鹿鸣篇:示我周行。笺云:示当作寘。正义曰:示、寘声相近,故误为示也。'(俞楼杂纂六)今案郑读示为寘,俞氏证成之,审也。吴语:'伍子胥曰:大夫种勇而善谋,将还玩吾国于股掌之上。'孟子公孙丑章:'武丁朝诸侯有天下,犹运之掌也。'荀子儒效篇:'图回天下于掌上而辨黑白。'说苑政理篇:'杨朱见梁王,言治天下如运诸掌然。'列子汤问篇:'詹何谓楚庄王曰:大王治国,诚能若此,则天下可运于一握,将亦奚事哉?'是置天下国家于掌握,古人有此口语,故孔子亦以此为喻矣。天下国家已可置诸掌握,则治理自易矣。综而言之,'示诸掌'读作'寘诸掌',以喻'治理其国,其事易为,犹如置物于掌中'者,此古义也;读作'指诸掌',以为'指示掌中之物,言其易了'者,非其朔也。盖八佾、中庸、仲尼燕居虽同引孔子之言,然或则出于孔子授业弟子,或则出于七十子后学之徒,故其间不免小有差误,自当以八佾与中庸所传为正。而仲尼燕居所引,则所谓传闻异辞者也。今颜黄门云'若指诸掌',此用仲尼燕居篇文也。虽亦不无所本,然以古义绳之,则固有未合。"

〔四〕承平,言治平相承,谓太平之持久也。汉书食货志:"王莽因汉承平之业。"

〔五〕宋本"庙堂"作"廊庙"。戒子通录二引"下"作"中"。

〔六〕各本"陈"作"阵",今从宋本。

〔七〕广雅释诂三:"肆,踞也。"王念孙疏证:"肆者,说文:'肆,极陈也。'义与踞相近。法言五百篇云:'夷俟倨肆。'汉书叙传云:'何有踞肆于朝?'"器案:此文正用为踞肆义。

〔八〕公羊传襄公二十九年:"阍者何?门人也,刑人也。"何休注引孔子曰:"三王肉刑揆渐加,应世黠巧奸伪多。"白虎通五刑篇:"传曰:'三皇无文,五帝画象,三王明刑,应世以五。'"应世,谓适应其时世也,此用其义。十六国春秋北燕录:"武以平乱,文以经务。"经务本此文。

〔九〕优借,谓从优假借,犹今言优待也。后汉书刘恺传:"肃宗美其义,特优假之。"注:"假,借也。"优假、优借义并同。傅本、黄本作"优惜",未可从。

〔一〇〕文选西京赋薛综注:"冠带,犹搢绅,谓吏人也。"

〔一一〕令仆,谓尚书令与仆射也。晋书殷浩传:"服阕,征为尚书仆射,不拜,复为建武将军扬州刺史,遂参综朝权。……后废为庶人。……桓温谓郗超曰:'浩有德有言,使向作令仆,足以仪刑百揆,朝廷用违其才耳。’”齐书徐孝嗣传：“徐郎是令仆人。”卢文弨曰：“晋书职官志：‘尚书令秩千石，受拜则策命之，以在端右故也。仆射，服秩与令同。尚书本汉承秦置，晋渡江，有吏部、祠部、五兵、左民、度支五尚书。’”

〔一二〕卢文弨曰：“晋书职官志：‘尚书郎主作文书起草，更直五日，于建礼门内；初从三省诣台，试守尚书郎中，岁满，称尚书郎，三年称侍郎，选有吏能者为之。中书舍人，晋初置舍人、通事各十人，江左合舍人、通事，谓之通事舍人，掌呈奏案。’”

〔一三〕史记礼书：“御史大夫鼂错明于世务刑名。”汉书主父偃传：“是时，徐乐、严安亦俱上书言世务。”世务，犹言时务也。文选陆士衡拟古诗：“曷为牵世务？”吕向注：“何为牵于时事。”又鲍明远拟古诗：“晚节从世务。”五臣本作“时务”，张铣注：“言末年从时事。”又任彦升王文宪集序：“世务简隔。”张铣注：“时务简略隔绝。”

〔一四〕韩诗外传九：“祸起于纤微。”后汉书陈元传：“遗脱纤微。”文选曹子建七启：“剖纤析微。”

〔一五〕黄叔琳曰：“捶楚士大夫，岂是美政？”卢文弨曰：“捶，之累切，说文：‘以杖击也。’‘楚，荆也。’亦用以扑挞者。”器案：南史萧琛传：“时齐明帝用法严峻，尚书郎坐杖罚者，皆即科行。琛乃密启曰：‘郎有杖，起自后汉，尔时，郎官位卑，亲主文案，与令史不异，故郎三十五人，令史二十人，是以古人多耻为此职。自魏、晋以来，郎官稍重。方今参用高华，吏部又近于通贵，不应官高昔品而罚遵曩科。所以从来弹举，虽在空文，而许以推迁，或逢赦恩，或入春令，便得息停。宋元嘉、大明中，经有被罚者，别由犯忤主心，非关常准。自泰始建元以来，未经施行，事废已久，人情未习。自奉敕之后，已行仓部郎江重欣杖督五十，皆无不人怀慚惧，兼有子弟成长，弥复难为仪适。其应行罚，可特赐输赎，使与令史有异，以彰优缓之泽。’帝纳之。自是应受罚者，依旧不行。”则惜行捶楚于郎官，始自齐明帝时。世说新语品藻篇：“袁彦伯为吏部郎，子敬与郗嘉宾书曰：‘彦伯已入，殊足顿兴往之气。故知捶挞自难为人,冀小却当复差耳。'"则东晋于郎官,亦行捶挞。杜甫送高三十五书记:"脱身簿尉中,始与捶楚辞。"杜牧寄侄阿宜:"参军与簿尉,尘土惊皇皇,一语不中治,鞭箠身满疮。"则唐时于参军与簿尉,亦行鞭箠也。

〔一六〕清高,各本作"清名",今从宋本,此萧琛所谓"参用高华"也。

〔一七〕盖,原作"益",宋本、罗本、傅本、鲍本作"盖",今据改正。卢文弨曰:"宋本'益'作'盖',以下文'盖用其长'相对,'盖'字是。"

〔一八〕器案:后汉书仲长统传:"虽置三公,事归台阁。"注:"台阁,谓尚书也。"卢文弨曰:"宋书百官志:'汉东京尚书令史十八人,晋初正令史百二十人,书令史百三十人,诸公令史无定员。'"

〔一九〕卢文弨曰:"案续汉书百官志,尚书六曹,一曹有三主书,故令史十八人。"

〔二〇〕卢文弨曰:"签谓签帅,省谓省事。自主书监帅以下,名位卑微,志故不载,而时见于列传中。"器案:南史恩幸吕文显传:"故事:府州部内论事,皆签,前直叙所论之事,后云签日月,下又云某官某签。故府州置典签以典之。本五品吏,宋初改为士职。"唐六典二九亲王府典签下原注引齐职仪云:"诸公领兵局,有典签二人。"又案:齐书王敬则传:"临州郡,令省事读辞,下教判决,皆不失理。"通鉴一五四胡注:"省事,盖犹今之通事,两敌相向,使之往来通传言语。"

〔二一〕时须,谓一时切要也。杜甫送窦侍郎诗:"窦氏检察应时须。"

〔二二〕赵曦明曰:"史记越世家:'齐使者曰:"幸也,越之不亡也,吾不贵其用智之如目见豪毛而不见其睫也。"'"器案:韩非子喻老篇:"杜子谏楚庄王曰:'臣患王之智如目也,能见百步之外,而不能自见其睫。'"取譬相同,在史记之前。

梁世士大夫,皆尚褒衣博带[一],大冠高履[二],出则车舆,入则扶侍,郊郭之内,无乘马者。周弘正为宣城王〔三〕所爱，给一果下马〔四〕，常服御之，举朝以为放达〔五〕。至乃尚书郎乘马，则紏劾之〔六〕。及侯景之乱，肤脆骨柔，不堪行步，体羸气弱，不耐寒暑，坐死仓猝者〔七〕，往往而然。建康令王复〔八〕性既儒雅〔九〕，未尝乘骑，见马嘶歕陆梁〔一〇〕，莫不震慑，乃谓人曰："正是虎，何故名为马乎？"其风俗至此。

〔一〕卢文弨曰："汉书隽不疑传：'暴胜之请与相见，不疑褒衣博带。'注：'言著褒大之衣、广博之带也。'"王叔岷曰："案韩诗外传一、五并云：'逢衣博带。'淮南子氾论篇：'褒衣博带。'（又见论衡别通篇。）又云：'丰衣博带。'逢、褒、丰，并犹大也。"

〔二〕卢文弨曰："后汉书光武帝纪：'光武绛衣大冠。'案：高履，犹高齿屐也。"器案：高齿屐，见勉学篇。

〔三〕卢文弨曰："梁书哀太子大器传：'太宗嫡长子，中大通三年封宣城郡王。'"器案：少仪外传上引作"王宣城"，误。

〔四〕赵曦明曰："魏志东夷传：'濊国出果下马，汉桓时献之。'注：'果下马，高三尺，乘之，可于果树下行，故谓之果下马，见博物志、魏都赋。'"器案：汉书霍光传："召皇太后御小马车。"注："张晏曰：'汉厩有果下马，高三尺，以驾辇。'师古曰：'小马可于果树下乘之，故号果下马。'"北史尉景传："先是，景有果下马，文襄求之，景不与，曰：'土相扶为墙，人相扶为王。一马亦不得畜而索也。'"则果下马在当时视为珍品也。又案：述异记载"南郡出果下牛，高三尺"，则牛亦有此品，都言其矮小耳。

〔五〕晋书阮咸传："群从昆弟，莫不以放达为行。"又戴逵传："深以放达为非。"世说新语任诞篇："刘伶恒纵酒放达。"

〔六〕郝懿行曰："吕览所谓'痿蹶之机'者也，故自王公至士庶，未有不当习为勤劳者。舍车乘马，颜君所述，是其一端尔；精进之士，正宜推类求之。"

〔七〕少仪外传"猝"作"卒"。通鉴一九二：梁武帝君臣，惟谈苦空，侯景之乱，百官不能乘马。胡三省注："言所谈者惟苦行空寂也。"

〔八〕宋本原注："一本无自'建康令王复'已下一段。"案：罗本、傅本、颜本、程本、胡本，何本、朱本、黄本、文津本无此段，今从宋本。卢文弨曰："通典州郡十二：'丹阳郡江宁，本名金陵，吴为建业，晋避愍帝讳，改为建康。'"

〔九〕汉书公孙弘卜式兒宽传："儒雅则公孙弘、董仲舒、兒宽。"

〔一〇〕卢文弨曰："歕，普闷切。陆梁，跳跃也。"器案：穆天子传五："黄之池，其马歕沙……黄之泽，其马歕玉。"说文欠部："歕，吹气也。"今作喷。文选西京赋："怪兽陆梁。"薛综曰："东西倡佯也。"刘良曰："行走貌。"王叔岷曰："庄子马蹄篇言马'翘足而陆'，释文引司马彪曰：'陆，跳也。'汉书扬雄传：'飞蒙茸而走陆梁。'注引晋灼注：'走者陆梁而跳也。'"

古人欲知稼穑之艰难〔一〕，斯盖贵谷务本〔二〕之道也。夫食为民天〔三〕，民非食不生矣；三日不粒〔四〕，父子不能相存〔五〕。耕种之，茠鉏之〔六〕，刈获之〔七〕，载积之，打拂之〔八〕，簸扬之〔九〕，凡几涉手〔一〇〕，而入仓廪，安可轻农事而贵末业哉？江南朝士，因晋中兴，南渡江〔一一〕，卒为羁旅〔一二〕，至今八九世，未有力田〔一三〕，悉资俸禄而食耳。假令有者，皆信僮仆为之〔一四〕，未尝目观起一墢土〔一五〕，耘一株苗；不知几月当下〔一六〕，几月当收，安识世间馀务乎？故治官则不了〔一七〕，营家则不办〔一八〕，皆优闲之过也〔一九〕。

〔一〕尚书无逸："先知稼穑之艰难。"伪孔传："稼穑，农夫之艰难，事先知之。"

〔二〕器案：本与下文末业对言，本谓农业，末指商贾。文选王元长永明十一年策秀才文注："汉书诏曰：'农，天下之大本也，而人或不务本而事末，故生不遂。'（案：此文帝诏。）李奇曰：'本，农也。末，贾也。'"汉书食货志上："今背本而趋末食者甚众，是天下之大残也。"师古曰："本，农业也；末，工商也，言人已弃农业而务工商矣。"

〔三〕卢文弨曰："汉书郦食其传：'王者以民为天，而民以食为天。'"器案：梁书元纪："承圣二年诏：'食乃民天，农为治本。'"

〔四〕尚书益稷上："烝民乃粒。"伪孔传："米食曰粒。"

〔五〕汉书文纪："今岁首不时，使人存问长老。"注："存，省视也。"魏武帝短歌行："越陌度阡，枉用相存。"

〔六〕赵曦明曰："茠与薅同，呼毛切。"朱轼曰："茠，音蒿，拔草也。钼音锄。"器案：说文草部："薅，或作茠。诗曰：'既茠荼蓼。'"今诗周颂良耜作"以薅荼蓼"，此盖今古文之异。

〔七〕楚辞离骚："愿竢乎吾将刈。"王逸注："刈，获也。草曰刈，谷曰获。"

〔八〕卢文弨曰："打，都挺切，说文：'击也。''拂，过击也。'案：今人读打为都瓦切，误。"器案：说文木部："柫，击禾连枷也。"则拂谓以连枷击禾。

〔九〕诗小雅大东："维南有箕，不可以簸扬。"

〔一〇〕涉手，犹言经手。穀梁传襄公二十七年："与之涉公事矣。"集韵："涉，一曰历也。"

〔一一〕少仪外传下、戒子通录二"南"作"而"。

〔一二〕少仪外传、戒子通录"卒"作"本"。史记陈杞世家："羁旅之臣。"集解："贾逵曰：'羁，寄旅客也。'"

〔一三〕力田，谓致力于田事。史记佞幸传："谚曰：'力田不如逢年。'"汉书文帝纪："力田，为生之本也。"

〔一四〕卢文弨曰："信如信马之信。"郝懿行曰："晋简文帝不识稻，亦正坐此。"

〔一五〕罗本、傅本、颜本、程本、胡本、何本、黄本"坺"作"拨"，宋本、文津本作"垡"，四库全书求证曰："刊本'坺'讹'拨'，据国语改。"今从之。卢文弨曰："国语周语：'王耕一坺。'注：'一坺，一耦之发也。耜广五寸，二耜为耦，一耦之发，广尺深尺。'坺，钵、伐二音。"

〔一六〕下，谓下种。

〔一七〕春秋庄二十四年："郭公。"注："无传，盖经阙误也。自曹羁以下，公羊、穀梁之说既不了，又不可通之于左氏，故不采用。"北史齐文宣纪："帝内虽明察，外若不了。"不了，犹言不晓也。通鉴一六一胡三省注："了事，犹言晓事也。"即谓了为晓也。

〔一八〕三国志魏书司马朗传："徙民恐其不办，乃相率私还助之。"北史和士开传："国事分付大臣，何虑不办。"

〔一九〕许骥曰："自东晋以来，士大夫羁旅江南，传至宋、齐，几十馀世，皆资俸禄而食，不知力田，一遇世务，猝无以应，宜颜氏深以为戒也。"案：此后，宋本有云："世有痴人，不识仁义，不知富贵并由天命；为子娶妇，恨其生资不足，倚作舅姑之大，蛇虺其性，恶口加诬，不识忌讳，骂辱妇之父母，却成教妇不孝己身，不顾他恨，但怜己之子女，不爱其妇。如此之人，阴纪其过，鬼夺其算，不得与为邻，何况交结乎？避之哉！避之哉！"原注云："此段一本见此篇，一本见归心篇后。"赵曦明曰："案：当削此归彼。"今从之。

卷第五

省事　止足　诫兵　养生　归心

省事第十二[一]

铭金人云："无多言，多言多败；无多事，多事多患[二]。"至哉斯戒也！能走者夺其翼，善飞者减其指[三]，有角者无上齿，丰后者无前足，盖天道不使物有兼焉也[四]。古人云："多为少善，不如执一[五]；鼫鼠五能，不成伎术[六]。"近世有两人[七]，朗悟士也，性多营综[八]，略无成名，经不足以待问，史不足以讨论，文章无可传于集录[九]，书迹[一〇]未堪以留爱玩，卜筮射六得三，医药治十差五[一一]，音乐在数十人下，弓矢在千百人中，天文、画绘[一二]、棋博[一三]，鲜卑语、胡书[一四]，煎胡桃油[一五]，炼锡为银[一六]，如此之类，略得梗概[一七]，皆不通熟。惜乎，以彼神明[一八]，若省其异端[一九]，当精妙也。

〔一〕郝懿行曰："省，读所景切。省事，言不费事也。"

〔二〕说苑敬慎篇："孔子之周，观于太庙，右陛之前，有金人焉，三缄其口，而铭其背曰：'古之慎言人也，戒之哉！戒之哉！无多言，多言多败；无多事，多事多患。'"案：御览三九〇引孙卿子亦载此铭，今荀子无文。御览注云："皇览云：'出太公金匮。'家语、说苑又载。"赵曦明注此，劣及引家语观周篇，失其本柢矣。此铭即黄帝六铭之一也。

〔三〕郝懿行曰："'指'当为'趾'字之讹。"

〔四〕卢文弨曰："大戴礼易本命篇：'四足者无羽翼，戴角者无上齿，无角者膏而无前齿，有角者脂而无后齿。'汉书董仲舒传：'夫天亦有所分予，予之齿者去其角，傅其翼者两其足。'傅读曰附。"

〔五〕执，宋本作"熟"。案：吕氏春秋有执一篇，云："王者执一而为万物正。"宋本作"熟"，不可从。

〔六〕鼫，原作"鼯"，赵曦明曰："'鼯'当作'鼫'，尔雅释兽：'鼫鼠。'注：'形大如鼠，颈似兔，尾有毛，青黄色，好在田中食粟豆，关西呼为鼩鼠。'说文：'鼫，五伎鼠也，能飞不能过屋，能缘不能穷木，能游不能度谷，能穴不能掩身，能走不能先人。'"卢文弨曰："尔雅释文：'鼫，或云即蝼蛄也。鼩，郭音雀，将略反。'诗硕鼠正义引作'鼩'，音瞿。"郝懿行曰："困学纪闻卷五云：'隋、唐志有蔡邕劝学篇一卷，易正义引之，云："鼫鼠五能，不能成一伎术。"'"器案：易晋卦正义引蔡邕劝学篇："鼫鼠五能，不能成伎。"王注曰："能飞不能过屋，能缘不能穷木，能游不能度谷，能穴不能掩身，能走不能先人。"荀子劝学篇："梧鼠五伎而穷。"杨倞注："'梧鼠'当为'鼫鼠'，盖本误为'鼯'字，传写又误为'梧'耳。"大戴礼劝学篇："鼫鼠五伎而穷。"蔡邕鼫鼠五能之说，即本之荀子、大戴礼，作"鼫"为是，今据改正。至谓蝼蛄为鼫鼠，乃崔豹古今注之言，段氏说文注已斥其非矣。

〔七〕少仪外传上引"两"作"二"。郝懿行、李详俱引杭世骏诸史然疑，指为祖珽、徐之才二人。缪荃荪云自在龛随笔一说同。南史张稷传："性疏率，朗悟有才略，起家著作佐郎。"

〔八〕卢文弨曰:"营综,谓多所经营综理也。说文:'综,机理也。子宋切。'"器案:晋书王羲之传:"羲之与殷浩书:'知安西败丧,公私惋怛,不能须臾去怀,以区区江左,所营综如此,天下寒心,固已久矣。'"

〔九〕后汉书律历志:"是以集录为上下篇。"文选任彦升王文宪集序:"是用缀缉遗文,永贻世范,为如干秩,如干卷,所撰古今集记、今书七志为一家言,不列于集,集录如左。"

〔一〇〕杂艺篇:"真草书迹。"又:"书迹鄙陋。"书迹,犹言书体墨迹也。

〔一一〕少仪外传上引"差"作"瘥"。案:周礼天官医师:"岁终,则稽其医事,以制其食,十全为上,……十失四为下。"注:"全犹愈也,以失四为下者,五则半矣,或不治自愈。"

〔一二〕器案:此文画绘,盖亦指北朝时尚之胡画,北史平鉴传:"夜则胡画以供衣食。"又下引祖珽善为胡桃油以涂画者是也。

〔一三〕卢文弨曰:"棋,围棋。博,六博。"

〔一四〕"胡书"二字,各本无,今据宋本补。鲜卑语谓语言,胡书谓文字。庾信哀江南赋:"河南有胡书之碣。"法书要录卷二引庾元威论书言百体有胡书。广弘明集二〇引萧绎简文帝法宝联璧序:"大秦之籍,非符八体;康居之篆,有异六爻。"则当时外文之传入中国者多矣,然庾、颜之所谓胡书,则指鲜卑文字也。

〔一五〕卢文弨曰:"北齐书祖珽传:'陈元康荐珽才学,并解鲜卑语。珽善为胡桃油以涂画。'盖此数者,皆当时所尚也。"

〔一六〕卢文弨曰:"神仙传载尹轨能炼铅为银,后世亦有得其术者,然久未有不变者也。"

〔一七〕卢文弨曰:"梗概,大略也。薛综注张衡东京赋:'梗概,不纤密。'"

〔一八〕黄帝内经:"心者,君主之官,神明出焉。"

〔一九〕论语为政篇:"攻乎异端,斯害也已。"

上书陈事，起自战国[一]，逮于两汉，风流弥广[二]。原其体度：攻人主之长短，谏诤之徒也；讦群臣之得失，讼诉之类也；陈国家之利害，对策之伍也；带私情之与夺，游说[三]之俦也。总此四涂，贾诚[四]以求位，鬻言以干禄[五]。或无丝毫[六]之益，而有不省[七]之困，幸而感悟人主，为时所纳，初获不赀[八]之赏，终陷不测之诛，则严助、朱买臣、吾丘寿王、主父偃之类甚众[九]。良史所书，盖取其狂狷一介[一〇]，论政得失耳，非士君子守法度者所为也。今世所睹，怀瑾瑜而握兰桂者[一一]，悉耻为之。守门诣阙，献书言计，率多空薄[一二]，高自矜夸[一三]，无经略之大体[一四]，咸粃糠[一五]之微事，十条之中，一不足采，纵合时务[一六]，已漏先觉[一七]，非谓不知，但患知而不行耳。或被发奸私，面相酬证，事途回穴[一八]，翻惧愆尤[一九]；人主外护声教[二〇]，脱加含养[二一]，此乃侥幸之徒，不足与比肩也[二二]。

〔一〕赵曦明曰："案：若苏秦、苏厉、范雎、韩非、黄歇之辈皆是。"

〔二〕文心雕龙章表篇："降及七国，未变古式，言事于主，皆称上书。秦初定制，改书曰奏。汉定礼仪，则有四品：一曰章，二曰奏，三曰表，四曰议。章以谢恩，奏以按劾，表以陈请，议以执异。"汉书赵充国辛庆忌传赞："今之歌谣慷慨，风流犹存耳。"

〔三〕史记苏秦传："苏秦兄弟三人，皆游说诸侯以显名。"卢文弨曰："说，舒芮切。"器案：汉纪孝武纪荀悦曰："世有三游，德之贼也：一曰游侠，二曰游说，三曰游行。……饰辨辞，设诈谋，驰逐于天下，以要时势者，谓之游说。……此三游者，乱之所由生也，伤道害德，败法惑世，夫先王之所慎也。"

〔四〕贾诚，即贾忠，避隋文帝父杨忠讳改。贾，读左传“贾馀勇”之贾。

〔五〕论语为政篇：“子张学干禄。”集解：“干，求也。禄，禄位也。”

〔六〕丝毫，宋本、朱本作“私毫”，未可从。

〔七〕卢文弨曰：“不省，不见省也。”

〔八〕卢文弨曰：“不赀，亦作‘不訾’。颜师古注汉书盖宽饶传：‘不赀者，言无赀量可以比之，贵重之极也。’”器案：通鉴五〇胡注云：“赀之为言量也，不赀，谓无量可比也。”

〔九〕赵曦明曰：“汉书严朱吾丘主父徐严终王贾传：‘严助，会稽吴人。郡举贤良，对策百馀人，武帝善助对，擢为中大夫。后得朱买臣、吾丘寿王、司马相如、主父偃、徐乐、严安、东方朔、枚皋、胶仓、终军、严葱奇等，并在左右，及淮南王反，事与助相连，弃市。朱买臣，字翁子，吴人。诣阙上书，会邑子严助贵幸，荐买臣，拜为中大夫，与助俱侍中。后告张汤阴事，汤自杀，上亦诛买臣。吾丘寿王，字子赣，赵人。为侍中中郎，坐法免，上书愿击匈奴，拜东郡都尉，征入为光禄大夫侍中。后坐事诛。主父偃，齐国临淄人。上书阙下，朝奏，暮召入见。所言九事，其八事为律令，一事谏伐匈奴。是时，徐乐、严安亦俱上书言世务。上召见三人，谓曰：“公皆安在？何相见之晚！”皆拜为郎中。偃数上疏言事，岁中四迁。大臣皆畏其口，赂遗累千金。为齐相，刺齐王阴事，王自杀。上大怒，征下吏治。公孙弘以为齐王自杀，无后，非诛偃无以谢天下，遂族偃。’”卢文弨曰：“吾丘音虞丘，主父音主甫。”

〔一〇〕论语子路篇：“子曰：‘不得中行而与之，必也狂狷乎！狂者进取，狷者有所不为也。’”包注：“狂者进取于善道，狷者守节无为。”尚书秦誓：“如有一介臣。”释文：“一介，耿介一心端悫者。”案：别解“一介”作“耿介”，盖本此。

〔一一〕卢文弨曰：“瑾瑜，美玉；兰桂，皆有异香。以喻怀才抱德之士，耻为若人之所为也。”器案：楚辞九章怀沙：“怀瑾握瑜兮，穷不知所示。”补注：“在衣为怀，在手为握。瑾瑜，美玉也。”拾遗记六后汉录曰：

"夫丹石可磨而不可夺其坚色,兰桂可折而不可掩其贞芳。"

〔一二〕空薄,谓空疏浅薄。三国志吴书孙权传注引魏略:"孙权乃遣浩周为牋魏王……又曰:'权本性空薄,文武不昭。'……又权与周书:'孤以空闇,分信不昭。'"空闇亦与空薄义近,闇昧则又进于空薄矣。

〔一三〕汉书地理志下:"矜夸功名。"黄叔琳曰:"做秀才当如守贞之女,上书陈事,何异倚市门乎?"

〔一四〕文选三国名臣赞序:"元首经略而股肱肆力。"吕向注曰:"经略,经营也。"

〔一五〕粃糠,罗本、傅本、颜本、程本、胡本、何本、朱本、别解作"糠粃"。卢文弨曰:"庄子逍遥游释文:'粃糠又作秕糠,犹烦碎。'"

〔一六〕汉书昭帝纪赞:"光知时务之要,轻繇薄赋,与民休息。"时务,谓当时之事务也。文选班孟坚答宾戏:"李斯奋时务。"注:"项岱曰:'时务,谓六国更相攻伐,争为雄伯之务。'"又袁彦伯三国名臣赞序:"仰弘时务。"旧唐书卷二十三职官志二:"凡择流外,取工书计,兼颇晓时务。"

〔一七〕孟子万章上:"使先觉觉后觉。"赵岐注:"觉,悟也。"

〔一八〕穴,原作"冗",今据郝、李说校改。卢文弨曰:"迂回从冗,言所值之不能一途。冗,而陇切。"郝懿行曰:"案韩诗云:'谋猷回穴。'文选班固幽通赋用之,曹大家注云:'回,邪也;穴,僻也。祸福相反。'"李详曰:"案:'冗'当作'穴',文选幽通赋:'叛回穴其若兹。'曹大家注:'回,邪也;穴,辟也。韩诗:"谋猷回穴。"''穴'亦作'泬',潘岳西征赋:'事回泬而好还。'善注:'韩诗曰:"谋犹回泬。"''穴'、'泬'义通,善得各据所引而用之。二字犹言反覆,卢读为而陇切,非是。"器案:郝、李校是。韩诗之"谋猷回穴",毛诗小雅小旻作"谋犹回遹",穴、遹音近通用,卢以"穴"为"冗",非是。文选宋玉风赋:"回穴错迕。"李善注:"凡事不能定者回穴,此即风不定貌。"汉书叙传:"畔回穴其若兹兮。"颜师古注:"畔,乱貌也。回穴,转旋之意也。"

〔一九〕翻，抱经堂校定作"飜"，宋本及诸明本都作"翻"，今从之。卢文弨曰："'飜'与'翻'同。傯，俗悤字。"朱本注曰："傯、悤同。"郝懿行曰："傯，广韵云：'俗悤字。'汉武帝立齐王策文云：'厥有傯不臧。'注：'傯与悤同。'"

〔二〇〕尚书禹贡："声教讫于四海。"正义曰："声教，声威文教。"

〔二一〕卢文弨曰："脱者，或然之辞。"

〔二二〕卢文弨曰："言不足与之并肩事主也。"

谏诤之徒，以正人君之失尔，必在得言之地，当尽匡赞之规，不容苟免偷安，垂头塞耳；至于就养有方〔一〕，思不出位〔二〕，干非其任，斯则罪人。故表记云："事君，远而谏，则谄也；近而不谏，则尸利也〔三〕。"论语曰："未信而谏，人以为谤己也〔四〕。"

〔一〕赵曦明曰："礼记檀弓上：'事君有犯而无隐，左右就养有方。'"案：郑玄注曰："不可侵官。"

〔二〕易经艮象："君子以思不出其位。"论语宪问篇："君子思不出其位。"集注："孔曰：'不越其职。'"

〔三〕赵曦明曰："表记，礼记篇名。"器案：礼记郑玄注云："尸谓不知人事，无辞让也。"陈澔集说："吕氏曰：'陵节犯分，以求自达，故曰谄；怀禄固宠，主于为利，故曰尸利也。'"

〔四〕论语子张篇："君子……信而后谏，未信，则以为谤己也。"

君子当守道崇德，蓄价待时〔一〕，爵禄不登，信由天命。须求趋竞〔二〕，不顾羞惭，比较材能，斟量功伐〔三〕，厉色扬声，东怨西怒；或有劫持宰相瑕疵，而获酬谢〔四〕，或有喧聒时人视听，求见发遣〔五〕。以此得官，谓为才力，何异盗

食致饱、窃衣取温哉〔六〕！世见躁竞〔七〕得官者，便谓“弗索何获”〔八〕；不知时运之来，不求亦至也〔九〕。见静退〔一〇〕未遇者，便谓“弗为胡成”〔一一〕；不知风云不与〔一二〕，徒求无益也。凡不求而自得、求而不得者〔一三〕，焉可胜算乎〔一四〕！

〔一〕蓄价，蓄养声价。后汉书姜肱传：“征为太常，告其友曰：‘吾以虚获实，遂藉声价。’”风俗通义愆礼篇：“居缑氏城中，亦教授，坐养声价。”

〔二〕须求，少仪外传下作“干求”。晋书庾峻传：“风俗趋竞，礼让陵迟。”南史王峻传：“峻性详雅，无趋竞心。”

〔三〕卢文弨曰：“量，音良。伐亦功也。庄二十八年左氏传：‘且旌君伐。’”

〔四〕而，少仪外传作“觊”。

〔五〕卢文弨曰：“犹今选人之在吏部者，先求分发。”案白居易自问：“老佣难发遣。”

〔六〕戒子通录二引分段。

〔七〕三国志魏书杜袭传：“粲性躁进。”文选嵇康养生论：“今以躁竞之心，涉希进之涂。”北史王遵业传：“议者惜其人才，而讥其躁竞。”躁进、躁竞，音义俱同，谓浮躁而急进也。

〔八〕宋本及各本“谓”作“为”，戒子通录、事文类聚前三九、群书类编故事十四引亦作“为”，抱经堂校定本作“谓”，少仪外传亦作“谓”，今从之。赵曦明曰：“‘谓’旧作‘为’，下同，古亦通用。”又曰：“左氏昭二十七年传：‘吴公子光曰：“上国有言曰：不索何获？”’”

〔九〕求，宋本、罗本、傅本、程本、胡本、何本、鲍本作“然”，事文类聚、群书类编故事同，赵引屠本、颜本、朱本及戒子通录作“索”，抱经堂本作“求”，今从之。又少仪外传、戒子通录“也”作“矣”。

〔一〇〕晋书潘尼传："性静退不竞。"

〔一一〕赵曦明曰："书太甲下：'弗虑胡获，弗为胡成。'"

〔一二〕与，少仪外传、群书类编故事作"兴"。赵曦明曰："易乾文言传：'云从龙，风从虎。'后汉书刘圣公传赞：'圣公靡闻，假我风云。'又二十八将传：'咸能感会风云，奋其智勇。'"

〔一三〕凡不求而自得，求而不得者，此二句，少仪外传作"凡不求而得者"六字。

〔一四〕卢文弨曰："焉，于虔切。胜音升。"

齐之季世〔一〕，多以财货托附外家，喧动女谒〔二〕。拜守宰者，印组〔三〕光华，车骑辉赫，荣兼九族，取贵一时〔四〕。而为执政所患，随而伺察，既以利得，必以利殆〔五〕，微染风尘〔六〕，便乖肃正，坑阱〔七〕殊深，疮痏〔八〕未复，纵得免死，莫不破家，然后噬脐〔九〕，亦复何及。吾自南及北，未尝一言与时人论身分也〔一〇〕，不能通达，亦无尤焉。

〔一〕左传昭公三年："晏子曰：'此季世也。'"文选天监三年策秀才文注："季谓末年。"

〔二〕女谒，或言妇谒。群书治要三一载文韬："后宫不荒，女谒不听。"荀子大略篇："汤旱而祷曰：'妇谒盛与？'"杨倞注："妇谒盛，谓妇言是用也。"诗经云汉正义引春秋说题辞："汤遭大旱，以六事谢过……女谒行与？"韩非子诡使篇："近习女谒并行。"汉书李寻传："对诏问灾异，……其于东方作，日初出时，阴云邪气起者，法为牵于女谒，有所畏难。"后汉书杨赐传："赐上封事曰：'女谒行则谗夫昌。'"赵壹刺世疾邪赋："女谒掩其视听兮，近习秉其威权。"后汉书皇后纪序："闺房肃雍，险谒不行。"注："谒，请也。言能辅佐君子，和顺恭敬，不行私谒。诗序曰：'虽则王姬，犹执妇道，以成肃雍之德。'又曰：'而无险诐私谒之心。'"赵曦明曰:"北齐书恩幸传:'穆提婆,本姓骆,汉阳人。提婆母陆令萱尝配入掖庭,大为胡后所昵爱。令萱奸巧多机辩,取媚百端,宫庭之中,独擅威福。天统初,奏引提婆入侍后主,官至录尚书事,封城阳王。令萱又媚穆昭仪,养之为母,提婆遂改姓穆氏。及穆后立,令萱号曰太姬。武平之后,令萱母子势倾中外,生杀予夺,不可尽言。'"器案:北齐书文宣纪:"天保七年诏:'或外家公主,女谒内成。'"又冯子琮传:"太后为齐安王纳子琮长女为妃,子琮因请假赴邺,遂授吏部尚书。其妻恃亲放纵,请谒公行,贿货填积,守宰除授,先定钱帛多少,然后奏闻,其所通致,事无不允。子琮亦不禁制。"观此,则知之推之言非诬矣。陈直曰:"按:之推观我生赋云:'予武成之燕翼,遵春坊而原始,唯骄奢之是修,亦佞臣之云使。'自注云:'后主之在宫,乃使骆提母陆氏为之,又胡人何洪珍等为左右,后皆预政乱国焉。'陆氏为陆令萱也。"

〔三〕卢文弨曰:"古者居官,人各一印,后世凡同曹司者,共一印。组即绶也,所以系佩者。汉书严助传:'方寸之印,丈二之组。'"

〔四〕卢文弨曰:"北齐书后主纪:'任陆令萱、和士开、高阿那肱、穆提婆、韩长鸾等宰制天下,陈德信、邓长颙、何洪珍参预机权。各引亲党,超居非次,官由财进,狱以贿成。帑藏空竭,乃赐诸佞幸卖官,或得郡两三,或得县六七,各分州郡,下逮乡官亦多中降者。'"

〔五〕殆,原作"治",少仪外传引作"殆",义较胜,今从之。

〔六〕卢文弨曰:"风尘易以污人,言不能清洁也。"器案:世说新语赏誉篇:"王戎云:'太尉神姿高彻,如瑶林琼树,自然是风尘外物。'"又轻诋篇:"庾公权重,足倾王公,庾在石头,王在冶城坐,大风扬尘,王以扇拂尘曰:'元规尘污人。'"风尘义与此同。文选刘孝标辨命论:"必亭亭高竦,不杂风尘。"李善注:"郭璞游仙诗曰:'高蹈风尘外。'"则风尘为六朝人习用语。

〔七〕后汉书袁绍传陈琳为袁绍檄豫州曰:"坑阱塞路。"南史齐东昏侯纪:

"陵冒雨雪,不避坑阱。"

〔八〕文选张平子西京赋:"所恶成疮痏。"薛综注:"疮痏,谓瘢痕也。"李善注:"苍颉曰:'痏,殴伤也。'"

〔九〕卢文弨曰:"左氏庄六年传:'楚文王过邓,邓三甥请杀之,曰:若不早图,后君噬脐。'"郝懿行曰:"案:噬脐二字本庄六年左传文,杜征南注云:'若啮腹脐,喻不可及。'颜君此语,与左氏少异。"

〔一〇〕颜本、朱本"身"作"势"。

王子晋云:"佐饔得尝,佐斗得伤〔一〕。"此言为善则预〔二〕,为恶则去,不欲〔三〕党人非义之事也。凡损于物,皆无与焉。然而穷鸟入怀,仁人所悯〔四〕,况死士归我,当弃之乎?伍员之托渔舟〔五〕,季布之入广柳〔六〕,孔融之藏张俭〔七〕,孙嵩之匿赵岐〔八〕,前代之所贵,而吾之所行也,以此得罪〔九〕,甘心瞑目〔一〇〕。至如郭解之代人报仇〔一一〕,灌夫之横怒求地〔一二〕,游侠〔一三〕之徒,非君子之所为也。如有逆乱之行,得罪〔一四〕于君亲者,又不足恤焉〔一五〕。亲友之迫危难也,家财己力,当无所吝;若横生图计,无理请谒〔一六〕,非吾教也。墨翟之徒,世谓热腹,杨朱之侣,世谓冷肠;肠不可冷,腹不可热〔一七〕,当以仁义为节文〔一八〕尔。

〔一〕赵曦明曰:"王子晋,周灵王之太子也。周语下:'佐雝者尝焉,佐斗者伤焉。'雝与饔通。"器案:淮南子说林:"佐祭者得尝,救斗者得伤。"(又见文子上德篇)亦本王子晋语。意林引唐子:"佐斗者伤,预事者亡。"

〔二〕永乐大典六六二引"预"作"豫"。

〔三〕合璧事类续五一"欲"作"与",类说、永乐大典仍作"欲"。

〔四〕赵曦明曰："魏志邴原传：'原与同郡刘政，俱有勇略雄气，辽东太守公孙度畏恶欲杀之，政窘急往投原。'裴松之注引魏氏春秋曰：'政投原曰："穷鸟入怀。"原曰："安知斯怀之可入邪？"'"

〔五〕赵曦明曰："史记伍子胥传：'伍子胥者，楚人也，名员。奔吴，追者在后。有一渔父乘船，知伍胥之急，乃渡伍胥。'"卢文弨曰："员音云。"

〔六〕赵曦明曰："史记季布传：'季布者，楚人也。为气任侠，有名于楚。项籍使将兵，数窘汉王。及项羽灭，高祖购布千金。布匿濮阳周氏，周氏献计，髡钳布，衣褐衣，置广柳车中，之鲁朱家所卖之。朱家心知是季布，买而置之田，诫其子，与同食。'"卢文弨曰："史记集解：'服虔曰："东郡谓广辙车为广柳车。"邓展曰："丧车也。"李奇曰："大隆穹也。"瓒曰："今运转大车是也。"'索隐：'礼曰："设柳翣。"郑康成注周礼云："柳，聚也，诸饰所聚。"则是丧车称柳。'"

〔七〕赵曦明曰："后汉书党锢传：'张俭，字元节，山阳高平人。'孔融传：'融，字文举，鲁国人，孔子二十世孙也。山阳张俭为中常侍侯览所恶，刊章捕俭。俭与融兄褒有旧，亡抵褒，不遇。时融年十六，见其有窘色，谓曰："吾独不能为君主邪？"因留舍之。后事泄，俭得脱，兄弟争死，诏书竟坐褒焉。'"

〔八〕罗本、傅本、程本、胡本、何本及类说"嵩"误"高"。赵曦明曰："后汉书赵岐传：'岐，字邠卿，京兆长陵人。耻疾宦官，中常侍唐衡兄玹为京兆尹，收其家属尽杀之。岐逃难，自匿姓名，卖饼北海市中。时安丘孙嵩游市，察非常人，呼与共载。岐惧失色。嵩屏人语曰："我北海孙宾石，阖门百口，势能相济。"遂以俱归，藏复壁中。'"陈直曰："之推极推重孙嵩，从周入齐夜渡砥柱诗云'问我将何去，北海就孙宾'可证。"

〔九〕"罪"原作"辠"，宋本、黄本及类说作"罪"，今从之。

〔一〇〕后汉书马融传："今获所愿，甘心瞑目。"

〔一一〕赵曦明曰："史记游侠传：'郭解，轵人也，字翁伯。为人短小精悍，以躯借交报仇。’”

〔一二〕赵曦明曰:“史记魏其侯传:‘武安侯田蚡为丞相,使籍福请魏其城南田,不许。灌夫闻,怒骂籍福,福恶两人有郄,乃谩自好,谢丞相。已而武安闻魏其、灌夫实怒不与田,亦怒曰:“蚡事魏其,无所不可,何爱数顷田?且灌夫何与也?”由此大怨灌夫、魏其。’”卢文弨曰:“横,户孟切,次下同。”

〔一三〕卢文弨曰:“史记游侠传集解:‘荀悦曰:“尚意气,作威福,结私交,以立强于世者,谓之游侠。”’”

〔一四〕罗本、傅本、颜本、程本、胡本、何本、朱本“罪”作“辠”。

〔一五〕宋本、合璧事类“又”作“亦”。

〔一六〕少仪外传下“理”作“礼”。

〔一七〕白居易雪中晏起偶咏所怀:“红尘闹热白云冷,好于冷热中间安置身。”意盖本此。

〔一八〕黄叔琳曰:“酌量最当,然亦最难,能如是者,君子哉!”卢文弨曰:“仁者爱人,而施之有等;义者正己,而处之得宜。墨氏之兼爱,疑于仁而实害于仁;杨氏之为我,疑于义而实害于义,是以孟子必辞而辟之。”器案:孟子离娄上:“礼之实,节文斯二者是也。”史记礼书:“礼有节文。”

前在修文令曹〔一〕,有山东学士与关中太史竞历〔二〕,凡十馀人,纷纭累岁,内史牒付议官平之〔三〕。吾执论曰:“大抵诸儒所争〔四〕,四分并减分两家尔〔五〕。历象之要,可以晷景测之〔六〕;今验其分至薄蚀〔七〕,则四分疏而减分密〔八〕。疏者则称政令有宽猛,运行致盈缩〔九〕,非算之失也;密者则云日月有迟速,以术求之,预知其度,无灾祥也。用疏则藏奸而不信,用密则任数而违经。且议官所知,不

能精于讼者〔一〇〕，以浅裁深，安有肯服？既非格令所司〔一一〕，幸勿当也〔一二〕。”举曹贵贱，咸以为然。有一礼官，耻为此让〔一三〕，苦欲留连，强加考覈〔一四〕。机杼〔一五〕既薄，无以测量，还复采访讼人〔一六〕，窥望长短，朝夕聚议，寒暑烦劳〔一七〕，背春涉冬〔一八〕，竟无予夺〔一九〕，怨诮滋生，赧然而退，终为内史所迫：此好名之辱也〔二〇〕。

〔一〕赵曦明曰：“本传：‘河清末，待诏文林馆，大为祖珽所重，令掌知馆事。’”

〔二〕赵曦明曰：“隋书百官志：‘秘书省领著作、太史二曹，太史曹置令丞各二人，司历二人，监候四人。其历、天文、漏刻、视祲，各有博士及生员。’”器案：竞历，谓争论历法，此当指武平七年董峻、郑元伟立议非难天保历事，见隋书律历志中。志称其“争论未定，遂属国亡”，与此言“竟无予夺”合。之推自言“举曹贵贱，咸以为然”，则固在齐修文令曹时事也。

〔三〕赵曦明曰：“隋书百官志：‘内史置令二人，侍郎四人。’”卢文弨曰：“牒，徒叶切，说文：‘札也。’广韵：‘书版曰牒。’案：后世官府移文谓之牒。平，平议也。后汉书霍谞传：‘前者温教，许为平议。’”器案：徐师曾文体明辨：“公移：案公移者，诸司相移之词也，其名不一，故以公移括之。唐世凡下达上，其制有六：……其六曰牒，有品以上公文皆称牒。宋制……六部相移用公牒。……今制……诸司相移者曰牒。……大略因前代之制而损益之耳。”

〔四〕抱经堂校定本“争”作“执”，宋本及诸本都作“争”，今从之。

〔五〕赵曦明曰：“续汉律历志：‘元和二年，太初失天益远，召治历编䜣、李梵等，综校其状，遂下诏改行四分，以遵于尧。熹平四年，蒙公乘宗绀孙诚上书，言受绀法术，当复改。诚术：以百三十五月二十三食为法，乘除成月，从建康以上减四十一，建康以来减三十五。’”案：建康，汉顺帝年号，仅一年，当公元一四四年。

〔六〕卢文弨曰：“晷，古委切，日景也。景，古影字，葛洪始加彡，详见本书书证篇。”器案：汉书天文志：“日有中道，月有九行。中道者黄道，一曰光道。光道北至东井，去北极近，南至牵牛，去北极远，东至角，西至娄，去极中。夏至至于东井，北近极，故晷短，立八尺之表，而晷景长尺五寸八分。冬至至于牵牛，远极，故晷长，立八尺之表，而晷景长丈三尺一寸四分。春、秋分日至娄角，去极中，而晷中，立八尺之表，而晷景长七尺三寸六分。此日去极远近之差，晷景长短之制，去极远近难知，要以晷景。晷景者，所以知日之南北也。”

〔七〕分至，谓春分、秋分、夏至、冬至也。汉书天文志：“日月薄食。”注：“日月无光曰薄，京房易传曰：‘日月赤黄为薄。’或曰：‘不交而食曰薄。’韦昭曰：‘气往迫之为薄，亏毁曰食也。’”蚀、食字通。

〔八〕疏，抱经堂校定本作“疎”。

〔九〕盈缩，亦谓赢缩，汉书天文志：“岁星超舍而前为赢，退舍为缩。”王先谦补注：“占经引七曜云：‘超舍而前，过其所舍之宿以上一舍二舍三舍谓之赢，退舍以下一舍二舍三舍谓之缩。’”

〔一〇〕黄叔琳曰：“君子于其所不知，盖阙如也，亦是协恭和衷、推贤让能之义，非仅画蛇不须添足。”

〔一一〕格令，犹言律令。新唐书艺文志刑法类：“麟趾格四卷，文襄帝时撰。”

〔一二〕林思进先生曰：“史记张释之传：‘廷尉奏当一人犯跸当罚金。’索隐引崔浩曰：‘当谓处其罪。’即此当字义。”

〔一三〕傅本、颜本、胡本、何本、朱本“让”作“议”，宋本、罗本、程本、黄本作“让”，今从之。

〔一四〕卢文弨曰：“覈，下革切，与核同。”

〔一五〕卢文弨曰：“机杼，言其胸中之经纬也。”器案：本书名实篇：“疑彼制作,多非机杼。"魏书祖莹传:"祖莹尝语人云:'文章须自出机杼,成一家风骨,何能共人生活也?'"取喻相似,则亦六朝人恒言也。

〔一六〕朱本于"采访"断句,以"讼人"属下句读,非是。

〔一七〕荀子荣辱篇:"为尧禹则常愉佚,为工匠农贾则常烦劳。"后汉书明帝纪:"烦劳群司。"文选张平子四愁诗:"何为怀忧心烦劳?"烦劳,谓烦苦勤劳也。

〔一八〕文选上林赋:"背秋涉冬。"闲居赋:"背冬涉春。"七发:"背秋涉冬。"句法与此同。穀梁传襄公二十七年疏引徐邈曰:"涉犹历也。"背春涉冬,犹今言过了春天到了冬天也。

〔一九〕各本"予"作"与",今从宋本。周礼天官:"太宰之职,以八柄诏王驭群臣:……三曰予,以驭其幸;……六曰夺,以驭其贫。"贾公彦疏:"三曰予以驭其幸,谓言语偶合于善,有以赐予之,故云以驭其幸。六曰夺以驭其贫者,谓臣有大罪,身死,夺其家资,故云以驭其贫。"左传成公八年:"一与一夺,二三孰甚焉。"予、与,音义俱同。

〔二〇〕宋本原注:"一本'此好名好事之为也'。"案:罗本、傅本、颜本、程本、胡本、何本、朱本、黄本有"好事"二字。

止足〔一〕第十三

礼云:"欲不可纵,志不可满〔二〕。"宇宙可臻其极,情性不知其穷,唯在少欲知足〔三〕,为立涯限尔〔四〕。先祖靖侯〔五〕戒子侄曰:"汝家书生门户,世无〔六〕富贵;自今仕宦〔七〕不可过二千石〔八〕,婚姻勿贪势家〔九〕。"吾终身服膺〔一〇〕,以为名言也。

〔一〕梁书有止足传。

〔二〕赵曦明曰："见礼记曲礼上。"

〔三〕各本"足"作"止"，今从宋本。

〔四〕艺文类聚十八引王僧孺为韦雍州致仕表："一旦攀附，遂无涯限。"涯限，犹言界限也。

〔五〕卢文弨曰："之推九世祖名含，已释在治家篇。"

〔六〕戒子通录"无"误作"欲"。

〔七〕本篇下文："仕宦称泰。"史记平准书："市井之子孙，不得仕宦为吏。"又鲁仲连传："而不肯仕宦任职。"后汉书阴皇后纪："仕宦当作执金吾。"论衡逢遇篇："吾年少之时，学为文，文德成就，始欲仕宦。"仕宦，谓出仕服官也。

〔八〕卢文弨曰："案：自汉以来，官制有中二千石、二千石、比二千石，此但不至公耳，然于官品亦优矣。邴曼容为官，不肯过六百石，辄自免去，岂不更冲退哉？"器案：二千石，汉人谓之大官。仕宦之徒，冲退与躁进者，于此有以觇其趣焉。汉书疏广传："今仕宦至二千石，宦成名立。"又宁成传："称曰：'仕不至二千石，贾不至千万，安可比人乎？'"世说新语贤媛篇："王经少贫苦，仕至二千石，母语之曰：'汝本寒家子，仕至二千石，此可以止乎！'"江淹自序传："仕所望，不过诸卿二千石。"盖自汉、魏以来，仕途险巇，一般浮沉于宦海者，率以此为持盈之限云。北齐书张琼传："有二子，长忻……普泰中，为都督……以功尚魏平阳公主，除驸马都尉、大将军、开府仪同三司、建州刺史、南郑县伯。琼常忧其太盛，每语亲识曰：'凡人官爵，莫若处中；忻位秩太高，深为忧虑。'"琼与之推，俱北齐臣也，琼之忧虑，与之推之服膺，其道一也。

〔九〕陈直曰："按：颜真卿颜含大宗碑铭云：'桓温求婚姻，因其盛满，不许，因诫子孙曰'云云。晋书颜含本传亦叙及桓温求婚事，与大宗碑相同。"器案：景定建康志四三引晋李阐右光禄大夫西平靖侯颜府君碑："王处明，君之外弟，为子允之求君女婚；桓温，君夫人从甥也，求君小女婚;君并不许,曰:‘吾与茂伦于江上相得,言及知旧,抆泪叙情,茂伦曰:“唯当结一婚姻耳。”吾岂忘此言?温负气好名,若其大成,倾危之道;若其(阙)败也,罪及姻党。尔家书生为门,世无富贵,终不为汝树祸。自今仕宦不可过二千石,(阙)婚嫁不须贪世位家。’”颜鲁公文集人宗碑铭:“桓温求婚,以其盛满不许,因诫子孙曰:‘自今仕宦不可过二千石,婚姻勿贪世家。’”案:二文俱作“世”,此作“势”,疑出妄改。

〔一〇〕汉书东方朔传:“服膺而弗失。”师古曰:“服膺,俯服其胸臆也。”中庸:“得一善,则拳拳服膺,而弗失之矣。”朱熹注:“奉持而著之心胸之间,言能守也。”王叔岷曰:“庄子盗跖篇:‘服膺而不舍。’”

天地鬼神之道,皆恶满盈。谦虚冲损,可以免害〔一〕。人生衣趣以覆寒露,食趣以塞饥乏耳〔二〕。形骸之内,尚不得奢靡,己身之外,而欲穷骄泰邪〔三〕?周穆王〔四〕、秦始皇〔五〕、汉武帝〔六〕,富有四海,贵为天子〔七〕,不知纪极〔八〕,犹自败累,况士庶乎?常以二十口家,奴婢盛多,不可出二十人,良田十顷,堂室才蔽风雨,车马仅代杖策,蓄财数万,以拟吉凶急速〔九〕,不啻此者〔一〇〕,以义散之〔一一〕;不至此者,勿非道求之。

〔一〕赵曦明曰:“易谦彖传:‘天道亏盈而益谦,地道变盈而流谦,鬼神害盈而福谦,人道恶盈而好谦。’”

〔二〕罗本、颜本、程本、胡本、何本、朱本、黄本两“趣”字都作“取”,宋本、傅本作“趣”,今从之。卢文弨曰:“趣者,仅足之意,与孟子‘杨子取为我’之取同。”“塞”,颜本作“充”。“饥”,颜本、程本、胡本作“饑”,饥为饥饿字,饑为饑荒字,古书传刻多混。通鉴十九胡三省注:“暂无曰乏。”

〔三〕礼记大学：“是故君子有大道，必忠信以得之，骄泰以失之。”

〔四〕赵曦明曰：“昭十二年左氏传：‘子革对楚子：“昔穆王欲肆其心，周行天下，将皆必有车辙马迹焉。”’史记秦本纪：‘造父以善御幸于周缪王，得骥、温骊、骅骝、騄耳之驷，巡狩，乐而忘归。徐偃王作乱，造父为缪王御，一日千里以救乱。’”

〔五〕赵曦明曰：“史记秦始皇纪：‘二十六年，秦初并天下，除谥法，为始皇帝，治驰道，筑长城，作阿房宫，求不死药，焚诗书，坑儒生。三十七年七月，崩于沙丘平台。’”

〔六〕赵曦明曰：“桓谭新论：‘汉武帝材质高妙，有崇先广统之规，然多过差。既欲斥境广土，又乃贪利争物，闻大宛有名马，攻取历年，士众多死，但得数十匹耳。多征会邪僻，求不急之方，大起宫室，内竭府库，外罢天下，此可谓通而蔽矣。’”

〔七〕孟子万章上：“富，人之所欲，富有天下，而不足以解忧；贵，人之所欲，贵为天子，而不足以解忧。”

〔八〕卢文弨曰：“左氏文十八年传文。”

〔九〕易系辞上：“拟之而后言。”正义：“圣人欲言之时，必拟度之而后言。”案：拟犹言预料也。

〔一〇〕卢文弨曰：“啻与翅同。不啻，不但，言过之也。”刘盼遂曰：“案：不啻此，谓过于此也，与不至此对文。六朝人以不啻为常谈，如左氏昭公元年传：‘君子曰：“鲜不五稔。”’杜注：‘少尚当历五年，多则不啻。’此不啻为过多之证。世说新语赏誉篇：‘江思俊思怀所通，不翅儒域。’文学篇：‘殷叹曰：“使我解四本，谈不翅尔。”’排调篇：‘妇笑曰：“若使新妇得配参军，生儿故可不啻如此。”’假谲篇：‘王文度弟智，恶乃不翅。’皆谓过也、多也。翅、啻古通用。一切经音义引苍颉篇云：‘不啻，多也。’则此语之来也久矣。”器案：说文疒部：“疷，病不翅也。”段玉裁注曰：“翅同啻，古语不啻，如楚人言夥颐之类。世说新语：'王文度弟阿智，恶乃不翅。'晋、宋间人尚作此语。"

〔一一〕宋本句首有"皆"字。

仕宦称泰，不过处在中品〔一〕，前望五十人，后顾五十人，足以免耻辱，无倾危也。高此者，便当罢谢，偃仰〔二〕私庭。吾近为黄门郎〔三〕，已可收退；当时羁旅，惧罹谤讟，思为此计，仅未暇尔〔四〕。自丧乱已来，见因托风云〔五〕，徼幸富贵，旦执机权〔六〕，夜填坑谷〔七〕，朔欢卓、郑〔八〕，晦泣颜、原者〔九〕，非十人五人也〔一〇〕。慎之哉！慎之哉〔一一〕！

〔一〕器案：张琼所谓"处中"，亦是此意，详见上注。

〔二〕诗小雅北山："或栖迟偃仰。"马瑞辰通释曰："偃仰，犹偃息、媅乐之类，皆二字同义。"

〔三〕赵曦明曰："隋书百官志上：'门下省置侍中、给事黄门侍郎各六人。'"器案：隋书百官志中记后齐官制云："门下省，掌献纳谏正及司进御之职。侍中、给事黄门侍郎各六人。"又百官志上记梁官制云："门下省，置侍中、给事黄门侍郎各四人。"

〔四〕终制篇："计吾兄弟，不当仕进。但以门衰，骨肉单弱，五服之内，傍无一人，播越他乡，无复资荫，使汝等沉沦厮役，以为先世之耻，故靦冒人间，不敢坠失，兼以北方政教严切，全无隐退者故也。"两说可以相补。

〔五〕后汉书朱景王杜马刘傅坚马列传论："中兴二十八将，前世以为上应二十八宿，未之详也。然咸能感会风云，奋其智勇，称为佐命，亦各智能之士也。"又刘玄刘盆子列传赞："圣公靡闻，假我风云。"注："易曰：'云从龙，风从虎，圣人作而万物睹。'假，借也。言圣公初起，无所闻知，借我中兴风云之便。"

〔六〕三国志魏书夏侯玄传："天爵之外通，而机权之门多矣。"机权，谓机要权柄也。

〔七〕抱经堂校定本"填"作"殒",宋本、罗本、傅本、顾本、何本、朱本作"填",今据改。程本、胡本误作"損"。

〔八〕卢文弨曰:"史记货殖传:'蜀卓氏之先,赵人也,徙临邛,室至僮千人,田池射猎之乐,拟于人君。程郑,山东迁虏也,亦冶铸,富埒卓氏。'"

〔九〕黄叔琳曰:"意平语炼。"卢文弨曰:"颜、原,谓颜渊、原思。"

〔一〇〕卢文弨曰:"言如此者,其人众多也。"

〔一一〕此句,抱经堂校定本不重,宋本及各本俱重,今据补。

诫兵第十四〔一〕

颜氏之先,本乎邹、鲁,或分入齐,世以儒雅〔二〕为业,遍在书记。仲尼门徒,升堂者七十有二〔三〕,颜氏居八人焉〔四〕。秦、汉、魏、晋,下逮齐、梁,未有用兵以取达者。春秋世〔五〕,颜高〔六〕、颜鸣〔七〕、颜息〔八〕、颜羽〔九〕之徒,皆一斗夫耳。齐有颜涿聚〔一〇〕,赵有颜冣〔一一〕,汉末有颜良〔一二〕,宋有颜延之〔一三〕,并处将军之任,竟以颠覆。汉郎颜驷〔一四〕,自称好武,更无事迹。颜忠以党楚王受诛〔一五〕,颜俊以据武威见杀〔一六〕,得姓已来,无清操者,唯此二人,皆罹祸败。顷世乱离,衣冠〔一七〕之士,虽无身手〔一八〕,或聚徒众,违弃素业,徼幸战功。吾既羸薄〔一九〕,仰惟〔二〇〕前代,故寘心〔二一〕于此,子孙志之。孔子力翘门关,不以力闻〔二二〕,此圣证也〔二三〕。吾见今世士大夫,才有气干〔二四〕,便倚赖之，不能被甲执兵，以卫社稷〔二五〕，但微行险服〔二六〕，逞弄拳擘〔二七〕，大则陷危亡，小则贻耻辱，遂无免者。

〔一〕郝懿行曰："案：此篇首，乃颜氏族谱叙也。"陈直曰："颜真卿家庙碑铭云：'系我宗，邾颜公，子封郳，鲁附庸。'比本文'本乎邹、鲁'句，叙得姓之始为详。"

〔二〕器案：儒雅，谓儒素大雅，汉书公孙弘传："儒雅则公孙弘、董仲舒。"

〔三〕论语先进篇："子曰：'由也升堂矣，未入于室也。'"朱熹集注："升堂入室，喻入道之次第。"史记仲尼弟子列传："孔子曰：'受业身通者，七十有七人，皆异能之士也。'"索隐："孔子家语亦有七十七人，唯文翁孔庙图作七十二人。"梁玉绳史记志疑曰："案弟子之数，有作七十人者，孟子云'七十子'，吕氏春秋遇合篇'达徒七十人'，淮南泰族及要略训俱言七十，汉书艺文志序、楚元王传所称'七十子丧而大义乖'，是已。有作七十二人者，孔子世家、文翁礼殿图、后汉书蔡邕传鸿都画像、水经注八汉鲁峻冢壁象、魏书李平传学堂图皆七十二人，颜氏家训诫兵篇所称'仲尼门徒升堂者七十二'，是已。有作七十七人者，此传及汉地理志是已。孔子家语七十二弟子解实七十七人，今本脱颜何，止七十六人。其数无定，难以臆断。"

〔四〕赵曦明曰："史记仲尼弟子列传：'颜回，字子渊，鲁人。颜无繇，字路，回之父。颜幸，字子柳；颜高，字子骄；颜祖，字襄；颜之仆，字叔；颜哙，字子声；颜何，字冉，皆鲁人。'案：今家语止七十六人，盖脱去颜何一人，索隐于史记颜何下引家语云：'字称。'今史记字冉，盖传写脱其半耳。索隐明言家语与史记同，则其为脱误更明甚。今家语颜高作颜刻，颜祖作颜相。"器案：急就篇一："颜文章。"颜师古注："颜氏本出颛顼之后。颛顼生老童。老童生吴回，为高辛火正，是谓祝融。祝融生陆终。陆终生六子，其五曰安，是为曹姓，周武王封其苗裔于邾，为鲁附庸，在鲁国邹县，其后，邾武公名夷父，字曰颜，故春秋公羊传谓之颜公，其后遂称颜氏，齐、鲁之间，皆为盛族。孔子弟子达者七十二人，颜氏有八人焉。四科之首，回也标为德行。韩子称儒分为八，而颜氏处其一焉。汉有颜䀗、颜异、颜安、颜乐，以春秋名家。”颜鲁公家庙碑：“战国有率、烛，秦有芝、贞，汉有异、肆。”又案：陋巷志卷五刘载奉敕撰朱虚伯颜哙赞：“颜氏之族，咸为弟子。”刘载，宋史卷二百六十二有传。李详曰：“案：颜真卿家庙碑亦言‘孔门达者七十二人，颜氏有八人’，盖本家训。”

〔五〕罗本、傅本、颜本、程本、胡本、何本、朱本、文津本、鲍本、汗青簃本都作“春秋之世”。

〔六〕赵曦明曰：“定八年左氏传：‘公侵齐，门于阳州，士皆坐列，曰：“颜高之弓六钧。”皆取而传观之。阳州人出，高夺人弱弓，籍丘子钽击之，与一人俱毙。偃且射子钽，中颊，殪。颜息射人，中眉，退曰：“我无勇，吾志其目也。”’”

〔七〕赵曦明曰：“昭廿六年传：‘齐师围成。师及齐师战于炊鼻。林雍羞为颜鸣右，下。苑何忌取其耳。颜鸣去之。苑子之御曰：“视下顾。”苑子刜林雍，断其足。鑋而乘于他车以归。颜鸣三入齐师，呼曰：“林雍乘。”’”

〔八〕各本俱无“颜息”，宋本有，今从之。事详上颜高条注引左氏传。

〔九〕赵曦明曰：“左哀十一年传：‘齐国书、高无丕帅师伐我，及清，孟孺子泄帅右师，颜羽御，邴泄为右。战于郊，右师奔。孟孺子语人曰：“我不如颜羽而贤于邴泄，子羽锐敏，我不欲战而能默。”泄曰：“驱之。”’”

〔一〇〕卢文弨曰：“韩非子十过篇：‘昔田成子游于海而乐之，颜涿聚曰：“君游海而乐之，奈人有图国者何？君虽乐之，将安得？”田成子援戈将击之，颜涿聚曰：“昔桀杀关龙逢，而纣杀王子比干，今君虽杀臣之身以三之，可也。臣言为国，非为身也。”君乃释戈，趣驾而归，闻国人有谋不纳田成子者矣。’说苑正谏篇以为谏齐景公，颜涿聚作颜烛趙，左传作颜涿聚，史记、古今人表俱作颜浊邹，他书讹者不具出。”

〔一一〕宋本原注：“‘冣’或作‘聚’。”段玉裁曰：“冣，才句切，上多一点，是俗最字。”卢文弨曰：“史记赵世家：‘幽缪王迁七年，秦人攻赵，赵大将李牧、将军司马尚将，击之。李牧诛，司马尚免，赵忽及齐将颜聚代之。赵忽军破，颜聚亡去。’冯唐传：‘迁用郭开谗，卒诛李牧，令颜聚代之。’索隐：‘聚音以喻反，汉书作最。’”器案：战国策赵策下：“秦使王翦攻赵，赵使李牧、司马尚御之。……赵王疑之，使赵葱及颜最代将，斩李牧，废司马尚。后三月，王翦因急击，大破赵，杀赵葱，虏赵王迁及其将颜最，遂灭赵。”字正作最。

〔一二〕赵曦明曰：“三国志袁绍传：‘以颜良为将军，攻刘延于白马。太祖救延，与良战，破，斩良。’”

〔一三〕赵曦明曰：“案：宋书颜延之传：尝领步兵校尉，未尝为将军。其子竣传云：‘竣字士逊。世祖践阼，以为侍中，迁左卫将军。丁忧，起为右将军。以所陈多不被纳，颇怀怨愤，免官。竣频启谢罪，并乞性命，上愈怒，及竟陵王诞为逆，因此陷之于狱，赐死。’”钱大昕曰：“案：延之未尝以将兵颠覆，其子竣虽不善终，亦非由将兵之故，且与其父何与？后读宋书刘敬宣传：‘王恭起兵京口。以刘牢之为前锋，牢之至竹里，斩恭大将颜延。’乃悟此文颜延下衍一‘之’字。牢之事本在晋末，而见于宋书，故之推系之宋耳。或后来校书者，因延之为宋人，妄改‘晋’为‘宋’也。”

〔一四〕赵曦明曰：“汉武故事：‘颜驷，不知何许人，文帝时为郎，武帝辇过郎署，见驷庞眉皓发，问曰：“叟何时为郎？何其老也！”对曰：“臣文帝时为郎，文帝好文而臣好武；至景帝好美，而臣貌丑；陛下即位，好少，而臣已老，是以三世不遇。”上感其言，擢拜会稽都尉。’”器案：后汉书张衡传注、御览三八三、又七七四引汉武故事都云：“颜驷，江都人。”元和姓纂：“颜驷，江都人。”颜鲁公集世系谱序：“汉有异、肆、安乐。”疑“驷”即“肆”。胡本“驷”作“泗”，误。

〔一五〕赵曦明曰："后汉书楚王英传：'永平十三年，男子燕广告英与渔阳王平、颜忠等造作图书，有逆谋。事下案验，废英，徙丹阳泾县，自杀。坐死徙者以千数。'"器案：后汉书济南安王康传："其后人上书告康招来州郡奸猾渔阳颜忠、刘子产等，又多遗其缯帛，案图书，谋议不轨。事下考。"又耿纯传："子阜徙封莒乡侯，永平十四年，坐同族耿歙与楚人颜忠辞语相连，国除。"又马武传："子檀嗣，坐兄伯济与楚王英党颜忠谋反，国除。"又寒朗传："永平中，以谒者守侍御史，与三府掾属共考案楚狱颜忠、王平等，辞连及隧乡侯耿建（惠栋谓"隧"当作"吕"，"建"当作"阜"），……试以建等物色，独问忠、平，而二人错愕不能对，朗知其诈，乃上言建等无奸，专为忠、平所诬。……后平、忠死狱中。"续汉书天文志中："永平九年，……广陵王荆与沈凉、楚王英与颜忠各谋逆，事觉，皆自杀。十三年十二月，楚王英与颜忠等造作妖谋反，事觉，英自杀，忠等皆伏诛。"

〔一六〕徐鲲曰："魏志张既传：'是时，武威颜俊、张掖和鸾、酒泉黄华、西平麴演等，并举郡反，自号将军，更相攻击。俊遣使送母及子诣太祖为质求助。太祖问既，既曰："俊等外假国威，内生傲悖，计定势足，后即反耳。今方事定蜀，且宜两存而斗之，犹卞庄子之刺虎，坐收其毙也。"太祖曰："善。"岁馀，鸾遂杀俊，武威王秘又杀鸾。'"案：此事通鉴系于汉献帝建安二十四年，刘盼遂亦引以为证。器案：张澍凉州府志备考人物卷二据张既传以颜俊为武威人，误列入凉州府，使见颜之推此文，当不致有此舛误也。

〔一七〕器案：汉书杜钦传注："衣冠，谓士大夫也。"文选奏弹王源集注："钞曰：'衣冠，谓簪缨人也。'"欧阳修撰王道卿制："唐将相之后，能以勋名自继其家者，号称衣冠盛事。"胡三省通鉴三二注："衣冠，当时士大夫及贵游子弟也。"

〔一八〕赵曦明曰："身手，谓有勇力习武艺者，故杜少陵诗云：'朔方健儿好身手。'"郝懿行曰："案：身手未详所出，杜少陵诗云：'朔方健儿好身手。’盖本于此。好身手犹言好拳勇欤?”

〔一九〕卢文弨曰:“羸,力追切。”

〔二〇〕仰惟,卢文弨曰:“惟,思也。”

〔二一〕寘心,卢文弨曰:“寘犹息也。”器案:诗经周南卷耳:“寘彼周行。”传:“寘,置也。”又小雅谷风:“寘子于怀。”笺:“寘,置也。置我于怀,言至亲己也。”寘怀、寘心义同。

〔二二〕赵曦明曰:“列子说符篇:‘孔子之劲,能招国门之关,而不肯以力闻。’案:招与翘同,举也。”卢文弨曰:“此或孔子父叔梁纥事,见左氏襄十年传:‘偪阳人启门,诸侯之士门焉,县门发,郰人纥抉之以出门者。’后遂移之孔子。”器案:吕氏春秋慎大篇、淮南主术篇及道应篇、论衡效力篇,都以为孔子事,盖相传如此。

〔二三〕卢文弨曰:“王肃有圣证论,此语所本。”

〔二四〕列子杨朱篇:“行年六十,气干将衰。”卢文弨曰:“气力强干。”陈槃曰:“吕本中曰:‘魏、晋以后,评品人物,多言干局识鉴,如何桢文学器干;郭展有器度干用;徐邈同郡魏观有鉴识器干;蜀先主机权干略,不逮魏武;刘弘有干略政事之才。’(紫微杂说)槃案:干,质也。淮南原道:‘柔弱者,生之榦也。’高注:‘榦,质也。’榦、干字通。又植也。伪家语六本:‘贞以干之。’王注:‘贞正以为干植。’成十三年左传:‘礼,身之干也。’会笺:‘干,脊骨也。昭二十五年:楄柎藉干。注:干,脊骨是也。无脊骨则不立。’质植、脊骨,义亦得通。又僖十一年左传:‘礼,国之干也。’(亦见襄三十年传)昭七年传:‘礼,人之干也。无礼,无以立。’人赖干以植立,推而至于国,理亦然也。”

〔二五〕礼记檀弓下:“仲尼曰:‘能执干戈以卫社稷,虽欲勿殇也,不亦可乎!’”

〔二六〕卢文弨曰:“微行,易为奸也。险服,如曼胡之缨、短后之衣是。”

〔二七〕掔,各本作“腕”,今从宋本。卢文弨曰:“说文:‘手掔也,杨雄曰:“掔,握也。”从手取声,乌贯切。’”

国之兴亡，兵之胜败，博学所至，幸讨论之。入帷幄之中[一]，参庙堂之上[二]，不能为主尽规以谋社稷[三]，君子所耻也。然而每见文士，颇读兵书[四]，微有经略[五]。若居承平之世[六]，睥睨宫阃[七]，幸灾乐祸[八]，首为逆乱，诖误善良[九]；如在兵革之时，构扇[一〇]反覆，纵横说诱[一一]，不识存亡，强相扶戴[一二]：此皆陷身灭族之本也。诫之哉！诫之哉！

〔一〕卢文弨曰："汉书高帝纪：'运筹帷幄之中，决胜千里之外，吾不如子房。'"

〔二〕吕氏春秋召类篇："修之于庙堂之上，而折冲乎千里之外。"

〔三〕罗本、傅本、颜本、程本、胡本、何本、朱本、文津本、鲍本、汗青簃本"尽"作"画"。

〔四〕器案：颇与下句微对文，亦微少义。史记叔孙通传："臣愿颇采古礼，与秦仪杂就之。"文选天监三年策秀才文："九流七略，颇常观览。"李善注："广雅：'颇，少也。'"诸颇字义并同。

〔五〕左传昭公七年注："经营天下，略有四海，故曰经略。"

〔六〕罗本、傅本、颜本、程本、胡本、何本、朱本、文津本、汗青簃本无"居"字，今从宋本。

〔七〕抱经堂校定本"阃"作"闹"，宋本及各本俱作"阃"，今据改。卢文弨曰："睥睨，犹言占察，汉书窦田列传作'辟倪'，亦作'俾睨'、'睥睨'，并同，匹诣、研计二切。"

〔八〕左传僖公十四年："庆郑曰：'背施无亲，幸灾不仁。'"又庄公二十年："今王子颓歌舞不倦，乐祸也。"

〔九〕卢文弨曰："诖音卦，广雅：'欺也。'"陈直曰："汉书霍光传云：'谋为大逆，欲诖误善良。'为之推所本。"王叔岷曰："案史记孝文本纪：'诖误吏民。'（又见汉书文帝纪）张仪列传：'诖误人主。'"

〔一〇〕庾信哀江南赋："桀黠构扇，凭陵畿甸。"

〔一一〕卢文弨曰："纵，即容切，亦作从。横，户盲切。说，始芮切。"

〔一二〕卢文弨曰："强，其两切。扶戴，谓推奉以为主也。"

习五兵〔一〕，便乘骑〔二〕，正可称武夫尔〔三〕。今世士大夫，但不读书，即称武夫儿〔四〕，乃饭囊酒瓮也〔五〕。

〔一〕赵曦明曰："周礼夏官司兵：'掌五兵。'注：'郑司农曰："戈，殳，戟，酋矛，夷矛。"此车之五兵。步卒之五兵，则无夷矛，而有弓矢。'"

〔二〕宋本"乘骑"作"骑乘"。卢文弨曰："骑，其寄切。"

〔三〕罗本、何本、文津本"正"作"止"，颜本、程本、胡本、朱本、黄本作"上"，宋本、傅本作"正"，今从之。

〔四〕宋本"即"下有"自"字。

〔五〕卢文弨曰："金楼子立言篇：'祢衡曰："荀彧强可与言，馀人皆酒瓮饭囊。"'"郑珍曰："意林引抱朴子云：'祢衡常云："孔融、荀彧，强可与语，馀人酒瓮饭囊。"'"器案：抱朴子外篇弹祢："荀彧犹强可与语，过此以往，皆木梗泥偶，似人而无人气，皆酒瓮饭囊耳。"意林所引，盖即此文。论衡别通篇"腹为饭坑，肠为酒囊"，义同。

养生第十五〔一〕

神仙之事，未可全诬；但性命在天，或难钟值〔二〕。人生居世，触途牵絷〔三〕：幼少〔四〕之日，既有供养之勤；成立之年，便增妻孥之累。衣食资须〔五〕，公私驱役〔六〕，而望遁迹山林，超然尘滓[七]，千万不遇[八]一尔。加以金玉之费[九]，炉器所须，益非贫士所办[一〇]。学如[一一]牛毛，成如麟角[一二]。华山之下，白骨如莽[一三]，何有可遂之理？考之内教，纵使得仙，终当有死，不能出世，不愿汝曹专精于此[一四]。若其爱养神明，调护气息[一五]，慎节起卧，均适寒暄[一六]，禁忌食饮[一七]，将饵药物[一八]，遂其所禀，不为夭折者，吾无间然[一九]。诸药饵法，不废世务也。庾肩吾常服槐实[二〇]，年七[二一]十馀，目看细字[二二]，须发犹[二三]黑。邺中[二四]朝士，有单服杏仁、枸杞、黄精、术、车前得益者甚多[二五]，不能一一说尔[二六]。吾尝患齿，摇动欲落[二七]，饮食热冷[二八]，皆苦疼痛。见抱朴子牢齿之法[二九]，早朝叩齿三百下为良[三〇]；行之数日，即便平愈[三一]，今恒持之[三二]。此辈小术，无损于事，亦可修也[三三]。凡欲饵药[三四]，陶隐居太清方中[三五]总录甚备，但须精审[三六]，不可轻脱[三七]。近有王爱州[三八]在邺学服松脂[三九]，不得节度，肠塞而死，为药所误者甚多[四〇]。

〔一〕器案：文选嵇叔夜养生论注："嵇喜为康传曰：'康性好服食，常采御上药。以为神仙禀之自然，非积学所致，至于导养得理，以尽性命，若安期、彭祖之伦，可以善求而得也。著养生篇。'"六朝人养生之说，大较如此。正统道藏洞神部"临"字五号有抱朴子养生论一卷。

〔二〕宋本、续家训、罗本、傅本、何本、鲍本作"钟值"，颜本、朱本作"相值"，程本、胡本、抱经堂本作"种植"。器案：归心篇云："如以行善而偶钟祸报，为恶而傥值福征。"彼以钟值对文，与此以钟值连文义同，此本书作“钟值”之证，今从宋本等。

〔三〕卢文弨曰：“絷，陟立切，诗小雅白驹传：‘绊也。’”

〔四〕抱经堂校定本“幼少”作“幼小”，各本都作“幼少”，今据改正。

〔五〕晋书范汪传：“举召役调，皆相资须。”南史蔡廓传：“有所资须，皆就典者取焉。”

〔六〕抱经堂校定本“驱役”作“劳役”，今从宋本改正。驱役，谓奔走役使。文选潘岳在怀县作诗：“驱役宰两邑，政绩竟无施。”

〔七〕南史刘敬宣诸人传论：“或能振拔尘滓，自致封侯。”

〔八〕续家训、罗本、傅本、颜本、程本、胡本、何本、朱本、黄本、文津本“不遇”作“不过”，今从宋本。

〔九〕赵曦明曰：“抱朴子金丹篇：‘昔左元放神人授之金丹仙经，余师郑君以授余。受之已二十馀年矣，资无儋石，无以为之，但有长叹耳。’又云：‘朱草喜生岩石之下，刻之，汁流如血。以玉及八石金银投其中，便可丸如泥，久则成水；以金投之，名为金浆；以玉投之，名为玉醴。’”

〔一〇〕续家训“益”作“盖”。

〔一一〕宋本“如”作“若”，今从续家训及馀本。

〔一二〕赵曦明曰：“蒋子万机论：‘学者如牛毛，成者如麟角。’”（案：见御览四九六、困学纪闻十三引）郝懿行说同。刘盼遂曰：“按：二语出抱朴子极言篇，云：‘若夫睹财色而心不战、闻俗言而志不沮者，万夫之中有一人为多矣，故为者如牛毛，获者如麟角也。’赵注虽引蒋子万机论语，然黄门意自用葛氏书也。”器案：抱朴子自叙篇：“然亦是不急之末学，知之譬如麟角凤距，何必用之？”亦以麟角喻学成。徐陵徐孝穆集卷三谏仁山深法师罢道书：“觅之者等若牛毛，得之者譬犹麟角。”北史文苑传序：“学者如牛毛，成者如麟角。”亦本万机论。本书勉学篇云：“身死名灭者如牛毛，角立杰出者如芝草。”取譬亦同。

〔一三〕黄叔琳曰：“可以破愚。”赵曦明曰：“华山，仙人多居焉。初学记引华山记云：'山顶有千叶莲花，服之羽化。山下有集灵宫，汉武帝欲怀集仙者，故名。'今云'白骨如莽'，言其不可信也。左氏哀元年传：'吴日敝于兵，暴骨如莽。'杜注：'草之生于广野，莽莽然，故曰草莽。'"卢文弨曰："孔丛子陈士义篇：'魏王曰："吾闻道士登华山，则长生不死，意亦愿之。"对曰："古无是道，非所愿也。"'"刘盼遂曰："按：抱朴子登涉篇云：'凡为道合药及避乱隐居者，莫不入山。然不知入山法者，多遇祸害。故谚有之曰："太华之下，白骨狼藉。"'"

〔一四〕续家训"世"作"此"，"愿"作"劝"。广弘明集十三释法琳辨正论引此文作"神仙之事，有金玉之费，颇为虚放。华山之下，白骨如莽，何有得仙之理？纵使得仙，终当有死，不能出世，不劝汝曹学之"，颇有篡改也。

〔一五〕胡三省通鉴一一五注："气一出一入谓之息。"

〔一六〕宋本、鲍本"寒暄"作"暄寒"。

〔一七〕案：汉书艺文志方技略经方有神农黄帝食禁七卷，日本康赖医心方二九引本草食忌，即言禁忌食饮之事。

〔一八〕器案：诗小雅四牡："不遑将父。"毛传："将，养也。"

〔一九〕论语泰伯篇："禹，吾无间然。"卢文弨曰："抱朴子极言篇：'养生之方：唾不及远，行不疾步。耳不极听，目不久视。坐不至久，卧不及疲。先寒而衣，先热而解。不欲极饥而食，食不过饱；不欲极渴而饮，饮不过多。不欲甚劳甚逸。冬不欲极温，夏不欲穷凉；大寒，大热，大风，大雾，皆不欲冒之。五味入口，不欲偏多。卧起有四时之早晚，兴居有至和之常制。忍怒以全阴气，抑喜以养阳气。然后先服草木以救亏缺，后服金丹以定无穷。'"文廷式纯常子枝语三九："二程遗书云：'问："神仙之说有诸？"曰："不知若何。若曰白日飞升之类则无。若言居山谷间保形炼气以延年益寿则有之。譬如一垆火，置之风中则易过，置之密室则难过，有此理也。"'颜氏家训云云，此意与程子略近，六朝人所以好言服饵也。然参同契云：'广求名药，与道乖殊。'野葛巴豆,学者所宜慎耳。"器案:颜、程言养生而不信神仙轻举之说,此合于医家调养之学,非服食求神仙者比也。

〔二〇〕赵曦明曰:"梁书文苑传:'庾於陵弟肩吾,字子慎。太宗在藩,雅好文章士;与东海徐摛、吴郡陆杲、彭城刘遵、刘孝仪、孝威,同被赏接。太清中,侯景陷京师,逃赴江陵,未几卒。'名医别录:'槐实味酸醎,久服,明目益气,头不白,延年。'"

〔二一〕事类赋二五"七"作"九"。

〔二二〕事类赋"字"作"书"。

〔二三〕事类赋"犹"作"皆"。

〔二四〕卢文弨曰:"晋书地理志:'魏郡邺,魏武受封居此。'"

〔二五〕宋本"车前"作"煎者",原注:"一本有'车前'字。"续家训、类说同今本。又续家训"枸"作"狗"。案:枸、狗古音近通用,左传释文:"'枸'又作'狗'。"是其证。卢文弨曰:"古有服杏金丹法,云出左慈,除喑、盲、挛、跛、疝、痔、瘿、痫、疮、肿,万病皆愈;久服,通灵不死云云。其说妄诞,杏仁性热,降气,非可久服之药。本草经:'枸杞,一名杞根,一名地骨,一名地辅,服之,坚筋骨,轻身,耐老。'博物志:'黄帝问天老曰:"天地所生,岂有食之令人不死者乎?"天老曰:"太阳之草,名曰黄精,饵而食之,可以长生。"'列仙传:'涓子好饵术节,食其精,三百年。'神仙服食经:'车前实,雷之精也,服之行化。八月采地衣,地衣者,车前实也。'"刘盼遂引吴承仕曰:"别录陶隐居曰:'赤术叶细无桠,根小苦而多膏,可作煎用。'此术煎之说也。车前虽冷利,仙经亦服饵之。疑术煎、车前二物,或宜并列。"

〔二六〕宋本注云:"一本无此六字。"案:类说无此六字。

〔二七〕医心方二七引"摇动"作"动摇"。

〔二八〕医心方作"饮热食冷"。

〔二九〕医心方"子"下有"云"字。按:抱朴子应难篇:"或问坚齿之道,抱朴子曰:'能养以华池,浸以醴液,清晨建齿三百过者,永不动摇。'"

〔三〇〕宋本"叩"作"建"。案:医心方亦作"建",与抱朴子同,类说与今本同。又医心方"早"作"旦"。

〔三一〕续家训、类说及各本均无"便"字,宋本及医心方有,今从之。

〔三二〕医心方"今"上有"至"字,"持"作"将"。

〔三三〕医心方"也"作"之"。

〔三四〕宋本"欲"作"诸"。

〔三五〕赵曦明曰:"梁书陶弘景传:'字通明,丹阳秣陵人。止于句容之句曲山,曰:"此山下是第八洞天,名金坛华阳之天。"乃中山立馆,自号华阳隐居。天监四年,移居积金东涧。善辟谷导引之法,年逾八十,而有壮容。大同二年卒,年八十五。'隋书经籍志:'太清草木集要二卷,陶隐居撰。'"陈直曰:"道家传说神仙居住有三清,谓上清、太清、玉清。此隐居医方命名之所本。"器案:道藏洞真部记传类"龙"下茅山志九,记陶隐居在山所著书,有太清玉石丹药集要三卷、太清诸草木方集要三卷。

〔三六〕晋书裴秀传:"作禹贡地域图……皆不精审,不可依据。"

〔三七〕续家训及诸本都作"轻服",今从宋本作"轻脱",注已见风操篇。

〔三八〕卢文弨曰:"隋书地理志:'九真郡,梁置爱州。'"

〔三九〕赵曦明曰:"本草:'松脂,一名松膏,久服,轻身,不老延年。'"

〔四〇〕赵曦明曰:"文选古诗(十九首):'服食求神仙,多为药所误。'"

夫养生者先须虑祸〔一〕,全身保性,有此生然后养之,勿徒养其无生也〔二〕。单豹养于内而丧外,张毅养于外而丧内〔三〕,前贤所戒也。嵇康著养生之论,而以傲物受刑〔四〕;石崇冀服饵之征〔五〕,而以贪溺取祸〔六〕,往世之所迷也。

〔一〕续家训及各本无"者"字,宋本及医心方二七引有,今从之。又医心方"虑祸"下有"求福"二字。

〔二〕黄叔琳曰:“见道语。”

〔三〕赵曦明曰:“庄子达生篇:‘善养者如牧羊,视其后者而鞭之。鲁有单豹者,岩居而水饮,不与民共利,行年七十,而犹有婴儿之色。不幸遇饿虎,饿虎杀而食之。有张毅者,高门县簿,无不走也,行年四十,而有内热之病以死。豹养其内而虎食其外,毅养其外而病攻其内,此二子者,皆不鞭其后者也。’”卢文弨曰:“又见吕氏春秋必己篇。丧,息浪切。”王叔岷曰:“案淮南子人间篇:‘单豹倍世离俗,岩居谷饮,不衣丝麻,不食五谷,行年七十,犹有童子之色,卒而遇饥虎,杀而食之。张毅好恭,遇宫室廊庙必趋,见门间聚众必下。厮徒马圉,皆与伉礼。然不终其寿,内热而死。豹养其内,而虎食其外;毅修其外,而疾攻其内。’”

〔四〕续家训及各本“慠”作“傲”,今从宋本。

〔五〕宋本原注:“‘征’一作‘延年’。”按:医心方引此句作“石崇冀服饵之延”。

〔六〕卢文弨曰:“文选石季伦思归引序:‘又好服食咽气,志在不朽,慠然有陵云之操。’晋书石苞传:‘苞少子崇,字季伦。生于齐州,故小名齐奴。少敏惠有谋。财产丰积,后房百亩,皆衣纨绣,珥金翠,丝竹尽当时之选,庖膳穷水陆之珍。尝与王敦入太学,见颜回、原宪象,叹曰:“若与之同升孔堂,去人何必有间。”敦曰:“不知馀人云何?子夏去卿差近。”崇正色曰:“士当身名俱泰,何至瓮牖间哉!”崇有妓曰绿珠,孙秀使人求之,崇尽出数十人以示之,曰:“任所择。”使者曰:“本受命索绿珠。”崇曰:“吾所爱,不可得也。”秀怒,乃矫诏收崇。绿珠自投楼下而死。崇母兄妻子,无少长,皆被杀害。’”

夫生不可不惜,不可苟惜。涉险畏之途,干祸难之事〔一〕,贪欲以伤生,谗慝而致死,此君子之所惜哉。行诚孝〔二〕而见贼,履仁义而得罪,丧身以全家,泯躯而济国,君子不咎也。自乱离已来，吾见名臣贤士，临难求生，终为不救，徒取窘辱，令人愤懑〔三〕。侯景之乱，王公将相，多被戮辱，妃主姬妾，略无全者〔四〕。唯吴郡太守张嵊〔五〕，建义不捷，为贼所害，辞色不挠；及鄱阳王世子谢夫人〔六〕，登屋诟怒，见射而毙。夫人，谢遵女也。何贤智操行〔七〕若此之难？婢妾引决〔八〕若此之易？悲夫！

〔一〕续家训、朱本"干"作"于"，误。

〔二〕诚孝，即忠孝，之推避隋讳改。

〔三〕卢文弨曰："令，力呈切。懑音闷。"王叔岷曰："汉书司马迁传：'是仆终已不得舒愤懑以晓左右。'颜注：'懑，烦闷也。'"

〔四〕刘盼遂曰："按：之推本传观我生赋：'畴百家之或在，覆五宗而剪焉，独昭君之哀奏，唯翁主之悲弦。'自注：'公主子女，见辱见仇。'皆谓此事。"

〔五〕赵曦明曰："梁书张嵊传：'嵊，字四山，镇北将军稷之子也。大同中，迁吴兴太守。太清二年，侯景陷宫城。嵊收集士卒，缮筑城垒。贼遣使招降之，嵊斩其使。为刘神茂所败，乃释戎服，坐听事，贼临之以刃，终不为屈。乃执以送景，子弟同遇害者十馀人。'"

〔六〕赵曦明曰："梁书鄱阳王恢传：'恢子范，以晋熙为晋州，遣子嗣为刺史。嗣字长胤，性饶果，有胆略，倾身养士，能得其死力。范薨，嗣犹据晋熙。侯景遣任约来攻，嗣出垒距之。时贼势方盛，咸劝且止，嗣按剑叱之，曰："今之战，何有退乎？此萧嗣效命死节之秋也。"遂中流矢，卒于阵。'案：南史但言妻子为任约所虏，盖史脱略。"

〔七〕卢文弨曰："操，七到切。行，下孟切。"

〔八〕卢文弨曰："汉书司马迁传：'臧获婢妾，犹能引决。'"器案：文选报任少卿书："不能引决自裁。"李周翰注曰："言不能引志决列，以自裁毁。”

归心第十六〔一〕

三世之事〔二〕，信而有征，家世归心〔三〕，勿轻慢也。其间妙旨〔四〕，具诸经论〔五〕，不复于此，少能赞述，但惧汝曹犹未牢固，略重劝诱尔〔六〕。

〔一〕释道宣广弘明集序：“颜之推之归心，词彩卓然，迥张物表。”王应麟困学纪闻九：“颜之推归心篇仿屈子天问之意。”沙门祥迈辨伪录二：“颜之推之述篇，云开日朗。”陶贞一退庵文集读颜氏家训说：“予读颜氏家训，叹其处末流之世，倾侧扰攘，犹能以正训于家，庶几乎道矣。其论文体，固不能无溺于时；而讥正误谬，考据得失，亦可谓卓乎大雅者欤！信哉，其能以训也。独其归心一篇，我不可以无辨。夫所谓内典者，吾诚不知其何如。如或好之，则亦同于老、庄之书，备其为一家言已矣。之推乃引而合之于儒，为之疏通而证明之，甚之曰‘是非尧、舜、周公所及也’。嘻，是岂可以为训乎？之推之谓不可及者，剖析形有，运载群生，万行归空，千门入善，辨才智慧，是为极矣。吾则以为圣人之道，莫载莫破，天地且不能加也，何有于形有？何况于群生？彼法未来，其所以运载者未尝息，而剖析者未尝晦，曾未有以增益于其际也。且夫既已空矣，亦复何归？所归既空，何门之树？何善之入？以此为智，适见其愚；以此为辨，未为无碍。仁义礼智信者，吾儒之所谓道也。之推曰：‘内典初门，设五种禁，而仁义礼智信皆与之符。’异哉，之推所谓仁义礼智信也！夫以不杀为仁，庸讵知夫有以必杀为仁者乎？以杀为不仁，庸讵知夫有以不杀为不仁者乎？五常之道，至粗至精；其行之也，有经有权。彼五禁者，以为仁义礼智信之一端焉斯可耳，以是为极，不若是浅也。之推既从而称之，又虑其负谤于世，而为之释，则吾亦将因其所释而释之。释一曰：'夫遥大之物，宁可度量，今人所知，莫如天地。'而迄无了者。若将以天地之变化，验彼佛法之神通，何其谬也。天地之变者，时也，运也；其不变者，道也。圣人知其不变者而已。就如所云，则夫宇宙之内，智有所不及，明有所不睹，而又遑知其他。海外九州，邹衍之妄诞；恒沙一粒，彼法之元虚，相提而论，其敝正同。谈海外者，其身固未尝至海外也，邹衍何从而知之？言恒沙者，其身固未尝至恒沙也，之推何从而信之？以天地有象之疑，犹为未尽，而欲于无象者，以拟议其象，其亦惑矣。释二曰：'信谤之征，有如影响，时傥差阑，终当获报。'此尤惑也。圣人言善恶，不言祸福，言祸福，不言报应。善有馀庆，恶有馀殃，祸福无不自己求之者，其理固然也。礼乐以导于前，条律以驱于后，犹不能使天下之人，皆怀刑畏罪，以就于善，而欲以泯泯不可知之报应，以整齐其民，亦见其疏矣。惟庸夫愚妇，深信其说而趋之如归，乃其信而趋之者，其身固尝蹈于现在之祸而不知，甚矣其疏也。为贤者之不可不明其理也，贤者择于善恶而祸福有不计者矣。为庸愚之不可不知其说也，庸愚溺于报应而善恶有不审者矣。两者俱无益焉，而又安所取诸？释三曰：'俗僧之学经律，何异士人之学诗、礼？士于全行有阙，则僧于戒行有玷，士犹求禄位，而僧何惭供养。'此言可以愧吾儒，而不可以为是也。士之不才，犹得什取其一以为用。民食其力，士食其业，废力而失业，则固王者之所不容也。今天下群僧，无虑数万，无事而教之，不得而教也，有事而使之，不得而使也，是上之人常失数十万人之用也。不才之臣之居于禄位也，以其位之不可阙也，王者易其人，而不必易其位。毁禁之侣之惭于供养也，非谓其养之不可阙也，王者禁其养，而安得不禁其人？是固不可同年而语也。释四曰：'儒有不屈王侯，隐有让王辞相，安可计其赋役，以为罪人？'而内教亦犹是矣。此又不通之论也。夫儒之所谓隐者，必其道诚有过人,足以当朝廷之辟命,而志有不屑焉,故隐也,岂今林林者之尽谓之隐也？且彼隐者,亦自有其职业,不闻以山林之客而受供养之资,而乌得而议之？甚矣,之推之惑也！世名妙乐,国号禳佉,其地如何？自然稻米,无尽宝藏,其物如何？必如之推之说,举一世之人,尽舍其业,以归于无何有之乡,而后乃合大觉之本旨也。释五曰:'今人贫贱劳苦,莫不怨尤前世不修,以此而论,安可不为之地？'是故形体可死而有不可死,神爽可弃而有不可弃也。此尤惑之甚者矣。贫贱者,命之受也;劳苦者,时之为也,皆不足为道累。其有怨尤,此则妇人女子之所为,之推儒者,不宜有是言也。且彼以贫苦者宿世之愆,曾不知怨尤者今世之累,不思泯怨尤于今,而欲绝贫苦于后,其亦计于远而忽于近矣。彼其所为修者何也？为善焉耳。佛法有灵,何不报为善之益于身,令天下昭然共晓,而必曰以俟后世也？生乎今之世者,既不能知其后,生乎后之世者,复不能知其前。于是则从而愚之曰此其为前之功,此其为后之福,而当其身毫无与焉,是直举其身而弃之也。呜呼！尚何形神之有哉？君子但知修其身,是故爱其神而保其形。爱之奚为？曰:将以有为也。保之奚为？曰:欲以全归也。可以朽,可以无朽,可以昭于天,可以殁于地者,此物此志也。若舍其身而求之,兀然而生,寂寂然而处,是其形固已死,而其神固已离,虽其身之存,亦所谓尸居馀气者耳。之推欲援儒以入佛,而复以君子之克己复礼、济时益物者为比,以为衍庆于天下,犹其延福于将来,而不知其说之鄙且倍也。嘻！佛之为书,昌黎辟之！东坡、乐天之徒,未尝不好之。辟之,非谤也,好之,非谄也;之推则谄矣。之推虽谄佛,而实无以窥其微,大氐皆俗僧福田利益之说,而又欲调停于儒释,以自掩其迹,是固不可以垂训也。辟之与好之者,不妨两存;若之推之说,固不可以无辨也。"卢文弨曰:"高安朱文端梓此书,删去此篇,以其崇释而轻儒也。北平黄昆圃少宰所梓乃全文。(器案:黄删节此篇,朱本乃全文,卢氏说误。)有一学者,犹以为不宜,劝当删去。余谓昔人之书，美恶皆当仍之，使后人得悉其所学之纯驳，自为审择可耳。余于释氏之书，寓目者少，不能如李善之注头陀寺碑，览者幸无尤焉。”郝懿行曰：“案：归心一篇，意在佞佛，便尔掊击周、孔，非儒者之言也。又案勉学篇，颜君既称老、庄之书为任纵之徒，且甚讥何晏、王弼附农、黄之化，弃周、孔之业，而又历诋魏、晋诸公，下逮梁武父子，持论可谓正矣。至于内典梵经，大体所归，不出老、庄之绪论，特于福善祸淫，凿凿言之，将以导众生而警群迷，为下等人说法尔。颇怪颜君于老、庄则斥之，于释家即尊奉之，老、庄空说清静虚无，则鄙而不信，佛氏一切言福田利益，则信而不疑，是忘青出于蓝，而忽冰生于水矣。观终制一篇，大意不出乎此，可谓明目而不自见其睫者也。”龚自珍最录归心篇曰：“夫说法人者，立宗立因立喻，道大原，觉群聋，华雨自天，天乐坠空，斯比丘之躅，非居士之宗。居士者，词气夷易，略说法要，引人易入也，而不入于窔，在家为家训，在教为始教，以儒者多乐之。”器案：“归心”即江总自叙所谓“归心释教”（陈书江总传）、隋炀帝敕度一千人出家所谓“归心种觉”（广弘明集二八上）、徐孝克天台山修禅寺智顗禅师放生碑所谓“归心染服”（国清百录二）之意。论语尧曰篇：“天下之民归心焉。”此“归心”二字所本。东晋以后，历史上出现南北分裂及五胡乱华的大混乱局面，兵连祸结，民不聊生，于是佛教便乘机发展起来，上自帝王，下至百姓，都或多或少地受其欲解脱人生痛苦的宗教洗礼。萧衍舍身，谢灵运、沈约为佛弟子，刘勰出家，之推归心，都说明了当时文学之士以内教为精神世界之麻醉品的具体表现。法苑珠林一一九杂集部著录威卫录事萧宣慈撰归心录三卷，又六三引李氏归心录二条，盖与颜氏此篇同一蕲向云。

〔二〕释法琳辩正论六、沙门祥迈辨伪录二引句首有“佛家”二字。续家训曰：“三世之说，如楚英、梁武，不脱祸败，则云过去世中，缘业所招，见在世中善恶，须至未来世中偿报。若是则斋薰祭祀，上觊将来之福，与夫应若影响，所求如愿，闻音解脱，抑又乖戾。”赵曦明曰：“三世,过去、未来、现在也。”

〔三〕宋本“家世归心”作“家世业此”,续家训、罗本、傅本、颜本、程本、胡本、何本、朱本作“家业归心”,广弘明集十三引同,卷三又作“家素归心”。

〔四〕程本、胡本作“妙音”,未可从,下文亦云:“迷大圣之妙旨。”

〔五〕赵曦明曰:“内典经、律、论各一藏,谓之三藏。”

〔六〕宋本“重”作“动”,未可从。

原夫四尘五荫〔一〕,剖析形有,六舟三驾〔二〕,运载群生,万行归空,千门入善〔三〕,辩才智惠〔四〕,岂徒七经、百氏之博哉〔五〕?明非尧、舜、周、孔所及也〔六〕。内外两教〔七〕,本为一体,渐积为异〔八〕,深浅不同。内典初门,设五种禁〔九〕;外典仁义礼智信,皆与之符〔一〇〕。仁者,不杀之禁也;义者,不盗之禁也;礼者,不邪之禁也;智者,不酒之禁也〔一一〕;信者,不妄之禁也〔一二〕。至如畋狩军旅,燕享刑罚〔一三〕,因民之性〔一四〕,不可卒除〔一五〕,就为之节,使不淫滥尔〔一六〕。归周、孔而背释宗,何其迷也〔一七〕!

〔一〕原本不分段,碛砂藏经广弘明集三引此分段,今从之。续家训无“夫”字。广弘明集“荫”作“阴”。卢文弨曰:“楞严经:‘我今观此,浮根四尘,祇在我面,如是识心,实居身内。’注:‘四尘,色、香、味、触也。’五荫即五阴,亦名五蕴。心经:‘照见五蕴皆空。’注:‘五蕴者,色与受、想、行、识也。五者皆能盖覆真性,封蔀妙明,故总谓之蕴。亦名五阴,亦名五众。’”器案:佛书有五阴譬喻,谓以聚沫喻色,水中泡喻痛,热时欲喻想,芭蕉喻行,幻喻识,言皆空虚也。

〔二〕徐鲲曰:“唐释道宣广弘明集十五梁晋安王纲菩提树颂叙云:‘海度

六舟，城安四摄。'又十九卷萧子显御讲金字摩诃般若波罗蜜经叙云：'百福殊相，入同无生；万善异流，俱会平等。故能导群盲而并驱，方六舟而俱济。'案：六舟即六波罗蜜也。刘孝标注世说新语文学篇：'波罗蜜，此言到彼岸也。经言到者有六焉：一曰檀，檀者，施也；二曰尸罗，尸罗者，持戒也；三曰羼提，羼提者，忍辱也；四曰毗梨耶，毗梨耶者，精进也；五曰禅，禅者，定也；六曰般若，般若者，智慧也。然则五者为舟，般若为导，导则俱绝有相之流，升无相之彼岸也。'又按：六波罗蜜亦称六度，详见释藏六度集经。梁简文帝大法颂序云：'出五险之聚，升六度之舟。'"严式诲曰："陈宣帝忏文：'登六度舟，入三昧海。'"卢文弨曰："梁简文帝唱导文：'帝释渊广，泛波若之舟；净居深沉，驾牛车之美。'王勃龙华寺碑：'四门幽辟，顾非相而迟回；三驾晨严，临有为而出顿。'案：三驾即三乘，见法华经。羊车喻声闻乘，鹿车喻缘觉乘，牛车喻菩萨乘。"向楚先生曰："案经譬喻品：'佛说火宅，喻赐诸子，三车而出。'火宅经云：'羊车、鹿车、牛车，竞共驰走，争出火宅。'偈云：'当以三车，随汝所欲。'又云：'有大白牛，肥壮多力，形体姝好，以驾宝车，多诸傧从，而待卫之，是以妙车等赐诸子。'是三驾即三车也。"器案：杨炯盂兰盆赋："上可以荐元符于七庙，下可以纳群动于三车。"李绅题法华寺五言二十韵："指喻三车觉，开迷五阴缠。"三驾三车，随文切响，其本柢要以三乘为正。三乘具如卢说，向氏所举大白牛车，则以喻一佛乘，言如来以三乘导人，而以大乘为度脱也。

〔三〕严式诲曰："仁王经：'若菩萨摩诃萨住千佛刹，作忉利天，修千法名门，说十善道，化一切众生。'"器案：千法名门，亦言百法名门，释藏有百法名门论也。

〔四〕辩正论、崇正辨一引"惠"作"慧"，卢文弨曰："惠与慧同。"器案：华严经："若能知法永不灭，则得辩才无碍法。若得辩才无碍法，则得开演无边法。"辩才，谓雄辩之才。

〔五〕辨伪录、崇正辨"七经"作"六经"，此盖祥迈、胡寅习闻六经之名，鲜闻七经之说而臆改之。赵曦明曰："后汉书张纯传注：'七经谓诗、书、礼、乐、易、春秋及论语也。'"卢文弨曰："之推此言，得罪名教也。"

〔六〕广弘明集三、又十三此句作"明非尧、舜、周、孔、老、庄之所及也"，辨伪录作"非尧、舜、周、孔、老、庄所能及也"。案：下文言"归周、孔"，即承此为说，似原本无"老庄"二字，或由后代帝王崇道抑佛，释氏弟子纂辑辩正、辨伪二论，遂并老、庄而诋之耳。

〔七〕内教谓佛教，外教谓儒学。晋释道安有二教论。下文内典指佛书，外典指儒书；汉人以谶纬为内书，则以儒家经典为外书，其来尚矣。

〔八〕渐谓渐教，指佛理。极谓宗极，指儒学。广弘明集十八谢灵运辨宗论："释氏之论，圣道虽远，积学能至，累尽鉴生，不应渐悟。孔氏之论，圣道既妙，虽颜殆庶，体无鉴周，理归一极。"又答法勖问："二教不同者，随方应物，所化异地也。大而校之：华民易于见理，难于受教，故闭其累学，而开其一极；夷人易于受教，难于见理，故闭其顿了，而开其渐悟。渐悟虽可至，昧顿了之实；一极虽知寄，绝累学之冀。良由华人悟理无渐，而诬道无学；夷人悟理有学，而诬道有渐。是故权实虽同，其用各异。"梁释智藏奉和武帝三教诗："安知悟云渐，究极本同伦。"

〔九〕广弘明集三引"教五种禁"作"设五种之禁"。

〔一〇〕广弘明集三引此句作"与外书仁义五常符同"。广弘明集十三郗超奉法要："五戒：一者不杀，不得教人杀，常当坚持，尽形寿；二者不盗，不得教人盗，常当坚持，尽形寿；三者不淫，不得教人淫，常当坚持，尽形寿；四者不欺，不得教人欺，常当坚持，尽形寿；五者不饮酒，不得以酒为惠施，常当坚持，尽形寿。若以酒为药，当推其轻重，要于不可致醉。醉有三十六失，经教以为深戒。不杀则长寿，不盗则常泰，不淫则清净，不欺则人常敬信，不醉则神理明治。”魏书释老志：“又有五戒：去杀、盗、淫、妄言、饮酒，大意与仁、义、礼、智、信同，名为异耳。”日本了尊悉昙轮略图钞七：“五行大义云：‘五常，仁、义、礼、智、信也，行之终久恒不阙，故名为常。以此能成其直，故云五德。’杀乖仁，盗乖义，淫乖礼，酒乖智，妄乖信，此五者不可造次而亏。”

〔一一〕“酒”，原误作“淫”，今据广弘明集三引校改。

〔一二〕赵曦明曰：“宋书沈约之言政如此。”器案：赵说误，此魏书魏收之言也，已见上引。

〔一三〕广弘明集三引“燕享刑罚”作“醼飨刑罚”。

〔一四〕“因”原作“固”，今据宋本、续家训、傅本及广弘明集三引改。

〔一五〕胡本“可”作“言”。广弘明集三音义“卒”作“猝”。卢文弨曰：“卒，仓没切。”

〔一六〕后汉书梁商传：“刑不淫滥。”国语周语下韦昭注：“淫，滥也。”

〔一七〕胡寅崇正辨一曰：“之推，先师之后也，既不能远嗣圣门，又诋毁尧、舜、周、孔，著之于书，训尔后裔；使当圣君贤相之朝，必蒙反道败德之诛矣。今其说尚存，与释氏吹波助澜，不可以不辩。”

俗之谤者〔一〕，大抵有五：其一，以世界外事及神化无方为迂诞也〔二〕；其二，以吉凶祸福或未报应为欺诳也；其三，以僧尼行业〔三〕多不精纯〔四〕为奸慝也；其四，以糜费金宝减耗课役〔五〕为损国也；其五，以纵有因缘如报善恶〔六〕，安能辛苦今日之甲，利益后世之乙乎〔七〕？为异人也。今并释之于下云。

〔一〕广弘明集三引分段，今从之。

〔二〕史记孝武纪：“事如迂诞。”正义：“迂，远也；诞，大也。”器案：迂、讦通，大也；迂诞同义字。

〔三〕三国志魏书武纪："任侠放荡，不拘行业。"

〔四〕文选东都赋白雉诗："容洁朗兮于纯精。"谢偃高松赋："感天地之粹质，禀阴阳之精纯。"

〔五〕隋书高祖纪："诏以河南八州水，免其课役。"旧唐书卷二十三职官志二："凡赋役之制有四：一曰租，二曰调，三曰役，四曰课。"广韵三十九过："课，税也。"役，繇役也。

〔六〕广弘明集三"如"作"而"。

〔七〕"益"字原无，广弘明集三引有，与上辛苦对文，是，今据补。朱子语类一二六："或有言修后世者。先生曰：'今世不修，却修后世，何也！'"亦颜氏此意。虚设甲乙，已注风操篇。

释一曰：夫遥大之物〔一〕，宁可度量〔二〕？今人所知〔三〕，莫若天地〔四〕。天为积气，地为积块〔五〕，日为阳精，月为阴精〔六〕，星为万物之精，儒家所安也〔七〕。星有坠落，乃为石矣〔八〕；精若是石，不得有光〔九〕，性又质重，何所系属〔一〇〕？一星之径，大者百里〔一一〕，一宿首尾〔一二〕，相去数万；百里之物，数万相连，阔狭从斜〔一三〕，常不盈缩。又星与日月，形色同尔〔一四〕，但以大小为其等差〔一五〕；然而日月又当石也〔一六〕？石既牢密，乌兔焉容〔一七〕？石在气中，岂能独运？日月星辰，若皆是气，气体轻浮，当与天合，往来环转，不得错违〔一八〕，其间迟疾，理宜一等〔一九〕；何故日月五星二十八宿，各有度数，移动不均〔二〇〕？宁当气坠〔二一〕，忽变为石？地既滓浊，法应沈厚〔二二〕，凿土得泉，乃浮水上〔二三〕；积水之下〔二四〕，复有何物？江河百谷，从何处生〔二五〕？东流

到海，何为不溢？归塘尾闾，渫何所到[二六]？沃焦之石，何气所然[二七]？潮汐去还，谁所节度[二八]？天汉悬指，那不散落[二九]？水性就下，何故上腾[三〇]？天地初开，便有星宿；九州未划[三一]，列国未分，翦疆区野[三二]，若为躔次[三三]？封建已来，谁所制割？国有增减[三四]，星无进退，灾祥祸福，就中不差；乾象之大[三五]，列星之夥，何为分野，止系中国[三六]？昴为旄头，匈奴之次[三七]；西胡、东越[三八]、雕题、交阯，独弃之乎[三九]？以此而求，迄无了者，岂得以人事寻常，抑必宇宙外也[四〇]？

〔一〕广弘明集三、法苑珠林四引"大"作"天"。

〔二〕法苑珠林"宁"作"非"。

〔三〕法苑珠林"所"作"难"。

〔四〕宋本"若"作"著"。大正藏法苑珠林四校记云："明本'地'作'也'。"

〔五〕广弘明集无"地为积块"四字。法苑珠林作"俗云天为精气"，"精"字涉下文而误。

〔六〕法苑珠林无"月为阴精"四字。

〔七〕法苑珠林"家"作"教"。

〔八〕崇正辨、王鸿儒凝斋笔语引"星有坠落乃为石矣"作"星坠为石"。赵曦明曰："列子天瑞篇：'杞国有人忧天崩坠，身亡所寄，废寝食者。又有忧彼之所忧者，晓之曰："天，积气耳，亡处亡气，奈何忧崩坠乎？"其人曰："天果积气，日月星宿不当坠邪？"晓之者曰："日月星宿亦积气中之有光耀者，正使坠，亦不能有所中伤。"其人曰："奈地坏何？"晓者曰："地，积块耳，充塞四虚，亡处亡块，奈何忧其坏？"'说文：'日，实也，太阳之精。月，阙也，太阴之精。星，万物之精，上为列星。'左僖十六年传：'陨石于宋五，陨星也。'"

〔九〕广弘明集、法苑珠林"得"作"可"。

〔一〇〕崇正辨、凝斋笔语"属"作"焉"。

〔一一〕卢文弨曰:"徐整长历:'大星径百里,中星五十,小星三十,北斗七星间相去九千里,皆在日月下。'"

〔一二〕赵曦明曰:"天上一度,在地二百五十里。"

〔一三〕日本大正藏法苑珠林校记云:"宋、元、明本及日本宫内省图书寮藏宋本'从'作'纵'。"卢文弨曰:"从,子容切。"

〔一四〕法苑珠林"形"作"光"。

〔一五〕法苑珠林此句作"但以大小差别不同"。汉书游侠传序:"自卿大夫以至于庶人,各有等差。"谓等级差别也。

〔一六〕广弘明集三、法苑珠林"也"作"邪"。卢文弨曰:"也与邪通。"崇正辨、凝斋笔语"当"下有"是"字。

〔一七〕赵曦明曰:"春秋元命苞:'阳数起于一,成于三,故日中有三足乌。月两设以蟾蠩与兔者,阴阳双居,明阳之制阴,阴之制阳。'"郝懿行曰:"案:此段意旨,本于楚辞天问,而文特汗漫。"器案:天问云:"顾兔在腹。"淮南精神篇:"日中有踆乌,而月中有蟾蜍。"高诱注:"踆犹蹲也,谓三足乌。蟾蜍,虾蟆。"陈檠曰:"甘氏星经:'日者,阳宗之精也,为鸡二足,为乌三足。三足鸡(檠案当作'乌')在日中。而乌之精为星,以司太阳之行度。……月者,阴宗之精也。为兔四足,为蟾蜍三足。兔在月中。而蟾蜍之精为星,以司太阴之行度。'(杨升庵文集卷七十四引)天问:'夜光何德?死则又育。厥利维何?而顾菟在腹。'注:'言月中有菟。'淮南子精神篇:'日中有踆乌。'史记龟策列传褚先生曰:'孔子闻之曰……日为德,为君于天下,辱于三足之乌。'"

〔一八〕广弘明集三"错"作"偕",随函音义云:"偕音皆,俱也。"法苑珠林作"背"。

〔一九〕广弘明集三、法苑珠林"宜"作"宁"。

〔二〇〕胡寅曰："谨考之六经，惟春秋书陨石于宋，不言星坠为石也。既以星为石，又以日月为石，皆之推臆说，非圣人之言也。之推又曰：'日月星辰，若皆是气，则当与天相合，安能独运？'殊不考尧之历象、舜之璇玑、箕子之五纪、周易之大衍也。天杳然在上，左右迟速，几于不可考矣。然圣人步之以数，验之以气，正之以时物，参之以人事，自古至今，了无差忒，凡垂象之变，皆有应验，其精者预知某日日食，某日月食，飞星彗孛，出不虚示；则天虽高也，日月星辰虽远也，智者仰观，若指诸掌耳。之推学博而杂，是以其惑如此。孔子曰：'盖有不知而作者。'孟子曰：'人之易其言也，无责尔矣。'其之推之谓乎！"凝斋笔录曰："愚谓日月星辰，皆气之精而丽于天体，如火光不可搏执，其陨而为石者，以得地气故耳，非在天即石也；有陨未至地而光气遂散者，亦不为石也。"器案：古人为时代所局限，对于诸天体的疑问，不能得到科学的回答，故臆说纷纭，不足致诘也。赵曦明曰："尚书尧典正义：'六历诸纬与周髀皆云："日行一度，月行十三度十九分度之七。"汉书律历志：金、水皆日行一度，木日行千七百二十八分度之百四十五，土日行四千三百二十分度之百四十五，火日行万三千八百二十四分度之七千三百五十五。又二十八宿所载黄赤道度各不同。'"

〔二一〕法苑珠林"坠"作"堕"。

〔二二〕卢文弨曰："'沈'俗作'沉'。"王叔岷曰："案淮南子天文篇：'重浊者滞凝而为地。'列子天瑞篇：'浊重者下为地。'"

〔二三〕赵曦明曰："晋书天文志：'天在地外，水在天外，水浮天而载地者也。'"

〔二四〕续家训"之"作"已"，崇正论作"以"。

〔二五〕崇正辨"谷"误"物"。卢文弨曰："尚书洪范：'一五行：一曰水……。'正义：'易系辞曰："天一地二，天三地四，天五地六，天七地八，天九地十。"此即是五行生成之数，天一生水，地六成水，阴阳各有匹偶，而物得成焉。'"器案：老子："江海所以能为百谷王者，以其善下之。”泉出通川者为谷。

〔二六〕法苑珠林“泄”作“渠”。卢文弨曰：“楚辞天问：‘东流不溢，孰知其故？’列子汤问篇：‘夏革曰：“渤海之东，不知几亿万里，有大壑焉，实惟无底之谷，其下无底，名曰归墟，八纮九野之水，天汉之流，莫不注之，而无增无减焉。”’张湛注曰：‘归墟或作归塘。’”器案：列子释文引或本、文选吴都赋注、御览六〇、又六七引列子都作“归塘”，与家训合。赵曦明曰：“庄子秋水篇：‘天下之水，莫大于海，万川归之，不知何时止而不盈；尾闾泄之，不知何时已而不虚。’案：渫与泄同。”

〔二七〕赵曦明曰：“玄中记：‘天下之强者，东海之沃焦焉。沃焦者，山名也，在东海南三万里，海水灌之而即消。’”

〔二八〕崇正辨“谁”作“何”。赵曦明曰：“抱朴子：‘麋氏曰：潮者，据朝来也；夕者，言夕至也。一月之中，天再东再西，故潮水再大再小也。又夏至日居南宿，阴消阳盛，而天高一万五千里，故夏潮大也。冬时日居北宿，阴盛阳消，而天卑一万五千里，故冬潮小也。又春日日居东宿，天高一万五千里，故春潮渐起也。秋日日居西宿，天卑一万五千里，故秋潮渐减也。’”卢文弨曰：“案：此段见御览（卷六八）所引，今抱朴子无之。”

〔二九〕崇正辨“那”作“何”。赵曦明曰：“尔雅释天：‘析木谓之津，箕斗之间汉津也。’汉书天文志：‘汉者亦金散气，其本曰水。’晋书天文志：‘天汉起东方，经尾箕之间，谓之天河，亦谓之汉津，分为二道，在七星南而没。’”

 〔三〇〕胡寅曰：“地之有水，犹人之有血也；故地中有水，大易八卦之明象也。若曰地浮水上，乃释氏四轮之妄谈也。水为五行之本，其气周流于天地万物，或升或降，或凝或散，皆气机之自然；故草则有滋，山石则有液，人则有血，土则有水；金则水之所生，无足怪者。佛之学不明乎气，以气为幻，故学之者其蔽如此。”赵曦明曰：“淮南子原道训：‘天下之物，莫柔于水，上天则为雨露，下地则为润泽。’”王叔岷曰：

"案孟子告子上篇:'人性之善也,犹水之就下也。'淮南齐俗篇:'譬若水之下流。'"

〔三一〕广弘明集三、法苑珠林"划"作"画"。

〔三二〕广弘明集三、随函音义曰:"谓翦截疆界。"

〔三三〕赵曦明曰:"方言十二:'躔,历行也,日运为躔,月运为逡。'礼记月令:'季冬,日穷于次。'郑注:'次,舍也。'"卢文弨曰:"史记天官书:'角亢氐,兖州;房心,豫州;尾箕,幽州;斗,江、湖;牵牛婺女,扬州;虚危,青州;营室东壁,并州;奎娄胃,徐州;昴毕,冀州;觜觿参,益州;东井舆鬼,雍州;柳七星张,三河;翼轸,荆州。'晋书天文志载魏太史令陈卓言郡国所入宿度尤详。"刘盼遂曰:"若为,盖奈何之转语,若犹那也、何也,那亦奈何之短言也。唐人诗多以若为二字连言,用为问辞,如王维送晁监还日本诗'别离方异域,音信若为通'、杜荀鹤宫怨诗'承恩不在貌,教妾若为容'、罗虬比红儿诗'虢国夫人照夜玑,若为求得与红儿'等,皆是也。"又引吴承仕曰:"南史二十三诏答王景文陈解扬州曰:'人居贵要,但问心若为耳。'又五十僧远问明僧绍曰:'天子若来,居士若为相对?'若为,晋、宋以来通语,犹今人之言怎么样矣。"器案:说文系传足部徐锴曰:"躔,星之躔次,星所履行也。"刘淇助字辨略五:"若为,犹云如何也。"

〔三四〕续家训"有"作"不"。

〔三五〕广弘明集三、法苑珠林"乾"作"悬"。崇正辨"象"作"坤"。

〔三六〕黄叔琳曰:"此最可疑。"赵曦明曰:"周礼春官保章氏:'掌天星以志星辰日月之变动,以观天下之迁,辨其吉凶,以星土辨九州之地所封,封域皆有分星,以观妖祥。'汉书地理志:'秦地于天官,东井舆鬼之分野;魏地,觜觿参之分野;周地,柳七星张之分野;韩地,角亢氐之分野;赵地,昴毕之分野;燕地,尾箕之分野;齐地,虚危之分野;鲁地,奎娄之分野;宋地,房心之分野;卫地,营室东壁之分野;楚地,翼轸之分野;吴地,斗之分野;粤地,牵牛婺女之分野也。'"毛奇龄曰:"分野即是分星。第分野二字，出自周语‘岁在鹑火，我有周之分野’语。分星二字，出自周礼保章氏‘以星土辨九州之地，所封封域皆有分星’语。虽分星、分野两有其名，而皆不得其所分之法。大抵古人封国，上应天象。在天有十二辰，在地有十二州。上下相应，各有分属；则在天名分星，在地名分野，其实一也。特其说则自古有之，而其书不传。惟郑玄注周礼则云：‘诸国封域，所分甚烦，今已亡其书。堪舆虽载郡国星度，皆非古法。惟十二次大界所分，则其存可言。’然春秋正义又谓：‘即其存可言者，亦不知出自谁说。’则旧经所据，皆已灭沫无可考矣。……若今所传者，则汉成时刘向实造为分野之说，而班氏取之入地理志中，遂为千秋不易之科律；即晋唐诸志及僧一行辈皆各为增饰，以成其说。虽与郑氏所云相表里，而各有不同。”（西河合集经问十五）

〔三七〕赵曦明曰：“史记天官书：‘昴曰旄头，胡星也。’”

〔三八〕法苑珠林“越”作“夷”。

〔三九〕广弘明集三、法苑珠林、崇正辨“阯”作“趾”。赵曦明曰：“史记东越传：‘闽越王无诸及越东海王摇者，其先皆越王句践之后也。’后汉书南蛮传：‘礼记称南方曰蛮、雕题、交阯，其俗男女同川而浴，故曰交阯。’”卢文弨曰：“雕题、交阯，礼记王制文。雕谓刻也，题谓额也，非惟雕额，亦文身也。雕、彫，趾、阯，俱通用。”

〔四〇〕广弘明集三、法苑珠林此句作“抑必宇宙之外乎”。

凡人之信〔一〕，唯耳与目；耳目之外〔二〕，咸致疑焉。儒家说天，自有数义：或浑或盖，乍宣乍安〔三〕。斗极所周，管维所属〔四〕，若所亲见〔五〕，不容不同；若所测量，宁足依据？何故信凡人之臆说，迷大圣之妙旨〔六〕，而欲必无恒沙世界、微尘数劫也〔七〕？而邹衍亦有九州之谈〔八〕。山中人不信有鱼大如木，海上人不信有木大如鱼[九]；汉武不信弦胶[一〇]，魏文不信火布[一一]；胡人见锦，不信有虫食树吐丝所成[一二]；昔在江南[一三]，不信有千人毡帐，及来河北，不信有二万斛船[一四]：皆实验也。

〔一〕广弘明集三、法苑珠林俱分段，今从之。法苑珠林"之"作"所"。案"之"犹"所"，训见助字辨略。尚书无逸："则知小人之依。"蔡沈集传："小人所恃以为生。"史记乐毅传："蓟丘之植，植于汶篁。"索隐："言蓟丘所植。"皆训"之"为"所"。

〔二〕广弘明集三、法苑珠林此句作"自此之外"。

〔三〕广弘明集三、法苑珠林作"或浑或盖，乍穹乍安"，续家训作"或浑或盖，乍穹乍苍"。何焯曰："虞喜有安天论。"赵曦明曰："晋书天文志：'古言天者有三家：一曰盖天，二曰宣夜，三曰浑天。汉灵帝时，蔡邕于朔方上书，言："宣夜之学，绝无师法。周髀术数具存，考验天状，多所违失，惟浑天近得其情。"蔡邕所谓周髀者，即盖天之说也。其所传，则周公受于殷高。其言天似盖笠，地似覆槃，天地各中高外下。宣夜之书，汉秘书郎郗萌记先师相传，云日月众星，自然浮生虚空之中，无所根系。成帝咸康中，会稽虞喜因宣夜之说，作安天论。至于浑天理妙，学者多疑，张平子、陆公纪之徒，咸以为莫密于浑象者也。'"卢文弨曰："虞昺有穹天论，云：'天形穹窿如笠，而冒地之表。'"器案：乍亦或也，汉书叙传："乍臣乍骄。"三国志魏书武纪注引魏武故事："十二月己亥令曰：'乍前乍却，以观世事。'"义与此同。浑、盖、宣、安，俱指说天家数，改"安"为"苍"，于义未当。

〔四〕续家训、法苑珠林"斗"作"计"。广弘明集三、法苑珠林"管"作"苑"，当是"筦"讹，音形俱近也。赵曦明曰："史记天官书：'北斗七星，所谓璇玑玉衡以齐七政。杓携龙角，衡殷南斗，魁枕参首。用昏建者杓，杓自华以西南；夜半建者衡，衡殷中州、河、济之间；平旦建者魁，魁，海、岱以东北也；斗为帝车，运于中央，临制四乡，分阴阳，建四时，均五行，移节度，定诸纪，皆系于斗。’”卢文弨曰：“楚辞天问：‘筦维焉系？天极焉加？’筦一作干，颜师古匡谬正俗：‘干、管二音不殊，近代流俗，音干乌活切，非也。’淮南天文训：‘东北为报德之维，西南为背阳之维，东南为常羊之维，西北为蹄通之维。’张衡灵宪：‘八极之维，径二亿三万二千三百里。’”

〔五〕法苑珠林“所”作“有”。

〔六〕法苑珠林“迷”作“疑”。

〔七〕广弘明集三、法苑珠林“也”作“乎”。崇正辨引“恒”下有“河”字。赵曦明曰：“金刚经：‘诸恒河所有沙数，佛世界如是，宁为多不？’法华经：‘如人以力摩三千大千土，复尽末为尘，一尘为一劫，如此诸微尘数，其劫复过是。’”胡寅曰：“天地虽大，然中央者，气之正也。以人物观之，非东夷、西戎、南蛮、北狄所可比也。天地与人，俱是一气，生于地者既如此，则精气之著乎天者亦必然矣。北辰帝座，自有环域，明堂三台，俨分躔次，灾祥所应，中国当之；其馀列宿分野，亦莫不然，班班可考，固非四夷之所得占也。之推于耳目所及者，尚未深晓矣，乃欲信验宇宙之外，河沙世界，微尘数劫，不谓之自诳乎！”

〔八〕赵曦明曰：“史记孟子荀卿列传：‘驺衍著书十馀万言，以为儒者所谓中国者，于天下乃八十一分居其一分耳。中国名曰赤县神州，赤县神州内自有九州，禹之序九州是也，不得为州数。中国外，如赤县神州者九，乃所谓九州也。于是有裨海环之，人民禽兽莫能相通者，如一区中者，乃为一州；如此者九，乃有大瀛海环其外，天地之际焉。’驺、邹同。”

〔九〕御览九三五引“有鱼”、“有木”作“有大鱼”、“有大木”。法苑珠林三七亦有“山中人”二语。类说引此作“释氏戒世人，不可以耳目不及，便为虚诞，如山中人不信有大鱼如木”云云。御览八三七、又九五二引孙绰子,有海人与山客辨其方物,嵇康答释难宅无吉凶摄生论:“是海人所以终身无山,山客白首无大鱼也。”

〔一〇〕法苑珠林、类说“武”下有“帝”字。赵曦明曰:“东方朔十洲记:‘凤麟洲在西海中央。仙家煮凤喙及麟角,合煎作膏,名之为续弦胶,能续弓弩断弦;刀剑断折之金,以胶连续之,使力士掣之,他处乃断,所续之际,终无断也。’汉武不信。未详。”器案:云笈七签二六引十洲记凤麟洲云:“仙家煮凤喙及麟角,合煎作胶,名之为续弦胶,或名连金泥。此胶能续弓弩已断之弦,连刀剑已断之金,更以胶连续之处,使力士掣之,他处乃断,所续之际,终无所损也。天汉三年,帝幸北海,祠恒山,四月,西国王使至,献灵胶四两,及吉光毛裘,武帝受以付外库,不知胶裘二物之妙用也,以为西国虽远,而上贡者不奇,稽留使者未遣。久之,武帝幸华林园射虎,而弩弦断,使者从驾,又上胶一分,使口濡以续弩弦。帝惊曰:‘异物也。’乃使武士数人,共对掣引,终日不脱,如未续时。其胶色青如碧玉。”则十洲记原载有此事,宋人犹及见之,今本出后人缀辑,盖非完书矣。博物志二亦详此事。

〔一一〕类说“文”下有“帝”字。赵曦明曰:“魏志三少帝纪:‘景初三年,西域重译献火浣布。诏大将军太尉临试,以示百寮。’搜神记:‘汉世西域旧献此布,中间久绝。至魏初时,人疑其无有。文帝以为火性酷烈,无含生之气,著之典论,明其不然。及明帝立,诏刊石庙门之外及太学,永示来世。至是西域献之,于是刊灭此论。天下笑之。’”器案:抱朴子内篇论仙:“魏文帝穷览洽闻,自呼于物无所不经,谓天下无切玉之刀、火浣之布。及著典论,尝据言此事。其间未期二物毕至。帝乃叹息,遽毁斯论。事无固必,殆为此也。”列子汤问篇:“周穆王大征西戎,西戎献锟铻之剑、火浣之布。其剑长尺有咫,练钢赤刃,用之切玉,如切泥焉。火浣之布,浣之必没于火,布则火色,垢则布色,出火而振之,皓然疑乎雪。皇子以为无此物,传者之妄。”云皇子以为无此物云云,即本典论为言,此亦伪列子后出之证。

〔一二〕尔雅翼二四引"树"作"木",绀珠集四引"树"作"叶","所"作"而"。器案:类聚六五、御览八二五引玄中记:"大月氏有牛名曰日及,割取肉三斤,明日疮愈。汉人入国,示之,以为珍异。汉人曰:'吾国有虫,大如小指,名曰蚕,食桑叶,为人吐丝。'外国复不信有之。"金楼子志怪篇亦载此事。

〔一三〕法苑珠林引此句作"吴人身在江南"。陈与义简斋诗集一送吕钦问监酒授代归胡穉注引"江南"下有"人"字。

〔一四〕广弘明集三、法苑珠林"斛"作"石"。御览八二五引"二万斛船"作"万石舟舡",与上"千人毡帐"对文,较今本为胜;胡注简斋诗集引亦作"一万斛"。五灯会元十一汝州叶县广教院归省禅师:"问:'如何是尘中独露身?'师曰:'塞北千人帐,江南万斛船。'"容斋四笔九:"顷在豫章,遇一辽僧于上蓝,与之闲谈,曰:'南人不信北方有千人帐,北人不信南人有万斛之舟,盖土俗然也。'"亦本此文,俱作"万斛",似今本"二万斛"乃"一万斛"之误也。

世有祝师及诸幻术〔一〕,犹能履火蹈刃,种瓜移井〔二〕,倏忽之间,十变五化〔三〕。人力所为,尚能如此,何况神通感应〔四〕,不可思量,千里宝幢,百由旬座,化成净土,踊出妙塔乎〔五〕?

〔一〕续家训及广弘明集三俱分段,今从之。法苑珠林"世"上有"如"字。广弘明集、随函音义曰:"幻术,虚诳也,倒书予字是。"

〔二〕赵曦明曰:"列子周穆王篇:'穆王时,西极之国有化人来,入水火,贯金石,反山川,移城邑,乘虚不坠,触石不硋。'张湛注:'化人,幻人也。'张衡西京赋:'奇幻儵忽,易貌分形,吞刀吐火,云雾杳冥,画地成川,流渭通泾。'"卢文弨曰:"御览载孔伟七引云:'弄幻之术,因时而作,粡瓜种菜,立起寻尺,投芳送臭,卖黄售白。'硋音碍。儵与倏同。耝,耘本字。"刘盼遂曰:"御览卷九百七十八引搜神记曰:'吴时有徐光,常行幻术。于市里从人乞瓜,其主弗与。便从索瓣,种之。俄而瓜蔓延生花实,乃取食之,因赐观者。及视所赍,皆亡耗矣。'黄门种瓜之说,殆用此事。"又曰:"洛阳伽蓝记卷一景乐寺云:'寺中杂技,剥驴投井,掷枣种瓜,须臾之间,皆得食之。'杨衒之与颜氏时代接近,故所言多相同也。抱朴子内篇对俗篇:'若道术不可学得,则变易形貌,吞刀吐火,坐在立亡,兴云起雾,召致虫蛇,合聚鱼鳖,三十六石立化为水,消玉为粭,溃金为浆,入渊不沾,蹴刀不伤。幻化之事,九百有馀,按而行之,无不皆效。何为独不肯信仙之可得乎?'据葛说,是幻化之术,在晋已盛。"又引吴承仕曰:"抱朴子对俗篇:'变形易貌,吞刀吐火。'又云:'瓜果结实于须臾,鱼龙瀺灂于盘盂。'皆方士幻化之术。"器案:汉书张骞传:"大宛诸国发使随汉使,来观汉广大,以大鸟卵及黎轩眩人献于汉。"注:"应劭曰:'眩,相诈惑也。'师古曰:'眩读与幻同,即今吞刀吐火、植瓜种树、屠人截马之术皆是也,本从西域来。'"

〔三〕广弘明集三、法苑珠林"十变五化"作"千变万化",列子周穆王篇言化人变幻,亦云"千变万化",隋书卢思道传载劳生论亦云:"千变万化,鬼出神入。"

〔四〕广弘明集三、法苑珠林"况"作"妨"。

〔五〕广弘明集三、法苑珠林"出"作"生"。卢文弨曰:"法苑珠林:'神通感应,不可思量,宝幢百由旬,化成净坐,踊生妙塔。'释玄应注放光般若经:'由旬,正言逾缮那,此译云合也应也,计合应尔许度量,同此方驿逻也。案:五百弓为一拘卢舍,八拘卢舍为一逾缮那,即此方三十里也,言古者圣王一日所行之里数也。'又注涅槃经云:'缮那亦有大小,或八俱卢舍,或四俱卢舍。一俱卢舍,谓大牛鸣音,其声五里。昔来俱取八俱卢舍,即四十里也。'案:两说不同。又古者天子吉行五十里,师行乃三十里耳。颜氏以幻术相比况,然则释氏之说,亦尽皆幻术耳,而乃笃信之,何哉?量,吕张切。幢,宅江切。塔亦作墖,西域浮屠也。"郝懿行曰:"法苑珠林:'须达尔时为穰佉国大臣,名须达多,此园地还广一由旬,纯以七宝布地,奉施如来,起为住处。'支僧载外国事曰:'由旬者,晋言四十里。'又一切经音义三引由旬作俞旬,而云:'五百弓为一拘卢舍,八拘卢舍为一逾缮那,即此方三十里也。'"器案:水经河水注一又作由巡,以系对音,故字无定准也。妙法莲华经见宝塔品第十一云:"尔时,佛前有七宝塔,高五百由旬,纵广二百五十由旬,从地踊出,住在空中,种种宝物而庄校之。"踊出妙塔事出于此。

释二曰:夫信谤之征〔一〕,有如影响〔二〕;耳闻目见,其事已多,或乃精诚不深,业缘未感〔三〕,时傥差阑〔四〕,终当获报耳。善恶之行,祸福所归。九流百氏〔五〕,皆同此论,岂独释典为虚妄乎?项橐、颜回之短折〔六〕,伯夷、原宪之冻馁〔七〕,盗跖、庄跻之福寿〔八〕,齐景、桓魋之富强〔九〕,若引之先业,冀以后生,更为通耳〔一〇〕。如以行善而偶钟祸报,为恶而傥值福征〔一一〕,便生怨尤〔一二〕,即为欺诡,则亦尧、舜之云虚〔一三〕,周、孔之不实也,又欲〔一四〕安所依信〔一五〕而立身乎〔一六〕?

〔一〕广弘明集三"征"作"兴"。

〔二〕尚书大禹谟:"惠迪吉,从逆凶,惟影响。"伪孔传:"吉凶之报,若影之随形,响之应声,言不虚。"

〔三〕赵曦明曰:"王屮头陀寺碑:'宅生者缘,业空则缘废。'李善注引维摩经:'如影从身,业缘生见。'僧肇曰:'身,众缘所成,缘合则起,缘散则离。'金光明经:'所谓无明缘行,行缘识,识缘名,名缘色,色缘受,受缘触，触缘爱，爱缘取，取缘有，有缘生，生缘老死忧悲苦恼灭聚。'"徐鲲曰："按：元注作'如影从身，业缘生见'，乃沿选本李注之误，今据释藏维摩诘本经改，正作'是身如影，从业缘见'。然自来校文选者，自何义门而下多所厘订，惟李善所引佛书，沿讹袭谬，不可缕举，从未有为之校改者，良由不翻阅释氏诸书故也。予欲检对释藏，一一正其讹舛脱漏，俾李注复还旧观；而衣食于奔走，苦无宁晷，未知何时得遂此愿也。谨附识于此。"

〔四〕广弘明集三"阑"作"间"，误，盖"阑"以形近作"闲"，又由"闲"转写为"间"也。卢文弨曰："傥本亦作党，古同傥。差，初牙切。阑犹晚也，谓报应或有差互而迟晚也。"

〔五〕赵曦明曰："汉书艺文志，一儒家流，二道家流，三阴阳家流，四法家流，五名家流，六墨家流，七纵横家流，八杂家流，九农家流，十小说家流，其可观者，九家而已。范宁穀梁传序：'九流分而微言隐。'疏不数小说家。汉书叙传：'总百氏，赞篇章。'"

〔六〕续家训、广弘明集三、崇正辨"橐"作"托"。赵曦明曰："战国秦策：'甘罗曰："项橐生七岁而为孔子师。"'"卢文弨曰："淮南修务训作项托，其短折未详。家语弟子解：'颜回二十九而发白，三十一早死。'"器案，淮南子说林篇："项托使婴儿矜，以类相慕。"高注："项托年七岁，穷难孔子，而为之作师。"新序难事五："秦项托七岁为圣人师。"论衡实知篇："夫项托年七岁，教孔子。"三国志魏书杨阜传注引皇甫谧列女传："夫项橐、颜渊，岂复百年，贵义存耳。"抱朴子内篇塞难："而项、杨无春雕之悲矣。"又外篇自叙："故项子有含穗之叹，杨乌有夙折之哀。"弘明集正诬论："颜、项夙夭。"俱谓项橐短折。黄瑜双槐岁钞六先圣大王云："保定满城县南门有先圣大王祠，神姓项，名托，周末鲁人。年八岁，孔子见而奇之，十岁而亡，时人尸而祝之，号小儿神。"（又见天中记二五引图经）十岁而亡之说，亦未知何据。陈槃曰："颜子卒年，或曰十八，或曰三十二，或曰三十三，或曰三十七，或曰三十九，或曰四十一，或曰四十八，可参孙璧文考古录卷三，并可通。卢氏补注止引家语弟子解三十一早死之说，殆未广也。”

〔七〕此句原作“原宪、伯夷之冻馁”，今据广弘明集三引乙正。卢文弨曰：“韩诗外传一：‘原宪居鲁，环堵之室，茨以蒿莱，蓬户瓮牖，桷桑而无枢，上漏下湿，匡坐而弦歌。子贡往见之。原宪楮冠黎杖而应门，正冠则缨绝，振襟则肘见，纳履则踵决。子贡曰：“嘻，先生何病也！”原宪仰而应之曰：“宪贫也，非病也。”’史记伯夷传：‘义不食周粟，隐于首阳山，采薇而食之，遂饿死。’”案：原宪事又详庄子让王篇。

〔八〕赵曦明曰：“伯夷传：‘盗跖日杀不辜，肝人之肉，暴戾恣睢，聚党数千人，横行天下，竟以寿终。’跖亦作蹠，并之石切。正义：‘跖者，黄帝时大盗之名，以柳下惠弟为天下大盗，故世仿古号之盗蹠。’案：庄子有盗跖篇。华阳国志南中志：‘南中，在昔夷、越之地。周之季世，楚威王遣将军庄蹻溯沅水，出且兰，以伐夜郎。既降，而秦夺楚黔中地，无路得反，遂留王滇池。蹻，楚庄王苗裔也。’”卢文弨曰：“高诱注淮南主术篇云：‘庄蹻，楚威王之将军，能大为盗也。’蹻，其虐切，又去遥切。”器案：淮南主术篇：“明分以示之，则跖、蹻之奸止矣。”论衡命义篇：“行恶者祸随而至，而盗跖、庄蹻横行天下，聚党数千，攻夺人物，断斩人身，无道甚矣！宜遇其祸，乃以寿终。夫如是，随命之说，安所验乎？”以跖、蹻并举，此颜氏所本。唐孙思邈有福寿论，则福寿之说，六朝、唐人皆言之。

〔九〕卢文弨曰：“齐景公有马千驷，见论语。桓魋，宋司马向魋也，司马牛之兄，宋景公嬖之，后欲害公，不能而出奔。礼记檀弓上：‘桓司马自为石椁，三年而不成。’此足以见其富强矣。魋，杜回切。”

〔一〇〕广弘明集三“通”作“实”。

〔一一〕本书养生篇：“但性命在天，或难钟值。”彼以钟值连文，此以钟值对举。钟、值义同，文选刘越石劝进表：“方今钟百王之季。”李善注：“钟，当也。”

〔一二〕续家训及各本“生”作“可”，广弘明集三、法苑珠林亦作“可”，今从宋本。崇正辨引此数句作“乃以行善而偶钟祸报，即便怨尤，为恶而倘值福征，乃为欺诡”。

〔一三〕抱经堂校定本脱“亦”字，宋本、续家训及各本都有，今据补。

〔一四〕抱经堂校定本脱“欲”字，宋本、续家训及各本都有，今据补。

〔一五〕音辞篇：“不可依信，亦为众矣。”依信，谓依据信赖也。

〔一六〕胡寅曰：“夏至之日，一阴初生，而其时则至阳用事也，阴虽微，其极必有胶折堕指之寒。冬至之日，一阳初生，而其时则至阴用事也，阳虽微，其极必有烁石流金之暑。在人积善积恶，所感亦如此而已。颜回、伯夷之生也，得气之清而不厚，故贤而不免乎夭贫；盗跖、庄跻之生也，得气之戾而不薄，故恶而后得其年寿，此皆气之偏也。若四凶当舜之时，则有流放窜殛之刑，元、凯当尧之世，则有奋庸亮采之美，此则气之正也，何必曲为先业、后世因果之说乎？若行善有祸而怨，行恶值福而恣，此乃市井浅陋之人，计功效于旦暮间者，何乃称于君子之前乎？盗跖脍人肝，虽得饱其身，而人恶之至今；颜子食不充口，而德名流于千古。若颜子之心，穷亦乐，通亦乐，单瓢陋巷，何足以移之；钟鼎庙堂，何足以淫之；威武死生，何足以动之。而鄙夫见之，乃以贫贱夭折为颜子之宿报，呜呼！陋哉！之推又云：‘若不信报应之说，则无以立身。’然则自孟子而上，列圣群贤，举无以立身，而后世髡首胡服，累累蠢蠢，千百其群者，皆立身之人欤？”卢文弨曰：“淮南诠言训：‘君子为善，不能使福必来；不为非，而不能使祸无至。福之至也，非其所求，故不伐其功；祸之来也，非其所生，故不悔其行。’论衡幸偶篇：‘孔子曰：“君子有不幸，而无有幸；小人有幸，而无不幸。”’今为释氏之学者，大率以利诳诱人、以祸恐喝人者也，知道之君子，庶不为所惑焉。”

释三曰：开辟已来〔一〕**，不善人多而善人少**〔二〕**，何由悉**

责其精絜乎[三]？见有名僧高行，弃而不说；若睹凡僧流俗[四]，便生非毁[五]。且学者之不勤，岂教者之为过？俗僧之学经律，何异士人之学诗、礼[六]？以诗、礼之教[七]，格朝廷之人[八]，略无全行者；以经律之禁[九]，格出家之辈，而独责无犯哉[一〇]？且阙行之臣，犹求禄位，毁禁之侣，何惭供养乎[一一]？其于戒行，自当有犯[一二]。一披法服[一三]，已堕僧数，岁中所计，斋讲诵持，比诸白衣，犹不啻山海也[一四]。

〔一〕崇正辨"已"作"以"。

〔二〕卢文弨曰："见庄子胠箧篇。"王叔岷曰："案刘孝标辩命论：'天下善人少恶人多。'刘子伤谗篇：'代之善人少而恶人多。'"

〔三〕颜本、程本、胡本及广弘明集三、崇正辨"絜"作"洁"。卢文弨曰："絜，古洁字，俗本即作洁。"案：国语周语："有神降于莘，内史过曰：'国之将兴，其君斋明衷正，精洁惠和。'"又晋语："优施曰：'必于申生，其为人也，小心精洁。精洁易辱。'"精洁，谓精白洁净也。

〔四〕广弘明集三"凡僧"作"凡猥"。

〔五〕广弘明集三"非"作"诽"。

〔六〕崇正辨无两"之"字。案：古书率以诗、礼代表儒家经典，此盖本于论语季氏篇，陈亢闻伯鱼过庭之训为学诗、学礼也。庄子外物篇："儒以诗、礼发冢。"唐书王方庆传："父弘直冠屦诗、礼，畋猎史传。"

〔七〕广弘明集三无"以"字。

〔八〕广弘明集三"人"作"士"。卢文弨曰："格犹裁也。"

〔九〕广弘明集三无"以"字。陈书后主纪："太建十四年四月庚子诏：'又僧尼道士，挟邪左道，不依经律，……并皆禁绝。'"又见南史陈后主纪。经律，谓佛典佛法也，佛教三藏有经藏、律藏。

〔一〇〕崇正辨此句作"可独责其无犯乎"。黄叔琳曰："通论。"

〔一一〕胡寅曰："中国圣王之治，有善则赏，有恶则刑，务为明白。惟昏君乱世，然后覆护罪人，与之禄位，非诗、礼使然也。之推言佛之化，非孔子之所及，则其化人必速，岂宜更有毁禁犯戒者哉？如其有之，则是佛化之未至也，又从而保芘之，是与恶人为地耳。且儒者之教，养老宾祭必以肉，故畜之牧之以待用；今之推许僧毁禁，则僧坊可以为豕牢矣。儒者之教，养老宾祭必以酒，故种秫造麴蘖，酿之以待用；今之推许僧毁禁，则僧坊可以筑糟丘矣。儒者之教，男婚女嫁，以续人之大伦，故通媒妁、行亲迎以成礼；今之推许僧毁禁，则僧坊可以为家室，畜婢妾，联姻娅，无不可者矣。世有僧食肉、饮酒、豢妻子，则人恶之尤甚；之推谓礼无惭于供养，何勇于保奸，而果于戕正，颠倒迷谬，如此其甚哉！"

〔一二〕朱轼曰："良由儒行不兴，致此讥议。然颜公何得为堕行僧解嘲？恐并为佛教罪人耳。"

〔一三〕广弘明集三"披"作"被"。

〔一四〕卢文弨曰："僧衣缁，故谓世人为白衣。山海以喻比流辈为高深也。颜氏此言，又显为犯戒者解脱矣。"器案：释氏称在俗人曰白衣，以天竺之婆罗门及俗人多服鲜白衣也。六朝以与缁流并称，则曰缁素，或曰黑白。维摩诘经方便品："虽为白衣，奉持沙门清净律行。"

释四曰：内教多途，出家自是其一法耳。若能诚孝〔一〕在心，仁惠为本，须达、流水〔二〕，不必剃落须发〔三〕；岂令罄井田而起塔庙，穷编户〔四〕以为僧尼也？皆由为政不能节之，遂使非法之寺，妨民稼穑，无业之僧，空国赋算〔五〕，非大觉之本旨也〔六〕。抑又论之：求道者，身计也；惜费者，国谋也。身计国谋，不可两遂〔七〕。诚臣徇主而弃

亲〔八〕，孝子安家而忘国，各有行也。儒有不屈王侯高尚其事〔九〕，隐有让王辞相避世山林〔一〇〕，安可计其赋役，以为罪人〔一一〕？若能偕化黔首〔一二〕，悉入道场〔一三〕，如妙乐之世〔一四〕，禳佉之国〔一五〕，则有自然稻米〔一六〕，无尽宝藏〔一七〕，安求田蚕之利乎〔一八〕？

〔一〕诚孝即忠孝，之推避隋讳改。

〔二〕严式诲曰："须达为舍卫国给孤独长者之本名，祇园精舍之施主也，见经律异相。"器案：又见须达经及中阿含须达多经。向楚先生曰："金光明经：'流水长者见涸池中有十千鱼，遂将二十大象，载皮囊，盛河水置池中，又为称祝宝胜佛名。后十年，鱼同日升忉利天，是诸天子。'清孙枝蔚泽物图徙鱼诗云：'东坡居士非诗人，流水长者之后身。'即引此也。"器案：范摅云溪友议下金仙指："李群玉尝断僧结党屠牛捕鱼事曰：'远违西天之禁戒，犯中国之条章，不思流水之心，辄举庖丁之刃。'"葛立方韵语阳秋十二："金光明经（卷四流水品）载流水长者子以象负水，救十千鱼，生叨利天，可谓悲济之极、报验之速矣。厥后见于记传，有放嘛得金、放龟得印者，其类甚多，遂使上机生无缘之慈，下士冀有因之果，皆流水长者子之慈意也。"亦举流水长者救鱼事以为仁惠之证。

〔三〕广弘明集三"剃"作"剔"，"须"作"髦"。徐鲲曰："魏书释老志：'诸服其道者，则剃落须发，释累辞家，结师资，遵律度，相与和居，治心修净，行乞以自给，谓之沙门，或曰桑门，亦声相近，总谓之僧，皆胡言也。'"器案：四十二章经："除须发而为沙门。"妙法莲华经序品第一："剃除须发，而被法服。"

〔四〕汉书高帝纪下："诸将故与帝为编户民。"师古曰："编户者，言列次名籍也。"又梅福传："孔氏子孙不免编户。"师古曰："列为庶人。"

〔五〕宋本"空"作"失"。卢文弨曰:"汉书高帝纪:'四年八月,初为算赋。'如淳曰:'汉仪注:"民年十五以上,至五十六,出赋钱,人百二十为一算,为治库兵车马。"'"

〔六〕广弘明集三"旨"作"指"。赵曦明曰:"僧肇曰:'佛者何也?盖穷理尽性,大觉之称也。'"卢文弨曰:"阿育王经:'如来大觉于菩提树下觉诸法。'佛地论:'佛者,觉也,觉一切种智,复能开觉有情。'"

〔七〕广弘明集三"遂"作"道"。

〔八〕颜本、程本、胡本、朱本"徇"作"狥",是后起字。诚臣即忠臣,避隋讳改。

〔九〕卢文弨曰:"易蛊上九爻辞'不屈'作'不事'。"

〔一〇〕崇正辨"隐"作"释"。卢文弨曰:"庄子有让王篇。辞相,如颜阖、庄周之辈皆是。"

〔一一〕广弘明集三句末有"也"字。

〔一二〕广弘明集三"偕"作"皆"。卢文弨曰:"史记秦始皇本纪:'二十六年,更名民曰黔首。'集解:'应劭曰:"黔亦黎黑也。"'"

〔一三〕卢文弨曰:"梁书处士传:'庾诜,字彦宝,晚年尤遵佛教,宅内立道场,环绕礼忏。'"钱大昕恒言录五:"通典:'隋炀帝改郡县佛寺为道场。'是道场本寺院之别名也。今以作佛事为道场。"

〔一四〕严式诲曰:"观无量寿经:'见彼国土,极妙乐事。'"

〔一五〕续家训及各本"穰"作"穣",广弘明集三作"儴",随函音义曰:"儴,而章反。佉,丘迦反。"卢文弨曰:"当作'儴'。"赵曦明曰:"佛说弥勒成佛经:'其先转轮圣王名儴佉,有四种兵,不以威武,治四天下。'"郝懿行说同。崇正辨"佉"作"祛"。

〔一六〕广弘明集三"稻"作"秔",随函音义曰:"秔,音庚,与粳同。"崇正辨作"杭"。器案:大楼炭经郁单曰品:"有净洁粳米,不耕种,自然生出一切味,欲食者取净洁粳米炊之。有珠名焰珠,著釜下,光出热饭。四方人来悉共食之,食未竟,亦不尽。"自然秔米,即谓无因待而自生者。山海经海外南经臷国，郭璞注："大荒经云：'此国自然有五谷衣服。'"又大荒南经："有臷民之国……食谷，不绩不经，服也；不稼不穑，食也。"郭璞注："言自然有布帛也，五谷自生也。"隋书王劭传上言文献皇后生天："有自然种种音乐，震满虚空。"自然义并同。

〔一七〕严式诲曰："维摩诘经佛道品：'以祐利众生，诸有贫穷者，现作无尽藏。'"器案：南史郭祖深传："梁武时，上封事曰：'都下佛寺，五百馀所，穷极宏丽，僧尼十馀万，资产丰沃。所在郡县，不可胜言。道人又有白徒，尼则皆畜养女，皆不贯人籍；天下户口，几亡其半。向使偕化黔首，悉入道场，衣谁为织？田谁为耕？果有自然米稻，无尽宝藏乎？'"颜氏此文，即袭用之。

〔一八〕崇正辨"乎"作"也"。胡寅曰："圣人之道，成己则推而仁民，仁民则推而爱物，正身则推而齐家，齐家则推而治国平天下，但有先后之序，而无不可两遂之计也。之推不知乃祖之所学于孔子者，而驰心外求，宜其差跌之远也。儒有不事王侯，辞荣避世，如汉祖之四皓、光武之严陵，举世求之，不过数人而已。时君表异之，以风化天下，崇廉耻，兴礼让，既得优贤之礼，又无蠹民之害，何不可之有？今僧徒所在以千万计，游手空谈，不耕不织，而庸夫愚子，十人居九，皆得免于赋役，诚为有国之大蠹，岂可与逸民高士同科而待哉？据今之世，鬻祠部度牒为僧，一人才费缗钱百馀，又皆裒人之财而非出己也。以他人之财，而易终身之安逸温饱，所以奸宄愚庸之人，皆乐为之。农夫辛勤，输纳王税，岁岁有常而无已，又有丰凶水旱之变，其苦最甚，较其利，诚不如为僧之优也。然良民日少，赋役日减，而坐食者益众，善为国者，不计目前利入之微，而思耗蠹生民之大，必有觉于斯术矣。之推又曰：'使黔首皆入道场，则有自然稉米，无尽宝藏，何用田蚕之利？'夫佛以乞丐为化，忘廉耻，弃辞让，见人之有者，卑身下意以求之，言福田利益以诱之，张地狱酷毒以劫之，必得而后已，不顾其他也。所以积少为多，虽贫而富，不籍耕桑，衣食自足；苟有廉耻之人必已不为矣,又况圣人之道乎?”卢文弨曰:“今之缁徒,每艳称极乐国世界,思衣得衣,思食得食,此理之所必无者,只可以诳诱贪痴惰窳之庸夫耳。夫非勤身苦力,而坐获美利,君子方以为惧,辞而不居;即信如斯言,亦必非意之所乐也。”徐文靖管城硕记二十:“按南史郭祖深传,梁武时上封事曰:‘都下佛寺五百馀所,穷极宏丽,僧尼十馀万,资产丰沃;所在郡县,不可胜言。道人又有白徒,尼则皆畜养女,皆不贯人籍,天下户口,几亡其半。向使偕化黔首,悉入道场,衣谁为织?田谁为耕?果有自然米稻、无尽宝藏乎?’山海经曰:‘巫载民盼姓,食谷,不绩不经,服也;不稼不穑,食也。’郭璞曰:‘言自然有布帛也,五谷自生也。’不知其即为极乐之世,穰佉之国否也。玄中记曰:‘大月氏及西胡,有牛名日及牛,以今日割取肉三四斤,明日其肉已复,疮已愈。’唐书中天竺传曰:‘其畜有稍割牛,黑色,角细长尺许,十日一割,不然,困且死。人食其血,或曰寿五百岁,牛寿如之。土浔热,稻岁四熟,禾之长者没橐驼。’此固其地气使然,非谓自然稻米也。抱朴子曰:‘南海晋安有九熟之稻。’唐书南蛮传曰:‘堕婆登国,种稻,月一熟。’此亦其地气使然,岂果有自然米稻、无尽宝藏者乎?释氏妙法莲花经开卷即说布施,如言:或有行施金银、珊瑚、真珠、牟尼、砗磲、玛瑙、金刚、奴婢、车乘、宝饰、辇舆,欢喜布施。又名衣上服价值千万,或无价衣施佛及僧,千万亿种旃檀宝舍,众妙卧具施佛及僧云云。如果有自然稻米、无尽宝藏,又何切切于布施为哉?”

释五曰:形体虽死,精神犹存。人生在世,望于后身似不相属;及其殁后,则与前身似犹老少朝夕耳〔一〕。世有魂神〔二〕,示现梦想〔三〕,或降童妾〔四〕,或感妻孥,求索饮食〔五〕,征须福祐,亦为不少矣〔六〕。今人贫贱疾苦,莫不怨尤前世不修功业〔七〕;以此而论,安可不为之作地乎〔八〕?

夫有子孙，自是天地间一苍生耳，何预身事[九]？而乃爱护，遗其基址，况于己之神爽[一〇]，顿欲弃之哉[一一]？凡夫蒙蔽[一二]，不见未来，故言彼生与今非一体耳[一三]；若有天眼[一四]，鉴其念念随灭，生生不断，岂可不怖畏邪[一五]？又君子处世，贵能克己复礼[一六]，济时益物。治家者欲一家之庆，治国者欲一国之良，仆妾臣民，与身竟何亲也，而为勤苦修德乎？亦是尧、舜、周、孔虚失愉乐耳[一七]。一人修道，济度几许苍生？免脱几身罪累[一八]？幸熟思之！汝曹若观俗计[一九]，树立门户[二〇]，不弃妻子[二一]，未能出家[二二]；但当兼修戒行[二三]，留心诵读[二四]，以为来世津梁[二五]。人生难得[二六]，无虚过也。

〔一〕广弘明集三无“似”字。崇正辨此句作“人没后与前身似朝夕尔”。

〔二〕崇正辨“魂神”作“神魂”。淮南子说山篇高注：“魄，人阴神也；魂，人阳神也。”

〔三〕广弘明集三“示”作“亦”。

〔四〕广弘明集三“童”作“僮”。

〔五〕颜本“求”作“取”。

〔六〕卢文弨曰：“世亦有黠鬼能效人语言。有久客在外者，其家思之，鬼即为若人语其家，言客死之苦，求索征须，无所不至，未几，而其人归矣。此焉可尽信为真实哉！”

〔七〕广弘明集三“业”作“德”。

〔八〕崇正辨“而论”作“论之”。广弘明集三“安可不为之作地乎”作“可不为之作福地乎”。

〔九〕广弘明集三“预”作“以”。

〔一〇〕卢文弨曰："昭七年左氏传：'子产曰："人生始化曰魄，既生魄，阳曰魂。用物精多则魂魄强，是以有精爽至于神明。"'此神爽即精爽也。"器案：世说新语文学篇注引孙楚除妇服诗："神爽登遐，忽已一周。"

〔一一〕广弘明集三"哉"作"乎"，下有"故两疎得其一隅，累代咏而弥光矣"二句。卢文弨曰："疎与疏同。汉书疏广传：'广字仲翁，东海兰陵人也。地节三年立皇太子，广为太傅，兄子受字公子，为少傅，在位五岁，乞骸骨，赐黄金二十斤，皇太子赠以五十斤。既归，日令家共具设酒食，请族人故旧宾客，相与娱乐。子孙几立产业基址，广曰："自有旧田庐，足以共衣食，此金圣主所以惠养老臣也，故乐与乡党宗族共飨其赐。"'此云得其一隅者，盖子孙固当爱护，而己为尤重，两疏则知重己矣，是得其一隅也。此两句正与上文意相足。"胡寅曰："转化之说，佛氏所以恐动下愚，使之归其教也。破其说者，散于后章，因事而言，不一而足；同志之士，宜共思其非，以趋于正，勿为所惑也。世传死人附语，大抵多是妇人及愚夫，其所凭者，又皆蠢然臧获之流耳，未闻有得道正人死而附语，亦未闻刚明之士为鬼所凭，此理灼然易见也。至于求索饮食，征须福祐，此何等鬼耶？之推爱护神爽，为之作地，亦可笑矣，亦可哀矣，不知死生之故甚矣，亦不知鬼神之情状极矣，亦为先师不肖之子孙，忝辱厥祖，无以加矣。"

〔一二〕广弘明集三于此分段，"蒙"作"矇"。

〔一三〕广弘明集三"今"下有"生"字。

〔一四〕赵曦明曰："金刚经：'如来有天眼者。'涅槃经：'天眼通非碍，肉眼碍非通。'"

〔一五〕傅本、颜本、程本、胡本、何本、朱本"邪"作"耶"。

〔一六〕卢文弨曰："见左氏昭十二年传。"器案：传文云："仲尼曰：'古也有志："克己复礼，仁也。"'"语本论语颜渊篇。

〔一七〕广弘明集三无"耳"字。

〔一八〕本书终制篇:“杀生为之,翻增罪累。”后汉书邓骘传:“终不敢横受爵,上以增罪累。”案,荀子王制篇:“累多而功少。”杨注:“累,忧累也。”

〔一九〕傅本“观”作“顾”。续家训“汝曹若观俗计”作“人生居世,须顾俗计”,辨正论信毁交报篇作“人生居世,须顾存俗计”。卢文弨曰:“观疑规字之误。”

〔二〇〕六朝人最重门户,故颜氏此书中数以为言,后娶篇云:“家有此者,皆门户之祸也。”治家篇云:“邺下风俗,专以妇持门户。”皆其证也。

〔二一〕续家训、广弘明集三此句作“不得悉弃妻子”。

〔二二〕续家训“未能”作“一皆”。辨正论“家”下有“者”字。广弘明集三此句作“一皆出家者”。

〔二三〕广弘明集“行”作“业”。辨正论此句作“犹当兼行”。

〔二四〕史记留侯世家:“良常习诵读之。”净土三经音义卷三:“诵读,郭知玄曰:‘诵,无本闇还也。’孙愐曰:‘对文曰读,背文曰诵。’”

〔二五〕续家训“世”下衍“出”字。广弘明集三、辨正论“津梁”作“资粮”。王叔岷曰:“淮南子本经篇:‘瑶光者,资粮万物者也。’”(又见文子下德篇)

〔二六〕案:北凉昙无谶译北本涅槃经卷二三:“人身难得,如优昙花。”后汉支娄伽谶译杂譬喻经:“有十七事,人于世间甚大难:一者值佛世难;二者正使值佛,得成为人难;三者正使得成为人,在中国生难;四者正使在中国生,种姓家难;五者正使种姓家,四支六情完具难;六者正使四支六情完具,财产难;七者正使得财产,善知识难;八者正使得善知识,智慧难;九者正使得智慧,善心难;十者正使得善心,能布施难;十一者正使能布施,欲得贤善有德人难;十二正使得贤善有德人,往至其所难;十三者正使至其所,得宜适难;十四正使得宜适,受听问讯说中正难;十五正使得中正,解智慧难;十六正使得解智慧,能受深经种种难;十七正使能受深经,依行得道难。是为十七事。”此文“人生难得"本此。黄氏日钞七九晓谕新城县免仇杀榜:"人生难得,中土难逢。"则又成为劝世的口头禅了。

儒家君子〔一〕,尚离庖厨,见其生不忍其死,闻其声不食其肉〔二〕。高柴、折像〔三〕,未知内教,皆能不杀,此乃仁者自然用心〔四〕。含生之徒〔五〕,莫不爱命;去杀之事,必勉行之。好杀之人〔六〕,临死报验,子孙殃祸,其数甚多,不能悉录耳〔七〕,且示数条于末〔八〕。

〔一〕何焯曰:"宋本误连上文。"李详愧生丛录卷四:"颜氏家训归心篇后有'好杀果报'七条,法苑珠林九十一杀生部,而字句略有异同。注云:'右七验出弘明杂传。'案:唐释道宣卷三十引家训七条,题曰诫杀家训,著之推名。道世撰珠林在道宣后,第引弘明,不引颜氏原书,改题曰弘明杂传,非别有一书也。"器案:自此以下,至于篇末,广弘明集二六引作"诫杀家训",盖唐代家训本,此下自为一篇,以诫杀为目,法苑珠林一一九著录之推诫杀训一卷,且以之单行也。

〔二〕赵曦明曰:"见孟子梁惠王篇。"

〔三〕广弘明集"折像"作"曾皙",注云:"一作'折像'。"沈揆曰:"家语弟子行:'高柴启蛰不杀,方长不折。'后汉方术传:'折像幼有仁心,不杀昆虫,不折萌芽。'"赵曦明曰:"后汉书:'折象,字伯武,广汉雒川人。'"

〔四〕广弘明集此句作"此皆仁者自然用心也"。

〔五〕拾遗记三周灵王录曰:"含生有识,仰之如日月焉。"含生犹言有生。

〔六〕广弘明集句首有"见"字。

〔七〕广弘明集"悉"作"具"。

〔八〕续家训曰:"之推正言杀生报应之事甚多,意在戒杀。至于言'为子娶妇,责妇家生资,蛇虺毒口,诬骂妇家,如此之人,鬼夺其算'。此言不俟三世，立即有报，恶之之甚也，因亦戒贪。又引高柴、折像事，所谓高柴者，启蛰不杀，方长不折，孔子曰：'启蛰不杀，则顺人道也；方长不折，则仁恕也。成汤恭以恕，是以日跻。'盖汤去网三面故也。折像者，父国，有赀财二亿，家僮八百。像幼有仁心，不杀昆虫，不折萌芽，感多藏厚亡之义，乃散资产，周施亲疏。"

梁世有人〔一〕，常以鸡卵白和沐，云使发光〔二〕，每沐辄二三十枚〔三〕。临死〔四〕，发中但闻啾啾数千鸡雏声〔五〕。

〔一〕法苑珠林七三、翻译名义集二"世"作"时"。

〔二〕翻译名义集"光"下有"黑"字。

〔三〕续家训、罗本、傅本、颜本、程本、胡本、何本、朱本、文津本、鲍本、汗青簃本及广弘明集、法苑珠林、辨正论信毁交报篇陈子良注、翻译名义集"辄"下俱有"破"字。法苑珠林九一引弘明杂传"辄"下亦有"破"字。又法苑珠林、翻译名义集"枚"下有"鸡卵"二字，辨正论注有"鸡子"二字。

〔四〕广弘明集、法苑珠林、辨正论注、翻译名义集"死"作"终"。

〔五〕广弘明集、法苑珠林、辨正论注、翻译名义集"发中但闻"乙作"但闻发中"，"鸡雏声"作"鸡儿之声"。

江陵刘氏〔一〕，以卖鳝羹为业〔二〕。后生一儿头是鳝〔三〕，自颈以下〔四〕，方为人耳〔五〕。

〔一〕法苑珠林"江陵"上有"梁时"二字。

〔二〕广弘明集、法苑珠林、一切经音义九九引俱无"羹"字。陈直曰："鳝即鱓俗字，始见于集韵。"

〔三〕宋本"头"上有"俱"字，广弘明集、法苑珠林七三、又九一"头"下有"具"字，御览九三七"头"下有"目"字，辨正论注"头"下有"真"字。

今案：有“具”字是，“倶”字、“目”字、“真”字，俱形近之误。

〔四〕广弘明集、辨正论注及御览引“以”作“已”。

〔五〕辨正论注“耳”作“身”。

王克为永嘉郡守〔一〕，有人饷羊〔二〕，集宾欲醼〔三〕。而羊绳解，来投一客，先跪两拜，便入衣中〔四〕。此客竟不言之，固无救请〔五〕。须臾，宰羊为羹〔六〕，先行至客〔七〕。一脔入口，便下皮内，周行遍体，痛楚号叫〔八〕，方复说之。遂作羊鸣而死〔九〕。

〔一〕广弘明集无“守”字。法苑珠林七三“王克”上有“梁时”二字，亦无“守”字。今案：无“守”字是。赵曦明曰：“宋书州郡志：‘永嘉太守，晋明帝太宁元年分临海立。’”陈直曰：“王克见南史卷二十三王彧传，为彧之曾孙。又王克官主客，见酉阳杂俎卷三。”器案：北周书王褒传：“江陵城陷，元帝出降，褒与王克等同至长安，俱授仪同大将军。”又庾信传：“时陈氏与朝廷通好，南北流寓之士，各许还其旧国。陈氏乃请王褒及信等数十人；高祖惟放王克、殷不害等，信及褒并留而不遣。”即此人也。

〔二〕辨正论陈注“饷”作“馕”。

〔三〕抱经堂校定本“醼”作“燕”，宋本、续家训及各本都作“醼”，今据改。

〔四〕陈录善诱文：“王克杀羊，羊奔客而拜诉。”即本颜氏此文。

〔五〕辨正论注“固”作“因”。

〔六〕广弘明集“羊”下衍“者”字。辨正论注“羊”作“毕”。

〔七〕三辅黄图一：“始皇三十五年，营朝宫于渭南上林苑，庭中可受十万人，车行酒，骑行炙。”行炙，谓以盘盛炙肉，传递至各客座前也。

〔八〕法苑珠林七三“叫”作“噭”。

〔九〕广弘明集“遂”作“还”。

梁孝元在江州时，有人为望蔡县令〔一〕，经刘敬躬乱〔二〕，县廨〔三〕被焚，寄寺而住〔四〕。民将牛酒作礼〔五〕，县令以牛系刹柱〔六〕，屏除形像〔七〕，铺设床坐〔八〕，于堂上接宾〔九〕。未杀之顷，牛解，径来至阶而拜〔一〇〕，县令大笑，命左右宰之。饮啖醉饱〔一一〕，便卧檐下。稍醒而觉体痒〔一二〕，爬搔隐疹〔一三〕，因尔成癞〔一四〕，十许年死〔一五〕。

〔一〕赵曦明曰："宋书州郡志豫章太守下有望蔡县，汉灵帝中平中，汝南上蔡民分徙此地，立县名曰上蔡，晋武帝太康元年更名。"

〔二〕法苑珠林脱"乱"字。卢文弨曰："梁书武帝纪下：'大同八年春正月，安城郡民刘敬躬挟左道以反，内史萧诜委郡东奔。敬躬据郡，进攻庐陵，取豫章，妖党遂至数万，前逼新淦、柴桑。二月，江州刺史湘东王遣中兵曹子郢夺之，擒敬躬，送京师，斩于建康市。'"

〔三〕卢文弨曰："广韵：'廨，古隘切，公廨也。'"

〔四〕辨正论注作"寄在寺住"。

〔五〕辨正论注作"民将牛酒祖令"。

〔六〕续家训无"刹"字。法苑珠林无"柱"字。太平广记一三一此句作"县令以牛击杀"。卢文弨曰："刹，初辖切，旛柱也。释玄应众经音义：'刹，字书无此，即剎字略也。'案：开元尊胜幢作剎字。"陈直曰："按：卢氏补注云云，证之梁大同二年孝敬寺刹铭，宗士标撰文(见古刻丛钞)，可证刹为六朝时通行之字。又刹下铭文云：'大同六年太岁庚申，五月十五日壬戌建刹。四众围绕，歌呗成群，彩凤珠旛，含风曜日。'与卢氏补注刹为旛柱正合。"器案：隋诸葛子恒造象记作"刹"。

〔七〕辨正论注"形像"作"佛像"。

〔八〕辨正论注作"布设床座"，一切经音义九九"铺"作"捕"，云："或作

‘铺’。”

〔九〕辨正论注“堂”上有“佛”字。太平广记“宾”下有“客”字。

〔一〇〕大正藏法苑珠林校记云:“宋、元、明本及宫寮本‘阶’作‘陛’。”刘淇助字辨略四:“径,直也。”

〔一一〕法苑珠林“噉”作“啗”。广弘明集、法苑珠林“醉饱”作“饱酒”,辨正论注作“饱醉”。卢文弨曰:“噉,徒滥切,亦作啗、啖,同。”

〔一二〕宋本“稍”作“投”。广弘明集、法苑珠林、辨正论注作“投醒即觉体痒”。卢文弨曰:“玉篇:‘痒,馀两切,痛痒也。又作痒,同。’”李慈铭曰:“案:痒,说文本字作蛘。”

〔一三〕罗本、何本及辨正论注、太平广记“爬”作“把”。广弘明集“隐疹”作“瘾疹”,太平广记作“瘾胗”,大正藏法苑珠林校记云:“宫寮本、明本作‘瘾疹’。”辨正论注及大正藏法苑珠林校记引宋本作“隐轸”。卢文弨曰:“玉篇:‘瘾疹,皮外小起也。’”

〔一四〕法苑珠林此句作“因尔须臾变成大患”。卢文弨曰:“癞,说文作疠,恶疾也。”

〔一五〕广弘明集此句作“十馀年死”,法苑珠林作“经十馀年便死”,大正藏校记云:“宋、元、明本‘年’作‘日’。”辨正论注作“十年方死”。

杨思达为西阳郡守〔一〕,值侯景乱,时复旱俭,饥民盗田中麦〔二〕。思达遣一部曲守视〔三〕,所得盗者,辄截手掔〔四〕,凡戮十馀人〔五〕。部曲后生一男,自然无手。

〔一〕续家训无“杨”字。广弘明集、辨正论注无“守”字。法苑珠林“杨”上有“梁”字,大正藏校记云:“宋、元、明及宫寮本‘梁’上尚有‘时’字。”赵曦明曰:“晋书地理志:‘弋阳郡统西阳县,故弦子国。’宋书孝武纪:‘大明二年,复西阳郡。’”

〔二〕颜本、程本、胡本、朱本及法苑珠林引“饥”作“饑”,二字古多混用。

〔三〕辨正论注"视"作"捉"。卢文弨曰:"续汉书百官志:'大将军营五部,部校尉一人,部下有曲,曲有军候一人。'"

〔四〕"擘"原作"腕",今据宋本校改,与诫兵篇合;辨正论注作"臂"。

〔五〕辨正论注"戮"作"截","人"下有"手"字。

齐有一奉朝请〔一〕,家甚豪侈,非手杀牛,噉之不美〔二〕。年三十许,病笃,大见牛来〔三〕,举体如被刀刺〔四〕,叫呼而终〔五〕。

〔一〕广弘明集"齐"下有"国"字,法苑珠林有"时"字。卢文弨曰:"宋书百官志下:'奉朝请,无员,亦不为官,汉东京罢省,三公、外戚、宗室、诸侯多奉朝请。奉朝请者,奉朝会请召而已。'朝,陟遥切;请,疾政切。"

〔二〕续家训、广弘明集、辨正论注、太平广记一三一引句首有"则"字。

〔三〕辨正论注"大"作"便"。

〔四〕辨正论注此句作"触肤体如被刀刺"。

〔五〕法苑珠林"叫"作"噭",大正藏校记引宋、元、明及宫寮本作"訆"。案:龙龛手鉴卷一言部:"訆,音口,先相口可。"与叫字义别,或是释行均望文生训也。辨正论注"终"作"死"。

江陵高伟〔一〕,随吾入齐,凡数年,向幽州淀中捕鱼〔二〕。后病,每见群鱼啮之而死〔三〕。

〔一〕法苑珠林作"齐时江陵高伟"。

〔二〕赵曦明曰:"淀,堂练切,玉篇:'浅水也。'案:北方亭水之地,皆谓之淀。此幽州淀,疑即今赵北口地。"

〔三〕御览九三五引无"每"字。

世有痴人〔一〕,不识仁义,不知富贵并由天命。为子娶妇,恨其生资〔二〕不足,倚作舅姑之尊〔三〕,蛇虺其性,毒口加诬〔四〕,不识忌讳,骂辱妇之父母,却成教妇不孝己身〔五〕,不顾他恨。但憐己之子女〔六〕,不爱己之儿妇〔七〕。如此之人,阴纪其过,鬼夺其算〔八〕。慎不可与为邻〔九〕,何况交结乎〔一〇〕?避之哉〔一一〕!

〔一〕器案:广弘明集无此条,则所见本不在此篇,当从宋本入涉务篇为是。

〔二〕事文类聚后十三“生资”作“奁资”。

〔三〕宋本及事文类聚“尊”作“大”。

〔四〕宋本及事文类聚“毒”作“恶”。

〔五〕续家训、罗本、傅本、颜本、程本、胡本、何本、朱本、文津本此句作“却云教以妇道,不孝己身”,事文类聚作“却教成妇,不孝己身”。

〔六〕罗本、傅本、程本、何本“但”作“怛”。续家训、罗本、傅本、颜本、程本、何本、朱本“憐”作“怜”。

〔七〕宋本此句作“不爱其妇”,事文类聚作“不顾其妇”。

〔八〕器案:初学记十七、御览四〇一引河图:“黄帝曰:‘凡人生一日,天帝赐算三万六千,又赐纪二千;圣人得三万六千七百二十,凡人得三万六千。一纪主一岁,圣人加七百二十。’”初学记同卷又引河图:“孝顺二亲,得算二千天,司录所表事,赐算中功。”抱朴子对俗篇:“行恶事:大者司命夺纪,小者夺算,随所轻重,故所夺有多少也。凡人之受命得寿,自有本数,数本多者,则纪算难尽而迟死;若所禀本少,而所犯者多,则纪算速尽而早死。”又微旨篇:“按:易内戒及赤松子经及河图记命符皆云:‘天地有司过之神,随人所犯轻重,以夺其算,算减则人贫耗疾病,屡逢忧患,算尽则人死。’”感应篇:“太上曰:‘祸福无门,唯人自召,善恶之报,如影随形,是以天地有司过之神,依人所犯轻重，以夺人算，算尽则死。又有三台北斗神君在人头上，录人罪恶，夺其纪算。”又云：“凡人有过，大则夺纪，小则夺算。”臧琳拜经日记九云：“纪算，谓年寿也，十二年谓纪，百日为算。”

〔九〕宋本作“不得与为邻”，事文类聚同。

〔一〇〕续家训及各本此句作“仍不可与为援，宜远之哉”，今从宋本。事文类聚“交结”作“结交”。

〔一一〕赵曦明曰：“宋本在涉务篇末，俗本在此。今案：此段亦言因果，附此为是。”器案：唐、宋人所见归心篇，自“儒家君子尚离庖厨”以下为诫杀篇，此段言因果不言诫杀，仍当宋本附列涉务篇为是，赵说非是。又鲍本、事文类聚重“避之哉”三字。

卷第六

书证

书证第十七〔一〕

诗云："参差荇菜〔二〕。"尔雅云："荇，接余也。"字或为莕〔三〕。先儒解释皆云：水草，圆叶细茎，随水浅深。今是水悉有之〔四〕，黄花似蓴〔五〕，江南俗亦呼为猪蓴〔六〕，或呼为荇菜〔七〕。刘芳具有注释〔八〕。而河北俗人多不识之，博士皆以参差者是苋菜，呼人苋为人荇〔九〕，亦可笑之甚。

〔一〕黄叔琳曰："此篇纯是考据之学，当另为一书，全删。"

〔二〕见诗经周南关雎。

〔三〕接，续家训及各本作"菨"，今从宋本。赵曦明曰："尔雅释草：'莕，接余，其叶苻。'释文：'莕音杏，本亦作荇。接如字，说文作菨，音同。'"器案：尔雅郭注云："丛生水中，叶圆，在茎端，长短随水深浅。江东菹食之。亦呼为莕，音杏。"齐民要术九作菹藏生菜法第八十八引诗义疏："接余，其叶白，茎紫赤，正圆，径寸馀，浮在水上，根在水底，茎与水深浅等，大如钗股，上青下白，以苦酒浸之为菹，脆美，可案酒，其华蒲黄色。”此即下文颜氏所谓“先儒解释皆云”之说也。

〔四〕是水，犹言凡有水处。风操篇：“是书皆触。”“是”字义同。

〔五〕埤雅卜五引“花”作“华”。元刊黄氏摘千家注纪年杜工部诗史卷一醉歌行黄希注引“黄花”作“花黄”，“似”下脱“蓴”字，又有“苗可为菹”四字一句。卢文弨曰：“‘蓴’亦作‘莼’，广韵：‘蓴，蒲秀。’又：‘莼，水葵也。’”

〔六〕卢文弨曰：“政和本草：‘凫葵，即莕菜也。一名接余。’唐本注云：‘南人名猪蓴，堪食。’别本注云：‘叶似蓴，茎涩，根极长，江南人多食，云是猪蓴，全为误也。猪蓴与丝蓴同一种，以春夏细长肥滑为丝蓴，至冬短为猪蓴，亦呼为龟蓴，此与凫葵，殊不相似也。’”郝懿行曰：“陆玑诗疏：‘蓴乃是茆，非荇也，茆荇二物相似而异，江南俗呼荇为猪蓴，误矣。’”

〔七〕续家训“菜”作“叶”，未可从。

〔八〕赵曦明曰：“隋书经籍志：‘毛诗笺音证十卷，后魏太常卿刘芳撰。’”卢文弨曰：“魏书刘芳传：‘芳字伯文，彭城人。’传内‘音证’作‘音义证’，本卷后亦云‘刘芳义证’。”

〔九〕赵曦明曰：“尔雅释草：‘蒉，赤苋。’注：‘今苋菜之有赤茎者。’”卢文弨曰：“本草图经：‘苋有六种，有人苋，赤苋，白苋，紫苋，马苋，五色苋。入药者人、白二苋，其实一也，但人苋小而白苋大耳。’”邵晋涵尔雅正义云：“夬九五云：‘苋陆夬夬。’荀爽云：‘苋者，叶柔而根坚且赤。’是赤苋为易所取象也。释文引宋衷云：‘苋，苋菜也。’孔疏引董遇说，以为人苋。案今苋菜有赤紫白三种，人苋则白苋之小者，与荀义异也。”

诗云：“谁谓荼苦〔一〕？”尔雅〔二〕、毛诗传〔三〕并以荼，苦菜也。又礼云：“苦菜秀〔四〕。”案：易统通卦验玄图〔五〕曰：“苦菜生于寒秋，更冬历春，得夏乃成。”今中原苦菜则如此也。一名游冬[六]，叶似苦苣而细，摘断[七]有白汁，花黄似菊[八]。江南别有苦菜，叶似酸浆[九]，其花或紫或白，子大如珠，熟时或赤或黑，此菜可以释劳。案：郭璞注尔雅[一〇]，此乃蘵黄蒢也[一一]。今河北谓之龙葵[一二]。梁世讲礼者，以此当苦菜；既无宿根，至春子方生耳，亦大误也。又高诱注吕氏春秋曰："荣而不实曰英[一三]。"苦菜当言英，益知非龙葵也[一四]。

〔一〕见诗邶风谷风。卢文弨曰："宋本即接'礼云苦菜秀'，在此句下。今案：文不顺，故不从宋本。"

〔二〕尔雅释草："荼，苦菜。"释文："荼音徒，说文同。案：诗云：'谁谓荼苦。'大雅云：'堇荼如饴。'本草云：'苦菜一名荼草，一名选，生益州川谷。'名医别录：'一名游冬，生山陵道旁，冬不死。'月令：'孟夏之月，苦菜秀。'易通卦验玄图云：'苦菜生于寒秋，经冬历春，得夏乃成。'今苦菜正如此，处处皆有，叶似苦苣，亦堪食，但苦耳。今在释草篇。本草为菜上品，陶弘景乃疑是茗，失之矣。释木篇有'槚苦荼'，乃是茗耳。"

〔三〕续家训及各本无"诗"字，今从宋本。卢文弨曰："经典序录：'河间人大毛公为诗故训传，一云鲁人，失其名。'初学记：'荀卿授鲁国毛亨，作诂训传，以授赵国毛苌。'案：故与诂同。传，张恋切。"

〔四〕赵曦明曰："月令孟夏文。"

〔五〕卢文弨曰："隋书经籍志：'易统通卦验玄图一卷。'不著撰人。"器案：尔雅释草释文、重修政和经史证类备用本草二七、离骚草木疏二引无"统"字。又引下文"更冬"作"经冬"。

〔六〕广雅释草："游冬，苦菜也。"王念孙疏证引此及尔雅释文，云："案：颜、陆二家之辨，皆得其实。"

〔七〕卢文弨曰:"唐本草注引此'摘断'作'断之',吴仁杰离骚草木疏引此亦有'之'字。"器案:埤雅十七、升庵文集七九引亦作"断之"。

〔八〕赵曦明曰:"本草:'白苣,似莴苣,叶有白毛,气味苦寒。又苦菜一名苦苣。'"卢文弨曰:"案:苦苣即苦藘,江东呼为苦荬。广雅:'荬,蘪也。'案:蘪、苣、藘同。唐本草注颜说与桐君略同。"升庵文集卷七十九苦菜:"颜氏家训引易通卦验玄图云云。又按:唐王冰注素问引古月令'四月,吴葵华',而无'苦菜秀'一句。本草吴葵、龙葵析为二条,其形与性所说不殊。孙真人千金方治手肿亦用吴葵。唐本草注吴葵云:'即关、河间谓之苦菜者。'亦既晓了矣,乃复分苦菜龙葵二条,何耶? 俗作鹅儿菜,又名野苦荬。"案:广雅释草:"荬,蘪也。"王氏疏证:"此亦苦菜之一种也。蘪或作藘,或作苣,说文云:'藘,菜也,似苏者。'玉篇云:'藘,今之苦藘,江东呼为苦荬。荬,苦荬,菜也。'广韵云:'荬,吴人呼苦藘。'颜氏家训云:'苦菜,叶似苦苣而细。'是苦苣即苦菜之属也。"

〔九〕卢文弨曰:"尔雅:'葴,寒浆。'注:'今酸浆草,江东呼曰苦葴。'"

〔一〇〕赵曦明曰:"隋书经籍志:'尔雅五卷,郭璞注。图十卷,郭璞撰。'"

〔一一〕赵曦明曰:"尔雅释草:'蘵,黄蒢。'注:'蘵草叶似酸浆,花小而白,中心黄,江东以作菹食。'"郝懿行曰:"案:颜君所说此物,即是尔雅注所谓苦葴,今京师所称红姑娘者也,与蘵黄蒢稍异焉。"案:纳兰性德饮水词有眼儿媚咏红姑娘。

〔一二〕赵曦明曰:"古今注:"苦葴,一名苦蘵,子有裹,形如皮弁,始生青,熟则赤,裹有实,正圆如珠,亦随裹青赤。'唐本草注:'苦蘵,叶极似龙葵,但龙葵子无壳,苦蘵子有壳。'"邵晋涵尔雅正义曰:"本草陶注云:'益州有苦菜,乃是苦蘵。'唐本注云:'苦蘵即龙葵也,俗亦名苦菜,非荼也。龙葵所在有之,叶圆花白,子若牛李,子生青熟黑,但堪煮食,不任生啖。'"

〔一三〕赵曦明曰:"隋书经籍志:'吕氏春秋二十六卷,秦相吕不韦撰,高诱注。’”卢文弨曰：“此注见孟夏纪。荣而不实者谓之英，本尔雅文。”

〔一四〕续家训无“也”字。

诗云：“有杕之杜〔一〕。”江南本并木傍施大，传曰：“杕，独皃也〔二〕。”徐仙民音徒计反〔三〕。说文曰：“杕，树皃也〔四〕。”在木部。韵集音次第之第〔五〕，而河北本皆为夷狄之狄〔六〕，读亦如字，此大误也〔七〕。

〔一〕有杕之杜，诗凡三见：唐风杕杜，又有杕之杜，及小雅鹿鸣杕杜也。

〔二〕卢文弨曰：“皃，古貌字，宋本即作‘貌’，下并同。”郝懿行曰：“案：毛传本作‘杕，特皃’，特虽训独，颜君竟改作独，非。”

〔三〕赵曦明曰：“徐仙民，名邈，晋书在儒林传。隋书经籍志：‘毛诗音十六卷，徐邈等撰；毛诗音二卷，徐邈撰。’”案：采薇序：“杕杜以勤归也。”释文：“杕，大计反。”

〔四〕赵曦明曰：“隋书经籍志：‘说文十五卷，许慎撰。’”

〔五〕赵曦明曰：“隋书经籍志：‘韵集六卷，晋安复令吕静撰。’”器案：江式上古今文字源流作“韵集五卷”。

〔六〕郝懿行曰：“释文云：‘杕，徒细反，本或作夷狄之狄，非也，下篇同。’据此，则唐风杕杜、有杕之杜两篇，杕字皆有作狄字者，颜君、陆氏并以为误，是也。”案：佩觿上：“杕杜文乖。”注：“杕，大计翻，北齐、河北毛诗本多作狄。”

〔七〕臧琳经义杂记十八：“释文云：‘杕杜本或作夷狄字，非也。下篇同。’据此，则唐风杕杜、有杕之杜两篇，杕字皆有作狄者，颜、陆并以为误，是也。颜引毛传云：‘杕，独皃也。’今杕杜篇孔、陆本皆作‘特貌’，特字训独，颜引毛传竟作独，非。有杕之杜笺亦云：‘特生之杜。’颜引说文：‘杕，树皃也。’今本无‘也’字，大徐本有‘诗曰有杕之杜’六字，小徐本即作锴语。今据颜举说文，不云引诗，则楚金本是。”许宗彦曰:“经学自东晋后,分为南北。自唐以后,则有南学而无北学。……五经正义所谓定本,盖出于颜师古(元注:‘见本传’)。师古之学,本之之推。之推家训书证篇每是江南本而非河北本。师古为定本时,辄引晋、宋以来之本,折服诸儒,则据南本为定可知已。(诗疏称定本集注,盖指崔灵恩本。崔集众解为毛诗集注二十四卷。释文亦间引定本,当是后人羼入,非其原文。)孔颖达本兼涉南北学,本传称其习郑氏尚书、王氏易。至其为正义,则已有颜氏考定本在前;且师古首董其事,遂专南学,而北学由此遂废矣。”(鉴止水斋集十四记南北学)文廷式纯常子枝语三九:“颜氏家训书证篇每称江南、河北本异同,孔冲远正义亦折衷于定本,故以六朝人文字考订经典,虽不悉关经师家法,要以见唐以前传本之殊别耳。”

诗云:“駉駉牡马〔一〕。”江南书皆作牝牡之牡,河北本悉为放牧之牧〔二〕。邺下博士见难〔三〕云:“駉颂既美僖公牧于坰野之事,何限騲骘乎〔四〕?”余答曰:“案:毛传〔五〕云:‘駉駉,良马腹干肥张也。’其下又云:‘诸侯六闲四种〔六〕:有良马,戎马,田马,驽马。’若作牧放之意,通于牝牡,则不容限在良马独得駉駉之称。良马,天子以驾玉辂,诸侯以充朝聘郊祀,必无騲也。周礼圉人职:‘良马,匹一人〔七〕。驽马,丽一人〔八〕。’圉人所养,亦非騲也〔九〕;颂人举其强骏者言之,于义为得也。易曰:‘良马逐逐〔一〇〕。’左传云:‘以其良马二〔一一〕。’亦精骏之称〔一二〕,非通语也。今以诗传良马,通于牧騲〔一三〕,恐失毛生〔一四〕之意,且不见刘芳义证乎〔一五〕?”

〔一〕诗鲁颂駉文。

〔二〕李详曰："案臧氏琳经义杂记：'唐石经作牡马，验其改刻之痕，本是牧字。'文选李少卿答苏武书：'牧马悲鸣。'李善注引毛诗曰：'駉駉牧马。'艺文类聚九十三、太平御览五十五引'駉駉牧马'。初学记二十九、白氏六帖九十六引'駉駉牡马'。则唐人亦兼具两本矣。"

〔三〕卢文弨曰："难，乃旦切。"

〔四〕续家训"騲骘"作"驒骆"。沈揆曰："诸本皆作'驒骆'，独谢本作'騲骘'，考之字书：'騲，牝马也；骘，牡马也。'颜氏方辩'駉駉牡马'，故博士难以'何限于騲骘'，后又言'必无騲也'，'亦非騲也'，义益明白。驒骆二字，虽见駉颂，施之于此，全无意义，故当从谢本。"赵曦明曰："诗序：'駉，颂僖公也。公能遵伯禽之法，俭以足用，宽以爱民，务农重谷，牧于坰野，鲁人尊之。于是季孙行父请命于周，而史克作是颂。'案唐石经初刻牝牡之牡，后改放牧之牧，陆德明释文作牡，云：'说文同。'正义却改作牧。"器案：南史王融传："駉駉之牧，遂不能嗣。"即本鲁颂，则江南书亦有作"牧"之本。尔雅释畜："牡曰骘，牝曰騇。"郭注："今江东呼駁马为骘。騇，草马名。"陆德明音义云："'草'本亦作'騲'，魏志云：'教民畜牸牛騲马。'"案三国志魏书杜畿传作"草马"。晋书凉武昭王传：'家有騧草马生白额驹。"颜师古匡谬正俗六草马："问曰：牝马谓之草马，何也？答曰：本以牡马壮健，堪驾乘及军戎者，皆伏皁枥，刍而养之；其牝马唯充蕃字，不暇服役，常牧于草，故称草马耳。淮南子曰：'夫马之为草驹之时，跳跃扬蹄，翘足而走，人不能制。'高诱曰：'五尺已下为驹，放在草中，故曰草驹。'是知草之得名，主于草泽矣。"据此，则騲为草之俗体，今犹称家畜之牝者为草猪、草狗、草驴、草鸡；家狗交尾曰走草；又妇女生产曰坐草，盖亦牝草引申之义。

〔五〕续家训、傅本、颜本、胡本、何本"毛传"作"毛诗"，今从宋本。

〔六〕抱经堂校定本原脱"四种"二字，各本俱有，今据补。

〔七〕续家训"匹"误"四"。

〔八〕周礼郑玄注云："丽，耦也。"诗鄘风干旄正义引王肃云："夏后氏驾两谓之丽。"

〔九〕卢文弨曰："'所养'下当有'良马'二字。"续家训'騲'作"驒"。

〔一〇〕续家训"易曰"作"易云"。赵曦明曰："易大畜：'九三，良马逐，利艰贞。'案：释文：'郑康成本作逐逐，云两马走也。'是此书所本。"郝懿行曰："案：今易文云：'良马逐。'此衍一字者，盖从郑易，陆氏释文引之云：'良马逐逐，两马走也。'"

〔一一〕赵曦明曰："见宣公十二年。"

〔一二〕续家训"骏"作"骆"。

〔一三〕续家训"牧騲"作"驒骏"。

〔一四〕毛生，谓汉河间太守毛苌，撰诗传十卷，今传。史记儒林传："言礼，自鲁高唐生。"索隐："自汉以来，儒者皆号生。"称毛苌为毛生，义亦犹此。

〔一五〕赵曦明曰："周礼夏官校人：'天子十有二闲，马六种；邦国六闲，马四种；家四闲，马二种。凡马特居四之一。'注：'郑司农云："四之一者，三牝一牡。"'"段玉裁曰："以周官考之，则有牡无牝之说全非。"卢文弨曰："案：校人职又云：'驽马三良马之数。'康成注：'良，善也。'则毛传所云良马，亦只言善马耳。凡执驹攻特之政，皆因其牝牡相杂处耳。坰野放牧之地，亦非驾辂朝聘祭祀可比，自当不限騲骘。鄘风干旄亦言良马，何必定指为牡？况毛传以良马、戎马、田马、驽马四种为言者，意在分配駉之四章，统言之，则皆得良马之名；析言之，则良马乃四种之一。左传云：'赵旃以其良马二济其兄与叔父，以他马反，遇敌不能去。'此正善与驽之别也，作传者岂屑屑致辨于牝牡之间乎？颜君引证，亦殊未确。"臧琳经义杂记十八曰："鲁颂：'駉駉牡马。'正义曰：'駉駉然腹干肥张者，所牧养之良马也。定本牧马字作牡马。'释文：'牡马，茂后反，草木疏云："骘马也。"说文同，本或作牧。'颜氏家训书证云云。据此，则六朝时本已有'牡马'、'牧马'两文矣，故正义作'牧'，云：'定本作"牡"。'（今正文皆作"牡"，非。）释文作'牡马'，云：'本或作"牧"。'唐石经作'牡马'，验其改刻之痕，本是'牧'字。文选李少卿答苏武书：'牧马悲鸣。'李善引毛诗曰：'駉駉牧马。'艺文类聚九十三、太平御览五十五引'駉駉牧马'，初学记二十九、白氏六帖九十六引'駉駉牡马'，则唐人亦兼具两本矣。宋吕东莱读诗记首章犹作'牧马'。今考之'駉駉牡马'，传云：'駉駉，良马腹干肥张也。''在坰之野'，笺云：'牧于坰野者，避民居与良田也。''薄言坰者'，传云：'牧之坰野则駉駉然。'笺云：'坰之牧地，水草既美，牧人又良。'则知'在坰之野'、'薄言坰者'二句，方及牧事，首句止言马之良骏，而未及于牧也。释文于'牡马'下引草木疏云：'骘马也。'案：尔雅释畜：'牡曰骘。'则陆氏草木虫鱼疏亦作'牡马'矣。释文序录：'陆机（案当作"玑"），字元恪，吴太子中庶子。'乃三国时人，非晋之陆机，远在颜氏之前，其本更为可据，是当作'牡马'为定也。（牡、牧二字，形声皆相近。）"器案：马瑞辰毛诗传笺通释仍从颜说，两存之可也。魏书刘芳传："芳撰毛诗笺音义证十卷，周官、仪礼义证各五卷。"

月令云〔一〕："荔挺出。"郑玄注云："荔挺，马薤也〔二〕。"说文云："荔，似蒲而小，根可为刷。"广雅〔三〕云："马薤，荔也。"通俗文〔四〕亦云马蔺〔五〕。易统通卦验玄图〔六〕云："荔挺不出，则国多火灾。"蔡邕月令章句〔七〕云："荔似挺〔八〕。"高诱注吕氏春秋云："荔草挺出也〔九〕。"然则月令注荔挺为草名，误矣〔一〇〕。河北平泽率生之。江东颇有此物，人或种于阶庭，但呼为旱蒲〔一一〕，故不识马薤。讲礼者乃以为马苋；马苋〔一二〕堪食，亦名豚耳，俗名马齿。江陵尝有一僧，面形上广下狭；刘缓幼子民誉〔一三〕，年始数岁，俊晤善体物〔一四〕，见此僧云："面似马苋。"其伯父缙因呼为荔挺法师〔一五〕。缙亲讲礼名儒〔一六〕，尚误如此。

〔一〕抱经堂校定本脱"云"字，宋本及各本俱有，今据补。

〔二〕卢文弨："蓮，本作䔧，户戒切。"

〔三〕赵曦明曰："隋书经籍志：'广雅三卷，魏博士张揖撰。'"案：文选司马长卿子虚赋："其高燥则生葴菥苞荔。"郭璞注："张揖曰：'荔，马荔也。'"广雅释草："马䔧，荔也。"王念孙疏证曰："马荔，犹言马蔺也，荔叶似䔧而大，则马䔧之所以名矣。"

〔四〕赵曦明曰："隋书经籍志：'通俗文一卷，服虔撰。'"

〔五〕类说"蔺"作"兰"。器案：说文草部："蔺，莞属。"玉篇草部："蔺，似莞而细，可为席，一名马蔺。"

〔六〕御览一〇〇〇引作"易统验玄图"。

〔七〕赵曦明曰："隋书经籍志：'月令章句十二卷，汉左中郎将蔡邕撰。'"

〔八〕御览引作"荔以挺出"，以、似古通。卢文弨曰："荔似挺，语不明，据本草图经引作'荔以挺出'，当是也。"

〔九〕见吕氏春秋十一月纪。

〔一〇〕郝懿行曰："谓之马䔧者，此草叶似䔧而长厚，有似于蒲，故江东名为旱蒲，三月开紫碧华，五月结实作角子，根可为刷。今时织布帛者，以火熨其根，去皮，东作糊刷，名曰炊帚是矣。俗人呼为马兰，非也，盖马蔺之讹尔。周书时训篇云：'荔挺不生，卿士专权。'合之通卦验，则知康成之读，未可谓非也。"

〔一一〕续家训及各本"旱"作"早"，御览亦作"早"，今从宋本。

〔一二〕抱经堂校定本及馀本不重"马苋"二字，今据宋本校补。

〔一三〕陈直曰："按：之推观我生赋自注云：'与文珪、刘民英等，与世子游处。'民英与民誉当为弟兄辈，为刘缙或刘缓之子无疑。"

〔一四〕罗本、傅本、颜本、程本、胡本、何本、朱本、文津本"晤"作"悟"，今从宋本。又御览引"俊"作"隽"。体物,犹言体貌事物。文选文赋:"赋体物而浏亮。"李善注:"赋以陈事,故曰体物。"李周翰注:"赋象事,故体物。"

〔一五〕续家训、罗本、傅本、颜本、程本、胡本、何本、文津本、朱本及御览引"绍"上有"刘"字,今从宋本。器案:酉阳杂俎前十六广动植之一序:"刘绍误呼荔挺,至今可笑,学者岂容略乎?"即本此文。

〔一六〕器案:亲犹言本人或本身,即谓刘绍本人是讲礼名儒也。与风操篇"是我亲第七叔"、"思鲁等第四舅母,亲吴郡张建女也",用法相似而微有不同。

诗云:"将其来施施〔一〕。"毛传云:"施施,难进之意。"郑笺云:"施施,舒行皃也〔二〕。"韩诗亦重为施施。河北毛诗皆云施施。江南旧本,悉单为施,俗遂是之,恐为少误〔三〕。

〔一〕诗王风丘中有麻文。

〔二〕案:今本郑笺作"施施,舒行伺间独来见己之貌"。

〔三〕抱经堂校定本"为"作"有",宋本、续家训、罗本、傅本、颜本、何本、朱本作"为",今从之。臧琳经义杂记二八曰:"考诗丘中有麻,三章,章四句,句四字,独'将其来施施'五字,据颜氏说,知江南旧本皆作'将其来施',颜以传、笺重文而疑其有误。然颜氏述江南、河北书本,河北者往往为人所改,江南者多善本,则此文之悉单为施,不得据河北本以疑之矣。若以毛、郑皆云施施,而以作施施为是,则更误。经传每正文一字,释者重文,所谓长言之也。礼记乐记曰:'诗云:"肃雝和鸣,先祖是听。"夫肃肃,敬也;雝雝,和也。'又诗邶谷风:'有洸有溃。'传:'洸洸,武也;溃溃,怒也。'笺云:'君子洸洸然,溃溃然,无温润之色。'释文引韩诗亦云:'溃溃,不然之貌。'桧匪风:'匪风发兮,匪车偈兮。’汉书王吉传引此诗并引说曰：‘是非古之风也，发发者；是非古之车也，揭揭者。’是可知毛、郑皆云施施，与正文悉单作施，为各成其是矣。”又二一曰：“毛诗为古文，齐、鲁、韩为今文，古文多假借，故作诂训传者以正字释之，若今文则经直作正字。毛诗丘中有麻：‘将其来施。’传：‘施施，难进之意。’韩诗作‘将其来施施’。是今文皆以训诂代经也。”马瑞辰毛诗传笺通释七曰：“毛诗古本止作‘将其来施’，传以‘施施’释之，犹诗‘忧心有忡’，传以‘冲冲’释之；‘硕人其颀’，传以‘颀颀’释之也。后人据传及韩诗以改经，遂误作‘施施’耳。今按：依古本作‘将其来施’，与二章‘将其来食’句法正相类。二章传言：‘子国复来，我乃得食。’笺：‘言其将来食，庶其亲己，己得厚待之。’义皆未协。尔雅：‘食，伪也。’伪、为古通用。左氏哀元年传：‘后虽悔之，不可食已。’犹言不可为已。尚书：‘食哉维时。’食哉，犹言为哉；为哉，犹言勉哉也。魏志华陀传：‘陀恃能厌食事。’犹云厌为事也。皆以食为为。此诗‘来食’，犹云‘来为’，与凫鹥诗‘福禄来为’同义。为者，助也。‘来施’，犹言‘来食’，施亦为也，助也。传、笺训为‘施施’，失之。”徐鼒读书杂释三曰：“孟子：‘施施从外来。’施施连文，似本此诗。且赵岐注云：‘施施，犹扁扁，喜说之貌。’与郑笺‘舒行伺间’意略同。张揖广雅释训亦云：‘施施，行也。’此皆在颜之推所见江南旧本以前，则毛诗之连文，无可疑矣。又孟子音义曰：‘施，丁依字，诗曰：“将其来施施。”张音怡。’”

诗云：“有渰萋萋，兴云祁祁〔一〕。”毛传云：“渰，阴云皃。萋萋，云行皃。祁祁，徐皃也〔二〕。”笺云：“古者，阴阳和，风雨时，其来祁祁然，不暴疾也。”案：渰已是阴云，何劳复云“兴云祁祁”耶？“云”当为“雨”，俗写误耳。班固灵台诗〔三〕云：“三光宣精〔四〕，五行布序〔五〕，习习祥风〔六〕，祁祁甘雨〔七〕。”此其证也〔八〕。

〔一〕续家训“云”作“雨”,未可从。宋本原注:“诗:‘兴雨祁祁。’注云:‘兴雨如字,本作兴云,非。’”赵曦明曰:“案:此乃陆德明释文中语,非颜氏所注。”器案:此诗经小雅大田文。

〔二〕金石录引“徐”下无“皃”字。段玉裁说文解字注十一篇上二渰篆下云:“雨云貌。各本作云雨貌,今依初学记、太平御览正。毛传曰:‘渰,云兴貌。’颜氏家训定本集注作‘阴云’,恐许所据径作‘雨云’。‘渰’,汉书作‘黤’。按:有渰凄凄,谓黑云如鬈,凄风怒生,此山雨欲来风满楼之象也;既而白云弥漫,风定雨甚,则兴云祁祁,雨我公田也。诗之体物浏亮如是。”

〔三〕案:班固灵台诗,见文选班孟坚东都赋后。

〔四〕东都赋李善注:“淮南子曰:‘夫道纮宇宙而章三光。’高诱曰:‘三光,日月星也。’”

〔五〕东都赋李善注:“尚书曰:‘五行:一曰水,二曰火,三曰木,四曰金,五曰土也。’”

〔六〕东都赋李善注:“毛诗曰:‘习习谷风。’礼斗威仪:‘君乘火而王,其政颂平,则祥风至。’宋均曰:‘即景风也,其来长养万物。’”

〔七〕东都赋李善注:“尚书考灵耀曰:‘荧惑顺行甘雨时也。’”

〔八〕段玉裁曰:“云自下而上,雨自上而下,故素问曰:‘地气上为云,天气下为雨。’诸书皆言兴云、作云,无有言兴雨者。韩诗外传、吕氏春秋、汉书皆作‘兴云祁祁’,‘兴云祁祁,雨我公田’,如言‘英英白云,露彼菅茅’也。”又诗经小学卷二曰:“按诗人体物之工于此二句可见。凡夏雨时行,始暴而后徐,其始阴气乍合,黑云如鬈,凄风怒生,冲波扫叶,所谓有渰凄凄也。继焉暴风稍定,白云漫汗,弥布宇宙,雨脚如绳,所谓兴云祁祁,雨我公田也。有渰凄凄,言云而风在其中。兴云祁祁,言云而雨在其中。雨字分上去声,后儒俗说,古无是也。

上句言兴雨，又言雨我公田，则无味矣。英英白云，露彼菅茅。兴云祁祁，雨我公田。其字法正同，雨我之雨，必读去声，则露彼之露，又将读何声耶？于此知善善恶恶之类，皆俗儒分别而戾于古矣。”卢文弨曰：“案：盐铁论水旱篇、后汉书左雄传皆作‘兴雨祁祁’，观笺‘其来不暴疾’之语，自指雨言，金石录及隶释载无极山碑作‘兴云’，洪氏谓：‘汉代言诗者自不同。’斯言得之。”臧琳经义杂记二十曰：“案：说文水部云：‘渰，云雨皃，从水弇声。’与毛传‘阴云貌’正合，未尝训渰为云也。笺云‘其来祁祁然不暴疾’者，盖云兴即雨降，孟子梁惠王下：‘若大旱之望云霓也。’荀子云赋：‘友风而子雨。’何邵公云：‘云实出于地，而施于上乃雨。’故笺云‘其来’，明此云是雨之先来者也。经如作‘雨’，则止言风雨不暴疾可矣，何又追论其来乎？颜氏引传、笺为经作‘兴雨’之证，余审传、笺，知经必作‘兴云’也。正义曰：‘经“兴雨”或作“兴云”，误也，定本作“兴雨”。’释文：‘“兴雨”如字，本或作“兴云”，非也。’又吕氏春秋务本引诗‘兴云祁祁’，汉书食货志引诗‘兴云祁祁’。（器案：唐写本汉书食货志上作“兴雨”。）隶释载无极山碑云：‘触石肤寸，兴云祁祁。’韩诗外传八亦作‘兴云’，则知自秦未焚书以前，及两汉、六朝至于唐初，皆作‘兴云’，无有作‘兴雨’者。（孟子：“天油然作云。”注：“油然，兴云之貌。”顾宁人金石文字记载开母庙石阙铭云：“穆清兴云降雨。”）颜氏说诗‘有杕之杜’，‘駉駉牧马’，‘将其来施’，及毛传‘丛木，寅木’，‘青衿，青领’，皆引河北本、江南本为证，则当时犹有两书，独此止云‘云当为雨’，而不言有本作‘雨’，可见此条出自颜氏臆说，绝无凭据，而顿欲轻改千年已来相传之本，甚矣，其误也！陆、孔所见本有作‘兴云’，而以‘兴雨’为是，开成石经亦作‘兴雨’，皆为颜氏所惑也。又吕览务本、后汉书左雄传，今作‘兴雨’，盖后人据近本毛诗所改，王伯厚诗考引吕览作‘兴云’，此其明证。”器案：清人正颜氏失言，甚是，故详列之。扬雄少府箴：“祁祁如云。”则所见本亦作“兴云”。御览一〇引纂要：

"雨云曰滃云,亦曰油云。"

礼云[一]:"定犹豫,决嫌疑[二]。"离骚曰:"心犹豫而狐疑[三]。"先儒未有释者[四]。案:尸子曰:"五尺犬为犹[五]。"说文云:"陇西谓犬子为犹。"吾以为人将犬行,犬好豫在人前,待人不得,又来迎候,如此往还,至于终日,斯[六]乃豫之所以为未定也,故称犹豫[七]。或以尔雅曰:"犹如麂,善登木[八]。"犹,兽名也,既闻人声,乃豫缘木,如此上下,故称犹豫[九]。狐之为兽,又多猜疑,故听河冰无流水声,然后敢渡[一〇]。今俗云:"狐疑[一一],虎卜[一二]。"则其义也[一三]。

〔一〕爱日斋丛钞、永乐大典一〇四八三引"礼云"作"礼记云"。

〔二〕卢文弨曰:"'决嫌疑,定犹与',礼记曲礼上文,释文:'与音预,本亦作豫。'"

〔三〕刘盼遂曰:"按:犹豫与狐疑皆双声连绵字,以声音嬗衍,难可据形立训也。犹豫,于说文作冘淫,冖部冘字说解云:'冘淫,行皃。'即迟迟其行之意。于易作由豫,易豫卦九四爻象传:'由豫大有得,志大行也。'马融注:'由犹疑也。'于礼作犹与,作犹豫,曲礼:'卜筮者,先圣之所以使民决嫌疑、定犹与也。'释文:'与音预,本亦作豫。'于楚辞作夷犹,作容与,作夷由,九歌湘君:'君不行兮夷犹。'王逸章句:'夷犹,犹豫也。'九章:'然容与而狐疑。'涉江:'船容与而不进兮。'张铣文选注云:'容与,徐动貌。'后汉书马融传:'或夷由未殊。'李贤注引楚辞作'夷由',于后汉书作冘豫,马援传:'计冘豫未决。'案:冘豫亦犹豫也。于水经注作淫预,江水第一:'江中有孤石为淫预石,冬出水二十馀丈,夏则没,亦有裁出处矣。'今案:此堆特险,舟子所忌,夏水洄洑，沿溯滞阻，故受淫预之名矣。俗亦作艳预字。凡此皆冘淫二字之因声演变，第同喉音斯可矣。狐疑者，史记淮阴侯传云：'猛虎之犹豫，不若蜂虿之致螫；骐骥之蹢躅，不如驽马之安步；孟贲之狐疑，不如庸夫之必致也。'狐疑与犹豫、蹢躅，皆双声字，狐疑与嫌疑为一声之转，颜氏误以犹豫为犬子豫在人前，狐疑为狐听河冰，特望文生训，而不知难沟通于群籍也。"器案：刘氏此说，本之王观国，详后注九。

〔四〕罗本、颜本、程本、胡本、朱本"者"误"书"，何本空白。

〔五〕抱经堂校定本"五"误"六"，宋本及各本，以及洪兴祖楚辞离骚补注、永乐大典引俱作"五"，今据改正。赵曦明曰："隋书经籍志：'尸子二十卷，秦相卫鞅上客尸佼撰。'"卢文弨曰："今新出尸子广泽篇作'犬大为豫，五尺'。"案：尸子已佚，今以汪继培辑本为佳，其卷上广泽篇无文，卷下据家训、尔雅释兽释文、止观辅行宏决四之四、文选养生论注引："五尺大犬为犹。"

〔六〕洪兴祖引"斯"作"此"。

〔七〕洪兴祖引作"故谓不决曰犹豫"。

〔八〕此尔雅释兽文，郭璞注："健上树。"

〔九〕王观国学林九："字书猷亦作犹，离骚：'心犹豫而狐疑兮，欲自适而不可。'汉书蒯通传：'猛虎之犹与，不如蜂虿之致蠚；孟贲之狐疑，不如童子之必至。'此析离骚之句以为之文也。汉书高后纪曰：'禄然其计，使人报产及诸吕，老人或以为不便，计犹豫。'颜师古注曰：'犹，兽名，性疑虑，善登木，故不决者称犹豫。'颜氏家训曰：'尔雅："犹如麂，善登木。"'犹对狐，以兽对兽也。观国案：犹豫者，心不能自决定之辞也。尔雅释言曰：'犹，图也。'释兽曰：'犹如麂，善登木。'所谓猷图者，图谋之而未定也。犹豫者，尔雅释言所谓猷图是已，颜师古注汉书，与颜氏家训，不悟尔雅释言自有猷图之训，而乃引释兽'犹如麂'以训之，误矣。广韵去声曰：'犹音救。'注引尔雅：'犹如麀，善登木。'然则犹兽音救也。且先事而图之为犹，后事而图之为豫，故曲礼曰：'卜筮者，所以使民决嫌疑、定犹豫也。'以嫌疑对犹豫，则犹非兽也。离骚：'心犹豫而狐疑兮。'此一句文也，非以犹豫对狐疑也。犹或为冘，后汉书马援传曰：'诸将多以王师之重，不宜远入险阻，计冘豫未决。'广韵曰：'冘豫，不定也。'以此观之，则犹非兽益明矣。尔雅曰：'猷，图也。'郭璞注曰：'周礼："以猷鬼神示。"谓图画。'观国按：周礼春官：'凡以神仕者，掌三神之法，以猷鬼神示之居。'郑氏注曰：'猷，图也。'谓制神之位次，而为之牲器时服以图之，乃谋图之图，非图画也，郭璞误矣。犹、猷、冘三字通用，豫、预、与三字通用。"卢文弨曰："颜师古注汉书高后纪犹豫，即同此二义。史记吕后本纪作犹与，索隐：'犹，邹音以兽切。与亦作豫。崔浩云："犹，猨类也，卬鼻长尾。"又说文云："犹，兽名，多疑。"故比之也。按：狐性亦多疑，度冰而听水声，故云狐疑也。今解者又引老子"与兮若冬涉川，犹兮若畏四邻"，以为犹与是常语。且按狐听而云"若冬涉川"，则与是狐类不疑，"犹兮若畏四邻"，则犹定是兽，不保同类，故云畏四邻也。'曲礼上正义：'说文云："犹，兽名，玃属。"与亦是兽名，象属。此二兽皆进退多疑。人多疑惑者似之。'"器案：酉阳杂俎前十二语资："梁遣黄门侍郎明少遐、秣陵令谢藻、信威长史王缵冲、宣城王文学萧恺、兼散骑常侍袁狎、兼通直散骑常侍贺文发宴魏使李骞、崔劼，温凉毕……狎曰：'河冰上有狸迹，便堪人渡。'劼曰：'狸当为狐，应是字错。'少遐曰：'是狐性多疑，鼬性多预，因此而传耳。'劼曰：'鹊以巢避风，雉去恶政，乃是鸟之一长，狐疑鼬预，可谓兽之一短也。'"则犹豫又有鼬预之说，皆望文生训耳，姑存之，以广异闻。

〔一〇〕各本都无"敢"字，今从宋本，大典本亦有。水经河水注一："述征记曰：'盟津，河津，恒浊，方江为狭，比淮、济为阔，寒则冰厚数丈。冰始合，车马不敢过，要须狐行，云此物善听，冰下无水乃过，人见狐行方渡。'"

〔一一〕水经河水注一："且狐性多疑，故俗有狐疑之说。"埤雅："狐性疑，疑则不可以合类，故从孤省。"

〔一二〕赵曦明曰："虎苑：'虎知冲破，每行以爪画地卜食，观奇偶而行。今人画地卜曰虎卜。'"器案：说郛本李淳风感应经、北户录二、御览七二六、又八九二引博物志："虎知冲破，又能画地卜。今人有画物上下者，推其奇偶，谓之虎卜。"今博物志佚此文，黄省曾兽经及王穉登虎苑上俱本此为说，而不出博物志之名。埤雅三："虎奋冲波，又能画地卜食。……类从曰：'虎行以爪圻地，观奇耦而行。今人画地观奇耦者，谓之虎卜。'"

〔一三〕续家训"也"作"矣"。

左传曰〔一〕："齐侯痎，遂痁〔二〕。"说文云："痎，二日一发之疟〔三〕。痁，有热疟也〔四〕。"案：齐侯之病，本是间日一发，渐加重乎故〔五〕，为诸侯忧也。今北方犹呼痎疟〔六〕，音皆〔七〕。而世间传本多以痎为疥，杜征南〔八〕亦无解释，徐仙民音介〔九〕，俗儒就为通〔一〇〕云："病疥，令人恶寒，变而成疟〔一一〕。"此臆说也。疥癣小疾，何足可论，宁有患疥转作疟乎〔一二〕？

〔一〕抱经堂校定本脱"左传曰"三字，宋本及各本都有，今据补。

〔二〕器案：说文系传十四痎下引此"痎"作"疥"，左传昭公二十年作"疥"，改"疥"为"痎"，见释文引梁元帝及正义引袁狎说。之推从梁元帝甚久，此即用其说，系传改家训为"疥"，失其本真。

〔三〕续家训"疟"作"虐"，下并同，未可从。

〔四〕罗本、傅本、颜本、程本、胡本"疟"作"虐"，未可从。

〔五〕向宗鲁先生曰："'故'字疑当重，'乎故'句绝。"

〔六〕罗本、傅本、颜本、程本、胡本、朱本“疟”作“虐”，未可从。

〔七〕案左传释文：“痎又音皆。”

〔八〕赵曦明曰：“晋书杜预传：‘预字元凯，位征南大将军，自称有左传癖。’”

〔九〕案：左传正义云：“徐仙民音，作疥。”盖言据徐仙民音，则字作疥也。释文云：“旧音戒。”即用徐读也。

〔一〇〕通，犹言解说也。汉书夏侯胜传：“先生通正言。”师古曰：“通谓陈道之也。”案：续汉书五行志五注引风俗通曰“劭故往观之，何在其有人也。……劭又通之曰”云云。又引风俗通曰“光和四年四月，南宫中黄门寺有一男子长九尺”云云。臣昭注曰：“检观前通，各有未直。”世说新语文学篇：“支道林、许掾诸人共在会稽王斋头。支为法师，许为都讲。支通一义，四座莫不厌心；许送一难，众人莫不抃舞。”又：“支道林、许、谢盛德共集王家，谢顾谓诸人：‘今日可谓彦会。时既不可留，此集固亦难常，当共言咏，以写其怀。’许便问主人：‘有庄子不？’正得渔父一篇。谢看题，便各使四坐通。支道林先通，作七百许语，叙致精丽，才藻奇拔，众咸称善。”通皆解说之意。然则此亦汉魏六朝恒言也。

〔一一〕宋本“疟”作“痁”。

〔一二〕段玉裁曰：“改‘疥’为‘痎’，其说非是，见陆德明释文，正义则主痎说居多。”臧琳经义杂记十六曰：“正义曰：‘后魏之世，尝使李绘聘梁，梁人袁狎与绘言及春秋，说此事云：“‘疥’当为‘痎’，痎是小疟，痁是大疟，疥（此盖“弥”字之讹，或云俗疹字。）患积久，以小致大，非疥也。”狎之所言，梁主之说也。案说文：“疥，搔也。疟，热寒并作。痁，有热疟。痎，二日一发疟。”今人疟有二日一发，亦有频日发者，俗人仍呼二日一发久不差者为痎疟，则梁主之言，信而有征也。是齐侯之疟，初二日一发，后遂频日热发，故曰痎（旧讹“疥”）遂痁。以此久不差，故诸侯之宾问疾者多在齐也。若其不然，疥搔小患，与疟不类,何云“疥遂痁”乎?徐仙民音作疥,是先儒旧说皆为“疥遂痁”,初疥后痁耳。今定本亦作“疥”。’又释文云:‘齐侯疥,旧音戒,梁元帝音该,依字则当作“痎”,说文云:“两日一发之疟也。”痎又音皆,后学之徒,佥以疥字为误。案传例,因事曰遂;若痎已是疟疾,何为复言“遂痁”乎?’案说文疒部痁下引春秋传曰:‘齐侯疥遂痁。’则左氏古文本作‘疥’,杜云:‘痁,疟疾。’以疥搔俗所共知,故不释,如作‘痎’,亦为疟,杜氏安得专训痁为疟疾乎?颜云:‘世间传本多为“疥”,徐仙民音介。’孔云:‘徐仙民音作“疥”,今定本亦作“疥”。’陆云:‘旧音戒。’是汉、晋以及唐初皆作‘疥’矣。陆云:‘梁元帝音该,依字则当作“痎”。’袁狎云:‘“疥”当为“痎”。’颜云:‘世间传本多以“痎”为“疥”。’是梁人虽作痎音,于传文尚未擅改,故陆、孔及定本皆作‘疥’,亦不言有作‘痎’者。颜氏误从梁主说,私改为‘痎’,误矣,正义虽知旧作‘疥’,而误以‘痎’为是;惟释文则以‘痎’为非,援传例以证明之,是也。颜氏引俗儒云:‘病疥,令人恶寒,变而成痁。’案:今人病疥,亦多寒热交发,俗呼为疮寒,转变成疟,势所固有;若作‘痎’字,说文为二日一发疟,谓三日之中歇二日一发。疟有频日发者为轻,间日一发稍重,二日一发难愈为最重,故孔云:‘俗人仍呼二日一发久不差者为痎疟。’可见疟疾轻重,古今同名。痁为有热疟,盖是频日发者,若云‘痎而痁’,是重者转轻矣。颜引说文,又云:‘齐侯之病,本间日一发,渐加重乎故。’是误解说文二日一发为二日之中一发矣。袁狎云:‘痎是小疟,痁是大疟。’孔云:‘齐侯之疟,初二日一发,后遂频日热发。’是皆未知疟之轻重而倒置之也。”郝懿行曰:“颜氏欲改‘疥’为‘痎’,说本梁元帝,陆德明释文已辨其非。近日臧琳经义杂记卷十六驳之,是矣。”李慈铭越缦堂日记丙上曰:“幼读左传‘齐侯疥遂痁’,窃疑癣疾岂能化热症,杜征南无注,林注(案谓林尧叟春秋左传句解)谓‘疥’当作‘痎’,又恐其臆说,近阅颜之推家训,言古本固作‘痎’云云,然则其误亦古矣,而林注亦何可厚非耶。”案：林注多臆说，不脱宋人空言积习；李氏于此，不检旧说，而为之张目，亦疏矣。

尚书曰："惟影响[一]。"周礼云："土圭测影，影朝影夕[二]。"孟子曰："图影失形[三]。"庄子云："罔两问影[四]。"如此等字，皆当为光景之景。凡阴景者，因光而生，故即谓为景[五]。淮南子呼为景柱[六]，广雅云："晷柱挂景[七]。"并是也。至晋世葛洪字苑[八]，傍始加彡[九]，音于景反。而世间辄改治尚书、周礼、庄、孟从葛洪字，甚为失矣[一〇]。

〔一〕宋本"影"作"景"，续家训及各本都作"影"，今据改。赵曦明曰："尚书大禹谟文。"

〔二〕宋本"影"都作"景"，续家训及各本都作"影"，今据改。赵曦明曰："地官大司徒：'以土圭之法测土深，正日景以求地中，日南则景短多暑，日北则景长多寒，日东则景夕多风，日西则景朝多阴。'深，尺鸩切。"

〔三〕宋本"影"作"景"，续家训及各本都作"影"，今据改。沈揆曰："未详，或恐是外书。"卢文弨曰："孟子外书孝经第三：'传言失指，图景失形，言治者尚核实。'"孙志祖读书脞录二曰："近刻孟子外书四篇，……掇拾子书中所引孟子逸篇以成文，词旨深陋，通儒疑之。余谓即其篇题之谬误，尤可直断其为伪而无疑。王充论衡云：'孟子作性善之篇，以为人性皆善。'是篇名性善，非性善辨也。孟子道性善、性恶当辨，性善何辨之有？孝经一书，孔子以授曹子。岂有孟子著书亦以孝经名篇之理？盖四篇之目，当以性善为一；辨文次之；说孝经，则必其中有推阐孝经名篇之说，而惜乎其书之久佚也。今作伪者，并此篇名之句读尚误，又何论其它乎？或曰：宋刘昌诗芦浦笔记云：'予乡新喻谢氏多藏古书，有性善辨一帙。'则以性善辨为篇题，古矣,安见其伪?予曰:谢氏所藏即伪书也。后人不察,或即因此一帙而附益以三篇,亦未可知。其一篇既以性善辨标题,则不得不以文说为二、孝经为三矣。然总之皆伪也。……伪孟子外书,宋以后人伪之也。……孟子之有外书,伪书也。赵邠卿已讥其不能闳深……盖作是书者,较之伪古文尚书,学愈疏而心愈狡也。"

〔四〕宋本"影"作"景",续家训及各本都作"影",今据改。卢文弨曰:"见齐物论,郭注:'罔两,景外之微阴也。'"器案:释文:"'景'本或作'影',俗也。"

〔五〕宋本脱"谓"字,续家训及各本俱有,今据补。翻译名义集卷五引此句作"即谓景也"。

〔六〕卢文弨曰:"俶真训:'以鸿蒙为景柱,而浮扬乎无畛崖之际。'"器案:淮南缪称篇:"列子学壶子,观景柱而知持后矣。"许慎注:"先有形而后有影,形可亡,而影不可伤。"事见列子说符篇,今本列子无"柱"字,当补。

〔七〕赵曦明曰:"释天:'晷柱,景也。'无'挂'字,此疑衍。"

〔八〕赵曦明曰:"洪传及隋书经籍志皆不载所撰字苑,南史刘杳传尝引其书。"器案:两唐志都著录葛洪要用字苑一卷,今有任大椿辑本。佩觿:"葛洪字苑,景字加彡。"楚辞九章:"入景响之无应兮。"洪兴祖补注:"景,于境切,物之阴影也。葛洪始作影。"

〔九〕宋本原注:"彡,音杉。"孙志祖读书脞录四曰:"颜氏家训书证篇:'景字至晋世葛洪字苑,傍始加彡。'而惠氏九经古义乃云:'高诱淮南子注曰:"景,古影字。"诱,汉末人,当时已有作景旁彡者,非始于葛洪字苑。'志祖案:高诱淮南注并无此语,俗刻原道篇注有之,乃明人妄加。唯大戴礼曾子天圆篇注有'景古以为影字'语,卢辩固在葛洪后也。段懋堂则云:'惠定宇说汉张平子碑即有影字,不始于葛洪。'然则古义之说,盖误据俗本淮南子,当改引张平子碑方合。"陈直曰:"按:或说汉张平子碑即有影字,不始于葛洪。张碑原石久佚,殊不可据。东晋末爨宝子碑云：'影命不长。'此影字之始见。又东魏武定六年邑主造石像铭云：'台钩相望，珪璋叠影。'景之作影，在六朝时始盛行耳。葛洪字苑久佚，今影字始见于广韵。"

〔一〇〕段玉裁曰："惠定宇说汉张平子碑即有影字，不始于葛洪；汉末所有之字，洪亦采集而成，非自造也。"

太公六韬〔一〕，有天陈、地陈、人陈、云鸟之陈〔二〕。论语曰："卫灵公问陈于孔子〔三〕。"左传："为鱼丽之陈〔四〕。"俗本多作阜傍车乘之车〔五〕。案诸陈队〔六〕，并作陈、郑之陈〔七〕。夫行陈之义，取于陈列耳，此六书为假借也〔八〕，苍、雅及近世字书〔九〕，皆无别字，唯王羲之小学章〔一〇〕，独阜傍作车，纵复俗行，不宜追改六韬、论语、左传也。

〔一〕赵曦明曰："隋书经籍志：'太公六韬五卷，文韬、武韬、龙韬、虎韬、豹韬、犬韬。'"

〔二〕卢文弨曰："六韬：'武王问太公曰："凡用兵，为天阵、地阵、人阵，奈何？"太公曰："日月星辰斗杓，一左一右，一迎一背，此谓天阵；丘陵水泉，亦有左右前后之利，此谓地阵；用马用人，用文用武，此谓人阵。"'又：'武王问曰："引兵入诸侯之地，高山磐石，其避无草木，四面受敌，士卒迷惑，为之奈何？"太公曰："当为云鸟之阵。"'案此书，作阵字俗。"又曰："注引六韬，见三陈篇。又下所引，今本在乌云山兵篇，下又有乌云泽兵篇，云：'乌散而云合，变化无穷者也。'凡乌皆鸟字之讹。案：握奇经：'八阵：天、地、风、云为四正，飞龙、翼虎、鸟翔、蛇蟠为四奇。'杜少陵诗：'共说总戎云鸟陈。'正本此，可知乌为误字也。"

〔三〕见卫灵公篇。

〔四〕赵曦明曰："见桓五年。"卢文弨曰："丽，力知切。"器案：文选张平子东京赋："鹅鹳鱼丽，箕张翼舒。"薛综注："鹅鹳、鱼丽，并阵名也，谓武士发于此，而列行如箕之张、如翼之舒也。"

〔五〕卢文弨曰："乘，实证切。"

〔六〕续家训及各本"队"作"字"，今从宋本。

〔七〕卢文弨曰："陈、郑之陈并如字，下陈列同。"陈直曰："阵字始见于玉篇及广韵，据本文则晋时已有作阵者。又东魏武定六年邑主造石像铭云：'入卫钩阵，出宰藩岳。'陈字亦书作阵。"

〔八〕续家训"此"下有"于"字，较是。何焯曰："考诸说文，则敶字从攴陈声者列也，此为行敶字，古字少，通借作阵字。"卢文弨曰："周礼地官保氏：'养国子以道，教之六艺，五曰六书。'注：'郑司农曰："六书：象形，会意，转注，处事，假借，谐声也。"'许慎说文：'假借者，本无其字，依声托事，令长是也。'"

〔九〕续家训句首有"诸"字。苍谓苍颉篇，雅谓尔雅。

〔一〇〕抱经堂校定本"王羲之"作"王义"，今仍从宋本。赵曦明曰："隋书经籍志：'小学篇一卷，晋下邳内史王义撰。'诸本并作'王羲之'，乃妄人谬改，而佩觿及唐志皆从之，失考之甚。"徐鲲曰："魏书任城王云传：'彝兄顺，字子和，年九岁，师事乐安丰，初书王羲之小学篇数千言，昼夜诵之，旬有五日，一皆通彻。丰奇之。'唐书艺文志：'王羲之小学篇一卷。'"孙志祖读书脞录七："案：王羲之为会稽内史，非下邳，故注以为误。然王羲之小学篇，亦见北史任城王云传，安知非隋志误邪？恐当仍以旧本为是。"器案：左传昭公二十六正义引王羲之，盖亦出小学章。佩觿上："军陈为阵，始于逸少（小学章）。"王楙野客丛书二一："古之阴影字用景字，如周礼'以土圭测景'之类是也，自葛洪撰字苑，始加彡为阴影字。古之战阵字用陈字，如'灵公问陈'之类是也，至王羲之小学章，独自旁作车为战阵字。而今魏、汉间书，或书影字、阵字，后人改之耳，非当时之本文也。”即本颜氏此文为说，亦作“王羲之”。

诗云：“黄鸟于飞，集于灌木[一]。”传云：“灌木，丛木也。”此乃尔雅之文[二]，故李巡[三]注曰：“木丛生曰灌。”尔雅末章又云：“木族生为灌。”族亦丛聚也[四]。所以江南诗古本皆为丛聚之丛，而古丛字似冣字，近世儒生因改为冣[五]，解云：“木之冣高长者。”案：众家尔雅及解诗无言此者，唯周续之毛诗注音为徂会反[六]，刘昌宗诗注[七]音为在公反，又祖会反[八]：皆为穿凿[九]，失尔雅训也[一〇]。

〔一〕周南葛覃文。

〔二〕见释木。

〔三〕经典释文叙录：“尔雅，李巡注三卷，汝南人，后汉中黄门。”隋书经籍志：“梁有汉中黄门李巡尔雅注三卷，亡。”器案：李巡见后汉书宦者吕强传。巡此注，亦见诗经皇矣正义引，作“木丛生曰灌木”。

〔四〕卢文弨曰：“郭注：‘族，丛。’”器案：诗正义引孙炎云：“族，丛也。”吕氏春秋辩土篇高注：“族，聚也。”庄子养生主郭注：“交错聚结为族。”

〔五〕续家训作“皆为藂藂之丛，而藂字似冣字，近世儒生，因改为冣”，字有讹脱；罗本、傅本、颜本、程本、胡本、何本、朱本、文津本“皆为丛聚之丛”作“皆为藂聚之藂”，今从宋本。赵曦明曰：“案：藂俗丛字，而汉书息夫躬传已有之。又有䕺字，见东方朔传，师古曰：‘古丛字也。’其下皆从取。段氏则以为诗传本是‘冣木’，冣与聚与丛古通用，说文在冖部，才句切，积也。又冃部：‘最，祖会切，犯而取也。’俗作冣，故易与冣混。”段玉裁说文解字注七篇下最篆：“最，犯取也。

错曰:'犯而取也。'按:犯而取,犹冡而前,冣之字训积,最之字训犯取,二字义殊而音亦殊。颜氏家训谓'冣为古聚字'。手部撮字从最为音义,皆可证也。今小徐本此下多'又曰会'三字,系浅人增之,韵会无之,是也。'最'俗作'寂','六朝如此作。"郝懿行曰:"古丛字作菆,或作藂,并似寂字,故俗儒因斯致误。太玄经云:'鸟托巢于菆,人寄命于公。'汉书东方朔传云:'藂珍怪。'此皆古丛字也。"

〔六〕宋本原注:"又音祖会反。"赵曦明曰:"五字似衍。"钱馥曰:"祖会反,即毛诗音义之徂会反,何所见而谓'又音祖会反'五字衍乎?岂以徂会、祖会为一乎?徂,从母;祖,精母。"器案:续家训"徂"作"祖",无注文"又音祖会反"五字,佩觿亦作"祖",见下引。赵曦明曰:"宋书隐逸传:'周续之,字道祖,雁门广武人。年十二,诣豫章太守范宁受业,通五经并纬候。高祖践阼,为开馆东郊外,招集生徒。素患风痹,不复堪讲,乃移病钟山,景平元年卒。通毛诗六义及礼、论、公羊传,皆传于世。'"马瑞辰毛诗传笺通释一魏晋宋齐传诗各家考:"序录言:'宋征士雁门周续之、豫章雷次宗……并为诗义序。……周续之所著诗义序,不见隋志。据郑氏笺标题下释文云:'续之释题已如此。'是德明固尝见道祖书者;而颜氏家训及颜师古匡谬正俗并引续之毛诗音,则续之书唐时犹存,不知隋志何以失载耳。"陈直曰:"唐贞观二十一年思顺坊造弥勒像记云:'松柱樌丛。'陆德明尔雅正义作樌,云:'字又作灌。'造像记作樌丛,以证陆氏之有本,是唐初灌又作樌也。"器案:陈氏引陆德明尔雅正义误,当作尔雅释文。阮元尔雅注疏校勘记云:"灌木丛木,唐石经、单疏本、雪牕本同。释文:'樌,古乱反,字又作灌,音同。'按下'木族生为灌',释文:'樌,古半反,或作灌。'玉篇:'樌,木丛生也。今作灌,文在释文。'当从陆本作樌。毛诗作灌,假借字,盖今本所据改,或郭氏引诗作灌,后人援注改之。"

〔七〕卢文弨曰:"刘昌宗,经典释文载之于李轨、徐邈之间,当是晋人,有周礼、仪礼音各一卷，礼记音五卷。其毛诗音，匡谬正俗引两条：一，鹊巢笺'冬至加功'，刘、周等音加为架；一，采蘩传'山夹水曰涧'，刘、周又音夹为颊。集韵又引其尚书音、左传音，而隋书经籍志皆不载。"

〔八〕宋本"祖"作"狙"。

〔九〕汉书王吉传："以意穿凿，各取一切，权谲自在。"后汉书徐防传："不依章句，妄生穿凿。"

〔一〇〕吴承仕经籍旧音辨证一曰："经典释文：'灌木，丛木也，才公反，俗作藂，一本作最，作外反。'颜氏家训云云。段玉裁、陈奂、严元照等并以丛之异文应作冣，误冣作最，故有徂会、祖会之音。承仕案：诸家说是也。丛从取声；冣从冖取，取亦声；聚从取声；丛冣聚族，皆属古侯部，音近义同。侯对转东，丛得音在公反；冣在侯部，本音才句反。此四文者，随用其一，理皆可通。若最字从冃取会意，本属泰部，声义并殊，刘昌宗、周续之、陆德明等所下徂会、祖会、作外等反，皆最字本音，与灌木义无涉，之推斥之，其识卓矣。"器案：佩觿上："菆木用最。"原注："灌木为菆木，周续毛诗注音祖会翻，或别本作最，皆非也。"即本之推此文。

"也"是语已〔一〕及助句〔二〕之辞，文籍备有之矣。河北经传，悉略此字，其间字有不可得无者，至如"伯也执殳〔三〕"，"于旅也语〔四〕"，"回也屡空〔五〕"，"风，风也，教也〔六〕"，及诗传云〔七〕："不戢，戢也；不傩，傩也〔八〕。""不多，多也〔九〕。"如斯之类，傥削此文，颇成废阙〔一〇〕。诗言："青青子衿〔一一〕。"传曰："青衿，青领也，学子之服〔一二〕。"按：古者，斜领下连于衿，故谓领为衿。孙炎、郭璞注尔雅，曹大家注列女传〔一三〕，并云："衿，交领也〔一四〕。"邺下诗本，既无

"也"字，群儒因谬说云："青衿、青领，是衣两处之名，皆以青为饰。"用释"青青"二字，其失大矣！又有俗学，闻经传中时须也字，辄以意加之，每不得所，益成可笑〔一五〕。

〔一〕语已，即语尾。说文只部："只，语已词也。"又矢部："矣，语已词也。"则语已之说，汉人已有之。广雅释诂："曰，欥……也，乎，些，只，词也。"

〔二〕助句，即语助词。礼记檀弓上："檀弓曰：'何居？'"郑注："居读为姬姓之姬，齐、鲁之间语助也。"正义曰："何居是语词。"千字文："谓语助者，焉哉乎也。"说文曰部："曰，词也。"徐锴曰："凡称词者，虚也，语气之助也。"

〔三〕赵曦明曰："诗卫风伯兮文。"

〔四〕赵曦明曰："仪礼乡射礼记文。"

〔五〕赵曦明曰："论语先进文。"

〔六〕赵曦明曰："诗小序文。"

〔七〕续家训无"及"字。

〔八〕续家训"傩"作"难"，赵曦明曰："见小雅桑扈篇。"

〔九〕赵曦明曰："见大雅卷阿篇。"器案：又见桑扈篇。

〔一〇〕续家训句末有"也"字。

〔一一〕器案：说文无衿字，"裣，交衽也"，即衿字。

〔一二〕赵曦明曰："见郑风。"

〔一三〕罗本、傅本、颜本、程本、胡本、何本"列"作"烈"，今从宋本。隋书经籍志："列女传十五卷，刘向撰，曹大家注。"曾巩序录曰："刘向序列女传，凡八篇，隋志及崇文总目皆称向列女传十五篇，曹大家注；以颂义考之，盖大家所注，离其七篇为十四，与颂义凡十五篇，而益以陈婴母及东汉以来凡十六事耳。"器案：大家注今已佚。曾谓"大家所注，离其七篇为十四"，是，昭明文选原三十卷，注家分为六十卷，正其比也。

〔一四〕赵曦明曰:“郭注见尔雅释器‘衣眥谓之襟’下,曹注今已亡。”

〔一五〕宋本、续家训及各本“成”都作“诚”,今从抱经堂校定本。器案:六朝、唐人钞本古书多有虚字,后人往往加以删削,日本岛田翰古文旧书考卷一于春秋经传集解下言之甚详,其言曰:“又是书‘之也’、‘矣也’、‘也矣’之类极多,诗小雅四月:‘六月徂暑。’毛传:‘六月火星中暑盛而往矣。’玉烛宝典引‘矣’下有‘也’字。群书治要引书君陈:‘尔无忿疾于顽。’注:‘无忿疾之也。’宋本以下皆去‘也’字。(元和活字本群书治要校雠颇粗,多不足据,误脱“之也”二字,今从秘府旧钞原本。)周官春官:‘以冬至日,致天神人鬼。’郑注:‘致人鬼于祖庙。’宝典引‘庙’下有‘之也矣哉也乎也’七字,(黎纯斋古逸丛书所收宝典以影贞和钞本为蓝本,而颇有校改,贞和本本子“致”字并作“鼓”,又无“于”字,黎本盖依注疏本改,今据旧钞卷子十二卷足本。又案:如此七字语词,更无意义,是恐书语辞以取句末整齐,以为观美耳。但古书实多语辞,学者宜分别见之也。)地官:‘日至景尺有五寸,谓之地中。’郑注:‘今颍川阳城为然。’宝典引‘然’下有‘之者也’三字。(贞和本无“今”字,“颍”讹“头”,黎本作“颍”,是据注疏本改也,今依卷子本。)宝典引礼记月令:‘天子乃难以达秋气。’郑注:‘王居明堂礼曰:“仲秋,九门磔禳,以发陈气,御止疾疫之者耳也。”’而附释音本以下,皆删‘之者耳也’四字。(秘府旧钞注疏七十卷本有“也”字,贞和本“止”讹“王”,无“疫”字,黎本从注疏本改,今依卷子本。)宝典引易通卦验玄曰:‘反舌者,反舌鸟之矣。’(“验”下疑脱“注”字,上“反”字当作“百”字,贞和本“曰”作“口”,“也”上无“之矣”二字,黎本校改“口”作“曰”,今从卷子本。案:此盖通卦验郑玄注文也,(案:此说非是。)而艺文类聚引此文,亦不为注语,恐非是。贞和本无下“舌”字,艺文类聚引有,卷子本同类聚,今从之。)陆善经文选音决钞(音决钞已佚,今据金泽称名寺旧藏文选集注所引。)及艺文类聚引,并省'之矣'二字,隶释载熹平石经残碑云:'凤兮凤兮,何而德之衰也。'与庄子人间世所载同,自开成石本始脱'而'字,而后来印本,并删'而也'二字。尚书大传:'在外者皆金声。'注:'金声其事煞。'宝典引'煞'下有'矣也'二字。(贞和本"煞"作"然","煞"即"杀"字俗体,黎本从本书改,今据卷子本。)宝典引尚书考灵曜:'仲夏一日,日出于寅,入于戌。'而五行大义、七纬所引,则无二'于'字。(贞和本作"夏仲",卷子本作"仲夏",案上下例,卷子本似是。)白虎通:'万物孚甲,种类分也。'(贞和本无"甲"字,黎本据本书补,卷子本有"甲"字。)宝典引'分'下有'之"字,与卷子本集注文选所引合。然则之也者,盖汉、隋之语辞,又传注之体乃然也。(又案:间有增置语助,以为句末整齐者,然不可为例。)至唐初遗意颇存,李隆基开元初注本孝经事君章:'进思尽忠。'注:'进见于君,则思尽忠节之也。'而石、台以下,皆省'之也'二字。其他,唐钞本杨雄传注、金泽文库卷子本集注文选等,皆多有语辞。由是而观,其书愈古者,其语辞极多;其语辞益鲜者,其书愈下。盖先儒注体,每于句绝处,乃用语辞,以明意义之深浅轻重,汉、魏传疏,莫不皆然;而浅人不察焉,乃擅删落、加之。及刻书渐行,务略语辞,以省其工,并不可无者而皆删之,于是荡然无复古意矣。颜之推北齐人,而言:'河北经传,悉略语辞。'然则经传之灾,其来亦已久矣。"

易有蜀才注〔一〕,江南学士,遂不知是何人。王俭四部目录〔二〕,不言姓名,题云:"王弼后人。"谢炅〔三〕、夏侯该〔四〕并读数千卷书,皆疑是谯周〔五〕;而李蜀书一名汉之书〔六〕,云:"姓范名长生,自称蜀才〔七〕。"南方以晋家渡江后〔八〕,北间传记,皆名为伪书,不贵省读〔九〕,故不见也〔一〇〕。

〔一〕赵曦明曰："隋书经籍志：'周易十卷，蜀才注。'"朱亦栋群书札记曰："案：扬子法言问明篇：'蜀庄沉冥，蜀庄之才之珍也。'则蜀才乃严君平也。岂范长生自比君平，故称蜀才与？考唐书艺文志：'常璩华阳国志十三卷，汉之书十卷，李蜀书九卷。'则汉之书似别是一种，非李蜀书也。"

〔二〕赵曦明曰："南齐书王俭传：'俭字仲宝，琅邪临沂人，专心笃学，手不释卷，解褐秘书郎，太子舍人，超迁秘书丞。上表求校坟籍，依七略撰七志四十卷，上表献之。又撰定元徽四部书目。'隋书经籍志：'魏氏代汉，采掇遗亡，藏在秘书中外三阁，秘书郎郑默始制中经，秘书监荀勖更著新簿，分为四部：一曰甲部，二曰乙部，三曰丙部，四曰丁部。其后，中朝遗书稍流江左。宋元嘉八年，秘书监谢灵运造四部目录，大凡六万四千五百八十二卷。元徽元年，王俭又造目录，大凡一万五千七百四卷。'"

〔三〕卢文弨曰："炅，古迥切。"陈直曰："按：炅字有三音，在人名应正读为古迥切。或为寒热之热字，见素问王砅注及居延汉简。又为贵字简文，见于杭州邹氏所藏大富炅铎。桂未谷谓炅为桂字变文，其说可商。"器案：元和姓纂卷八："香音桂，或作炅，汉卫尉香横，彭城，汉上计掾香景云，见姓苑。城阳，后汉陈球碑：'城阳炅横被诛，有四子守坟墓，改姓炅氏；一子居徐州郡，云之先也，姓香氏；一子居幽州，姓桂氏；一子居华阴，姓炔氏，皆九画，以避难也。"案："九画"当作"八画"。又案：两唐书姚思廉传："思廉受诏，与魏征共修梁史，思廉又采谢炅等众家梁史，以成梁书五十卷。"此人即撰梁史之谢炅也。寻隋书经籍志有梁书四十九卷，梁中书郎谢吴撰，本一百卷。又梁皇帝实录五卷，梁中书郎谢吴撰纪元帝事。南史萧韶传谓所撰太清纪中之议论，多出于谢吴。史通史官篇举梁之修史学士有谢吴，正史篇又云"梁史……秘书监谢吴"云云。"谢吴"俱"谢炅"之误也。

〔四〕宋本原注："一本'该'字下注云：'五代和宫傅凝本作"谚"、作"咏"

未定。'"赵曦明曰:"案:隋书经籍志:'汉书音二卷,夏侯咏撰。'作'咏'为是。"刘盼遂曰:"案:'该'为'咏'之形误,切韵序敦煌本云:'夏侯咏韵略。'今本广韵亦误作'该'。隋书经籍志:'四声韵略十三卷,夏侯咏撰。'李涪刊误曰:'梁夏侯咏撰四声韵略十二卷。'皆不作'该'。"

〔五〕赵曦明曰:"蜀志谯周传:'周字允南,巴西西充国人。耽古笃学,研精六经,尤善书札。丞相亮领益州牧,命为劝学从事。'"

〔六〕赵曦明曰:"隋书经籍志:'汉之书十卷,常璩撰。'"严式诲曰:"案:'一名汉之书'五字,颜氏自注语,当旁注。据此,则李蜀书即汉之书,而唐志乃有蜀李书九卷,又有汉之书十卷,盖未见其书而据旧文录之耳。"器案:史通古今正史篇:"蜀初号成,后改称汉,李势散骑常侍常璩撰汉书十卷,后入晋秘阁,改为蜀李书。"

〔七〕宋景文笔记中:"易家有蜀才,颜之推曰:'范长生自称蜀才。'则蜀人也。"徐文靖管城硕记二八:"杨氏(升庵集)曰:'注疏中有蜀才姓名,宋儒谓蜀才即范长生,盖别无所见也。陈子昂集:东海王霸、西山蜀才,皆避人养德,躬耕求志。由此观之,范长生与蜀才自是二人。'按后魏书:'昭帝十年,李雄僭称成都王,年号建兴。时涪陵人范长生颇有术数,劝雄即真;十二年,僭称皇帝,拜长生为天地太师,领丞相、西山王。陈子昂集所谓西山蜀才也。唐书艺文志有蜀才注易十卷,陆氏释文所引易有蜀才本。王应麟玉海曰:'蜀才,人多不识,颜之推曰:范长生也。'以蜀才为范长生,非宋儒之说,亦非二人。"赵熙曰:"范长生,见晋书载记。"器案:经典释文叙录:"蜀才注,十卷。蜀李书云:'姓范,名长生,一名贤,隐居青城北,自号蜀才。李雄以为丞相。'"华阳国志李特雄寿势志:"建元太武,迎范贤为丞相。贤既至,尊为天地太师,封西山侯,复其部曲,军征不预,租税皆入贤家。贤名长生,一名延久,又名九重,一曰支,字元,涪陵丹兴人也。"后魏书李雄传:"昭帝十年,雄僭称成都王,号年建兴,置百官。时涪陵人范长生颇有术数，雄笃信之，劝雄即真。十二年，僭称皇帝，号大成，改年为晏平，拜长生为天地太师，领丞相、西山王。”杨升庵文集四八曰：“蜀音葵。”器案：据此，则字当作蜀，元和姓纂十二齐：“蜀，见纂要。”

〔八〕续家训及各本无“家”字，今从宋本，此犹言周家、汉家也。本书称梁亦曰梁家，风操篇：“梁家亦有孔翁归。”终制篇：“吾年十九，值梁家丧乱。”皆谓其本朝耳。

〔九〕续家训“贵”作“肯”。

〔一〇〕朱轼曰：“陆氏释文时有引列。”

礼王制云：“裸股肱[一]。”郑注云：“谓掙衣出其臂胫[二]。”今书皆作擐甲之擐[三]。国子博士萧该[四]云：“擐当作掙，音宣，擐是穿著之名，非出臂之义[五]。”案字林，萧读是[六]，徐爰[七]音患，非也。

〔一〕卢文弨曰：“裸，力果切。”

〔二〕朱本注云：“掙，音宣，引也。”续家训“掙”误“捋”。

〔三〕朱本注云：“擐，音患，贯也。”郝懿行曰：“案礼注虽作‘擐’字，陆氏释文云：‘擐旧音患，今读宜音宣，依字作掙，字林云：“掙臂也，先全反。”是。’据陆氏之意，以擐掙通也。然考仪礼士虞礼‘钩袒’注云：‘如今掙衣。’则知‘擐’当为‘掙’矣。”器案：说文手部：“擐，贯也。”引春秋成二年传：“擐甲执兵。”

〔四〕颜本、程本、胡本、何本、朱本“萧”误“玄”。卢文弨曰：“隋书儒林何妥传附：‘兰陵萧该者，梁鄱阳王恢之孙也，少封攸侯。梁荆州陷，与何妥同至长安。性笃学，诗、书、春秋、礼记并通大义，尤精汉书，甚为贵游所礼。开皇初，赐爵山阴县公，拜国子博士。奉诏与妥正定经史，然各执所见，递相是非，久而不能就；上谴而罢之。该后撰汉书及文选音义，咸为当时所贵。’”

〔五〕卢文弨曰：“著，张略切。”

〔六〕段玉裁曰：“搙，说文只作援，其云‘缳援臂也’，缳即攘臂字。”

〔七〕隋书经籍志：“礼记音二卷，宋中散大夫徐爰撰。”

汉书：“田肎贺上〔一〕。”江南本皆作“宵”字〔二〕。沛国刘显〔三〕博览经籍，偏精班汉，梁代谓之汉圣〔四〕。显子臻，不坠家业〔五〕。读班史，呼为田肎。梁元帝尝问之，答曰：“此无义可求，但臣家旧本，以雌黄改‘宵’为‘肎’。”元帝无以难之〔六〕。吾至江北〔七〕，见本为“肎”。

〔一〕续家训及各本“肎”作“肯”，乃俗字，今从宋本。引汉书见高纪六年。陈直曰：“按：东魏武定六年邑主造像铭云：‘方琢是肎，树此福堂。’肎字六朝人写法，极与宵字相似，故易致误。”

〔二〕续家训“宵”作“霄”，下同。佩觿上：“田肎云宵。”原注：“汉书‘田肎’，是，作‘宵’者非。”即本之推此文。史记高纪：“田肎贺。”索隐：“汉纪及汉书作‘宵’，刘显云：‘相传作“肎”也。’”

〔三〕赵曦明曰：“梁书刘显传：‘显字嗣芳，沛国相人。博涉多通。显有三子：莠，荏，臻。臻早著名。’”器案：隋书经籍志云：“梁时明汉书有刘显、韦稜，陈时有姚察，隋代有包恺、萧该，并为名家。”又著录：“汉书音二卷，梁浔阳太守刘显撰。”

〔四〕器案：北史文苑刘臻传：“精于两汉书，时人谓之汉圣。”以汉圣为显子臻，恐误。王观国学林一：“古之人精通一事者，亦或谓之圣……隋刘臻精两汉，谓之汉圣，唐卫大经邃于易，谓之易圣……盖言精通其事，而他人莫能及也。”

〔五〕赵曦明曰：“隋书文学刘臻传：‘臻字宣挚，梁元帝时迁中书舍人。江陵陷没，入周，冢宰宇文护辟为中外府记室，军书羽檄，多成其手。’”

器案：隋书杨汪传："受汉书于刘臻。"

〔六〕卢文弨曰："难，乃旦切。"

〔七〕何焯改"江北"为"河北"，云："'河'字以意改。"

汉书王莽赞云："紫色蠅声[一]，馀分闰位。"盖谓非玄黄之色，不中律吕之音也。近有学士，名问[二]甚高，遂云："王莽非直鸢髆虎视，而复紫色蠅声[三]。"亦为误矣[四]。

〔一〕续家训、罗本、颜本、程本、胡本、何本、朱本、文津本、奇赏本"蠅"作"蛙"，今从宋本，下同。

〔二〕韩非子亡征篇："不以功伐课试，而好以名问举错。"名问亦言名闻，庄子人间世："名闻不争，未达人心。"俱谓以名闻于人，庄子德充符篇所谓"彼且蕲以諔诡幻怪之名闻"是也。

〔三〕续家训、罗本、颜本、程本、胡本、何本、朱本、文津本、奇赏本无"而"字。

〔四〕颜本"亦"误"外"，朱本作"诚"。赵曦明曰："此条已见前勉学篇，'鸢髆虎视'，彼作'鸱目虎吻'，与汉书合。"

简策字，竹下施朿[一]，末代隶书，似杞、宋之宋[二]，亦有竹下遂为夹者[三]；犹如刺字之傍应为朿[四]，今亦作夹[五]。徐仙民春秋、礼音[六]，遂以筴为正字[七]，以策为音，殊为颠倒[八]。史记又作悉字[九]，误而为述，作妒字，误而为姤，裴、徐、邹皆以悉字音述[一〇]，以妒字音姤[一一]。既尔，则亦可以亥为豕字音[一二]，以帝为虎字音乎[一三]？

〔一〕宋本原注："朿，七赐反。"

〔二〕赵曦明曰："书断：'隶书，下邽人程邈所作也。邈始为县吏，得罪始皇，幽系云阳狱中，覃思十年，损益大小篆方员，而为隶书三千字，奏之始皇。始皇善之，用为御史。以奏事繁多，篆字难成，乃用隶字，以为吏人佐书，务趋便捷，故曰隶书。'"王叔岷曰："案论语雍也篇：'将入门，策其马。'日本正平本'策'作'筞'，正所谓'似杞、宋之宋'也。"

〔三〕徐鲲曰："按鲁语：'臧文仲闻柳下季子之言，使书以为三夹。'庄子骈拇篇：'问臧奚事，则挟筴读书。'管子海王篇：'海王之国，谨正盐筴。'皆为简策之策。"王叔岷曰："案庄子马蹄篇：'前有橛饰之患，而后有鞭筴之威。'文选司马相如上书谏猎一首注、一切经音义八四、御览三五九、八九六、记纂渊海六一引，'筴'皆作'策'，此正所谓'竹下为夹'者也。"

〔四〕续家训、傅本、鲍本、汗青簃本"字"作"史"，未可从。

〔五〕段玉裁曰："曲礼挟训箸，字林作筴，则筴不可以代策，明矣。"徐鲲曰："按：史记封禅书：'使博士诸生刺六经中作王制。'索隐曰：'小颜云："刺作刺，谓采取之也。"'又毛诗魏风葛屦篇：'是以为刺。'鲁诗作刺，见顾炎武石经考。"陈直曰："自南北朝至唐初策字无不作筞，确与宋字相似。惟梁永阳王太妃墓志仍书作策，是用正体，比较少见。又案：安定王元燮造像：'官华州刺史。'刺正作刺，与之推所说当时字体正合。（仅举一例。）"

〔六〕赵曦明曰："隋书经籍志：'春秋左氏传音三卷，礼记音三卷，并徐邈撰。'"

〔七〕颜本"正"作"宜"，未可从。

〔八〕郝懿行曰："案：简策字当为𠕋，古文从竹为䇲，经传以夹为筴，徐仙民以策为音，得之矣。策，马箠也，俗借为𠕋字，颜君顾讥徐邈，何耶？左氏定四年传曰：'备物典筴。'释文云：'本或冊，或作䇲。'"

〔九〕朱本分段。

〔一〇〕宋本"裴"作"衮",秦曼青校宋本作"斐",鲍本、汗青簃本作"裴",段玉裁曰:"当作'裴'。"今从之。续家训(后人补写作"衮")、罗本、傅本、程本、胡本、何本、文津本、朱本作空白,颜本遂于"徐"字跳行另起,皆非也。赵曦明曰:"隋书经籍志:'史记八十卷,宋南中郎外兵参军裴骃注。史记音义十二卷,宋中散大夫徐野民撰。史记音三卷,梁轻车录事参军邹诞生撰。'"器案:裴骃见宋书裴松之传。骃字龙驹,河东闻喜人。父松之字世期,注三国志。徐野民即徐广,东莞人,唐书艺文志:"徐广史记音义十三卷。"邹诞生,司马贞史记索隐序及后序,俱以为南齐轻车录事,与隋志异。

〔一一〕器案:姤者,妒之俗体,妒作妬,又以形近误为姤耳。此事郭忠恕亦言之,其佩觿下去声自相对云:"妬姤:上,丁故翻,嫉妬,说文作'妒';下,古候翻,卦名。"

〔一二〕续家训及各本无"则"字,今从宋本。赵曦明曰:"家语弟子解:'子夏反卫,见读史志者,云:"晋师伐秦,三豕渡河。"子夏曰:"非也,己亥耳。"读史志者问诸晋史,果曰己亥。'"王叔岷曰:"案吕氏春秋察传篇:'子夏之晋,过卫,有读史记者,曰:晋师三豕涉河。子夏曰:非也,是己亥也。夫己与三相近,亥与豕相似。至于晋而问之,则曰:晋师己亥涉河也。'风俗通正失篇:'晋师己亥渡河,有三豕之文,非夫大圣至明,孰能原析之乎!'"

〔一三〕赵曦明曰:"抱朴子遐览篇:谚曰:'书三写,鱼成鲁,帝成虎。'"

张揖云:"虙,今伏羲氏也〔一〕。"孟康汉书古文注亦云:"虙,今伏〔二〕。"而皇甫谧〔三〕云:"伏羲或谓之宓羲。"按诸经史纬候〔四〕,遂无宓羲之号。虙字从虍〔五〕,宓字从宀〔六〕,下俱为必,末世传写,遂误以虙为宓,而帝王世纪因误更立名耳〔七〕。何以验之?孔子弟子虙子贱为单父宰〔八〕,即虙羲之后〔九〕,俗字亦为宓,或复加山〔一〇〕。今兖州永昌郡城,旧单父地也〔一一〕,东门有子贱碑,汉世所立,乃曰:"济南伏生〔一二〕,即子贱之后。"是虙之与伏〔一三〕,古来通字〔一四〕,误以为宓〔一五〕,较可知矣〔一六〕。

〔一〕续家训、罗本、傅本、颜本、程本、胡本、何本、朱本、文津本"虙"作"宓"。汉书序例:"张揖,字稚让,清河人,一云河间人,魏太中博士。"案:张揖著作,两唐志著录有广雅四卷、埤苍三卷、三苍训诂三卷、杂字一卷、古文字训三卷。广韵五质:"宓,美毕切,埤苍云:'秘宓。'又音谧。"又一屋:"虙,房六切,古虙牺字,说文云:'虎皃。'又姓,虙子贱是也。"是二字固有别也。

〔二〕续家训、罗本、傅本、颜本、程本、胡本、何本、朱本、文津本"虙"作"宓"。严式诲曰:"案:'古文'二字,疑当在'亦云'二字下。"赵曦明曰:"隋书经籍志:'梁有汉书孟康音九卷。'"陈直曰:"汉武梁祠画像题字云:'伏戏仓精,初造王业。'知东汉时已写'虙'作'伏',与张揖、孟康称为'虙'今'伏',正相吻合。"器案:三国志魏书杜恕传注引魏略:"孟康,字公休,安平人。黄初中,以于郭后有外属,并受九亲赐拜,遂转为散骑侍郎。是时,散骑皆以高才英儒充其选,而康独缘妃嫱,杂在其间,故于时皆共轻之,号为阿九。康既无才敏,因在冗官,博读书传,后遂有所弹驳,其文义雅而切要,众人乃更加意。正始中,出为弘农,领典农校尉。……嘉平末,徙渤海太守,征入为中书令,后转为监。"又案:佩觿上:"不齐之称宓贱。"原注引李涪说:"案:不齐姓虙,音调伏之伏,作宓者非。"与之推说同。王叔岷曰:"案御览七八引帝王世纪作'或谓之密牺',下有注云:'一解云:宓,古伏字,后误以宓为密,故号曰密牺。'(鲍刻本'宓'并作'虙'。)又引易坤灵图、易通卦验并作'宓牺'。(鲍刻本'宓'亦作'虙'。)"

〔三〕晋书皇甫谧传:"皇甫谧,字士安,幼名静,安定朝那人。……所著诗赋诔颂论难甚多,又撰帝王世纪、年历、高士、逸士、列女等传、玄晏春秋,并重于世。"

〔四〕续家训无"按"字。

〔五〕宋本原注:"虍音呼。"

〔六〕颜本、程本、胡本、朱本"宀"作"寘",未可从。宋本原注:"宀音绵。"

〔七〕赵曦明曰:"帝王世纪即皇甫谧所著。"

〔八〕续家训"虙"作"宓"。史记仲尼弟子列传:"宓不齐,字子贱,少孔子三十岁。孔子谓:'子贱,君子哉!鲁无君子,斯焉取斯。'子贱为单父宰,反命于孔子,曰:'此国有贤不齐者五人,教不齐所以治者。'孔子曰:'惜哉!不齐所治者小;所治者大,则庶几矣。'"卢文弨曰:"单父音善甫。"

〔九〕续家训"虙"作"宓"。

〔一〇〕云麓漫钞九引"复"作"宓"。李详曰:"案:梁玉绳汉书人表考:'密转讹为宓,其由来已久。晋书李密,华阳国志作李宓,蜀志秦宓,后汉书方术董扶传作秦密,淮南泰族以宓子贱作密子贱。路史叙伏羲后有密氏。'(此隐括梁氏之言,与梁原旨微异。)又案:陆机演连珠:'蒲密之黎。'善注辨或说'密为宓子贱'之非,不知此二字以音相通久矣!(庾子山哀江南赋:'豺牙密厉。''宓',一本作'密')"陈直曰:"按:唐荥阳令卢正道清德文颂云:'琴鸣密贱。''虙'作'宓',正之推所谓当时'或复加山'也。"

〔一一〕史记仲尼弟子传正义引"父"下有"县"字。

〔一二〕赵曦明曰:"汉书儒林传:'伏生,济南人。故为秦博士。孝文时,求能治尚书者,时伏生年九十馀,老不能行,于是诏太常使掌故鼂错往受之,得二十八篇。'"

〔一三〕各本"是"下有"知"字,楚辞辩证上亦有。史记正义引无"知"字,与抱经堂校定本同。续家训"虙"作"宓"。

〔一四〕云麓漫钞、楚辞辩证"字"作"用"。

〔一五〕续家训、云麓漫钞、楚辞辩证"宓"作"密",未可从。

〔一六〕史记正义引"知"作"明",又云:"虙字从虍,音呼,宓从宀,音绵,下俱为必,世传写误也。"楚辞辩证:"'虙妃'一作'宓妃'。说文:'虙,房六反,虎行皃。''宓,美毕反,安也。'集韵云:'虙与伏同。虙牺氏,亦姓也。宓与密同,亦姓,俗作密,非是。'补注引颜之推说云:'虙字本从虍,虙子贱,即伏牺之后,而其碑文说济南伏生,又子贱之后,是知古字伏虙通用,而俗书作宓,或复加山,而并转为密音耳。'此非大义所系,今亦姑存其说,以备参考。"案:王观国学林四论伏胜非子贱后一条,亦袭用颜氏此文,不悉录也。寻段玉裁说文解字注五篇上虙篆下云:"颜氏家训云:张揖、孟康皆云'虙、伏古今字',而皇甫谧帝王世纪云:'伏羲或谓之宓羲。'案诸经史纬候,遂无宓羲之号,虙宓二字下俱为必,是以误耳。孔子弟子虙子贱即虙羲之后,俗字亦为宓。今兖州永昌郡城东门子贱碑,汉世所立,云:'济南伏生即子贱之后',是虙之与伏,古来通字,误以为宓,较可知矣。颜语谓虙音房六切,与伏音同,而宓音绵一切,与虙音殊,故谓宓羲、宓子贱皆误字,不知虙宓古音正同,故虙羲或作宓羲,其为伏羲者,如毛诗苾字,韩诗作馥,语之转也。宓子贱之当为虙子贱,则出黄门臆测,而陆氏释文、张氏五经文字从之,盖古未有作虙子贱者;若论其同从必声,则作虙子贱,亦无不可。"

太史公记〔一〕曰:"宁为鸡口,无为牛后〔二〕。"此是删战国策耳〔三〕。案:延笃战国策音义〔四〕曰:"尸,鸡中之王。从,牛子〔五〕。"然则,"口"当为"尸","后"当为"从",俗写误也〔六〕。

〔一〕孙奕示儿编二三引无“记”字。器案：汉、魏、南北朝人称司马迁史记为太史公记，如汉书杨恽传、论衡道虚篇、汉纪孝武纪、风俗通义皇霸篇、又声音篇、又祀典篇、穆天子传序及抱朴子论仙篇等俱是也。俞正燮癸巳类稿十一太史公释名曰：“史记本名太史公书，题太史以见职守，而复题曰公，古人著书称子，汉时称生称公也。”

〔二〕赵曦明曰：“见苏秦传。”案：张守节正义曰：“鸡口虽小犹进食，牛后虽大乃出粪也。”案：文选为曹公作书与孙权吕向注作“鸡口”、“牛后”。

〔三〕赵曦明曰：“见韩策。”

〔四〕赵曦明曰：“隋书经籍志：‘战国策论一卷，汉京兆尹延笃撰。’”郝懿行曰：“延笃，见后汉书，其战国策音义，本传所无，存以俟考。”案：后汉书延笃传：“延笃，字叔坚，南阳犨人也。少从颍川唐溪典受左氏传，旬日能讽之，典深敬焉。又从马融受业，博通经传及百家之言，能著文章，有名京师。……永康元年卒于家。乡里图其形于屈原之庙。笃论解经传，多所驳正，后儒服虔等以为折中。所著诗论铭书应讯表教令，凡二十篇云。”

〔五〕类说作“尸者鸡中之主，从者牛之子”。案：史记苏秦传索隐引战国策延笃注曰：“尸，鸡中主也；从，谓牛子也。言宁为鸡中之主，不为牛之从后也。”文选阮元瑜为曹公作书与孙权注引延叔坚战国策注曰：“尸，鸡中主也；从，牛子也。‘从’或为‘后’，非也。”张萱疑耀四：“苏秦说韩：‘宁为鸡口，无为牛后。’今本战国策、史记皆同，惟尔雅翼释豵篇：‘宁为鸡尸，无为牛从。尸，主也，一群之主，所以将众者。从，从物者也，随群而往，制不在我也。’此必有据，且于纵横事相合。今本‘口’字当是‘尸’字之误，‘后’字当是‘从’字之误也。”洪颐煊读书丛录十曰：“犍，从牛也。案：说文新附：‘犍，犗牛也。’一切经音义卷十四引通俗文：‘以刀去阴曰犍。’淮南氾论训：‘禽兽可羁而从也。’凡牛已犗者即训从，故亦谓之从牛。颜氏家训书证篇引战国策

‘宁为鸡尸，无为牛从’，延笃以为牛子，非是。”王念孙读书杂志战国策三亦以“鸡尸”“牛从”为是，不悉录也。

〔六〕卢文弨曰：“案：口、后韵协。秦正以牛后鄙语激发韩王，安得如延笃所言乎？且鸡尸之语，别无他证，奈何信之。”梁玉绳史记志疑二九曰：“索隐及罗愿尔雅翼释豱、沈括笔谈并言之，然非也。馀冬叙录云：‘口、后韵叶，如“宁为秋霜，毋为槛羊”之类，古语自如此。’（案：闵元京湘烟录十六引弭子元说同。）”朱亦栋曰：“按：口与后叶，与汉书‘宁为秋霜，无为槛羊’正同，若尸、从则不叶矣。补正引正义云：‘鸡口虽小，乃啄食；牛后虽大，乃出粪。此盖以恶语侵韩，故昭侯怒而从之也。’最为得解。”李慈铭越缦堂日记丙集曰：“此说不可从。尸字之义，不见所据。况口、后协韵，古语如是；牛子为从，尤所未闻。”器案：佩觿上：“鸡尸虎穴之议。”原注：“太史公记曰：‘宁为鸡口。’战国策音义曰：‘尸，鸡之主。’则‘口’当为‘尸’。”即本之推此文。七修类稿二〇亦谓史记口、后为是，亦不悉录也。

应劭风俗通〔一〕云：“太史公记〔二〕：‘高渐离变名易姓，为人庸保〔三〕，匿作于宋子〔四〕，久之作苦，闻其家堂上有客击筑〔五〕，伎痒〔六〕，不能无出言。’”案：伎痒者，怀其伎而腹痒也。是以潘岳射雉赋亦云：“徒心烦而伎痒〔七〕。”今史记并作“徘徊〔八〕”，或作“彷徨〔九〕不能无出言”，是为俗传写误耳〔一〇〕。

〔一〕宋本“劭“作“邵”。案：古劭、邵多混，如晋书陈邵有传，隋书经籍志礼类作陈劭，即其证。应劭，后汉书有传，字仲远，汝南南顿人。赵曦明曰：“隋书经籍志：‘风俗通义三十一卷，录一卷，应劭撰，梁三十卷。’案：今止存十卷。”器案：此所引见声音篇。

〔二〕见史记刺客荆轲传。

〔三〕史记刺客荆轲传索隐："栾布传曰：'卖庸于齐，为酒家人。'汉书作'酒家保'。案：谓庸作于酒家，言可保信，故云庸保。鹖冠子曰：'伊尹保酒。'"案：庸、佣通，杜甫八哀诗赵次公注引作"为人佣保"。

〔四〕赵曦明曰："史记刺客传集解：'徐广曰："宋子，县名，今属钜鹿。"'"

〔五〕宋本、续家训作"闻其家堂客有击筑"，杜诗赵注又引作"闻其家堂有击筑"。赵曦明曰："宋本讹。"案：文选荆轲歌注引应劭汉书注曰："筑状似琴而大头，安弦以竹击之，故名曰筑。"

〔六〕续家训、文选射雉赋李善注、缃素杂记二引"痒"作"养"。林思进先生曰："技痒二字，非西汉时所有，于史公文尤不类，不得遽以应劭所云，谓为俗写误也。"

〔七〕案：潘赋见文选。卢文弨曰："潘赋本作'伎懩'，徐爰注：'有伎艺而欲逞曰伎懩。音养。'"

〔八〕宋本"徘徊"作"俳佪"。

〔九〕案：今史记作"傍偟不能去每出言"。

〔一〇〕杜诗赵注引作"是为俗写传误也"。

太史公论英布[一]曰："祸之兴自爱姬，生于妒媢，以至灭国[二]。"又汉书外戚传亦云："成结宠妾妒媢之诛[三]。"此二"媢"并当作"娼"，娼亦妒也，义见礼记、三苍[四]。且五宗世家亦云："常山宪王后妒娼[五]。"王充论衡云："妒夫娼妇生，则忿怒斗讼[六]。"益知娼是妒之别名。原英布之诛为意贲赫耳[七]，不得言媢[八]。

〔一〕赵曦明曰："史记黥布传：'布，六人也，姓英氏。背楚归汉，立为淮南王。信、越诛，布大恐，阴聚兵候伺旁郡警急。所幸姬疾，请就医。医家与中大夫贲赫对门，赫自以为侍中，乃厚馈遗，从姬饮医家。姬侍王，誉赫长者，具说状。王疑其与乱，欲捕赫。赫诣长安上变，言布谋反有端。汉系赫，使案验布。布族赫家，发兵反。上自将击布，布数与战不利，走江南。长沙王使人绐布，之番阳，番阳人杀之，遂灭黥布。’”

〔二〕卢文弨曰：“今史记作‘祸之兴自爱姬殖，妒媢生患，竟以灭国’，妒本字，亦作妬，通。”器案：佩觿上：“妒媢提福之殊。”原注：“英布之祸，兴自爱姬，成于妒媢。‘媢’当作‘娼’（音冒），妒也，义见世家。”即本之推此文。

〔三〕赵曦明曰：“传云：‘孝成赵皇后女弟赵昭仪姊妹专宠十馀年，卒皆无子。帝暴崩，皇太后诏大司马莽与御史、丞相、廷尉问发病状，昭仪自杀。哀帝即位，尊皇后为皇太后。司隶解光奏言，赵氏杀后宫所产诸子，请事穷究。哀帝为太子，亦颇得赵太后力，遂不竟其事。哀帝崩，王莽白太后，诏贬为孝成皇后，又废为庶人，就其园自杀。’案：所引是议郎耿育疏中语。今本汉书仍作‘媢’，史记黥布传索隐引作‘娼’。”

〔四〕卢文弨曰：“礼记大学：‘娼疾以恶之。’郑注：‘娼，妒也。’史记五宗世家索隐：‘郭璞注三苍云：“娼，丈夫妒也。”又云：“妒女为娼。”’”

〔五〕赵曦明曰：“世家：‘常山宪王舜，以孝景中五年，用皇子为常山王。王有所不爱姬生长男棁，王后脩生太子勃。王内多幸姬，王后希得幸。及宪王病，王后亦以妒媢不常侍病，辄归舍；医进药，太子勃不自尝药，又不宿留侍病；及王薨，王后、太子乃至。宪王雅不以棁为人数，太子代立，又不收恤棁。棁怨王后、太子。汉使者视宪王丧，棁自言王病时，王后、太子不侍，及薨六日出舍，及勃私奸等事。有司请废王后脩，徙王勃，以家属处房陵。上许之。’”

〔六〕卢文弨曰：“论死篇：‘妒夫媢妻，同室而处，淫乱失行，忿怒斗讼。’”

〔七〕宋本原注：“贲音肥。”

〔八〕沈揆曰：“说文：‘娼，夫妒妇也。’益可明颜氏之说。”器案：史记黥布传索隐：“案：王邵音冒，娼亦妒也。汉书外戚传亦云：‘成结宠妾妒媢之诛。'又论衡云:'妒夫媢妇。'则媢是妒之别名。今原英布之诛,为疑贲赫与其妃有乱,故至灭国,所以不得言妒媢是媚也。一云:'男妒曰媢。'"小司马盖即据颜氏此文为说。汉书五行志第七中之下:"桓公八年十月雨雪。周十月,今八月也,未可以雪。刘向以为时夫人有淫齐之行,而桓有妒媢之心。"师古曰:"媢谓夫妒妇也。"

史记始皇本纪:"二十八年,丞相隗林、丞相王绾等〔一〕议于海上〔二〕。"诸本皆作山林之"林"〔三〕。开皇〔四〕二年五月,长安民掘得秦时铁称权〔五〕,旁有铜涂镌铭二所〔六〕。其一所曰:"廿六年,皇帝尽并兼天下诸侯,黔首〔七〕大安,立号为皇帝,乃诏丞相状、绾,法度量鼎不壹歉疑者〔八〕,皆明壹之〔九〕。"凡四十字。其一所曰:"元年,制诏丞相斯、去疾〔一〇〕,法度量,尽始皇帝为之,皆□刻辞焉〔一一〕。今袭号而刻辞不称始皇帝〔一二〕,其于久远也〔一三〕,如后嗣为之者,不称成功盛德,刻此诏□左〔一四〕,使毋疑。"凡五十八字,一字磨灭,见有五十七字,了了分明〔一五〕。其书兼为古隶。余被敕写读之,与内史令李德林〔一六〕对,见此称权〔一七〕,今在官库;其"丞相状"字,乃为状貌之"状",爿旁作犬〔一八〕;则知俗作"隗林",非也,当为"隗状"耳〔一九〕。

〔一〕史记始皇本纪索隐曰:"隗姓,林名,有本作'状'者,非。颜之推云云,王劭亦云然,斯远古之证也。"

〔二〕海上,谓东海之滨。时始皇帝抚东土,至于琅邪,与群臣议于海上。

〔三〕沈涛铜熨斗斋随笔三:"丞相隗林,索隐云云,案:小司马既云作'状'

者非,何以又引颜氏家训为证?盖索隐本本亦作'隗状',云'有本作林者非',故引颜、王二家之说,以证是'状'非'林',今本'林''状'二字传写互易,遂矛盾不可通矣。"器案:沈说是。佩觿上:"丞相之林是状。"原注:"始皇本纪:'二十八年,丞相隗状、王绾等议于海上。'俗作'隗林'者,非也。"即本之推此文,字正作"状"。宋董逌广川书跋四作"疾",当是形近之误。

〔四〕赵曦明曰:"开皇,隋文帝年号。"郝懿行曰:"开皇是隋文帝纪年,颜公又为隋官矣。"

〔五〕续家训"称"作"秤"。史记秦始皇本纪索隐引作"京师穿地,得铸称权"。玉海八引史记正义"民"作"人","掘"作"穿地"二字,"称"作"秤"。

〔六〕玉海作"有铭二所"。欧阳修集古录跋尾一:"秦度量铭。右秦度量铭二,按颜氏家训:'隋开皇二年,之推与李德林见长安官库中所藏秦铁称权,傍有镌铭二。'其文正与此二铭同,之推因言:'司马迁秦始皇本纪书丞相隗林,当依此作隗状。'遂录二铭,载之家训。余之得此二铭也,乃在秘阁校理文同家。同,蜀人,自言尝游长安,买得二物,其上刻二铭,出以示余。其一乃铜镘,不知为何器,其上有铭,循环刻之,乃前一铭也。其一乃铜方版,可三四寸许,所刻乃后一铭也。考其文,与家训所载正同。然之推所见是铁称权,而同所得乃二铜器,余意秦时兹二铭刻于器物者非一也。及后又于集贤殿校理陆经家得一铜版,所刻与前一铭亦同,益知其然也,故并录之云。嘉祐八年七月十日书。"器案:梅尧臣陆子履示秦篆宝诗题注载铭文,亦前一铭也。

〔七〕史记秦始皇本纪:"更名民曰黔首。"集解:"应劭曰:'黔,亦黎黑也。'"

〔八〕宋本原注:"鼎音则。"梅尧臣作"法度量则不一嫌疑者"。广川书跋曰:"家训所传则从鼎,而此从贝为异。许慎说文兼有二字,盖籀书文异。”乔松年萝藦亭札记四曰：“此拓本予见之，谛审‘歉疑’之‘歉’，盖是‘嫌’字，其‘女’旁在右耳。”器案：乔说是。予藏秦铜权，其铭文正是“兼”旁右安“女”字。梅尧臣作“嫌”，不误。

〔九〕罗本、傅本、颜本、程本、胡本、朱本、广川书跋、绀珠集四“皆明壹之”作“皆壹明之”，非是，予藏秦铜权铭文正作“皆明壹之”，梅尧臣作“皆明一之”。广川书跋曰：“壹从壶，昆吾圜器，其从吉，声也。壹为专，非数也。其以权量专明之，所以一度量于天下。”

〔一〇〕器案：元年，谓二世元年也。史记秦始皇本纪：“三十七年十月癸丑，始皇出游，左丞相斯从，右丞相去疾守，少子胡亥爱慕请从，上许之。……三十有七年，亲巡天下……七月丙寅，始皇崩于沙丘平台。……二世皇帝元年春，二世东巡郡县，李斯从，到碣石，并海南至会稽，而尽刻始皇所立刻石，石旁著大臣从者名，以章先帝成功盛德焉。皇帝曰：‘金石刻，尽始皇帝所为也，今袭号，而金石刻辞不称始皇帝，其于久远也，如后嗣为之者，不称成功盛德。’丞相臣斯、臣去疾、御史大夫臣德昧死言云云。”集解：“徐广曰：‘去疾，姓冯。’”寻汉书冯奉世传：“其先冯亭为韩上党守……战死于长平。……及秦灭六国，而冯亭之后冯毋择、冯去疾、冯劫皆为秦将相焉。”则冯去疾乃冯亭之后也。权铭称“丞相斯、去疾”，据秦始皇本纪则李斯为左丞相，冯去疾为右丞相也。又秦始皇本纪云：“（二世）二年冬，下去疾、斯、劫吏，案责他罪。去疾、劫曰：‘将相不辱。’自杀。”盖是时去疾为左丞相，李斯为右丞相，故名次在斯之上也。劫则御史大夫冯劫也，亦冯亭之后也。

〔一一〕宋本空一格，拓本及广川书跋、沈揆考证作“有”。

〔一二〕赵曦明曰：“‘而’本作‘所’，沈氏改。”器案：广川书跋作“而”，续家训作“所”。

〔一三〕赵曦明曰：“‘也’本作‘世’，沈氏改。”案：广川书跋作“也”，续家训作“世”。段玉裁说文解字注十二篇下：“乜，秦刻石也字。秦始皇本纪:‘二世元年,皇帝曰:金石刻,尽始皇帝所为也,今袭号,而金石刻辞不称始皇帝,其于久远也,如后嗣为之者,不称成功盛德。’颜氏家训载开皇二年,长安掘得秦铁称权,有镌铭,与史记合,‘其于久远也’‘也’字正作‘芒’,俗本讹作‘世’。薛尚功历代钟鼎款识载秦权一、秦斤一,文与家训大同,而权作‘芒’,斤作‘殹’,又知‘也’‘殹’通用,郑樵谓‘秦以殹为也’之证也。‘殹’盖与‘兮’同,‘兮’‘也’古通,故毛诗‘兮’‘也’二字,他书所称或互易,石鼓‘汧殹沔沔’,‘汧殹’即‘汧兮’。”

〔一四〕刻此诏□左,广川书跋此句作“刻此铭故刻左”,“铭”当是“诏”字之误。续家训、沈氏考证本、罗本、程本、胡本、何本、鲍本□不空,拓本作“故刻”二字,傅本、朱本作“于”字,颜本跳行另起,今从宋本。

〔一五〕沈揆曰“蜀有秦权二铭,篆文明具,因备载之,以考颜氏之异。‘廿六年,皇帝尽并兼天下诸侯,黔首大安,立号为皇帝,乃诏丞相状、绾,法度量鼎不壹歉疑者,皆明壹之。’凡四十字,颜氏亦四十字,而今本有四十一字,盖误以‘廿’为‘二十’字。‘明壹之’,颜氏误作‘壹明之’,义未安,当从篆本(永乐大典八二六九“本”作“文”)。鼎,古则字,谢本音制,非。壹,古壹字。‘元年,制诏丞相斯、去疾,法度量,尽始皇帝为之,皆有刻辞焉,今袭号,而刻辞不称始皇帝,其于久远也,如后嗣为之者,不称成功盛德,刻此诏,故刻左,使毋疑。’凡六十字。颜氏称‘五十八字,一字磨灭,见有五十七字,了了分明’。‘皆有刻辞焉’,颜氏无‘有’字。‘而刻辞不称’,颜氏误以‘而’字作‘所’字。‘其于久远也’,颜氏误以‘也’字作‘世’字,说文芒注云:‘秦刻石也字。’权铭正作芒字。‘刻此诏故刻左’,颜氏缺‘故刻’二字,而云‘一字磨灭’。字数不同,恐颜氏所见秦权,自有异同,故仍从颜氏。若‘而’字‘也’字则真误,故改焉。”卢文弨曰:“案:今家训亦作‘明壹之’,当是后人所改正。海盐张燕昌芑堂云:‘郑夹漈以石鼓文殹字,与秦权殹字同,遂疑石鼓文为秦制,则秦权似当作殹。’文弨案：颜所见是'芒'字，与'世'形近，故误作'世'，必非'殹'字。或郑所见之权又不同。"

〔一六〕赵曦明曰："隋书李德林传：'德林字公辅，博陵安平人。除中书侍郎。齐主召入文林馆，又令与黄门侍郎颜之推同判文林馆事。高祖受顾命，为丞相府属。登阼之日，授内史令。'"

〔一七〕胡本"此"作"在"，未可从。

〔一八〕续家训"作"作"施"。

〔一九〕陈直曰："之推所云'秦铁称权，旁有铜涂'，当为以铜片嵌置在铁质之上，其制造手法，与甘肃庆阳所出铁权形式正同。史记秦始皇本纪索隐引颜之推云：'隋开皇初，京师穿地得铁称权，有铭云始皇时量器，丞相隗状、王绾二人列名，其作状貌之字，时令校写，亲所按验。王劭亦云然，斯远古之证也。'索隐所引，当即出于家训，与今本事实虽同，文字则差异甚远。本书称与李德林共校，索隐则作王劭，此为唐时古本，故备录之。以见传世各古籍，与古本往往有绝大之距离。"又按："秦代权量，刻始皇廿六年诏书者，共四十字，刻二世元年诏书者，共六十字，而两诏共一百字，千篇一律，绝无差异。二世诏书文云：'元年制诏丞相斯、去疾，法度量，尽始皇帝为之，皆有刻辞焉。今袭号，而刻辞不称始皇帝，其于久远也（或作殹字），如后嗣为之者，不称成功盛德。刻此诏，故刻左，使毋疑。'之推记为共五十八字，本因模糊之字而错误。而沈氏考异谓颜氏所见秦权自有异同。卢氏补注更以郑樵之秦权又不同，皆属支离之谈。其争论焦点，在也殹二字之不同，殊不知本为'于其久远也'一句之变文，特各权量多数作也字，少数作殹耳。"器案：颜氏此文，实开后代以金石文证史之先例。史记高祖本纪："母曰刘媪。"索隐："近今有人云：母温氏。贞时打得班固泗水亭长古石碑文，其字分明作'温'字，云'母温氏'。贞与贾膺复、徐彦伯、魏奉古等执对，反复沈对，古人未闻。"案：此文碑序文也，铭载古文苑及艺文类聚卷十。又儒林列传："伏生者，济南人也。”集解：“张晏曰：‘伏生名胜，伏氏碑云。’”自宋以来，金石之学专门名家矣。

汉书云：“中外禔福〔一〕。”字当从示〔二〕。禔，安也，音匙匕之匙，义见苍雅、方言〔三〕。河北学士皆云如此。而江南书本〔四〕多误从手〔五〕，属文者对耦，并为提挈之意，恐为误也〔六〕。

〔一〕赵曦明曰：“见司马相如传。”案：史记司马相如传同。

〔二〕续家训“示”误“是”。

〔三〕案：说文示部说同。

〔四〕抱经堂校定本脱“本”字，宋本、续家训及各本都有，今据补。书本为六朝、唐人习用之词，本篇下文云：“江南书本‘穴’皆误作‘六’。”玉烛宝典引字训解瀹字曰：“其草或草下，或水旁，或火旁，皆依书本。”晁公武古文尚书诂训传引刘炫尚书述义曰：“‘四隩既宅’，今书本‘隩’皆作‘墺’。”汉书孔光传：“犬马齿载。”颜师古注：“读与𢧐同，今书本有作‘截’者，俗写误也。”又外戚孝成赵皇后传：“赫蹏纸。”颜师古注：“今书本‘赫’字或作‘击’。”慧琳一切经音义七七引风俗通：“案：刘向别录：‘雠校：一人读书，校其上下，得谬误，为校。一人持本，一人读书，若怨家相对，为雠。’”又引集训：“二人对本校书曰雠。”则书本之说，汉代已有之，且有区别，本者犹今言底本，书者犹今言副本。爰及赵宋，刻板大行，名义遂定，如岳珂九经三传沿革例遂以书本为一例焉。

〔五〕赵曦明曰：“下云‘恐为误’，则此处‘误’字衍。”案：佩觿上：“妒媚、提福之殊。”原注：“汉书禔福，上字从示，音匙匕之匙，俗或从手，误也。”即本之推此文为说。

〔六〕续家训及各本无“也”，今从宋本。

或问〔一〕："汉书注：'为元后父名禁，改禁中为省中〔二〕。'何故以'省'代'禁'？"答曰："案：周礼宫正：'掌王宫之戒令纠禁〔三〕。'郑注云：'纠，犹割也，察也〔四〕。'李登云：'省，察也〔五〕。'张揖云：'省，今省督也〔六〕。'然则小井、所领二反，并得训察。其处既常有禁卫省察〔七〕，故以'省'代'禁'。督，古察字也。"

〔一〕续家训"问"下有"曰"字。

〔二〕器案：此昭纪"共养省中"下伏俨注引蔡邕文，今见独断上。三辅黄图六杂录及汉书昭纪颜注，说俱与蔡邕同。

〔三〕赵曦明曰："纠，今书作'纠'，乃正字，注同。"

〔四〕续家训无"割"下"也"字。宋本原注："一本无'犹割也'三字。"赵曦明曰："本注元有。"

〔五〕器案：此盖出声类，今佚。隋书经籍志："声类十卷，魏左校令李登撰。"

〔六〕段玉裁曰："此盖出古今字诂，谓'省'今字作'省'。"器案：古今字诂今佚，任大椿小学钩沉古今字诂收此文，王念孙校云："案上'省'字当作'省'，说文：'省，古文省字。'"

〔七〕续家训"常"作"当"。

汉明帝纪："为四姓小侯立学〔一〕。"按：桓帝加元服〔二〕，又赐四姓及梁、邓小侯帛〔三〕，是知皆外戚也。明帝时，外戚有樊氏、郭氏、阴氏、马氏为四姓〔四〕。谓之小侯者，或以年小获封〔五〕，故须立学耳〔六〕。或以侍祠猥朝〔七〕，侯非列侯，故曰小侯〔八〕，礼云："庶方小侯〔九〕。"则其义也。

〔一〕赵曦明曰："'汉'上当有'后'字。"卢文弨曰："在永平九年。"

〔二〕罗本、傅本、颜本、程本、胡本、何本、朱本、文津本"按"作"校"，属上句读，与后汉书明纪合；今从宋本。后汉书安纪："永初三年春正月庚子，皇帝加元服。"李贤注："元服，谓加冠也。士冠礼曰：'令月吉辰，加尔元服。'郑玄云：'元，首也。'"

〔三〕卢文弨曰："后汉书桓帝纪：'建和二年春正月甲子，皇帝加元服，赐四姓及梁、邓小侯、诸夫人以下帛，各有差。'四姓见下。皇后纪：'和熹邓皇后，讳绥，太傅禹之孙，父训，护羌校尉。顺烈梁皇后，讳妠，大将军商之女。'"

〔四〕文选为范尚书让吏部封侯第一表注引"为"上有"是"字。

〔五〕器案：汉书外戚传下："哀帝即位，遣中郎谒者张由，将医治中山小王。"小王、小侯义同，盖俱谓其以年小获封也。

〔六〕赵曦明曰："后汉书樊宏传：'宏字靡卿，南阳湖阳人，世祖之舅。'皇后纪：'光武郭皇后，讳圣通，真定高稾人。父昌，仕郡功曹。光烈阴皇后，讳丽华，南阳新野人。兄识为将。明德马皇后，伏波将军援之小女。'"

〔七〕为范尚书让吏部封侯第一表注引应劭汉官典职有四姓侍祠侯。

〔八〕案：此说本袁宏，见后汉纪明纪。陈直曰："按：续汉书百官志云：'中兴以来，唯以功德赐位特进者，次车骑将军；赐位朝侯，次五校尉；赐位侍祠侯，次大夫。'刘昭注引胡广制度曰：'是为猥诸侯。'与本文吻合。五十年前，西安曾出朝侯小子残碑，亦其证也。"

〔九〕赵曦明曰："礼记曲礼下：'庶方小侯，入天子之国曰某人，于外曰子，自称曰孤。'"

后汉书云："鹳雀衔三鳝鱼〔一〕。"多假借为鱣鲔之鱣；俗之学士，因谓之为鱣鱼。案：魏武四时食制〔二〕："鱣

鱼大如五斗奁〔三〕，长一丈。”郭璞注尔雅〔四〕：“鳣长二三丈〔五〕。”安有鹳雀能胜一者〔六〕，况三乎〔七〕？鳣又纯灰色，无文章也。鳝〔八〕鱼长者不过三尺，大者不过三指，黄地黑文，故都讲云：“蛇鳝，卿大夫服之象也〔九〕。”续汉书及搜神记〔一〇〕亦说此事，皆作“鳝”字。孙卿云：“鱼鳖鳅鳣〔一一〕。”及韩非〔一二〕、说苑〔一三〕皆曰：“鳣似蛇，蚕似蠋。”并作“鳣”字。假“鳣”为“鳝”，其来久矣〔一四〕。

〔一〕宋本原注：“鳝音善。”御览九三七、山樵暇语五引都有“音善”二字。案：引后汉书见杨震传。

〔二〕卢文弨曰：“案：魏武食制，唐人类书多引之，而隋、唐志皆不载；唐志有赵武四时食法一卷，非此书。”器案：和名类聚钞四引四时食制经，当即此书。

〔三〕御览引“斗”作“升”。案：自汉以来，俗写“斗”作“什”，即许慎所讥“人持十为斗”者。“什”、“升”二字形近，因此古书多混。

〔四〕御览引“雅”下有“云”字。

〔五〕续家训及各本无“三”字，今从宋本，御览及重修政和证类本草二〇引都有“三”字，与尔雅释鱼郭注原文合。又御览“丈”误“尺”。赵曦明曰：“郭注：‘鳣，大鱼，似鲟而短鼻，口在颔下，体有邪行甲，无鳞，肉黄，大者长二三丈。今江东呼为黄鱼。’”

〔六〕卢文弨曰：“胜音升。”案：杨震传注：“案：续汉及谢承书，‘鳣’字皆作‘鳝’，然则鳣、鳝古字通也。鳣鱼长不过三尺，黄地黑文，故都讲云：‘蛇鳝，卿大夫之服象也。’郭璞云：‘鳣鱼长二三丈，音知然反。’安有鹳雀能胜二三丈乎？此为鳣明矣。”李贤即本此文为说。

〔七〕续家训、罗本、傅本、颜本、程本、胡本、何本、朱本、文津本及御览、靖康缃素杂记四、山樵暇语引“三”下都有“头”字，今从宋本。

〔八〕御览作"鳣"。

〔九〕赵曦明曰:"后汉书杨震传:'震字伯起,弘农华阴人。常客居于湖,不答州郡礼命数十年。后有冠雀衔三鳣鱼,飞集讲堂前,都讲取鱼进曰:"蛇鳣者,卿大夫服之象也;数三者,法三台也。先生自此升矣。"'注:'冠,音贯,即鹳雀也。鳣、鱓字古通,长不过三尺,黄地黑文,故都讲云然。'案:都讲,高第弟子之称也。"

〔一〇〕续家训无"及"字。御览引"书"误"记"。赵曦明曰:"隋书经籍志:'续汉书八十三卷,晋秘书监司马彪撰。搜神记三十卷,晋干宝撰。'"器案:今搜神记无此文,能改斋漫录四引靖康缃素杂记引此文,"搜神记"作"谢承书",杨震传李贤注亦云:"案续汉及谢承书。"而御览九三七引谢承后汉书正有此文,疑当作"谢承书"为是。

〔一一〕御览"鳅鳣"作"鳣鳅"。卢文弨曰:"荀子富国篇:'鼋鼍鱼鳖鳅鳣,以别一而成群。'"

〔一二〕赵曦明曰:"隋书经籍志:'韩非子二十卷,韩公子非撰。'"卢文弨曰:"韩非说林下:'鳣似蛇,人见蛇则惊骇,渔者持鳣。'"

〔一三〕赵曦明曰:"隋书经籍志:'说苑二十卷,汉刘向撰。'"卢文弨曰:"说苑谈丛篇:'鱓欲类蛇。'今本不作鳣。"器案:"鳣似蛇,蚕似蠋"云云,见韩非子内储说上,卢氏漫引说林下为证,非是。又见淮南子说林篇,"鳣"作"鱓"。

〔一四〕御览"矣"作"乎"。郝懿行曰:"案:后汉书注有辨,即本此条而为说。又案:玉篇有䱉字,解云:'鱼似蛇,同鱓。'大戴礼劝学篇云:'非蛇䱉之穴,而无所寄托。'山海经:'灌河之水,其中多䱉。'注云:'亦鱓鱼字。'然则后汉书三鳣之鳣,盖本作䱉,俗人不识,妄增其上为鳣尔。至于韩非、说苑,皆曰鳣蛇,荀子书中亦有鳅鳣,并同斯误,字形乖谬,非鱓鳣可以假借也。"器案:郝说是。御览九三七鱓鱼类下注云:"与䱉同,音善。""䱉"即"䱉"之误。又引谢承后汉书杨震事,则作"三鱓"。又九三六鳣类引后汉书杨震事作"三鳣",殆即颜氏所谓"假鳣为鳝，其来久矣”者也。佩觿上：“杨震之鳝非鳣。”原注：“鳝音善，是也；作鳣、陟连翻者，非。”即本之推此文。

后汉书：“酷吏樊晔为天水郡守〔一〕，凉州为之歌曰：‘宁见乳虎穴，不入冀府寺〔二〕。’”而江南书本“穴”皆误作“六”。学士因循，迷而不寤。夫虎豹穴居，事之较者〔三〕，所以班超云：“不探虎穴，安得虎子〔四〕？”宁当论其六七耶〔五〕？

〔一〕赵曦明曰：“隋书地理志：‘天水郡统县六，有冀城。’”卢文弨曰：“案：续汉书郡国志：‘凉州汉阳郡。’刘昭注：‘武帝置为天水，永平十七年更名。’”

〔二〕各本“冀府”都作“晔城”，今从抱经堂校定本改正。赵曦明曰：“酷吏传：‘樊晔，字仲华，南阳新野人。为天水太守，政严猛。’章怀注：‘乳，产也。猛兽产乳，护其子，则搏噬过常，故以为喻。’释名：‘寺，嗣也，官治事者，相嗣续于其内也。’”卢文弨曰：“案：诸本皆作‘晔城寺’，讹，今据本传改。其歌曰：‘游子常苦贫，力子天所富。宁见乳虎穴，不入冀府寺。大笑期必死，忿怒或见置。嗟我樊府君，安可再遭值！’”器案：冀为天水太守治所。佩觿上：“鸡尸、虎穴之议。”原注：“后汉樊晔为天水守，凉州歌曰：‘宁见乳虎穴，不入晔城寺。’齐代江南本‘穴’皆误作‘六’，并传写失也。”即本之推此文，亦误作“晔城”。

〔三〕卢文弨曰：“较，音教，明著貌。”

〔四〕赵曦明曰：“后汉书班超传：‘超字仲升，扶风平陵人。使西域，到鄯善，王礼敬甚备，后忽疏懈，召问侍胡曰：“匈奴使来，今安在？”胡具服其状。超乃会其吏士三十六人激怒之，官属皆曰：“今在危亡之地，死生从司马。”超曰：“不入虎穴，不得虎子。因夜以火劫虏，必大震怖，可尽殄也。”’”

〔五〕续家训、罗本、傅本、颜本、程本、胡本、何本、朱本、文津本“耶”作“乎”，今从宋本。

后汉书杨由传云：“风吹削肺〔一〕。”此是削札牍之柿耳〔二〕。古者，书误则削之，故左传云“削而投之”是也〔三〕。或即谓札为削，王褒童约〔四〕曰：“书削代牍。”苏竟书云：“昔以摩研编削之才〔五〕。”皆其证也。诗云：“伐木浒浒〔六〕。”毛传云：“浒浒，柿貌也。”史家假借为肝肺字〔七〕，俗本因是悉作脯腊之脯〔八〕，或为反哺之哺〔九〕。学士因解〔一〇〕云：“削哺，是屏障之名。”既无证据，亦为妄矣！此是风角占候耳〔一一〕。风角书〔一二〕曰：“庶人风者〔一三〕，拂地扬尘转削〔一四〕。”若是屏障，何由可转也？

〔一〕续家训及各本“肺”作“脯”，今从宋本。赵曦明曰：“方术传：‘杨由，字哀侯，成都人。有风吹削哺，太守以问由。由对曰：“方当有荐木实者，其色黄赤。”顷之，五官掾献橘数包。’章怀注：‘“哺”当作“脯”。’”案：宋本后汉书李贤注作“‘哺’当作‘柹’，音孚废反”。

〔二〕续家训及各本“柿”作“柹”，今从宋本。卢文弨曰：“柹，说文作朩，‘削木札樸也，从木朩声，陈、楚谓椟为朩，芳吠切’。案：今人皆作‘柹’，说文以为赤实果也。”案：段玉裁说文解字注六篇上：“椺，削木朴也。各本作‘削木札樸也’，今依玄应书卷十九正。朴者，木皮也。樸者，木素也。椺安得有素？则作‘朴’是矣。知‘札’为衍文者，玄应引仓颉篇曰：‘椺，札也。’此下文云：‘陈、楚谓之札椺。’玄应曰：‘江南名椺，中国曰札，山东名朴豆。’广韵‘椺’注曰：‘斫木札。’然则札非简牒之札，乃椺之一名耳。许以札、椺系诸陈、楚方言，则此云

'削木朴'已足。小雅'伐木许许',许书作'所所',毛云:'许许,柹貌。'泛谓伐木所斫之皮。许云'削木',犹斫木也。颜氏家训必云'削札牍之柹',又广之证,恐非许意。晋书:'王濬造船,木柹蔽江而下。'柹之证也。汉书中山靖王、刘向、田蚡传,多言肺附,谓斫木之柹札也,已于帝室亲近,犹柹札附于大木材也,此柹之假借字也。后汉杨由传:'风吹削肺。'亦'柹'之假借也。一讹为脯,再讹为哺,释之者曰:'削哺,是屏障之名。'绝无证据。"器案:汉书礼乐志:"削则削。"师古曰:"削者,谓有所删去,以刀削简牍也。"简者竹简,札者木牍也。

〔三〕赵曦明曰:"左氏襄廿七年传:'宋向戌欲弭诸侯之兵以为名,晋、楚皆许之。既盟,请赏,公与之邑六十,以示子罕。子罕曰:"天生五材,民并用之,圣人以兴,乱人以废,皆兵之由也;而子求去之,不亦诬乎?以诬道蔽诸侯,罪莫大焉;纵无大讨,而又求赏,无厌之甚也。"削而投之。左师辞邑。'"

〔四〕卢文弨曰:"'童',宋本作'僮'。案:说文:'童,奴也。僮,幼也。'则俗本作'童'是,从之。"器案:予所见宋本、海昌沈氏静石楼藏影宋钞本及秦曼青校宋本,"童"不作"僮",唯鲍本作"僮"耳,翁方纲讥卢氏未见宋本,此又其证矣。

〔五〕赵曦明曰:"后汉书苏竟传:'竟字伯况,扶风平陵人。建武五年,拜侍中,以病免。初,延岑护军邓仲况拥兵据南阳阴县为寇,而刘歆兄子龚为其谋主,竟与龚书晓之曰:"走昔以摩研编削之才,与国师公从事出入,校定秘书,窃自依依,末由自远。"'云云。"器案:李贤注云:"编,次也。削谓简也。"东观汉记苏竟传正作"摩研编简之才"。

〔六〕诗经小雅伐木文,今本"浒浒"作"许许"。

〔七〕陈直曰:"按:此指史记魏其武安传'上初即位,富于春秋,蚡以肺腑为京师相'而言。颜师古注汉书:'一说肺,碎木札也。'"

〔八〕续家训、罗本、傅本、颜本、程本、胡本、何本、朱本、文津本无"因是"

二字，今从宋本。佩觿上："削柹（一作"柿"）施脯。"原注："柹，芳吠翻。风吹削柹，是；作'脯'，非。"即本之推此文。

〔九〕宋本句末有"字"字。

〔一〇〕杨由传注引无"解"字。

〔一一〕后汉书郎顗传注："风角，谓候四方四隅之风，以占吉凶也。"

〔一二〕赵曦明曰："隋书经籍志：'风角要占十二卷。'馀不胜举。"

〔一三〕文选宋玉风赋："夫庶人之风，塕然起于穷巷之间，堀堁扬尘，勃郁烦冤，冲孔袭门，动沙堁，吹死灰，骇溷浊，扬腐馀，邪薄入瓮牖，至于室户。故其风中人，状直憞溷郁邑，殴温致湿，中心惨怛，生病造热，中唇为胗，得目为蔑，啗齰嗽获，死生不卒，此所谓庶人之雌风也。"

〔一四〕杨由传注引作"庶人之风，扬尘转削"。案：益部耆旧传："文学冷丰持鸡酒以奉由。时有客，不言。客去，丰起，欲取鸡酒，由止之曰：'向风吹转柹，当有持鸡酒来者，度是二人。'丰曰：'实在外，须客去，乃取耳。'"即此事而异传。

三辅决录[一]云："前队大夫[二]范仲公，盐豉蒜果共一筒[三]。""果"当作魏颗之"颗"[四]。北土通呼物一凷[五]，改为一颗，蒜颗是俗间常语耳。故陈思王鹞雀赋[六]曰："头如果蒜[七]，目似擘椒[八]。"又道经云："合口诵经声璅璅，眼中泪出珠子硃[九]。"其字虽异，其音与义颇同。江南但呼为蒜符，不知谓为颗[一〇]。学士相承，读为裹结之裹[一一]，言盐与蒜共一苞裹[一二]，内筒中耳。正史削繁[一三]音义又音蒜颗为苦戈反，皆失也[一四]。

〔一〕赵曦明曰："隋书经籍志：'三辅决录七卷，汉太仆赵岐撰，挚虞注。'"案：书今佚，有张澍、茆泮林辑本。

〔二〕林思进先生曰:“汉书王莽传中:‘河东、河内、弘农、河南、颍川、南阳为六队郡,置大夫,职如太守。’”器案:师古注:“队音遂。”又地理志上:“南阳郡,莽曰前队。”汉书王莽传有前队大夫甄阜。又案:汉书百官公卿表下:“天汉四年,弘农太守沛范方、渠中翁为执金吾。”师古曰:“中读曰仲。”翁、公字亦通;但籍贯年代俱不合,当是另一人。

〔三〕御览八五五、九七七引三辅决录:“平陵范氏,南陵旧语曰:‘前队大夫范仲公,盐豉蒜果共一筒。’言其廉俭也。”器案:北堂书钞一四六、太平御览八五五引谢承后汉书:“羊续为南阳太守,盐豉共壶。”亦言其廉俭也。又案:左昭二十年:“和如羹焉,水火醯醢盐梅。”孔颖达疏:“醯,酢也。醢,肉酱也。梅,果实似杏而醋。礼记内则炮豚之法云:‘调之以醯醢。’尚书说命云:‘若作和羹,尔惟盐梅。’是古人调鼎用盐梅也。此说和羹而不言豉,古人未有豉也。礼记内则、楚辞招魂备论饮食,而不言及豉,史游急就篇乃有‘芜荑盐豉’,盖秦、汉以来始为之耳。”史记货殖列传:“糵麹盐豉千答。”索隐:“三仓云:‘楠,盛盐豉器,音他果反。’”则盛盐豉自有专器,今范仲公乃以盐豉蒜颗共一筒,以言其廉俭也。又齐书张融传:“融食炙始毕,行人便去,融欲求盐蒜,口终不言。”以盐蒜并言,盖二物常置以备用也。

〔四〕续家训“魏”作“块”。赵曦明曰:“魏颗,晋大夫,见宣十五年左氏传。”郝懿行曰:“果字古有颗音,不须改字。庄子逍遥游篇云:‘三餐而反,腹犹果然。’释文云:‘果,徐如字,又苦火反。’是果有颗音也。”器案:郝说是,庄子阙误引文如海本“果”作“颗”,是其证。盖颗亦果声,古通用。

〔五〕颜本、程本、胡本、朱本“土”作“士”。御览引“凷”作“段”,无“改”字。朱本注:“凷,块同。”赵曦明曰:“音块。”桂馥札朴四曰:“案:汉书贾山传:‘使其后世,曾不得蓬颗蔽冢而托葬焉。’颜注:‘颗谓土块。’”郝懿行曰:“呼物一凷为一颗者,汉书贾山传注:‘晋灼曰:“东北人名土块为蓬颗。”师古曰:“颗谓土块,蓬颗言块上生蓬者耳。”’

是呼块为颗，北人通语也。颗与块一声之转。”

〔六〕鹞雀赋，续家训作“陈王雀雏赋”，误。赵曦明曰：“说文：‘鹞，挚鸟也。’”卢文弨曰：“此赋，艺文类聚卷九十一载之。”案：又见御览九二八、九六五引。

〔七〕续家训“果蒜”作“蒜果”，御览作“蒜颗”。沈揆曰：“诸本皆作‘雀鹞赋’。”又云：“‘蒜果’者非。”

〔八〕何本、朱本、文津本“擘”作“花”，程本、胡本空白一字，今从宋本。

〔九〕卢文弨曰：“玉篇：‘祼，乌火反。’”刘盼遂曰：“按敦煌出土唐写本老子化胡经载老子十六变词云：‘一变之时，生在南方亦如火，出胎堕地独能坐，合口诵经声璅璅，眼中泪出珠子祼。父母世间惊怪我，复畏寒冻来结果，身著天衣谨知我。’黄门所云道经，斥老子化胡经而言也。’

〔一〇〕续家训无“知”字。

〔一一〕刘盼遂引吴承仕曰：“蒜符之符，殆为误字，既云‘学士读为包裹之裹’，则其音必与裹近，符字从付，绝非其类，以是明之。”陈直曰：“江南人至今呼蒜头一个为一颗，蒜头茎部称为浮（与符同音），分为二名，与之推所言符颗为一名稍异。”

〔一二〕续家训此句作“言盐豉与蒜共苞一裹”，罗本、傅本、颜本、程本、胡本、何本、朱本、文津本作“言盐与蒜共一裹苞”，今从宋本。

〔一三〕赵曦明曰：“隋书经籍志：‘正史削繁九十四卷，阮孝绪撰。’”

〔一四〕卢文弨曰：“今人言颗，俱从苦戈切，又言蒜蒲，疑上符字当为‘苻’，苻有蒲音，左传‘萑苻’是也。”案：广韵三十四果：“颗，苦果反。”又左传昭公二十年作“萑蒲”，不作“萑苻”。

有人访吾曰：“魏志蒋济上书云‘弊攰之民〔一〕’，是何字也〔二〕？”余应之曰：“意为攰即是𢿱倦之𢿱耳〔三〕。张揖、吕忱〔四〕并云：‘支傍作刀剑之刀，亦是剞字。’不知蒋氏自造支傍作筋力之力，或借剞字，终当音九伪反〔五〕。”

〔一〕赵曦明曰：“魏志蒋济传：‘济字子通，楚国平阿人。为护军将军，加散骑常侍。景初中，外勤征役，内务宫室，而年谷饥俭，济上疏曰：“今虽有十二州，民数不过汉时一大郡，农桑者少，衣食者多。今其所急，唯当息耗百姓，不至甚弊；弊攰之民，傥有水旱，百万之众，不为国用。”’”

〔二〕续家训及各本无“是”字，今从宋本。

〔三〕宋本原注：“要用字苑云：‘攱音九伪反，字亦见埤苍、广雅及陈思王集。’”续家训及各本原注“攱”作“攰”，无“亦”字及“埤苍”二字，“集”下有“也”字。卢文弨曰：“攰，集韵作攱。要用字苑，即葛洪之书。”郝懿行曰：“攰音垝，集韵作攱，疲极也。”器案：集韵五寘：“攱，攰，疲极也，或作攰。”广雅释言下：“尯，券也。”券与倦同。尯即攰也。

〔四〕器案：隋书经籍志：“字林七卷，晋弦令吕忱撰。”史记会注本魏公子传正义：“忱字伯雍，任城人，吕姓，晋弦令，作字林七卷。”字林今有任大椿、陶方琦辑本。

〔五〕郝懿行曰：“玉篇云：‘刉同剞，居蚁切，刃曲也。’是攰字支傍作刀，与剞字音义俱同之证。”俞正燮癸巳类稿卷七：“集韵云：‘攱，疲极也。亦作攰，居伪切。’又云：‘刉，刀取物也，纪披切。又曲刀也，举绮切。’案：颜氏家训书证篇谓：‘弊攰之民，是攱傍义。张揖、吕忱并云：刉，支旁着刀，亦是剞字。’然则魏志蒋济言弊攰，或是借剞之刉。六朝人刉攰字俱不分晰，实俱假借，刉剞则曲刀，攰攱则崎岖，非倦疲也。汉书司马相如传子虚赋：‘徼𢣕受诎。’注云：‘苏林曰：𢣕音倦谻之谻。’似分𢣕谻为两字。宋娄机班马字类二十四职列‘徼㔯受屈’字，又从瓦，上林赋‘穷极倦谻’注云：‘郭璞曰：倦谻，疲惫也。’𢣕谻㔯谻，俱不成字。疲攰弊刉倦谻，均当作㣛，从人却声，徼㣛，受屈也。

通作踦䚻之䚻，从丮谷声。”陈直曰：“按：㓟字支旁从刀，蒋济作从力。之推意为蒋氏自造之字。但六朝时功字或作㓛，见杨大眼造像，是当时刀与力两字，在俗体上本不区分也。”

晋中兴书〔一〕：“太山羊曼常颓纵任侠〔二〕，饮酒诞节，兖州号为䨄伯〔三〕。”此字皆无音训〔四〕。梁孝元帝常谓吾曰：“由来不识。唯张简宪见教，呼为嚃羹之嚃〔五〕。自尔便遵承之，亦不知所出。”简宪是湘州刺史张缵谥也〔六〕，江南号为硕学。案：法盛世代殊近，当是耆老相传〔七〕；俗间又有䨄䨄语〔八〕，盖无所不施〔九〕、无所不容之意也〔一〇〕。顾野王玉篇〔一一〕误为黑傍沓。顾虽博物〔一二〕，犹出简宪、孝元之下，而二人皆云重边〔一三〕。吾所见数本，并无作黑者。重沓是多饶积厚之意〔一四〕，从黑更无义旨〔一五〕。

〔一〕赵曦明曰：“隋书经籍志：‘晋中兴书七十八卷，起东晋，宋湘东太守何法盛撰。’”器案：吴仁杰两汉刊误补遗八、王观国学林四俱称颜氏家训䨄字用盛弘之晋书云云。案：此乃引何法盛晋中兴书，下文所云“法盛世代殊近”者是也，吴、王之说非也。

〔二〕史记季布传集解：“如淳曰：‘相与信为任，同是非为侠。’”续家训“任侠”作“宏任”，不可据。

〔三〕赵曦明曰：“晋书羊曼传：‘曼字祖延，任达颓纵，好饮酒。温峤等同志友善，并为中兴名士。时州里称陈留阮放为宏伯，高平郗鉴为方伯，太山胡毋辅之为达伯，济阴卞壶为裁伯，陈留蔡谟为朗伯，阮孚为诞伯，高平刘绥为委伯，而曼为䨄伯，号兖州八伯，盖拟古之八俊。其后更有四伯：大鸿胪陈留江泉以能食为谷伯，豫章太守史畴以太肥为笨伯，散骑郎高平张嶷以狡妄为猾伯，而曼弟聃字彭祖，以狼戾为琐伯,盖拟古之四凶。'"

〔四〕续家训及各本、又靖康缃素杂记四引"皆"都作"更",今从宋本。

〔五〕卢文弨曰:"礼记曲礼上:'毋嚃羹。'音他合切。"

〔六〕赵曦明曰:"梁书张缅传:'缵字伯绪,缅第三弟也,为岳阳王詧所害。元帝承制,赠侍中中卫将军开府仪同三司,谥简宪。'"

〔七〕抱经堂定本"是"作"时",宋本、续家训及各本都作"是",今从之。

〔八〕靖康缃素杂记"俗间"作"世间"。宋本"䜚䜚"下有"音沓"二字小注,赵曦明以为二大字,非是。续家训及各本无此注。段玉裁曰:"'音沓语',谓音沓语之沓也。"卢文弨曰:"段氏之说,古诚有之,颜氏却无此文法。且方辨䜚伯之音,何必于俗间之言先为之作音乎?此本谓俗间有䜚䜚之语耳,宋本不当从。"案:学林引有"䜚䜚然无贤不肖之辨"一句,今本无之。

〔九〕宋本"施"作"见",续家训及各本、又靖康缃素杂记引都作"施",今从之。

〔一〇〕靖康缃素杂记引"容"作"用"。卢文弨曰:"案:今谓多言者为佗佗诸诸。荀子正名篇:'愚者之言,芴然而粗,啧然而不类,诸诸然而沸。'与颜氏所解不同;颜氏自谓当时人语意如此,必不误也。今人堆物亦云沓沓,与无所不容意颇近之。若无所不施,与孟子所言,似亦相近也。"案:孟子离娄上:"诗(大雅板)曰:'天之方蹶,无然泄泄。'泄泄犹沓沓也。事君无义,进退无礼,言则非先王之道者犹沓沓也。"

〔一一〕赵曦明曰:"隋书经籍志:'玉篇三十一卷,陈左将军顾野王撰。'唐书经籍志:'三十卷。'案:今本同唐志。"

〔一二〕左传昭公元年:"晋侯闻子产之言,曰:'博物君子也。'"

〔一三〕抱经堂校定本"云"作"曰",宋本、续家训及各本都作"云",今据改。

〔一四〕两汉刊误补遗作"䜚者多饶积厚之貌",学林作"䜚者多饶积厚",都作"䜚",不作"重沓"。广韵二十七合:"䜚,积厚。"即用颜说。陈直曰:"晋书羊曼传:'称为中兴名士,兖州八伯,盖拟古之八俊。'颓纵任侠，正表述其名士行动。之推解重沓是多饶厚积之义，未知所本。"

〔一五〕靖康缃素杂记曰："唐常衮窒卖官之路，一切以公议格之，非文辞者，皆摈不用，世谓之䵴伯，以其䵴䵴无贤不肖之辨云，盖兖州之遗意也。"学林引颜氏家训此文曰："黮从黑，䵴从重，二字虽同音榻，而义各不同。玉篇、广韵皆曰：'黮，羊曼为黮伯也。䵴，积厚也。'盖羊曼为黮伯从黑，而颜氏家训乃用从重之䵴，是以颜氏推其义不行也。颜氏所引乃盛弘之晋书，用从重之䵴已为误；今世所行晋书，乃唐太宗所修，于羊曼传用从黑之黮为不误矣。"又引晋书羊曼传曰："以此观之，则黮者乃美称，是八俊之中居一俊也。若如颜氏家训所称，则多饶积厚，与夫䵴䵴无贤不肖之辨，皆非美称矣；非美称，则岂容在八俊之列邪？今案羊曼以任达颓纵好饮酒而得黮伯之名，则黮者豁达不拘小节之称也。颜氏所训，与此皆不合矣。"又曰："(新唐书)常衮传谓：'惩元载败，窒卖官之路，一切以公议格之。'盖其进退人才，皆出于朝廷之公论，而以贿者不容于滥进，非文词者皆摈不用，则俗吏不在所用也。为宰相而能如此，是真贤宰相也。而史乃以䵴䵴无贤不肖之辨而加之，何以史辞之自紊如此？盖史臣引颜氏家训释黮伯之语，而不知于常衮传之意则不合也。"臧琳经义杂记卷十八："案：说文曰部：'沓，语多沓沓也。从水从曰。臣铉等曰：语多沓沓，若水之流，故从水会意。'(水部又有涾字，云："涫溢也。今河朔方言谓沸溢为涾。从水沓声。")颜氏引俗间有䵴䵴之语，自注音沓。则䵴当作沓矣。语多沓沓，义与羊曼任侠诞节之行亦合，从水已为多义，俗人复加重旁。烦沓则鲜有洁者，故又或从黑旁也。即论羊曼之行，与洁己者正相反。玉篇黑部：'黮，丑合切，晋书有黮伯。'与颜所见本同。广韵廿七合：'黮，晋书有兖州八伯，太山羊曼为黮伯。'以䵴为积厚字，是所据晋书亦从黑而不从重也。今晋书羊曼传云：'曼字祖延，任达颓纵，好饮酒，州里称曼为䵴伯。'盖从颜氏说用何法盛书也。"

古乐府歌词[一]，先述三子，次及三妇，妇是对舅姑之称。其末章云："丈人且安坐[二]，调弦未遽央[三]。"古者，子妇供事舅姑，旦夕在侧，与儿女无异[四]，故有此言[五]。丈人亦长老之目，今世俗犹呼其祖考为先亡丈人[六]。又疑"丈"当作"大"[七]，北间风俗，妇呼舅为大人公。"丈"之与"大"，易为误耳。近代文士，颇作三妇诗[八]，乃为匹嫡并耦己之群妻之意[九]，又加郑、卫之辞，大雅君子[一〇]，何其谬乎[一一]？

〔一〕类说"歌词"作"词调"。

〔二〕类说"坐"作"在"，未可据。

〔三〕爱日斋丛钞"未遽央"作"渠未央"。赵曦明曰："乐府清调曲相逢行：'相逢狭路间，道隘不容车。不知何年少，夹毂问君家。君家诚易知，易知复难忘。黄金为君门，白玉为君堂；堂上置尊酒，作使邯郸倡。中庭生桂树，华灯何煌煌。兄弟两三人，中子为侍郎。五日一来归，道上自生光，黄金络马头，观者盈道傍。入门时左顾，但见双鸳鸯，鸳鸯七十二，罗列自成行。音声何噰噰，鹤鸣东西厢。大妇织绮罗，中妇织流黄，小妇无所为，挟瑟上高堂，丈人且安坐，调丝方未央。'案：又一首长安有狭邪行末云：'丈人且徐徐，调弦讵未央。'"段玉裁说文解字注五篇下央字篆云："央，央中也。央，逗，复举字之未删者也。月令曰：'中央土。'诗笺云：'夜未渠央。'古乐府：'调弦未讵央。'颜氏家训作'未遽央'，皆即'未渠央'也。渠央者，中之谓也，诗言未央，谓未中也。毛传：'央，且也。'且者，荐也，凡物荐之则有二，至于艾而为三矣。下文'夜未艾'，艾者，久也。笺云：'芟末曰艾。'以言夜先鸡鸣时，合初昏与艾言之，是央为中也。"卢文弨曰：

"案:'讵未央'必本是'未渠央','渠'与'遽'音义同,故颜即引作'未遽央',若讵之训为岂,岂未央则是已过中矣,不与诗意大相左乎?诗小雅庭燎曰:'夜未央。'笺云:'夜未央,犹言夜未渠央。'诗意本此。若巨字亦可读为渠,汉书高帝纪:'项伯告羽曰:"沛公不先破关中,公巨能入乎?"'服虔曰:'巨音渠,犹未应得入也。'案:服氏之解最妙,言公遽能入乎?乃颜师古转以服说为非,而读巨为讵,言公岂能入乎?语索然矣。与改诗为讵未央者,其见解正相似耳。"郝懿行曰:"未遽央,古语也,或称未渠央,说见颜师古匡谬正俗。"

〔四〕类说、新编事文类聚翰墨大全后丙一引"儿"作"男"。

〔五〕续家训曰:"案:汉武祠太一于甘泉,祭后土于汾阴,乃立乐府。乐府之名,始起于此。是时,举相如等数十人,造为诗篇,以合八音,祠事,使童男女歌之。通一经之士,不能独知其词,集五经家乃能知其意。后世慕古而贱之,或不知古义,若三妇词是也。三妇词,之推言:'古者,子妇供事舅姑,朝夕在侧,与儿女无异。'言古者,明之推时不如此也。之推既居江南,又寓河朔;今江左风俗,多与之推时同,河南北亦大抵如古,亦或家各有异。"

〔六〕郝懿行曰:"案:先亡丈人,非宜称于祖考,颜君疑'丈'当为'大',是也。"

〔七〕续家训"作"作"为"。类说此句作"'丈人'疑当为'大人'"。陈直曰:"孔雀东南飞古诗云:'三日断五匹,大人故嫌迟。"似古代子妇对舅称为丈人,或称为大人,对姑只称为大人耳。又按:玉台新咏载梁武帝长安有狭邪十韵云:'丈人少徘徊。'王筠三妇艳云:'丈人且安卧。'据此咏三妇诗,作丈人者居多耳。"

〔八〕何焯曰:"然则三妇艳'艳'乃是曲调,犹昔昔盐'盐'字,非艳冶也。"

〔九〕续家训"意"作"妾",未可从。

〔一〇〕续家训曰:"班固弹射迁之臧否多矣,亦不究三五之世次,何也?然固以迁为小雅巷伯之伦,迁虽昧于知人,高誉李陵,不及大雅之明哲,然所论著，裴骃称迁：‘虽时有纰缪，总其大较，信命世之宏才。’而固便比之阉寺，此固之短也。而固倚权贵，失兢慎，卒亦不免，盖有甚焉。用智犹目，信乎！后世因固之论，遂目贤者为‘大雅’，孔文举称祢衡曰‘正平大雅’是也。”器案：文选西都赋：“大雅宏达，于兹为群。”李善注：“大雅，谓有大雅之才者，诗有大雅，故以立称焉。”又上林赋：“掩群雅。”注：“张揖曰：‘诗小雅之材七十四人，大雅之材三十一人，故曰群雅也。’”又为曹公作书与孙权：“大雅之人。”李善注：“班固汉书赞曰：‘大雅卓尔不群，河间献王近之矣。’”张铣注：“大雅，谓君子。”又檄吴将校部曲文：“大雅君子，于安思危。”

〔一一〕续家训“其”作“得”。卢文弨曰：“宋南平王铄始仿乐府之后六句作三妇艳诗，犹未甚猥亵也。梁昭明太子、沈约俱有‘良人且高卧’之句。王筠、刘孝绰尚称‘丈人’，吴均则云‘佳人’，至陈后主乃有十一首之多，如‘小妇正横陈，含娇情未吐’等句，正颜氏所谓郑、卫之辞也。张正见亦然，皆大失本指。梁元帝纂要：‘楚歌曰艳。’”案：文体明辨杂体诗十四：“三妇艳体，齐王融诗曰：‘大妇织罗绮，中妇织流黄，小妇独无事，挟瑟上高堂，丈夫且安坐，调弦讵未央。’又梁萧统诗曰：‘大妇舞轻巾，中妇拂华茵，小妇独无事，红黛润芳津，良人且高卧，方欲荐梁尘。’是也。”

古乐府歌百里奚词〔一〕曰：“百里奚，五羊皮。忆别时〔二〕，烹伏雌，吹扊扅〔三〕；今日富贵忘我为〔四〕！”“吹”当作炊煮之“炊”〔五〕。案：蔡邕月令章句〔六〕曰：“键，关牡也〔七〕，所以止扉〔八〕，或谓之剡移〔九〕。”然则当时贫困，并以门牡木作薪炊耳。声类作扊〔一〇〕，又或作扂〔一一〕。

〔一〕黄山谷戏书秦少游壁诗任渊注、陈后山和黄预久两诗任渊注引此都作“乐府载百里奚妻辞”。

〔二〕陈后山诗注“别”作“昔”。

〔三〕卢文弨曰：“扊扅，余染、余之二切。”

〔四〕赵曦明曰：“乐府解题引风俗通：‘百里奚为秦相，堂上乐作，所赁澣妇，自言知音。呼之，搏髀援琴抚弦而歌者三。问之，乃其故妻，还为夫妇也。’此所举乃其首章。”

〔五〕能改斋漫录七：“予谓作‘吹’，其义亦通。扊扅作薪以为火，则有吹之义。汉书：‘赵氏无吹火焉。’木华海赋曰：‘熺炭重燔，吹炯九泉。’李善曰：‘吹犹然也。炯，光也，言火之光，下照九泉。’”器案：吹、炊古通，荀子仲尼篇：“可炊而傹也。”杨倞注：“炊与吹同。”庄子逍遥游篇：“生物之以息相吹也。”释文：“吹，崔本作炊。”又在宥篇：“而万物炊累焉。”释文：“炊本作吹。”是其证。

〔六〕赵曦明曰：“隋书经籍志：‘月令章句十二卷，汉中郎将蔡邕撰。’”器案：蔡书已佚，今有王谟、蔡云、陆尧春、臧庸、马国翰、黄奭、马瑞辰、叶德辉诸家辑本，巴县向宗鲁先生有月令章句疏证，其叙录已由商务印书馆印行。

〔七〕宋本句末衍“牡”字，续家训及各本、又类说、绀珠集、靖康缃素杂记二、黄山谷诗注、陈后山诗注引都不衍，今从之。

〔八〕宋本句末衍“也”字，续家训及各本、又类说、绀珠集、靖康缃素杂记、黄山谷诗注、陈后山诗注引都不衍，今从之。

〔九〕“或谓”以下，绀珠集作“谓之扊扅，谓其贫无薪，以门作爨耳，吹当作炊”。

〔一〇〕宋本“扊”下衍“扅”字，续家训及各本都不衍，今从之。赵曦明曰：“隋书经籍志：‘声类十卷，魏左校令李登撰。’”器案：李书已佚，今有任大椿、陈鳣、马国翰辑本。

〔一一〕赵曦明曰：“玉篇：‘扂同扊。’”器案：靖康缃素杂记曰：“扊或作扂，余染反；扅或作扆，余之反。”

通俗文，世间题〔一〕云“河南服虔字子慎造〔二〕”。虔既是汉人，其叙乃引苏林〔三〕、张揖；苏、张皆是魏人。且郑玄以前，全不解反语〔四〕，通俗反音〔五〕，甚会近俗〔六〕。阮孝绪又云“李虔所造〔七〕”。河北此书，家藏一本，遂无作李虔者〔八〕。晋中经簿及七志〔九〕并无其目，竟不得知谁制。然其文义允惬，实是高才。殷仲堪常用字训〔一〇〕亦引服虔俗说，今复无此书，未知即是通俗文，为当〔一一〕有异？近代或更有服虔乎？不能明也〔一二〕。

〔一〕续家训“间”下有“皆”字。隋书经籍志著录有服虔通俗文，今有臧镛堂、马国翰辑本。

〔二〕后汉书儒林传：“服虔，字子慎，初名重，又名祇，后改为虔，河南荥阳人也。”汉书先儒注解名姓：“服虔，后汉尚书侍郎，高平令，九江太守。”

〔三〕三国志魏书刘劭传注引魏略：“苏林字孝友，博学多通古今寄指，凡诸书传文间危疑，林皆释之。建安中，为五官将文学，甚见礼待。黄初中，为博士给事中。文帝作典论所称苏林者是也。以老归第，国家每遣人就问之，数加赐遗。年八十馀卒。”宋景祐校刊本汉书附秘书丞余靖奏文内云：“苏林，字孝友（一云彦友），陈留外黄人。魏给事中、领秘书监、散骑常侍、永安卫尉、太中大夫，黄初中，迁博士，封安成侯。”陈直曰：“姚振宗隋书经籍志考证云：‘苏林、张揖，并在魏初。林建安中为五官中郎将文学，揖太和中为博士，揖卒年无考。林年八十馀，景初末卒，当建安之初，林年将四十矣，揖年当相去不远。此二人必及见于服子慎，服序及苏、张，不足疑也。’姚说虽不十分正确，然可用备参考。”

〔四〕卢文弨曰：“反与翻同，下同。”郝懿行曰：“案汉书注有服虔及应劭，并有反音，不一而足，疑未能明也。”

〔五〕续家训“音”误“意”。

〔六〕会，各本作“为”，今从宋本及续家训改正。会犹言合也，下文“皆取会流俗”意同。张宗泰谓或是“附会近俗”，非是。

〔七〕阮孝绪有七录，云通俗文李虔所造，当出其中。李虔通俗文，隋志不载，两唐志云：“李虔续通俗文二卷。”则是李虔续子慎之书也。今有臧镛堂、马国翰辑本，然两书却不分。

〔八〕段玉裁曰：“李密一名虔，见李善文选注。”器案：段氏引文选注，见李令伯陈情事表注引华阳国志。李密名虔，亦见晋书本传。

〔九〕赵曦明曰：“晋中经簿已见前。隋书经籍志：‘王俭又撰七志：一曰经典志，纪六艺、小学、史记、杂传；二曰诸子志，纪古今诸子；三曰文翰志，纪诗赋；四曰军书志，纪兵书；五曰阴阳志，纪阴阳图纬；六曰术艺志，纪方技；七曰图谱志，纪地域及图书；其道、佛附见，合九条。’”

〔一〇〕赵曦明曰：“隋书经籍志：‘梁有常用字训一卷，殷仲堪撰，亡。’”

〔一一〕器案：为，抑辞也。诗周颂思文正义：“太誓之注，不能五至……不知为一日五来？为当异日也？”

〔一二〕臧琳经义杂记十七曰：“案隋书经籍志：‘通俗文一卷，服虔撰。’次在梁沈约四声、李概音谱、释静洪韵英之下，则隋志亦不以为汉之服子慎所撰。唐志无服书，有李虔续通俗文二卷，初学记器物部舟第十一下引李虔通俗曰：‘晋曰舶，音泊。’则阮氏七录所言，信有征矣。然唐人书中所引，皆作服虔；太平御览、广韵或讹作风俗通，又作风俗论。文选琴赋：‘嗢噱终日。’李注引服虔通俗篇：‘乐不胜谓之嗢噱。嗢，乌没切；噱，巨略切。’名虽不同，要即一书也。”夹注引钱大昕曰：‘案：晋书孝友传：‘李密一名虔。’未审即其人否。”臧镛堂拜经堂文集卷二刻通俗文序：“颜黄门谓‘通俗文世题河南服虔子慎造’，魏书江式表次此于方言、埤、苍之间，是北人悉以此为汉服子慎所著。然梁阮氏七录本言李虔造，征之初学记，阮录为信。唐志称‘李虔续通俗文'，殆蹈北人之见，惑于为有两书，遂误以李氏为续篇欤？镛堂核之，断此非汉人之书，有三证焉：凡汉、魏古籍，悉登晋志，今中经籍及七志并无其目，此一证也；自孙叔然以前，未解反切，而通俗文反音，颇近时俗，此二证也；叙引苏林、张揖皆魏人，论世在子慎之后，此三证也。既至阮氏始为著录，则此书当出自晋、宋间人，岂因北方学者咸尊服氏，遂以名同而易姓乎？梁刘昭注续汉书始见征引，传至唐季而亡，此系六朝以前小学家，为释名、广雅之流，先儒注经史，多所援据，不第通俗而已。且古今土俗不同，名物互易，由古目之为俗者，由今目之为古矣。爰采一切经音义诸书，略次其先后，以存一家绝学，署曰服虔，仍其旧也。稿始己酉仲夏，迄今十有一年，时有补正，本无定本也。己未秋，甘泉林君仲云客南海，林君见斯编，喜之，欲取以付梓，因为校正若干条，足以补镛堂所未逮，此书自是有定本矣；遂叙宿昔所闻，及今之论定者于篇末以诒之。"

或问："山海经，夏禹及益所记〔一〕，而有长沙、零陵、桂阳、诸暨〔二〕，如此郡县不少，以为何也〔三〕？"答曰："史之阙文〔四〕，为日久矣；加复秦人灭学〔五〕，董卓焚书〔六〕，典籍错乱，非止于此。譬犹本草神农所述〔七〕，而有豫章、朱崖、赵国、常山、奉高、真定、临淄、冯翊等郡县名〔八〕，出诸药物；尔雅周公所作〔九〕，而云'张仲孝友〔一〇〕'；仲尼修春秋，而经书孔丘卒〔一一〕；世本左丘明所书〔一二〕，而有燕王喜、汉高祖〔一三〕；汲冢琐语〔一四〕，乃载秦望碑〔一五〕；苍颉篇李斯所造，而云'汉兼天下，海内并厕，豨黥韩覆〔一六〕，畔讨灭残〔一七〕'；列仙传刘向所造，而赞云七十四人出佛经〔一八〕；列女传亦向所造，其子歆又作颂〔一九〕，终于赵悼后〔二〇〕，而传有更始韩夫人〔二一〕、明德马后〔二二〕及梁夫人嫕〔二三〕：皆由后人所羼〔二四〕，非本文也。”

〔一〕梁玉绳史记志疑卷三十五曰：“刘秀上山海经奏、吴越春秋无余外传、论衡别通、路史后纪，并谓‘山海经益作’，隋志及颜氏家训书证云‘禹、益所记’，水经注叙及浊漳水注并云‘禹著’，史通杂述篇言‘夏禹敷土，实著山经’，尤袤以为‘恢诞不经’，定为先秦之书，朱子以为‘缘楚辞天问而作’（见通考），吾丘衍闲居录谓‘凡政字皆避去，知秦时方士所著’，杨慎升庵集以为‘出于太史终古、孔甲之流’，疑莫能定，文多冗复，似非一时一手所为。”器案，博物志六文籍考亦谓：“山海经或云禹所作。”

〔二〕赵曦明曰：“汉书地理志：‘长沙国，秦郡。零陵郡，武帝元鼎六年置。桂阳郡，高帝置。会稽郡，秦置，有诸暨县。’”徐鲲曰：“案海内经云：‘舜之所葬，在长沙零陵界中。’海内东经云：‘潢水出桂阳西北山。’‘诸暨’当为‘馀暨’，海内东经云：‘浙江出三天子都，在其东，在闽西北入海，馀暨南。’”

〔三〕续家训曰：“论衡言：‘禹之治水，以益为佐。益又主记物，穷天之广，极地之长，表三十五国，通海内外。其在海外者，若大人国、君子国、穿胸民、不死民之类，皆在绝域，人迹所不至，而禹、益能至者，故谓之神禹。而后人于山海经乃益以秦、汉郡县名者，何也？’”案：此见别通篇。

 〔四〕论语卫灵公篇：“子曰：‘吾犹及史之阙文也。’”集解：“包曰：‘古之良史，于书字有疑则阙之，以待知者。’”

〔五〕赵曦明曰：“史记秦始皇本纪：‘丞相李斯请史官非秦记皆烧之；非博士官所职，天下敢有藏诗、书、百家语者，悉诣守、尉杂烧之；有敢偶语诗、书者，弃市。令下三十日不烧，黥为城旦。’”

〔六〕赵曦明曰：“后汉书董卓传：‘迁天子西都长安，悉烧宗庙官府居家，二百里内,无复孑遗。'"徐鲲曰:"风俗通逸文:'光武车驾徙都洛阳,载素简纸经,凡二千两。董卓荡覆王室,天子西移,中外仓卒,所载书七十车,于道遇雨,分半投弃。卓又烧炳观阁,经籍尽作灰烬,所有馀者,或作囊帐。先王之道,几湮灭矣。'"

〔七〕赵曦明曰:"隋书经籍志:'神农本草八卷,又四卷,雷公集注。'"

〔八〕赵曦明曰:"汉书地理志:豫章郡,高帝置。合浦郡,武帝元鼎六年开,县五,有朱卢。(续志作"朱崖"。)赵国,故秦邯郸郡,高帝四年为赵国。常山郡,高帝置。泰山郡,高帝置,县二十四,有奉高。真定国,武帝元鼎四年置。齐郡,县十二,有临淄,师尚父所封。左冯翊,故秦内史,武帝太初元年更改。孙星衍校定神农本草序:"陶弘景亦云:'所出郡县乃后汉时制,疑仲景、元化等所记。'按薛综注张衡赋引本草:'太一禹馀粮一名石脑,生山谷。'是古本无郡县名。太平御览引经上云生山谷或山泽,下云生某山某郡。明生山谷,本经文也……其下出郡县,名医所益。今大观本草本俱作黑字,或合其文云某山川谷、某郡川泽,恐传写之误,古本不若此。"(问字堂集卷三)陈直曰:"本草之名,始见于汉书平帝纪及楼护传。陶弘景本草序略云:'今之所藏,有此四卷,是其本经。所出郡县,乃后汉时制,疑仲景、元化等所记。'之推所疑,陶弘景已先言之,但朱厓郡在元帝时已罢弃,赵国在东汉亦废,盖此书由两汉人陆续增补,弘景专指为后汉人所附益,亦未必然。"器案:正统道藏"尊"字一号华阳陶隐居集卷上本草序:"至于药性所主,当以识识相因,不尔,何由得闻?至于桐、雷乃著在于编简;此书应与素问同类,但后人多更修饰之尔。秦皇所焚,医方卜术不预,故犹得全录。而遭汉献迁徙,晋怀奔迸,文籍焚靡,千不遗一,今之所存,有此四卷,是其本经,所出郡县,乃后汉时制,疑仲景、元化等所记。又云有桐君采药录,说其花叶形色;药对四卷,论其佐使相须。魏、晋已来,吴普、李当之等更复损益,或五百九十五,或四百四十一,或三百一十九,或三品混揉,冷热舛错,草石不分，虫兽无辨。”唐书于志宁传：“初，志宁与司空李勣修定本草并图合五十四篇。帝曰：‘本草尚矣，今复修之，何也？’对曰：‘昔陶弘景以神农经合名医别录，江南偏方，不能周晓，药石往往纰缪，四百馀物，今考定之，又增后世所用百物，此其所以异也。’帝曰：‘本草、别录，何为而异？’对曰：‘班固载黄帝内、外经，不记本草，至梁七录，乃始载之，世称神农本草，以拯人疾；而黄帝已来，文字不传，以识相付，至于桐、雷，乃载篇册。乃所记郡县，多在汉时，疑仲景、华陀，窜记其语。别录者，魏、晋已来，吴普、李当之所记，其言花叶形色，佐使相须，附经以说，故仲景合而录之。’帝曰：‘善。’其书遂大行。”掌禹锡嘉祐补注本草序：“或疑其间所录生出郡县，有后汉地名者，以为张仲景、华陀辈所为，是又不然也。”

〔九〕赵曦明曰：“唐陆德明经典释文序录：‘尔雅释诂一篇，盖周公所作；释言以下，或言仲尼所增，子夏所足，叔孙通所益，梁文所补：张揖论之详矣。’”器案：此当直引张揖上广雅表，不当引释文序录，陆氏所谓“释诂一篇，为周公所作”，亦误解张义，邵晋涵、王念孙已辨之矣。尔雅序邢昺疏云：“春秋元命苞曰：‘子夏问夫子：“何春秋不以初哉首基为始何？”’是以知周公所造也。率斯以降，超绝六国，越逾秦、楚，爰及帝刘，鲁人叔孙通撰置礼记，文不违古。今俗所传三篇尔雅，或言仲尼所增，或言子夏所益，或言叔孙通所补，或言是沛郡梁文所著，皆解家所传，既无正验云云。”

〔一〇〕赵曦明曰：“小雅六月篇。”陈直曰：“按：仁和谭复堂谓尔雅为鲁诗未成之训诂传，其说是也。故‘张仲孝友’、‘有客宿宿’，皆直引诗句。”器案：西京杂记上：“郭威，字文伟，茂陵人也。好读书，以谓：‘尔雅，周公所制，而尔雅有“张仲孝友”，张仲，宣王时人，非周公之制明矣。’余尝以问扬子云，子云曰：‘孔子门徒游、夏之俦所记，以解释六艺者也。’（器案：郑玄驳五经异义说同。）家君以为外戚传称史佚教其子以尔雅，尔雅，小学也。又记言孔子教鲁哀公学尔雅。尔雅之出远矣。旧传学者,皆云周公所记也,'张仲孝友'之类,后人所足耳。"

〔一一〕赵曦明曰:"春秋:'哀公十有六年,夏四月己丑,孔丘卒。'杜注:'仲尼既告老去位,犹书卒者,鲁之君臣宗其圣德,殊而异之。'"器案:王观国学林二曰:"公羊经止获麟,而左氏经止孔丘卒。盖小邾射不在三叛人之数,则自小邾射以下,皆鲁史记之文,孔子弟子欲记孔子卒之年,故录以续孔子所修之经也。颜氏家训曰:'春秋绝笔于获麟,而经称孔丘卒。'颜氏以此为疑,盖非所疑也。"案:观国之说,可补征南之注,释黄门之疑,时因而最录之。

〔一二〕原注:"此说出皇甫谧帝王世纪。"赵曦明曰:"汉书艺文志:'世本十五篇,古史官记黄帝以来讫春秋时诸侯大夫。'"器案:史记集解序索隐引刘向曰:"世本,古史官明于古事者之所记也,录黄帝已来帝王诸侯及卿大夫系谥名号,凡十五篇也。"隋志:"世本二卷,刘向撰。"周礼春官小史:"掌邦国之志,奠系世,辨昭穆。"注:"郑司农云:'系世谓帝系、世本之属是也。'"疏:"天子谓之帝系,诸侯谓之世本。"史通正史篇:"楚、汉之际,有好事者,录自古帝王公卿大夫之世,终乎秦末,号曰世本,十五篇。"则世本或有续书,今有孙冯翼、雷学淇、茆泮林、张澍、秦嘉谟辑本。

〔一三〕秦嘉谟世本辑补曰:"案:世本乃周时史官相承著录之书,刘向别录(案:即前注引史记索隐所引之刘向说)、周官郑注(案:见小史注)已明言之,故有燕王喜耳。若汉高祖乃汉人补录系代,非原文也。以世本为左丘明所作,亦自颜书始发之,其实汉书司马迁传、后汉书班彪传中未之明言。"器案:史记赵世家集解引世本云:"孝成王丹生悼襄王偃。偃生今王迁。"称迁为今王,则世本盖战国末赵人之所作也。史通古今正史篇云:"楚、汉之际,有好事者,录自古帝王公侯卿大夫之世,终乎秦末,号曰世本。"此言实得其当。而意林引傅子云:"楚、汉之际,有好事者作世本,上录黄帝,下逮汉末。"此又为知几所本。其"汉末"当作"秦末",既云"楚、汉之际",何得"下逮汉末"也?明其为误文矣。又案：之推诋世本载燕王喜、汉高祖事，当出宋衷补缀，隋志载世本四卷，宋衷撰。盖衷既为之注，又加缀续也。史记燕召公世家索隐："案：今系本无燕代系，宋衷依太史公书以补其阙。"颜氏所谓"后人所羼"是也。陈槃曰："槃案：雷学淇曰：'隋书经籍志谓宋衷亦撰世本。因其作注且补燕系。'（介庵经说二带系说）是则世本之有燕王世系，宋衷所补。然雷氏此说，今未详所出。张澍曰：'隋志又有世本四卷，宋衷篹。宋衷盖注而广之也。'又曰：'或又以为宋衷所编。不知仲子（衷）实广其注。故刘晌以为经秦汉儒者改易，斯为确论。'（世本后序）案张说盖是也。"

〔一四〕赵曦明曰："晋书束皙传：'太康二年，汲郡人不准盗发魏襄王墓，或言安釐王冢，得竹书数十车，有琐语十一篇，诸国卜梦妖怪相书也。'"器案：隋志："古文璅语四卷，汲冢书。"两唐志同，宋以后不见著录，今有洪颐煊、马国翰、严可均辑本。

〔一五〕赵曦明曰："史记秦始皇本纪：'三十七年，上会稽，祭大禹，望于南海，而立石刻颂秦德。'"陈直曰："按：秦望碑之名，他无所见，后代通称为会稽刻石耳。秦望盖山名也。"器案：墨池编曰："斯善书，自赵高以下，或见推伏，刻诸名山碑玺铜人，并斯之笔。斯书秦望纪功石云：'吾死后五百三十年间，当有一人，替吾迹焉。'"续家训作"秦皇碑"，误。法书要录二引庾元威论书所载百体书，有秦望汲冢书，亦指此。

〔一六〕器案：法书要录二载庾元威论书云："夫苍、雅之学，儒博所宗，自景纯注解，转加敦尚。汉、晋正史及古今字书，并云：'苍颉九篇，是李斯所作。'今窃寻思，必不如是。其第九章论豨、信、京刘等，郭云：'豨、信是陈豨、韩信，京刘是大汉，西土是长安。'此非谶言，岂有秦时朝宰谈汉家人物？牛头马腹，先达何以安之？"庾说可与此互参，此即汉志所云"里闾书师所续"者耳。今有孙星衍、任大椿、梁章钜、陶方琦、王干臣、李滋然辑本。

〔一七〕宋本注云："一本'戚殃'。"卢文弨曰："阳湖孙渊如定作'残灭'，以颜氏为非。"案：此四句居延木觚所写者亦有之，详劳干居延汉简释文页五六一。原文分甲乙丙三面，存五十四字。陈直曰："居延汉简释文页五六一有苍颉篇第五章残简，存'汉兼天下，海内并厕'八字，孙星衍苍颉篇辑本对于'叛讨灭残'句，以意改校为'残灭'，因厕灭二字为韵，比较理长，所惜木简只存上两句，究不能定其孰是。"

〔一八〕卢文弨曰："今所传本七十人，分江妃二女为二，亦止七十一人。赞无'出佛经'之语。"徐鲲曰："按刘孝标注世说新语文学篇引列仙传曰：'历观百家之中，以相检验，得仙者百四十六人，其七十四人，已在佛经，故撰得七十二人，可以多闻博识者遐观焉。'又释藏冠字唐释法琳破邪论云：'前汉成帝时，都水使者光禄大夫刘向著列仙传云："吾搜检藏书，缅寻太史，创撰列仙图，自黄帝以下六代迄到于今，得仙道者七百馀人，向检虚实，定得一百四十六人。"又云："其七十四人，已见佛经矣。"'推刘向言藏书者，盖始皇时人间藏书也。寻道安所载十二贤者，亦在七十四之数，今列仙传见有七十二人，据上二书，则列仙传人数当有七十二，而今本止得七十。又其赞中无'出佛经'之语，盖系后人捃摭类书而成，故多所刊削窜改，非复刘向之原书，更非复颜所见之旧本矣。"俞正燮癸巳类稿卷十四僧徒伪造刘向文考云："弘明集宋宗炳明佛论，一名神不灭论，引刘向列仙传序云：'七十四人，在于佛经。'又云：'佛为黄面夫子。'其言欲证佛在刘向前。时刘义庆世说注亦引刘子政列仙传云：'列观百家之中，以相检验，得仙者百四十六人，其七十四人，已在佛经，故撰得七十，可以为多闻博识者遐览焉。'梁僧佑弘明论引汉元之时，刘向序列仙云：'七十四人，出在佛经。'一若刘向实有此文也者。颜氏家训书证篇引刘向列仙传赞云：'七十四人出佛经。此由后人所羼，非本文也。'颜氏通矣。唐则向书又增，破邪论又引列仙传云：'其七十四人，已见佛经矣。'辨正论内九箴篇引刘向古旧二录云：'佛经流于中夏百五十年,后老子方说五千文。'又引刘向古录云:'惠王时已渐佛教。'法苑珠林卷二十引刘向列仙传云:'吾搜检太史藏书,办撰列仙图,黄帝以下迄于今,定检实录百四十六人,其七十四人,已见佛经矣。'破邪论又引刘向传云:'吾遍寻典策,往往见于佛经。'法苑珠林亦引刘向传云:'博观史册,往往见有佛经。'案所引向言,俱似辨诤;向时尚无人知有佛者,向何用辨?是知作伪者之非贤矣。"案:俞氏证成之推之说详矣,玉烛宝典四云:"汉成帝时,刘向删列仙传,得一百卌六人。其七十四人,已见佛经,馀七十二为列仙传。"亦袭道士伪书为说者。而南宋时,僧志磐撰佛祖统记,谓其所见之传,犹有此语,但佛经已改为仙经,详佛祖统记卷三十四,则缁流伪造刘向文,至宋时尚有加无已也。余嘉锡四库提要辨证卷十九谓:"今本无此语,乃宋以后黠道士所删。"

〔一九〕赵曦明曰:"隋书经籍志:'列女传十五卷,刘向撰,曹大家注。列女传颂一卷,刘歆撰。'"器案:汉书艺文志诸子略:"刘向所序六十七篇。"原注:"新序、说苑、世说、列女传颂、图也。"初学记卷二十五引别录:"臣向与黄门侍郎歆所校列女传,种类相从为七篇。"刘向所序云者,盖班固以命刘氏父子所著书之名也。

〔二〇〕卢文弨曰:"赵悼倡后,赵悼襄王之后也。史记赵世家集解徐广引列女传曰:'邯郸之倡。'"

〔二一〕赵曦明曰:"后汉书刘圣公传:'圣公为更始将军,后即皇帝位,宠姬韩夫人尤嗜酒,每侍饮,见常侍奏事,辄怒曰:"帝方对我饮,正用此时持事来乎?"起,抵破书案。'列女传所载略同。"

〔二二〕赵曦明曰:"已见。"

〔二三〕赵曦明曰:"列女传:'梁夫人嫕者,梁竦之女,樊调之妻,汉孝和皇帝之姨,恭怀皇后之同产姊也。恭怀后生和帝,窦后欲专恣,乃诬陷梁氏,后窦后崩,嫕从民间上书讼焉。'"陈直曰:"之推叙列女传终卷,与续补列女传次第相吻合,知今本去古未远。"

〔二四〕沈揆曰："说文：'羼，羊相厕也。一曰相出前也。初限切。'"案：段玉裁说文解字注四篇上羼篆下云："羼，羊相厕也。……一曰相出前也。相厕者，杂厕而居；相出前者，突出居前也。颜氏家训曰：'典籍错乱，皆由后人所羼。'此相出前引伸之义。"

或问曰："东宫旧事〔一〕何以呼鸱尾为祠尾〔二〕？"答曰："张敞者，吴人〔三〕，不甚稽古，随宜记注〔四〕，逐乡俗讹谬〔五〕，造作书字耳。吴人呼祠祀为鸱祀，故以祠代鸱字〔六〕；呼绀为禁，故以糸傍作禁代绀字〔七〕；呼盏为竹简反，故以木傍作展代盏字〔八〕；呼镬字为霍字，故以金傍作霍代镬字〔九〕；又金傍作患为镮字，木傍作鬼为魁字〔一〇〕，火傍作庶为炙字〔一一〕，既下作毛为髻字〔一二〕；金花则金傍作华，窗扇则木傍作扇〔一三〕：诸如此类，专辄〔一四〕不少〔一五〕。"

〔一〕赵曦明曰："隋书经籍志：'东宫旧事，十卷。'"器案：东宫旧事，隋志不著撰人，唐书经籍志："东宫旧事，十卷，张敞撰。"新唐书艺文志："张敞晋东宫旧事十卷。"说郛卷五十九收一卷，题晋张敞撰。

〔二〕苏鹗苏氏演义上："蚩者，海兽也。汉武帝作柏梁殿，有上疏者，云：'蚩尾，水之精，能辟火灾，可置之堂殿。'今人多作鸱字，见其吻如鸱鸢，遂呼为鸱吻。颜之推亦作此鸱。刘孝孙事始作蚩尾，既是水兽，作蚩尤之蚩是也。蚩尤铜头铁额，牛角牛耳，兽之形也；作鸱鸢字，即少意义。"

〔三〕郝懿行曰："余问：'张敞宁是画眉京兆者耶？'牟默人答曰：'非也。其书多言晋事，盖是晋人耳。'懿行案：京兆张敞，河东平阳人，徙杜陵，非吴人也。"器案：张敞，晋吴郡吴人，仕至侍中尚书、吴国内史，见宋书张茂度传。

〔四〕随宜，随顺时宜。本书杂艺篇："武烈太子，偏能写真，坐上宾客，随宜点染，即成数人。"宋书庾悦传："刘毅表曰：'属县凋散，调役送迎，不得休止，亦应随宜并减，以简众费。'"

〔五〕续家训、颜本、程本、胡本"逐"作"遂"，今从宋本。靖康缃素杂记一引亦作"逐"。逐乡俗，犹言徇俗。

〔六〕颜本"祠"作"祀"，未可从。续家训及罗本以下各本无"字"字，今从宋本。苏鹗苏氏演义上："蚩者，海兽也。汉武帝作柏梁殿，有上疏者云：'蚩尾，水之精，能辟火灾，可置之殿堂。'今人多作鸱字，见其吻如鸱鸢，遂呼之为鸱吻。颜之推亦作此鸱。刘孝孙事始作此蚩尾。既是水兽，作蚩尤之蚩是也。蚩尤铜头铁颏，牛角牛耳，兽之形也。作鸱鸢字，即少意义。"黄朝英缃素杂记一："古老传云：'蚩耸尾出于头上，遂谓之鸱尾。'颜氏家训云云……。余按倦游杂录云：'汉以宫殿多灾，术者言：天上有鱼尾星，宜为其象冠于屋，以禳之。今亦有。自唐以来，寺观旧殿宇尚有为飞鱼形尾上指者，不知何时易名为鸱吻，状亦不类鱼尾。'又按陈书：'旧制：三公黄阁，厅事置鸱尾。后主时，萧摩诃以功授侍中，诏摩诃阁门，施行马，厅事寝堂并置鸱尾。'又北史宇文恺传云：'自晋以前，未有鸱尾，用鸱字。'宋子京诗云：'久叨鸱尾三重阁。'兼撰新唐书，皆用鸱字。又江南野录云：'和台殿阁，各有鸱吻。自乾德之后，天王使至则去之，使还复用，至是遂除。'此又用鸱吻，竟未详其旨。"

〔七〕卢文弨曰："说文：'糸，读若硯，莫狄切。'各本作'系'，乃繫字讹。"

〔八〕宋本、续家训及各本"展"下有"以"字，抱经堂本无，今据删。俞正燮癸巳类稿卷七曰："南史刘杳传云：'杳在任昉坐，人馈昉格酒，字作榐，昉问：此字是否？杳曰：非也。葛洪字苑作木旁吝。'按颜氏家训书证篇云：'张敞东宫旧事以木旁作榐代盏字，竹简反。'则榐自音盏。宋书谢灵运传山居赋注云：'槾酒味甘，兼以疗病治痈核。'魏贾思勰齐民要术卷七作槾酒法云：'取槾叶合花酿之。'唐皮日休诗：

'檣酒三瓶寄夜航。'注云:'檣酒出沈约集,音式径反,木名,汁甘可为酒。'是谢灵运、贾思勰、沈约自作檣,葛洪、任昉、刘杳自作格,梁人自作榐,俱于篆文无以下笔,正当作枊也。"器案:梁书刘杳传:"在任昉坐,有人饷榣酒而作榐字,昉问杳:'此字是不?'杳对曰:'葛洪字苑作木傍若,今据广雅:"榣,榴柰也。"此非本义。'"今案:作榐酒者,乃谓盏酒,即此所谓乡俗讹谬所造之字,是言量,非言质,任、刘不识俗别字,乃以榣字解之,非是。抑据此知东宫旧事所有别字,诚如颜氏所谓"逐乡俗造作",非自我作故也。

〔九〕宋本"霍"作"雀"。案:从蒦从霍之字,古以音近互注或叠用,故六朝俗别字以金傍作霍代镬字也。白虎通巡狩篇:"南方为霍山者何?霍之为言护也,言太阳用事,护养万物也。"太平御览二一引三礼义宗:"南岳谓之霍,霍者,护也,言阳气用事,盛夏之时,护养万物,故以为称。"文选鲁灵光殿赋:"濩濩燐乱。"又琴赋:"霍濩纷葩。"即其例证。

〔一〇〕续家训及罗本以下诸本,"魁"作"槐",今从宋本作"魁"。何焯曰:"然则木傍鬼之槐,乃俗字之不可用者也。"赵曦明曰:"案:说文,槐从木,鬼声,则是正体当如此。宋本作'魁',说文:'羹斗也。'今以槐为魁方是误,故定从宋本。"李慈铭曰:"案:郭忠恕佩觿序云:'縩榐镭锶,代绀盏镬镮之字;毳祠槐爊,作髻鸱魁炙之文。'自注:'已上出颜氏家训。'则本为'魁'无疑。"器案:慧琳一切经音义五二:"魁取苦回反,说文:'羹斗曰魁。'经文从木作槐、椢二形,非体也。"据此,则六朝、唐代写经生书"魁"正作"槐"。

〔一一〕陈槃曰:"贾子匈奴篇:'美胾膹炙肉。'俞樾曰:'膹即炙之异文。炙从火从肉,此变从火为从煮,则以义而兼声矣,故炙亦作爊。……庶与煮同声。周官庶氏注曰:庶读如药煮之煮。然则膹从煮声,犹爊从庶声矣。'"

〔一二〕续家训"髻"作"暨",未可从。

〔一三〕佩觿上:"金华则金畔著华,牕扇则木旁作扇。"原注:"此二句出颜氏家训。"

〔一四〕专辄,亦本书习用词,本篇下文:"但令体例成就,不为专辄耳。""后人专辄加傍日耳。"又杂艺篇:"加以专辄造字,猥拙甚于江南。"晋书刘弘传:"敢引覆悚之刑,甘受专辄之罪。"段玉裁说文解字注以为"凡人有所倚恃而妄为之"。札朴卷三:"颜氏家训多用'专辄'字,盖习语也。王濬上书:'案春秋之义,大夫出疆,由有专辄。'桓温上表:'义存社稷之利,不顾专辄之罪。'王弘上表:'敢引覆悚之刑,甘受专辄之罪。'范宁传:'宁若以古制宜崇,自当列上,而敢专辄,惟在任心。'北史杨愔传:'专辄之失,罪合万死。'又崔鸿传:'愚贱无因,不敢轻辄。'南齐书庐陵王传:'凡诸服章,自今不启吾知,复专辄作者,后有所闻,当复得痛杖。'檀弓:'汏哉叔氏,专以礼许人。'正义云:'专辄许诺。'匡谬正俗:'刘周之徒音夹为颊,亦为专辄。'晋王蕴为吴兴太守,郡荒人饥,开仓赡恤,主簿执谏,蕴曰:'专辄之愆,罪在太守。'"

〔一五〕陈直曰:"本段文字,皆言张敞吴人,讹谬造作书字,以下例举緤、振、鑵、鎴、槐、爊、毽、铧、榻等字,似合张敞及萧子云、邵陵王创作之伪体而言。上述皆由东晋末至南朝之俗字,与北朝之俗体别字,属于异曲同工。南朝碑刻,流传绝少,现无从印证。(梁陵各阙,及萧憺、萧秀碑,所用尚系正体。)吾乡北固山甘露寺梁代铁镬,现已久佚,不知是否亦作鑵耳。(墨庄漫录只录全文,不依原书字体。)但隋当阳玉泉道场铁镬题字及东魏邑主造石像铭,镬字均用正体,并不作鑵。"

又问:"东宫旧事'六色罽緌'〔一〕,是何等〔二〕物?当作何音?"答曰:"案:说文云:'莙,牛藻也,读若威。'音隐:'坞瑰反〔三〕。'即陆机所谓'聚藻,叶如蓬'者也〔四〕。又郭璞注三苍〔五〕亦云：‘蕴，藻之类也，细叶蓬茸生。’然〔六〕今水中有此物，一节长数寸，细茸如丝，圆绕可爱〔七〕，长者二三十节，犹呼为莙〔八〕。又寸断五色丝〔九〕，横著线股间绳之〔一○〕，以象莙草，用以饰物，即名为莙；于时当绀〔一一〕六色罽，作此莙以饰绲带，张敞因造糸旁畏耳〔一二〕，宜作隈〔一三〕。”

〔一〕鲍本注：“‘缐’疑是‘隈’字。”

〔二〕何等，汉、魏、六朝人习用语，犹今言什么。史记三王世家：“王夫人曰：‘陛下在，妾又何等可言。’”后汉书东平宪王苍传：“日者问东平王：‘处家何等最乐？’”孟子公孙丑篇：“敢问夫子恶乎长？”赵岐注：“丑问孟子才志所长何等。”吕氏春秋爱类篇：“其故何也？”高诱注：“为何等故也。”艺文类聚八五引笑林：“问人可与何等物？”左延年从军行：“从军何等乐？”俱其例证。

〔三〕宋本“音隐”下有“疑是隈字”四字。续家训“瑰”作“块”，朱本于“音”字断句，御览九九九引无“隐”字及“反”字，俱非是。沈揆曰：“说文：‘莙，牛藻也，从艸君声，读若威。渠陨切。’与颜氏所引不同，未详。”卢文弨曰：“隋书经籍志：‘说文音隐，四卷。’宋本此书‘音隐’下有‘疑是隈字’四字，此不知音隐是书名，误认为莙字作音耳。沈氏考证亦但疑‘渠陨’与‘坞瑰’有异，则此当又在沈之后校者所加，亦非出沈氏，今故删去。至‘渠陨切’，乃徐铉等所加，不可为据；音隐所音，正与读若威合，当从之。”段玉裁说文解字注一篇下莙篆：“从艸君声，读若威。渠殒切，十三部。按君声而读若威，此由十三部转入十五部，张敞之变为缐，缐音隈，说文音隐之音坞瑰反，字林窘亦音巨畏反，皆是也。唐韵渠殒切，则不违本部，地有南北，时有古今，语言不同之故。窃疑左传薀藻即莙字，薀与藻为二，犹筐与筥、锜与釜皆为二也。”郝懿行曰：“按：尔雅释文云：‘莙，其陨反，孙居筠反。'则当读为君若菌矣；而说文读若威，颜氏音以坞瑰反，是已。"沈涛铜熨斗斋随笔三："音隐，书名，隋书经籍志有说文音隐四卷，之推引是书音莙为坞瑰反耳，旧校'隐'字下注云：'疑是隈字。'误认隐为莙字之音，以为莙不当音隐，疑为隈字之误，非也。"器案：君、威二字，古声近通用，如君姑亦作威姑，即其例证，故许慎读莙若威。说文音隐，今有毕沅辑本。

〔四〕宋本"机"作"玑"，御览"玑"作"机"，"聚"作"蕴"，"即"上有"窃"字。四库全书考证曰："刊本'玑'讹'机'，据书录解题改。"赵曦明曰："隋书经籍志：'毛诗草木虫鱼疏二卷，乌程令吴郡陆机撰。'"卢文弨曰："经典释文序录：'陆玑，字元恪，吴太子中庶子，乌程令。'案：诸书多有作陆机者，无妨二人同名。颜氏所引语，在诗召南'于以采藻'句下。"陈直曰："按：吴陆玑毛诗草木疏，经典释文作陆玑字元恪，吴太子中庶子，乌程令，是正确的。其他各本作陆机者，均为误字。本文宋本原作陆玑，赵注依俗本迳改作陆机则大谬。"器案：诗正义引陆机云："藻，水草也，生水底，茎大如钗股，叶如蓬蒿，谓之聚藻。"

〔五〕续家训及罗本以下诸本无"又"字，今从宋本。左传隐公元年："苹蘩蕴藻之菜。"

〔六〕御览"然"字在"生"字上，是。

〔七〕朱本"圆"作"围"。

〔八〕卢文弨曰："今人俱呼为薀，与威音亦一声之转。"

〔九〕罗本、颜本、朱本"又"作"尺"。

〔一〇〕卢文弨曰："著，侧略切。"案：段玉裁说文解字注"绳"作"绕"，见下注一三。

〔一一〕御览"绀"作"绀"，未可据。

〔一二〕颜本、程本、胡本"糸"作"丝"，宋本、罗本、傅本、何本作"系"，今从抱经堂校定本。卢文弨曰："'糸'，别本讹'丝'，宋本作'系'，亦讹，今改正。”

〔一三〕续家训“作”作“音”，是。卢文弨曰：“‘隈’字似当作‘莙’。”段玉裁说文解字注一篇下莙篆：“莙，牛藻也，见释草。按藻之大者曰牛藻，凡草类之大者多曰牛曰马，郭云：‘江东呼马藻矣。’陆机（玑）云：‘藻二种：一种叶如鸡苏，茎大如箸，长四五尺。一种茎大如钗股，叶如蓬，谓之聚藻，扶风人谓之藻，聚为发声也。’牛藻当是叶如鸡苏者；但析言则有别，统言则皆谓之藻，亦皆谓之莙。颜氏家训云：‘莙草细细叶，蓬茸水中，一节长数寸，细茸如丝，圆绕可爱。东宫旧事所云，六色罽缨者，凡寸断五色丝，横著线股间绕之，以象莙草，用以饰物，即名为莙；于时当缚六色罽，作此莙以饰绲带，张敞因造糸旁畏耳。’据此，则茎如钗股者亦谓之莙也。”陈槃曰：“汉书艺文志：‘苍颉多古字，俗师失其读。宣帝时，征齐人能正读者，张敞从受之。’杨树达曰：‘郊祀志记敞辨识美阳鼎刻书，颜氏家训书证篇记敞造缨字，与此记敞从受仓颉正读，皆敞笃志古文之事也。’（汉书管窥三）槃案据周氏补正引郝、洪二氏说，则此作东宫旧事之张敞，东晋人。此君不甚稽古，与汉宣时‘笃志古文’之张敞不类。杨氏当误，用附识于此。”

柏人城东北有一孤山〔一〕，古书〔二〕无载者。唯阚骃十三州志〔三〕以为舜纳于大麓，即谓〔四〕此山，其上今犹有尧祠焉；世俗或呼为宣务山，或呼为虚无山〔五〕，莫知所出。赵郡士族有李穆叔、季节兄弟〔六〕、李普济〔七〕，亦为学问，并不能定乡邑此山〔八〕。余尝为赵州佐〔九〕，共太原王邵读柏人城西门内碑。碑是汉桓帝时柏人县民〔一〇〕为县令徐整所立，铭曰〔一一〕：“山有巏嵍〔一二〕，王乔所仙〔一三〕。”方知此巏嵍山也〔一四〕。巏字遂无所出。嵍字依诸字书〔一五〕，即旄丘之旄也；旄字〔一六〕，字林一音亡付反〔一七〕，今依附俗名，当音权务耳〔一八〕。入邺，为魏收说之，收大嘉叹。值其为赵州庄严寺碑铭，因〔一九〕云："权务之精〔二〇〕。"即用此也〔二一〕。

〔一〕卢文弨曰："柏人，汉县，晋以前皆属赵国，隋书地理志改为柏乡，属赵郡。"陈直曰："按：汉书地理志栢人县属赵国。北魏延昌中始改为栢仁，见魏宁远将军栢仁男杨翚碑，北齐李清报德碑亦作栢仁。栢人，汉高祖附会解为迫人，其地当因产栢子仁药味而得名。金匮要略药方中杏仁、桃仁皆作杏人、桃人，故在北魏时迳改为栢仁。之推在当时仍写作栢人，不从时尚也。"

〔二〕云谷杂记三无"书"字。

〔三〕赵曦明曰："阚骃十三州志，隋书经籍志十卷。"器案：阚骃，字玄阴，敦煌人，魏书有传。所纂十三州志，今有张澍辑本。

〔四〕云谷杂记"谓"作"为"，古通。

〔五〕路史发挥五："今柏人城之东北有孤山者，世谓麓山，所谓巏嵍山也。记者以为尧之纳舜在是。十三州志云：'上有尧祠。俗呼宣务山，谓舜昔宣务焉。或曰虚无，讹也。'"陈汉章曰："水经浊漳水注引应劭说云：'尚书曰："尧将禅舜，纳之大麓之野。"钜鹿县取目焉。'"器案：李云章朴村诗集六送王思远之任唐山："干言邻卫俗，瓘务古尧封。"原注云："瓘务，今名宣务，阚骃十三州志以为舜纳于大麓即此山。"则字又作"瓘务"。

〔六〕北史李公绪传："公绪，字穆叔，性聪敏，博通经传……雅好著书，撰典言十卷、礼质疑五卷、丧服章句一卷、古今略纪二十卷、赵纪八卷、赵语十二卷，并行于世。……公绪弟概，字季节，少好学……撰战国春秋及音谱，并行于世。"又崔赡传："李概与清河崔赡为莫逆之友，概将东还，赡遗之书曰：'仗气使酒，我之常弊；诋诃指切，在卿尤甚。足下告归，吾于何闻过也。'"北齐书文苑荀仲举传："仲举与赵郡李概交款,概死,仲举因至其宅,为五言诗十六韵以伤之,词甚悲切,世称其美。"

〔七〕北史李雄传:"映子普济,学涉有名,性和韵,位济北太守,时人语曰:'入粗入细李普济。'"朱本"普"作"庄",误。

〔八〕续家训无"并"字。

〔九〕宋本"余"作"尒",误;云谷杂记作"余",不误。赵曦明曰:"通典:'赵国,后魏为赵郡,明帝兼置殷州,北齐改殷州为赵州。'"案:隋书百官志中:"上上州刺史置府,属官有长史、司马、录事、功曹、仓曹、中兵等参军事。"

〔一〇〕朱本无"碑"字。颜本此句误作"是汉师市高相人县民"。

〔一一〕续家训及罗本以下诸本"曰"并作"云",说文系传十八嵍下引亦作"云"。

〔一二〕宋本、续家训、罗本、傅本、程本、何本、朱本"山"并作"土",颜本、胡本误作"士"。颜本"巏"误作"诸"。续家训及罗本以下诸本"嵍"作"务山"二字,宋本无"山"字。云谷杂记此句作"土有巏嵍山"。抱经堂校定本定作"山有巏嵍",今从之。段玉裁曰:"'嵍'当作'嵍'。"卢文弨曰:"案:隋地理志作'巏嵍山',然正字当作'嵍'。"陈直曰:"段说是也。犹左氏传之公叔务人,郗公钟则作郗公敄人也。"器案:说文系传引作"魏郡有小山,名嵍,又名巏,古碑云:'山有巏嵍,王乔所仙'"。卢改及段说,并与之合;唯以巏嵍为一山二名,说又有别。若杨升庵文集卷七十八作"上有巏务山,王桥所仙",则又以讹传讹也。

〔一三〕颜本"王乔"误作"不高"。赵曦明曰:"列仙传:'王子乔者,周灵王太子晋也,游伊、洛之间,道人浮丘公接以上嵩高山。'"

〔一四〕宋本及罗本以下诸本"嵍"作"务",下同,抱经堂本按文义校定,今从之。续家训此句作"方知此巏字也",云谷杂记作"方知此巏嵍字也"。

〔一五〕续家训"敄"作"务",与诸本同。"字书",宋本及续家训如此作,它本都讹作"子书"。

〔一六〕"即旄丘之旄也旄字"八字,续家训作"即髦丘之字",云谷杂记作"即旄丘之旄字"。吴承仕经籍旧音辨证一曰:"'字林'上'旄也'二字疑衍。"

〔一七〕卢文弨曰:"诗旄丘释文:'字林作堥,亡周反,又音毛。'山部又有嵍字,亦云:'嵍丘,亡付反,又音旄。'"郝懿行曰:"案:尔雅释丘:'前高,旄丘。'释文引字林'旄'作'嵍',又作'堥',俱亡付反。然则此巏务之'务',依字林当作'嵍',或作'堥',今本疑传写之误尔。"徐文靖曰:"案:琐言:'唐韩定辞为镇州王镕书记,聘燕帅刘仁恭,舍于宾馆,命幕客马彧延接,马有诗赠韩云:"邃(器案:全唐诗话六作"燧"。)林芳草绵绵思,尽日相携陟丽谯;别后巏嵍山上望,羡君将复见王乔。"'神仙传:'王乔为柏人令,于东北巏嵍山得道。'或诗所用正此也。巏嵍'嵍'字作平声,玉篇音藋旄,是也,后汉书'务光'一作'牟光',则务有牟音矣。"器案:东坡题跋卷二书韩定辞马郁诗:"韩定辞不知何许人,为镇王镕书记,聘燕帅刘仁恭,舍于宾馆,命幕客马郁延接,马有诗赠韩曰:'燧林芳草绵绵思,尽日相逢陟丽谯;别后巏嵍山上望,羡君时复见王乔。'郁诗虽清秀,然意在试其学问。韩即席酬之:'崇霞台上神仙客,学辨痴龙艺更多,盛德好将银笔述,丽辞堪与雪儿歌。'座中宾客,靡不钦讶,称为妙句,然疑其银笔之僻也。他日,郁从容问韩以雪儿银笔之事,韩曰:'昔梁元帝为湘东王时,好学著书,常记录忠臣义士及文章之美者。笔有品,或以金银饰,或用班竹为管;忠孝全者用金管书之,德行清粹者用银笔书之,文章赡丽者用班竹管书之,故湘东王之誉,振于九江。雪儿,李密之爱姬,能歌舞,每见宾僚文章有奇丽中意者,即付雪儿协奇律歌之。'又问:'痴龙出自何处?'曰:'洛下有洞穴,曾有人误坠其中,因行数里,渐见明旷,见有宫殿人物凡九处;又有大羊,髯有珠,人取食之不知。后出,以问张华，华曰：'此九仙馆也。大羊名痴龙耳。'定辞后问郁：'巏嵍山今当在何处？'郁曰：'此隋郡之故事，何谦光而下问？'由是两相悦服，结交而去。"此所言，较琐言、全唐诗话为备，故详录之。

〔一八〕段玉裁说文解字注九篇下嵍篆："按此篆许书本无，后人增之；许书果有是山，则当厕于山名之类矣。颜氏家训：'柏人城东有山，世或呼为宣务山。予读柏人城内汉桓帝时所立碑铭：上有巏嵍，王乔所仙。巏字遂无所出，嵍字依诸字书，即旄丘之旄矣。嵍字，字林一音忘付反，今依附俗名，当音权务。'经典释文曰：'字林有堥，亡周反，一音毛，堥，丘也。又有嵍，亡附反，一音毛，亦云嵍，丘也。'据颜、陆之书，字林乃有嵍字，则许书之本无此显然矣。旄丘见诗，尔雅曰：'前高曰旄丘。'刘成国曰：'如马举头垂髦。'依字林嵍丘即旄丘。乃丘名，非山名也。"吴承仕曰："案：旄丘字正作'嵍'，或作'堥'，'旄'则假字也。周书牧誓'羌髳'，即角弓之'如蛮如髦'，柏舟'髧彼两髦'，说文引作'髳'，皆其比。敄在幽部，毛在宵部，部居相近，故有亡周、亡付等音；而萧该汉书音义以务音为乖僻，未为审谛。（萧该说，见清官本汉书叙传。）"器案：汉书陈馀传："斩馀泜水上。"注："晋灼曰：'问其方人，音柢。'师古曰：'晋音根柢之柢，音丁计反；今其土俗呼水则然。'"案：以俗呼定古地名，取诸目验，六朝、唐人多如此者，尤以水经注为习见不鲜，家训此文，亦其一例也。

〔一九〕续家训及罗本以下各本无"因"字，云谷杂记同。

〔二〇〕云谷杂记"权务"作"巏嵍"。何焯曰："'权'疑作'巏'。"案：严可均辑全北齐文，失收魏收此文，当据补。

〔二一〕路史发挥五注："寰宇记云：'邢州尧山县有宣务山，一曰虚无山，在西北四里，高一千一百五十尺。城冢记云"尧登此山，东瞻淇水，务访贤人"者也。'巏嵍，王乔所仙，颜之推与王劭见之，以示魏收；收大惊叹，及作庄严寺碑用之。而之推遂以入广韵，（此说欠妥）音为权务。然嵍本音旄，故亦用旄，字林乃为亡付、亡夫二切，故玉篇止音藋旄。琐言载马郁赠韩定辞云：'别后巏嵍山上望，羡君无语对王乔。'苏子瞻爱之，不知为平声矣。列仙传：'王乔为柏人令，于东北巏嵍山得道。'故诗铭及之。"

或问："一夜何故五更？更何所训〔一〕？"答曰："汉、魏以来，谓为甲夜、乙夜、丙夜、丁夜、戊夜〔二〕，又云鼓〔三〕，一鼓、二鼓、三鼓、四鼓、五鼓，亦云一更、二更、三更、四更、五更〔四〕，皆以五为节〔五〕。西都赋亦云：'卫以严更之署〔六〕。'所以尔者，假令正月建寅〔七〕，斗柄夕则指寅，晓则指午矣；自寅至午，凡历五辰。冬夏之月〔八〕，虽复长短参差〔九〕，然辰间辽阔，盈不过六〔一〇〕，缩不至四，进退常在五者之间〔一一〕。更，历也，经也，故曰五更尔〔一二〕。"

〔一〕卢文弨曰："五更，古衡切；下更，古孟切，除此一字外，下皆古衡切。"严式诲曰："'更何所训'更字，似亦应读古衡切。"

〔二〕卢文弨曰："文选陆佐公新刻漏铭：'六日无辨，五夜不分。'李善注引卫宏汉旧仪曰：'昼漏尽，夜漏起，省中用火，中黄门持五夜：甲夜，乙夜，丙夜，丁夜，戊夜也。'"

〔三〕赵曦明曰："句，或可省。"卢文弨曰："句本读断，然语不甚明，今改作'此鼓字衍'，则易明矣。"案严本"句或可省"四字，据卢说改作"此鼓字衍"。又案：类说、文昌杂录一、杜甫和贾至舍人早朝大明宫元刊集千家注分类本引王洙注引，正无此"鼓"字。

〔四〕苕溪渔隐丛话前十一引此二句作"又谓之五鼓，亦谓之五更"。

〔五〕渔隐丛话、杜工部草堂诗笺十三书堂饮既夜复邀李尚书下马月下赋绝句注引句末有"也"字。

〔六〕赵曦明曰："西都赋，班固作，薛综注西京赋曰：'严更，督行夜鼓也。’”器案：缃素杂记引作“西都赋亦云重以虎威章沟严更之署”，乃西京赋文。

〔七〕卢文弨曰：“令，力呈切。”

〔八〕纬略十、绀珠集四引“月”作“晷”。

〔九〕卢文弨曰：“复，扶又切。参差，初金、初宜二切。”

〔一〇〕续家训及罗本以下诸本、类说、文昌杂录“过”作“至”，纬略、绀珠集作“尽”。

〔一一〕纬略、绀珠集“者”作“时”。

〔一二〕麈史下引家训曰：“何名五更？曰：正月建寅，斗柄昏在寅中，晓则午中矣，历五辰也。更，历也。”与今本微异，盖出节引。缃素杂记、杜甫集王洙注引仍同今本。

尔雅云：“术，山蓟也〔一〕。”郭璞注云：“今术似蓟而生山中。”案：术叶〔二〕其体似蓟，近世文士，遂读蓟为筋肉之筋〔三〕，以耦地骨用之〔四〕，恐失其义。

〔一〕卢文弨曰：“术，徒律切。蓟，古帝切。”钱馥曰：“术本作茶，或省艸，广韵、集韵、韵会并直律切，舌上音，澄母；若作徒律切，则是舌头音，定母。”又曰：“隔标亦可，然究不若直律之音和也。”器案：引尔雅释草文。卢音徒律切，“徒”盖“徙”之误。

〔二〕续家训、颜本、程本、胡本“术”作“木”，误。

〔三〕卢文弨曰：“筋，居勤切。”陈直曰：“按：自汉以来，隶书从鱼与从角之字，往往不分，曹全碑鳏寡作觽寡，正同此例。从月亦然，本文筋字，南北朝时俗写作蔛，与蓟字极相似，故易致误。”

〔四〕卢文弨曰：“本草：‘枸杞，一名地骨。’”

或问：“俗名傀儡子为郭秃，有故实乎〔一〕？”答曰：“风俗通云：‘诸郭皆讳秃〔二〕。’当是前代人有姓郭而病秃

者〔三〕，滑稽戏调〔四〕，故后人为其象〔五〕，呼为郭秃，犹文康象庾亮耳〔六〕。”

〔一〕续汉书五行志注引风俗通：“灵帝时，京师宾婚嘉会，皆作魁櫑，酒酣之后，续以挽歌。魁櫑，丧家之乐。”通典一四六云：“窟櫑子，亦曰魁礧子，作偶人以戏，善歌舞。本丧乐也，汉末始用之嘉会。北齐后主高纬尤所好。”陈汉章曰：“说文：‘傀，伟也。儡，相败也。’非此义。今俗谓木偶戏为傀儡，本此。梅鼎祚字汇有櫆字，吴任臣字汇补有櫑字，皆俗。其说云：‘起于丧家，后行之嘉会。’又唐段安节乐府杂录云：‘傀儡子起于汉祖平城之围，陈平造。’”器案：窟礧子，一作窟笼子，亦曰魁礧子，作偶人以戏，即傀儡也，见唐书音训。郭秃又作郭公，酉阳杂俎前八：“宋元素右臂上刺葫芦，上出人首，如傀儡戏郭公者。”乐府诗集八七邯郸郭公歌解题引乐府广题曰：“北齐后主高纬雅好傀儡，谓之郭公。时人戏为郭公歌云云。”歌曰“邯郸郭公九十九，技两渐尽入滕口”云云。

〔二〕赵曦明曰：“此语今逸。”龚向农先生曰：“玉烛宝典五引风俗通云：‘俗说：五月盖屋，令人头秃。谨案：易、月令，五月纯阳，姤卦用事，齐麦始死。夫政趣民收获，如寇盗之至，与时竞也。’又云：‘除黍稷，三豆当下，农功最务，间不容息，何得晏然除覆盖室寓乎？今天下诸郭皆讳秃，岂复家家五月盖屋耶？’”

〔三〕赵曦明曰：“‘代人’二字，宋本作‘世’。”器案：事文类聚前四三、群书通要乙九、事文大全壬九引同宋本；续家训、类说同今本。

〔四〕卢文弨曰：“调，徒吊切，宋本误倒作‘调戏’，今不从。”器案：事文类聚同宋本，续家训作“戏调”。

〔五〕卢文弨曰：“段安节乐府杂录：‘傀儡子，自昔传云，起于汉祖在平城为冒顿所围，陈平造木偶人，舞于陴间。冒顿妻阏氏谓是生人，虑下其城，冒顿必纳妓女，遂退军。后乐家翻为戏，其引歌舞，有郭郎者，发正秃，善优笑，闾里呼为郭郎，凡戏场必在俳儿之首也。'"器案：类说"象"作"像"。事物纪原九："风俗通曰：'汉灵帝时，京师宾昏嘉会，皆作魁𥗼。'梁散乐亦有之。北齐后主高纬尤所好也。颜氏家训云：'古有秃人，姓郭，好谐谑。'今傀儡郭郎子是也。"

〔六〕沈揆曰："晋书亮本传，谥文康。"赵曦明曰："文康亦当时乐曲名。宋本连下不分段，今从俗间本。"卢文弨曰："通典乐六：'礼毕者，本自晋太尉庾亮家，亮卒，其后追思亮，因假为其面，执翳以舞，象其容，取谥以号之，谓文康乐。每奏九部乐歌则陈之，故以礼毕为名。'"严式诲曰："案：此出隋书音乐志下，通典非根柢。又'其后追思亮'，'后'字当依隋书、通典作'伎'。"（器案："乐歌则陈之"，"歌"字亦当依隋书作"终"。）刘盼遂曰："案：此句与上文'傀儡子为郭秃'相对，'文康'应亦为戏剧名。考梁武帝命周舍作上云乐词云：'西方老胡，厥名文康，遨游六合，傲诞三皇。西观濛汜，东戏扶桑，南泛大蒙之海，北至无通之乡。昔与若士为友，共弄彭祖扶床。往年暂到昆仑，复值瑶池举觞。周帝迎以上席，王母赠以玉浆。故乃寿如南山，老若金刚。青眼智智，白发长长。蛾眉临髭，高鼻垂口。非直能俳，又善饮酒。箫歌从前，门徒从后，济济翼翼，各有分部。凤凰是老胡家鸡，师子是老胡家狗。陛下拨乱反正，再朗三光，泽与雨施，化与风翔。觇云候吕，来游大梁。重驷修路，始届帝乡。伏拜金阙，瞻仰玉堂。从者小子，罗列成行，悉知廉节，皆识义方。歌管愔愔，铿鼓锵锵，响震钧天，声若鹓凰，前却中规矩，进退得宫商，举技无不佳，胡舞最所长。老胡寄箧中，复有奇乐章，赍持数万里，愿以奉圣皇。乃欲次第说，老耄多所忘。但愿明陛下，寿千万岁，欢乐未渠央。'据周诗观之，则'文康'为一戏剧名色必矣。隋书乐志：'梁三朝乐第四十四，设寺子导安息孔雀凤凰文鹿，胡舞连登上云乐歌舞伎。'更足证上云乐为歌舞之名，而'文康'又为剧中主要脚色也。庾亮字文康，胡俳虽名文康，然而实非元规，犹傀儡子名郭秃，而实非郭秃也。"陈直曰："卢氏之说是也。与上云乐之老胡文康，不能混为一事。”器案：李太白文集二有上云乐，原注云：“老胡文康辞，或云范云及周舍所作，今拟之。”其辞曰：“金天之西，白日所没。康老胡雏，生彼月窟，巉岩容仪，戍削风骨。碧玉炅炅双目瞳，黄金拳拳两鬓红。华盖垂下睫，嵩岳临上唇。不睹诡谲貌，岂知造化神。大道是文康之严父，元气乃文康之老亲。抚顶弄盘古，推车转天轮。云见日月初生时，铸冶火精与水银，阳乌未出谷，顾兔半藏身，女娲戏黄土，团作愚下人，散在六合间，濛濛若沙尘，生死了不尽，谁明此胡是仙真。西海栽若木，东溟植扶桑，别来几多时，枝叶万里长。中国有七圣，半路颓鸿荒。陛下应运起，龙飞入咸阳。赤眉立盆子，白水兴汉光。叱咤四海动，洪涛为簸扬。举足蹋紫微，天关自开张。老胡感至德，东来进仙倡，五色师子，九苞凤凰，是老胡鸡犬，鸣舞飞帝乡，淋漓飒沓，进退成行。能胡歌，献汉酒，跪双膝，并两肘，散花指天举索手，拜龙颜，献圣寿。北斗戾，南山摧，天子九九八十一万岁，长倾万岁杯。”李白此篇，系拟周诗而作，辞义尤为诙诡，故全录之，以见此种俳乐，至唐犹盛行，而颜氏“文康象庾亮”之说之为无稽也。又续家训分段，今从之。

或问曰：“何故名治狱参军为长流乎〔一〕？”答曰：“帝王世纪云：‘帝少昊崩，其神降于长流之山〔二〕，于祀主秋〔三〕。’案：周礼秋官，司寇主刑罚、长流之职〔四〕，汉、魏捕贼掾〔五〕耳。晋、宋以来，始为参军，上属司寇，故取秋帝所居为嘉名焉〔六〕。”

〔一〕赵曦明曰：“隋书百官志：‘后齐制，上上州刺史，有外兵、骑兵、长流、城局、刑狱等参军事。’”陈直曰：“按：北史序传：‘李扔字道炽，魏武定中司空长流参军。’又东魏李仲璇修孔子庙碑有平南将军长流参军徐柒保题名，东魏太公吕望表碑阴有辅国将军长流参军督新县事尚□□题名。据此，长流之名，起于东魏，隋书百官志谓起于北齐，非也。”器案：宋书百官志上：“今诸曹则有录事、记室、户曹、仓曹、中直兵、外兵、骑兵、长流贼曹、刑狱贼曹、城局贼曹、法曹、田曹、水曹、铠曹、车曹、士曹、集右户、墨曹，凡十八曹参军，不署曹者无定员。江左初，晋元帝镇东丞相府有录事记室，……凡十三曹，今阙所馀十二曹也。其后又有直兵、长流、刑狱、城局、水曹、右户、墨曹七曹，高祖为相，合中兵、直兵置一参军，曹则犹二也。今小府不置长流参军者，置禁防参军。”赵注引后齐制，尚未得其本柢。

〔二〕原注：“此事本出山海经，‘流’作‘留’。”案：御览二五引注作“事出山海经”。通鉴一四五胡三省注引原注作正文。卢文弨曰：“西山经：‘长留之山，其神白帝，少昊居之。’”器案：御览三八八引山海经，“留”作“流”，古通。

〔三〕原注：“此说本于月令。”案：抱经堂校定本“主”作“为”，宋本、续家训及罗本以下各本都作“主”，御览、通鉴注、杨升庵文集五〇亦作“主”，今从之。朱亦栋曰：“案：长流二字，切音为秋，即秋官之谓也；颜氏所引，毋乃迂曲与？”

〔四〕御览“职”下有“也”字。

〔五〕陈直曰：“捕贼掾，当为‘贼捕掾’颠倒之误字。两汉有贼捕掾，见汉书张敞传及李孟初神祠碑。晋有贼捕掾，见晋书职官志。”

〔六〕杨慎曰：“古呼治狱参军为长流。帝王世纪云：‘少昊崩，其神降于长流之山，于祀主秋。’秋官司寇主刑罚也，故取秋帝所居为嘉名也，亦犹今称刑官曰白云司也。’见升庵文集卷五十。”卢文弨曰：“晋书职官志，县有狱小吏、狱门亭长、都亭长、贼捕掾等员。”器案：通鉴一四五胡注：“职官分纪：‘长流参军，主禁防。晋从公府有长流参军，小府无长流参军，置禁防参军。’”又案：汉书薛宣传有贼曹掾张扶，后汉书岑晊传有中贼曹吏张牧，续汉书百官志一：“贼曹主盗贼事。”

客有难主人曰〔一〕:"今之经典,子皆谓非〔二〕,说文所言〔三〕,子皆云是〔四〕,然则许慎胜孔子乎?"主人拊掌大笑〔五〕,应之曰:"今之经典,皆孔子手迹耶?"客曰:"今之说文,皆许慎手迹乎?"答曰:"许慎检以六文,贯以部分〔六〕,使不得误,误则觉之〔七〕。孔子存其义而不论其文也〔八〕。先儒尚得改文从意〔九〕,何况书写流传耶〔一〇〕?必如左传止戈为武〔一一〕,反正为乏〔一二〕,皿虫为蛊〔一三〕,亥有二首六身之类〔一四〕,后人自不得辄改也,安敢以说文校其是非哉〔一五〕?且余亦不专以说文为是也,其有援引经传,与今乖者,未之敢从〔一六〕。又相如封禅书曰:'导一茎六穗于庖,牺双觡共抵之兽〔一七〕。'此导训择〔一八〕,光武诏云'非从有豫养导择之劳'是也〔一九〕。而说文云:'䆃是禾名〔二〇〕。'引封禅书为证〔二一〕;无妨自当有禾名䆃〔二二〕,非相如所用也。'禾一茎六穗于庖'〔二三〕,岂成文乎?纵使相如天才鄙拙,强为此语〔二四〕,则下句当云'麟双觡共抵之兽',不得云牺也。吾尝笑许纯儒,不达文章之体,如此之流,不足凭信〔二五〕。大抵服其为书,隐括有条例〔二六〕,剖析穷根源,郑玄〔二七〕注书,往往引以为证〔二八〕;若不信其说,则冥冥不知一点一画有何意焉〔二九〕。"

〔一〕卢文弨曰:"难,乃旦切。"

〔二〕抱经堂校定本"谓"作"为",宋本、续家训及罗本以下诸本、少仪外传上皆作"谓",今从之。

〔三〕宋本"言"作"明",续家训及罗本以下诸本、少仪外传、示儿编二二引都作“言”,今从之。

〔四〕续家训“云”上有“言”字,当衍其一。

〔五〕续家训及罗本以下诸本“拊”作“抚”,古通,诗小雅蓼莪“拊我育我”,后汉书梁竦传引作“抚我畜我”,即其例证。王叔岷曰:“后汉书方术左慈传:‘操大拊掌笑。’”

〔六〕卢文弨曰:“六文即六书。分,扶问切。许慎说文序:‘周礼:八岁入小学,保氏教国子,先以六书:一曰指事,视而可识,察而可见,上下是也;二曰象形,画成其物,随体诘诎,日月是也;三曰形声,以事为名,取譬相成,江河是也;四曰会意,比类合谊,以见指㧑,武信是也;五曰转注,建类一首,同意相受,考老是也;六曰假借,本无其字,依声托事,令长是也。’又曰:‘分别部居,不相杂厕,凡十四篇,五百四十部,九千三百五十三文,重一千一百六十三,解说凡十三万三千四百四十一字。其建首也,立一为耑,方以类聚,物以群分,同条牵属,共理相贯,杂而不越,据形系联,引而申之,以究万原,毕终于亥,知化穷冥。’”

〔七〕郝懿行曰:“案:此许氏说文所以考信往古、有验来今、永为不刊之书也。然传写至今,亦或有部分杂厕,点画淆讹,而令人不觉其误者矣。好学深思之士,所以孜孜矻矻,必于此究心焉尔。”

〔八〕庄子齐物论:“六合之外,圣人存而不论。”

〔九〕赵曦明曰:“‘改’俗本作‘临’,今从宋本。”器案:续家训、罗本、傅本及少仪外传、示儿编引亦作“改”。

〔一〇〕卢文弨曰:“郑康成注易,苞蒙,苞当作彪,苞荒,荒当作康,枯杨之枯,读为无姑,皆甲宅之皆,读为倦解。其于三礼,或从古文,或从今文。杜子春、二郑于周礼,亦时以意属读。此所谓改文从意者也。”

〔一一〕赵曦明曰:“左宣十二年传:‘楚重至于邲,潘党曰:“君盍筑武军而收晋尸,以为京观?臣闻克敌必示子孙,以无忘武功。”楚子曰:“非尔所知也。夫文止戈为武。”’”

〔一二〕赵曦明曰："左宣十五年传：'伯宗曰："天反时为灾，地反物为妖，民反德为乱，乱则妖灾生，故文反正为乏。"'"

〔一三〕赵曦明曰："左昭元年传：'晋侯有疾，秦伯使医和视之，曰："是谓近女室，疾如蛊。"赵孟曰："何谓蛊？"对曰："淫溺惑乱之所生也。于文皿虫为蛊，谷之飞亦为蛊，在周易'女惑男、风落山谓之蛊☶'，皆同物也。"'"

〔一四〕赵曦明曰："左襄三十年传：'晋悼夫人食舆人之城杞者。绛县人或年长矣，无子，而往与于食。疑年，使之年，曰："臣生之岁，正月甲子朔，四百有四十五甲子矣。其季于今三之一也。"吏走问诸朝，史赵曰："亥有二首六身，下二如身，是其日数也。"士文伯曰："然则二万六千六百有六旬也。"'"

〔一五〕宋景文笔记下："学者不读说文，余以为非是。古者有六书，安得不习？春秋'止戈为武'，'反正为乏'，'亥二首六身'，韩子'八厶为公'，子夏辨'三豕渡河'，仲尼登泰山，见七十二家字皆不同，圣贤尚尔，何必为固陋哉！"

〔一六〕赵曦明曰："俗本分段，今从宋本连。"器案：续家训亦分段。少仪外传、示儿编引省略"又相如封禅书曰"云云一段，直接下文"大抵服其为书"云云，则所见亦不分段。

〔一七〕赵曦明曰："汉书司马相如传：'相如既病免，家居茂陵，天子使所忠往求其书，而相如已死，其妻曰："长卿未死时，为一卷书，曰：有使来求书，奏之。"其书言封禅事。'注：'郑氏曰："导，择也。一茎六穗，谓嘉禾之米于庖厨以供祭祀。"服虔曰："牺，牲也；觡，角也；抵，本也。武帝获白麟，两角共一本，因以为牲也。"'"卢文弨曰："案：作'导'者，汉书也，文选从之，史记则作'㠭'字。觡，古百切。"

〔一八〕说文系传卷三十六袪妄篇引作"导，择禾也"。

〔一九〕赵曦明曰："后汉光武纪：'建武十三年正月，诏曰："往年已敕郡国异味不得有所献御，今犹未止。非徒有豫养导择之劳，至乃烦扰道上，疲费过所；其令太官勿复受。"'"器案：后汉书和熹邓皇后纪："自非供陵庙稻粱米，不得导择。"亦以导择连文为义。

〔二〇〕各本"䆃"都作"导"，下同，抱经堂校定本作"䆃"，今从之。胡本"禾"讹"未"。四库全书考证曰："'禾名'，刊本'禾'讹'未'，今改。"

〔二一〕说文系传引"引"上有"乃"字。段玉裁说文解字注七篇上䆃篆："䆃，䆃米也。从禾道声。司马相如曰：'䆃一茎六穗也。'䆃米也，三字句，各本删'䆃'字，改'米'为'禾'，自吕氏字林、颜氏家训时已然，今正。䆃，择也，择米曰䆃米，汉人语如此，雅俗共知者，汉书百官表、后汉殇帝、和帝纪皆有䆃官，注皆云：'䆃官主择米。'邓后诏曰：'减大官䆃官，自非共陵庙稻粱米，不得䆃择。'光武诏曰：'郡国异味，有豫养䆃择之劳。'凡作'导'者，讹字也。䆃米是常语，故以䆃米释䆃篆，如河下云河水、嶲下云嶲周之比，浅人概谓复字而删之，又改'米'为'禾'，吕忱、徐广、颜之推、司马贞皆执误本说文，谓䆃是禾名，岂知䆃果禾名，则许书之例，当与穖、穆、私三篆为伍，而不厕于此。"又曰："史、汉司马相如传封禅文曰：'囿驺虞之珍群，徼麋鹿之怪兽，䆃一茎六穗于庖，牺双觡共抵之兽，获周馀珍，放龟于岐，招翠黄乘龙于沼。'郑德云：'䆃，择也。一茎六穗，谓嘉禾之米。'郑语最明憭。言于庖者，择米作饭，必于庖也。吕忱乃云'禾一茎六穗谓之䆃'，盖不读封禅文，而误断许书之句度矣。"

〔二二〕续家训"䆃"讹"道"。

〔二三〕胡本"穗"讹"稔"。

〔二四〕卢文弨曰："强，其两切。"

〔二五〕卢文弨曰："案：䆃是禾名，亦有择义。凡一字而兼数义者，说文多不详备；若如颜氏之说，则其书之窒碍难通者多矣，岂独此乎？"学林五曰："详观封禅书四句，每句首一字皆虚字，非实字，曰囿、曰徼、曰䆃、曰牺，乃一类也，其义可见。若以䆃为瑞禾，则其句曰禾一茎六穗于庖，于句法为无义矣。前汉百官公卿表少府属官有导官令，颜师古注曰：'导官主择米。'唐书百官志有䆃官令二人，掌䆃择米麦而供。在汉书用导字，在唐书用䆃字，而其官皆以择米麦为职，则导、䆃皆训择，又可知也。"黄生字诂曰："汉时相如、杨雄皆通古文，许氏多取其说，此䆃字特引相如，则知封禅本作䆃，汉书导字，或传写之误尔。索隐引郑训择䆃字，乃知相如自以择米为䆃，而以为嘉禾之名，则诸家皆承说文之误也。（据索隐所引，则今说文训内脱一"嘉"字。）又案导字本训引，无择义，汉少府导官主择米，以导为择，必汉时之通语，特相如识其本字宜为䆃耳，后遂通作导。释名：'导，所以栎鬓，齐主衣中玉导。'古择米必有其器，栎鬓之器似之，故以为名。唐百官志有䆃官令，尚用此䆃字。"黄承吉字诂附校曰："按：牺即是牲，不过祭祀牲之美者，而谓之为牺，其实牲也。封禅文下句云：'牺双角共抵之兽。'而上句云：'䆃一茎六穗于庖。'以下句例上句，则可见䆃即是禾，不过祭祀禾之美者，而谓之䆃，其实禾也。必如此而后相如上下句之文义乃为相当适合，非是则辞义不合。然则说文训䆃为禾，实不误也。凡实象之字，必先起于虚义，相如用䆃牺二字，乃以实象而当为虚义用之，许氏所训之禾也，是解䆃字之实象，下文引相如云'䆃一茎六穗'，兼解䆃字之虚义；郑氏之训，专是训其虚义。然字中有禾，而泛训为择，不属于禾，已非䆃字之全解，不逮许矣。䆃乃实是择禾，不择何以成为美禾，以供祭祀？犹之牺字，未有不择而成为美牲，以供祭祀者。若竟训牺为择，亦不可矣。盖非凡牲皆谓之牺，乃于众牲中独别择此牲，而谓之牺，则一举牺，而别择之义自在其中，以非别择，先无以为牺也，所谓虚义也。然虽别择，而牺固原是牲，不得谓牺因别择而遂非牲也，所谓实象也。然则牺字固原当训牲矣。牺既原即牲，则其牲虽由别择而来，然不能以别择为其牲名号之实象，亦断不得以其所以名号此牲之字，反属于别择之虚义；然则牺字亦必不得训之为择牲矣。以牺字例䆃字，则䆃字即明，牺既仍当训牲，则䆃自然仍当训禾，封禅文之導与牺，乃谓以之为導、以之为牺耳，说文固不误也。"器案：黄氏说是，所谓实象，即今之所谓名词，所谓虚义，即今之所谓名词动用，以其时尚无文法专业，故尔不觉辞费耳。陈直曰："按：汉代少府属官有导官令。西安胡氏藏有'導丞'印，（现存陕西省博物馆。）盖導为正字，导为假借字。之推以导字专训择，犹狭义。"器案：北堂书钞五五引环济帝王要略："導官令掌诸御米飞面也。"与唐志言"導择米面"说合。王叔岷曰："案说文系传引'凭'作'冯'，（冯凭古今字。）并云：'臣锴以为导训择治，乃从寸。故汉书有导官，字不从禾也。相如云：導一茎六穗于庖。犹言此禾也，则有一茎六穗在庖。此牺也，则有双觡共抵之兽。虽今之作者，对属之当，何以过此！况在古乎？上句末有于庖字，乃云禾一茎六穗于庖。下句末有之兽字，所以云牺双觡共抵之兽。犹言杀此双觡共抵之兽，交互对之尔。若依之推云：导，择也。则是择一茎六穗于庖，麟双觡共抵之兽，非徒鄙陋，乃不成文，岂相如之意哉！属对允惬，文字相避，近自陈、隋尔。封禅书又云：招翠黄乘龙于沼，鬼神按灵圉宾于闲馆。（乘下旧脱龙字，圉旧误囿。）如此者不可胜数，岂鄙拙乎？"

〔二六〕示儿编引"隐"作"檃"。少仪外传"有"作"其"，疑"具"之误。说文木部："檃，栝也。栝，檃也。"徐锴曰："按尚书有隐栝之也。隐，审也；栝，检栝也，此即正邪曲之器也。荀卿子曰'隐栝之侧多曲木'是也。（见法行篇。）古今皆借隐字。"

〔二七〕少仪外传"玄"作"氏"。

〔二八〕以，原作"其"，今据少仪外传、玉海四四引改。郝懿行曰："郑氏杂记注明引许氏说文解字一条，其它随类援证，难以悉数。又陆玑诗疏'山有栲'下亦引说文为证。"器案：仪礼既夕礼、礼记杂记注都引说文解字"有辐曰轮，无辐曰辁"。周礼考工记注引"锊，锾也"。其它相合，而未揭櫫说文之名者，尚非一二端也。

〔二九〕赵曦明曰："下当分段。"器案：续家训、少仪外传、示儿编都连写不分段。

世间小学者，不通古今，必依小篆，是正书记；凡尔雅、三苍、说文，岂能悉得苍颉本指哉？亦是随代损益，䅂有同异〔一〕。西晋已往字书，何可全非？但令体例成就，不为专辄耳〔二〕。考校是非，特须消息〔三〕。至如"仲尼居"，三字之中，两字非体，三苍"尼"旁益"丘"〔四〕，说文"尸"下施"几"〔五〕：如此之类，何由可从〔六〕？古无二字，又多假借，以中为仲，以说为悦，以召为邵，以閒为闲：如此之徒，亦不劳改。自有讹谬，过成鄙俗〔七〕，"亂"旁为"舌"〔八〕，"揖"下无"耳"〔九〕，"黿"、"鼉"从"龟"，"奮"、"奪"从"雚"〔一〇〕，"席"中加"带"〔一一〕，"恶"上安"西"〔一二〕，"鼓"外设"皮"，"鑿"头生"毁"〔一三〕，"離"则配"禹"〔一四〕，"壑"乃施"豁"，"巫"混"經"旁〔一五〕，"皋"分"泽"片〔一六〕，"猎"化为"獦"〔一七〕，"宠"变成"竉"〔一八〕，"業"左益"片"〔一九〕，"靈"底著"器"，"率"字自有律音〔二〇〕，强改为别；"单"字自有善音，辄析成异〔二一〕：如此之类，不可不治〔二二〕。吾昔初看说文，蚩薄世字〔二三〕，从正则惧人不识〔二四〕，随俗则意嫌其非，略是不得下笔也〔二五〕。所见渐广，更知通变，救前之执〔二六〕，将欲半焉。若文章著述，犹择微相影响者行之，官曹文书，世间尺牍，幸不违俗也〔二七〕。

〔一〕䅂，宋本如此作，续家训及罗本以下诸本作"各"，少仪外传上、示儿编二二引亦作"各"。又示儿编"同异"作"异同"。赵曦明曰："䅂、互同。”郝懿行曰：“𠄠，俗互字。”

〔二〕本书杂艺篇：“加以专辄造字，猥拙甚于江南。”晋书刘弘传：“敢引覆悚之刑，甘受专辄之罪。”又王濬传：“案春秋之义，大夫出疆，由有专辄。”说文段注云：“凡人有所倚恃而妄为之。”

〔三〕续家训“特”作“时”。消息注见风操篇。王叔岷曰：“案卷子本玉篇言部：‘刘向别录：雠校中经。野王案，谓考校之也。’”

〔四〕郝懿行曰：“说文亦有𡰥字，不独三苍。”说文：“𡰥，反顶受水丘也。”段玉裁注曰：“释丘曰：‘水潦所止泥丘。’释文曰：‘依字又作𡰥。’郭云‘顶上洿下’者，孔子世家：‘叔梁纥与颜氏女祷于尼丘，得孔子，生而首上圩顶，故因名曰丘，字仲尼。’按白虎通曰：‘孔子反宇，是谓尼丘，德泽所兴，藏元通流。’盖顶似尼丘，故以类命为象，𡰥是正字，泥是古通用字，尼是假借字。水潦所止，是为泥淖，仪礼注曰：‘淖者，和也。’刘瓛述张禹之说：‘仲者中也，尼者和也，孔子有中和之德，故曰仲尼。’张固从泥淖得解。颜氏家训乃曰：‘至如仲尼居三字之中，两字非体，三苍尼旁益丘，说文尸下施几，如此之类，何由可从？’玉裁谓：‘若言骇俗，则难依；若言古义，则不可不知也。又汉碑有作‘仲泥’者，浅人深非之，岂知其合古义哉？”器案：汉碑作“仲泥”，见隶释夏堪碑。

〔五〕宋本、续家训及罗本以下诸本，“尸”都作“居”，今从抱经堂校定本。卢文弨曰：“说文：‘凥，处也。从尸，得几而止。孝经曰：“仲尼凥。”凥谓闲凥如此。’案：今之居字，说文以为蹲踞字。”严式诲曰：“案：居字不误，犹下文所谓‘席中加带，恶上安西’也。”

〔六〕少仪外传及示儿编引省略“考校是非”至“何由可从”一段。卢文弨曰：“颜氏此言，洵通人之论也。庸俗之人，全不识字，固无论已；有能留意者，率欲依傍小篆，尽改世间传授古书，徒然骇俗，益为不学者所借口，颜氏所云‘特须消息’者，吾甚韪其言。且以汉人碑版流传之字亦多互异，何可使之尽遵说文？晋、魏已降，鄙俗尤多，若尽改之,凡经昔人所指摘者,转成虚语矣。故顷来所梓书,非甚谬者,不轻改也。”器案:宋景文笔记中:“仲尼居,三苍作尼,说文作𡰥。”本此。

〔七〕少仪外传“过”作“适”。

〔八〕刘盼遂曰:“以下十四句,黄门所举诸俗字,具见于邢澍金石文字辨异、杨绍廉金石文字辨异续篇、赵之谦六朝别字记、杨守敬楷法溯源、罗振玉六朝碑别字诸书,而陆德明经典释文叙录条例云:‘五经文字,乖替者多,至如黿鼉从龟,亂辭从舌,席下为带,恶上安西,析傍著片,離边作禹,直是字讹,不乱馀读。如宠字作寵,锡字为钖,用支代文,将无混旡,若斯之流,便成两失。’张守节史记正义论字例云:‘若其黿鼉从龟,亂辭从舌,覺學从與,泰恭从小,匮匠从走,巢藻从果,耕耤从禾,席下为带,美下为大,裹下为衣,极下为点,析傍著片,恶上安西,餐侧出头,離边作禹,此之等类,直是字讹。宠锡为钖,以支代文,将旡混无,若兹之流,便成两失。’陆、张所举,与黄门大同小异,殆即转袭此文欤?”

〔九〕程本“下”作“右”。徐鲲曰:“案:后魏吊殷比干墓文‘揖’作‘揖’,所谓‘下无耳’者也。顾炎武金石文字记所载诸碑别体字,如‘缉’作‘緝’、‘葺’作‘葺’之类甚多,不独‘揖’字为然。又考‘胃’为‘胥’之别体,乃更有‘胥’误为‘咠’者,如‘壻’作‘堪’、‘揟’作‘揖’之类,辗转讹谬,即‘咠’之一字,已不可致诘。”

〔一〇〕徐鲲曰:“案:此非正作‘雚’字,如后魏吊比干墓文‘奮’作‘奞’,曹娥碑‘奪’作‘奪’,皆从‘雚’之破体耳。”雚,原注:“胡官反。”宋本“反”作“切”,秦曼青校宋本仍作“反”。续家训及罗本以下诸本“胡官反”作“音馆”。

〔一一〕器案:文选上林赋:“逡巡避廗。”李善注:“‘廗’与‘席’古字通。”隶书“席”作“廗”,见汉司隶从事郭究碑、益州太守高朕修周公礼殿碑。王叔岷曰:“案庄子寓言篇:‘其家公执席,……舍者避席,……舍者与之争席矣。’日本旧钞卷子皆作廗。”

〔一二〕王叔岷曰："案庄子庚桑楚篇：'若是而万恶至者，皆天也。'日本旧钞卷子本恶作悪。"

〔一三〕韩非子外储说左上："郑县人卜子使其妻为裤，……妻子因毁新。"太平御览六九五引"毁"作"鑿"。淮南子说林篇："毁渎而止水。"意林"毁"作"鑿"。则俱以"鑿头生毁"之故也。

〔一四〕王叔岷曰："案庄子外物篇：'任公子得若鱼，离而腊之。'日本旧钞卷子本离作離。"

〔一五〕徐鲲曰："案：太公吕望碑'巫'作'巠'，而诸碑中'經'字旁多有作'丕'者，'巫'与'巠'相似，'丕'与'巫'亦相似，故以为混也。"

〔一六〕续家训及宋景文笔记上"片"作"外"。卢文弨曰："家语困誓篇：'望其圹，睪如也。'荀子大略篇作'皋如也'，如此尚多。"郝懿行曰："'皋'、'睪'古通用，大戴礼及荀子书并有此字。"器案：古"皋"、"泽"字相同，孙叔敖碑云："收九睪之利。"娄寿以为"泽"字；但"皋"为白下本（土刀切），"睪"为四下夲，本一字，汉碑从四下芈者误矣。诗大雅鹤鸣："鹤鸣于九皋。"毛传："皋，泽也。"释文引韩诗以为"九折之泽"。左传襄公十七年："泽门之皙。"诗大雅绵正义引作"皋门之皙"，释文："'泽'本作'皋'。"史记范雎传："举兵而攻荥阳，则巩、成皋之道不通。"战国策秦策三作"举兵而攻荥阳，则成睪之路不通"。史记封禅书泽山，集解徐广曰："'泽'一作'皋'。"此俱"皋"、"泽"古字同之证。

〔一七〕原注："獦，音葛，兽名，出山海经。"鲍本"葛"误作"曷"，宋景文笔记、少仪外传、示儿编引注都作"音葛"。佩觿上："兽名之獦（音葛，见山海经）为田猎（力业翻）。"即本之推此文，亦作"音葛"。

〔一八〕原注："竉，音郎动反，孔也，故从穴。"卢文弨曰："从穴者，窟竉字，五经文字音笼，今两音俱有。"

〔一九〕"片"，今从秦曼青校宋本；颜本作"阜"，续家训及馀本误作"土"，宋景文笔记误同。段玉裁曰："'土'字误，当本是'片'字；'業'俗作

'牒'，见广韵。"严式诲曰："尔雅释宫：'大版谓之業。'释文所据本正作'牒'。"

〔二〇〕器案：御览十六引春秋元命包："律之为言率也，所以率气令达也。"又引蔡邕月令章句曰："律，率也。"广雅释言："律，率也。"

〔二一〕郝懿行曰："案：篇海：'单，时战切，音善，姓也。'广韵：'单，单襄公之后。'然则单、单二文，作字虽异，音训则同，辄析成异，非通论也。又姓亦有读单复之单者，广韵云'可单氏后改为单氏'是也。"

〔二二〕卢文弨曰："治，直之切。"案：少仪外传引"治"作"知"。陈直曰："按：颜氏列举当时之俗体字，今以六朝碑刻证之，无不吻合。如亂字作乱，见于龙藏寺碑。揖字作捐，见于东魏敬使君碑。席字作廗，见于北周寇臻墓志。恶字作悪，见于东魏邑主造石像铭。鼓字作皷，见于孙秋生造像。鑿字作鑿，见于唐思顺坊造弥勒像记。離字作雜，见于龙藏寺碑。壑字作壑，见敬使君碑。皋字作睾，见于吊比干文之翱翔。猎字作獦，见于隋陈诩墓志（见古刻丛钞）及唐皇甫君碑。宠字作寵，见汉樊安碑、郑文公碑及唐李文碑。靈字作霊，见于邑主造石像铭。上列各字，仅各举一二例，只有乱字，现今仍如此写法。至于猎作獦，汉张迁碑腊字已作臈，贾谊书势卑篇迳作'不獦猛兽'，疑出六朝人之传写。宠作寵者，在六朝人从穴与从宀之字，往往不区分，犹寅之作寅、宦之作宧也。"

〔二三〕少仪外传、示儿编引"蚩"作"嗤"，古通。

〔二四〕续家训"识"作"及"。

〔二五〕少仪外传"略"作"为"。

〔二六〕胡本"救"误"赦"。

〔二七〕卢文弨曰："今常行文字，如中间从日，绵亘亦从日，苐但从艸，准许从两点去十，橘柿从市之类，亦难违俗也。案：下当分段。"器案：示儿编引止此，则以为当分段也，今从之。

案：弥亘字从二间舟，诗云“亘之秬秠”是也〔一〕。今之隶书，转舟为日；而何法盛中兴书乃以舟在二间为舟航字，谬也。春秋说以人十四心为德〔二〕，诗说以二在天下为酉〔三〕，汉书以货泉为白水真人〔四〕，新论以金昆为银〔五〕，国志以天上有口为吴〔六〕，晋书以黄头小人为恭〔七〕，宋书以召刀为邵〔八〕，参同契以人负告为造〔九〕：如此之例〔一〇〕，盖数术谬语，假借依附，杂以戏笑耳。如犹转贡字为项〔一一〕，以叱为匕〔一二〕，安可用此定文字音读乎？潘、陆诸子离合诗、赋〔一三〕，栻卜、破字经〔一四〕，及鲍昭谜字〔一五〕，皆取会流俗〔一六〕，不足以形声论之也。

〔一〕赵曦明曰：“大雅生民之篇。”卢文弨曰：“亘，古邓反，本作𠄢。”器案：宋景文笔记中：“亘从二间舟，隶改舟为日，何法盛以再一为舟航字。”即本此文，而字有讹舛，当据此订正。

〔二〕续家训、海录碎事十九“说”下衍“文”字。

〔三〕卢文弨曰：“春秋说、诗说皆纬书也，今多不传。德本作悳，乃直心也；酉本作丣。二说所言，皆非本谊。”陈直曰：“按：德本作悳，乃直心也。今以人十四心为德，则应作德。东魏武定六年邑主造石像铭字正作德。此盖北朝之俗字，当时从人从彳，本不区分，故儀字繁作儀，（见元宁造像记。）徒字省作徒，（见北齐丈八大像记。）彼字省作彼也。（见东魏李洪演造像记。）春秋说虽为古纬书，又经北朝人篹改也。”

〔四〕赵曦明曰：“后汉书光武帝纪论：‘王莽篡位，忌恶刘氏，以钱文有金刀，故改为货泉；或以货泉为白水真人。’”卢文弨曰：“案：真字，说文从匕，乃变化字，从目，从乚（音偃），八所乘载也；货字下从贝，与真字不同。”陈直曰：“按：泉字秦篆作、王莽变作，（在钱文及“宜泉扑满”、“左作货泉”陶片上皆相同。）中竖笔断，故以为白水二字。又货字作，卢氏以为从化从贝，与真字不同；窃以为此反对王莽篡汉，演出谶纬之说，本非解六书之义也。”

〔五〕卢文弨曰：“桓谭新论今不传。锟乃锟铻字，木亦作昆吾，非银也。”龚向农先生曰：“御览八百十二引桓谭新论：‘铅则金之公，而银者金之昆弟也。’”于省吾双剑誃殷契骈枝续篇：“汉龙氏竟：‘和己昆易清且明。’‘昆易’即‘银锡’，颜氏家训书证篇：‘新论以金昆为银。’是其证。”器案：正统道藏“似”字二号石药尔雅：“铅精一名金公。铅白一名金公。”银下无文，盖不以为从昆也。

〔六〕赵曦明曰：“吴志薛综传：‘综下行酒，劝西使张奉曰：蜀者何也？有犬为獨，无犬为蜀，横目句身，虫入其腹。奉曰：不当复说君吴邪？综应声曰：无口为天，有口为吴，君临万邦，天子之都。’”卢文弨曰：“案：吴字下从夨，阻力切，说文：‘倾头也。’今以为天，谬矣；惜张奉不能举而正之。”郝懿行曰：“‘国志’上疑脱‘三’字。”德案：“裴松之上三国志表已简称国志，非有脱误也。”器案：文选袁彦伯三国名臣序赞：“余以暇日，常览国志。”亦简称国志，晋书袁宏传同。陈直曰：“按：吴字在谷朗碑、赤乌七年吴家吉祥砖（见八琼室金石补正卷八页十二）及晋三临辟雍碑皆作吳，不作天上有口。至吴衡阳太守葛府君碑额（此当为梁人书），及梁吴平侯反书神道阙、隋吴公女尉富娘墓志，始皆作吴，结体为天上有口，与魏志薛综传所记正合。盖俗体在晋以前尚不能施于碑刻也。”

〔七〕抱经堂校定本“人”作“儿”，他本及海录碎事都作“人”，今改。赵曦明曰：“宋书五行志：‘王恭在京口，民间忽云：“黄头小人欲作贼，阿公在城下指缚得。”又云：“黄头小人欲作乱，赖得金刀作蕃扞。”黄字上，恭字头也；小人，恭字下也。寻如谣者言焉。’”卢文弨曰：“案：恭字上从共，下从心；黄字本作䒹，说文从田，从芨，芨，古文光；今以恭为黄头小人，非字义。又案宋志，‘忽云’当作‘忽谣云’，脱一‘谣’字。”陈直曰：“按：恭字下本从心，但欧阳询书隋皇甫君碑‘长乐恭侯’、‘恭孝为基’两恭字均正作恭，简心为小，与晋末谣谚黄头小儿正合。知唐人所写别体，必本于六朝时代。”

〔八〕傅本、颜本、胡本、海录碎事“刀”作“力”。“邵”，各本及海录碎事都作“劭”，抱经堂本作“卲”，云：“诸书多作‘劭’，讹，案文义当作‘卲’。”赵曦明曰：“宋书二凶传：‘元凶劭，字休远，文帝长子。始兴王濬素佞事劭，与劭并多过失，使女巫严道育为巫蛊，上大怒，搜讨不获，谓劭、濬已当斥遣道育，而犹与往来，惆怅惋骇，欲废劭，赐濬死。濬母潘淑妃以告濬，濬驰报劭。劭与腹心张超之等数十人及斋阁，拔刀径上，超之手行弑逆，劭即伪位。世祖及南谯王义宣、随王诞、诸方镇并举义兵，劭、濬及其子并枭首暴尸，其馀同逆皆伏诛。’南史：‘文帝谅闇中生劭，初命之曰卲，在文为召刀，后恶焉，改刀为力。’”卢文弨曰：“案：召旁作刀，只有刟字，广雅：‘断也。’音貂，必不以此为名。盖本是卲字，从卩，子结切，高也。而隶书之卩，文颇近刀，故改从力以易之。应卲、王卲，亦本从卩，今多有力旁作者。从卩训高，从力训勉，两字皆说文所有，而当时以卩为刀，故颜氏以为谬尔。今南史亦皆误。”器案：宋景文笔记上：“春秋说以人十四心为德，诗说以二在天下为酉，汉书以货泉为白水真人，新论以金昆为银，国志以天上有口为吴，晋书以黄头小人为恭，宋书以召力为劭。”即本此文。

〔九〕卢文弨曰：“参同契下篇魏伯阳自叙，寓其姓名，末云：‘柯叶萎黄，失其华荣，吉人乘负，安稳长生。’四句（当云二句）合成造字。今颜氏云‘人负告’，岂‘人负吉’之讹欤？”孙诒让曰：“汉隶‘造’字或变‘告’为‘吉’（见韩勒、礼器、孔龢诸碑），故参同契有‘吉人’之语，颜氏家训书证篇云云，于形虽合，而‘告人负造’义不可通，疑后人妄改。”郑珍曰：“汉碑‘造’作‘诰’。”陈直曰：“按：造字从辵告声，参同契原文作‘吉人乘负，安稳长生’。在魏伯阳字谜为‘人负吉’，本文则作‘人负告’。盖吉告二字，在东汉隶书即往往混同，武梁祠画像题字帝佶即帝喾，是从告变为从吉之证。”器案：佩觿上：“中兴书舟在二间为舟，（弥亘字从二间舟，今之隶书，转舟为日，而何法盛中兴书乃以舟在二间为舟航字，谬也。）春秋说人十四心为德，诗说二在天下为酉，国志口在天上为吴，晋书黄头小人为恭，参同以人负告为造，新论之金昆配物，（谓银字从金昆。）后汉之白水称祥。（时王莽作剪刀钱，文曰货泉，有类白水真人字，应汉光武中兴。自“中兴”已下至此，皆出颜氏家训。）”俞正燮癸巳类稿卷七纬字论：“汉人言纬谶非圣人所作，中多近鄙别字，颇类世俗之辞，恐贻误后生。今检五行大义释名引元命包云：‘水立字两人交一从中出者为水。一者数之始，两人譬男女，阴阳交以起一也。’开元占经地名体引元命包云：‘地者，易也，言万物怀任易变化，含吐应节，故其为字，土力于乚者为地。（此真鄙误。）’日名体引元命包云：‘四合共一者为日。’太平御览引元命包云：‘日者，口合共一。’又云：‘两口御士为喜。’又云：‘屈中挟乚而起者为史。’又云：‘仁者情志好生人，故其为人以仁，其立字二人为仁。’又云：‘八推十为木，八者阴，合十者阳数。’（亦不可解）又云：‘十加一为土。’广韵十月引元命包云：‘罔言为詈，刀詈为罚。’初学记引元命包云：‘人散二者为火。’说郛载元命包云：‘廷尉立字，士垂一人（以篆形言），诘屈折著为廷，示戴尸首，以寸者为尉，言寸度治法数之分，惟尸稽于十，舍则法有分（未详），故为尉示与尸寸。’一切经音义分别业报略集引春秋元命包云：‘荆字从刀从井，井以饮人，人入井争水，陷于泉，以刀守之，割其情欲，人畏慎以全命也，故从刀从井也。’月令正义、艺文类聚并引说题辞云：‘星精，阳之荣也，阳精为日，日分为星，故其字日下生也。’法苑珠林引说题辞云：‘天合为大一，分为殊名，故立字一大为天。’太平御览引说题辞云：

‘唫字为言口含也。(别字)’又云:‘覀米为粟,覀者,金所立,米者阳精。’又云:‘黍者,绪也,故其立字禾入水为黍。’又引考异邮云:‘其字虫动于凡中者为风。’注云:‘虫动于凡中,言阳气无不周也。’文选西都赋注引春秋汉含孳云:‘刘季握卯金刀,卯在东方,阳所立,仁且明。金在西方,阴所立,义成功。刀居右,字成章,刀击秦,枉矢东流。’颜氏家训书证篇引春秋说云:‘人十四心为德。’诗说云:‘二在天下为酉。’其言或是或否,纬直记之而已。汉以泉为白水,董为千里草,魏以角为刀下用,秦以田斗为卑,晋以亨为二月了,恭为黄头小人,宋以刘有两口,齐以桑为四十而有二点,梁以瑱为一十一十月一八,以侯景为小人百日,侯景以侯为天一人,周以宣政为宇文亡日,隋以業为苦来,唐以元吉合成唐字,李为十八子,辽以永为潢土二水,史皆记之,纬记言而已,岂能日持六书之义执谈字形,述谣谶之人而一一代之改订也。隋志言:‘东汉俗儒趋时增广。’史纬之体应尔,不得云‘俗儒趋时’也。”

〔一〇〕抱经堂校定本“例”臆改为“类”。

〔一一〕赵曦明曰:“‘如犹’二字疑倒。”

〔一二〕续家训“叱”误“匕”。徐鲲曰:“御览九百六十五东方朔别传曰:‘武帝时,上林献枣,上以所持杖击未央前殿楹,呼朔曰:“叱叱,先生来来,先生知此箧中何等物?”朔曰:“上林献枣四十九枚。”上曰:“何以知之?”朔曰:“呼朔者,上也;以杖击楹两木,两木者,林也;来来者,枣也;叱叱,四十九枚。”上大笑,赐帛十匹。’”郝懿行曰:“以叱为七,疑用东方朔对汉武帝语也。”陈直曰:“按:齐民要术叙枣引东方朔传曰:‘武帝时,上林献枣,上以杖击未央殿槛,呼朔曰:叱叱,先生来来,先生知此箧里何物?朔曰:上林献枣四十九枚。上曰:何以知之?朔曰:呼朔者上也;以杖击槛,两木林也;朔来来者,枣也;叱叱者,四十九也。上大笑,赐帛十匹。’叱字本从匕,现正以叱为七,与之推所言当日俗体字正合。本段东方朔外传以‘两来来’为枣字谜,亦为六朝人写法，此传当为六朝人所依托无疑。”

〔一三〕赵曦明曰：“晋潘岳离合诗云：‘佃渔始化，人民穴处。意守醇朴，音应律吕。桑梓被源，卉木在野。锡鸾未设，金石弗举。害咎蠲消，吉德流普。谿谷可安，奚作栋宇。嫣然以喜，焉惧外侮？熙神委命，已求多祜。叹彼季末，口出择语。谁能默诫，言丧厥所。垄亩之谚，龙潜岩阻。尠义崇乱，少长失叙。’乃‘思杨容姬难堪’六字。陆诗未见。”陈直曰：“按：离合诗体始创于东汉末孔融。潘岳所作离合诗，为思杨容姬难堪六字，杨容姬则为晋荆州刺史杨肇之女也。”

〔一四〕“栻”原作“拭”，今据段玉裁、徐鲲说校改。沈揆曰：“隋书经籍志有破字要诀一卷，又有式经一卷，拭卜破字经未详。”段玉裁曰：“‘拭’乃‘栻’之讹，是卜者所用之盘，枫天枣地，汉书王莽传内有此字，本亦作式，汉书艺文志有羡门式法。破字即今之拆字也。”徐鲲曰：“按栻卜与破字经当系两种，不连读也。段云云，鲲案：史记日者列传：‘旋式正棋。’索隐：‘案：式即栻也。’又宋书蔡廓子兴宗传：‘为郢州府参军，彭城颜敬以式卜曰：“亥当作公，官有大字者不可受也。”及有开府之授，而太岁在亥，果薨于光禄大夫之号焉。’据此，则式卜乃自为一术明矣。其破字经，段以为即今之拆字也，当考。”

〔一五〕赵曦明曰：“宋鲍照集字谜三首云：‘二形一体，四支八头，四八二八，飞泉仰流。’乃‘井’字。‘头如刀，尾如钩，中央横广，四角六抽，右面负两刃，左边双属牛。’乃‘龜’字。‘乾之一九，只立无偶，坤之二六，宛然双宿。’乃‘土’字。”郝懿行曰：“潘岳离合诗及鲍照谜字，并见艺文类聚。”

〔一六〕取会，犹言迎合也。文心雕龙谐隐：“辞浅会俗。”王叔岷曰：“案钟嵘诗品序：‘故云会于流俗。’”

河间邢芳语吾云〔一〕：“贾谊传云：‘日中必熭〔二〕。’注：‘熭，暴也。’曾见人解云：‘此是暴疾之意，正言日中不须

臾,卒然便昃耳。'此释为当乎〔三〕?"吾谓邢曰:"此语本出太公六韬〔四〕,案字书,古者曓晒字与暴疾字相似〔五〕,唯下少异,后人专辄加傍日耳。言日中时,必须曓晒,不尔者,失其时也。晋灼已有详释〔六〕。"芳笑服而退〔七〕。

〔一〕卢文弨曰:"语,牛倨切。"

〔二〕朱轼曰:"蔧,音卫。"器案:汉书贾谊传注:"孟康曰:'蔧,音卫。日中盛者必暴蔧也。'臣瓒曰:'太公曰:"日中不蔧,是谓失时;操刀不割,失利之期。"言当及时也。'师古曰:'此语见六韬,蔧谓曓晒之也。'"

〔三〕昃,篇海类编:"同昃。"卢文弨曰:"卒与猝同。当,丁浪切。"

〔四〕太公六韬,今存六卷。"日中必蔧",语见卷一文韬守土七。

〔五〕曓、暴字,鲍本、抱经堂校定本如此作,今从之,馀本都作暴。郝懿行曰:"曓晒字从米,暴疾字从夲,故云相似。"

〔六〕新唐书艺文志有晋灼汉书集注十四卷,又音义十七卷。今汉书谊本传颜注未引晋灼。颜师古汉书注叙例:"晋灼,河南人,晋尚书郎。"

〔七〕续家训"芳"误"方"。器案:续家训于"芳笑服而退"下,尚有如下一条:"礼乐志云:'给太官挏马酒。'李奇注以马乳为酒也,揰挏乃成,二字并从手,揰(都统反)挏(达孔反)此谓撞捣挺挏之;今为酪(器案:当作"酪")酒亦然。向学士又以为种桐时,大官酿马酒乃熟,极孤陋之甚也。"凡三行馀,文与勉学篇大致相同。黄丕烈跋云:"颜氏家训,以廉台田家印本为最旧,谓出于嘉兴沈揆本,余向有之,疑是元翻宋椠,今取此刻校之,书证篇十七颜氏正文多'礼乐志云给太官挏马酒'云云一条,计三行有奇,此沈本所无,而先列正文于前,向来著录家多不载此语,月霄特为拈出,俾世之见此志,如见此书矣。复见心翁又记。"器案:宋时颜氏家训有异本,尚得一证,佩觿上云:"鸡尸虎穴之议,妒媚提福之殊,杨震之鳝非鳣,丞相之林是状,摎毐变嫪,

(摎音刘,是;作嫪,郎到翻,非。)田肯云宵,削柹施脯,菆木用最。"原注云:"自鸡口已下,颜氏家训说。"案:佩觿所举,俱见此篇,惟"摎毐"无文,亦不见他篇,则宋人所见本,有轶出今本之外者矣。

卷第七

音辞　杂艺　终制

音辞第十八〔一〕

夫九州之人，言语不同，生民已来，固常然矣。自春秋标齐言之传〔二〕，离骚目楚词之经〔三〕，此盖其较明之初也。后有扬雄著方言，其言大备〔四〕。然皆考名物之同异，不显声读之是非也〔五〕。逮郑玄注六经〔六〕，高诱解吕览、淮南〔七〕，许慎造说文，刘熹制释名〔八〕，始有譬况假借以证音字耳〔九〕。而古语与今殊别，其间轻重清浊〔一〇〕，犹未可晓；加以内言外言〔一一〕、急言徐言、读若之类〔一二〕，益使人疑。孙叔言创尔雅音义〔一三〕，是汉末人独知反语〔一四〕。至于魏世，此事大行。高贵乡公不解反语，以为怪异〔一五〕。自兹厥后〔一六〕，音韵锋出〔一七〕，各有土风〔一八〕，递相非笑，指马之谕〔一九〕，未知孰是。共以帝王都邑，参校方俗，考核古今〔二〇〕，为之折衷。榷而量之〔二一〕，独金陵与洛下耳〔二二〕。

南方水土和柔,其音清举而切诣[二三],失在浮浅,其辞多鄙俗。北方山川深厚,其音沉浊而𫓧钝[二四],得其质直[二五],其辞多古语[二六]。然冠冕君子,南方为优;闾里小人,北方为愈。易服而与之谈,南方士庶,数言可辩;隔垣而听其语,北方朝野,终日难分。而南染吴、越,北杂夷虏,皆有深弊,不可具论[二七]。其谬失轻微者,则南人以钱为涎[二八],以石为射[二九],以贱为羡[三〇],以是为舐[三一];北人以庶为戍[三二],以如为儒[三三],以紫为姊[三四],以洽为狎[三五]。如此之例,两失甚多[三六]。至邺已来[三七],唯见崔子约、崔瞻叔侄[三八],李祖仁、李蔚兄弟[三九],颇事言词,少为切正。李季节著音韵决疑,时有错失[四〇];阳休之造切韵,殊为疏野[四一]。吾家儿女[四二],虽在孩稚,便渐督正之;一言讹替[四三],以为己罪矣。云为品物[四四],未考书记者[四五],不敢辄名,汝曹所知也。

〔一〕此篇,黄本全删。续家训七曰:"昔齐永明中,沈约撰四声谱;而周颙善识声韵,始以平上去入四声制韵。原其制韵,本协者为文,而音辞由此出焉。然五方之人,各各不同,格以四声,灼然可见,吴、楚则多轻浅,燕、赵则伤重浊,秦、陇则去声为入,梁、益则平声似去。至于君子之音辞,自然多同矣。春秋传曰:'楚武授师子焉。'杨雄方言:'子者,戟也。'言授众以戟也。……自周颙以来,制韵皆本于律,不可差之毫忽,如东冬、清青之类,不相通也。音辞之间,总其大较,固难如此之拘矣。"

〔二〕宋本及续家训"标"作"摽",非是,今不从;从木从扌之字,古书多混也。赵曦明曰:"春秋公羊隐五年传:'公曷为远而观鱼?登来之也。’注：‘登来，读言得来。得来之者，齐人语也；齐人名求得为得来，其言大而急，由口授也。’又桓六年正月‘寔来’传：‘曷为谓之寔来？慢之也。曷为慢之？化我也。’注：‘行过无礼谓之化，齐人语也。’详见困学纪闻七。”案：清人淳于鸿恩著公羊方言疏笺一卷，言之綦详，有光绪戊申金泉精舍刊本。

〔三〕抱经堂校定本“楚词”作“楚辞”，宋本、续家训及馀本都作“楚词”，今据改正。赵曦明曰：“史记屈原传：‘忧愁幽思而作离骚。离骚者，犹离忧也。’王逸离骚经序：‘经，径也，言己放逐离别，中心愁思，犹依道径以风谏君也。’案：逸说非是，经字乃后人所加耳。此言离骚多楚人之语，如羌字、些字等是也。”

〔四〕续家训及各本、玉海四五“其言”作“其书”，今从宋本。赵曦明：“隋书经籍志：‘扬子方言十三卷，郭璞注。’”

〔五〕宋本、玉海无“也”字，今从馀本。

〔六〕赵曦明曰：“后汉书郑玄传：‘玄字康成，北海高密人。党事禁锢，遂隐修经业，杜门不出。凡玄所注：周易、尚书、毛诗、仪礼、礼记、论语、孝经、尚书大传、中候、乾象历等，凡百馀万言。’”器案：颜文言六经，范书所举者才五经，通志玄传、册府元龟六〇五于范书所举五者之外，尚有周官礼注，史承节郑公祠堂碑亦有之，而周官礼注十二卷，今固赫然具存矣，此盖范书之传写者偶然脱之耳。

〔七〕赵曦明曰：“隋书经籍志：‘吕氏春秋二十六卷，淮南子二十一卷，并高诱注。’”器案：诱，涿人，见水经易水注。淮南子叙目载诱少从同县卢植学，建安十年，辟司空掾，除东郡濮阳令，十七年迁监河东。吕氏春秋序载诱正孟子章句，作淮南、孝经解，毕讫，复为吕氏春秋解。

〔八〕“熹”，续家训作“喜”，不可从。卢文弨曰：“隋书经籍志：‘释名八卷，刘熙撰。’册府元龟：‘汉刘熙为安南太守，撰礼谥法八卷，释名八卷。’直斋书录解题称汉征士北海刘熙成国撰，此书作刘熹，文选注引李登声类：‘熹与熙同。’世说新语言语篇：‘王坦之令伏滔、习凿齿论青、楚人物。'注:'滔集载其论略,青士有才德者,后汉时有刘成国。'又后汉书文苑传:'刘珍字秋孙,一名宝,南阳蔡阳人,撰释名三十篇。'篇数不同,非此书也。"郝懿行曰:"刘成国名熙,或言熹者,盖古字通用。"

〔九〕卢文弨曰:"此不可胜举,聊举一二以见意。郑注易大有'明辩遰',读如明星晢晢,晋初六摧读如南山崔崔,周礼太宰斿读如囿游之游,疾医祝读如注病之注,仪礼士冠礼缺读如有頍者弁之頍,乡饮酒礼疑读为仡然从于赵盾之仡,礼记檀弓居读如姬姓之姬,中庸人读如人相偶之人;高诱注吕览贵公篇䡇读车笼之笼,功名篇茹读茹船漏之茹;注淮南原道训悦读如人空头扣之扣,屈读秋鸡无尾屈之屈;许慎说文㚔读若春秋公羊传曰㚔阶而走,臤读若铿锵之铿;刘熙释名,皆以音声相近者为释。熙有孟子注七卷,今不传,文选注引'献犹轩,轩在物上之称也'。又'螬者,齐俗名之如酒槽也'。亦是譬况假借。"器案:玉海无"耳"字。陆德明释文叙录:"古人音书,止为譬况之说,孙炎始为反语。"张守节史记正义论例:"先儒音字,比方为音,至魏秘书孙炎,始作反音。"

〔一〇〕左传昭公二十年,晏子曰:"先王之济五味、和五声也,以平其心、成其政也。声亦如味,一气,二体,三类,四物,五声,六律,七音,八风,九歌,以相成也。清浊大小,短长疾徐,哀乐刚柔,迟速高下,出入周疏,以相济也。"此为最早言声音之清浊者。汉书律历志:"古者,黄帝合而不死,名察发敛,定清浊。"孟康曰:"清浊,谓声律之清浊也。"续汉书律历志:"量有轻重,平以权衡;声有清浊,协以律吕。"宋书范晔传载狱中与诸甥书以自序:"性别宫商,识清浊。"又谢灵运传论:"一简之内,音韵尽殊;两句之中,轻重悉异。"诗品序:"但令清浊通流,口吻调利。"切韵序:"欲广文路,自可清浊皆通;若赏知音,即须轻重有异。"悉昙藏卷二引沈约四声谱:"韵有二种:清浊各别为通韵,清浊相和为落韵。"又引韵诠商略清浊例云:"先代作文之士,以清浊之不足，则兼取协韵以会之；协韵之不足，则仍取并韵以成之。”释中算妙法莲华经释文卷上：“今案华字有三音，平声轻重与去声也。平声轻则花也；重则荣华，美也；去则华山，西岳也。今为取花，用平轻也。不空三藏仪轨作花字者，盖此意焉。”梦溪笔谈卷十五：“每声复有四等，谓清、次清、浊、平也，如颠天田年、邦膖庞厖之类是也。”日本见在书目小学家有清浊音一卷。

〔一一〕“内言外言”，续家训及各本作“外言内言”，今从宋本，玉海同。

〔一二〕卢文弨曰：“汉书王子侯表上：‘襄嚵侯建。’晋灼曰：‘音内言毚菟。’（原误作史记云云，今据宋本汉书校改。）又‘虒节侯起’。晋灼云：‘虒音内言鸮。’尔雅释兽释文：‘猰，晋灼音内言䶑。’而外言未见，如何休注宣八年公羊传云：‘言乃者，内而深，言而者，外而浅。’亦可推其意矣。又庄二十八年公羊传：‘春秋伐者为主，伐者为客。’何休于上句注云：‘伐人者为客，读伐长言之。’于下句注云：‘见伐者为主，读伐短言之，皆齐人语也。’高诱注吕氏春秋慎行论：‘鬨，斗也，读近鸿，缓气言之。’又注淮南本经训：‘蛩，兖州谓之螣。螣读近殆，缓气言之。’此所谓徐言也。又注地形训：‘旄读近绸缪之缪，急气言乃得之。’余谓如诗大雅文王‘岂不显’、‘岂不时’，但言‘不显’‘不时’，公羊隐元年传注‘不如’即‘如’，亦是其比。读若之例，说文为多。他若郑康成注易乾文言：‘慊读如群公溓之溓。’高诱注淮南原道训：‘抗读扣耳之扣。’类皆难解。又刘熙释名：‘天，豫、司、兖、冀以舌腹言之，天，显也；青、徐以舌头言之，天，坦也。’‘风，兖、豫、司、冀横口合唇言之，风，氾也；青、徐踧口开唇推气言之，风，放也。’古人为字作音，类多如此。”周祖谟曰：“案：内言外言、急言徐言，前人多不能解。今依音理推之，其义亦可得而说。考古人音字，言内言外言者，凡有四事：公羊传宣公八年：‘曷为或言而，或言乃？’何休注：‘言乃者内而深，言而者外而浅。’此其一；汉书王子侯表上：‘襄嚵侯建。’晋灼：‘嚵音内言毚兔。’（各本讹作“嚵菟”，今正。）此其二；‘虒节侯起。’

晋灼:'虢音内言鸮。'此其三;尔雅释兽释文:'猰,晋灼音内言餲。'此其四。推此四例推之,所谓内外者,盖指韵之洪细而言。言内者洪音,言外者细音。何以知言内者为洪音?案:㕑,唐王仁昫切韵在琰韵,音自染反(敦煌本、故宫本同),篆隶万象名义、新撰字镜并音才冉反,与王韵同;惟颜师古此字作士咸反(今本玉篇同),则在咸韵也。如是可知㕑字本有二音:一音自染反,一音士咸反。自染即渐字之音,渐三等字也;士咸即毚字之音,毚二等字也。江永音学辨微辩等列云:'音韵有四等:一等洪大,二等次大,三四皆细,而四尤细。'是三四等与一二等有洪细之殊。以今语释之,即三四等有 i 介音,一二等无 i 介音。有 i 介音者,其音细小;无 i 介音者,其音洪大。晋灼音㕑为毚兔之毚,是作洪音读,不作细音读也。颜注士咸反,正与之合。盖音之侈者,口腔共鸣之间隙大;音之敛者,口腔共鸣之间隙小。大则其音若发自口内,小则其音若发自口杪。故曰㕑音内言毚兔。是内外之义,即指音之洪细而言无疑也。依此求之,虢节侯之虢,晋灼音内言鸮,鸮,唐写本切韵在宵韵,音于骄反。(王国维抄本第三种。以下言切韵者并同,凡引用第二种者,始分别标明。)考汉书地理志济南郡有虢县,应劭音箎,苏林音爻。爻,切韵胡茅反,在肴韵,匣母二等字也。鸮则为喻母三等字。喻母三等,古归匣母,是鸮爻声同,而韵则有弇侈之异。今晋灼虢音内言鸮,正读为爻,与苏林音同。(切韵此字亦音胡茅反。)此藉内言二字可以推知其义矣。复次,尔雅释兽:'猰貐,类貙,虎爪,食人,迅走。'释文云:'猰字亦作猰,诸诠之乌八反,韦昭乌继反,服虔音翳,晋灼音内言餲。案:字书餲音噎。'今案:噎,切韵乌结反,在屑韵,四等字;餲,曹宪博雅音作于结反(见释言),与字书音噎同。考淮南子本经篇:'猰貐凿齿。'高诱云:'猰读车轧履人之轧。'轧,切韵音乌黠反,在黠韵,二等,今晋灼此字音内言餲,正作轧音,与高诱注若合符节。(切韵猰音乌黠反,即本高诱、晋灼也。)然则内言之义,指音之洪者而言,已明确如示诸掌矣。至如外言所指,由何休公羊传注可得其确解。何休云:'言乃者内而深,言而者外而浅。'乃,切韵音奴亥反,在海韵,一等字也。而,如之反,在之韵,三等字也。乃,属泥母。而,属日母。乃、而古为双声,惟韵有弇侈之殊。'乃'既为一等字,则其音侈;'而'既为三等字,则其音弇。'乃'无i介音,'而'有i介音。故曰言乃者内而深,言而者外而浅。是外言者,正谓其音幽细,若发自口杪矣。夫内外之义既明,可进而推论急言徐言之义矣。考急言徐言之说,见于高诱之解吕览、淮南。其言急气者,如:淮南俶真篇:'牛蹄之涔,无尺之鲤。'注:'涔读延祜曷问(此四字当有误),急气闭口言也。'地形篇:'其地宜黍,多旄犀。'注:'旄读近绸缪之缪,急气言乃得之。'氾论篇:'太祖軵其肘。'注:'軵,挤也,读近茸,急察言之。'说山篇:'牛车绝辚。'注:'辚读近蔺,急舌言之乃得也。'说林篇:'亡马不发户辚。'注:'辚,户限也。楚人谓之辚。辚读近邻,急气言乃得之也。'修务篇:'腃脟哆噅。'注:'腃读权衡之权,急气言之。'(腃,正文及注刻本均误作啳,今正。)此皆言急气者也。其称缓气者,如:淮南子原道篇:'蛟龙水居。'注:'蛟读人情性交易之交,缓气言乃得耳。'本经篇:'飞蛩满野。'注:'蛩,一曰蝗也,沇州谓之螣。读近殆,缓气言之。'(吕览仲夏纪:"百螣时起。"注:"螣读近殆,兖州人谓蝗为螣。"与此同。)修务篇:'胡人有知利者,而人谓之駤。'注:'駤读似质,缓气言之,在舌头乃得。'吕览慎行篇:'相与私閧。'注:'閧读近鸿,缓气言之。'此皆言缓气者也。即此诸例观之,急气缓气之说,似与声母声调无关,其意当亦指韵母之洪细而言。盖凡言急气者,多为细音字,凡言缓气者,多为洪音字。如涔,山海经北山经:'管涔之山。'郭璞注:'涔音岑。'故宫本王仁昫切韵锄簪反,在侵韵,与郭璞音合。案:岑三等字也。旄读绸缪之缪(切韵:旄,莫袍反),缪,切韵武彪反,在幽韵,四等字也。軵读近茸,(说文亦云:軵读茸。广韵而容、而陇二切。)茸,切韵(王摹第二种)而容反,在钟韵,三等字也。辚读近蔺若邻,(切韵:辚,力珍反。)蔺,广韵良刃切,在震韵。邻,切韵力珍反,在真韵。邻蔺皆三等字也。膙读若权衡之权(敦煌本王仁昫切韵及广韵字作臛,音巨员反),权,切韵巨员反,在仙韵,三等字也。以上诸例,或言急气言之,或言急察言之,字皆在三四等。至如蛟读人情性交易之交(蛟,切韵古肴反),交,切韵古肴反,在肴韵,二等字也。螣读近殆,螣,广韵徒得切,在德韵,殆,徒亥切,在德韵,螣殆双声,皆一等字也。(吕览任地篇高注:"兖州谓蜮为螣,音相近也。"蜮,广韵音或,与螣同在德韵,广韵螣音徒得切,与高注相合。)鬨读近鸿(广韵:鬨,胡贡切。),鸿,切韵(王摹本第二种)音胡笼反,在东韵,一等字也。以上诸例,同称缓气,而字皆在一二等。夫一二等为洪音,三四等为细音,故曰凡言急气者皆细音字,凡言缓气者皆洪音字。惟上述之骘字,高云:'读似质,缓气言之。'适与此说相反。盖骘广韵音陟利切,在至韵,与交质之质同音,(质又音之日切。)骘质皆三等字也。三等为细音,而今言缓气,是为不合。然缓字殆为急字之误无疑也。如是则急言缓言之义已明。然而何以细音则谓之急,洪音则谓之缓?尝寻绎之,盖细音字为三四等字,皆有i介音,洪音字为一二等字,皆无i介音。有i介音者,因i为高元音,且为声母与元音间之过渡音,而非主要元音,故读此字时,口腔之气道,必先窄而后宽,而筋肉之伸缩,亦必先紧而后松。无i介音者,则声母之后即为主要元音,故读之轻而易举,筋肉之伸缩,亦极自然。是有i介音者,其音急促造作,故高氏谓之急言。无i介音者,其音舒缓自然,故高氏谓之缓言。急言缓言之义,如是而已。此亦与何休、晋灼所称之内言外言相似。(晋灼,晋尚书郎,其音字称内言某,内言之名,当即本于何休。)盖当东汉之末,学者已精于审音。论发音之部位,则有横口在舌之法。论韵之洪细,则有内言外言急言缓言之目。论韵之开合,则有踧口笼口之名。论韵尾之开闭,则有开唇合唇闭口之说。(横口踧口开唇合唇,并见刘熙释名。)论声调之长短,则有长言短言之别。(见公羊传庄公二十八年何休注。)剖析毫厘,分别黍絫,斯可谓通声音之理奥,而能精研极诣者矣。惜其学不传,其书多亡,后人难以窥其用心耳。尝试论之,中国审音之学,远自汉始,迄今已千有馀年。于此期间,学者审辨字音,代有创获。举其大者,凡有七事:一,汉末反切未兴以前经师之审辨字音。二,南朝文士读外典知五音之分类。三,齐、梁人士之辨别四声。四,唐末沙门之创制字母。五,唐末沙门之分韵为四等。六,宋人之编制韵图。七,明人之辨析四呼。此七事者,治声韵学史者固不可不知也。"器案:论衡诘术篇:"口有张歙,声有内外。"亦言读音口有开合,声有洪细也。此又汉人之言内言外言之可考见者。又案:唐沙门不空译孔雀明王经卷上自注云:"此经须知大例:若是寻常字体旁加口者,即弹舌呼之;但为此方无字,故借音耳。"弹舌呼借音字,即两汉以来转读外语对音之发展,此又治声韵学史者不可不知之事也。又案:卢文弨所举难解之郑、高二读,则郑注之"群公溓",当即公羊传文十三年之"群公廪",廪溓不同,盖即严、颜之异,清人类能言之(详陈立公羊义疏)。至高注之"扣耳",盖为"扣首"(向宗鲁先生说)或"扣马"(李哲明说)之误。则一为异文,一为讹字,至为明白,而曰"类皆难解",何耶!又案:段玉裁周礼汉读考序:"汉人作注,于字发疑正读,其例有三:一曰读如、读若,二曰读为、读曰,三曰当为。读如、读若者,拟其音也;读为、读曰者,易其字也;……当为者,定为字之误、声之误而改其字也。"寻周礼天官序官:"六曰主,以利得民。"注:"玄谓利读如'上思利民'之利。"汉读考云:"汉人注经必兼读如、读为二者,有读为而后经可通也。说文解字之例有读如,无读为,只释其本字,不必易字也。又读如之下必用他字而不用本字,盖字书之体,一字而包数音数义,不为分别之词。"此言读如、读为之分,因明白矣。

〔一三〕何焯校改"言"为"然",云:"宋本讹'言'。"王应麟玉海小学类曰:"世谓仓颉制字,孙炎作音,沈约撰韵,同为椎轮之始。"赵曦明曰:

"隋书经籍志:'尔雅音义八卷,孙炎撰。'"卢文弨曰:"案:魏志王肃传称孙叔然,以名与晋武帝同,故称其字。陆德明释文亦云:'炎字叔然。'今此作'叔言',亦似取庄子'大言炎炎'为义。得无炎本有两字耶?故仍之。"刘盼遂引吴承仕曰:"按:炎字叔然,义相应。卢说本作'叔言'者,取'大言炎炎'之义,古来有此体例乎?明'言'为误字矣。"

〔一四〕卢文弨曰:"反音翻,下同。"郝懿行曰:"案:反语非起于孙叔然,郑康成、服子慎、应仲远年辈皆大于叔然,并解作反语,具见仪礼、汉书注,可考而知。余尝以为反语,古来有之,盖自叔然始畅其说,而后世因谓叔然作之尔。"周祖谟曰:"案反切之兴,前人多谓创自孙炎。然反切之事,决非一人所能独创,其渊源必有所自。章太炎国故论衡音理篇即谓造反语者非始于孙叔然,其言曰:'案:经典释文序例谓汉人不作音,而王肃周易音,则序例无疑辞,所录肃音用反语者十馀条。寻魏志肃传云:"肃不好郑氏,时乐安孙叔然授学郑玄之门人,肃集圣证论以讥短玄,叔然驳而释之。"假令反语始于叔然,子雍岂肯承用其术乎?又寻汉地理志广汉郡梓潼下应劭注:"潼水所出,南入垫江。垫音徒浃反。"辽东郡沓氏下应劭注:"沓水也,音长答反。"是应劭时已有反语,则起于汉末也。'由是可知反语之用,实不始于孙炎。颜师古汉书注中所录劭音,章氏亦未尽举,而应劭音外,复有服虔音数则。如惴音章瑞反,鲰音七垢反,臑音奴沟反(广韵人朱切),痏音于鬼反(广韵荣美切),踢音石臭反(广韵他历切),是也。故唐人亦谓反切肇自服虔。如景审慧琳一切经音义序云:'古来反音,多以旁纽而为双声,始自服虔,原无定旨。'唐末日本沙门安然悉昙藏引唐武玄之韵诠反音例亦云:'服虔始作反音,亦不诘定。'(大正新修大藏经)是皆谓反切始自服虔也。服、应为汉灵帝、献帝间人,是反切之兴,时当汉末,固无疑矣。然而诸书所以谓始自孙炎者,盖服、应之时,直音盛行,反切偶一用之,犹未普遍。及至孙炎著尔雅音义,承袭旧法，推而广之，故世以孙炎为创制反切之祖。至若反切之所以兴于汉末者，当与象教东来有关。清人乃谓反切之语，自汉以上即已有之，近人又谓郑玄以前已有反语，皆不足信也。"

〔一五〕赵曦明曰："魏志三少帝纪：'高贵乡公讳髦，字彦士，文帝孙，东海定王霖子，在位七年，为贾充所弑。'"周祖谟曰："案：经典释文叙录谓高贵乡公有左传音三卷。此云'高贵乡公不解反语，以为怪异'，事无可考。释文所录高贵乡公反音一条，或本为比况之音，而后人改作者也。"案：经典释文周礼"其浸波溠"下云："音诈，左传音曰：'李庄加反，字林同。'刘昨虽反，云与音大不同，故今从高贵乡公。"吴承仕经籍旧音辨证二曰："案：刘音昨虽反，韵部甚远；释文以昨虽之音为不切，故从高贵乡公之音。左传庄四年：'除道梁溠。'释文：'高贵乡公音侧嫁反。'即此之首音诈也。又按：颜氏家训称'高贵乡公不解反语，以为怪异'，而左氏释文乃引其反语，与颜说不相应。今疑高贵乡公于左传'梁溠'字直音诈，而陆德明改为侧嫁反耳。"

〔一六〕文心雕龙变通篇："自兹厥后。"尚书无逸："自时厥后。"今言从此以后。

〔一七〕荀子王制篇："尝试之说锋起。"杨倞注："锋起，谓如锋刃齐起，言锐而难拒也。"汉书东方朔传："舍人所问，朔应声辄对，变作鏠出，莫能穷者。"鏠即锋字。徐陵皇太子临辟雍颂："音辞锋起。"义同。

〔一八〕左传成公九年："使与之琴，操南音。……范文子曰：'乐操土风，不忘旧也。'"土风，谓土音也。此则作方言解，应劭风俗通义序所谓："风者，天气有寒暖，地形有险易，水泉有美恶，草木有刚柔也。俗者，含血之类，像之而生，故言语歌讴异声，鼓舞动作殊形，或直或邪，或善或淫也。"此土风之真诠也。

〔一九〕赵曦明曰："庄子齐物论：'以指喻指之非指，不若以非指喻指之非指也；以马喻马之非马，不若以非马喻马之非马也。天地，一指也。万物，一马也。'"

〔二〇〕钱馥曰："核，下革切。"

〔二一〕各本"権"作"权"，续家训作"摧"，今从宋本。文心雕龙通变篇："権而论之。"

〔二二〕景定建康志四二"独"作"唯"。卢文弨曰："金陵，今江南江宁府，吴、东晋、宋、齐、梁、陈咸都之；洛下，今之河南开封府，周、汉、魏、晋、后魏咸都之，故其音近正，与乡曲殊也。"严式诲曰："洛下为河南府，非开封府。"刘盼遂说同。周祖谟曰："金陵即建康，为南朝之都城。洛下即洛阳。世说新语雅量篇称谢安作洛生咏，刘注引宋明帝文章志云：'安能作洛下书生咏？'是俗称洛阳为洛下。洛阳为魏、晋、后魏之都城。盖韵书之作，北人多以洛阳音为主，南人则以建康音为主，故曰権而量之，独金陵与洛下耳。"器案：隋书经籍志小学类有河洛语音一卷，王长孙撰。盖即以帝王都邑之音为正音，参校方俗，考核古今，为之折衷者。

〔二三〕景定建康志无"诣"字，非是。文心雕龙乐府篇："奇辞切至。"切诣犹切至也。

〔二四〕续家训"讹钝"作"讹钝"，义较胜。卢文弨曰："讹，五禾切，说文：'圜也。'"

〔二五〕续家训"其"作"在"。论语颜渊篇："质直而好义。"

〔二六〕卢文弨曰："淮南地形训：'清水音小，浊水音大。'陆法言切韵序：'吴、楚则时伤轻浅，燕、赵则多伤重浊，秦、陇则去声为入，梁、益则平声似去。'"郝懿行曰："案：北方多古语，至今犹然。市井间阎，转相道说，按之雅记，与古不殊，学士老死而不喻，里人童幼而习知，奚独樵夫笑士，不谈王道者也？余著证俗文，颇详其事。"周祖谟曰："案：经典释文叙录云：'方言差别，固自不同，江北、江南，最为钜异。或失在浮清，或滞于重浊。'与颜说相同。颜谓南人之音辞多鄙俗者，以其去中原雅音较远，而言辞俗俚，于古无征故也。"王叔岷曰："案钟嵘诗品中评陶潜诗：'世叹其质直。'评应璩诗：'善为古语。'"

〔二七〕周祖谟曰："此论南北士庶之语言各有优劣。盖自五胡乱华以后，中原旧族多侨居江左，故南朝士大夫所言，仍以北音为主。而庶族所言，则多为吴语。故曰：'易服而与之谈，南方士庶，数言可辨。'而北方华夏旧区，士庶语音无异，故曰：'隔垣而听其语，北方朝野，终日难分。'惟北人多杂胡虏之音，语多不正，反不若南方士大夫音辞之彬雅耳。至于闾巷之人，则南方之音鄙俗，不若北人之音为切正矣。"（参见陈寅恪先生东晋南朝之吴语一文。）

〔二八〕段玉裁曰："钱，昨先切，在一先；涎，夕连切，在二仙：分敛侈。"钱馥曰："案：一先昨先切，前、寿、湔、骗、箈、籛六字，钱在二仙，昨仙切，与涎同部，而母各别，钱，从母，涎，邪母。"

〔二九〕段玉裁曰："石，常只切；射，食亦切：同在二十二昔而有别。"王叔岷曰："案淮南子兵略篇：'合战必立矢射之所及。'王念孙杂志云：'矢射当为矢石，声之误也。意林引此正作矢石，刘昼新论兵术篇同。'此所谓'以石为射'也。"

〔三〇〕段玉裁曰："贱，才线切；羡，似面切：同在三十三线而有别。"

〔三一〕段玉裁曰："是，承纸切；舐，神纸切：同在四纸而音别。"周祖谟曰："此论南人语音，声多不切。案：钱，切韵昨仙反，涎，叙连反，同在仙韵；而钱属从母，涎属邪母，发声不同。贱，唐韵（唐写本，下同）才线反，羡，似面反，同在线韵；而贱属从母，羡属邪母，发声亦不相同。南人读钱为涎，读贱为羡，是不分从邪也。石，切韵常尺反，射，食亦反，同在昔韵；而石属禅母，射属状母三等。是，切韵承纸反，舐，食氏反，同在纸韵；而是属禅母，食属床母三等。南人误石为射，读是为舐，是床母三等与禅母无分也。"

〔三二〕段玉裁曰："庶在九御，戍在十遇，二音分大小。"

〔三三〕段玉裁曰："如在九鱼，人诸切；儒在十虞，人朱切。"

〔三四〕段玉裁曰："紫，将此切，在四纸；姊，将几切，在五旨；二韵古音大分别。"

〔三五〕段玉裁曰："洽，侯夹切，入韵第三十一；狎，胡甲切，入韵第三十二。"

〔三六〕周祖谟曰："此论北人语音，分韵之宽，不若南人之密。案：庶、戍同为审母字，广韵庶在御韵，戍在遇韵，音有不同。庶，开口，戍，合口。如、儒同属日母，如在鱼韵，儒在虞韵，韵亦有开合之分；北人读庶为戍，读如为儒，是鱼、虞不分也。又紫、姊同属精母，而紫在纸韵，姊在旨韵，北人读紫为姊，是支、脂无别矣。又洽、狎同为匣母字，切韵分为两韵；北人读洽为狎，是洽、狎不分也：由此足见北人分韵之宽。"又曰："以上所论，为南北语音之大较。然亦有为之推所未论及者。如南人以匣、于为一类，北人以审母二三等为一类，是也。南人不分匣、于者，如原本玉篇云作胡勋反，属作胡甫反，经典释文论语为政章尤切为下求，唐写本尚书释文残卷猾反为于八，皆是。北人审二审三不分者，如北史魏收传博陵崔岩以双声语嘲收曰：'愚魏衰收。'洛阳伽蓝记李元谦嘲郭文远婢曰：'凡婢双声。'皆是。盖衰、双为审母二等，收、声为审母三等，今以衰收、双声为体语，是审母二三等无别也。且魏收答崔岩曰：'颜岩腥瘦。'腥属心母，瘦属审母二等，魏以腥瘦为双声，是心、审二母更有相混者矣。至于韵部，则北音钟、江不分，删、寒不分，烛、觉不分，均可由北朝人士诗文之协韵考核而知，与南朝萧梁之语音迥别，此皆颜氏之所未及论，故特表而出之。"

〔三七〕周祖谟曰："案：之推入邺，当在齐天保八年，观我生赋自注云：'至邺便值陈兴。'是也。"

〔三八〕赵曦明曰："北齐书崔㥄传：'子瞻，字彦通。聪明强学，所与周旋，皆一时名望。叔子约，司空祭酒。'"周祖谟曰："'崔瞻'，北史卷二十四作'崔赡'，赡与彦通义相应，当不误。若作'瞻'，则不伦矣。赡，㥄子，清河东武城人。北史云：'赡清白善容止，神采嶷然，言不妄发。齐大宁元年除卫尉少卿，使陈还，迁吏部郎中，天统末卒。'崔子约见同卷崔儦传，传云：'子约长八尺馀，姿神俊异，魏定武中为平原公开府祭酒。与兄子赡俱诣晋阳，寄居佛寺。赡长子约二岁，每退朝久立，子约凭几对之，仪望俱华，俨然相映；诸沙门窃窥之，以为二天人也。齐废帝乾明中为考功郎，病卒。’”

〔三九〕周祖谟曰：“李祖仁、李蔚，见北史卷四十三李谐传。谐，顿丘人，仕魏终秘书监。史称：‘谐长子岳，字祖仁，官中散大夫。岳弟庶，方雅好学，甚有家风。庶弟蔚，少清秀，有襟期伦理，涉观史传，专属文辞，甚有时誉。仕齐，卒于秘书丞。’弟若，即与刘臻、颜之推同诣陆法言门宿，共论音韵者也。见法言切韵序。”

〔四〇〕续家训“音韵”作“音谱”。赵曦明曰：“隋书经籍志：‘修续音韵决疑十四卷，李概撰。’又‘音谱四卷’。”周祖谟曰：“案：李季节见北史卷三十三李公绪传。公绪，赵郡平棘人。史云：‘公绪弟概，字季节，少好学，然性倨傲。为齐文襄大将军府行参军，后为太子舍人，为副使聘于江南，后卒于并州功曹参军。撰战国春秋及音谱，并行于世。’概平生与清河崔赡为莫逆之交，概将东还，赡遗之书曰：‘仗气使酒，我之常弊，诋诃指切，在卿尤甚。足下告归，吾于何闻过也。’（见北史崔赡传。）足见相款之密。其所著音韵决疑及音谱皆亡。音谱之分韵，敦煌本王仁昫切韵犹记其梗概。如佳、皆不分，先、仙不分，萧、宵不分，庚、耕、青不分，尤、侯不分，咸、衔不分，均与切韵不合。音韵决疑，文镜秘府论（天册）所录刘善经四声论中，尝引其序云：‘案：周礼，凡乐，圜钟为宫，黄钟为角，太族为徵，姑洗为羽。商不合律，盖与宫同声也。五行则火土同位，五音则宫商同律，闇与理合，不其然乎？吕静之撰韵集，分取无方，王微之制鸿宝，咏歌少验。平上去入，出行闾里，沈约取以和声，律吕相合。窃谓宫商徵羽角，即四声也，羽读如括羽之羽，以之和同，以位群音，无所不尽。岂其藏理（一作“埋”）万古，而未改于先悟者乎？’此论五音与四声相配之次第，为后人之所宗，故附著之。”器案：“音韵决疑”，续家训作“音谱决疑”，文镜秘府论天册四声论所录刘善经四声论引音韵决疑序云云（已见周祖谟氏所引），又曰：“经每见当世文人论四声者众矣，然其以五音配偶，多不能谐；李氏忽以周礼证明，商不合律，与四声相配便合，恰然悬同。愚谓钟、蔡以还，斯人而已。”音韵决疑原作音谱决疑，余撰文镜秘府论校注，据正智院本定为音韵决疑。隋书经籍志小学类著录：“修续音韵决疑十四卷，李概撰。音谱四卷，李概撰。”则音韵决疑与音谱为两书明矣。而日本见在书目有音谱决疑十卷，注：“齐太子舍人李节撰。”又音谱决疑二卷，注：“李概撰。”作者不知前之音谱决疑当作音韵决疑，而后之音谱决疑则又涉上文而误衍“决疑”二字，乃分别列李节、李概之名以别之，不知割裂古人名字，如介之推一作介推，维昔而然矣。陆法言切韵序云：“阳休之韵略、周思言音韵、李季节音谱、杜台卿韵略等，各有乖互。”真旦韵诠序云：“李季节之辈，定音谱于前，陆法言之徒，修切韵于后。”音谱、音韵决疑二书俱亡。音谱之分韵部，敦煌本王仁昫切韵犹存其梗概，如佳、皆不分，先、仙不分，萧、宵不分，庚、耕、青不分，尤、侯不分，咸、衔不分，皆与切韵不合也。凡切韵目录所注分部之阳、吕、夏、杜、李，阳即阳休之，吕即吕静，夏即夏侯咏，杜即杜台卿，李即李季节概也，亦可见其书之大要也。

〔四一〕赵曦明曰：“隋书经籍志：‘韵略一卷，阳休之撰。’”周祖谟曰：“北齐书卷四十二阳休之传云：‘休之，字子烈，右北平无终人。父固，魏洛阳令。休之俊爽有风概，少勤学，爱文藻，仕齐为尚书右仆射。周武平齐，除开府仪同。隋开皇二年终于洛阳。’其所著韵略已亡。（器案：今有任大椿、马国翰辑本。）刘善经四声论云：‘齐仆射阳休之，当世之文匠也。乃以音有楚、夏，韵有讹切，辞人代用，今古不同，遂辨其尤相涉者五十六韵，科以四声，名曰韵略。制作之士，咸取则焉。后生晚学，所赖多矣。’据此可知其书体例之大概。王仁昫切韵亦记其分韵之部类，如冬、钟、江不分，元、痕、魂不分，山、先、仙不分，萧、宵、肴不分，皆与切韵不合。其分韵之宽，尤甚于李季节音谱，此颜氏之所以讥其疏野也。”器案：陆法言切韵序：“阳休之韵略、周思言音韵、李季节音谱、杜台卿韵略等，各有乖互。”切韵之作，之推“多所决定”，宜二家之论定阳、李之书，讲若画一也。

〔四二〕宋本“儿女”作“子女”。

〔四三〕讹替，讹误差替。本书杂艺篇：“讹替滋生。”拾遗记二：“扶娄之国，故俗谓之婆猴技，则扶娄之音，讹替至今。”颜延之为齐世子论会稽表：“顷者以来，稍有讹替。”

〔四四〕云为，犹言所为。汉书王莽传中：“帝王相改，各有云为。”又：“灾异之变，各有云为。”“品物”，续家训作“器物”。

〔四五〕傅本、何本“考”作“可”。

古今言语，时俗不同；著述之人，楚、夏〔一〕各异。苍颉训诂〔二〕，反稗为逋卖〔三〕，反娃为於乖〔四〕；战国策音刎为免〔五〕，穆天子传音谏为间〔六〕；说文音戛为棘〔七〕，读皿为猛〔八〕；字林音看为口甘反〔九〕，音伸为辛〔一〇〕；韵集以成、仍〔一一〕、宏、登合成两韵〔一二〕，为、奇、益、石分作四章；李登声类以系音羿〔一三〕，刘昌宗周官音读乘若承〔一四〕：此例甚广，必须考校〔一五〕。前世反语，又多不切〔一六〕，徐仙民毛诗音反骤为在遘〔一七〕，左传音切椽为徒缘〔一八〕，不可依信，亦为众矣。今之学士，语亦不正；古独何人，必应随其讹僻乎〔一九〕？通俗文曰：“入室求曰搜〔二〇〕。”反为兄侯〔二一〕。然则兄当音所荣反〔二二〕。今北俗通行此音，亦古语之不可用者〔二三〕。玙璠，鲁人宝玉〔二四〕，当音余烦〔二五〕，江南皆音藩屏之藩〔二六〕。岐山当音为奇，江南皆呼为神祇之祇〔二七〕。江陵陷没，此音被于关中，不知二者何所承案〔二八〕。以吾浅学，未之前闻也〔二九〕。

〔一〕文选魏都赋："音有楚、夏。"吕向注："音，人语音也。夏，中国也。"山海经海内东经郭璞注："历代久远，古今变易，语有楚、夏，名号不同。"文镜秘府论天册引刘善经四声论："音有楚、夏，韵有讹切。"

〔二〕周祖谟曰："苍颉训诂，后汉杜林撰，见旧唐书经籍志。"

〔三〕段玉裁曰："案：广韵稗，傍卦切，与逋卖音异。一说，曹宪广雅音卖，麦稼切，入祃韵，逋卖一反，盖亦入祃韵也。"钱馥曰："卖，吴下俗音麦稼切，入祃韵，稗亦入祃韵，然固并母，不读帮母也。逋，博孤切。"钱大昕十驾斋养新录五："广韵稗，傍卦切，与逋异母。"乔松年萝藦亭札记四："案：稗在集韵读旁卦切，又步化切，是当读作罢也，今人皆读作败，作薄迈切，即之推所读逋卖反也，洪武正韵从之。"周祖谟曰："此音不知何人所加。稗为逋卖反，逋为帮母字，广韵作傍卦切，则在并母，清浊有异。颜氏以为此字当读傍卦切，故不以苍颉训诂之音为然。"

〔四〕段玉裁曰："娃，於佳切，在十三佳，以於乖切之，则在十四皆。"

〔五〕段玉裁曰："国策音当在高诱注内，今缺佚不完，无以取证。"钱大昕曰："当是高诱音，古无轻唇。"（"轻"原作"重"，从李慈铭校改。）郝懿行曰："案：说文无刎字，礼记檀弓释文云：'刎，勿粉反，徐亡粉反。'其免字，唐韵亡辨切，而檀弓及内则释文并有问音，春秋传：'陈侯免，拥社。'徐邈读免无贩切，音万。然则古音通转，音刎为免，亦未大失也。"乔松年曰："刎之音免，殆因免可读问而致然。盖读免为问，因以为刎音也。"周祖谟曰："案：刎，切韵音武粉反，在吻韵，免音亡辨反，在狝韵，二音相去较远，故颜氏不得其解。考刎之音免，殆为汉代青、齐之方音。如释名释形体云：'吻，免也，入之则碎，出则免也。'吻、刎同音，刘成国以免训刎，取其音近，与高诱音刎为免正同。又仪礼士丧礼：'众主人免于房。'注云：'今文免皆作绕。'释文：'免音问。'礼记内则：'枌榆免薨。'释文免亦音问。是免有问音也。刎、问又同为一音，惟四声小异。高诱之音刎为免，正古今方俗语音之异耳,又何疑焉。颜氏固不知此,即清儒钱大昕、段玉裁诸家,亦所不寤,审音之事,诚非易易也。”

〔六〕赵曦明曰:“穆天子传三:‘道里悠远,山川间之。’郭注:‘间音谏。’”段玉裁曰:“案颜语,知本作‘山川谏之’,郭读谏为间,用汉人易字之例,而后义可通也。后人援注以改正文,又援正文以改注,而‘间音谏’之云,乃成吊诡矣。若山海经郭传亦作‘山川间之’,则自用其说也。汉儒多如此。读谏为间,于六书则假借之法,于注家则易字之例,不当与上下文一例称引。”卢文弨钟山札记三:“文弨读韩非子内储说下六微云:‘文王资费仲而游于纣之旁,令之谏纣而乱其心。’凌瀛初本独改谏为间;不知此亦读谏为间,正与穆天子传一例。意林引风俗通:‘陈平谏楚千金。’太平御览三百四十六引零陵先贤传:‘刘备谓刘璋将杨怀曰:“汝小子何敢谏我兄弟之好。”’亦皆以谏为间。”周祖谟曰:“案:段氏之言是也。诗大雅板:‘是用大谏。’左传成公八年引作简,简即间之上声,是谏、间古韵相同。唐韵谏古晏反,在谏韵,间古苋反(去声),在裥韵,谏、间韵不同类,故颜氏以郭注为非。然不知删、山两韵,(举平声以赅上去入。)郭氏固读同一类也。如切韵菅音古颜反,在删韵,间音古闲反,在山韵,而山海经北山经‘条菅之水出焉’,郭传:‘菅音间。’是其证矣。”器案:韩非子十过篇:“内史廖曰:‘君其遗之女乐,以乱其政,而后为由余请期,以疏其谏;彼君臣有间,而后可图也。’”谏、间并用,史记秦本纪、说苑反质篇并改谏为间矣。白虎通谏诤篇:“谏者何?谏者,间也,更也,是非相间,革更其行也。”论衡谴告篇:“故谏之为言间也。”谏、间古音相近,故得假借为用也。

〔七〕钱大昕曰:“今分黠、职两韵。”周祖谟曰:“案:唐韵戛音古黠反,在黠韵,棘音纪力反,在职韵。二音韵部相去甚远,故颜氏深斥其非。今考说文音戛为棘,自有其故。盖‘戛’说文训‘戟也’。又‘戟’训‘有枝兵也,读若棘’。是戛、戟同音。戟之读棘,由于音近义通。诗斯干'如矢斯棘',左氏传隐公十一年'子都拔棘以逐之',礼记明堂位'越棘大弓',笺、注并训棘为戟,是棘戟一物也。棘本谓木丛生有刺,而戟亦谓之棘者,盖以形旁出两刃,如木之有刺,故亦曰棘。今戛既与戟、棘同义,故亦读若棘矣。考说文之读若,不尽拟其字音,亦有兼明假借者,如此之例是也。虽戛、棘、戟三字于古音之属类不同,而同为一语,皆为见母字,故得通假。段注说文戛字下云:'棘在一部(案即古韵之部),相去甚远,疑本作"读若孑"而误。'是不明说文读若之例也。然颜氏亦习于故常,仅知戛字音古黠反,而不知戛字本有二音。二者之训释亦不相同。书益稷:'戛击鸣球。'释文:'马注:戛,栎也,居八反。'此一音也。张衡西京赋:'立戈迤戛。'说文:'戛,戟也,读若棘。'此又一音也。汉人音字,固尝分别言之。如汉书王子侯表羹颉侯信,应劭云:'颉音戛击之戛。'其云'戛击之戛',正所以别于戈戛之戛也。若戛古仅有古黠反一音,应劭当直音颉为戛矣,何为词费,而云'戛击之戛'乎?足证戛字古有二音。后世韵书只作古黠反,而纪力一音乃湮没无闻矣。幸说文存之矣,而颜氏又从而非之,此古音古义之所以日渐讹替也。"

〔八〕钱大昕曰:"皿,武永切,猛,莫杏切,同韵而异切。"周祖谟曰:"说文读皿为猛,与冏读若犷同例。切韵皿,武永反;猛,莫杏反;冏,举永反;犷,古猛反,同在梗韵,而猛、犷为二等字,皿、冏为三等字,音之洪细有别,故之推以皿音猛为非。案:猛从孟声,孟从皿声,猛、孟、皿三字音皆相近。孟古音读若芒,史记芒卯,淮南子作孟卯是也。猛字,扬雄太玄经强测与伤、强协韵,则亦在阳部。说文皿、盌均云读若猛,盖谓皿、盌当与猛同韵,顾炎武唐韵正卷九云:'皿,古音武养反。'是也。"

〔九〕段玉裁曰:"看当为口干反,而作口甘,则入谈韵,非其伦矣。今韵书以邯入寒韵,徐铉所引唐韵已如此,其误正同。"周祖谟曰:"看,切韵音苦寒反,在寒韵。字林音口甘反,读入谈韵,与切韵音相去甚远。

考任大椿字林考逸所录寒韵字，无读入谈韵者，疑甘字有误。若否，则当为晋世方音之异。如忝从天声，切韵音他玷反，苂从干声，广韵音徒甘、直廉二切（广韵引字林云：小熟也），是其比矣。至如段氏所举之邯字，汉书高纪章邯，苏林音酒酣之酣，酣，故宫本王仁昫切韵音胡甘反，在谈韵，此即邯之本音。惟邯郸之邯，切韵所以收入寒韵，音胡安反者，盖受郸字之同化（assimilate）而音有变，与汉书杨雄传弸彋之彋，苏林音宏相同。段氏以此与看音口甘相比，非其类也。后世韵书邯仅作胡安反，其本音则无人知之矣。"

〔一〇〕段玉裁曰："此盖因古书信多音申故也。"钱大昕曰："古无心、审之别。"周祖谟曰："伸，切韵音书邻反，辛音息邻反，申为审母三等，辛为心母，审、心同为摩擦音，故方言中，心、审往往相乱。字林音伸为辛，是审母读为心母矣。此与汉人读蜀为叟相似。钱大昕谓古无心、审之别，非是。盖此仅为方音之歧异，非古音心、审即为一类也。"

〔一一〕续家训"成仍"作"戒佩"，未可据。魏书江式传："吕静作韵集五卷，宫、商、角、徵、羽各为一篇。"

〔一二〕段玉裁曰："今广韵本于唐韵，唐韵本于陆法言切韵。法言切韵，颜之推同撰集；然则颜氏所执，略同今广韵。今广韵成在十四清，仍在十六蒸，别为二韵。宏在十三耕，登在十七登，亦别为二韵。而吕静韵集成、仍为一类，宏、登为一类，故曰合成两韵。今广韵为、奇同在五支，益、石同在二十二昔，而韵集为、奇别为二韵，益、石别为二韵，故曰分作四章。皆与颜说不合，故以为不可依信。"钱大昕曰："汉世言小学者，止于辨别文字，至魏李登、吕静，始因文字，类其声音；虽其书不传，而宫、商、角、徵、羽之分配，实自二人始之。颜氏家训言'韵集以成、仍、宏、登合成两韵，为、奇、益、石分作四章'，犹后人分部也。"刘盼遂曰："案：据此知韵书分部，自吕静韵集已然。世谓隋代以前，惟分四声，韵目之析，始于陆法言者，非也。今清宫出唐写本王仁昫刊缪补缺切韵平声一目录，冬下注云：'无上声，阳与钟、江同，吕、夏侯别，今依吕、夏侯。'脂下注云：'吕、夏侯与微韵大乱杂，阳、李、杜别，今依阳、李。'真下注云：'吕与文同，夏侯、阳、杜别，今依夏侯、阳、杜。'臻下注云：'无上声，吕、阳、杜与真同，夏别，今依夏。'按：所云夏侯者夏侯咏，阳者阳休之，杜者杜台卿，吕即斥吕静韵集也；所云吕有别、吕有杂乱者，皆就韵集分部言也。此亦与黄门所云两部四章，足互相证明者。又按：陆云集与兄书云：'彻与察皆不与日韵，思维不能得，愿赐此一字。'又云：'李氏云雪与列韵，曹（谓子建之子志也）便不复用，人亦复云，曹不可用者，音自难得正。'又云：'音楚，愿兄便定之。兄音与献、彦之属，皆愿仲宣须赋献与服索。张公语云云："兄文故自楚，须作文为思，昔所识文，乃视兄作诔，又令结使说音耳。"'案：据上三事，决晋前无分韵之书，而尔时文士，则竞讲韵部，故吕氏分韵之书遂应运而生也。"周祖谟曰："案：为、奇、益、石分作四章者，盖韵集为、奇不同一韵，益、石不同一韵也。王仁昫切韵所注吕氏分韵之部类，与切韵不合者甚多。如脂与微相乱，真、臻、文，董、肿，语、麌，吻、隐，旱、潸，巧、皓，敢、槛，养、荡，耿、静、迥，个、祃，宥、候，艳、梵，质、栉，锡、昔、麦，叶、怗、洽，药、铎，诸韵无分，是也。"

〔一三〕隋书潘徽传："撰集字书，名为韵纂，徽为序曰：'……又有李登声类，吕静韵集，始判清浊，才分宫羽；而全无引据，过伤浅局，诗赋所须，卒难为用。'"封氏闻见记一："魏李登撰声类十卷，凡一万一千五百二十字，以五声命字。"卢文弨曰："案：广韵：系，古诣切，羿，五计切，同在十二霁，而音微有别。"钱馥曰："广韵：系，胡计切，喉音，匣母；若古诣切，则牙音，见母，乃係字之音也。羿，五计切，牙音，疑母。"周祖谟曰："李登以系音羿，牙喉音相溷矣。"

〔一四〕钱大昕曰："乘，食陵切，音同绳；承，署陵切，音同丞：此床、禅之别。今江浙人读承如乘。"段玉裁曰："广韵：乘，食陵切，音同绳；承，署陵切，音同丞。今江浙人语多与刘昌宗音合。"钱馥曰："刘读乘为丞，今人读承为乘，互有不是；乘，床母，承，禅母。”俞樾曰：“文子上德篇：‘月望日夺光，阴不可以承阳。’愚案：阴之承阳，乃是正理，何言不可乎？‘承’当为‘乘’，颜氏家训音辞篇引刘昌宗周官音读乘若承，是承乘音同也。淮南子说山篇正作‘乘’。”吴承仕经籍旧音辨证二：“案：周礼释文引昌宗音，唯此乘石一事，音常烝反，其车乘字并音绳证反。校以广韵声类，承、常属禅，乘、绳属神（唐写本切韵同），当之推时，其类别盖与切韵同，而昌宗则以常、绳同用，故特斥之，意谓乘合音食陵反，而昌宗误音为承（广韵：承，署陵切，与常烝反同音），羿合音五计反，而李登误音为系，此亦古今音变之一例。（刘昌宗下距颜之推卒时约二百四五十年。）”周祖谟曰：“案：经典释文叙录，刘昌宗周官音一卷。周礼夏官：‘王行乘石。’释文云：‘刘音常烝反。’常烝即承字音。乘为床母三等，承为禅母。颜氏以为二者有分，不宜混同，故论其非。考床、禅不分，实为古音。如诗抑：‘子孙绳绳。’韩诗外传作‘子孙承承’，绳，床母，承，禅母也。诗下武：‘绳其祖武。’后汉书祭祀志刘昭注引谢承书东平王苍上言作‘慎其祖武’，绳，床母，慎，禅母也。又释名释饮食：‘食，殖也，所以自生殖也。’以殖训食，食，床母，殖，禅母也。此类皆是。下至晋、宋，以迄梁、陈，吴语床、禅亦读同一类。如嗜，广韵常例切，玉篇音食利切是也。”王叔岷曰：“案庄子逍遥游篇：‘乘云气。’文选谢灵运七月七日夜咏牛女诗注引‘乘’作‘承’，让王篇：‘乘以玉舆。’日本旧钞卷子本‘乘’作‘承’，（书钞一五八、御览五四引并同。）并乘、承同音通用之例。”

〔一五〕后汉书律历志：“旧文错异，不可考校。”韦昭国语序：“及刘光禄于汉成世，始更考校，是正疑谬。”考校，谓考订校正也。

〔一六〕续家训“又”作“文”。钱大昕曰：“颜氏以前世反语为不切，由于未审古音。”

〔一七〕赵曦明曰：“隋书经籍志：‘毛诗音二卷，春秋左传音三卷，并徐邈撰。'"钱大昕曰:"广韵:'骤,锄祐切。'在宥韵,依徐音,当入候韵。"

〔一八〕续家训"切"作"反"。钱大昕曰:"广韵:'椽,直挛切。'古音直如特,与徒缘无二音也。今分澄、定两母。"段玉裁曰:"骤字今广韵在四十九宥,锄祐切。依仙民在遘反,则当入五十候,与陆、颜不合。广韵:'椽,直挛切。'仙民音亦与陆、颜不合。然仙民所音,皆与古音合契,而释文亦俱不取之,骤但载助救、仕救二反,皆非知仙民者也。"吴承仕经籍旧音辨证二:"案:广韵:'骤,锄祐切;椽,直挛切。'直属澄,徒属定,锄属床,在属从,古声类同。之推以徐邈之反语为不切者,疑其时声纽定、澄、床、从,皆已别异,故谓为讹僻,不可依信也。又案:今本释文,与颜引亦不相应,盖徐邈毛诗、左传音,隋、唐之际卷帙尚完,故其所称引,或非今本释文所能具也。"周祖谟曰:"徐仙民反骤为在遘,骤为宥韵字,遘为候韵字,以遘切骤,韵之洪细有殊,故颜氏深斥其非。而在遘与锄祐声亦不同,锄,床母,在,从母,床、从不同类。疑今本'在'为'仕'字之误,仕、在形近而讹。锄、仕皆床母字也。诗四牡:'载骤骎骎。'释文:'骤,助救反,又仕救反。'玉篇骤亦音仕救切,足证在为讹字。此云毛诗音反骤为仕遘,左传音切椽为徒缘,上论韵,下论声,若作在遘,则声韵均有不合,于辞例不顺,故知在必有误。椽,徐反为徒缘者,考左传桓公十四年:'以大宫之椽,归为卢门之椽。'释文:'椽,音直专反。'直专与徒缘本为一音,但直专为音和切,徒缘为类隔切,颜氏病其疏缓,故曰不可依信。"

〔一九〕钱大昕曰:"读此知古音失传,坏于齐、梁,颜氏习闻周、沈绪言,故多是古非今。"

〔二〇〕此句,原误作"通俗文曰入室日(句)搜",今从卢氏重校正改。按:续家训正作"入室求曰搜"。段玉裁说文解字注七篇下索篆:"索,入家挖也。挖,求也。颜氏家训曰:'通俗文云:入室求曰搜。'按当作'入室求曰索',今俗语云搜索是也。索,经典多假索为之,如探啧索隐是。"

〔二一〕续家训"侯"作"旧"。

〔二二〕郝懿行曰:"案:兄音所荣反,它无所见,唯释名云:'兄,公,俗间又曰兄伀。'与此相近;其伀即所荣声之转,或音随俗变也。"

〔二三〕段玉裁曰:"搜,所鸠反;兄,许荣反。服虔以兄切搜,则兄当为所荣反,而不谐协。颜时,北俗兄字所荣反,南俗呼许荣反,颜谓兄侯,所荣二反,虽传闻自古语,而不可用也。又搜反兄侯,则在侯韵,合今人语,而法言改入尤韵,当时韵与服异也。入室求日与法言合,黄门摭之,盖与下句连文并引。"(段说从钱馥引。)钱馥曰:"案:'日'当作'曰',不宜句;通俗文言入室寻求谓之搜,反搜为兄侯也。杨子方言:'搜,略也,求也,就室曰搜,于道曰略。'许氏说文解字:'索,入家搜也。'入室求与入家搜同意。又案:当音语气,颜氏盖谓搜所鸠反,兄许荣反,通俗文以兄切搜,则兄当音所荣反矣;而兄固许荣反也,则兄侯之反为不正矣。今北俗通行此兄侯反之音,虽是古反语,亦不可用也。若颜时北俗兄字所荣反,则兄字讹而搜字不讹也。颜氏自订兄字可矣,何必引通俗文乎?段注不得颜意。"周祖谟曰:"'此音',当指兄侯反而言,颜云兄当音所荣反者,假设之辞。其意谓搜以作所鸠反为是,若作兄侯,则兄当反为所荣矣,岂不乖谬?服音虽古,亦不可承用,故曰今北俗通行此音,亦古语之不可用者。段氏不得其解。"

〔二四〕赵曦明曰:"左定五年传:'季平子卒,阳虎欲以玙璠敛。'注:'玙璠,美玉,君所佩。'"器案:说文玉部:"玙璠,鲁之宝玉。"

〔二五〕赵曦明曰:"释文同。"

〔二六〕钱大昕曰:"烦,附袁切,藩,甫垣切,此奉、非异母。"

〔二七〕说文系传十二郊下引此句作"郊本音奇,后人始音抵也",文有讹误。钱大昕曰:"古书支与氏通,江南音不误。广韵祇、岐同纽,正用江南音,是法言亦不尽用颜说。"卢文弨曰:"广韵:'璠,附袁切;藩,甫烦切;奇,渠羁切;祇,巨支切。'岐与同纽,亦巨支切。俗间俱读岐为奇,与颜氏合。”周祖谟曰:“切韵:‘烦,附袁反;藩,甫烦反。’二字同在元韵,而烦为奉母,藩为非母,清浊有异。切韵璠作附袁反,与颜说正合。惟左传定公五年:‘季平子卒,阳虎欲以玙璠敛。’释文:‘璠音烦,又方烦反。’空海篆隶万象名义本顾野王玉篇而作,璠音甫园反。方烦、甫园,即为藩音。是江南有此一读。切韵:‘奇,渠羁反;祇,巨支反。’二字同在支韵,皆群母字,而等第有差。奇三等,祇四等。切韵岐山之岐,音巨支、渠羁二反(见王抄切韵第二种,故宫本王仁昫切韵同),易升卦象曰:‘王用享于岐山。’释文云:‘岐,其宜反,或祁支反。’亦有二音。祁支即巨支,其宜即渠羁也。颜云:‘河北、江南所读不同。’亦言其大略耳。考原本玉篇岐即作渠宜反,是江南亦有读奇者也。”

〔二八〕通鉴一四二胡注:“案,文案也,藏之以案据。”

〔二九〕续家训“之”作“知”。

北人之音,多以举、莒为矩,唯李季节云:“齐桓公与管仲于台上谋伐莒,东郭牙望见桓公[一]口开而不闭[二],故知所言者莒也[三]。然则莒、矩必不同呼[四]。”此为知音矣。

〔一〕“见”字原脱,今据宋本补。

〔二〕卢文弨曰:“管子小问篇作‘开而不阖’,说苑作‘吁而不吟’。”

〔三〕赵曦明曰:“吕氏春秋重言篇:‘齐桓公与管仲谋伐莒,谋未发而闻于国,桓公怪之。管仲曰:“国必有圣人也。”桓公曰:“嘻!日之役者,有执柘杵而上视者,意者其是耶?”乃令复役,无得相代。少顷,东郭牙至。管子曰:“此必是已。”乃令宾者延之而上,分级而立。管子曰:“子邪?言伐莒者!”对曰:“然。”管子曰:“我不言伐莒,子何故言伐莒?”对曰:“臣闻君子善谋,小人善意。臣窃意之也。”管仲曰:“子何以意之?"对曰:"臣闻君子有三色:显然喜乐者,钟鼓之色也;湫然清净者,衰绖之色也;艴然充盈,手足矜者,兵革之色也。日者,臣望君之在台上也,君呿而不唫,所言者莒也;君举臂而指,所当者莒也。臣窃以虑诸侯之不服者,其惟莒乎!臣故言之。"'‘柘杵’本作‘蹠痛’,讹,从说苑权谋篇改。"卢文弨曰:"注‘吕氏有执柘杵而上视者’,管子作‘执席食以视上者’。"器案:颜氏此文,系据管子小问篇,亦见韩诗外传四、论衡知实篇、金楼子志怪篇。段玉裁说文解字注一篇下莒篆:"然则莒、矩必不同呼,此为知音矣。按广韵莒矩虽分语、麌,然双声同呼,颜氏云‘北人读举莒同矩’者,唐韵矩其吕切,北人读举莒同之矣。李季节音谱读举莒居许切,则与矩之其吕不同呼,合于管子所云‘口开而不闭’,广韵‘矩,俱雨切’,非唐韵之旧矣。又按:孟子‘以遏徂莒’,毛诗作‘徂旅’,知莒从吕声,本读如吕,是所以口开而不闭,不第如李季节所云也。"

〔四〕卢文弨曰:"广韵举、莒俱居许切,在八语,矩,俱雨切,在九麌,故云不同呼。"段玉裁曰:"说文巨、榘同字,即今矩字也,其吕切;举、莒皆居许切,此本孙愐唐韵,唐韵距陆法言、颜黄门辈尚未远也。广韵亦引说文榘,其吕切,莒、榘同在八语而不同呼,莒第一声开口,榘第三声闭口也;若如广韵矩读俱雨切,则虽与莒分别八语、九麌,而实同呼矣。此广韵与唐韵出入不同之一条,黄门所云‘北人多以举、莒为矩’者,北人三字皆其吕切也。李季节音谱出,而后知举、莒读居许切,合于管子所云口开而不闭。又案:毛诗‘以按徂旅’,孟子作‘以遏徂莒’,然则古人莒、旅同音。莒从吕声,本读如吕,管子所云‘口开而不阖’,彼时正读吕音耳。"说文艸部莒下段玉裁注:"颜氏家训云:‘北人之音,多以举莒为矩,惟李季节云:齐桓公与管仲于台上谋伐莒,东郭牙望桓公口开而不闭,故知所言者莒也。然则莒、矩必不同呼。此为知音矣。’按:广韵莒、矩虽分语、麌,然双声同呼。颜氏云‘北人读举、莒同矩’者,唐韵:‘矩,其吕切。’北人读举、莒同之矣。

李季节音谱读举、莒'居许切',则与矩之'其吕'不同呼,合于管子所云'口开而不闭',广韵'矩,俱雨切',非唐韵之旧矣。又案:孟子'以遏徂莒',毛诗作'徂旅',知莒从吕声,本读如吕,是所以口开而不闭,不第如李季节所云也。"钱馥曰:"巨,说文以为规矩字,经典以为钜细字,唐韵其吕切,乃为巨(钜)字作音耳,说文加音切者,于巨(矩)字之下引之误也。(说文金部:"钜,其吕切。"五经文字艸部:"萭与矩同。"见考工记经典释文。萭,姜禹反,矩,俱宇反,姜禹、俱宇、俱雨,一也。)且矩即读其吕切,牙音第三群母,与莒之居许切,牙音第一见母,同为摄口呼,不无清浊之分,非有开口、闭口之别也。所云莒、矩不同呼者,自当读矩为俱雨切,与莒分八语、九麌之为是也。北音则举、莒,并读俱雨切耳。莒从吕声,不必即读为吕,如举从与声,夫岂当读为与字乎?吕,力举切,亦撮口呼。说文工部巨重文无榘字。案:㠯部𩮢字说云:'从㠯矩声。'则说文非无矩字也,正文偶缺耳。(吴氏新唐书纠谬郑馀庆传"损增仪矩",谓矩当作榘,辛楣詹事校云:"广韵、集韵皆云榘同矩,榘虽说文正字,然经典规矩字皆不从木,似不必改。"案:说固是矣,然吴氏有知,未必心服也,宜以此证之。)"牟庭相雪泥书屋杂志三:"道德经'下者举之',举与抑为韵,音纪。颜氏家训云云,据颜黄门、李季节之说,矩音几语反,微闭口言之,而举、莒皆音居倚反,微开口言之也。今之人皆以举、莒为矩,无复知古读之不同音矣。"周祖谟曰:"此引李季节之言,当见音韵决疑。举、莒切韵音居许反,在语韵,矩音俱羽反,在麌韵。颜氏举此以见鱼、虞二韵,北人多不能分,与古不合。李氏举桓公伐莒事,以证莒、矩音呼不同,其言是矣。盖莒为开口,矩为合口。故东郭牙望桓公口开而不闭,知其所言者莒也。"器案:举、莒、矩,古音呼俱同,率相通用,故春秋定公四年之柏举,公羊作伯莒;水经江水三注之举水,庾仲雍作莒水,京相璠作洰水;颜氏以举、莒、矩并举,此其征也。

夫物体自有精粗，精粗谓之好恶〔一〕；人心有所去取，去取谓之好恶〔二〕。此音见于葛洪、徐邈〔三〕。而河北学士读尚书云好生恶杀〔四〕。是为一论物体，一就人情，殊不通矣〔五〕。

〔一〕续家训不重"精粗"二字。卢文弨曰："好、恶并如字读。"

〔二〕续家训不重"去取"二字。宋本原注："上呼号、下乌故反。"器案：经典释文叙录条例、史记正义论音例俱云："夫质有精粗，谓之好恶；心有爱憎，称为好恶。"说与颜氏同，盖俱本之葛洪、徐邈。

〔三〕周祖谟曰："案：以四声区别字义，始于汉末。好、恶之有二音，当非葛洪、徐邈所创，其说必有所本（详见拙著四声别义释例）。葛有要用字苑一卷，见两唐志。徐有毛诗、左传音，见经典释文叙录。"

〔四〕宋本原注："好，呼号反。恶，於谷反。"

〔五〕卢文弨曰："顾氏炎武音论：'先儒两声各义之说不尽然。余考恶字，如楚辞离骚有曰："理弱而媒拙兮，恐导言之不固。时溷浊而嫉贤兮，好蔽美而称恶。闺中既已邃远兮，哲王又不寤。怀朕情而不发兮，余焉能忍与终古。"又曰："何所独无芳草兮，尔何怀乎故宇。时幽昧以眩曜兮，孰云察余之美恶。"汉赵幽王友歌："我妃既妒兮，诬我以恶。谗女乱国兮，上曾不寤。"此皆美恶之恶而读去声。汉刘歆遂初赋："何叔子之好直兮，为群邪之所恶；赖祁子之一言兮，几不免乎徂落。"魏丁仪厉志赋："嗟世俗之参差兮，将未审乎好恶；咸随情而与议兮，固真伪以纷错。"此皆爱恶之恶而读入声。乃知去入之别，不过发言轻重之间，而非有此疆尔界之分也。'案：顾氏此言极是，但不可施于今耳。"钱大昕曰："予谓顾氏之说辨矣。读颜氏家训乃知好、恶两读，出于葛洪字苑，汉、魏以前，本无此分别也。陆氏经典释文于孝经'爱亲者不敢恶于人'、'行满天下无怨恶'并云：'恶，乌路反，旧如字。’‘示之以好恶而民知禁’云：‘好，如字，又呼报反；恶，如字，又乌路反。’元朗本笃信字苑者，而于此处兼存两读，可见人之好恶，物之好恶，义本相因，分之无可分也。”郝懿行曰：“案：好恶古音多不分别。臧玉林经义杂记第十五云：‘案：孝经天子章：“爱亲者不敢恶于人。”卿大夫章：“行满天下无怨恶。”释文并云：“恶，乌路反，旧如字。”又三才章：“示之以好恶而民知禁。”释文：“好，如字，又呼报反；恶，如字，又乌路反。”则好、恶二字，虽各具两义，古人实通之矣。“读尚书云好生恶杀”句，原注“好，呼号反”，当依唐韵作呼皓切，此盖误。’”

甫者，男子之美称，古书多假借为父字；北人遂无一人呼为甫者，亦所未喻〔一〕。唯管仲、范增之号，须依字读耳〔二〕。

〔一〕王国维观堂集林卷三女字说曰：“经典男子之字，多作某父，彝器则皆作父，无作甫者，知父为本字也。男子字曰某父，女子字曰某母，盖男子之美称莫过于父，女子之美称莫过于母，男女既冠笄，有为父母之道，故以某父某母字之也。汉人以某甫之甫为且字，颜氏家训并讥北人读某父之父与父母之父无别，胥失之矣。”王叔岷曰：“案庄子让王篇：‘大王亶父居邠。’诗大雅绵正义引‘父’作‘甫’，尚书大传略说、家语好生篇并同，亦父、甫通用之例。”

〔二〕宋本原注：“管仲号仲父，范增号亚父。”卢文弨曰：“案：太公望号师尚父，乃师之尚之父之，亦当依字读。”郝懿行曰：“臧玉林又云：‘说文父作⿱，从又举杖；甫作𤰈，从用父，父亦声。是父甫本同声，故经传多假父为甫。士冠礼曰：“伯某父。”注：“甫是丈夫之美称，孔子为尼甫，周大夫有嘉父（案：即诗家父），宋大夫有孔甫，是其类。字或作父。”又“章甫”注：“甫或为父。”诗大明：“维师尚父。”传：“尚父，可尚可父。"笺云:"尚父,吕望也,尊称焉。"正义云:"父亦男子之美号。"释名释亲:"父,甫也,始生己也。"则父、甫非特字通,义亦本通,是皆不必强为区别矣。'懿行按:据诗正义,以尚父之父亦男子之美称,此说是也。"周祖谟曰:"甫、父二字不同音,切韵:'甫,方主反;父,扶雨反。'皆麌韵字,而甫非母,父奉母。北人不知父为甫之假借,辄依字而读,故颜氏讥之。"

案:诸字书,焉者鸟名〔一〕,或云语词,皆音于愆反〔二〕。自葛洪要用字苑分焉字音训:若训何训安,当音于愆反,"于焉逍遥"、"于焉嘉客"〔三〕、"焉用佞"、"焉得仁"〔四〕之类是也;若送句〔五〕及助词,当音矣愆反,"故称龙焉"、"故称血焉"〔六〕、"有民人焉"、"有社稷焉"〔七〕、"托始焉尔"〔八〕、"晋、郑焉依"〔九〕之类是也。江南至今行此分别,昭然易晓;而河北混同一音,虽依古读,不可行于今也〔一〇〕。

〔一〕"者"字原误作"字",宋本以下诸本及续家训都作"者",今据改正。野客丛书八亦误作"字"。

〔二〕"词"原作"辞",宋本以下诸本及续家训、野客丛书都作"词",今据改正。"音于愆反",野客丛书作"音嫣",下同,当出王楙所改。

〔三〕赵曦明曰:"见诗小雅白驹篇。"

〔四〕赵曦明曰:"见论语公冶长篇。"

〔五〕器案:古言文章,有发送之说,发句安头,送句施尾。文心雕龙颂赞篇:"昭灼以送文。"又章句篇:"乎哉矣也,亦送末之常例。"日本藤原宗国作文大体:"送句,施尾。者也,而已,者欤,如是,云尔,如尔,如此,如件,以何,毕之,者乎,如斯,焉,矣,耳,乎,哉,也,此等类皆名送句。”野客丛书“助词”作“助语”，“音矣愆反”作“音延”，亦出王楙所改。

〔六〕赵曦明曰：“见易坤文言。”

〔七〕赵曦明曰：“见论语先进篇。”

〔八〕赵曦明口：“隐二年公羊传文。”

〔一九〕赵曦明曰：“隐六年左传文。”

〔一〇〕周祖谟曰：“案：焉音于愆反，用为副词，即安、恶一声之转。安（乌寒切）恶（哀都切）皆影母字也。焉音矣愆反，用为助词，即矣、也一声之转。矣（于纪切）也（羊者切）皆喻母字也。焉（于愆反）焉（矣愆反）之分，陆氏经典释文区别甚严。凡训何者，并音于虔反，语已辞，则云如字。如左传隐公六年：‘我周之东迁，晋、郑焉依。’释文：‘焉如字，或于虔反，非。’（案：晋、郑焉依，即晋、郑是依之意。）又论语：‘子曰：“十室之邑，必有忠信如丘者焉，不如丘之好学也。”’释文：‘焉如字，卫瓘于虔反，为下句首。’（案：晋卫瓘注本，焉字属下句。）是也。惟公羊桓公二年：‘殇公知孔父死，己必死，趋而救之，皆死焉。’释文焉音于虔反，殆误。”器案：野客丛书八：“左传：‘晋、郑焉依。’今读为延字，非嫣字也。然观庾信有‘晋、郑靡依’之语，是读为嫣字矣。考颜氏家训云云，然则‘晋、郑焉依’者，谓晋、郑相依也，焉者语助，而庾信谓靡依，则失其义。”今案：庾信谓靡依，即释文所云“或于虔反”之音也。

邪者〔一〕，未定之词〔二〕。左传曰“不知天之弃鲁邪？抑鲁君有罪于鬼神邪〔三〕”，庄子云“天邪地邪〔四〕”，汉书云“是邪非邪〔五〕”之类是也。而北人即呼为也〔六〕，亦为误矣〔七〕。难者曰：“系辞云：‘乾坤，易之门户邪〔八〕？’此又为未定辞乎〔九〕？”答曰：“何为不尔！上先标问，下方列德以

折之耳〔一〇〕。”

〔一〕宋本原注:“音琊。”

〔二〕经典释文序录:“如、而靡异,邪(不定之词)、也(助句之词)弗殊,如此之俦,恐非为得,将来君子,幸留心焉。”

〔三〕赵曦明曰:“见左昭廿六年传,第二句不作邪,本文‘是故及此也’,也亦可通邪,说在下。”

〔四〕卢文弨曰:“案:当作‘父邪母邪’,见大宗师篇。”王叔岷曰:“案此疑是庄子佚文,不必改从大宗师篇。”

〔五〕赵曦明曰:“武帝李夫人歌,见外戚传。”

〔六〕罗本、傅本、颜本、程本、胡本、何本、朱本“也”下有“字”字。郝懿行曰:“案:呼邪为也,今北人俗读犹尔。”

〔七〕卢文弨曰:“案:也字可通邪,如论语:‘子张问十世可知也?’荀子正名篇:‘其求物也?养生也?粥寿也?’皆作邪字用。当由互读,故得相通。”周祖谟曰:“案:卢说是也。邪、也古多通用。惟后世音韵有异,切韵邪以遮反,在麻韵,也以者反,在马韵,邪平声,也为上声。”

〔八〕赵曦明曰:“本文乃‘乾坤其易之门邪’。”器案:释文:“‘其易之门邪’,本又作‘门户邪’。”

〔九〕罗本、傅本、程本、胡本此句作“此又未为定辞乎”,何本作“此又未为定词乎”。

〔一〇〕“方”原误作“乃”,各本俱作“方”,今据改正。“列”,程本作“刻”,刘盼遂引吴承仕曰:“‘列德’当作‘效德’,校者意改为‘列’耳。”器案:吴说是,程本作“刻”,即“效”之讹体也。又案:刘淇助字辨略二:“案:凡邪、乎、与、哉,并有两义:一疑而未定之辞,一咏叹之辞。如‘乾坤其易之门邪’,是咏叹辞也。如管子‘如此而近有德而远有色,则四封之内视其君,其犹父母邪’,韩昌黎施先生墓铭‘县曰万年,原曰神禾,高四尺者,先生墓邪’,并是咏叹之辞。呼邪为也,固非;而单训未定，其意亦狭。”

江南学士读左传，口相传述[一]，自为凡例[二]，军自败曰败，打破人军曰败[三]。诸记传未见补败反，徐仙民读左传，唯一处有此音[四]，又不言自败、败人之别，此为穿凿耳[五]。

〔一〕续家训“口相传述”作“曰相传迷乱”，疑有讹误。

〔二〕杜预春秋序：“其发凡以言例，皆经国之常制，周公之垂法，史书之旧章，仲尼从而修之，以成一经之通体。”凡例一词本此，至今相沿袭用也。

〔三〕宋本原注：“败，补败反。”

〔四〕续家训“处”作“家”。

〔五〕臧琳经义杂记二六：“案：经典释文条例云：‘夫质有精粗，谓之好恶（并如字），心有爱憎，称为好恶（上呼报反，下乌路反），当体即云名誉（音预），论情则曰毁誉（音馀），及夫自败（蒲迈反）、败他（蒲败反）之殊，自坏（呼怪反）、坏撤（音怪）之异，此等或近代始分，或古已为别，相仍积习，有自来矣。余承师说，（案：唐书本传云：“受学于周宏正。”）皆辩析之。’又郭忠恕佩觿上云：‘国风（如字）之为曰风（去声），男女（如字）之为女（尼据翻），于名誉（去声）之为毁誉（平声。大象赋云：“有少微之养寂，无进贤之见誉，参器府之乐肆，犯贯索之刑书。”），自败（如字）之为败（补迈翻。案：已上皆原注。），他其求意，有如此者。’则自败、败他之有别，与好恶、毁誉、名誉等例同耳。好恶、毁誉等既有两读，则败字亦不当混一。公羊传宣八年，伐字亦有长言短言之别，左传哀元年‘夫先自败也已’，败当蒲迈反，‘安能败我’，败当蒲败反。河北学士读尚书‘好生恶杀’皆如字，颜氏尝以为‘不通人情物体’，何于此败字又泥之甚耶？”卢文弨曰：“左氏哀元年传:'夫先自败也已,安能败我?'案:释文无音,知本不异读也。"钱大昕曰:"广韵十七夬部,败有薄迈、补迈二切,以自破、破他为别,此之推指为穿凿者。"刘盼遂曰:"案:敦煌唐写本切韵去声十七夬:'败,薄迈反,自败曰败。'又:'败字北迈反,破他曰败。'是颜氏定切韵时,分自败、败他二音,依江南音读,与家训合。又案:王氏筠说文句读辵部退字注云:'退,敦也,攴部败,毁也,是知退、败一字,此重文之在两部者也。颜氏家训"江南学士读左传自败曰败,打破人军曰败"。此人殆不知有退字,若知之,当如字林之分坏、敦为二字矣。'"周祖谟曰:"案:自败、败人之音有不同,实起于汉、魏以后之经师,汉、魏以前,当无此分别。徐仙民左传音亡佚已久,惟陆氏释文存其梗概。释文于自败、败他之分,辨析甚详。叙录云:'夫质有精粗,谓之好恶(并如字),心有爱憎,称为好恶(上呼报反,下乌路反);当体即云名誉(音预),论情则曰毁誉(音馀);及夫自败(蒲迈反)、败他(补败反,补原误作蒲,今正)之殊,自坏(呼怪反)、坏撤(音怪)之异,此等或近代始分,或古已为别,相仍积习,有自来矣。余承师说,皆辨析之'云云。考左传隐公元年:'败宋师于黄。'释文云:'败,必迈反,败佗也,后放此。'斯即陆氏分别自败、败他之例。他如'败国'、'必败'、'败类'、'所败'、'侵败'等败字,皆音必迈反。必迈、补败音同。是必江南学士所口相传述者也。尔后韵书乃兼作二音,唐韵夬部:'自破曰败,薄迈反;破他曰败,北迈反。'即承释文而来。北迈与必迈、补败同属帮母,薄迈与蒲迈同属并母,清浊有异。卢氏引左传哀公元年'自败败我'释文无音一例,以证本不异读,非是。盖此或释文偶有遗漏,卷首固已发凡起例矣。"器案:尚书太甲中:"欲败度,纵败礼。"释文:"败,必迈反,徐甫迈反。"此处败字二音,主次有别,所以明清浊有异,亦徐仙民音之可考见者。

古人云:"膏粱难整[一]。"以其为骄奢自足,不能克励也〔二〕。吾见王侯外戚语多不正，亦由内染贱保傅、外无良师友故耳〔三〕。梁世有一侯，尝对元帝饮谑，自陈“痴钝”，乃成“飔段”，元帝答之云：“飔异凉风〔四〕，段非干木〔五〕。”谓“郢州”为“永州”。元帝启报简文，简文云：‘庚辰吴入，遂成司隶〔六〕。”如此之类，举口皆然。元帝手教诸子侍读，以此为诫〔七〕。

〔一〕续家训“整”作“正”，与国语合。卢文弨曰：“晋语七：悼公曰：‘夫膏粱之性难正也，故使惇惠者教之，使文敏者道之，使果敢者谂之，使镇靖者修之。’”器案：六朝以膏粱为富贵之美称。柳芳论氏族：“凡三世有三公者曰膏粱，有令、仆者曰华腴。”

〔二〕器案：文选陆士衡君子有所思行注及王子渊圣主得贤臣颂注引贾逵国语注曰：“膏，肉之肥者，粱，食之精者，言其食肥美者率骄放，其性难正也。”颜说本之。

〔三〕“良”各本作“贤”，抱经堂校定本从宋本作“良”，案：续家训亦作“良”，今从之。又续家训无“保”、“友”二字。

〔四〕赵曦明曰：“说文：‘飔，凉风也。’”

〔五〕赵曦明曰：“段干木，魏文侯时人。广韵引风俗通，以段为氏。”器案：类说卷六庐陵官下记：“有武将见梁元帝，自陈‘痴钝’，乃讹为‘飔段’，帝笑曰：‘飔非凉风，段非干木。’”即本此文。

〔六〕赵曦明曰：“春秋：‘定四年冬十有一月庚午，蔡侯以吴子及楚人战于柏举，楚师败绩，楚囊瓦出奔郑。庚辰，吴入郢。’”钱大昕曰：“案司州所领郡县无永州之名，窃疑‘永’为‘雍’之讹，郢、雍声相近，犹钝之与段耳。雍州正汉司隶州所部也。”龚道耕先生曰：“后汉鲍永为司隶校尉，有名。六朝文词，习用其事，故简文云然。谓其以庚辰吴入之郢，误呼为鲍司隶之名耳，与地理无涉。”周祖谟曰：“案：梁侯自陈'痴钝'而成'飔段',上字声误,下字韵误。盖痴切韵丑之反,飔楚治反,二字同在之韵,而痴为彻母,飔为穿母二等,舌齿部位有殊。钝王仁昫切韵徒困反,在慁韵,段徒玩反,在翰韵,同属定母,而韵类有别。故元帝短之。至如谓'郢州'为'永州',则声韵皆非矣。郢切韵以整反,在静韵,永荣眪反,在梗韵。梗、静韵有洪杀,以、荣声有等差,岂可混同?其音不正,是不学之过也。简文所云'庚辰吴入'云者,曾运乾喻母古读考云:'后汉书:"鲍永字君长,建武十一年征为司隶校尉,永辟扶风鲍恢为都从事,帝尝曰:贵戚且宜敛手,以避二鲍。又永父宣,哀帝时为司隶校尉,永子昱,中元时拜司隶校尉,帝尝曰:吾固欲天下知忠臣之子复为司隶也。"简文答语,举春秋吴入楚都为郢之歇后语,举后汉抗直不阿之司隶为永之歇后语,齐、梁之际,多通声韵,故剖判入微如此云。'"

〔七〕"诫"原作"戒",宋本以下诸本及续家训都作"诫",今据改正。

河北切攻字为古琮〔一〕,与工、公、功三字不同,殊为僻也〔二〕。比世有人名暹〔三〕,自称为纤〔四〕;名琨,自称为衮;名洸,自称为汪;名訠〔五〕,自称为獡〔六〕。非唯音韵舛错〔七〕,亦使其儿孙避讳纷纭矣〔八〕。

〔一〕续家训"切"作"反"。

〔二〕赵曦明曰:"广韵攻与公、工、功皆同纽。"器案:尚书甘誓:"左不攻于左,汝不恭命;右不攻于右,汝不恭命。"墨子明鬼下引两"攻"字都作"共",与河北切音近。经典释文叙录条例云:"又以登、升共为一韵,攻、公分作两音,如此之俦,恐非为得。"陈直曰:"战国时陶工人题名,皆作匋攻某,攻工同声,本无疑义,故之推引为笑柄。"

〔三〕颜本、程本、胡本、朱本"比"作"北",未可从。北齐有崔暹,北齐书有传,此或指其人。

〔四〕卢文弨曰:"广韵暹与纤皆息廉切,不知颜读何音。"

〔五〕"礿",宋本原注:"音药。"

〔六〕宋本原注:"鑠音烁。"崇文本"烁"误"焥",陈汉章曰:"'焥'当是'烁'之讹,广韵十八药:'烁,书药切。'同纽下有鑠。"

〔七〕王叔岷曰:"案楚辞九叹惜贤:'情舛错以曼忧。'"

〔八〕赵曦明曰:"盖谓同音之字难避也。"周祖谟曰:"案:此杂论当时语音之不正。攻字切韵(王写本第二种)有二音:一训击,在东韵,与工、公、功同纽,音古红反;一训伐,在冬韵,音古冬反。二者声同韵异。此云河北切为古琮,即与古冬一音相合。颜氏以为攻当作古红反,河北之音,恐未为得。暹、纤切韵并音息廉反,在盐韵,颜读当与切韵相同,疑此'纤'字或为'歼'、'瀸'等字之误。歼、瀸切韵子廉反,亦盐韵字,而声有异。暹心母,歼精母也。琨切韵古浑反,在魂韵,衮古本反,在混韵,一为平声,一为上声,读琨为衮,则四声有误。洸切韵古皇反,汪乌光反,二字同在唐韵,而洸为见母,汪为影母。读洸为汪,牙喉音相乱。礿音药,切韵以灼反,鑠音烁,书灼反。礿为喻母,鑠为审母。读礿为鑠,亦舛错之甚者。揆颜氏此论,无不与切韵相合。陆氏切韵序尝称'欲更捃选精切,除削疏缓,颜外史、萧国子多所决定'。由此可知,切韵之分声析韵,多本乎颜氏矣。"

杂艺第十九〔一〕

真草书迹〔二〕,微须留意。江南谚云:"尺牍书疏,千里面目也〔三〕。"承晋、宋馀俗,相与事之,故无顿狼狈者〔四〕。吾幼承门业〔五〕,加性爱重,所见法书〔六〕亦多,而玩习功夫颇至〔七〕,遂不能佳者,良由无分故也〔八〕。然而此艺不须过

精。夫巧者劳而智者忧〔九〕，常为人所役使，更觉为累〔一〇〕；韦仲将遗戒〔一一〕，深有以也。

〔一〕黄叔琳曰："此篇所述虽琐细，然亦游艺之所不废。"

〔二〕卢文弨曰："真书即隶书，今谓之楷书。晋书卫瓘传：'子恒，善草隶书，为四体书势云："隶书者，篆之捷也。上谷王次仲始作楷法。"又曰："汉兴而有草书，不知作者姓名。"'案：真草之语，见魏武选举令及蔡琰别传。"器案：褚先生补史记三王世家："谨论次其真草诏书，编于左方。"则真草之语，西汉已有之矣。

〔三〕类说"尺"作"亦"，盖"赤"字之误，古尺、赤通用。翰苑新书六五引此作"书疏尺牍，千里眉目"，极是，牍、目协韵，谚语本色也。当据改正。刘盼遂曰："按：谚语多属韵语，此文当是'书疏尺牍，千里面目'，牍与目为韵。"其说是也。永乐大典一九六三六引"面目"亦作"眉目"。卢文弨曰："汉书游侠传：'陈遵赡于文辞，善书，与人尺牍，主皆藏去以为荣。'师古曰：'去亦藏也，音邱吕反，又音举。'案：今人多作弆字。疏，所助切。"器案：晋书夏侯湛传载所撰抵疑曰："若乃群公百辟，卿士常伯……坐而论道者，又充路盈寝，黄幄玉阶之内，饱其尺牍矣。"则尺牍一词，自汉晋以来，已为人所习用矣。寻汉书韩信传："奉咫尺之书。"师古曰："八寸曰咫。咫尺者，言其简牍或长咫，或短尺，喻轻率也。今俗言尺书，或言尺牍，盖其遗语耳。"又案：后汉书蔡邕传："相见无期，唯是书疏，可以当面。"庾元威论书："王延之有言：'勿欺数行尺牍，即表三种人身。'"唐书卷六十六房玄龄传（高祖称玄龄）足堪委任军书表奏曰："千里之外，犹对面语耳。"与江南谚意相会。

〔四〕卢文弨曰："狼狈，兽名，皆不善于行者，故以喻人造次之中，书迹不能善也。"徐鲲曰："段云：'狼狈即狼跋，李善西征赋注云："文字集略曰：狼狈即狼跋也。孔丛子曰：吾于狼狈，见圣人之志。"（器案：见李令伯陈情表注引。)孔丛子所云,谓狼跋之诗也。跋踬古通用。(器案:尔雅释文:“跋,郭音贝。”)踬又讹狈。酉阳杂俎乃言狼狈,狈兽如蛩蛩之与蹷,迷误日甚矣。’”

〔五〕器案:门业,谓家门素业。弘明集十一孔稚圭答竟陵王启:“民积世门业,依奉李老,以冲静为心,以素退成行。”南史贺琛传:“梁武帝召见文德殿,与语,悦之,谓徐勉曰:‘琛殊有门业。’”又文学传论:“丘灵鞠等,或克荷门业,或风怀慕尚。”案:梁书颜协传:“博涉群书,工于草隶。”陈思书小史七:“颜协……为湘东王记室。少博涉群书,工草隶飞白。吴人范怀约能隶书,协学其书,殆过真也。荆楚碑碣,皆协所书。时有会稽谢善勋,能为八体六文,方寸千言,京兆韦仲善飞白,并在湘东王府。善勋为录事参军,仲为中兵参军,府中以协优于韦仲,而减于善勋。”此之推所谓“吾幼承门业”也。

〔六〕器案:法书,谓书迹之可以为楷法者。唐张彦远有法书要录十卷。

〔七〕金壶记中引“颇至”作“益智”。器案:隶释广汉长王君治石路碑:“功夫九百馀日。”三国志魏书三少帝纪:“齐王芳青龙七月秋八月己酉诏曰:‘……昨出已见治道得雨,当复更治,徒弃功夫。’”梁书冯道根传:“每征伐终,不言功,其部曲或怨之,道根喻曰:‘明主自鉴功夫多少,吾亦何事?’”则功夫为汉、魏、六朝人习用语。

〔八〕卢文弨曰:“分谓天分,扶问切。”

〔九〕陈直曰:“按:庄子德充符云:‘能者劳而智者忧,无能者无所求。’”器案:庄子列御寇:“巧者劳而智者忧,无能者无所求。”颜氏用列御寇篇文也。

〔一〇〕“更觉为累”,绀珠集四引作“乃觉累身”。

〔一一〕朱本“戒”作“训”。赵曦明曰:“世说巧艺篇:‘韦仲将能书,魏明帝起殿,欲安榜,使仲将登梯题之。既下,头鬓皓然,因敕儿孙勿复学书。’刘孝标注:‘文章叙录:“韦诞,字仲将,京兆杜陵人。以光禄大夫卒。”卫恒四体书势云:“诞善楷书,魏宫观多诞所题。明帝立陵霄观误先钉榜，乃笼盛诞，辘轳长絙引上，使就题之。去地二十五丈，诞甚危惧。乃戒子孙，绝此楷法，著之家令。”’”器案：世说新语方正篇注引宋明帝文章志曰：“太元中，新宫成，议者欲屈王献之题榜，以为万代宝。谢安与王语次，因及魏时起陵云阁，忘题榜，乃使韦仲将县梯上题之，比下，须发尽白，裁馀气息，还语子弟云：‘宜绝楷法。’安欲以此风动其意。王解其旨，正色曰：‘此奇事！韦仲将魏朝大臣，宁可使其若此！有以知魏德之不长。’安知其心，乃不复逼之。”献之以方正自处，故不为人所役使，贤于之推习艺不须过精之说矣。陈直曰：“按：在魏志及世说新语巧艺篇、书品、齐民要术等书，皆云韦诞字仲将。西安前出后秦时追立东汉京兆尹司马芳残碑，独书作韦诞字子茂，盖其初字也。”

王逸少风流才士，萧散〔一〕名人，举世惟知其书〔二〕，翻以能自蔽也〔三〕。萧子云每叹曰：“吾著齐书〔四〕，勒成一典，文章弘义〔五〕，自谓可观；唯以笔迹得名，亦异事也〔六〕。”王褒地胄〔七〕清华〔八〕，才学优敏，后虽入关，亦被礼遇。犹以书工〔九〕，崎岖碑碣之间〔一〇〕，辛苦笔砚之役，尝悔恨曰：“假使吾不知书，可不至今日邪〔一一〕？”以此观之，慎勿以书自命〔一二〕。虽然，厮猥之人，以能书拔擢者多矣〔一三〕。故道不同不相为谋也〔一四〕。

〔一〕文选谢玄晖始出尚书省诗：“乘此终萧散。”李周翰注：“萧散，逸志也。”又江文通杂体诗：“萧散得遗虑。”吕延济注：“萧散，空远也。谓纵心空远也。”晋书恭帝纪论：“回首无良，忽焉萧散。”萧散，俱谓萧闲散澹也。

〔二〕“惟”原作“但”，宋本以下诸本及续家训都作“惟”，今据改正。

〔三〕此句,绀珠集四作"是以小技而掩其义"。赵曦明曰:"晋书王羲之传:'羲之字逸少。幼讷于言,及长辩赡,以骨鲠称。尤善隶书,为古今之冠。论者称其笔势,以为飘若浮云,矫若惊龙。'案:逸少人品绝高,有远识,此以风流萧散目之,亦浅甚矣。"郝懿行曰:"晦庵朱子论王右军,意亦如此。"

〔四〕少仪外传下"著"作"编"。

〔五〕金壶记中"弘"作"内"。

〔六〕金壶记"亦"下有"为"字。赵曦明曰:"梁书萧子恪传:'子恪第八弟子显,著齐书六十卷。'又:'子云字景乔,子恪第九弟也。善草隶,为世楷法。自云善效钟元常、王逸少,而微变字体。高祖论其书曰:"笔力劲骏,心手相应,巧逾杜度,美过崔寔,当与钟元常并驱争先。"其见赏如此。著晋书一百十卷。'无著齐书事,此盖误记也。"

〔七〕卢思道劳生论:"地胄高华。"通鉴一一〇胡三省注:"地谓门地。"

〔八〕南史到抝传:"晏先为国常侍,转员外散骑郎,此二职清华所不为,故以此嘲之。"北史李彪传:"以才拔等望清华。"清华,谓清流华胄。

〔九〕少仪外传"书工"作"工书"。陈直曰:"本书慕贤篇云:'丁君十纸,不敌王褒数字。'现今传世北周时碑刻无王褒书丹者。仅在万岁通天帖中,钩摹有褒笔迹,略见一般而已。"

〔一〇〕后汉书窦宪传注:"方者谓之碑,圆者谓之碣。"

〔一一〕赵曦明曰:"周书王褒传:'褒字子渊,琅邪临沂人。自祖俭至父规,并有重名于江左。褒识量渊通,志怀沉静,博览史传,尤工属文。梁国子祭酒萧子云,其姑夫也,特善草隶。褒遂相模范,而名亚子云,并见重于世。江陵城陷,元帝出降。褒与王克等数十人俱至长安。太祖谓褒及克曰:"吾即王氏甥也。卿等并吾之舅氏,当以亲戚为情,勿以去乡介意。"俱授车骑大将军仪同三司,并荷恩眄。世宗笃好文学,褒与庾信才名最高,特加亲待,乘舆行幸,褒常侍从。'"器案:北史儒林赵文深传:"及平江陵之后,王褒入关,贵游等翕然并学褒书,文深之书，遂被遐弃。文深惭恨，形于言色。后知好尚难及，亦改习褒书；然竟无所成，转被讥议，谓之学步邯郸焉。"（又见御览七四九引三国典略）此亦褒入周后以书见重于世之事。

〔一二〕朱轼曰："字画必楷正，非求工也，即此便是敬。颜公数百言，何曾道着！"

〔一三〕续家训无"书"字。器案：北齐书张景仁传："张景仁者，济北人也。幼孤，家贫，以学书为业，遂工草隶，选补内书生，与魏郡姚元标、颍川韩毅、同郡袁买奴、荥阳李超等齐名。世宗并引为宾客。……自苍颉以来，以八体取进，一人而已。"之推所谓"厮猥之人，以能书拔擢者"，盖即指张景仁之流也。

〔一四〕此用论语卫灵公篇文。郝懿行曰："案：为之犹贤乎已，且当作博弈观。颜君此论，颇似未公否？"

梁氏秘阁散逸以来〔一〕，吾见二王真草多矣〔二〕，家中尝得十卷，方知陶隐居〔三〕、阮交州〔四〕、萧祭酒〔五〕诸书〔六〕，莫不得羲之之体〔七〕，故是书之渊源〔八〕。萧晚节所变，乃是右军〔九〕年少时法也。

〔一〕宋本"氏"作"武"，续家训及诸本都作"氏"，今从之。何焯曰："疑'氏'字是，或'代'字之讹。"案：秘阁，犹言内府。历代名画记一："梁武帝尤加宝异，仍更搜葺。元帝雅有才艺，自善丹青，古之珍奇，充牣内府。侯景之乱，太子纲数梦秦皇更欲焚天下书，既而内府图画数百函果为景所焚也。及景之平，所有画皆载入江陵，为西魏将于谨所陷，元帝将降，乃聚名画法书及典籍二十四万卷，遣后阁舍人高善宝焚之。帝欲投火俱焚，宫婢牵衣得免。吴、越宝剑，并将斫柱令折，乃叹曰：'萧世诚遂至于此！儒雅之道，今夜穷矣。'于谨等于煨烬之中，收其书画四千馀轴归于长安。故颜之推观我生赋云：'人民百万而因虏，书史千两而烟飏。'史籍已来，未之有也。普天之下，斯文尽丧。"颜氏所言梁氏秘阁散逸，当指此事。

〔二〕赵曦明曰："二王，羲之、献之也。本传：'献之，字子敬。七八岁时学书，羲之密从后掣其笔，不得，叹曰："此儿后当复有大名。"尝书壁为方丈大字，羲之甚以为能；观者数百人。'"

〔三〕器案：法书要录二、道藏茅山志一载梁武帝、陶隐居书启各数通，多为论列右军书者。隐居又号华阳真逸，所书瘗鹤铭，或以为王羲之书，亦足为陶书得羲之之体之证。说见王观国学林七。陈直曰："陶隐居书，今未见摹本。淳化阁帖五、袁昂书品云：'陶隐居书，如小儿形状未长成，而骨体甚峭快。'焦山瘗鹤铭绝非隐居手笔。"

〔四〕严式诲曰："案：张怀瓘书断中：'梁阮研，字文几，陈留人。官至交州刺史。善书，其行草出于大王，其隶则习于钟公。行草入妙，隶书入能。'又说陶宏景云：'时称与萧子云、阮研，各得右军一体。'正本家训。"器案：庾肩吾书品："阮研，字文机。"茅山志卷二十："交州刺史始兴王司马阮研。"陈思书小史七："阮研，字文几，陈留人。官至交州刺史。善书，其行草出于逸少，精熟尤甚。其势若飞泉交注，奔竞不息。张怀瓘云：'文几与子云齐名，时称萧、阮等各得右军一体。'而此公筋力最优。比之于勇，则被坚执锐，所向无前；论之于谈，则缓颊朵颐，离坚合异。有李信、王离之攻取，无子贡、鲁连之变通，可谓力过弘景，雄盖子云。其隶则习于钟公，风致稍怯。庾肩吾云：'阮研居今观古，尽窥众妙之门，虽师王祖钟，终成别构一法，亦有得矣。'书赋云：'文几纤润，稳正利草；软媚横流，姿容娟好。若其抑阮褒殷，度几同尘，似泉激溜于悬磴，木垂条于晚春。'"案：阮研之字，一作文几，一作文机，皆有义理，未能辄定。法书要录二引袁昂古今书评："阮研书如贵胄，失品次丛悴，不复排突英贤。陶隐居书如吴兴小儿，形容虽未成长，而骨体甚骏快。萧子云书如上林春花，远近瞻望，无处不发。"又引庾元威论书："余见学阮研书者，不得其骨力婉媚，唯学挛拳委尽。”案：淳化阁帖四有阮交州研书，题云：“阮研，梁陈留人，官至交州刺史。”东观馀论卷上米元章跋秘阁法帖第四有阮研。陈直曰：“法书会要载陶隐居与梁武帝论书启云：‘近闻有一人学阮研书，遂不可复别。’庾肩吾书品阮研文机列在上之下。淳化阁帖四摹有阮研书一道。又艺文类聚有阮研棹歌行一首，则阮研不独能书，兼亦工诗也。”

〔五〕赵曦明曰：“谓子云也。本传：‘大同二年，迁员外散骑常侍国子祭酒。’”

〔六〕抱经堂校定本脱“诸书”二字，宋本及诸本、续家训、金壶记中都有此二字，今据补正。

〔七〕宋本“体”上有“逸”字，续家训及各本都无。金壶记引此句作“莫不得逸少之体”，亦无“逸”字。严式诲曰：“案：法书要录三李嗣真书品后：‘颜黄门有言：“阮交州、萧国子、陶隐居各得右军一体。”’书断下同（见前）。则宋本‘逸体’乃‘一体’之讹，当据改补。”

〔八〕金壶记“源”下有“矣”字。

〔九〕赵曦明曰：“羲之官右军将军。”器案：据此则羲之法书，有“年少时法”与“真草”之分。御览六六六引太平经：“郗愔字方回，高平金乡人。为晋镇军将军。心尚道法，密自遵行。善隶书，与右军相埒。手自起写道经，将盈百卷，于今多有在者。”（今所见正统道藏太平经无文，“人”上太平经卷之一百十四，某诀第一百九十二云：“前文原缺。”卷之一百十六云：“原缺一百一十五。”又某诀第二百四云：“前文原缺。”则今本缺文多矣。）则所谓“右军年少时法”者，盖亦取会时俗之隶书也。其后变为“真草”，即之推所谓“楷正可观，不无俗字”，亦即韩愈石鼓歌所谓“羲之俗书趁姿媚”者，即今所见兰亭序之等是也。王维故人张諲工诗善易卜兼能丹青草隶顷以诗见赠聊获酬之诗：“团扇草书轻内史。”亦谓羲之工草书也。

晋、宋以来，多能书者。故其时俗，递相染尚，所有部帙，楷正可观，不无俗字，非为大损〔一〕。至梁天监之间，斯风未变；大同之末，讹替滋生。萧子云改易字体，邵陵王颇行伪字〔二〕；朝野翕然，以为楷式，画虎不成〔三〕，多所伤败。至为“一”字，唯见数点〔四〕，或妄斟酌，逐便转移〔五〕。尔后坟籍，略不可看。北朝丧乱之馀，书迹鄙〔六〕陋，加以专辄〔七〕造字，猥拙甚于江南。乃以百念为忧〔八〕，言反为变，不用为罢〔九〕，追来为归〔一〇〕，更生为苏〔一一〕，先人为老〔一二〕，如此非一，遍满经传〔一三〕。唯有姚元标工于楷隶〔一四〕，留心小学，后生师之者众。洎于齐末，秘书缮写，贤于往日多矣。

〔一〕示儿编二二引“为”作“其”。陈直曰：“按：梁陵各神道阙及始兴王萧憺碑、安成王萧秀碑（憺碑为贝义渊书），两碑皆无俗字，与之推所言正合。”

〔二〕宋本原注：“一本注：‘前上为草、能傍作長之类是也。’”案：续家训、罗本、傅本、颜本、程本、胡本、何本、朱本及类说引此十二字注，都作正文，少仪外传上及示儿编仍作注文，今从宋本。又少仪外传引“伪”作“讹”，注“草”作“卄”、“長”作“长”，示儿编“草”作“艸”、“長”作“长”。案：龙龛手鉴一刀部：“㓤，音前。”“山”当是“中”字形近之误。陈直曰：“十二字确是正文，宋本不可信，赵注删去非也。北齐马天祥造像‘孰能详之’，书能作‘䏻’，正之推所谓‘能傍作长’也。”

〔三〕赵曦明曰：“画虎不成，马援语，已见。”

〔四〕陈直曰：“按：‘至为“一”字，唯见数点’者，以‘休’为例，晋人草书，休字下多加一字作'㑲'。北魏贾思伯碑及司马昞墓志亦皆作'㑲',至元诠墓志'诠字休贤',便变'休'作'烋'矣。(以上仅举一例。)又李璧墓志御史中丞作'中烝',亦变一字为数点之例。"

〔五〕罗本、傅本、颜本、程本、胡本、何本、朱本"逐"作"遂";宋本、续家训及类说作"逐",今从之。

〔六〕类说"鄙"作"猥",涉下文而误。

〔七〕晋书刘弘传:"敢引覆餗之刑,甘受专辄之罪。"又王濬传:"案春秋之义,大夫出疆,犹有专辄。"段玉裁说文解字注十四篇上辄篆:"车网輢也。凡专辄用此字者,此引申之义。凡人有所倚恃而妄为之,如人在舆之倚于輢也。"桂馥札朴卷三亦有说。

〔八〕龙龛手鉴心部:"㥑,古文,于求反,志也,亦㥑愁也,今作忧,同。"器案:穆子容太公碑:"器业優洽。"优字从㥑。

〔九〕器案:龙龛手鉴三不部:"甭,音弃。"音与此别。陈直曰:"'言反为变,不用为罢',不见于北朝各石刻。"

〔一〇〕龙龛手鉴一来部:"䢜,音归。"

〔一一〕赵曦明曰:"此字今犹然。"郝懿行曰:"案:更生为苏,流俗至今,传以为然。"案:龙龛手鉴三更部:"甦,音苏。"

〔一二〕徐鲲曰:"顾炎武金石文字记云:'追来为䢜,见穆子容太公碑,作䢜;先人为老,见张猛龙碑,作兂;更生为苏,今人犹用之。'"李详曰:"案:张猛龙碑、北齐姜纂造像记并有兂字,谓张老及老君也。其馀诸造像记,亦屡见之。"俞樾湖楼笔谈卷五引说文序、经典释文序、史记正义序及此证隶书诡异。

〔一三〕魏书江式传:"延昌三年上表,求撰集古今文字,有云:'皇魏承百王之季,绍五运之绪,世易风移,文字改变,篆形谬错,隶体失真,俗学鄙习,复加虚巧;谈辩之士,又以意说炫惑于时,难以厘改。故传曰:"以众非非行正。"信哉,得之于斯情矣!乃曰:追来为归,巧言为辩,(案:龙龛手鉴一言部:"㝵,古文辩字。""叻"当作"巧"。)小儿为覶,

(案:龙龛手鉴一儿部:“甖,于盈切,甖儿。”此文“覾”当为“甖”之误。)神虫为蚕,(案:龙龛手鉴二虫部:“蝅,古,昨含反,吐丝虫也。”)如斯甚众,皆不合孔氏古书、史籀大篆、许氏说文、石经三字也。’”职官分纪十五引韦述集贤注记载开元十九年集贤院四库书中古代书云:“齐、周书纸墨亦劣,或用后魏时字,自反为归,(案:龙龛手鉴三自部:“皈,音归。”)文子为字,欠画加点,应三反四,又无当时名辈书记。”苏氏演义上:“只如田夫民为农,(案:龙龛手鉴一田部有畓字,音同。)百念为忧,更生为苏,两只为双,神虫为蚕,明王为圣,(案:龙龛手鉴三玉部:“琞,古文,音圣。”即此字。)不见为觅,(龙龛手鉴三见部作覔。)美色为艳,口王为国,(案:龙龛手鉴一囗部:“国,俗,邦国也。正作国。”)文字为学。如此之字,皆后魏流俗所撰,学者之所不用。”顾炎武金石文字记亦就后魏孝文帝吊比干墓文记其别构字。诸所言北朝俗字,可以互参,近人乃有碑别字、碑别字补之作,可备观焉。又案:魏书世祖纪:“始光二年,初造新字千馀,颁下远近,永为楷式。”则颜氏所斥为“专辄造字”者,特其一隅耳。

〔一四〕“标”,宋本、续家训作“摽”,未可从。“楷”,宋本作“草”,续家训及诸明本都作“楷”,今从之。卢文弨曰:“案:此言缮写坟籍,方以楷正为善,断无兼取于草,草固有逐便转移者,已见排斥于上矣,今改从楷字。”徐鲲曰:“北史崔浩传:‘左光禄大夫姚元标以工书知名于时。’”器案:魏书崔玄伯传附崔悟传:“左光禄大夫姚元标以工书知名于时,见潜(玄伯父)书,谓为过于己也。”陈直曰:“北齐书张景仁传亦云:‘魏郡姚元标。’皆与本文相合。”北齐西门豹祠堂碑即姚元标所书。

江南闾里间有画书赋,乃陶隐居弟子杜道士所为〔一〕;其人未甚识字,轻为轨则〔二〕,托名贵师,世俗传信,后生颇为所误也〔三〕。

〔一〕续家训、罗本、傅本、程本、胡本、何本、鲍本"乃"上有"此"字。

〔二〕史记律书:"王者制事立法,物度轨则。"文选左太冲吴都赋:"四方之所轨则。"吕向注:"轨,法也,言可以为四方之法则也。"

〔三〕卢文弨曰:"案:林罕字源偏傍小说序云:'俗有隶书赋者,假托许慎为名,颇乖经据。颜氏家训云:"斯实陶先生弟子杜道士所为,大误时俗,吾家子孙,不得收写。"'案:此作'画书',林作'隶书',此云'贵师',即隐居也,而林以为'假托许慎',未知实一书否。"

画绘之工,亦为妙矣;自古名士,多或能之。吾家尝有梁元帝手画蝉雀白团扇及马图〔一〕,亦难及也。武烈太子偏能写真〔二〕,坐上宾客,随宜〔三〕点染,即成数人,以问童孺,皆知姓〔四〕名矣。萧贲〔五〕、刘孝先〔六〕、刘灵〔七〕,并文学已外,复佳此法。玩阅古今〔八〕,特可宝爱。若官未通显,每被公私使令,亦为猥役〔九〕。吴县顾士端出身湘东王国侍郎〔一〇〕,后为镇南〔一一〕府刑狱参军,有子曰庭,西朝〔一二〕中书舍人,父子并有琴书之艺,尤妙丹青,常被元帝所使,每怀羞恨〔一三〕。彭城刘岳,橐之子也,仕为骠骑府管记、平氏县令〔一四〕,才学快士,而画绝伦。后随武陵王入蜀〔一五〕,下牢〔一六〕之败,遂为陆护军〔一七〕画支江寺壁,与诸工巧杂处。向使三贤都不晓画,直运素业〔一八〕,岂见此耻乎?

〔一〕抱经堂校定本脱"家"字,各本俱有,今据补正。罗本、傅本、程本、胡本、黄本"尝"作"常"。续家训"团"作"圆"。历代名画记七:"梁元帝萧绎,字世诚,武帝第七子。初生便眇一目,聪慧俊朗,博涉技艺,天生善书画。初封湘东王,后乃即位,年四十七,追号元帝,庙号世祖。尝画圣僧，武帝亲为赞之。任荆州刺史日画蕃客入朝图，帝极称善。又画职贡图并序，善画外国来献之事。姚最云：'湘东天挺生知，学穷性表，心师造化，象人特尽神妙，心敏手运，不加点理。听讼之暇，众艺之馀，时遇挥毫，造化惊绝，足使荀、卫阁笔，袁、陆韬翰。'"器案：艺文类聚五五引梁元帝职贡图序云："臣以不佞，推毂上游，夷歌成章，胡人遥集，款开蹶角，沿溯荆门，瞻其容貌，诉其风俗；如有来朝京辇，不涉汉南，别加访采，以广闻见，名为职贡图云尔。"案：楼钥攻媿集七五跋傅钦甫所藏职贡图亦详此事。陈直曰："唐张彦远历代名画记记梁元帝有自画宣尼像，又尝画圣僧，武帝亲为赞之。有职贡图、蕃客入朝图、鹿图、师利图、鹅鹤陂泽图等，并有题印。职贡图现尚存残卷，南京博物馆藏，见一九六〇年文物七期。又元帝另著山水松石格，文字朴茂，四库提要疑为伪托，非是。"

〔二〕历代名画记七："梁元帝长子方等，字实相。尤能写真，坐上宾客，随意点染，即成数人，问儿童皆识之。后因战殁，年二十二。赠侍中中军将军、扬州刺史，谥忠庄太子。"案：南史梁元帝诸子传："元帝即位，改谥武烈世子。"宋长白柳亭诗话卷十五："描貌曰写真，又曰写照，又曰写生，俗所谓传神肖像也。颜氏家训曰：'武烈太子偏能写真。'梁简文咏美人看画诗：'可怜俱是画，谁能辨写真。'老杜天育骠骑歌：'故独写真传世人，见之座右久更新。'是人物俱可言写真也。"

〔三〕真诰卷十九翼真检一："唯有异同疑昧者，略抨言之，其酆宫鬼官，乃可随宜显说。""随宜"，即历代名画记所言"随意"，元稹开元观闲居酬吴士矩侍御四十韵："几案随宜设，诗书逐便拈。"随宜、逐便对文，义亦相同。

〔四〕傅本"姓"作"其"。

〔五〕徐鲲曰："南史齐竟陵王子良传：'子昭胄，昭胄子贲，字文奂，形不满六尺，神识耿介。幼好学，有文才，能书善画，于扇上图山水，咫尺之内，便觉万里为遥。矜慎不传，自娱而已。'"案：又见历代名画记七。

陈直曰:“金楼子著书篇云:‘奇字二帙二十卷,金楼付萧贲撰。又碑集十帙百卷,付兰陵萧贲撰。’乐府诗集载萧贲有长安道五言一首。”

〔六〕赵曦明曰:“梁书刘潜传:‘第七弟孝先,武陵王纪法曹主簿。王迁益州,随府转安西记室。承圣中,与兄孝胜俱随纪军出峡口,兵败,至江陵,世祖以为黄门侍郎,迁侍中。兄弟并善五言诗,见重于世,文集值乱,今不具存。’”

〔七〕本书勉学篇“思鲁等姨夫彭城刘灵”云云。详彼文注。

〔八〕“玩阅古今”,宋本作“玩古知今”,续家训及诸明本都作“玩阅古今”,今从之。

〔九〕赵曦明曰:“猥,并杂也。”

〔一〇〕续家训、罗本、傅本、程本、胡本、何本无“王”字。赵曦明曰:“隋书百官志:‘王国置中尉侍郎,执事中尉。’”

〔一一〕器案:勉学篇有镇南录事参军。

〔一二〕器案:西朝指江陵,梁元帝建都于此,犹兄弟篇之称江陵为西台。

〔一三〕郝懿行曰:“案:唐初宰相阎立本驰誉丹青,亦尝怀此羞恨也。”

〔一四〕赵曦明曰:“宋书州郡志:‘南义阳太守,领县二,有平氏令,汉旧名,属南阳。’”

〔一五〕续家训“入蜀”下复出“下牢”二字,不可从。南史梁武帝诸子传:“武陵王纪,字世询,武帝第八子也。……天监十三年封武陵王……大同三年为都督、益州刺史。”

〔一六〕下牢,梁宜州旧治,在今湖北宜昌市西北。元刊本集千家注分类杜工部诗十秋风二首郑卬注引荆州记:“峡江突起最险处,山复陡下,名下牢关。”陆游入蜀记六:“八日五鼓尽,解船过下牢关。……西望群山如阙,江出其间,则所谓下牢滩也。欧阳文忠公有下牢津诗:‘入峡山渐曲,转滩山更多。’即此也。”

〔一七〕陈直曰:“陆护军为陆法和,见北史艺术传,梁元帝以法和都督郢州刺史,加司徒,封江乘县公。后奔齐入周,仍为显宦,独不载陆官护军将军事。据之推观我生赋云:‘懿永宁之龙蟠,奇护军之电扫。’自注云:‘护军将军陆法和破任约于赤亭湖,侯景退走大败。’历官与本文正合。支江当为枝江简写,隋书地理志枝江县属南郡。史称法和奉佛法,故令刘岳画枝江县某寺之壁画也。”

〔一八〕三国志魏书徐胡传评:“徐邈清尚弘通,胡质素业贞粹。”晋书陆纳传:“汝不能光益父叔,乃复秽我素业邪!”素业,谓儒素之业,云麓漫钞六载唐科目有抱儒素科。

弧矢之利,以威天下〔一〕,先王所以观德择贤〔二〕,亦济身〔三〕之急务也。江南谓世之常射〔四〕,以为兵射,冠冕儒生,多不习此;别有博射〔五〕,弱弓长箭,施于准的,揖让升降〔六〕,以行礼焉。防御寇难,了无所益〔七〕。乱离之后,此术遂亡。河北文士,率晓兵射,非直葛洪一箭,已解追兵〔八〕,三九宴集〔九〕,常縻荣赐。虽然,要轻禽,截狡兽〔一〇〕,不愿汝辈为之。

〔一〕赵曦明曰:“易系辞下传:‘弦木为弧,剡木为矢,弧矢之利,以威天下,盖取诸睽。’”

〔二〕赵曦明曰:“礼记射义:‘射者,何也?射以观德也。孔子曰:射者何以射,何以听,循声而发,发而不失正鹄者,其唯贤者乎!’”

〔三〕济读如论语雍也篇“博施于民,而能济众”之济。何晏集解:“孔安国曰:‘济民于患难。’”皇侃疏:“救济众民之患难。”邢昺疏:“振济众民于患难。”

〔四〕续家训、罗本、傅本、程本、胡本、何本“谓”作“为”,今从宋本。

〔五〕南史柳恽传:“恽尝与琅玡王瞻博射,嫌其皮阔,乃摘梅帖乌珠之上,发必命中,观者惊骇。”案:梁书萧琛传:“善弓马,遣人伏地持帖,奔马射之,十发十中;持帖者亦不惧。”皮与帖俱谓射垛也。博射如博弈也。

〔六〕抱经堂校定本“昇”作“升”;宋本作“陞”;续家训、罗本、傅本、程本、胡本、何本、朱本、鲍本、汗青簃本作“昇”,今从之。

〔七〕梁书庾肩吾传:“梁简文与湘东王书:‘了不相似,……了无篇什之美。’”了字用法,与此相同。广雅释诂:“了,讫也。”

〔八〕续家训“非”作“策”,未可据。卢文弨曰:“抱朴子自叙篇:‘昔在军旅,曾手射追骑,应弦而倒,杀二贼一马,遂得免死。’”

〔九〕三九,已详勉学篇注。

〔一〇〕卢文弨曰:“要与邀同。枚乘七发:‘逐狡兽,集轻禽。’”器案:三国志魏书文纪注引魏文帝典论自叙:“要狡兽,截轻禽。”此用其文。

卜筮者,圣人之业也;但近世无复佳师,多不能中。古者,卜以决疑〔一〕,今人生疑于卜〔二〕,何者?守道信谋,欲行一事,卜得恶卦,反令忧忧〔三〕,此之谓乎!且十中六七,以为上手〔四〕,粗知大意,又不委曲。凡射奇偶,自然半收〔五〕,何足赖〔六〕也。世传云:“解阴阳者,为鬼所嫉,坎壈贫穷,多不称泰〔七〕。”吾观近古以来,尤精妙者,唯京房〔八〕、管辂〔九〕、郭璞〔一〇〕耳,皆无官位,多或罹灾,此言令人益信。傥值世网〔一一〕严密,强负此名,便有诖误〔一二〕,亦祸源也。及星文风气〔一三〕,率不劳为之。吾尝学六壬式〔一四〕,亦值世间好匠,聚得龙首、金匮、玉軨变、玉历十许种书〔一五〕,讨求〔一六〕无验,寻亦悔罢。凡阴阳之术,与天地俱生,其吉凶德刑〔一七〕,不可不信;但去圣既远〔一八〕,世传术书,皆出流俗,言辞鄙浅,验少妄多。至如反支不行〔一九〕,竟以遇害;

归忌寄宿，不免凶终〔二〇〕；拘而多忌〔二一〕，亦无益也。

〔一〕赵曦明曰："左氏桓十一年传：'卜以决疑，不疑何卜？'"

〔二〕"生疑"，抱经堂校定本作"疑生"，宋本、续家训、诸明本及类说都作"生疑"，今据改正。

〔三〕宋本原注："忕音敕，惕也。"续家训此句作"反令怏怏"，无注；类说作"反经怏怏"，"经"误，盖"令"以形近误为"今"，"今"又以音近误为"经"也。忕通作伏，说文："伏，惕也。"郑玄注易云："伏，惕惧也。"广韵二十四职："忕，从也，慎也。"又："伏，意慎，忕又惕也。"二字音并与敕同，耻力切。作怏者，唐、宋别本。

〔四〕器案：上手，谓上等手艺。隋书杨素传："素箭为第一上手。"唐段安节乐府杂录："箜篌，太和中有季齐皋者，亦为上手。"抱朴子外篇讥惑："吴之善书，则有皇象、刘纂、岑伯然、朱季平，皆一代之绝手。"绝手、上手义相近。

〔五〕续家训、类说"半收"作"一半"。

〔六〕广雅释诂："赖，恃也。"

〔七〕抱经堂校定本引屠本"称泰"作"通泰"。案：颜本、朱本亦作"通泰"。卢文弨曰："壈，力敢切。楚词九辩：'坎壈兮贫士失职而志不平。'壈，一作廪。"

〔八〕赵曦明曰："汉书京房传：'房字君明，东郡顿丘人。治易，事梁人焦延寿。延寿曰："得我道以亡身者，必京生也。"其说长于灾变，分六十卦，更值日用事，以风雨寒温为候，各有占验。房用之尤精。上意向之。石显、五鹿充宗皆嫉之，出为魏郡太守，去月馀，征下狱，与前从房受学者张博皆弃市。'"

〔九〕赵曦明曰："魏志管辂传：'辂字公明，平原人。安平赵孔曜荐于冀州刺史裴徽曰："辂雅性宽大，与世无忌，仰观天文，则妙同甘、石，俯览周易，则思齐季主。"徽辟为文学从事，大友善之。正元二年，弟辰谓辂曰:"大将军待君意厚,冀当富贵乎?"辂叹曰:"天与我才明,不与我年寿,恐四十七八间,不见女嫁儿娶妇也。"卒年四十八。'"

〔一〇〕赵曦明曰:"璞字景纯,河东闻喜人。妙于阴阳算历。有郭公者,客居河东,精于卜筮,复从之受业。公以青囊中书九卷与之,遂洞五行、天文、卜筮之术,攘灾转祸,通致无方,虽京房、管辂不能过也。王敦谋逆,使璞筮,璞曰:'无成。'曰:'卿更为筮寿几何?'答曰:'思向卦,明公起事必祸不久,若往武昌,寿不可测。'敦大怒曰:'卿寿几何?'曰:'命尽今日日中。'敦怒,收璞诣南冈斩之。"

〔一一〕嵇康难养生论:"奉法循理,不絓世网。"

〔一二〕汉书文纪:"济北王背德反上,诖误吏民。"师古曰:"诖亦误也。音卦。"

〔一三〕汉书艺文志数术略天文:"泰壹杂子星二十八卷,五残杂变星二十一卷,黄帝杂子气三十三篇,常从日月星气二十一卷,皇公杂子星二十二卷,淮南杂子星十九卷,泰壹杂子云雨三十四卷,国章观霓云雨三十四卷,金度玉衡汉五星客流出入八篇,汉五星彗客行事占验八卷,汉日旁气行事占验三卷,汉流星行事占验八卷,汉日旁气行占验十三卷,……天文者,序二十八宿,步五星日月,以纪吉凶之象,圣王所以参政也。易曰:'观乎天文以察时变。'然星事殉悍,非湛密者弗能由也。夫观景以谴形,非明王亦不能服德也。以不能由之臣,谏不能听之主,此所以两有患也。"案:古人对于天文气象,不能具有正确之科学认识,于是倡为种种封建迷信的奇谈怪论,将以自欺欺人,由今日观之,俱不足致诘也。

〔一四〕赵曦明曰:"隋书经籍志:'六壬式经杂占九卷,六壬式兆六卷。'馀未见。"俞正燮癸巳类稿六壬古式考曰:"太白阴经云:'元女式者,一名六壬式,元女所造,主北方万物之始,因六甲之壬,故曰六壬。'"器案:道藏"姜"字三号黄帝龙首经序曰:"令六壬领吉凶。"注:"言日辰阴阳及所坐所养之御,三阴三阳,故曰六壬也。"

〔一五〕“玉轸变玉历”，宋本原注：“一本作‘玉燮玉历’。”案：续家训、明、清诸本都与一本同，癸巳类稿作“玉轸五变玉历”，未知所本。卢文弨曰：“道藏目录：‘黄帝龙首经三卷。’注：‘上经三十六占，下经三十六占，共七十二占，法像六壬占门。’又黄帝金柜玉衡经一卷，亦六壬占法。”赵熙曰：“隋经籍志五行有黄帝龙首经二卷，又遁甲叙三元玉历立成一卷，郭远行撰。”俞正燮癸巳类稿六壬书跋曰：“道藏‘姜’三至‘姜’六，为黄帝龙首经二卷，黄帝金匮玉衡经一卷，黄帝授三子元女经一卷。抱朴子极言篇云：‘案龙首记。’（器案：遐览篇亦引黄帝龙首经。）颜氏家训杂艺篇云：‘吾尝学六壬式，亦值世间好匠，聚得龙首、金匮、玉轸五变、玉历十许种书。’其书古雅也。其在目录者，隋书经籍志五行类有黄帝龙首经二卷，元女式经要法一卷，通志艺文略有金匮经三卷，焦竑国史经籍内有六壬龙首经一卷。检释藏笑道论云：‘黄帝金匮何以不在道书之列乎？’知其书周、秦广行。辨正论出道伪谬篇云：‘元都观经目六千三百六十三卷，观中见有本二千四十卷，中诸子论八百八十四卷，黄帝龙首经一部五卷，元女、皇人等撰。宋人陆静修所上目，经书、药方、符图一千二百二十八卷，并无前色，乃妄添八百八十四卷。’释氏之说，大率嗔妒忿戾，悖其师法，然幸有其言，合之颜氏家训及隋志，知此数种是古书，久行于世，齐、梁时续收入道藏者。今览龙首经，有吏家、长者、客、诸侯、二千石、令、长、丞、尉，金匮玉衡经有县官、赘婿，授三子元女经有唤人、白兽，知是遂古相传，秦、汉间始著笔札，甘石星经、灵枢、素问之流比。又自唐人校写，至今未改，弥可宝贵矣。”器案：汉书艺文志数术略有堪舆金匮十四卷，通志艺文略天文类有玉钤步气术一卷，五行类有齐人行兵天文龟眼玉钤经二卷，玉钤三命秘术一卷，道家类有太上玉历经一卷。文苑英华二二五引颜之推神仙诗：“愿得金楼要，思逢玉钤篇。”则此“玉轸”疑“玉钤”之误。唐沈珣授契苾通振武节度使制：“挺鹄立鹰扬之操，知玉钤金匮之书。”亦以玉钤、金匮并言。

〔一六〕颜延之重释何衡阳达性论："讨求道义，未是要说耳。"集韵："讨，一曰求也。"

〔一七〕器案：德刑，亦阴阳五行生克之说。汉书艺文志数术略五行有刑德七卷。淮南天文训："日为德，月为刑。月归而万物死，日至而万物生。"

〔一八〕孟子尽心下："去圣人之世，若此其未远也。"文心雕龙诸子篇："夫自六国以前，去圣未远。"

〔一九〕抱经堂本脱"至"字，各本及续家训俱有，今据补。

〔二〇〕赵曦明曰："后汉书王符传：'明帝时，公车以反支日不受章奏。'章怀注：'凡反支日，用月朔为正：戌亥朔，一日反支；申酉朔，二日反支；午未朔，三日反支；辰巳朔，四日反支；寅卯朔，五日反支；子丑朔，六日反支。见阴阳书。'又郭躬传：'桓帝时，汝南有陈伯敬者，行必矩步，坐必端膝，行路闻凶，便解驾留止，还触归忌，则寄宿乡亭。年老寝滞，不过举孝廉。后坐女婿亡吏，太守邵夔怒而杀之。'章怀注：'阴阳书历法曰："归忌日，四孟在丑，四仲在寅，四季在子，其日不可远行、归家及徙也。"'"徐鲲曰："汉书游侠陈遵传：'王莽败，张竦为贼兵所杀。'注：'李奇曰："竦知有贼，当去，会反支日不去，因为贼所杀，桓谭以为通人之蔽也。"'"郑珍、李慈铭、龚道耕先生说同。器案：论衡辨祟篇："涂上之暴尸，未必出以往亡；室中之殡柩，未必还以归忌。"礼记王制："执左道以乱政。"郑玄注："谓诬蛊俗禁。"正义曰："俗禁者，若张竦反支、陈伯子往亡归忌是也。"案：今临沂银雀山出土汉元光元年历谱，在日干支下间书"反"字，即所谓反支日也。王符传所载，即符潜夫论爱日篇文也。陈直曰："敦煌木简有永元六年历谱云：'十一日甲午，破血忌反支。'"

〔二一〕徐鲲曰："汉书司马迁传：'窃尝观阴阳之术，大详而众忌讳，使人拘而多畏。然其叙四时之大顺，不可失也。'（案：当引史记太史公自序。）又后汉书方术传序：'子长亦云："观阴阳之书，使人拘而多忌。"

盖为此也。'"

算术亦是六艺要事[一];自古儒士论天道、定律历者,皆学通之[二]。然可以兼明,不可以专业。江南此学殊少,唯范阳祖暅[三]精之,位至南康太守[四]。河北多晓此术。

〔一〕卢文弨曰:"周礼保氏:'六艺,六曰九数。'郑司农云:'九数:方田,粟米,差分,少广,商功,均输,方程,赢不足,旁要。今有重差,句股。'疏云:'此皆依九章算术而言。今以句股替旁要。'案:今所传周髀,乃周公问于殷高者,即句股之法。"

〔二〕卢文弨曰:"如张苍、郑康成、蔡邕、张衡诸人,皆明此术。"郝懿行曰:"案:长安许商善为算,著五行论历,见前汉书儒林传。又马融集诸生考论图纬,闻郑康成善算,乃召见于楼上。见后汉书郑玄传。王文考与父叔师到泰山从鲍子真学算,到鲁赋灵光殿,见博物志。"

〔三〕宋本原注:"暅,音亘。"卢文弨曰:"隋书律历志中:'梁初因齐用元嘉历。天监三年,下诏定历。员外散骑侍郎祖暅奏称:"史官今所用何承天历,稍与天乖,纬绪参差,不可承案。"被诏付灵台与新历对课疏密。至大同十年,制诏更造新历。'"器案:广弘明集三引阮孝绪七录序:"乃分数术之文,更为一部,使奉朝请祖暅撰其名录。"南史祖冲之传:"(祖冲之)子暅之,字景烁。少传家业,究极精微,亦有巧思,入神之妙,般、倕无以过也。当其诣微之时,雷霆不能入,尝行遇仆射徐勉,以头触之,勉呼乃悟。父所改何承天历,时尚未行,梁天监初,暅之更修之,于是始行焉。位至太舟卿。"此即颜氏所说之祖暅。六朝人信奉道教,率于名下缀"之"字;颜氏盖嫌其一门五世,命名相似,故去"之"字简称祖暅耳。隋书经籍志子部天文类有天文录三十卷,梁奉朝请祖暅之撰。

〔四〕鲍本"位"作"仕"。

医方之事，取妙极难，不劝汝曹以自命也。微解药性，小小和合〔一〕，居家得以救急，亦为胜事，皇甫谧〔二〕、殷仲堪〔三〕则其人也。

〔一〕墨子非攻中："和合其注药。"和合，犹今言配方也。

〔二〕赵曦明曰："晋书皇甫谧传：'谧有高尚之志，自号玄晏先生。后得风痹疾，犹手不辍卷。或劝谧修名广交。谧以为居田里之中，亦可以乐尧、舜之道，何必崇接世利，事官鞅掌，然后为名乎？作玄守论以答之。初服寒食散，而性与之忤，每委顿不伦。'隋书经籍志：'皇甫谧、曹歙论寒食散方二卷，亡。'"器案：唐书艺文志有皇甫谧黄帝三部针经十二卷。

〔三〕赵曦明曰："晋书殷仲堪传：'仲堪，陈郡人。父病积年，衣不解带，躬学医术，究其精妙，执药挥泪，遂眇一目。居丧哀毁，以孝闻。'"赵熙曰："隋书经籍志：'梁有殷荆州要方一卷，殷仲堪撰，亡。'"

礼曰："君子无故不彻琴瑟〔一〕。"古来名士，多所爱好。洎于梁初，衣冠子孙，不知琴者，号有所阙；大同以末，斯风顿尽。然而此乐愔愔〔二〕雅致〔三〕，有深味哉！今世曲解〔四〕，虽变于古，犹足以畅神情也〔五〕。唯不可令有称誉，见役勋贵，处之下坐〔六〕，以取残杯冷炙之辱〔七〕。戴安道犹遭之〔八〕，况尔曹乎〔九〕！

〔一〕续家训曰："乐记有之：'致乐以治心者也，致礼以治躬者也。心中斯须不和不乐，而鄙诈之心入矣；外貌斯须不庄不钦，而漫易之心入之矣。且君子不可斯须而去礼，是以居处必慎独而常恭，君子不可斯须而去乐，是以琴瑟无故则不彻。'"卢文弨曰："礼记曲礼下：'大夫无故不彻县，士无故不彻琴瑟。'"器案：乐府诗集琴曲歌辞："琴者，先王所以修身理性、禁邪防淫者也。是故君子无故不去其身。”

〔二〕赵曦明曰：“文选嵇叔夜琴赋：‘愔愔琴德，不可测兮。’李善注：‘韩诗曰：“愔愔，和悦貌。”’”器案：杜甫奉赠韦左丞丈二十二韵诗，分门集注引“愔愔”作一“音”字，类说作“愦愦”，俱误。周舍上云乐：“歌管愔愔，铿鼓锵锵。”

〔三〕文选袁彦伯三国名臣序赞：“雅致同趣。”注：“嵇康赠秀才诗曰：‘仰慕同趣。’”按：今犹言雅致、雅趣。

〔四〕曲，琴曲歌辞；解，歌辞段数。琴一曲曰曲，一段曰解。

〔五〕风俗通义声音篇：“琴，其道行和乐而作者，命其曲曰畅。畅者，言其道之美畅，犹不敢自安，不骄不溢，好礼不以畅其意也。”

〔六〕元刊集千家注分类杜工部诗卷十九奉赠韦左丞丈二十二韵王洙注、宋刊本草堂诗笺三注引“坐”作“座”。

〔七〕御览七五八引郭澄之郭子：“王光禄曰：‘正得残槃冷炙。’”此颜氏所本。杜甫奉赠韦左丞丈二十二韵：“残杯与冷炙，到处潜悲辛。”又本颜氏此文；师民瞻注曰：“残杯，谓瓮之馀者，香已埋歇；柔肉曰炙，冷炙，谓宿炙也。”

〔八〕赵曦明曰：“晋书隐逸传：‘戴逵，字安道，谯国人。少博学，善属文，能鼓琴。武陵王晞使人召之，逵对使者破琴，曰：“戴安道不为王门伶人。”’”

〔九〕宋长白柳亭诗话卷二十：“颜之推家训：‘残杯冷炙之悲，戴安道犹遭之，况汝曹乎！’故知高适所云‘世上何人不识君’、张谓‘知君到处有逢迎’者，姑为大言以自快耳，其实不堪回想也。”

家语曰：“君子不博，为其兼行恶道故也〔一〕。”论语云：“不有博弈者乎？为之，犹贤乎已〔二〕。”然则圣人不用博弈为教；但以学者不可常精，有时疲倦，则傥为之，犹胜饱食昏睡、兀然〔三〕端坐〔四〕耳。至如吴太子以为无益，命韦昭论之〔五〕；王肃〔六〕、葛洪〔七〕、陶侃〔八〕之徒，不许目观手执，此并勤笃之志也。能尔为佳。古为大博则六箸，小博则二焭〔九〕，今无晓者。比世所行，一焭十二棋，数术浅短，不足可玩。围棋有手谈、坐隐之目〔一〇〕，颇为雅戏〔一一〕；但令人耽愦〔一二〕，废丧实多，不可常也。

〔一〕卢文弨曰："家语五仪解：'哀公问于孔子曰："吾闻君子不博，有之乎？"孔子曰："有之。"公曰："何为？"对曰："为其有二乘。"公曰："有二乘则何为不博？"子曰："为其兼行恶道也。"'"

〔二〕此论语阳货篇文。赵曦明曰："说文：'博，局戏，六箸十二棋也。古者，乌曹作博。'方言五：'围棋谓之弈，自关而东，齐、鲁之间皆谓之弈。'"器案：艺文类聚七四引李秀四维赋序："四维戏者，卫尉挚侯之所造也，画纸为局，截木为棋。"则博弈又有四维之名。

〔三〕刘伶酒德颂："兀然而醉，恍然而醒。"文选游天台山赋注："兀，无知之貌也。"

〔四〕北史高昂传："谁能端坐读书，作老博士也。"

〔五〕赵曦明曰："吴志韦曜传：'曜字弘嗣，吴郡云阳人。为太子中庶子。时蔡颖亦在东宫，性好博弈；太子和以为无益，命曜论之。'注：'曜本名昭，史为晋讳改之。'"案：韦昭博弈论见本传及文选卷五十二，略云："今世之人，多不务经术，好玩博弈，废事弃业，忘寝与食，穷日尽明，继以脂烛。当其临局交争，雌雄未决，专精锐意，心劳体倦，人事旷而不修，宾旅阙而不接。至或赌及衣服，徙棋易行，廉耻之意弛，而忿戾之色发。然其所志不出一枰之上，所务不过方罫之间，技非六艺，用非经国，求之于战阵，则非孙、吴之伦也，考之于道艺，则非孔氏之门也。"

〔六〕王肃事未详。陈直曰："艺文类聚二十三有王肃家诫，仅说诫酒，恶博应亦为此篇之佚文。”

〔七〕葛洪抱朴子外篇自叙:“见人博戏,了不目眄,或强牵引观之,殊不入神,有若昼睡,是以至今不知棋局上有几道,樗蒲齿名。亦念此辈末技,乱意思而妨日月,在位有损政事,儒者则废讲诵,凡民则忘稼穑,商人则失货财。至于胜负未分,交争都市,心热于中,颜愁于外,名之为乐,而实煎悴。丧廉耻之操,兴争竞之端,相取重货,密结怨隙。昔宋闵公、吴太子致碎首之祸,生叛乱之变,覆灭七国,几倾天朝,作戒百代,其鉴明矣。”

〔八〕赵曦明曰:“晋中兴书:‘陶侃为荆州,见佐吏博弈戏具,投之于江,曰:“围棋,尧、舜以教愚子;博,殷纣所造。诸君并国器,何以此为?”’”王叔岷曰:“御览七五三引晋中兴书:‘陶侃在荆州,见佐吏博奕戏具,投之于江,曰:围棋者,尧舜以教愚子;博者,商纣所造。诸君并怀国器,何以为此?(注:一本作“为牧猪奴戏”。)’又见艺文类聚七四。赵曦明注所引晋中兴书,与类聚同,与御览略异。晋书陶侃传:‘诸参佐或以谈戏废事者,乃命取其酒器蒱博之具,悉投之于江;吏将则加鞭朴,曰:樗蒱者牧猪奴戏耳!’”

〔九〕赵曦明曰:“鲍宏博经:‘博局之戏,各设六箸,行六棋,故云六博。用十二棋,六白六黑。所掷骰谓之琼。琼有五采,刻为一画者谓之塞,两画者谓之白,三画者谓之黑,一边不刻者,在五塞之间,谓之五塞。’”卢文弨曰:“广雅:‘博箸谓之箭。’楚辞招魂:‘菎蔽象棋有六簙。’王逸注:‘蔽,簙箸也。’案:茕,渠营切,即琼也。温庭筠诗用双琼,即二茕也。”器案:史记蔡泽传:“君独不观夫博者乎?或欲大投,或欲分功。”集解:“投,投琼也。”索隐:“言夫博弈,或欲大投其琼以致胜;或欲分功者,谓观其势弱,则投地而分功,以救远也。”西京杂记四:“许博昌,安陵人也。善陆博……法用六箸,或谓之究,以竹为之,长六分。或用二箸。博昌又作大博经一篇,今世传。”案:究即茕之误。字又作掼,唐写本王仁昫刊谬补缺切韵卌一清:“掼,博掼子,一曰投，渠营反。”宋本御览七五四引繁钦威仪箴：“操揆弄棋。”原注：“瞿营切，揆，博子。”隋书经籍志：“梁有大小博法一卷。”唐志又有大博经行棋戏法二卷，鲍宏小博经一卷。刘梦得文集观博云：“客有以博戏自任者，迟余观焉。初，主人执握塑之器，置于庑下，曰：‘主进者要约之。’既揖让，即次有博齿二，异乎齿负之齿，其制用骨，觚棱四均，镂以朱墨，耦而合数，取应期月，视其转止，依以争道。是制也，通行之久矣，莫详所祖，以其用必投掷，故以博投诏之。”陈直曰：“按：汉望都壁画后有石棋盘图，共画十七道。韦昭博奕论，文选李善注引邯郸淳艺经云：‘棋局纵横各十七道，合二百八十九道，白黑棋子各一道五十枚。’又艺文类聚卷七十四引晋蔡洪围棋赋云：‘算途授卒，三百为群。’是晋时棋局犹为十七道。沈括梦溪笔谈云：‘奕棋古用十七道，与后世法不同，今世棋局纵横各十九道，未详何人所加。”

〔一〇〕赵曦明曰：“世说新语巧艺篇：‘王中郎以围棋是坐隐，支公以围棋为手谈。’”器案：艺文类聚七四引沈约棋品序：“支公以为手谈，王生谓之坐隐。”御览七五三、能改斋漫录七引语林：“王以围棋为手谈，在哀制中祥后，客来，方幅为会戏。”则又以手谈为王。高承事物纪原九：“王积新棋势谱图曰：‘王郎号为坐隐，祖约称为手谈。’由是言之，虽说有小同异，然疑晋以来语也。”案：唐志有王积薪金谷园九局图一卷，云：“开元待诏。”一作“新”，一作“薪”，未知谁是。

〔一一〕南史朱异传：“沈约戏异曰：‘卿年少，何不廉？天下唯文义棋书，卿一时将去，可谓不廉也。’”沈戏朱之言，与颜氏此文所论列者合观之，足觇当时风尚。

〔一二〕卢文弨曰：“愦，胡对切，心乱也。”

投壶之礼〔一〕，近世愈精。古者，实以小豆，为其矢之跃也〔二〕。今则唯欲其骁，益多益喜〔三〕，乃有倚竿、带剑、狼

壶、豹尾、龙首之名〔四〕。其尤妙者〔五〕，有莲花骁〔六〕。汝南周璝，弘正之子〔七〕，会稽贺徽，贺革之子〔八〕，并能一箭四十馀骁〔九〕。贺又尝为小障，置壶其外，隔障投之，无所失也。至邺以来，亦见广宁、兰陵诸王〔一〇〕，有此校具〔一一〕，举国遂无投得一骁者〔一二〕。弹棋〔一三〕亦近世雅戏〔一四〕，消愁〔一五〕释愦〔一六〕，时可为之。

〔一〕此句上，胡本有"欲"字，未可从。

〔二〕卢文弨曰："礼记投壶：'壶颈修七寸，腹修五寸，口径二寸半，容斗五升。壶中实小豆焉，为其矢之跃而出也。壶去席二矢半。矢以柘若棘，毋去其皮。'"

〔三〕续家训"骁"作"骄"，类说、绀珠集四引此句作"今以跃为贵谓之骄"，类说又云："'骄'一作'骁'。"何焯曰："骁者，似投入而复跃出，挂于壶之口耳而名。"赵曦明曰："西京杂记下：'武帝时，郭舍人善投壶，以竹为矢，不用棘也。古之投壶，取中而不求还；郭舍人则激矢令还，一矢百馀反，谓之为骁，言如博之竪枭于掌中为骁杰也。每为武帝投壶，辄赐金帛。'"

〔四〕御览七五三引投壶变（隋志："梁有投壶变一卷，晋光禄大夫虞潭撰。"）："谓之投壶者，取名篠（他由切）籔，渐而转易，铸金代焉。逮之于后，人事生矣。壶底去一尺，其下笥以龙玄，（玄，月中虾蟆，随其生死也。横曰笥，龙蛇之形。）运之以鱇（平表切）虾、（谓龙下鱇螭也。）燕尾，（燕识候而归，人来去有恒，投而归人，自数之极也。）矢十二，（数之极也。）长二尺八寸。（法于恒矢，古用柘棘。）古者投壶，击鼓为节，带剑十二，（入检类二带，谓之带剑。）倚十八，（倚并左右如狼尾状。）狼壶二十，（令矢圆转，面于壶口。）剑骄七十八，（带剑还如后也。）三百六十筹得一马，（言三百六十，岁功成也。马谓之近党，同得胜也。)三马成都。"虞氏彼文之燕尾、龙筩,当即颜氏此文之豹尾、龙首。司马光投壶格:"倚竿,箭斜倚壶口中。带剑,贯耳不至地者。狼壶,转旋口上而成倚竿者。龙尾,倚竿而箭羽正向己者。龙首,倚竿而箭首正向己者。"则颜氏之豹尾,司马氏又作龙尾也。

〔五〕续家训"尤"作"以"。

〔六〕续家训、绀珠集"骁"作"骄"。绀珠集又云:"'骄'一作'骁'。"

〔七〕卢文弨曰:"陈书周弘正传:'子瓒,官至吏部郎。'"

〔八〕卢文弨曰:"梁书儒林传:'贺玚子革,字文明。少通三礼,及长,遍治孝经、论语、毛诗、左传。'其子未见。"徐鲲曰:"南史贺革传:'子徽,美风仪,能谈吐,深为革爱。先革卒,革哭之,因遘疾而卒。'"

〔九〕"并能一箭四十馀骁",续家训作"并能一箭四十馀桥三十馀骄","桥"当是"骄"误。陈直曰:"按:投壶贵骁,始见于西京杂记之郭舍人,以今语译之,投壶时竹箭往复不落地谓之骁,比于武士之骁勇也。又徐陵玉台新咏序云:'虽复投壶玉女,为欢尽于百骁。'盖夸大之词。"

〔一〇〕赵曦明曰:"北齐文襄六王传:'广宁王孝珩,文襄第二子。爱赏人物,学涉经史,好缀文,有伎艺。兰陵武王长恭,一名孝瓘,文襄第四子。面柔心壮,音容兼美。为将躬勤细事,每得甘美,虽一瓜数果,必与将士共之。'"

〔一一〕文选奏弹刘整:"整语采音,其道汝偷车校具……车栏、夹杖、龙牵,实非采音所偷。"此文校具,与文选义同,当指小障。校谓校饰也。史记司马相如传封禅文:"校饰厥文。"潜夫论浮侈篇:"校饰车马。"皆其例也。晋宋以来,此语尤众。法显佛国记:"国人于此起塔,金银校饰。"又云:"其处亦起大塔,金银校饰。"又云:"此二处亦起大塔,皆众宝校饰。"又云:"于是王即于小儿塔上起塔,众宝校饰。"又云:"乃校饰大象。"又云:"精舍尽以金薄七宝校饰。"又云:"皆珠玑校饰。"古钞本文选颜延年赭白马赋:"宝校星缠。"注:"校,装饰也。”傅子有校工篇，言妇人首饰及其他车服舆马之饰。南齐书舆服志：“受福望龙诸校饰。”又云：“凤皇衔花诸校饰。”又云：“金辂制度校饰。”又云：“皇太子象辂校饰。”又云：“指南车皆铜校饰。”又云：“卧辇校饰如坐辇。”又云：“漆函牵车皆金涂校饰。”又云：“舆车校饰。”诸校字义并同。盖工艺谓之校饰，其物品则谓之校具也。

〔一二〕续家训“骁”作“骄”。

〔一三〕赵曦明曰：“艺经：‘弹棋，二人对局，黑白棋各六枚，先列棋相当，下呼上击之。’世说巧艺篇：‘弹棋始自魏宫内，用妆奁戏。文帝于此戏特妙，用手巾角拂之，无不中者。有客自云能，帝使为之；客著葛巾角，低头拂棋，妙逾于帝。’注：‘傅玄弹棋赋叙曰：“汉成帝好蹴鞠。刘向谓劳人体，竭人力，非至尊所宜御，乃因其体作弹棋。”则此戏其来久矣。’”器案：御览七五五引弹棋经后序：“弹棋者，雅戏也，非同于五白枭橛之数，不游乎纷竞诋欺之间，淡薄自如，故趋名近利之人，多不尚焉。盖道家所为，欲习其偃亚导引之法、击博腾掷之妙自畅耳。”梦溪笔谈十八：“弹棋，今人罕为之。有谱一卷，盖唐人所为。其局方二尺，中心高如覆盂，其巅为小壶，四角隆起，今大名开元寺佛殿上有一石局，亦唐时物也。李商隐诗云：‘玉作弹棋局，中心最不平。’谓其中高也。白乐天诗：‘弹棋局上事，最妙是长斜。’谓抹角斜弹一发过半局，今谱中具有此法。柳子厚叙棋用二十四棋者，即此戏也。”老学庵笔记十：“吕进伯作考古图云：‘古弹棋局，状如香炉。’盖谓其中隆起也。李义山诗云：‘玉作弹棋局，中心亦不平。’今人多不能解，以进伯之说观之，则粗可见。然恨其艺之不传也。魏文帝善弹棋，不复用指，第以手巾拂之；有客自谓绝艺，及召见，自抵首以葛巾拂之，文帝不能及也。此说今不可解矣。大明（当作“名”）龙兴寺佛殿有魏宫玉石弹棋局，上有黄初中刻字。政和中取入禁中。”陈直曰：“艺文类聚卷七十四有梁元帝谢东宫赐弹棋局启，知梁时确盛行此戏。”

〔一四〕李清照打马赋:“实小道之上流,竞深闺之雅戏。”琅琊代醉篇卷三十五以雅戏列目,本此。

〔一五〕消愁,亦言消忧。文选曹子建朔风诗:“谁与消忧。”五臣本“忧”作“愁”。

〔一六〕永乐大典卷二千二百五十七引“愦”作“愤”。

终制[一]第二十

死者,人之常分,不可免也[二]。吾年十九[三],值梁家丧乱,其间与白刃为伍者,亦常数辈[四];幸承馀福,得至于今。古人云:“五十不为夭[五]。”吾已六十馀,故心坦然,不以残年为念。先有风气之疾[六],常疑奄然[七],聊书素怀[八],以为汝诫。

〔一〕器案:终制,谓送终之制,犹今言遗嘱。后汉书宋均传:“送终逾制。”三国志魏书文帝纪:“表首阳山东为寿陵,作终制云云。”又常林传注引魏略:“沐并作终制。”晋书石苞传:“豫为终制。”金楼子有终制篇。黄叔琳曰:“古多厚葬,故杨王孙之论,班史传之,魏、晋间人效其义,多载之于史,要非中道也。况近世物力日艰,人子之情日减,若复以薄葬为训,将举而委之于壑矣。然此篇从遭乱不得厚葬其亲,说到己身不当有加于先,犹恻然动仁人孝子之感也。”纪昀曰:“昆圃先生之说甚是。然厚葬可也,厚敛不可也,二事大有分别,混而一之,则反生拗戾矣。先生亦未免草草也。”

〔二〕王叔岷曰:“案陶潜与子俨等疏:‘天地赋命,生必有死,自古圣贤,谁能独免!’金楼子终制篇:‘夫有生必有死,达人恒分。’”

〔三〕陈直曰："之推观我生赋云：'未成冠而登仕，财解履以从军。'自注云：'时年十九，释褐湘东王国右常侍，以军功加镇西墨曹参军。'又之推古意云：'十五好诗、书，二十弹冠仕。'皆与本文相合。"

〔四〕辈犹言人次。史记秦始皇本纪："高使人请子婴数辈。"用法与此相同。

〔五〕赵曦明曰："蜀志先主传注：诸葛亮集载先主遗诏敕后主曰：'人五十不称夭，年已六十有馀，何所复恨！不复自伤。但以卿兄弟为念。'"

〔六〕史记扁鹊仓公列传："所以知齐王太后病者，臣意诊其脉，切其太阴之口，湿然风气也。脉法曰：'沉之而大坚、浮之而大紧者，病主在肾。'肾切之而相反也，脉大而躁。大者，膀胱气也。躁者，中有热而溺赤。"

〔七〕奄然，即下文奄忽之意。文选马季长长笛赋："奄忽灭没。"李善注："方言：'奄，遽也。'"

〔八〕齐书萧惠基传："岂吾素怀之本耶？"素怀，谓平生怀抱。

先君先夫人皆未还建邺旧山〔一〕，旅葬〔二〕江陵东郭。承圣末，已启求扬都〔三〕，欲营迁厝〔四〕。蒙诏赐银百两，已于扬州小郊北地烧塼〔五〕，便值本朝〔六〕沦没，流离如此，数十年间，绝于还望。今虽混一〔七〕，家道〔八〕罄穷，何由办此奉营〔九〕资费？且扬都污毁，无复孑遗〔一〇〕，还被下湿〔一一〕，未为得计。自咎自责，贯心刻髓〔一二〕。计吾兄弟，不当仕进；但以门衰，骨肉单弱，五服〔一三〕之内，傍无一人，播越〔一四〕他乡，无复资荫〔一五〕；使汝等沉沦厮役〔一六〕，以为先世之耻；故靦冒〔一七〕人间，不敢坠失〔一八〕。兼以北方政教严切〔一九〕，全无隐退者故也。

〔一〕卢文弨曰："之推九世祖含随晋元帝东渡，故建邺乃其故土也。本传观我生赋：'经长干以掩抑，展白下以流连。'自注：'靖侯以下七世坟茔皆在白下。'"器案：旧山，犹今言故乡。文选谢灵运过始宁墅诗："剖竹守沧海，枉帆过旧山。"吕延济注："谓枉曲船帆，来过旧居。"又初发石首城诗："故山日已远，风波岂还时。"张铣注："故山，谓所居旧山也。"全唐诗周贺卷秋思："旧山馀业在，杳隔洞庭波。"原注："'旧山'一作'故乡'。"陈直曰："之推观我生赋自注云：'靖侯以下七世坟茔，皆在白下。'又颜真卿颜含大宗碑铭云：'含随元帝过江，已下七叶葬在上元幕府山。'（山名今仍旧，在南京和平门外。）又颜氏一族，在琅琊时居孝悌里（见大宗碑铭），在建业时居长干颜家巷（见观我生赋自注）。又幕府山曾出晋元和元年颜谦妻刘氏墓砖，应亦为颜含之族人也。"

〔二〕周易旅卦正义："旅者，客寄之名，羁旅之称，失其本居而寄他方谓之为旅。"此文"旅葬"，与"旅榇"之旅义同。旅葬，谓旅死而已葬者。旅榇，谓旅死停棺而未葬者。

〔三〕宋本有"已"字，续家训及各本俱无，今从宋本。

〔四〕器案：厝又作措，柩暂置也。迁厝，即迁葬。文选寡妇赋："又将迁神而安措。"李周翰注："迁神安措，谓迁柩归葬也。"

〔五〕抱经堂本"塼"作"砖"，宋本、续家训及各本都作"塼"，今从之，下同。陈直曰："下文亦云：'藏内无砖。'盖自孙吴至陈、隋时代，江南人士，墓葬塼内用砖，皆由自家烧造，内中有少数砖必系以年月某氏墓字样，如长沙烂泥冲南齐墓，有碑文云'齐永元元年己卯岁刘氏墓'是也。（见一九五七年文物参考第二期，此例多不胜举。）与之推烧砖之说正相符合。又南朝大贵族墓葬，在发掘情况中估计，最多者需用砖三万枚，每烧窑一次至多万枚，须烧三次始敷用，要一千人的劳动力。"

〔六〕徐鲲曰："顾炎武云：'古人谓所事之国为本朝，魏文钦降吴表言："世受魏恩,不能扶翼本朝,抱愧俯仰,靡所自厝。”又如吴亡之后,而蔡洪与刺史周俊书言吴朝举贤良是也。之推仕历齐、周及隋,而犹称梁为本朝;盖臣子之辞,无可移易,而当时上下亦不以为嫌者矣。’见日知录十三卷。”

〔 七 〕赵曦明曰:“通鉴:‘隋文帝开皇七年灭梁,废其主萧琮为莒公。八年冬十月,以晋王广为淮南行省尚书令行军元帅,帅师伐陈,九年正月,获其主叔宝,陈国平。’”器案:晋书恭纪:“混一六合。”隋书炀纪:“车书混一。”混一,谓混同一统也。

〔 八 〕胡式钰窦存四:“家资曰家道。陆士衡百年歌:‘子孙昌盛家道丰。’颜氏家训云云,与易‘夫夫妇妇而家道正’不同。”隋书食货志引长孙平奏立义仓定式:“其强宗富室,家道有馀者,皆竞出私财,递相赒赡。”

〔 九 〕奉营,谓奉祀营葬。

〔一〇〕诗经大雅云汉:“周馀黎民,靡有孑遗。”传:“孑然遗失也。”正义:“释训云:‘孑然,孤独之貌。’言靡有孑遗,谓无有孑然得遗漏。”案:隋书地理志下:“丹阳郡,自东晋已后,置郡曰扬州,平陈,诏并平荡耕垦,更于石头城置蒋州。”

〔一一〕古人多言江南卑湿。史记屈原贾生列传两言“长沙卑湿”,又淮南衡山列传:“南方卑湿。”又货殖列传:“江南卑湿。”陈书萧督传:“愍时赋:‘南方卑而叹屈,长沙湿而悲贾。’”下湿,犹卑湿也。

〔一二〕续家训“髓”作“体”。潜夫论交际篇:“精诚相射,贯心达髓。”此用其文。

〔一三〕五服,丧服也。斩衰、齐衰、大功、小功、缌服谓之五服。

〔一四〕后汉书袁术传:“天子播越。”李贤注:“播,迁也;越,逸也,言失所居。”

〔一五〕周书苏绰传:“今之选举者,当不限资荫,唯在得人。”通鉴一一一胡三省注:“资谓门地成资。”

〔一六〕卢文弨曰："何休注公羊宣十二年传：'艾草为防者曰厮，汲水浆者曰役。'"

〔一七〕卢文弨曰："靦，土典切，面丑也。"器案：徐陵与王吴郡书："孤子无心靦冒，苟郄光阴，风疾弥留，示有馀息。"杜甫去矣行："野人旷荡无靦颜。"

〔一八〕本书止足篇："吾近为黄门郎，已可收退，当时羁旅，惧罹谤讟，思为此计，仅未暇尔。"与此所言，皆为靦冒人间自解耳。王叔岷曰："案北史周文帝纪：'靦冒恩私，遂阶荣宠。'"

〔一九〕后汉书朱浮传："既加严切。"孔融卫尉张俭碑："明诏严切。"文选沈休文齐故安陆昭王碑文："征赋严切。"严切，谓严峻而迫切。

今年老疾侵〔一〕，傥然奄忽〔二〕，岂求备礼乎？一日放臂，沐浴而已，不劳复魄〔三〕，殓以常衣〔四〕。先夫人弃背〔五〕之时，属世荒馑，家涂空迫〔六〕，兄弟幼弱，棺器率薄，藏内无砖〔七〕。吾当松棺二寸，衣帽已外，一不得自随，床上唯施七星板〔八〕；至如蜡弩牙、玉豚、锡人之属〔九〕，并须停省，粮罂明器〔一〇〕，故不得营，碑志旒旐〔一一〕，弥在言外。载以鳖甲车〔一二〕，衬土而下〔一三〕，平地无坟〔一四〕；若惧拜扫不知兆域〔一五〕，当筑一堵低墙于左右前后，随为私记耳〔一六〕。灵筵勿设枕几〔一七〕，朔望祥禫〔一八〕，唯下白粥清水干枣，不得有酒肉饼果之祭。亲友来啜酹者，一皆拒之。汝曹若违吾心，有加先妣，则陷父不孝，在汝安乎〔一九〕？其内典功德〔二〇〕，随力所至，勿刳竭生资〔二一〕，使冻馁也。四时祭祀，周、孔所教，欲人勿死其亲〔二二〕，不忘孝道也。求诸内典，则无益焉。杀生为之，翻增罪累[二三]。若报罔极之德[二四],霜露之悲[二五],有时斋供,及七月半盂兰盆,望于汝也[二六]。

〔一〕续家训无"侵"字。

〔二〕说见文章篇凡代人为文条注一五。

〔三〕赵曦明曰:"仪礼士丧礼:'复者一人。'注:'复者,有司招魂复魄也。'"器案:礼记丧大记注:"复,招魂复魄也。……气绝则哭,哭而复,复不苏,可以为死事。"牟子理惑篇:"人临死,其家上屋呼之。死已复呼谁? 或曰:呼其魂魄。"太平广记三二〇引幽明录:"蔡谟在厅事上坐,忽闻邻左复魄声,乃出庭前望,正见新死之家,有一老妪,上著黄罗半袖,下著缥裙,飘然升天;闻一唤声,辄回顾,三唤三顾,徘徊良久,声既绝,亦不复见。问丧家,云亡者衣服如此。"复魄本为生者不忍其死,故叫呼以冀其复苏,好事者乃造为故事以说之,亦迷信之一端耳。

〔四〕殓,同敛,衣尸曰小敛,以尸入棺曰大敛,见仪礼士丧礼及礼记丧大记。

〔五〕王羲之书:"周嫂弃背,切割心情。"文选寡妇赋:"良人忽以捐背。"李周翰注:"良人忽弃捐我而逝矣。"捐背犹弃背也。

〔六〕杜甫郑典设自施州归诗:"旅兹殊俗远,竟以屡空迫。"用"空迫"字本此。

〔七〕后汉书赵岐传:"先自为寿藏。"注:"寿藏,谓冢圹也;称寿者,取其久远之意也,犹如寿宫、寿器之类。"新唐书姚崇传:"自作寿藏于万安山南原……署兆曰寂居穴,坟曰复真堂,中剟土为床曰化台,而刻石告后世。"

〔八〕七星板,古代棺中所用垫尸之板。通典八五大敛引大唐元陵仪注:"加七星板于梓宫内,其合施于板下者,并先置之,乃加席褥于板上。"则七星板之制,上自封建帝王,下至庶民百姓,皆得用之。宋诩宋氏家仪部三："治棺不用太宽，而作虚檐高足，内外漆灰裨布，内朱外黑，中炒糯米焦灰，研细铺三寸厚，隔以绵纸，纸上以七星板，板上以卧褥，褥中以灯草，此皆附于身者。"明彭滨重刻申阁老校正朱文公家礼正衡四："七星板，用板一片，其长广棺中可容者，凿为七孔。"姚范援鹑堂笔记四八："今人棺内有七星板，此见颜氏家训终制篇。又左昭二十五年：'宋元公曰："惟见楄柎，所以藉干者，请无及先君。"'注：'楄柎，棺中笭床也。干，骸骨也。'"曹斯栋稗贩八："棺中藉干者为七星板，蔡补轩谓即左传楄柎。愚案：楄柎，棺中笭床也，颜氏家训云云，则楄柎又似藉以安版之物。然案释名：'荐物者曰笭，湿漏之水，突然从下过也。'即指为楄柎亦可。"

〔九〕续家训"豚"作"肫"，借"豘"字。刘盼遂曰："上虞罗氏所藏古明器，有小弩机张长二寸，中有中士二字；玉豚五枚，铅人二枚（古者锡铅通言不别），上有朱书。"又曰："日本于大正十四年春，发掘乐浪郡古坟，得玉豚一枚，在死者左胁边指轮之旁，长三寸五分，广七分，高八分八厘。尾端有孔二，盖以丝绳贯之，缠绕于死者腕上，防其脱离而然。朝鲜平壤覆审法院保存玉豚一对，一长四寸，广八分，高九分三厘；一长三寸九分，广七寸，高九分。各刻四足，屈伏地下，作平卧形。眼耳口鼻，仅可分辨。故吴清卿古玉图考虽收有玉豚数枚，而皆误以为周礼虎节之琥，而推及于汉之金虎符。盖以其形本蔺胡，不易明辨；使非乐浪发见于死者胁下，吾人至今仍未敢肯定其为玉豚，盖可知也。日人关野贞诸氏定此玉豚于丧制为握，并引刘熙释名释丧制云：'握，以物著尸手中使握之也。'（以上节译日本乐浪时代的遗迹。）"器案：酉阳杂俎前十三尸穸："送亡者又以黄卷、蜡钱、兔毫、弩机、纸疏、挂树之属。"异苑二："弘农杨子阳闻土中有声，掘得玉豘，长可尺许。"幽明录："馀杭人沈纵家素贫，与父同入山，得玉豘。"则玉豚于南北朝时已纷纷出人间矣。陈直曰："按：蜡弩牙为蜡制弩机模型。玉豚系玉石或滑石制成。南京幕府山一号墓所出即有滑石猪

(见一九五六年文参六期)。锡人即铅人。之推葬所言随品,皆南朝人习俗。又粮罂二字连文,谓陶器罐中略盛食粮,作为象征性。洛阳金谷园汉墓群中所出陶瓶,有朱书题字,如'大麦屑万石'、'粱米万石'、'麋万石'、'更万石'(更当是粳字)、'糯万石'、'大豆万石'之类是也。"器又案:陆游家训:"近时出葬,或作香亭魂寓人寓马之类,当一切屏去。"锡人即寓人,盖寓人或以木或以锡为之,故又有锡人之称也。周密齐东野语卷一蜜章密章条云:"密章二字见晋书山涛等传,然其义殊不能深晓,自唐以来,文士多用之。近世若洪舜俞行乔行简赠祖母制亦云:'欲报食饴之德,可稽制蜜之章。'密字相传谓赠典既不刻印,而以蜡为之,蜜即蜡,所以谓之蜜章。然刘禹锡为杜司徒谢追赠表云:'紫书忽降于九重,密印加荣于后夜。'李国长神道碑云:'煌煌密章,肃肃终言。'王崇述神道碑云:'没代流庆,密章下贲。'宋祁孙奭谥议云:'密章加等,昭饰下泉。'又祭文云:'恤恩告第,踪书密章。'密字乃并从山,莫知其义为孰是,岂古字可通用乎?或他别有所出也。"案"密"为"蜜"之说,无所致疑。唐音癸签云:"权德舆哭刘尚书诗:'命赐龙泉重,追荣蜜印陈。'蜜印者,谓赠官刻蜡为印,悬绶以赐也。唐人文笔中多用此。刘禹锡为人谢追赠表云:'紫书忽降于九重,蜜印加荣于后夜。'"案癸签说是。晋书山涛传:"薨……策赠司徒蜜印紫绶……新沓伯蜜印青朱绶。"又陶侃传:"薨……追赠大司马蜜章,祠以太牢。"南齐书陈皇后传:"升平三年,追赠竟陵公国太夫人蜜印画青绶,祠以太牢。"新唐书礼乐志十:"赠者以蜡印画绶。"字皆作"蜜",或作"蜡",不误,所谓明器即寓器,"以象平生之容,明不致死之义"是也。

〔一〇〕卢文弨曰:"礼记杂记上:'载粻,有子曰:"非礼也。"'注:'粻,米粮也,言死者不食粮也。'又曰:'瓮甒筲衡实,见间而后折入。'注:'此谓葬时藏物也。衡当为桁,所以庪瓮甒之属。'檀弓上:'孔子曰:"竹不成用,瓦不成味,木不成斫,琴瑟张而不平,竽笙备而不和,有钟磬而无簨簴：其曰明器，神明之也。”’又下篇：‘孔子谓为明器者，知丧道矣，备物而不可用也。涂车刍灵，自古有之。孔子谓为刍灵者善，谓为俑者不仁。’”

〔一一〕卢文弨曰：“释名：‘碑，被也。此本葬时所设，施其辘轳，以绳被其上以引棺也。臣子追述君父之功美以书其上，后人因焉，无故建于道陌之头，显见之处，名其文，就谓之碑也。’案：志墓起于后世，盖纳于圹中，使后人误发掘者从而掩之耳。然能如此者百不一二，今金石文字中所载诸志铭甚多，未闻有复掩于故土者，则亦无益之举而已。旒旐，古之明旌也，旒则旐之垂者。世说排调篇：‘桓南郡与殷荆州共作了语，桓曰：“白布缠棺竖旒旐。”’又案：释名‘无故’之言，犹云物故耳。”器案：御览五八九引释名，无“无”字。

〔一二〕卢文弨曰：“周礼遂师：‘共丘笼及蜃车之役。’注：‘四轮迫地而行，有似于蜃，因取名焉。’礼记杂记上：‘其輤有裧。’注：‘輤，载柩将殡之车饰也。裧谓鳖甲边缘，缁布裳帷，围棺者也。’又云：‘载以輲车。’注：‘輲读为辁，或作槫，周礼有蜃车，蜃辁声相近，其制同乎辁，崇盖半乘车之轮。’正义：‘以其蜃类盖迫地而行，其轮宜卑。’”器案：太平广记四五六引列异记：“夜有乘鳖盖车从数千骑来，自称伯敬，候少千。”鳖盖车即鳖甲车。

〔一三〕续家训“衬”作“儭”。

〔一四〕礼记檀弓上：“古也墓而不坟。”注：“墓谓兆域，今之封茔也。古谓殷时也。土之高者曰坟。”

〔一五〕兆域，坟墓之界域。周礼春官：“冢人掌公墓之地，辨其兆域而为之图。”又见上条注。

〔一六〕续家训及各本俱无“耳”字，宋本有，今从之。庾信五张寺经藏碑：“秦景遥传，竺兰私记。”则“私记”亦六朝人习用语。

〔一七〕灵筵，供亡灵之几筵，后人又谓之灵床，或曰仪床。五灯会元十三洪州同安院威禅师：“室内无灵床，浑家不著孝。”唐诗鼓吹四曹唐哭陷边许兵马使："更无一物在仪床。"元郝天挺注："仪床，供灵之几筵也。"

〔一八〕卢文弨曰："案：礼记祭义有朔月月半之文，即后世所谓朔望也。又间传：'期而小祥，又期而大祥，中月而禫。'"

〔一九〕器案：论语阳货篇："于汝安乎？"皇侃义疏："于汝之心，以此为安不乎？"

〔二〇〕胜鬘经宝窟："恶尽言功，善满言德。又德者得也，修功所得，故曰功德。"

〔二一〕生资，犹今言生活资料。元结舂陵行："悉使索其家，而又无生资。"通鉴二三八胡三省注："财物田园，人资以生，谓之资产。"与生资义同。

〔二二〕器案：左传僖公三十二年："栾枝曰：'未报秦施，而伐其师，其为死君乎？'"又襄公二十一年："栾祁曰：'死吾父而专于国，有死而已，吾蔑从之矣。'"国语晋语："荀息曰：'死吾君而杀其孤。'"吕氏春秋悔过篇："先轸曰：'不吊吾丧，不忧吾丧，是死吾君而弱其孤也。'"诸死字用法相同，俱谓人一死便忘得一干二净也。

〔二三〕本书归心篇："好杀之人，临死报验，子孙祸殃。"

〔二四〕诗经小雅蓼莪："欲报之德，昊天罔极。"郑笺："昊天乎，我心无极！"

〔二五〕礼记祭义："霜露既降，君子履之，必有凄怆之心，非其寒之谓也！"注："非其寒之谓，谓凄怆及怵惕，皆为感时念亲也。"

〔二六〕宋本原注："一本无'七月半盂兰盆'六字，却作'及尽忠信不辱其亲所望于汝也'。"案：续家训及各本与一本合。赵曦明曰："案：颜笃信佛理，固宜有此言。今诸本删去六字，必后人以其言太陋，而因易以他语耳。然文义殊不贯。"卢文弨曰："盂兰盆经：'目莲见其亡母生饿鬼中，即钵盛饭，往饷其母，食未入口，化成火炭，遂不得食。目莲大叫，驰还白佛。佛言："汝母罪重，非汝一人所奈何，当须十方众僧威神之力，至七月十五日，当为七代父母厄难中者，具百味五果，以著盆中，供养十方大德。"佛敕众僧，皆为施主，祝愿七代父母，行禅定意，然后受食。是时，目莲母得脱一切饿鬼之苦。目莲白佛："未来世佛弟子行孝顺者，亦应奉盂兰盆供养。"佛言："大善。"'故后人因此广为华饰，乃至刻木割竹，饴蜡剪彩，摸花叶之形，极工妙之巧。"郝懿行曰："案：颜氏以薄葬饬终，近于达矣；乃不遵周、孔所教，而笃信内典功德不忘，至于盂兰斋供，谆谆属望后人，可谓通人之蔽者也。"器案：岁时广记三○引韩琦家祭式云："近俗七月十五日有盂兰斋者，盖出释氏之教，孝子之心，不忍违众而忘亲，今定为斋享。"案：不忍违众而忘亲之说，最足说明封建士大夫佞佛之心理，颜氏之以此望于子弟，正复尔尔。

孔子之葬亲也，云："古者墓而不坟。丘东西南北之人也，不可以弗识也〔一〕。"于是封之崇四尺〔二〕。然则君子应世行道，亦有不守坟墓之时，况为事际〔三〕所逼也！吾今羁旅，身若浮云〔四〕，竟未知何乡是吾葬地，唯当气绝便埋之耳。汝曹宜以传业扬名为务，不可顾恋朽壤〔五〕，以取堙没也〔六〕。

〔一〕卢文弨曰："识音志。"

〔二〕卢文弨曰："已上礼记檀弓上文。"

〔三〕器案：事际，谓多事之际，犹言多事之秋。晋书杨佺期传："时人以其晚过江，婚宦失类，每排抑之。恒慷慨切齿，因事际以逞其事。"齐书王宴传："高祖虽以事际须宴，而心相疑斥。"义俱同。朱本作"事势"，不知妄改。

〔四〕论语述而篇："不义而富且贵，于我如浮云。"郑玄注："富贵而不以义者，于我如浮云，非己之有。"此则用为飘忽不定之意。

〔五〕王叔岷曰："案列子汤问篇：'朽壤之上有菌芝者。'"

〔六〕文选孔文举论盛孝章书："妻孥湮没。"又刘孝标辨命论："堙灭而无闻者，岂可胜道哉！"堙没、湮没，同。文选司马长卿封禅文："湮灭而不称者，不可胜数。"李善注："湮，没也。"

附录

一　序跋

宋本序跋

颜氏家训序

北齐黄门侍郎颜之推，学优才赡，山高海深。常雌黄朝廷，品藻人物，为书七卷，式范千叶，号曰颜氏家训。虽非子史同波，抑是王言盖代。其中破疑遣惑，在广雅之右；镜贤烛愚，出世说之左。唯较量佛事一篇，穷理尽性也。余曾于官舍，论公制作弘奥。众或难余曰："小小者耳，何是为怀？"余辄请主人纸笔，便录擥（乌焕反）、挦（宣）、麸（岁）、蔛（药）、鴠（铄）、嫕（于计反）、戾（剡）、扅（移）、秠（疋来反）等九字以示之，方始惊骇。余曰："凡字以诠义，字犹未识，义安能见？旋云小小，颇亦匆匆。"众乃谢余，令为解识。余遂作音义以晓之，岂惭法言之论，定即定矣；实愧孙炎之侣，行即行焉云尔。（序中"王言"义未详。）

卢文弨曰："此序宋本所有，不著撰人，比拟多失伦，行文亦无法，今依宋本校正，即不便弃之。有疑'王言盖代'，未详所出者。案：家语有王言解，或用此矣。"

器案：家语王言解系袭大戴记王言篇，宋本大戴记"王言"讹"主言"；管子亦有王言篇，今佚。

宋本校刊名衔

乡贡士州学正	林　宪	同校
迪功郎司户参军	赵善悳	监刊
从事郎特添差军事推官	钱庆祖	
从事郎军事推官	王　柟	
承直郎军事判官	崔　畾	
迪功郎州学教授	史昌祖	同校
承议郎添差通判军州事	楼　钥	
朝请郎通判军州事	管　铳	
朝奉郎权知台州军州事	沈　揆	

钱大昕竹汀先生日记钞一："读颜氏家训，淳熙刊本凡七卷，前有序一篇，不题姓名，当是唐人手笔。后有淳熙七年二月沈揆跋(云去年春来守天台郡)及考证一卷；后列'朝奉郎权知台州军州事沈揆、朝请郎通判军州事管铳、承议郎添差通判军州事楼钥、迪功郎州学教授史昌祖同校'，又有'监刊'、'同校'诸人衔，皆以左为上，盖台州公库本也。而前序后又有长记云'廉台田家印'，则是宋槧元印，故于宋讳间有不缺笔者耳。"

又十驾斋养新录十四："颜氏家训七卷，前有序一篇，不题姓名，当是唐人手笔。后有淳熙七年二月沈揆跋。又有考证一卷，后列'朝奉郎权知台州军州事沈揆、朝请郎通判军州事管铳、承议郎添差通判军州事楼钥、迪功郎州学教授史昌祖同校'，又有'监刊'、'同校'诸人衔，皆以左为上，盖台州公库本也。淳熙中，高宗尚在德寿宫，故卷中'构'字，皆注'太上御名'，而阙其文。前序后有墨长记云：'廉台田家印。'宋时未有廉访司，元制乃有之；意者，元人取淳熙本印行，间有修改之叶，则于宋讳不避矣。"

孙星衍宋刻本颜氏家训跋："此即宋嘉兴沈揆本，钱曾但得其钞本，录入读书敏求记。四库全书载明刻二卷本，当时求宋本未得也。前代列此书于儒家，国朝因其归心篇不出当时好佛之习，退之杂家，衡鉴之公，上符睿断；惜纂书时未进此本，他时拟汇以上呈，谨记于后。"

又："过南阳湖舟覆，载舟数十簏俱沉湿，但如此本，顾千里告余：'何义门家藏书，亦皆沉水者。'此有义门跋，盖两经水厄矣。序文不知何人所作。近有仿宋刊本，款式悉相同，惟版较小，亦精本也。"（戊寅丛编）

宋本沈跋

颜黄门学殊精博。此书虽辞质义直，然皆本之孝弟，推以事君上，处朋友乡党之间，其归要不悖六经，而旁贯百氏。至辩析援证，咸有根据；自当启悟来世，不但可训思鲁、愍楚辈而已。揆家有闽本，尝苦篇中字讹难读，顾无善本可雠。比去年春，来守天台郡，得故参知政事谢公家藏旧蜀本，行间朱墨细字，多所窜定，则其子景思手校也。乃与郡丞楼大防取两家本读之，大氐闽本尤谬误："五皓"实"五白"，盖"博名"而误作"传"；"元叹"本顾雍字，而误作"凯"；"丧服经"自一书，而误作"绖"；马牝曰"骒"，牡曰"骘"，而误作"骒骆"。至以"吴趋"为"吴越"，"桓山"为

"恒山","僮约"为"童幼",则闽、蜀本实同。惟谢氏所校颇精善,自题以五代宫傅和凝本参定,而侧注旁出,类非取一家书。然不正"童幼"之误;又秦权铭文"劓"实古"则"字,而谢音制,亦时有此疏舛:雠书之难如此。于是稍加刊正,多采谢氏书,定著为可传。又别列考证二十有三条为一卷,附于左。若其转写甚讹与音训辞义所未通者,皆存之,以俟洽闻君子。淳熙七年春二月,嘉兴沈揆题。

案:中兴馆阁续录七:"沈揆,字虞卿,嘉兴人,绍兴三十年梁克家榜进士出身。治书。淳熙十一年十一月除,十四年五月为秘阁修撰、江东运判。"赤城志九:"淳熙六年正月二十三日,沈揆以朝奉郎知嘉兴,人号儒者之政。官至礼部侍郎,七年十二月一日召。"文渊阁书目十:"沈虞卿野堂集一部(二册完全)。"桑世昌兰亭考六审定上有沈揆文。俞松兰亭续考一有沈虞卿题二首,绍熙壬子仲冬四日揆题一首,槜李沈揆题二首,又绍兴癸丑正月十日书于姑苏郡斋一首。劳格读书杂识卷十一宋人有考。

钱遵王读书敏求记卷三:"颜氏家训七卷。颜氏家训流俗本止二卷,不知何年为妄庸子所淆乱,遂令举世罕睹原书。近代刊行典籍,大都率意劖改,俾古人心髓面目,晦昧沉锢于千载之下,良可恨也。嗟嗟,秦火之后,书亡有二,其毒甚于祖龙之炬:一则蒙师之经解,逞私说,凭臆见,专门理学,人自名家,汉唐以来诸大儒之训诂注疏,一概漫置不省,经学几几乎灭熄矣。一则明朝之帖括,自制义之业盛行,士人专攻此以取荣名利禄,五经旁训之外,何从又有九经、十三经?而况四库书籍乎!三百年来,士大夫划肚无书,撑肠少字,皆制义误之,可为痛惜者也。是书为宋人名笔所录,淳熙七年嘉兴沈揆取闽本、蜀本互为参定,又从天台故参知政事谢公所校五代和凝本辨析精当,后列考证二十三条为一卷。沈君学识不凡,雠勘此书,当时称为善本,兼之缮写精妙,古香袭人,置诸几案间,真奇宝也。”

案:爱日精庐藏书志卷二十一所著录旧钞本,即据宋本钞。

宋吕祖谦杂说

颜氏家训虽曰平易,然出于胸臆,故虽浅近,而其言有味,出于胸臆者,语意自别。(吕东莱先生遗集卷二十)

明嘉靖甲申傅太平刻本序

刻颜氏家训序

史璧曰:书靡范,曷书也?言靡范,曷言也?言书靡范,虽联篇缕章,赘焉亡补。乃北齐颜黄门家训,质而明,详而要,平而不诡。盖序致至终篇,罔不折衷今古,会理道焉,是可范矣。璧少时,家君东轩公尝援引为训,俾知向方。顾其书虽晦庵小学间见一二,然全帙寡传,莫获考见。顷得中秘本,手自校录。适辽阳傅太平以报政来,就予索古书;予出之观,且语之故。太平曰:“吾志也。是恶可弗传诸?”亟持归刻焉。夫振古渺邈,经残教荒,驯至于今,变趋愈下。岂典范未尝究耶?孰谓古道不可复哉?乃若书之传,以禔身,以范俗,为今代人文风化之助,则不独颜氏一家之训乎尔!兹太平刻书之意也。太平名钥,以司谏作郡,有治行,今为浙江副使。嘉靖甲申夏六月望吉,赐进士出身翰林院侍讲承德郎经筵国史官南郡阳峰张璧序。

案：是本分上下卷，大题下题“北齐黄门侍郎颜之推撰，明蜀荣昌后学冷宗元校”。考明敬思堂刊本白虎通德论二卷，新都俞元符重校，书前有刻白虎通序云：“予寅长辽阳傅公希准，乃正其误而刻之；太平可谓文以饬吏，而为用世之通儒也夫！公名钥，以给谏出守，得士民心，而名位功业殆未涯云。后学蜀昌冷宗元序。”据此，则傅太平且刻有白虎通德论，亦冷宗元为之序也。俞元符所刻之白虎通德论，即据其本，故称“重校”云。

明万历甲戌颜嗣慎刻本序跋

重刻颜氏家训序

尝闻之：三代而上，教详于国；三代而下，教详于家。非教有殊科，而家与国所繇异道也。盖古郅隆之世，自国都以及乡遂，靡不建学，为之立官师，辨时物，布功令，故民生不见异物，而胥底于善。彼其教之国者，已粲然详备。当是时，家非无教，无所庸其教也。迨夫王路陵夷，礼教残阙，悖德覆行者接踵于世，于是为之亲者，恐恐然虑教敕之亡素，其后人或纳于邪也，始丁宁饬诫，而家训所由作矣。斯亦可以观世哉！颜氏家训二十篇，黄门侍郎颜公之推所撰也。公阅天下义理多，以此式谷诸子，后世学士大夫亟称述焉。顾刻者讹误相袭，殊乏善本。公裔孙翰博君嗣慎，重加厘校，将托梓以传，乃来问序。余手是编而三叹，盖叹颜氏世德之远也。昔孔子布席杏坛之上，无论三千，即身通六艺者，颜氏有八人焉。无论八人，即杞国、兖国父子，相率而从之游，数亩之田不暇耕，先人之庐不暇守，赢粮于齐、楚、宋、卫、陈、蔡之郊，艰难险阻，终其身而未尝舍。意其家庭之所教诏，父子之所告语，必有至训焉，而今不及闻矣。不然，何其家之同心慕谊如此邪？嗣后渊源所渐，代有名德，是知家训虽成于公，而颜氏之有训，则非自公始也。乃公当梁、齐、隋易代之际，身婴世难，间关南北，故幽思极意而作此编，上称周、鲁，下道近代，中述汉、晋，以刺世事。其识该，其辞微，其心危，其虑详，其称名小而其指大，举类迩而见义远。其心危，故其防患深；其虑详，故繁而不容自已。推此志也，虽与内则诸篇并传可也。或因其稍崇极释典，不能无疑。盖公尝北面萧氏，饫其馀风；且义主讽劝，无嫌曲证，读者当得其作训大旨，兹固可略云。昔子思居卫，卫人曰："慎之哉！子圣人之后也，四方于子乎观礼。"颜氏为复圣后，而翰博君禔身好礼，盖能守家训者；乃犹以遏佚为惧，汲汲欲广其传。余由此信颜氏之裔，无复有失礼，而足为四方观矣。传不云乎："国之本在家。""人人亲其亲、长其长而天下平。"若是，则家训之作，又未始无益于国也。万历甲戌仲秋之吉，翰林国史修撰新安张一桂稚圭甫书。

兹家训一书，予先祖复圣颜子三十五代孙北齐黄门侍郎之推撰也。自唐、宋以来，世世刊行天下。迨我圣朝成化年间，建宁府同知程伯祥、通判罗春等，尝命工重刊，但未广其传耳。今予幸生六十四代宗嫡，叨袭翰林博士，窃念此刻诚吾家之天球河图也，罔敢失坠，遂夙谒张公玉阳、于公谷峰乞叙其始末，将绣梓以共天下。观者诚能择其善者，而各教于家，则训之为义，不特曰颜氏而已。旹万历三年，岁次乙亥，孟春之吉，复圣六十四代嫡孙世袭翰林院博士不肖嗣慎顿首谨识。（以上二首，载原书之首。）

是书历年既久，翻刻数多，其间字画，颇有差谬。今据诸书，暨取证于先达李兰皋诸公。尤有未尽，姑阙以俟知者。（以上载原书之末。）

案：是本分上下二卷，上卷大题下题"北齐黄门侍郎颜之推撰，建宁府同知绩溪程伯祥刊"，下卷大题下题"北齐黄门侍郎颜之推撰，建宁府通判庐陵罗春刊"。

颜氏家训后叙

余观鲁颜氏世谍记，自复圣之先，有爵邑于国者，固十数世矣。迨素王作，及门之徒，颜氏八人焉，斯已盛矣。其后历晋、宋、隋、唐千馀年，名人硕士，垂声实载籍者，固不可胜数；北齐颜之推，其著者也。语曰："芝草无根，醴泉无源。"岂然哉！侍郎博雅闳达，为六朝人望，所著书甚众，其逸或不传，顾独有家训二十篇。翰林博士颜君，今所为奉复圣祀者也，雅重其家遗书，顾此编无藏者。而鲁望洋王孙故好积书，尝购得一帙。博士君造其门请观，乃其故本，多阙不可读，博士奉而藏焉，又惧其逸也，于是重加校定，梓之其家以传。甲戌秋入贺诣阙下，以观于子曰："此吾家天球赤刀也，愿子缀之一言。"于子受卒业，则慨曰：嗟渊哉沨沨乎，其有先贤之遗耶！非令德之后，言固不能若是。然其说著者，先儒各往往采摭之矣。夫其言阃以内，原本忠义，章叙内则，是敦伦之矩也；其上下今古，综罗文艺，类辨而不华，是博物之规也；其论涉世大指，曲而不诎，廉而不刿，有大易、老子之道焉，是保身之诠也；其撮南北风土，俊俗具陈，是考世之资也。统之，有关于世教，其粹者考诸圣人不缪，儒先之慕用其言，岂虚哉？然予尝窃怪侍郎，当其时，大江以南，踵晋、宋遗风，学士大夫，操盈尺之简，日夜雕画其中，穷极绮丽，即有谈说先王，则裂眦扼腕，塞耳而不愿闻。江以北，故胡也，民控弦椎髻，王公大人，拥毡裘饮酪者居什五；即士流名裔，且将裂冠而从之。此何时也！侍郎故游江南，已又栖迟关、洛之间，乃能不没溺于俗，而秉礼树风，以准绳矩矱，修之于家，不陨先世之声问，岂不超然风气之外者哉？然余窃又以悲其不遇焉。以彼其材，毋论得游圣人之门，藉令遭统一之主，深谋朝廷，矩范当世，即汉世诸儒，何多让焉。然而播越戎马，羁旅秦、吴，朝绾一绂，夕更一绶，其志何悲也！夫河自龙门、砥柱而下，天下之水皆河也，济独以一苇之流，横贯其中，清浊可望而辨。夫济固不能不河也，然无失其济固难矣，侍郎之所遭则是哉！昔虞卿去赵，困于梁，不得意，乃著书以自见。故虞卿非羁旅,其言不传。侍郎倘亦其指与?抑以察察之迹,而浮游世之汶汶,固将有三间大夫之愤而莫之宣耶!恨不见其全书,使其志沕没而不章,窃又以悲其不传也。侍郎子若孙,则思鲁、师古,并以文雅著名;其后真卿、杲卿兄弟,大节皎皎如日星,至今在人耳,斯又圣贤之泽也。然谓非垂训之力,乌乎可哉?博士名嗣慎,兖国六十四代裔孙,醇雅而文,通达世故,能世其训者也。梓不漫矣。万历甲戌季秋望日,赐进士翰林院修撰承务郎同修两朝国史鲁人于慎行谨叙。

明程荣汉魏丛书本序跋及其他

颜氏家训序

昔我皇祖迪哲,垂范立训,有典有则,以贻子孙。子孙克遵厥训,明征定保,至于今有成法。予小子钦念哉!粤我皇祖迈种德:在齐有黄门侍郎公,在唐有鲁国常山公,在宋有潭州安抚公,文章节义,昭回于天壤,扬耿光而垂休裕,用大庇于我后人。而黄门公所著家训,迪我后人德业尤切,子孙灵承厥志,曰惟我祖之德,是彝是训,罔敢遏佚前人光,兹予其永保哉!自时厥后,寖微寖昌,子孙有弗若厥训,亦弗克保厥家,则训教之不立也。凡民性非有恒,善恶罔不在厥初;图惟厥初,莫先教训。诗曰:"螟蛉有子,果蠃负之。教诲尔子,式谷似之。"言子必用教,教必用善也。教之以善，犹惧弗率，况导之以不轨不物，俾惟慆淫是即，其何善之有？故子之在教也，犹金之有锎、水之有源也；锎正则正，源清则清，弗可改也已！我黄门祖恭立厥训，佑启后人；后人有弗获睹厥训，以闲于有家，若瞽之无相，伥伥乎其曷所底止哉？邦大惧祖德之克宣，子孙之弗迪也，爰求家训善本，重锓诸梓，俾子孙守焉。是本乃宗人如瓌同知苏州时所刻，娄江王太史万书阁所藏，而出以示余。维时余缉家谱，未获家训全书，窃以为憾。兹得之如获拱璧。厥惟我颜氏之文献乎！子孙如是乎有征焉，罔或失坠，则我颜氏忠义之家风，与家训俱存而不泯。兹刻也，维清熙，迄用有成，惟我颜氏之祯祥也，岂曰小补之哉？万历戊寅季冬，茶陵平原派三十四代孙颜志邦书于东海佐储公署。

颜氏家训序

家训二十篇，自吾黄门侍郎祖始著，去今盖九百馀年，失传已久。吾弟四会掌教士英，尝有志访刻而未遂，以嘱其子如瓌。正德戊寅，如瓌同知苏州之三年，获全本重校刊之，既自识其后矣，复以书来请曰："祖训重刊，首序非异人任，吾伯父其成之！"谨按：侍郎既著是训，继而其子讳思鲁，以博学善属文，官至校书东宫学士；愍楚直内史；游秦校秘阁；再传至夔府长史赠虢州刺史讳勤礼、弘文馆学士师古、相时、司经校定经史育德，三传至侍读曹王属赠华州刺史讳昭甫，以至濠州刺史赠秘书监元孙、暨通议大夫赠国子祭酒太子少保讳惟真，遂生我鲁国公讳真卿、常山太守杲卿与夫司丞春卿、淄川司马曜卿、胤山令旭卿、犍为司马茂曾、杭州参军缺疑、金乡男允南、富平尉乔卿、左清道兵曹幼舆、荆南行军允臧；其后复生彭州司马威明昆季，佐父破土门，同时为逆胡所害者八人。建中改元，鲁国迁秩之际，子侄同封男者亦八人。又其后鲁国五世孙讳翊，为台州招讨使，诩为永新令，是皆奕叶重光，联芳并美，颜氏于斯为盛。谓非家训所自，不可也。自是而后，历宋而元，仕籍虽不乏，而彰显不逮前，岂非家训失传之故欤？迨入国朝，文庙靖内难时，沛县令伯玮父子死忠，则我招讨使之后自永新徙庐陵之派者也。其犹有鲁国、常山之馀烈，而得家训之坠绪乎！乃今如瓌克继父志，是训复续，意者天将复兴颜氏乎！书曰："毋忝尔祖，聿修厥德。"易曰："积善之家，必有馀庆。"颜氏之子若孙，其遵承是训，而修德积善，则前日之盛，未必不可复也。是固吾与吾弟若侄之所愿望者也。是为序。正德戊寅冬十二月丙寅。前睢宁学谕八十五翁广烈拜手谨序。（案：以上二首见卷首。）

颜氏家训后序

如瓌龆年时，受小学于先君，习句读，至颜氏家训，请曰："岂先世所遗？何不授全书？"先君笑曰："童子能知问此，可教矣。此北齐黄门侍郎祖讳之推所著，世远书亡，家藏宋本，篇章断缺。吾每留意访求全本弗获；汝能读书成立，它日求诸好古积书之家，当必得之。"又曰："侍郎祖五世生鲁国公讳真卿、常山太守讳杲卿，并以忠义大显于唐，世居金陵。鲁国五世生永新令讳诩，与弟招讨使讳翊，因家永新。招讨十二世生祖讳子文，又自永新徙居安福，流传至今。自吾去鲁国，盖二十七世，去侍郎，盖三十一世，具载家谱可考。此书苟得，其重刻之，以承先志，以贻子孙，毋忽！"如瓌谨识不敢忘。既而宦游南北，虽尝笃意访求，亦弗获。正德乙亥，自陕州转官姑苏，遍访始得宋董正工续本于都太仆玄敬，继得宋刻抄本于皇甫太守世庸，乃合先君所藏缺本，参互校订，而是训复完。因命工重刻以传，盖庶几少副先君遗志，而于颜氏之后，或有裨焉。序致篇曰："非敢轨物范世也，业以整齐门内，提撕子孙。"如瓌仰述先君重刻之意，亦此意也。为颜氏子孙者，其尚慎行之哉！正德戊寅冬十月望日。如瓌谨识。

颜氏家训小跋

余，楚产也。家训，楚未有刻也。虽散见诸书旁引，而恒以不获全书为憾。余倅东仓，迎家君至养。时王太史凤洲翁以诗赠，有"家训传来旧姓颜"之句，因走弇山园以请，乃出是书，如获拱璧。阅之，则前以戊寅刻，而今又以戊寅遘也。如环其有以俟我乎！奇矣！奇矣！王太史既出是训，又贻余以家庙碑，而为之跋。他日请叙家谱，又云:“家训未列诸颜及杲卿传。”而属余以梓。太史公之益我颜氏,亦远矣哉！因奉命锓诸梓,以淑来裔,以永保太史相成之意云。旹万历戊寅季冬。茶陵颜志邦又言。(案:以上二首见书末。)

案:是书分上下二卷。大题下题“北齐琅邪颜之推著,明新安程荣校”。收入所刻汉魏丛书。又案:余藏嘉庆二十二年刻本颜氏通谱,收入之推此书,所据底本为颜志邦本,列有康熙五十年沔阳颜星重刻颜氏家训小引,及嘉庆二十二年沩宁颜邦城三刻黄门家训小引,以其祖本既取以校雠矣,则无取于叠床架屋之为也,故未加征引,而最录其二小引于后焉。

重刊颜氏家训小引

星兄弟每侍先人侧,先人必举黄门祖家训提撕星兄弟曰:“儿辈当以圣贤自命,黄门祖家训,所以适于圣贤之路也。世间无操行人,口诵经史,举足便差;总由游心千里之外,自家一个身子,都无交涉,猖狂龌龊,惭负天地,断送形骸,可为寒心哉！黄门祖家训仅二十篇,该括百行,贯穿六艺,寓意极精微,称说又极质朴。盖祖宗切切婆心,谆谆诰诫,迄今千馀年,只如当面说话,订顽起懦,最为便捷。儿辈于六经子史,岂不当留心？但‘同言而信,信其所亲;同命而行,行其所服’,黄门祖于家训篇首,曾揭是说,以引诱儿孙矣。今日亲听祖宗说话,便要思量祖宗是如何期望我,我如何无憾于祖宗;悚敬操持,不徒作语言文字观,则六经子史,皆家训注脚也。念之！念之!”又曰:“儿辈得读家训不容易！家训我世世宝之。正统间，思聪公曾经校刊，以授儿孙。无如兵燹之馀，散轶颇多，苦无善本。戊午春，坐徐认斋书屋，抽架上得家训全集，喜心翻泪；又以中多讹舛，携至京师，获与东鲁学山先生，参互考订，手录成编，乃得与儿辈共读之。目前艰于梨枣，待我纂修通谱时，重刻谱端，俾我颜氏一家人，各各奉为宝训，以无忝厥祖志可也。念之，念之！"呜呼！先人言犹在耳也，奈何竟赍志以没哉！余小子风木增悲，堂构滋愧，先人欲成未成之志，余小子未克负荷者多矣，重刻家训，遑敢遏佚哉！岁辛卯，综修通谱，自沔水走吉郡数千里，伯叔昆季出如环公同知苏州时所得家训全集，后为吉人公三修谱牒内重加校刊一帙举似余，证验符同，相得益彰，乃命梓人将鲁公祖事实、文集及东鲁陋巷志，俱行刊刻，与家训同列谱端。星愿环家人相与悚敬操持，不徒作语言文字观，以自弃于圣贤之外。此先人志，即黄门祖志也。旹今上御极之五十年，岁在辛卯。三十九裔楚沔阳星识。（案：此为康熙五十年。）

三刻黄门家训小引

记有之："太上立德，其次立功，其次立言。"则立言似为末务矣。嗟乎，立言岂易哉！彼夫掞藻摛华，引商刻羽，非勿工丽也，长江大河，一泻千里，非勿博大也，尺牍寸楮，短兵犀利，非勿遒劲也；然而不出风云之状，尽皆月露之形，无益于当时，莫裨于后世，言之者虽为得意，闻之者未足为戒也。若我三十五世祖黄门子介公之家训则不然，惟恐后人或懈于克己复礼之功，或愆于视听言动之准，故不惜繁称博引之谆谆，庶几动有法，守克驯，至于道耳。顾或者曰：易奇而法，诗正而葩，春秋谨严，左氏浮夸，尚书则纪政治也，戴记则明经典（原误“曲”）也，谁则非训万世者，公之为此，不亦赘乎？而不知非也。六经之文，非不本末兼该，大小具备；而词旨深远，义理蕴奥，必文人学士，日亲师友之讲论，始能通之。若公之为训，则自乡党以及朝廷，与夫日用行习之地，莫不有至正之规，至中之矩；虽野人女子，走卒儿童，皆能诵其词而知其义也。是深之可为格致诚正之功者，此训也；浅之可为动静语默之范者，此训也；谁不奉为暮鼓晨钟也哉？古所称立言不朽者，其在斯与！其在斯与！时嘉庆丁丑廿二年仲春月吉旦，汈宁四十三派孙邦城谨识。嗣孙邦特、邦辉、邦耀、怀德、邦昱、振泗、邦屏同刊。

案：此本颜氏通谱列于谱端，三刻小引书口鱼尾上方即标为颜氏通谱。余所藏本三刻小引首页有木记，前四行楷书：“南省总谱，以‘博文约礼’四字编（一行）定号数，每字八十号，总计三百二十（二行）号，外增一号，即为伪造。其各房给领（三行）支谱，必于总谱注明通数，以便考验（四行）。”后为朱文篆书“源远流长”四字。木记下有朱字楷书“文字廿一”印记，书眉上有“锡字贰号”朱文楷书印记，盖支谱编号也。此本先列三刻黄门家训小引，次列重刻颜氏家训旧序，即颜广烈序，而误以为颜志邦序，足以知其鲁莽灭裂矣；最后为颜星之重刊颜氏家训小引。据颜星文，知正统间尚有颜思聪刻本，今亦不可得见矣。

清康熙五十八年朱轼评点本序

颜氏家训序

始吾读颜侍郎家训，窃意侍郎复圣裔，于非礼勿视、听、言、动之义庶有合，可为后世训矣，岂惟颜氏宝之已哉？及览养生、归心等（朱文端公集卷一载此序"等"作"二"）篇，又怪二氏树吾道敌，方攻之不暇，而附会之，侍郎实忝厥祖，欲以垂训可乎？虽然，著书必择而后言，读书又言无不择。轼不自量，敢以臆见，逐一评校，以涤瑕著孅，使读者黜其不可为训而宝其可为训，则侍郎之为功于后学不少矣。康熙五十八年冬至日，高安后学朱轼序。

案：此本分上下卷，大题下题"北齐颜之推著，后学朱轼评点"。朱序外，尚有于慎行颜氏家训叙（略）、张一桂重刻颜氏家训序（略）。此书与嗣后续刻诸书合称朱文端公藏书十三种。是本为吴梅手批本，书末有吴氏题记云："丁丑十一月十四日，霜厓读讫。时避寇湘潭，东望吴门，公私涂炭，俯仰身世，略似黄门，点朱展卷，凄然无尽。"文末有"灵雉"二字朱文篆书章。又卷首有"五万卷藏书楼"朱文篆书、"沈氏家藏"白文篆书、"吴梅"白文篆书、"瞿安心赏"朱文篆书、"霜崖手校"白文篆书、"长洲吴氏藏书"白文篆书等章。书藏北京图书馆。

清雍正二年黄叔琳刻颜氏家训节钞本序

颜氏家训节钞序

人之爱其子孙也，何所不至哉！爱之深，故虑焉而周；

虑之周，故语焉而详。详于口者，听过而忘，又不如详于书者，足以垂世而行远，此家训所为作也。然历观古人诏其后嗣之语，往往未满人意。叔夜家诫，猷骹逢时，已绝巨源交，而又幸其子之不孤；渊明责子，付之天理，但以杯中物遣之；王僧虔虑其子不晓言家口实；徐勉屑屑以田园为念；杜子美云"诗是吾家事"，"熟精文选理"，其末已甚，即卓荦如韩退之，亦惟以公相潭府之荣盛，利诱其子，而未及于道义。彼数贤者，岂虑之不周、语之不详哉？识有所不足，而爱有所偏狥故也。余观颜氏家训廿篇，可谓度越数贤者矣。其谊正，其意备。其为言也，近而不俚，切而不激。自比于傅婢寡妻，而心苦言甘，足令顽秀并遵，贤愚共晓。宜其孙曾数传，节义文章，武功吏治，绳绳继起，而无负斯训也。惟归心篇阐扬佛乘，流入异端；书证篇、音辞篇义琐文繁，有资小学，无关大体；他若古今风习不同，在当日言之，则切近于事情，由今日视之，为闲谈而无当。不揣谫陋，重加决择，薙其冗杂，掇其菁英，布之家塾，用启童蒙。苏子瞻云："药虽进于医手，方多传于古人。若已经效于世间，不必皆从于己出。"窃谓父兄之教子弟，亦犹是也，以古人之训其家者，各训乃家，不更事逸而功倍乎？此余节钞是书之微意也。时雍正二年岁次甲辰，仲春既望。北平黄叔琳序。

据养素堂刊本，是书分上下二卷，大题下署"北平黄叔琳昆圃编"，书末记"男登贤云门、登谷挹辛校字"。北京图书馆藏有纪昀手批本，目录大题下有“献陵”(朱文篆书)、“纪晓岚”(白文篆书)二印。

清乾隆五十四年卢文弨刻抱经堂从书本序跋及其他

注颜氏家训序

士少而学问,长而议论,老而教训,斯人也,其不虚生于天地间也乎!余友江阴赵敬夫先生,方严有气骨,与余游处十馀年,八十外就钟山讲舍,取宋本颜氏家训而为之注。余夺于他事,不暇相助也。又甚惜其劳,谓姑置其易明者可乎?先生曰:“此将以教后生小子也。人即甚英敏,不能于就傅成童之年,圣经贤传,举能成诵,况于历代之事迹乎?吾欲世之教于弟者,既令其通晓大义,又引之使略涉载籍之津涯,明古今之治乱,识流品之邪正。他日依类以求,其于用力也亦差省。”书成未几,而先生捐馆矣。余感畴昔周旋之雅,又重先生惓惓启迪后人之意至深且挚,乌可以无传?就其孙同华索是书,一再阅之,翻然变余前日尚简之见,而更为之加详,以从先生之志。则是书也,匪直颜氏之训,亦即赵先生之训也。先生之学问,先生之议论,不即于是书有可想见者乎?呜呼!无用之言,不急之辩,君子所弗贵。若夫六经尚矣,而委曲近情,纤悉周备,立身之要,处世之宜,为学之方,盖莫善于是书,人有意于训俗型家者,又何庸舍是而叠床架屋为哉?乾隆五十四年岁在己酉，重阳前五日，杭东里人卢文弨书于常州龙城书院之取斯堂。

例言

一，黄门始仕萧梁，终于隋代，而此书向来唯题北齐。唐人修史，以之推入北齐书文苑传中。其子思鲁既纂父之集，则此书自必亦经整理，所题当本其父之志可知。今亦仍之。

一，黄门九世祖从晋元南度，江宁颜家巷，其旧居也，则当为江宁人，而此书向题琅邪。唐人修史，例皆不以土断，而远取本望，刘知几为史官，曾非之，不能革也。故北齐书亦曰琅邪临沂人，今亦姑仍其旧。

一，此书为江阴赵敬夫注，始余觉其过详。敬夫以启迪童子，不得不如是。余甚韪其言，故今又从而补之，凡以成敬夫真切为人之志，非敢以求胜也。

一，黄门笃信说文，后乃从容消息，始不过于骇俗。然字体究属审正，历经转写，讹谬滋多。今于甚俗且别者正之，其非说文所有，而为世所常行者，一仍其旧，亦黄门志也。

一，此书音辞篇，辩析文字之声音，致为精细。今人束发受书，师授不能皆正；又南北语音各异，童而习之，长大不能变改，故知正音者绝少。近世唯顾宁人、江慎修、戴东原，能通其学，今金坛段若膺，其继起者也。此篇实赖其订正云。

一,此书段落,旧本分合不清。今于当别为条者,皆提行,庶几眉目了然。

一,宋本经沈氏订正,误字甚少,然俗间通行本,亦颇有是者。今择其义长者从之,而注其异同于下。后人或别有所见,不敢即以余之弃取为定衡也。

一,沈氏有考证一卷,系此书之后;今散置文句之下,取翻阅较便,勿以缺漏为疑。

一,黄门本传中,载所作观我生赋,家国际遇,一生艰危困苦之况,备见于是,此即其人事迹,不可略也。句下有自注,尽皆当日情事;其辞所援引,今为之考其出处,目为加注,使可识别。但赋中尚有脱文,别无他书补正,意犹缺然。

一,涉猎之弊,往往不求甚解,自谓了然。余于此书,向亦犹夫人之见耳。今再三阅之,犹有不能尽知其出处者。自愧窾启,尚赖博雅之士,有以教我焉。

一,敬夫先生以诸生终,隐德不曜,余为作瞰江山人传,今并系于后(今省),使人得因以想见其为人。

一,此书经请正于贤士大夫,始成定本;友朋间复互相订证,厥有劳焉。授梓之际,及门诸子又代任校雠之役;而剞劂之费,深赖众贤之与人为善,故能不数月而讫功。今于首简各载姓名,以见懿德之有同好云。抱经氏识,时年七十有三。

颜氏家训注

鉴定　嘉定钱大昕莘楣　仁和孙志祖怡谷　沧州李廷敬宁圃

参订　金坛段玉裁懋堂　孝感程明愫蕺园　新会谭大经敷五　仁和潘本智镜涵　江阴周宗学象成

雠校　江阴杨敦厚仲伟　江阴陈宏度师俭　江阴王璋秉政　江阴汤裕岵瞻（赵门人）　江阴沙照耀沧（赵门人）　武进臧镛堂在东　武进丁履恒基士

瞰江孙赵同华俊章校梓

（以上见卷首，以下见卷末。）

壬子年重校颜氏家训

向刻在己酉年，但就赵氏注本增补，未及取旧刻本及鲍氏所刻宋本详加比对，致有讹脱。今既省觉，不可因循，贻误观者。故凡就向刻改正者，与夫为字数所限不能增益者，以及字画小异，咸标明之，庶已行之本，尚可据此订正；注有未备，兼亦补之。七十六叟卢文弨识。

赵跋

北齐黄门侍郎颜公，以坚正之士，生秽浊之朝，播迁南北，他不暇念，唯绳祖诒孙之是切，爰运贯穿古今之识，发为布帛菽粟之文，著家训二十篇。虽其中不无疵累，然指陈原委，恺切丁宁，苟非大愚不灵，未有读之而不知兴起者。谓当家置一编，奉为楷式。而是书先有姚江卢檠斋之分章辨句，金坛段懋堂之正误订讹；区区短才，遂不揣鄙陋，取而注释之。年当耄耋，前脱后忘，必多缺略，第令俭于腹笥者，不至迷于援据，退然自阻，则亦不为无益。至于补厥挂漏，俾臻完善，不能无望于将伯之助云。乾隆五十一年岁次丙午冬十月十日，瞰江山人赵曦明书于容膝居，是年八十有二。

翁方纲复初斋文集卷十六书卢抱经刻颜氏家训注本后

同年卢弓父学士以其友赵君所注颜氏家训校正精槧，其益人神智，颇有出宋本上者。然如第六卷内诏内下，沈校宋本空格，此云沈氏不空；皺字注作皺，此云作皺，则疑弓父所见沈校宋本者，特偶见一钞本，而非原本耳。沈氏考证二十三条，自为一卷，而卢刻皆散置文句之下，虽于学者翻阅较便，然愚谓古书当存其旧式；即如沈氏考证内"孟子曰：'图景失形'"一条，卢刻竟删去之，虽于义无害，然古书之面目，竟不存矣。又沈跋前一纸，系于末一行紧贴跋语书"朝奉郎知台州军事沈揆"，又前一行"通判军州事管铣"，又前一行"添差通判楼钥"，皆又低一格书之，又再前又低一格，则"教授、判官、推官、参军"，其最前最低格书者，则"乡贡进士州学正林宪同校"，凡九人，前七行皆总书"同校"，后二行则曰"监刊"，又曰"同校"，乃是锓木时之覆校耳。愚考宋时牒后系衔，皆自后而前，官尊者在后，卑者在前，此其式也。以今所传影宋椠本，如说文卷末雍熙三年进状后，徐铉在句中正前，其牒尾平章事李昉在参知政事吕蒙正、辛仲甫之前；又如群经音辨载宝元二年牒后，平章事二人，亦在最前也。必宜依其原样，末尾一行紧贴跋语书之，乃可依次自后而前读之耳。今卢本将沈跋另刻于前纸，而又自起一纸，题曰"宋本校刊名衔"，则疑于自前而后者，殊乖其式矣。乃先曰"同校"，次曰"监刊"，又次以七人"同校"，则最前之"同校"二字，为不可通矣。昔弓父校李雁湖王荆公诗注，将其卷尾所谓"补注"者，皆移置于本诗之下；及予考其补注，乃别是临川曾景建所为，非出雁湖之手；以语弓父，弓父始追悔而已，无及矣。今校阅此书，故缕缕及之，以为古书刊式不可更动之戒。沈揆，字虞卿，见桑泽卿兰亭考。钱遵王读书敏求记云："沈君雠勘此书，当时为宋人名笔，缮写精妙，古香袭人者也。"未谷进士从其友某君家借观，是影写宋椠之本，前后有汲古毛氏诸印。予因得转假，详校一遍，附识于此。

宋晁公武郡斋读书志儒家

颜氏家训七卷

北齐颜之推撰。之推本梁人，所著凡二十篇，述立身治家之法，辨正时俗之谬，以训子孙。

宋陈振孙直斋书录解题杂家类

颜氏家训七卷

北齐黄门侍郎琅邪颜之推撰。古今家训，以此为祖；而其书崇尚释氏，故不列于儒家。

清文津阁四库全书本提要及辨证

颜氏家训二卷(江西巡抚采进本)

旧本题北齐黄门侍郎颜之推撰。考陆法言切韵序,作于隋仁寿中,所列同定八人,之推与焉,则实终于隋。旧本所题,盖据作书之时也。

余嘉锡四库总目提要辨证曰:"谨案:北齐书文苑传有之推传,云:'隋开皇中,太子召为学士,甚见礼重。寻以疾终。'北史文苑传同。陈书文学阮卓传云:'至德元年,聘隋。隋主夙闻其名,遣河东薛道衡、琅玡颜之推等,与卓谈宴赋诗。'南史文学传略同。然则之推终于隋,史传且有明文;不知提要何以舍正史不引,而必旁征切韵也。考切韵序末,虽题大隋仁寿元年,然其序云:'昔开皇初,有仪同刘臻等八人,同诣法言门宿。夜永酒阑,论及音韵,萧、颜多所决定(萧该、颜之推也),魏著作(著作郎魏渊)谓法言曰:"向来论难处悉尽,何不随口记之?"法言即烛下握笔,略记纲纪。十数年间,未遑修集。今返初服,私训诸弟子。凡有文藻,即须明声韵。屏居山野,交游阻绝,疑惑之所,质问无从。亡者则生死路殊,空怀可作之叹;存者则贵贱礼隔,以报绝交之旨。遂取诸家音韵,古今字书,以前所记者定之,为切韵五卷。'是则法言之书,虽作于仁寿元年,而其与之推等论韵,实在开皇之初。本传云:'开皇中,太子召为学士,寻以疾终。'法言亦有'亡者生死路殊'之语,盖之推即卒于开皇时。(钱大昕疑年录卷一云:"颜之推,六十馀,生梁中大通三年辛亥,卒隋开皇中。"自注云:"本传不书卒年,据家训序致篇云:'年始九岁,便丁荼蓼。'以梁书颜协卒年证之,得其生年。又终制篇云:'吾已六十馀。'则其卒盖在开皇十一年以后矣。”)提要乃云:‘切韵序作于仁寿中,所列同定八人,之推与焉。’一若之推至仁寿时尚存者,亦误也。切韵序前所列八人姓名,有内史颜之推(古逸丛书本作“外史”),内史之官,本传不书。史通正史篇云:‘齐天保二年敕秘书监魏收勒成一史,成魏书百三十卷,世薄其书,号为秽史。至隋开皇,敕著作郎魏澹,与颜之推、辛德源,更撰魏书,矫正收失,总九十二篇。’此亦之推入隋后逸事之可见者。唐颜真卿撰颜氏家庙碑云:‘北齐给事黄门侍郎、待诏文林馆、平原太守、隋东宫学士讳之推,字介,著家训廿篇,冤魂志三卷,证俗音字五卷,文集卅一卷,事具本传。’(据拓本,亦见金石萃编卷一百一。)又颜勤礼神道碑亦云:‘祖讳之推,北齐给事黄门郎、隋东宫学士,齐书有传。’(此碑仅见于集古录,他家皆不著录,近时始复出土。)叙之推官职,皆与史合。提要谓:‘旧本题北齐黄门侍郎,为据作书之时。’考家训屡叙齐亡时事,其终制篇云:‘先君先夫人,皆未还建邺旧山;今虽混一,家道罄穷,何由办此奉营经费?’则家训实作于隋开皇九年平陈之后。提要以为作于北齐,盖未尝一检原书,姑以臆说耳。颜真卿所撰殷夫人颜氏碑云:‘北齐黄门侍郎之推。’(据拓本,“齐”字“推”字泐,亦见萃编卷一百一。)与家训署衔同。家庙碑虽书隋官,而下又云‘黄门兄之推’,仍举齐官为称;岂非以之推在齐颇久,且官位尊显耶?新唐书颜籀传云:‘祖之推,终隋黄门郎。’其以官黄门为隋时事固误,然亦可见从来举之推官爵必署黄门矣。隶释卷九司隶校尉鲁峻碑跋云:‘汉人所书碑志,或以所重之官揭之。司隶权尊而职清,非列校可比,亦犹冯绲舍廷尉而用车骑也。’余谓唐人之以黄门称之推,亦从所重言之耳。卢文弨补家训赵曦明注例言曰:‘黄门始仕萧梁,终于隋代,而此书向来惟题北齐,唐人修史,以之推入北齐书文苑传中。其子思鲁既纂其父之集,则此书自必亦经整理,所题当本其父之志。’此言是也。然则此书之题北齐黄门侍郎,不关作书之时,亦明矣。”

陈振孙书录解题云:“古今家训,以此为祖,然李翱所

称太公家教，虽属伪书，至杜预家诫之类，则在前久矣。特之推所撰，卷帙较多耳。"

余氏辨证曰："案：李翱文公集卷六答朱载言书云：'其理往往有是者，而词意不能工者，有之矣，刘氏人物志、王氏中说、俗传太公家教是也。'并未尝指为齐之太公所作，更未言其真伪，四库既不著录，作提要者未见其书，何从知其为伪书耶？宋王明清玉照新志卷三云：'世传太公家教，其书极浅陋鄙俚，然见之唐李习之文集，至以文中子为一律，观其中犹引周、汉以来事，当是有唐村落间老校书为之。太公者，犹曾高祖之类，非谓渭滨之师臣明矣。'然则此所谓太公，并非吕望，宋人辨之甚明，提要不考，而以为伪书，误矣。考八旗通志阿什坦传云：'阿什坦翻译大学、中庸、孝经及通鉴总论、太公家教等书刊行之。当时翻译者，咸奉为准则。即仅通满文者，亦得藉为考古资。'是其书清初尚存，其后不知何时佚去。宣统间，敦煌石室千佛洞发现古写本书中有太公家教一卷，上虞罗氏得之，影印入鸣沙石室古佚书中，其书开卷即云：'代(此句上缺五字)，长值危时。望乡失土，波迸流离，只欲隐山居住，不能忍冻受饥，只欲扬名后代，复无晏婴之机，才轻德薄，不堪人师，徒消人食，浪费人衣，随缘信业，且逐时之随。辄以讨其坟典，简择诗、书，依傍经史，约礼时宜，为书一卷，助幼儿童，用传于后，幸愿思之。'观其自序，真王明清所谓'村落间老校书'也，何尝有伪托古人之意哉？王国维跋云(在本卷后，亦见观堂集林卷二十一)：'原书有云："太公未遇，钓渔水，(原注："'水'上疑脱'渭'字。")相如未达，卖卜于市，□天(嘉锡案："此字似脱上半，恐非'天'字。")居山，鲁连海水，孔鸣(原注："'明'字之误。")盘桓，候时而起。"书中所用古人事止此，或后人取太公二字冠其书，未必如王仲言曾高祖之说也。'嘉锡案：古人摘字名篇，多取之第一句，否则亦当在首章之中。今王氏所引，在其书之后半，未必摘取以名其书。且其前尚有'唐、虞虽圣，不能化其明主；微子虽贤，不能谏其暗君；比干虽惠，("惠"

字疑是“忠”字之误。)不能自免其身’云云,亦是用古人事,不独太公数句也。名书之意,仍当以王明清说为是。要之,无论如何,绝非伪托为齐太公所撰,则可断言也。”

晁公武读书志云:“之推本梁人,所著凡二十篇,述立身治家之法,辨正时俗之谬,以训世人。”今观其书,大抵于世故人情,深明利害,(器案:此绝似纪昀语,于所评黄叔琳节钞本中数见不鲜,则此提要,或出其手。)而能文之以经训,故唐志、宋志俱列之儒家。然其中归心等篇,深明因果,不出当时好佛之习;又兼论字画音训,并考正典故,品第文艺,曼衍旁涉,不专为一家之言,今特退之杂家,从其类焉。又是书隋志不著录,唐志、宋志俱作七卷,今本止二卷,钱曾读书敏求记载有宋钞淳熙七年嘉兴沈揆本七卷,以闽本、蜀本及天台谢氏所校五代和凝本参定,末附考证二十三条,别为一卷,且力斥流俗并为二卷之非。今沈本不可复见,(器案:明万历间何镗刊汉魏丛书,即用七卷本,清康熙间武林何允中覆刻之,称为广汉魏丛书,此非罕见之书,何云不可复见也!)无由知其分卷之旧,姑从明人刊本录之。然其文既无异同,则卷帙分合,亦为细故。惟考证一卷,佚之可惜耳。

张宗泰鲁岩所学集卷十一跋颜氏家训

提要所收颜氏家训为二卷本,此书则作七卷,乃原本也。提要惜考证一卷不可得见,而此本则附书后,盖此书出在提要之后故也。卷一“思鲁等从舅”云云，卷三“愍楚友婿”云云。按：思鲁、愍楚为之推之二子，之推祖籍琅邪之临沂，名长子曰思鲁，不忘本也。之推为梁之臣子，元帝亡于江陵，江陵楚地名，次子曰愍楚，以志痛也。又卷二风操条下云“北朝顿丘李”，下注“太上御名”，凡四处皆然。卷五诫兵条下云“兵革之时扇反覆”，“扇”上注“太上御名”。考家训作于高齐之世，齐诸帝中惟武成帝湛禅位于太子纬，自称太上皇，而湛字于文理未合，然则此书是南宋时嘉兴沈揆收藏之本，特避高宗讳耳。又卷一后娶篇云：“我不及曾参，子不如华元。”“华元”字少来历，当是“曾元”也。隋书经籍志云：“梁有尔雅音三卷，孙炎、郭璞撰。”孙炎字叔然，而音辞篇：“孙叔言创尔雅音义。”则“言”为“然”之讹。卷四文章篇：“君辇辞藻。”“辇”当作“辈”。卷六书证篇云：“通俗反音，甚会近俗。”句不可解，或是“附会近俗”也。

傅增湘藏园群书题记徐北溟补注颜氏家训跋

余辛亥残腊独游武林，于何氏修本堂书坊中见残书数架，因略检取旧钞数百册，捆载以归。其中残本多得自汪氏振绮堂，故特多名人批校之笔。此颜氏家训仅存下册，缘喜初印精善，将携之入都，俾配成完帙，然闭置箧笥已二十馀年固未尝发视也，顷以修补残书，随手检置案头，偶浏览及之，见眉间订正之语凡数十则，末叶有严九能手跋两通，乃知眉间诸语为徐北溟补注，而九能之父半庵先生所手录者也。（半庵名树萼，字茂先，钱竹汀为撰墓志。）爰就眉间批注分条录存之，而九能跋语亦附著于后，俾览者知其原委焉。

萧山徐君北溟为抱经学士补注家训，并补注观我生赋，多所纠正，予服其赅博，借其稿来阅，大人为度录于此本，为书其后。北溟名鲲，赤贫，旅寓武林，与抱经学士、颐谷侍御相友善，两先生极推重之。余去冬与鲍以文在杭州，遂与北溟订交，又尝为我校麟角集，极精细。乾隆六十年乙卯仲春廿九日，元照识。

予于壬戌初秋游西湖，时巡抚阮公招客校经，元和顾君广圻、李君锐、武进臧君镛堂与北溟皆在诂经精舍。其时，北溟性情改易，虽与予无间言，予亦谨避之，不敢屡相昵。予归未几，北溟遂下世，闻其死之状甚可悲也。止一子，蠢不知书，北溟所有书册，尽属诸他人。其子今不知作何状。北溟腹笥饶富，注书是其所长。此书补注，不知抱经先生何以不刻。先生乙卯冬下世，计犹及见之。此书上方字先君手写，先君下世已十年矣，展读一过，心焉如割。嘉庆十五年庚午岁七月初三日，际寿谨识。

李详颜氏家训补注

抱经堂校定本颜氏家训注七卷，卢氏例言云："涉猎之弊，往往不求甚解，自谓了然。余于此书，犹有不能尽知其出处者。自愧窾启，尚赖博雅之士，有以教我焉。"赵敬夫先生后跋云："年登髦耋，前脱后忘，必多阙略；至于补厥挂漏，俾臻完善，不能无望于后之君子。"时卢先生年已七十有三，敬夫年八十馀矣，炳烛之明，犹复治此，刊行于世；其意尚有未尽，故余不揣固陋，据其所见，略不数番，今特录出，以质海内君子，其所不知，则仍效两先生云待后人矣。李详审言记。（国粹学报五十三期）

严式海颜氏家训补校注题记

抱经堂刻颜氏家训注最称善本，刊成后，召弓学士自为补注重校者再，嘉定钱辛楣少詹又为补正十馀事，仁和孙颐谷侍御读书脞录、海宁钱广伯明经读书记亦续有校补，兴化李审言复为补注，而余所见遵义郑子尹征君父子校本，又有出诸家外者。近荣县赵尧生侍御、成都龚向农、华阳林山腴两舍人皆笃嗜是书，各有笺识。戊辰孟春，余重刻卢本，凡学士补注重校各条，悉散入本文，据以改补；又纂钱、孙诸家之说，录为一卷，咫闻所及，亦附载之。又宋沈揆本、明程荣本、辽阳傅太平本，文字异同，有可兼存，而原本未采者，亦掇录一二。于抱经所谓"不能尽知出处"者，补苴不能十一，亦冀博雅之士有以教我也。庚午八月渭南严式诲记。（渭南严氏孝义家塾丛书）

向楚徐北溟颜氏家训补注题记

渭南严君谷声重刊抱经堂颜氏家训赵注本，举卢学上补注重校各条，散入本文，又录刻钱辛楣、孙颐谷已下七八人之说及自案语，共为补校注一卷，可谓勤矣。癸未冬，出江安傅氏沅叔藏园群书中徐北溟鲲补注颜氏家训下册钞本视余，属为校理，于抱经所谓"不能尽知其出处"者，俾得充实补苴，成完帙焉。藏园此钞自汪氏振绮堂，残本有严九能手跋两通，乃九能之父半庵先生移写于眉间者也。世但知赵敬夫曦明与抱经学士补注家训，得此钞又知有萧山徐君于家训外并补注观我生赋，多所纠正，九能雅服其赅博。又谓："北溟腹笥饶富，注书是其所长，不知抱经先生何以不刻。"盖北溟客武林，与抱经学士、颐谷侍御相友善，两先生极推重之。北溟以乾隆乙卯冬下世，此书补注，计学士犹及见之也。乾隆壬午秋，仪征阮公方巡抚浙江，招客校经，时元和顾君广圻、李君锐、武进臧君镛堂与北溟皆在诂经精舍。孙渊如诂经精舍题名碑记，萧山徐鲲名在诂经精舍讲学之士九十一人中，今检诂经文集有徐鲲六朝经术流派论一篇，翻李延寿"南人约简，得其英华，北学深芜，穷其枝叶"之案，诚别具裁断。而北溟在阮公提学时，分纂经籍纂诂，辑广雅、楚辞、文选注，及纂诂补遗姓氏中又为总校，兼纂史记三家注、两汉书颜、李注、萧该音义、文选注诸书，诚如九能所言“注书是其所长”也。而此注钞本五卷已前既佚阙，严君补校注卷三勉学八“三九公宴”一条，孙侍御读书脞录犹引北溟说，后汉书郎顗传“三九之位”注谓“三公九卿”，抱经补注曰：“公家之宴云三九，则各有常日矣。”此望文臆说。其他如卷五省事第十二“事途回穴”，卢补注以“穴”为“宂”字，作而陇切。卷六书证第十七“七十四人出佛经”一条，卢注谓今所传此本七十一人赞无“出佛经”之语，一读北溟所补注，即知卢学士所补多俴陋失考。九能疑学士必及见此注，私怪其不刻，而致上卷散亡为可惜也。昔人有言：“中流失船，一壶千金。”特为斠识于诸家之注，先后异同，间附案语于当文条下，以原稿归严君再刊，加补校注后，便学者考览焉。民国三十三年夏，巴县向楚记。（渭南严氏孝义家塾丛书）

郭象升郝懿行颜氏家训斠记序

山左经业之盛，三百年来，盖与江、浙争雄；兰皋先生尤为卓绝，迹其浮沉郎署，白首不迁，无日不以著书为事，盖古之所谓沉冥者。殁后数十年，遗书始次第刊布。然通人读书，展卷即见症结，随手订正，皆关学问，计先生平日校勘之书多矣，若仿何义门、姚南青之例，掇次为书，于后学未云无补也。玉如从太原市上得先生所校颜黄门家训，首尾不具名姓，且无印记，而考索校语，确定为先生真迹无疑,余阅之亦以为然也。家训善本,清代凡有数刻,其有廉台田家琴式长印者,原出宋槧,尤号为善。先生此校,但据程荣本发疑正读,皆自以他书证之,不复引及诸刻也。先生与高邮王伯申尚书为同年,曾从伯申尊人怀祖给事问故,其作尔雅义疏,自谓本之高邮;高邮校书,虽不废宋、元旧刻,而大旨主以群籍展转发明,与卢抱经、顾千里等家法不同,先生固有所受之也。吾尝谓使不学人得善本书,益以助其不学,何则?彼固恃所藏者不误,不须再劳心手也;使学人得劣本书,则误书思之,更是一适,订正一过,朽腐亦化神奇矣。然非有先生之学,此事亦殊未易言,以义门之识,尚见笑于俞理初,况孙月峰、钟伯敬一辈妄人耶?批点家与校雠家异趣,而校雠仅列同异者,亦微伤迂拘寂寥,惟高邮一宗得其中流,先生真其家嗣哉!玉如以先生文孙联薇所刊遗书不及家训校语,爰排比诸条,以为一书,刊而布之,甚盛举也。近世朴学坠地,北方尤为衰微,人人自诩心得,而鄙视此等书为琐碎,山左圣人之乡,异说滋出,求如孔、郝、桂、王诸老实事求是,渺乎难再矣,此正黄门之所叹息于九泉者也。家训旧有卢抱经、赵敬夫校本,有能合此诸校重刊黄门之书,其于冥行擿埴之徒,当有挽回之力,即以玉如此刊为嚆矢可也。辛酉四月,晋城郭象升序。(戊寅丛编)

右兰皋先生颜氏家训斠记一卷,阳城田君玉如得其手迹于太原书肆,原用汉魏丛书本校记于眉端,前后均无款识，惟记内自称某某名者三，又与牟默人商榷数事，均可信其为郝先生也。书证篇引诗"参差荇菜"、"谁谓荼苦"二条，"荇非莼也，莕乃是莼，莼叶如马蹄，荇圆如莲钱，有大小之异"，又证以大观本草"苦蘵比苦蒇差小"。长尝参考先生所著尔雅义疏，其说与此书所记符合，益信斠记出于郝先生无疑矣。颜黄门之学，得力一诚字，尝曰"巧伪不如拙诚"，故其归心释氏，标明宗旨，不作一毫欺人之语，而能潜研古义，破疑遣惑，镜贤烛愚，精博乃远迈后之阳儒阴释者，其制作弘奥，浩浩乎若无津涯，以深宁之淹赡，且以训中"曾子七十乃学之语，不能详所出"。先生于"刘字之有昭音"，亦反复商订，而后了然，究其中疑义数十事，得先生一一勘斠，真如拨云雾而睹青天。是书沉薶盖数十年，兹玉如得兹瑰宝，殷勤收拾，谋授梓以饷来学，诚盛业也。玉如壮年气盛，其网罗放失，日进靡已。玉如爱之重之，异日如复得前贤名著如此书之比者，幸仍不烦余告，长日翘首望之。辛酉浴佛日，武昌张长识。（戊寅丛编）

颜氏家训斠记，栖霞郝兰皋先生撰。先生精研故训，湛深经术，生平行略，具载国史，所著各书亦次第刊布，风行海内矣。此册原校著于明程荣汉魏丛书本，为先生手稿，兹即从程本迻录，故卷第亦皆仍之，其中纠摘疏失，是正文字，类证据凿凿，确乎其不可易，即黄门有知，亦当輾然笑曰"吾言固如是，特为后人所乱耳"。尚有疑涉错简，未敢迳改,则宁从盖阙之义,钩乙以识其旁,益可见先生之精审详慎,不肯轻改古书;彼卤莽从事者,直自欺之人焉尔。辛酉莫春,得此书太原书肆,狂喜者累日,排此成册,得百二十馀条,将以付之手民。时晋城郭允叔夫子象升,适由京返晋,武昌张损庵先生长亦潜踪此邦,同志诸君若龙门乔笙侣鹤仙、沈阳曾望生遯、同里阎伯儒皆夙精比勘之学者,平陆张贯三夫子籁藏书甚夥,又屡以异本相叚,始知所钩乙者,他本固未尝误,因尽削去此层,疑以传疑,固不足为先生累也。良师益友,惠我实多,相与商榷数四,始行付印,将见黄门遗著,召弓、敬夫而外,又得一斠补考证之善本,谅亦海内人士所争先乐睹者。辛酉五月,阳城后学田九德跋于山西省立图书馆。(戊寅丛编)

右颜氏家训斠记一卷,清郝懿行撰。懿行字恂九,号兰皋,山东栖霞人,嘉庆己未进士,官户部主事,著有郝氏遗书,此为其读书时评注眉端而未经付刻者。阳城田九德得手稿条录排印,而流传未广,校雠亦多舛讹,今略为校正,俾可循诵。据郭象升序,谓此校但据明程荣本,不复引及诸刻;田自跋亦谓从程本迻录。今以程本勘之,殊不相应,而多合于鲍氏知不足斋重刻宋七卷本,书证篇云:"后汉书'鹳雀衔三鳝鱼',多假借为鳣鲔之鳣。"今据大戴礼、山海经注、玉篇诸书,谓鳣本作䱇,俗人妄增为鳣,非鳝鳣可以假借。又云:"果当作魏颗之颗,北土通呼物一凷,改为一颗。"今据庄子逍遥游"腹犹果然",释文:"果,徐如字，又苦火反。”是果有颗音，不须改字。音辞篇讥“战国策音刎为免”为非。今据礼记檀弓释文：“刎，勿粉反，徐亡粉反。”其免字，唐韵“亡辨反”，而檀弓及内则释文并有问音，则古音通转，未为大失。又谓：“甫者，男子美称，古书多假借为父字，惟管仲、范增之号，当依字读。”今据诗正义以“尚父之父亦男子之美称”推之，则仲父、亚父及鲁哀公诔孔子曰尼父，父与甫音义并同，不得强为区别，皆证佐分明，确然无疑。盖郝氏熟精小学，所撰尔雅义疏，为经苑不刊之作，故偶然涉笔，绝无模糊影响之谈。余先得穆天子传补注，重刊入学礼斋丛书，闻其他未刊遗稿，今在清华大学，他日得一一饷世，跂余望之矣。岁戊寅孟冬，吴县王大隆跋。（戊寅丛编）

管世铭韫山堂诗集卷二以颜氏家训寄示儿子学洛并系以诗

吾将勖尔文，必使攻苦亲。吾将勖尔行，必使天怀敦。经箱富充栋，浩瀚难具论。平生不去手，数种尤精勤。丹笔发楹梦，吾推刘舍人。破碎千万典，囊括穷其根。微言入骨里，妙悟怿心魂。洋洋五十篇，日诵口自芬。明德垂世范，吾重颜黄门。感慨俗偷薄，发挥古人伦。劝学逮支条，厚意无不存。拳拳二十则，强半宜书绅。文心既前授，稍解窥清新。今兹畀家训，更期勉恭温。譬彼佳服玩，或乞常靳邻。若足利后嗣，忍惟私厥身。吾无枕中秘，可以矜皇坟。落莫此数册，贻比籯金珍。六经三史外，相携共朝昏。尔行有心得，还勖尔后昆。

二　颜之推传(北齐书文苑传)

颜之推，字介，琅邪临沂人也〔一〕。九世祖含，从晋元东度，官至侍中右光禄西平侯〔二〕。父勰，梁湘东王绎镇西府谘议参军〔三〕。世善周官、左氏学〔四〕。

〔一〕洪亮吉晓读书斋四录下："南史颜协在文学传，其子颜之推，在北史文苑传，皆云'琅邪临沂人'。按：琅邪系东晋成帝时侨郡，临沂亦侨县，属琅邪。今琅邪故侨郡，在今句容县有琅邪乡，即其地；临沂故侨县，在今上元县东北三十里。卢学士文弨近今颜氏家训凡例，据方志云：'黄门九世祖从晋元渡江，今江宁颜家巷，其旧居也。'以为当作江宁人。不知琅邪侨郡县，今亦皆属江宁，不必改也。元和姓纂等书，颜氏本贯琅邪，晋永嘉过江，居丹阳。是颜氏本自江北琅邪渡江，又居侨郡之琅邪耳。景定建康志亦不载江宁有颜家巷，方志盖据观我生赋原注'颜家巷在长干'，与下句'展白下以流连'，白下、长干，皆在今江宁县境。至晋书孝友传颜含，即协七世祖，传云：'琅邪莘人。''莘'盖又'华'字之误也。"器案：颜鲁公文集附因亮颜鲁公行状："五代北齐黄门侍郎讳之推，自丹阳居京兆长安。"此盖据之推入周后言之。五代，谓之推为真卿之五代祖也。

〔二〕卢文弨曰："晋书孝友传：'颜含，字宏都，琅邪莘人也。祖钦，给事中。父默，汝阴太守。含少有操行，以孝闻。元帝过江，以为上虞令，历散骑常侍、大司农，豫讨苏峻功，封西平县侯，拜侍中，迁光禄勋，以年老逊位。成帝美其素行，就加右光禄大夫。年九十三，卒。谥曰靖。三子：髦，谦，约，并有声誉。'"器案：艺文类聚四八、御览二一九、又三八九引颜含别传："颜髦，字君道，含之子也。少慕家业，惇于孝行，仪状严整，风貌端美，大司马桓公叹曰：‘颜侍中，廊庙之望，喉舌机要。’”

〔三〕卢文弨曰：“梁书文学传下：‘颜协，字子和。七代祖含。父见远，博学有志行，齐和帝即位于江陵，以为治书侍御史兼中丞，高祖受禅，见远乃不食，发愤数日而卒。协幼孤，养于舅氏，少以器局见称，博涉群书，工于草隶。释褐，湘东王国常侍，又兼府记室。世祖出镇荆州，转正记室。感家门事义，恒辞征辟，游于蕃府而已。卒年四十二。二子：之仪，之推。’案：梁书以含为协七世祖，则是之推之八世祖也。史家所纪世数，往往不同，有从本身数者，亦有离本身数者。今考颜氏家庙碑：含子髦，字君道；髦子綝，字文和；綝子靖之，字茂宗；靖之子腾之，字弘道；腾之子炳之，字叔豹；炳之子见远，字见远；见远子协。则梁书离本身数，北齐书连本身数，是以不同。勰之与协，义相近，家庙碑作‘协’，与梁书同。”器案：南史文学传、北史文苑传并作“颜协”，尔雅释诂：“勰，和也。”释文：“本亦作‘协’。”是勰、协古通也。又案：观我生赋：“逮微躬之九叶。”此北齐书说所本。又注文“北齐书”，原误作“晋书”，今从严本校改。

〔四〕案：宋蜀大字本北齐书本传无“学”字，北史本传有。

之推早传家业〔一〕。年十二，值绎自讲庄、老，便预门徒；虚谈非其所好〔二〕，还习礼传〔三〕。博览群书，无不该洽〔四〕；词情典丽，甚为西府所称〔五〕。绎以为其国左常侍，加镇西墨曹参军。好饮酒，多任纵，不修边幅〔六〕，时论以此少之。

〔一〕器案：之推八世祖颜髦，亦“少慕家业”，见上引颜含别传。

〔二〕案：勉学篇：“洎于梁世，兹风复扇，庄、老、周易，总谓三玄。武皇、简文，躬自讲论，周弘正奉赞大猷，化行都邑，学徒千馀，实为盛美。元帝在江、荆间，复所爱习，召置学生，亲为教授，废寝忘食，以夜继朝，至乃倦剧愁愤，辄以讲自释。吾时颇预末筵，亲承音旨，性既顽鲁，亦所不好云。”即北齐书所本。

〔三〕案：序致篇：“虽读礼传，微爱属文。”

〔四〕“无不该洽”，册府元龟五九七作“无不该遍”。

〔五〕西府，谓江陵，又称西台，见通鉴一四四胡三省注。

〔六〕卢文弨曰：谓无容仪也。此之推自言云尔，见序致篇。

绎遣世子方诸〔一〕出镇郢州，以之推掌管记。值侯景陷郢州，频欲杀之，赖其行台〔二〕郎中王则〔三〕以获免，囚送建邺。景平，还江陵。时绎已自立〔四〕，以之推为散骑侍郎，奏舍人事。后为周军所破，大将军李穆〔五〕重之，荐往弘农，令掌其兄阳平公远书翰〔六〕。值河水暴长，具船将妻子来奔，经砥柱之险〔七〕，时人称其勇决。

〔一〕方诸，梁元帝王夫人所生，南史、梁书并有传。

〔二〕唐仲冕曰：“大行台始北魏末，高欢、宇文泰皆为之。台谓朝省，篡代先自建国，故曰行台。渤海王行台，安定王自设官司，有行台尚书辛术、行台郎庞苍鹰之类。梁太清时，加侯景录行台省尚书事，梁元帝立行台于南郡，置官司焉。”（陶山文录卷十校全唐文三条）

〔三〕王则，字元轨，自云太原人，北史、北齐书并有传。

〔四〕宋蜀本“时”误“江”，北史本传不误。

〔五〕“李穆”，原误作“李显”，今据殿本及北史本传校改。北周书李穆传：“李穆字显庆，少明敏，有度量，征江陵功，封一子长城县侯，邑千户，寻进位大将军，赐姓拓拔氏。”

〔六〕此句，原误作“令掌其兄阳平公庆远书幹”，今据北史校改。北史云：“大将军李穆重之，送往弘农，令掌其兄阳平公远书翰。”此字“远”上

"庆"字,盖由读者注"显庆"字于"穆"旁,而传钞者误以"显"字代"穆",又移植"庆"字于"远"上也。李穆字显庆,见北史卷五十九、周书卷三十。兄远,字万岁,封阳平公,镇弘农,见北史卷五十九、周书卷二十五。

〔七〕详后观我生赋注。

显祖见而悦之,即除奉朝请,引于内馆中;侍从左右,颇被顾眄。天保末,从至天池〔一〕,以为中书舍人,令中书郎〔二〕段孝信〔三〕将敕书出示之推;之推营外饮酒。孝信还,以状言,显祖乃曰:"且停。"由是遂寝。河清末,被举为赵州功曹参军,寻待诏文林馆〔四〕,除司徒录事参军〔五〕。之推聪颖机悟,博识有才辩,工尺牍,应对闲明,大为祖珽所重;令掌知馆事,判署文书,寻迁通直散骑常侍,俄领中书舍人。帝时有取索,恒令中使传旨。之推禀承宣告,馆中皆受进止〔六〕;所进文章,皆是其封署,于进贤门奏之,待报方出。兼善于文字,监校缮写,处事勤敏,号为称职。帝甚加恩接,顾遇逾厚,为勋要者所嫉,常欲害之。崔季舒等将谏也,之推取急〔七〕还宅,故不连署;及召集谏人,之推亦被唤入,勘无其名,方得免祸〔八〕。寻除黄门侍郎〔九〕。及周兵陷晋阳,帝轻骑还邺〔一〇〕,窘急,计无所从。之推因宦者侍中邓长颙进奔陈之策,仍劝募吴士千馀人,以为左右,取青、徐路,共投陈国〔一一〕。帝甚纳之,以告丞相高阿那肱等;阿那肱不愿入陈〔一二〕,乃云:"吴士难信,不须募之。"劝帝送珍宝累重向青州,且守三齐〔一三〕之地,若不可保,徐浮海南

度〔一四〕。虽不从之推计策，犹以为平原太守〔一五〕，令守河津。

〔一〕“天池”，北史作“天泉池”，在山西宁武县西南六十里管涔山上。水经㶟水注：“㶟湑水潜承太原汾阳县北燕京山之大池，池在山原之上，世谓之天池，方里馀，其水澄渟干净而不流。”北齐书文宣纪：“天保七年六月乙丑，帝自晋阳北巡，己巳，至祁连池。”资治通鉴一六七：“六月己巳，齐主至祁连池。”胡三省注：“祁连池，即汾阳之天池，北人谓天为祁连。”

〔二〕器案：隋书百官志中：“中书省，管司王言，及司进御之音乐；监、令各一人，侍郎四人。又领舍人省，中书舍人、主书各一人。”

〔三〕器案：段荣字孝言，历中书黄门，典机密。见北史卷五十四、北齐书卷十六，此“孝信”疑是“孝言”之误。

〔四〕北齐书后主纪：“帝幼而念善，及长，颇学缀文，置文林馆，引诸文士焉。”册府元龟一九二：“后主颇好讽咏，幼稚时曾读诗赋，语人云：‘终有解作此理否？’及长，亦稍留意。初，因画屏风，敕通直郎兰陵萧放及晋陵王孝武录古名贤烈士，及近代轻艳诸诗，以充图画，帝弥重之。从复追齐州录事参军萧悫、赵州功曹参军颜之推同入撰；犹依霸朝，谓之馆客。放及之推意欲更广其事；又祖珽辅政，爱重之推，又托邓长颙渐说后主，属意斯文。（邓长颙、颜之推奏立文林馆，见北齐书阳休之传。）三年，祖珽奏立文林馆，于是更召弘文学士，谓之待诏文林馆焉。（之推后为黄门侍郎，与中书侍郎李德林同判文林馆事，见北史、隋书李德林传。）”

〔五〕器案：隋书百官志中：“置太尉、司徒、司空，是为三公。……各置……录事、功曹、记室……等参军事。”

〔六〕进止，犹言可否。隋书裴蕴传：“是后，大小之狱，皆以付蕴，宪部大理，莫敢与夺，必禀承进止，然后决断。”彼文所谓“禀承进止”，即此文之“受进止”也。唐、宋以后，臣僚上札子，末尾概言“取进止”，或云“奉进止”、“奉宣进止”，或云“伏候进止”，皆可否取决之辞，盖沿六朝之旧式也。

〔七〕取急，犹言请假也。通鉴一〇三胡注：“晋令：‘急假者，五日一急，一岁以六十日为限。’史书所称取急、请急，皆谓假也。”

〔八〕卢文弨曰：“北齐书崔季舒传：‘祖珽受委，奏季舒总监内作，韩长鸾欲出之，属车驾将适晋阳，季舒与张雕议，以为寿春被围，大军出拒，信使往还，须禀节度，兼道路小人或相惊恐，云大驾向并，畏避南寇，若不启谏，必动人情。遂与从驾文官连名进谏，赵彦深、唐邕、段孝言等初亦同心，临时疑贰，季舒与争，未决，长鸾遂奏云：“汉儿文官连名总署，声云谏止向并，其实未必不反，宜加诛戮。”帝即召已署官人集含章殿，以季舒、张雕、刘逖、封孝琰、裴泽、郭遵等为首，斩之殿庭。’”

〔九〕器案：艺文类聚四八引齐职仪：“给事黄门侍郎四人，秩六百硕，武冠，绛朝服。汉有中黄门，位从诸大夫，秦制也，与侍中掌奏文案，赞相威仪，典署其事。”

〔一〇〕北齐书后主纪：“（武平七年十二月）丁巳大赦，改武平七年为隆化元年。其日，穆提婆降周，诏除安德王延宗为相国，委以备御，延宗流涕受命。帝乃夜斩五龙门而出，欲走突厥，从官多散，领军梅胜郎叩马谏，乃回之邺。”

〔一一〕北齐书幼主纪：“于是黄门侍郎颜之推、中书侍郎薛道衡、侍中陈德信等，劝太上皇往河外募兵，更为经略；若不济，南投陈国。从之。”

〔一二〕北齐书无“阿那肱”三字，今据殿本、北史、册府元龟四七七补。卢文弨曰：“阿那肱召周军约生致齐主故也，见幼主纪。”

〔一三〕三齐，指今山东北部及中部地区。史记项羽本纪：“徙齐王田市为胶东王；齐将田都从共救赵，因从入关，故立都为齐王，都临菑；故秦所灭齐王建孙田安，项羽方渡河救赵，田安下济北数城，引其兵降项羽，故立安为济北王，都博阳。……田荣闻项羽徙齐王市胶东，而立齐将田都为齐王，乃大怒，不肯遣齐王之胶东。因以齐反，迎击田都，田都走楚。齐王市畏项羽，乃亡之胶东就国，田荣怒追击，杀之即墨。荣因自立为齐王，而西击杀济北王田安，并王三齐。"集解："汉书音义曰：'齐与济北、胶东。'"正义："三齐记云：'右即墨，中临淄，左平陆（今山东汶上县北），谓之三齐。'"

〔一四〕册府元龟四七七"度"作"渡"。

〔一五〕北齐书、北史"犹"上俱有"然"字。器案：封氏闻见记十修复："颜真卿为平原太守，立三碑，皆自撰亲书。其一立于郭门之西，记颜氏曹魏时颜裴（按：三国志魏书仓慈传作颜斐，字文林）、高齐时颜之推，俱为平原太守，至真卿凡三典兹郡。"又案：法苑珠林一一九传记篇称"齐光禄大夫颜之推"，史传失载。

齐亡，入周，大象末，为御史上士。

隋开皇中，太子召为学士，甚见礼重〔一〕。寻以疾终。有文三十卷、家训二十篇，并行于世〔二〕。

〔一〕陈书文学阮卓传："至德元年，入为德教殿学士。寻兼通直散骑常侍，副王话聘隋。隋主夙闻卓名，乃遣河东薛道衡、琅邪颜之推等，与卓谈宴赋诗，赐遗加礼。"

〔二〕器案：之推撰著，除见于本传者外，尚有：承天达性论（法苑珠林一一九传记篇），训俗文字略一卷（隋书经籍志、册府元龟六〇八），证俗文字音五卷（家庙碑。隋书经籍志颜之推证俗音字略六卷，宋史艺文志颜之推证俗音字四卷，又字始三卷，郭忠恕修汗简所得凡七十一家事迹，列有颜黄门说字及证俗古文，即证俗音字略，亦即证俗文字音也，今有辑本。玉海四五："颜之推证俗音字四卷，援诸书为据，正时俗文字之谬，凡三十五目。"新唐书艺文志有张推证俗音三卷，说者谓“张推”即“颜之推”之误），急就章注一卷（旧唐书经籍志、新唐书艺文志。王应麟急就篇后序：“颜之推注解，轶而不传。”则是书于南宋时已亡佚矣），笔墨法一卷（新唐书艺文志），集灵记二十卷（隋书经籍志、册府元龟五五六。旧唐书经籍志、新唐书艺文志作十卷。今有辑本），冤魂志三卷（今存。册府元龟五五六作“冤魄志”，法苑珠林一一九作一卷，宋以后书目著录者作“还冤志”。又有敦煌写本），诫杀训一卷（法苑珠林一一九。广弘明集二六引诫杀家训，即从家训归心篇后半部分别出单行者），八代谈薮（遂初堂书目），七悟一卷（隋书经籍志。新唐书艺文志作“七悟集”，旧唐书经籍志误作颜延之撰），稽圣赋（令狐峘颜鲁公神道碑铭。新唐志有李淳风注颜之推稽圣赋一卷，今案：一切经音义五一引李淳风注稽圣赋一条）。

曾撰观我生赋〔一〕，文致清远〔二〕，其词曰：

仰浮清之藐藐〔三〕，俯沉奥之茫茫〔四〕，已生民而立教〔五〕，乃司牧以分疆〔六〕，内诸夏而外夷狄〔七〕，骤五帝而驰三王〔八〕。大道寝而日隐，小雅摧以云亡〔九〕，哀赵武之作孽〔一〇〕，怪汉灵之不祥〔一一〕，旄头玩其金鼎〔一二〕，典午失其珠囊〔一三〕，瀍、涧鞠成沙漠〔一四〕，神华泯为龙荒〔一五〕，吾王所以东运，我祖于是南翔〔一六〕。去琅邪之迁越〔一七〕，宅金陵之旧章〔一八〕，作羽仪于新邑〔一九〕，树杞梓于水乡〔二〇〕，传清白而勿替〔二一〕，守法度而不忘〔二二〕。逮微躬之九叶，颓世济之声芳〔二三〕。问我辰之安在〔二四〕，钟厌恶于有梁〔二五〕，养傅翼之飞兽〔二六〕，子贪心之野狼〔二七〕。初召祸于绝域，重发衅于萧墙〔二八〕，虽万里而作限〔二九〕，聊一苇而可航〔三〇〕，指金阙以长铩〔三一〕，向王路而蹶张〔三二〕。勤王逾于十万〔三三〕，曾不解其搤吭〔三四〕,嗟将相之骨鲠〔三五〕,皆屈体于犬羊〔三六〕。武皇忽以厌世,白日黯而无光,既飨国而五十〔三七〕,何克终〔三八〕之弗康?嗣君听于巨猾〔三九〕,每凛然而负芒〔四〇〕。自东晋之违难,寓礼乐于江、湘,迄此几于三百,左衽浃于四方〔四一〕,咏苦胡而永叹,吟微管而增伤〔四二〕。世祖赫其斯怒〔四三〕,奋大义于沮、漳〔四四〕。授犀函与鹤膝〔四五〕,建飞云及艅艎〔四六〕,北征兵于汉曲,南发馁于衡阳〔四七〕。

〔一〕卢文弨曰:"案:诸本多删此赋不录,今以颜氏一生涉履,备见此中,故依史文全录之,且为之注。"刘盼遂曰:"案:周易观卦九五爻:'观我生,君子无咎。'颜氏取经文以名赋。"

〔二〕屈大均道援堂诗集一赠颜君:"遗响在黄门,一赋如琼玖。"沈豫秋阴杂记八:"有说哀江南赋,情词悱恻,子山独步一时。然云:'宰相以干戈为儿戏,缙绅以清谈为庙略。'全是责人,而致命遂志之语,一无流露。读颜之推观我生赋,其哀音苦节,与子山同遭侯景之难,而其词则曰:'小臣耻其独死,实有愧于胡颜。'较信颇为悃款。"

〔三〕卢文弨曰:"淮南子天文训:'清阳者薄靡而为天,重浊者凝滞而为地。'诗大雅瞻卬:'藐藐昊天,无不克巩。'传:'藐藐,大貌。'"

〔四〕卢文弨曰:"左氏襄四年传:'虞人之箴曰:"芒芒禹迹,画为九州。"'"徐鲲曰:"文选班孟坚典引:'太极之元,两仪始分,烟烟煴煴,有沉而奥,有浮而清。'注:'蔡邕曰:"奥,浊也。言两仪始分之时,其气和同,沉而浊者为地,浮而清者为天。"'"李详注同。

〔五〕器案:此用尚书泰誓上"天佑下民,作之君,作之师"之意也。

〔六〕左传襄公十四年:"师旷曰:'天生民而立之君,使司牧之,勿使失性。'"新语道基篇:"后稷乃立封疆,画界畔,以分土地之所宜。"司马相如上林赋:"封疆画界者,非为守御,所以禁淫也。"

〔七〕卢文弨曰："公羊成十五年传：'春秋内其国而外诸夏，内诸夏而外夷狄。'"

〔八〕卢文弨曰："白虎通号篇：'钩命决曰："三皇步，五帝趋，三王驰，五霸骛。"'"徐鲲曰："后汉书曹褒传：'三五步骤，优劣殊轨。'注：'孝经钩命决曰："三皇步，五帝骤，三王驰。"宋均注云："步谓德隆道备，日月为步；时事弥须，日月亦骤；勤思不已，日月乃驰。"'"陈槃曰："逸书考引清河郡本宋均注又曰：'步者行犹缓，骤则行之速，驰者则如奔，骛者则如飞。行缓则久，行速犹常，如奔则疾，如飞则一止而已。故霸不如王，王不如帝，帝不如皇矣。'此释'驰''骤'之义，注当引。"

〔九〕卢文弨曰："班孟坚两都赋序：'昔成、康没而颂声寝，王泽竭而诗不作。'孟子离娄上：'王者之迹熄而诗亡。'毛诗序：'小雅尽废，则四夷交侵，中国微矣。'"

〔一〇〕卢文弨曰："赵武谓赵武灵王也。武灵王胡服骑射，事见战国赵策。"王叔岷："案孟子公孙丑上篇、离娄上篇并引太甲云：'天作孽，犹可违。'又见书伪古文太甲中篇。"

〔一一〕卢文弨曰："续汉书五行志：'灵帝好胡服、胡帐、胡床、胡坐、胡饭、胡箜篌、胡笛、胡舞，京都贵戚皆竞为之，此服妖也。其后董卓多拥胡兵，填塞街衢，虏掠宫掖，发掘园陵。'"

〔一二〕卢文弨曰："史记天官书：'昴曰旄头，胡星也。'一本作髦头。左氏宣三年传：'楚子伐陆浑之戎，遂至于雒，观兵于周疆。定王使王孙满劳楚子，楚子问鼎之大小轻重焉。对曰："在德不在鼎。昔夏之方有德也，远方图物，贡金九牧，铸鼎象物，使民知神奸。桀有昏德，鼎迁于商；载祀六百，商纣暴虐，鼎迁于周。"'"

〔一三〕卢文弨曰："蜀志谯周传：'典午忽兮，月西没兮。'典午者，谓司马也。案：代魏者晋，姓司马氏。珠囊，当出纬书。孔颖达周易正义序：'秦亡金镜，未坠斯文。汉理珠囊，重兴儒雅。'初学记引尚书考灵曜云：'河图子提期地留，赤用藏，龙吐珠。'康成注：'河图子刘氏而提起也;藏,秘也;珠,宝物,喻道也;赤汉当用天之秘道,故河龙吐之。'”器案:御览六引郑玄纬注曰:“日月遗其珠囊。珠囊谓五星也;遗其珠囊者,盈缩失度也。”此颜氏所本,卢氏漫引考灵曜为证,非是。

〔一四〕卢文弨曰:“尚书禹贡:'荆、河惟豫州,伊、洛、瀍、涧,既入于河。'汉书地理志:'瀍水出河南谷城暨亭北。涧水出弘农新安县。'通典州郡七:'荆、河之州,永嘉之乱,没于刘、石。'诗小雅小弁:'踧踧周道,鞫为茂草。'汉书苏建传:'李陵歌曰:“径万里兮度沙幕。”'古沙漠作幕字。”

〔一五〕卢文弨曰:“神华,中华也。史记孟子荀卿列传:'驺衍以为儒者所谓中国者,于天下乃八十一分居其一分耳。中国名曰赤县神州。'汉书匈奴传:'五月,大会龙城,祭其先、天地、鬼神。'又叙传:'龙荒幕朔,莫不来庭。'”器案:史记夏本纪:“要服外五百里荒服。”集解:“马融曰:'政教荒忽,因其故俗而治之。'”汉人称匈奴之龙城为龙荒,义即本之。洛阳伽蓝记二景宁寺条:“晋、宋以来,号为荒中。”荒字义同,谓长江以北,尽是夷狄也。

〔一六〕自注:“晋中宗以琅邪王南渡,之推琅邪人,故称吾王。”器案:辞赋有自注,盖自张衡思玄赋始,见文选李善注引挚虞文章流别。而王逸九思、左思三都赋、谢灵运山居赋,俱有自注。洪兴祖楚辞九思补注,以为“逸不应自为注解,恐其子延寿之徒为之尔”。其后,清人四库全书总目提要袭用其说,而不知汉时自有此例也。之推此赋自注亦其流风馀韵,其涉笔所及,有足补史之阙者。

〔一七〕卢文弨曰:“金陵本吴地,后越灭吴,其地遂为越有,故称越也。”严式诲曰:“案:迁越疑是迁流播越之义,注非。”今案:严说是。

〔一八〕卢文弨曰:“说金陵者各不同,惟张敦颐六朝事迹序为明析,言楚威王因山立号,置金陵邑。或云,以此有王气,故埋金以镇之。或云,地接金坛之陵,故谓之金陵。秦时望气者云:'五百年后,有天子气。'始皇东巡,乃凿钟阜,断金陵长陇以通流,改其地为秣陵县。诗大雅卷阿:'尔土宇昄章。'"器案:诗大雅假乐:"不愆不忘,率由旧章。"之推兼用此义。

〔一九〕卢文弨曰:"易渐上九:'鸿渐于陆,其羽可用为仪,吉。'尚书召诰:'周公朝至于洛,则达观于新邑营。'"器案:班固幽通赋:"有羽仪于上京。"

〔二〇〕卢文弨曰:"左氏襄二十六年传:'如杞梓皮革,自楚往也。'洛阳伽蓝记三:'萧衍子西丰侯萧正德曰:"下官虽生于水乡,而立身以来,未遭阳侯之难。"'"徐鲲曰:"文选陆士衡答张士然诗:'余固水乡士。'李善注云:'水乡,谓吴也。汉书曰:"武功中,水乡人三舍垫为池。"'"器案:郭璞无题诗:"杞梓生南荆,奇才应世出。"梁书处士庾诜传:"高祖闻而下诏曰:'新野庾诜,荆山珠玉,江陵杞梓。'"梁元帝中书令庾肩吾墓志:"杞梓之材,有均廊庙。"陈书蔡景历传:"景历答书曰:'杞梓方雕,岂盼樗枥。'"庾信竹杖赋:"是乃江、汉英灵,荆、衡杞梓。"周书儒林沈重传:"高祖优诏答之曰:'开府汉南杞梓,每轸虚衿;江东竹箭,亟疲延首。'"用法与此相同,俱以杞梓良材,取譬人物异才。

〔二一〕卢文弨曰:"后汉书杨震传:'转涿郡太守,子孙常蔬食步行,故旧长者或欲令为开产业,震不肯,曰:"使后世称为清白吏子孙,以此遗之,不亦厚乎!"'"器案:诗小雅楚茨:"子子孙孙,勿替引之。"

〔二二〕卢文弨曰:"左氏昭二十九年传:'仲尼曰:"夫晋国将守唐叔之所受法度。"'"

〔二三〕卢文弨曰:"左氏文十八年传:'世济其美,不陨其名。'"

〔二四〕卢文弨曰:"我辰安在,诗小雅小弁文,本作'我良'者讹。"

〔二五〕器案:左传隐公十一年:"郑庄公曰:'天而既厌周德矣,吾其能与许争乎!'"即此厌恶字所本。

〔二六〕自注:"梁武帝纳亡人侯景,授其命,遂为反叛之基。"卢文弨曰:"傅读曰附。飞兽,飞虎也,史臣避唐讳改。周书寤儆解:'无虎傅翼,将飞入邑，择人而食。’”

〔二七〕自注：“武帝初养临川王子正德为嗣，生昭明后，正德还本，特封临贺王，犹怀怨恨，径叛入北而还，积财养士，每有异志也。”卢文弨曰：“史记项羽纪：‘猛如虎，很如羊，贪如狼。’左氏宣四年传：‘谚曰：“狼子野心。”’”

〔二八〕自注：“正德求征侯景，至新林叛，投景，景立为主，以攻台城。”器案：论语季氏篇：“吾恐季孙之忧，不在颛臾，而在萧墙之内也。”集注引郑玄云：“萧之言肃也；墙谓屏也；君臣相见之礼，致屏而加肃敬焉，是以谓之萧墙。”释名释宫室：“萧墙在门内。萧，肃也，臣将入于此，自肃敬之处也。”

〔二九〕三国志吴书孙权传注引吴录：“是冬，魏文帝至广陵，临江观兵，兵有十馀万，旌旗弥数百里，有渡江之意。权严设固守。时天大寒冰，舟不得入江，帝见波涛汹涌，叹曰：‘嗟乎，固天所以隔南北也！’遂归。”

〔三〇〕诗卫风河广：“谁谓河广？一苇杭之。”毛传：“杭，渡也。”孔颖达正义曰：“言一苇者，谓一束也，可以浮之水上而渡，若浮筏然，非一根苇也。”案：杭与航通。三国志魏书文帝纪注引魏书，载丕于马上为诗曰：“观兵临江水，水流何汤汤，……谁云江水广？一苇可以航。”文选嵇康兄秀才公穆入军赠诗：“谁谓河广？一苇可航。”三国志吴书贺邵传：“臣闻否泰无常，吉凶由人，长江之限，不可久恃，苟我不守，一苇可航也。”抱朴子外篇汉过：“汤池航于一苇。”都用航字，与颜氏同。

〔三一〕卢文弨曰：“贾谊书过秦上：‘钼耰棘矜，不敌于钩戟长铩。’”

〔三二〕卢文弨曰：“汉书申屠嘉传：‘以材官蹶张。’如淳曰：‘材官之多力能脚踏强弩张之。律有蹶张士。’师古曰：‘今之弩，以手张者曰擘张，以足踏者曰蹶张。’”

〔三三〕卢文弨曰：“左氏僖二十五年传：‘求诸侯莫如勤王。’”

〔三四〕卢文弨曰：“史记刘敬传：‘夫与人斗，不搤其肮，拊其背，未能全其胜也。'集解张晏曰:'肮,喉咙也。'索隐:'嗌,音厄。肮,音胡浪反,一音胡刚反。苏林以为颈大脉,俗所谓胡脉者也。'案:肮与吭同,汉书作'亢'。"

〔三五〕"鲠"原作"骾",今据严本校改。严式诲曰:"'鲠'原本误'骾',今据史文校改。"卢文弨曰:"史记专诸传:'方今吴国外困于楚,而内空无骨鲠之臣,是无如我何。'"

〔三六〕自注:"台城陷,援军并问讯二宫,致敬于侯景也。"

〔三七〕器案:尚书无逸:"文王受命惟中身,厥享国五十年。"伪孔传:"文王九十七而终。中身,即位时年四十七,言中身,举全数。"

〔三八〕器案:诗大雅荡:"鲜克有终。"郑笺:"克,能也。"

〔三九〕卢文弨曰:"陶潜读山海经诗:'巨猾肆威暴,钦䲹违帝旨。'"

〔四〇〕卢文弨曰:"汉书霍光传:'宣帝谒见高庙,大将军光从骖乘,上内严惮之,若有芒刺在背。'"

〔四一〕论语宪问篇:"微管仲,吾其被发左衽矣。"

〔四二〕李详曰:"案:文选傅亮为宋公修张良庙教:'微管之叹。'任昉为范始兴求立太宰碑表:'功参微管。'又百辟劝今上笺:'叹深微管。'谢朓和王著作八公山诗:'微管寄明牧。'李善注皆引论语'微管仲'释之;二字积为六朝人恒语,凡建勋重臣,俱可以之譬况,亦'色斯'、'友于'之类也。"刘盼遂说同。

〔四三〕诗大雅皇矣:"王赫斯怒。"

〔四四〕自注:"孝元时为荆州刺史。"卢文弨曰:"左氏哀六年传:'江、汉、沮、漳,楚之望也。'"徐鲲曰:"文选江赋:'吸引沮、漳。'李善注云:'沮与睢同。'谢灵运拟邺中集诗:'沮、漳自可美。'"

〔四五〕卢文弨曰:"犀函,犀甲也。周礼考工记:'燕无函。'注:'函,铠也。'孟子曰:'矢人岂不仁于函人哉?'又:'函人为甲,犀甲七属,兕甲六属;犀甲寿百年,兕甲寿二百年。'方言九:'矛骹如雁胫者谓之鹤膝。'"器案:文选左思吴都赋:"家有鹤膝,户有犀渠。"刘渊林注:"鹤膝，矛也，矛骹如鹤胫，上大下小，谓之鹤膝。”案：释名释用器：“锄，头曰鹤，以鹤头也。”农器之锄曰鹤头，兵器之矛曰鹤膝，俱就其形似而言，今江津谓锄头之长厚者曰鸦嘴，义亦同也。唐书郑惟忠传：“时议禁岭南酋户不得畜兵。惟忠曰：‘善为政者因其俗。且吴人所谓“家鹤膝，户犀渠”，此民风也，禁之得无扰乎？’”即据吴都赋为言。

〔四六〕卢文弨曰：“初学记引晋令曰：‘水战有飞云船、苍隼船、先登船、飞鸟船。’郭璞江赋：‘漂飞云，建艅艎。’艅艎，即左氏传之馀皇。”李详曰：“刘逵吴都赋注：‘飞云，吴大船名。’春秋昭公十七年左氏传：‘大败吴师，获其乘舟馀皇。’杜注：‘馀皇，舟名。’”

〔四七〕自注：“湘州刺史河东王誉、雍州刺史岳阳王詧，并隶荆州都督府。”卢文弨曰：“说文：‘饵，野馈也。’”

昔承华之宾帝〔一〕，寔兄亡而弟及〔二〕；逮皇孙之失宠〔三〕，叹扶车之不立〔四〕。间〔五〕王道之多难，各私求于京邑，襄阳阻其铜符〔六〕，长沙闭其玉粒〔七〕，遽自战于其地，岂大勋之暇集〔八〕？子既损〔九〕而侄攻，昆亦围而叔袭；褚乘城〔一〇〕而宵下，杜倒戈而夜入〔一一〕。行路弯弓而含笑〔一二〕，骨肉相诛而涕泣；周旦其犹病诸〔一三〕，孝武悔而焉及〔一四〕。

〔一〕卢文弨曰：“文选陆士衡皇太子宴玄圃诗：‘弛厥负檐，振缨承华。’李善注引洛阳记曰：‘太子宫在大宫东，中有承华门。’周书太子晋解：‘王子曰：“吾后三年，将上宾于帝所。”’”

〔二〕自注：“昭明太子薨，乃立晋安王为太子。”卢文弨曰：“史记鲁周公世家：‘叔牙曰：“一继一及，鲁之常也。”’集解：‘何休曰：“父死子继，兄终弟及。”’”案：抱经堂校定本自注脱“昭明”二字，卢文弨重校正补正，严氏刻本据补。本传有，今从之。

〔三〕自注：“嫡皇孙驩出封豫章王而薨。”自注“嫡”原作“娇”，钱大昕曰：

"'娇'当作'嫡'。"严氏刻本据改,今从之。钱大昕曰:"梁书'驩'作'歡'。"

〔四〕卢文弨曰:"'扶车'疑是'绿车',独断:'绿车名曰皇孙车,天子有孙乘之。'"钱大昕曰:"'扶车'疑是'扶苏'之讹,盖以秦太子扶苏比昭明太子也。"今案:钱说较胜。

〔五〕器案:国语鲁语下:"齐人间晋之祸,伐取朝歌。"韦注:"间,候也。"

〔六〕卢文弨曰:"史记孝文本纪:'二年,初与郡国守相为铜虎符、竹使符。'集解:'应劭曰:"铜虎符第一至第五,国家当发兵,遣使者至郡合符,符合乃听受之。"'索隐:'古今注云:"铜虎符,银错书之。"张晏云:"铜取其同心也。"'"

〔七〕自注:"河东、岳阳皆昭明子。"卢文弨曰:"梁书河东王誉传:'台城没,誉还湘镇,世祖遣周弘直督其粮,前后使三反,誉并不从。'"器案:玉粒,谓粮也。梁简文帝昭明太子集序:"发私藏之铜凫,散垣下之玉粒。"杜甫茅堂检校收稻诗:"玉粒未吾悭。"又云:"玉粒定晨炊。"

〔八〕书泰誓上:"大勋未集。"

〔九〕宋蜀大字本"损"作"殒"。

〔一〇〕器案:列子说符:"丁壮者皆乘城而战。"释名释姿容:"乘,升也,登亦如之也。"

〔一一〕自注:"孝元以河东不供船艎,乃遣世子方等为刺史,大军掩至,河东不暇遣拒;世子信用群小,贪其子女玉帛,遂欲攻之,故河东急而逆战,世子为乱兵所害。孝元发怒,又使鲍泉围河东,而岳阳宣言大猎,即拥众袭荆州,求解湘州之围。时襄阳杜岸兄弟怨其见劫,不以实告,又不义此行,率兵八千夜降,岳阳于是遁走,河东府褚显族据投岳阳,所以湘州见陷也。"案:梁书河东王誉传:"出为南中郎将湘州刺史。"书武成:"前徒倒戈。"

〔一二〕孟子告子下:"有人于此,越人关弓而射之,则己谈笑而道之,无他,疏之也。”文选左思吴都赋李善注引孟子作“弯弓”，弯、关古通。文选西京赋注：“弯，挽弓也。”

〔一三〕论语雍也篇：“尧、舜其犹病诸。”集解：“孔曰：‘尧、舜至圣，犹病其难。’”又宪问篇：“尧、舜其犹病诸。”集解：“孔曰：‘病犹难也。’”

〔一四〕卢文弨曰：“汉书武五子传：‘戾太子据因江充陷以巫蛊自经。上怜太子无辜，乃作思子宫，为归来、望思之台于湖，天下闻而悲之。’”

方幕府之事殷〔一〕，谬见择于人群，未成冠而登仕，财解履以从军〔二〕。非社稷之能卫〔三〕，□□□□□□，仅书记于阶闼〔四〕，罕羽翼于风云。

〔一〕史记廉颇传：“以便宜置吏，市租皆输入莫府，为士卒费。”集解：“如淳曰：‘将军征行无常处，所在为治，故言莫府。莫，大也。’”索隐：“按注如淳解‘莫大也’云云。又崔浩云：‘古者出征为将帅，军还则罢，理无常处，以幕帟为府署，故曰莫府。’则‘莫’当作‘幕’，字之讹耳。”器案：莫幕通。资治通鉴释文二七：“师出无常处，所在张幕居之，以将帅得主府，故曰幕府。”

〔二〕自注：“时年十九，释褐湘东国右常侍，以军功，加镇西墨曹参军。”器案：财古通才，汉书霍光传：“长财七尺三寸。”师古曰：“财读与才同。”解履，与自注“释褐”义相似，即出仕之意。文选扬子云解嘲：“或释褐而傅。”古代人臣见君须解履，左传哀公二十五年：“褚师声子袜而登席，公怒。”杜注：“古者，见君解袜。”吕氏春秋至忠篇：“文挚至，不解屦登床，履王衣，问王之疾。王怒而不与言。”文馆词林六九五曹操春祠令：“议者以为祠庙上殿当解履。”自注之“右常侍”，北齐书本传作“左常侍”。案：北史及通志都作“右常侍”，与之推自注合，疑北齐书误。又案：本书终制篇：“吾年十九，值梁家丧乱。”又之推古意诗：“十五好诗、书，二十弹冠仕。”

〔三〕自注："童汪琦。"卢文弨曰："礼记檀弓下：'能执干戈以卫社稷。'"钱大昕曰："'童汪琦'三字，疑非本注。"

〔四〕抱经堂校定本"阶"误"陛"，卢文弨已重校正，严刻本从之，今据改。

及荆王之定霸〔一〕，始仇耻而图雪，舟师次乎武昌，抚军镇于夏汭〔二〕。滥充选于多士〔三〕，在参戎之盛列；惭四白之调护〔四〕，厕六友之谈说〔五〕；虽形就而心和，匪余怀之所说〔六〕。

〔一〕左传僖公二十七年："取威定霸，于是乎在。"

〔二〕自注："时遣徐州刺史徐文盛领二万人，屯武昌芦州，拒侯景将任约。又第二子绥宁度方诸为世子，拜中抚军将军郢州刺史，以盛声势。"殿本考证曰："'绥宁度'三字未审。"卢文弨曰："注中'绥宁度'三字疑讹。左氏闵二年传：'大子曰冢子，君行则守，有守则从；从曰抚军，守曰监国。'"钱大昕曰："'度'当作'侯'，下文'阳侯'字亦讹为'度'，可证也。梁世诸王之子，例封县侯。"器案：左传昭公四年："吴伐楚，楚沈尹射奔命于夏汭。"杜注："汉水曲入江，今夏口也。"案：夏口即今汉口。

〔三〕多士即众士，见尚书多士伪孔传。

〔四〕卢文弨曰："四白，四皓也。史记留侯世家：'上欲废太子，留侯画计曰："上有所不能致者，天下有四人，迎此四人来从太子。"年皆八十有馀，须眉皓白，衣冠甚伟。上怪之，问曰："彼何为者？"四人前对，各言名姓，曰：东园公，角里先生，绮里季，夏黄公。上乃大惊，曰："烦公幸卒调护太子。"'"

〔五〕自注："时迁中抚军外兵参军，掌管记，与文珪、刘民英等与世子游处。"卢文弨曰："初学记引晋公卿礼秩曰：'愍、怀立东宫，乃置六傅，省尚书事，始置詹事丞，文书关由六傅，时号太子六友。'"器案：梁书元帝纪及贞慧世子方诸传:"简文帝大宝元年九月,湘东王绎以世子方诸为中抚军,出为郢州刺史。"北齐书本传:"绎遣世子方诸出镇郢州,以之推掌管记。"又案:刘民英疑是刘缓之子。缓幼子民誉,见家训书证篇,梁书刘昭传云:"缓字含度,少知名,历官安西湘东王记室,时西府盛集文学,缓居其首,除通直郎,俄迁镇南湘东王中录事,复随府江州,卒。"盖是时西府盛集文学,刘氏父子,俱在江陵,故民英得与之推、文珪等与世子游处也。

〔六〕卢文弨曰:"说,音悦。"刘盼遂曰:"案:此数语述与世子方诸游处事也。庄子人间世:'颜阖将傅卫灵公太子,而问于蘧伯玉,伯玉曰:"形莫若就,心莫若和;就不欲入,和不欲出。"'"

繄深宫之生贵,矧垂堂与倚衡〔一〕,欲推心以厉物〔二〕,树幼齿以先声〔三〕;忾敷求之不器〔四〕,乃画地而取名〔五〕。仗御武于文吏〔六〕,委军政于儒生〔七〕。值白波之猝骇〔八〕,逢赤舌之烧城〔九〕,王凝坐而对寇〔一〇〕,向栩拱以临兵〔一一〕。莫不变蝯而化鹄〔一二〕,皆自取首以破脑,将睥睨于渚宫〔一三〕,先凭陵于地道〔一四〕。懿永宁之龙蟠〔一五〕,奇护军之电扫〔一六〕,奔虏快其馀毒,缧囚膏乎野草〔一七〕。幸先主之无劝〔一八〕,赖滕公之我保〔一九〕,剟鬼录于岱宗〔二〇〕,招归魂于苍昊〔二一〕,荷性命之重赐,衔若人以终老〔二二〕。

〔一〕卢文弨曰:"汉书袁盎传:'臣闻千金之子不垂堂,百金之子不骑衡。'如淳曰:'骑,倚也;衡,楼殿边栏楯也。'案:颜用倚衡,正与如淳说合,颜师古乃云:'骑谓跨之。'非古义也。"器案:史记袁盎传:"臣闻千金之子,坐不垂堂;百金之子,不骑衡。"索隐:"案:张揖云:'恐檐瓦堕中人。'或云:'临堂边垂,恐堕坠也。'"集解:"骃案:服虔曰:'自惜身,不骑衡。'如淳曰:'骑,倚也。衡,楼殿边栏楯也。'"索隐:"案:如淳之说为长。案:纂要云:'宫殿四面栏,纵者云槛,横者云楯也。'"又水经灞水注引袁盎,亦作"立不倚衡。"司马相如传:"故鄙谚曰:'家累千金,坐不垂堂。'"索隐:"乐产云:'垂,边也,恐堕坠之也。'"

〔二〕卢文弨曰:"后汉书光武帝纪:'降者更相谓曰:"萧王推赤心置人腹中,安得不投死乎!"厉,摩厉也。汉书梅福传:"爵禄束帛者,天下之底石,高祖所以厉世磨钝也。"'"

〔三〕自注:"中抚军时年十五。"卢文弨曰:"树,立也。齿,年也。汉书韩信传:'广武君曰:"兵固有先声而后实者。"'"

〔四〕卢文弨曰:"诗曹风下泉:'忾我寤叹。'笺云:'忾,叹息之意。'释文:'苦爱反。'书伊训:'敷求哲人,俾辅于尔后嗣。'不器,言不器使也。"

〔五〕徐鲲曰:"魏志卢毓传:'诏曰:"得其人与否在卢生耳。选举莫取有名,名如画地作饼,不可啖也。"'"庞石帚先生养晴室笔记卷二说同。

〔六〕自注:"以虞预为郢州司马,领城防事。"

〔七〕自注:"以鲍泉为郢州行事,总摄州府也。"

〔八〕卢文弨曰:"后汉书献帝纪:'白波贼寇河东。'章怀注:'薛莹书曰:"黄巾郭泰等起于西河白波谷,时谓之白波贼。"'"

〔九〕卢文弨曰:"太玄经干次八:'赤舌烧城,吐水于瓶。'"

〔一〇〕龚向农先生曰:"晋书王凝之传:'仕历会稽内史。王氏世事张氏五斗米道,凝之弥笃,孙恩之攻会稽,寮佐请为之备,凝之不从,方入靖室请祷,出语诸将佐曰:"吾已请大道,许鬼兵相助,贼自破矣。"遂为孙恩所害。'"刘盼遂曰:"案:王凝谓王凝之也,如褚诠之勉学篇亦作褚诠,减名末'之'字矣。六朝人于名末'之'字,往往可减去,如世说新语张玄之亦作张玄,顾悦之或作顾悦,袁悦之或作袁悦,隋书称王述为王述之(见经籍志春秋),水经注载王歆之杂称王歆(溱水注与洭水注)等,皆是矣。"

〔一一〕自注："任约为文盛所困，侯景自上救之，舟舰弊漏，军饥卒疲，数战失利，乃令宋子仙、任约步道偷郢州，城预无备，故陷贼。"器案："向栩"原误作"白诩"，今据龚向农先生说校改。龚曰："'白诩'疑'向栩'之讹，后汉书独行向栩传：'张角作乱，栩上便宜，不欲国家兴兵，但遣将于河上，北向读孝经，贼当自消灭。'此与上句王凝为对，皆以喻荆州无备也。南监本北齐书作'白羽'，亦误。"器案：龚说是，"向栩"，魏、晋、南北朝人多作"向诩"，如陶潜集圣贤群辅录引魏文帝令及甄表、广弘明集卷二八上引梁元帝与刘智藏书、北堂书钞一三二、太平御览七三九引英雄记，都作"向诩"，是其证。"向"与"白"形近，又涉上文"白波"字而误，今据改正。何焯校本、殿本考证俱改"白诩"为"白羽"，非是。卢氏乃以白面书生说之，更匪夷所思矣！又案：向栩传之所谓孝经，当是术士之书，非孔门陈孝道者，盖如后世所传墨子五行记、孔圣枕中记之流耳。艺文类聚六九引汉献帝传："尚书令王允奏曰：'太史令王立，说孝经六隐事，能消却奸邪。'常以良日，允与立入为帝诵孝经一章，以丈二竹簟，画九宫其上，随日时而出入焉。及允被害，乃不复行也。"御览七〇八引东观汉记："尚书令王允奏云：'太史令王立说孝经六隐事，令朝廷行之，消灾却邪，有益圣躬。'诏曰：'闻王者当修德耳，不闻孔子制孝经有此而却邪者也。'允固奏请曰：'立学深厚，此圣人秘奥，行之无损。'帝乃从之。常以良日，王允与王立入为帝诵孝经一章，以丈二竹簟，画九宫其上，随日时而出入焉。"又见袁宏后汉纪二六。风俗通义怪神篇："谨案：北部督邮西平郅（原误"到"）伯夷……日晡时到亭，敕前导人且止（此二字据搜神记十补），录事掾白：'今尚早，可至前亭。'曰：'欲作文书，便留。'吏卒惶怖，言当解去，传云：'督邮欲于楼上观望，亟扫除，须臾便上。'未冥，楼灯，阶下复有火。敕：'我思道，不可见火，灭去。'吏知必有变，当用赴照，但藏置壶中耳。既冥，整服坐，诵六甲孝经、易本讫。"南史隐逸传载顾欢以孝经疗病。诸书所举孝经、孝经六隐、六甲孝经，俱言其有消灾却邪之功，盖即一书。后汉书方术传注云："遁甲，推六甲之阴而隐遁也。"然则六隐实六甲耳。

〔一二〕卢文弨曰："抱朴子释滞篇：'周穆王南征，久而不归，一军尽化：君子为猿为鹤，小人为沙为虫。''鹄'与'鹤'同。"

〔一三〕卢文弨曰："汉书田蚡传：'辟睨两宫间。'师古曰：'辟睨，旁视也。'案：辟睨即睥睨也。左氏文十年传：'子西沿汉溯江，将入郢，王在渚宫下见之。'案：渚宫在荆州，正义云：'当郢都之南。'"器案：南史元帝纪："宗懔及御史大夫刘懿以为建邺王气已尽，且渚宫洲已满百。……又江陵先有九十九洲，古老相承云：'洲满百，当出天子。'"

〔一四〕"地道"，原误作"他道"，今据姚姬传说校改。姚氏惜抱轩笔记七："按：景纯江赋云：'包山洞庭，巴陵地道。'此言景之犯巴陵，以地道字代，犹以渚宫代荆州耳，'他'字误也。"器案：山海经中山经："又东南一百二十里曰洞庭之山。"郭注："今长沙巴陵县西又有洞庭陂，潜伏通江，离骚曰：'邅吾道兮洞庭。''洞庭波兮木叶下。'皆谓此也。"又海内东经："湘水出舜葬东南陬，西环之，入洞庭下。"郭注："洞庭，地穴也，在长沙巴陵。今吴县南大湖中有包山，下有洞庭穴道，潜行水底，云无所不通，号为地脉。"寻地穴谓潜行水底，潜伏通江，故有洞庭之名。巴陵、吴县皆有洞庭，故巴陵之洞庭又有地道之称，而吴县之洞庭亦有地脉之名也。卢文弨曰："左氏襄廿五年传：'今陈介恃楚众，以冯陵我敝邑。'"

〔一五〕自注："永宁公王僧辩据巴陵城，善于守御，景不能进。"抱经堂校定本自注"据"误"救"，严刻本据卢氏重校正改正。案：宋蜀本作"据"，今据改。卢文弨曰："此龙蟠以喻莫之敢撄耳。"器案：李商隐咏史诗："北湖南埭水漫漫，一片降旗百尺竿；三百年间同晓梦，钟山何处有龙盘！"龙盘虽用钟山本典，而其取义，则与颜赋一概也。

〔一六〕自注："护军将军陆法和破任约于赤亭湖，景退走，大溃。"卢文弨曰："后汉书皇甫嵩传：'阎忠说嵩曰："将军兵动若神，谋不再计，摧强易于折枯，消坚甚于汤雪，旬月之间，神兵电扫。”’”器案：陆法和见北史艺术传，本书杂艺篇称为陆护军者是也。后汉书崔骃传，骃撰慰志赋曰：“运欃枪以电扫兮，清六合之土宇。”

〔一七〕卢文弨曰：“左氏成三年传：‘两释累囚，以成其好。’杜注：‘累，系也。’案与缧同，孔安国论语注：‘缧，黑索。’文选司马长卿谕巴蜀檄：‘肝脑涂中原，膏液润野草。’李善注引春秋考异邮曰：‘枯骸收胲，血膏润草。’”

〔一八〕卢文弨曰：“先主，谓蜀先主也，旧本作‘先生’，讹。魏志吕布传：‘布既降，生缚之，布请曰：“明公将步，布将骑，则天下不足定也。”太祖有疑色。刘备进曰：“明公不见布之事丁建阳及董太师乎？”太祖颔之，于是缢杀布。’”

〔一九〕自注：“之推执在景军，例当见杀，景行台郎中王则初无旧识，再三救护，获免，囚以还都。”卢文弨曰：“史记淮阴侯列传：‘韩信亡楚归汉，为连敖，坐法当斩，其辈十三人已斩，次至信，信仰视，适见滕公，曰：“上不欲就天下乎？何为斩壮士！”滕公奇其言，乃释而不斩；与语，大说之，言于上。上拜以为治粟都尉。’滕公乃夏侯婴也。”

〔二〇〕卢文弨曰：“刓，削也。魏文帝与吴质书：‘徐、陈、应、刘，一时俱逝，顷撰其遗文，都为一集，观其姓名，已为鬼录。’博物志(卷二)：‘援神契曰：“太山，天帝孙也，主召人魂。东方，万物始，故主人生命之长短。”’古乐府怨诗行：‘人间乐未央，忽然归东岳。’魏应璩百一诗：‘年命在桑榆，东岳与我期。’”顾炎武日知录三〇：“自哀平之际，而谶纬之书出、然后有如遁甲开山图所云：‘泰山在左，亢父在右。亢父知生，泰山主死。’博物志所云：‘泰山一曰天孙，言为天帝之孙，主召人魂魄，知生命之长短者。’其见于史者，则后汉书方术传：‘许峻自云：尝笃病，三年不愈，乃谒泰山请命。’乌桓传：‘死者神灵归赤山。赤山在辽东西北数千里。如中国人死者魂神归泰山也。’三国志管辂传：‘谓其弟辰曰：但恐至泰山治鬼，不得治生人，如何？’而古辞怨诗行云：‘齐度游四方，各系泰山录，人间乐未央，忽然归东岳。’陈思王驱车篇云：‘神魂所系属，逝者感斯征。’刘桢赠五官中郎将诗云：‘常恐游岱宗，不复见故人。’应璩百一诗云：‘年命在桑榆，东岳与我期。’然则鬼论之兴，其在东京之世乎。”黄汝成集释：“汝成案史记赵世家‘霍泰山山阳侯天使’云云，则泰山为神，当由霍泰山传讹始云。”

〔二一〕自注：“时解衣讫而获全。”卢文弨曰：“楚辞有招魂。尔雅释天：‘春曰苍天，夏曰昊天。’”

〔二二〕器案：论语公冶长：“君子哉若人。”集解：“苞氏曰：‘若人者，若此人也。’”此文指王则。

贼弃甲而来复〔一〕，肆觜距之雕鸢〔二〕，积假履而弑帝〔三〕，凭衣雾以上天〔四〕。用速灾于四月，奚闻道之十年〔五〕！就狄俘于旧壤，陷戎俗于来旋。慨黍离于清庙〔六〕，怆麦秀于空廛〔七〕；鼖鼓卧而不考〔八〕，景钟毁而莫悬〔九〕；野萧条以横骨，邑阒寂而无烟〔一〇〕。畴百家之或在〔一一〕，覆五宗而翦焉〔一二〕；独昭君之哀奏〔一三〕，唯翁主之悲弦〔一四〕。经长干以掩抑〔一五〕，展白下以流连〔一六〕；深燕雀之馀思〔一七〕，感桑梓之遗虔〔一八〕；得此心于尼甫，信兹言乎仲宣〔一九〕。

〔一〕卢文弨曰：“左氏宣二年传：‘宋城，华元为植巡功，城者讴曰：“睅其目，皤其腹，弃甲而复；于思于思，弃甲复来。”’杜注：‘弃甲谓亡师。’”

〔二〕卢文弨曰：“张茂先鹪鹩赋：‘雕鹖介其觜距。’诗小雅四月传：‘雕鸢，贪残之鸟也。’”

〔三〕卢文弨曰：“左氏僖四年传：‘赐我先君履。’杜注：‘履，所践履之界。'"

〔四〕徐鲲曰:"困学纪闻二十引易纬是类谋曰:'民衣雾,主吸霜,间可倚杵于何藏。'"

〔五〕自注:"台城陷后,梁武曾独坐,叹曰:'侯景于文为小人百日天子。'及景以大宝二年十二月十九日僭位,至明年三月十九日弃城逃窜,是一百二十日,茾天道,继大数,故文为百日,言与公孙述俱禀十二而旬岁不同。"卢文弨曰:"注中茾字疑。"钱大昕曰:"后汉书公孙述传:'述梦有人语之曰:"八厶子系,十二为期。"觉谓其妻曰:"虽贵而祚短若何?"妻对曰:"朝闻道,夕死尚可,况十二乎!"'"器案:宋蜀本"十二月"作"十一月","继"作"纪",皆是。据梁书简文纪及侯景传,大宝二年八月,侯景废帝,立豫章王栋,十月弑帝,废栋,景自立。梁书云十月者,纪其弑帝之时,之推云十一月者,乃其僭位之日。十一月十九日至三月十九日,正是一百二十日。论语里仁篇:"子曰:'朝闻道,夕死可矣。'"述妻语本此。又案:龙龛手鉴卷二草部:"茾,余律反,草初生也。"亦非此义,仍可疑耳。

〔六〕宋蜀本"慨"字作墨丁。卢文弨曰:"诗王黍离序:'闵宗庙也。周大夫行役,至于宗周,过故宗庙,宫室尽为禾黍,闵周室之颠覆,彷徨不忍去,而作是诗也。'"

〔七〕卢文弨曰:"史记宋微子世家:'箕子朝周,过故殷虚,感宫室毁坏,生禾黍;箕子伤之,欲哭则不可,欲泣,为其近妇人,乃作麦秀之诗以歌咏之。'"

〔八〕卢文弨曰:"周礼地官鼓人:'以鼖鼓鼓军事。'毛诗传:'考,击也。'"器案:毛传见诗唐风山有枢:"子有钟鼓,弗鼓弗考。"

〔九〕卢文弨曰:"晋语七:'魏颗以其身却退秦师于辅氏,亲止杜回,其勋铭于景钟。'韦注:'景钟,景公钟。'"李详曰:"案:文选潘岳西征赋:'乘风废而弗悬。'"

〔一〇〕器案:南史侯景传:"时江南大饥,江、扬弥甚。……千里绝烟,人迹罕见，白骨成聚，如丘陇焉。”

〔一一〕自注：“中原冠带，随晋渡江者百家，故江东有百谱；至是，在都者覆灭略尽。”徐鲲曰：“文选西征赋：‘窥七贵于汉庭，诪一姓之或在。’注：‘声类曰：“诪亦畴字也。”尔雅曰：“畴，谁。”’”刘盼遂曰：“案：隋书经籍志史部载江南百家谱凡十卷，疑注中‘谱’上脱‘家’字。”器案：隋志有王俭百家集谱十卷，王僧孺百家谱三十卷，贾执百家谱二十卷。通典三又载刘湛百家谱，复为王俭所本也。

〔一二〕卢文弨曰：“史记五宗世家：‘孝景皇帝子凡十三人为王，而母五人，同母者为宗亲。’书五子之歌：‘覆宗灭祀。’杜注成二年左传：‘翦，尽也。’”

〔一三〕卢文弨曰：“石崇王明君辞序：‘王明君者，本是王昭君，以触文帝讳改之。匈奴盛，请婚于汉，元帝以后宫良家子昭君配焉。昔公主嫁乌孙，令琵琶马上作乐，以慰其道路之思；其送明君，亦必尔也。’”

〔一四〕自注：“公主子女，见辱见仇。”卢文弨曰：“史记大宛传：‘乌孙以马千匹聘汉女，汉遣宗室女江都翁主往妻乌孙，乌孙王昆莫以为右夫人。’汉书西域传：‘公主悲愁，自为作歌，曰：“吾家嫁我兮天一方，远托异国兮乌孙王。穹庐为室兮旃为墙，以肉为食兮酪为浆。居常土思兮心内伤，愿为黄鹄兮归故乡。”’”器案：家训养生篇：“侯景之乱，王公将相，多被戮辱，妃主姬妾，略无全者。”

〔一五〕自注：“长干，旧颜家巷。”卢文弨曰：“刘渊林注吴都赋：‘建业南五里有山冈，其间平地，吏民杂居，东长干中有大长干、小长干，皆相连。大长干在越城东，小长干在越城西，地有长短，故号大、小长干。’掩抑，意不舒也。”器案：舆地纪胜十七：“江南东路建康府：长干是秣陵县东里巷名，江东谓山陇之间曰干。金陵南五里有山冈，其间平地，民庶杂居，有大长干、小长干、东长干，并是地名。”

〔一六〕自注：“靖侯以下七世坟茔，皆在白下。”卢文弨曰：“白下，一名白下门，今江宁县地。流连，不能去也。”器案：颜鲁公大宗碑：“生之推，字介，北齐中书舍人，给事黄门郎，平原太守，尝著观我生赋云：'展白下以流连。'以靖侯已下七叶坟茔皆在故也。"

〔一七〕卢文弨曰："礼记三年问：'今是大鸟兽，则丧其群匹，越月逾时焉，则必反巡，过其故乡，翔回焉，鸣号焉，蹢躅焉，踟蹰焉，然后乃能去之。'"

〔一八〕卢文弨曰："诗小雅小弁：'维桑与梓，必恭敬止。'"

〔一九〕卢文弨曰："王仲宣登楼赋：'悲旧乡之壅隔兮，涕横坠而弗禁。昔尼父之在陈兮，有归欤之叹音；钟仪幽而楚奏兮，庄舄显而越吟；人情同于怀土兮，岂穷达而异心。'"

逷西土之有众〔一〕，资方叔以薄伐〔二〕；抚鸣剑而雷咤〔三〕，振雄旗而云窣〔四〕。千里追其飞走〔五〕，三载穷于巢窟〔六〕，屠蚩尤于东郡〔七〕，挂郅支于北阙〔八〕。吊幽魂之冤枉，扫园陵之芜没；殷道是以再兴〔九〕，夏祀于焉不忽〔一〇〕。但遗恨于炎昆〔一一〕，火延宫而累月〔一二〕。

〔一〕卢文弨曰："书牧誓：'逖矣西土之人。'逷与逖同。又泰誓中：'西土有众，咸听朕言。'"李赓芸炳烛篇一："此用牧誓文，而'逖'作'逷'。按说文：'狄，远也。古文作逷。'颜介所用，当是古本，释文未之及。古狄、易同声。"

〔二〕自注："永宁公以司徒为大都督。"卢文弨曰："诗小雅采芑：'方叔莅止，其车三千。'又六月：'薄伐玁狁，至于太原。'"

〔三〕卢文弨曰："咤与吒同，陟嫁切。叱，怒也。"器案：后汉书皇甫嵩传："阎忠说嵩曰：'今主上势弱于刘、项，将军权重于淮阴，指㧑足以震风云，叱咤可以兴雷电。'"李贤注："叱咤，怒声也。"

〔四〕卢文弨曰："'窣'当作'崒'，仓没切，危高也。"

〔五〕飞走，谓飞禽走兽。文选左太冲吴都赋："穷飞走之栖宿。"吕延济

注："穷尽天地之间飞走之物也。"鲍照谢解禁止表："逢飞走知感，矧臣人类。"

〔六〕礼记礼运："昔者，先王未有宫室，冬则居营窟，夏则居橧巢。"庾信贺平邺都表："百年逋诛，遂穷巢窟。"慧琳一切经音义卷二十八："巢窟，谓住止处所也。通俗文：'鸟居曰巢，兽穴曰窟也。'"

〔七〕卢文弨曰："史记五帝本纪：'蚩尤作乱，不用帝命。于是黄帝乃征师诸侯，与蚩尤战于涿鹿之野，遂禽杀蚩尤。'续汉书郡国志：'东平国寿张，故属东郡。'刘昭注：'皇览曰："蚩尤冢在县阚乡城中，高七丈。"'"

〔八〕自注："既斩侯景，烹尸于建业市，百姓食之，至于肉尽龁骨。传首荆州，悬于都街。"卢文弨曰："汉书陈汤传：'郅支单于杀汉使者，汤矫制发城郭诸国兵薄城下，单于被创死，军候假丞杜勋斩单于首，于是上疏，宜县头藁街蛮、夷邸间，以示万里。'"器案：艺文类聚五七引李尤七款："前临都街，后据流川。"

〔九〕史记殷本纪："盘庚行汤之政，然后百姓由宁，殷道复兴。"又曰："武丁修政行德，天下咸欢，殷道复兴。"

〔一〇〕左传文公五年："皋陶、庭坚不祀，忽诸。"案：尔雅释诂："忽，尽也。"郭璞注："忽然，尽貌。"

〔一一〕卢文弨曰："书胤征：'火炎昆冈，玉石俱焚。'"

〔一二〕自注："侯景既平，我师采穞失火，烧宫殿，荡尽也。"器案：宋蜀本自注"平"作"走"，"我"作"义"，"穞"误作"櫓"。梁书王僧辩传："景之退也，北走朱方。于是景散兵走告僧辩，僧辩令众将入据台城。其夜，军人采梠失火，烧太极殿及东、西堂等。""梠"亦"稆"误。后汉书献纪："群僚饥乏，尚书郎以下，自出采稆。"注："稆音吕，埤苍曰：'穞，自生也。'稆与穞同。"又光武纪上："野谷旅生。"注："旅，寄也，不因播种而生，故曰旅。今字书作穞，音吕；古字通。"史记天官书集解晋灼曰："禾野生曰旅，今之饥民采旅也。"

指余櫂于两东[一]，侍升坛之五让[二]，钦汉官之复睹[三]，赴楚民之有望[四]。摄绛衣以奏言[五]，忝黄散于官谤[六]。或校石渠之文[七]，时参柏梁之唱[八]，顾甂瓯之不算，濯波涛而无量[九]。属潇、湘之负罪[一〇]，兼岷、峨之自王[一一]，伫既定以鸣鸾[一二]，修东都之大壮[一三]。惊北风之复起，惨南歌之不畅[一四]，守金城之汤池[一五]，转绛宫之玉帐[一六]，徒有道而师直[一七]，翻无名之不抗[一八]。民百万而囚虏，书千两而烟炀[一九]，溥天之下，斯文尽丧[二〇]。怜婴孺之何辜，矜老疾之无状[二一]，夺诸怀而弃草[二二]，踣于涂而受掠[二三]。冤乘舆之残酷，轸人神之无状[二四]，载下车以黜丧[二五]，掩桐棺之藁葬[二六]。云无心以容与[二七]，风怀愤而憀悢；井伯饮牛于秦中[二八]，子卿牧羊于海上[二九]。留钏之妻，人衔其断绝[三〇]；击磬之子，家缠其悲怆[三一]。

〔一〕姚姬传惜抱轩笔记七："此用楚赋'孰两东门之可芜'。"庞石帚先生养晴室笔记卷二曰："按九章哀郢：'曾不知夏之为丘兮，孰两东门之可芜。'王逸注云：'孰，谁也；芜，逋也。言郢城两东门，非先王所作邪？何可使逋废而无路？'"朱亦栋亦以"两东"二字本此，惟以为出楚辞悲回风，则误举篇名也。

〔二〕卢文弨曰："魏志文帝纪：'乃为坛于繁阳，王升坛即阼。'汉书袁盎传：'朕下至代邸，西乡让天子者三，南乡让天子者再。夫许由一让，陛下五以天下让，过许由四矣。'案：元帝屡让王僧辩等劝进表，至大宝三年冬，始即位于江陵，故云。"

〔三〕卢文弨曰："后汉书光武帝纪：'时三辅吏士东迎更始，见诸将皆冠帻而服妇人衣，诸于绣镼，莫不笑之，或有畏而走者。及见司隶僚属，皆欢喜不自胜，老吏或垂涕曰：“不图今日复见汉官威仪。”由是识者皆属心焉。’”

〔四〕徐鲲曰：“汉书项籍传：‘居鄛人范增年七十，素好奇计，往说梁曰：“陈胜败固当。夫秦灭六国，楚最亡罪。自怀王入秦不反，楚人怜之至今，故南公称曰：‘楚虽三户，亡秦必楚。’今陈胜首事，不立楚后，其势不长。今君起江东，楚蜂起之将皆争附君者，以君世世楚将，为能复立楚之后也。”于是梁乃求楚怀王孙心，在民间为人牧羊，立以为楚怀王，从民望也。’”李详曰：“案：春秋哀公十八年左氏传：‘叶公及北门，或遇之，曰：“君胡不胄？国人望君如望慈父母焉，盗贼之矢若伤君，是绝民望也。”’”

〔五〕卢文弨曰：“舍人是兼职，故曰摄。绛衣当是舍人所服。”器案：后汉书光武纪上：“光武遂将宾客还舂陵，时伯升已会众起兵。初，诸家子弟恐惧，皆亡逃自匿，曰：‘伯升杀我。’及见光武绛衣大冠，皆惊曰：‘谨厚者亦复为之。’乃稍自安。”李贤注：“东观记曰：‘上时绛衣大冠，将军服也。’”隋书李德林传：“时遵彦铨衡，深慎选举，秀才擢第，罕有甲科。德林射策五条，考皆为上，授以殿中将军，既是西省散员，非其所好；又以天保季世，乃谢病还乡，阖门守道。乾明初，遵彦奏追德林入议曹。三年，祖孝征入为侍中尚书左仆射，赵彦深出为兖州刺史。朝士有先为孝征所待遇者，间德林云：‘是彦深党与，不可仍掌机密。’孝征曰：‘德林久滞绛衣，我常恨彦深待贤未足；内省文翰，方以委之，寻当有佳处分，不宜妄说。’寻除中书侍郎，仍诏修国史。”据此，则绛衣谓戎服，摄读如论语乡党篇“摄齐升堂”之摄，摄绛衣，盖指释褐以军功加镇西墨曹参军而言，卢说未可从。

〔六〕自注：“时为散骑侍郎，奏舍人事也。”卢文弨曰：“晋书陈寿传：‘杜预荐寿于帝，宜补黄散。’职官志：‘散骑常侍、侍郎与侍中、黄门侍郎，共平尚书奏事。’左氏庄廿二年传：‘敢辱高位，以速官谤。’”器案：胡三省通鉴一一九注：“黄散，谓黄门侍郎及散骑常侍、侍郎也。”陈书蔡凝传："高宗常谓凝曰：'我欲用义兴主婿钱肃为黄门郎，卿意何如？'凝正色对曰：'帝乡旧戚，恩由圣旨，则无所复问；若格以佥议，黄散之职，故须人门兼美：唯陛下裁之。'高宗默然而止。"又见南史蔡凝传。此可见当时对黄散一职之重视，故之推有"忝黄散于官谤"之言也。

〔七〕自注："王司徒表送秘阁旧事八万卷。乃诏：'比校部分，为正御、副御、重杂三本。左民尚书周弘正、黄门侍郎彭僧朗、直省学士王珪、戴陵校经部，左仆射王褒、吏部尚书宗怀正、员外郎颜之推、直学士刘仁英校史部，廷尉卿殷不害、御史中丞王孝纯、中书郎邓荩、金部郎中徐报校子部，右卫将军庾信、中书郎王固、晋安王文学宗菩业、直省学士周确校集部也。'"卢文弨曰："班固两都赋：'又有天禄、石渠，典籍之府，命夫惇诲故老，名儒师傅，讲论乎六艺，稽合乎同异，启发篇章，校理秘文。'后汉书蔡邕传：'昔孝宣会诸儒于石渠。'案：石渠议奏载汉书艺文志。"器案：宋蜀本自注"纯"作"纪"，"菩"作"善"。王司徒谓僧辩也。陈书周弘正传："及景平，僧辩启送秘书图籍，敕弘正雠校。"隋书牛弘传载弘上表请开献书之路云："萧绎据有江陵，遣将破平侯景，收文德之书，及公私典籍，重本七万馀卷，悉送荆州，故江表图书，因斯尽萃于绎矣。及周师入郢，绎悉焚之于外城，所收十才一二。"隋书经籍志云："梁武敦悦诗、书，下化其上，四环之内，家有文史。元帝克平侯景，收文德之书，及公私经籍，归于江陵，大凡七万馀卷，周师入郢，咸自焚之。"资治通鉴一六五云："城陷，帝入东阁竹殿，令舍人高宝善焚古今图书十四万卷。"考异曰："隋书经籍志云七万卷，并江陵旧书，岂止七万卷乎？今从典略。"此王僧辩表送建康书之可考见者。然金楼子聚书篇云："吾今年四十六岁，自聚书来，四十年得书八万卷。"绎即以次年年四十七时卒，则江陵旧本八万卷，加秘阁旧事八万卷，得十六万卷，与三国典略十四万卷之说亦不合。岂金楼子或之推自注之八万卷，有一必为六万卷形近而误乎？

疑不能明也。又案：余嘉锡谓："宗怀正当为宗懔之字，然与诸史言字元懔者不同。且之推之注，于诸人皆称名，而懔独称其字，亦所未详，岂尝以字行而史略之耶？"见所著四库提要辨证八荆楚岁时记下。

〔八〕卢文弨曰："古文苑：'汉武帝元封三年，作柏梁台，诏群臣二千石，有能为七言诗，乃得上座。帝诗云："日月星辰和四时。"和者自梁孝王而下至东方朔，凡二十四人。'"

〔九〕卢文弨曰："自言器小而膺大遇也。方言五：'瓯甂，陈、魏、宋、楚之间谓之题，自关而西谓之甂，其大者谓之瓯。'"器案：不算，犹言不足数。论语子路篇："斗筲之人，何足算也。"何晏集解引郑玄注："算，数也。"

〔一〇〕自注："陆纳。"卢文弨曰："潇、湘二水名，在荆南。梁书元帝纪：'大宝三年冬，执湘州刺史王琳于殿内，琳副将殷宴下狱死，林州长史陆纳及其将潘乌累等举兵反，袭陷湘州。'"器案：书大禹谟："负罪引慝。"正义："自负其罪，自引其恶。"

〔一一〕自注："武陵王。"卢文弨曰："岷、峨，蜀二山名；武陵王纪为益州刺史，蜀地也。纪传：'侯景乱，纪不赴援。高祖崩后，纪乃僭号于蜀，将图荆、陕。时陆纳未平，蜀军复逼，世祖忧焉。既而纳平，樊猛获纪，杀之于硖口。'"

〔一二〕卢文弨曰："周礼春官巾车疏引韩诗：'升车则马动，马动则鸾鸣，鸾鸣则和应。'班固西都赋：'大辂鸣銮，容与徘徊。'銮与鸾同。"

〔一三〕自注："诏司农卿黄文超营殿。"卢文弨曰："元帝纪：'承圣二年七月，诏曰："今八表乂清，四郊无垒，宜从青盖之兴，言归白水之乡。"'盖有意仍都建邺也。诗小序：'车攻，宣王复古也，复会诸侯于东都，因田猎而选车徒焉。'易系辞下：'圣人易之以宫室，上栋下宇，以待风雨，盖取诸大壮。'"器案：梁有大壮舞歌，沈约所撰，梁武所定，见隋书乐志。

〔一四〕自注:“秦兵继来。”卢文弨曰:“元帝纪:‘承圣三年,秦州刺史严超达自秦郡围泾州,魏复遣将步六汗萨率众救泾州。九月,魏遣其柱国万纽于谨率大众来寇。’左氏襄十八年传:‘师旷曰:“吾骤歌北风,又歌南风,南风不竞,多死声。”’”

〔一五〕卢文弨曰:“汉书食货志:‘神农之教曰:“有石城十仞,汤池百步,带甲百万而无粟,弗能守也。”’秦州记:‘凡城皆称金,言其固也,故墨子称金城汤池。’案:今墨子此语亡。”器案:汉书蒯通传:“皆为金城汤池而不可攻也。”师古曰:“金以喻坚,汤喻沸热不可近。”

〔一六〕自注:“孝元自晓阴阳兵法,初闻贼来,颇为厌胜,被围之后,每叹息,知必败。”卢文弨曰:“考绛宫玉帐,盖遁甲、六壬之书,元帝明于占候,见金楼子自序。广雅释言:‘厌,镇也。’亦作压,谓为镇压之术,制之以取胜也。”徐鲲曰:“黄庭经:‘心为绛帐。’抱朴子外篇:‘兵在太乙玉帐之中,不可攻也。’唐艺文志兵家有玉帐经一卷。”器案:虞世基出塞二首和杨素:“辕门临玉帐,大旆指金微。”骆宾王和孙长史秋日卧病:“金坛分上将,玉帐引瑰才。”裴漼奉和御制平胡:“神兵出绛宫。”杜甫送严武入朝:“空留玉帐术,愁杀锦江人。”张淏云谷杂记(说郛本)曰:“按颜之推观我生赋云:‘守金城之汤池,转绛宫之玉帐。’又袁卓遁甲专征赋云:‘或倚其直使之游宫,或居其贵人之玉帐。’盖玉帐乃兵家厌胜之方位,谓主将于其方置军帐,则坚不可犯,犹玉帐焉。其法出于黄帝遁甲,以月建前三位取之,如正月建寅,则巳为玉帐,主将宜居。李太白司马将军歌云:‘身居玉帐临河魁。’戌为河魁,谓主将之帐在戌也,非深识其法者,不能为此语。”

〔一七〕卢文弨曰:“左氏僖廿八年传:‘子犯曰:“师直为壮,曲为老。”’”

〔一八〕自注:“孝元与宇文丞相断金结和,无何见灭,是师出无名。”卢文弨曰:“礼记檀弓下:‘吴侵陈,问陈太宰嚭曰:“师必有名,人之称斯师也者其谓之何?”’又曰:‘嚭曰:“君王讨敝邑之罪,又矜而赦之,师与,有无名乎!”’案:宇文丞相谓宇文觉也。周书于谨传:‘梁元帝密与齐氏通使，将谋侵轶，其兄子岳阳王詧以元帝杀其兄誉，据襄阳来附，仍请王师。乃令谨率众出讨，旬有六日，城陷，梁主降，寻杀之。'"器案：易系辞："二人同心，其利断金。"自注本此，犹言同心结和也。

〔一九〕徐鲲曰："后汉书儒林传：'初，光武迁还洛阳，其经牒秘书，载之二千馀两，自此以后，参倍于前，后长安之乱，一时焚荡，莫不泯尽焉。'文选潘安仁西征赋：'诗、书炀而为烟。'"严式诲曰："案：历代名画记一引此，'民'作'人民'，'书'作'书史'。"又自注"又矜而赦之"，卢文弨校定本原误作"又从而赦之"，今从严本改正。又历代名画记一引此下有"史籍已来，未之有也"二句八字。

〔二〇〕自注："北于坟籍，少于江东三分之一。梁氏剥乱，散逸湮亡，唯孝元鸠合，通重十馀万，史籍以来未之有也，兵败，悉焚之，海内无复书府。"严式诲曰："案：注'北于'疑'北方'之误。'籍'，南监本作'典'。"器案：隋书牛弘传，上表论开献书之路云："永嘉之后，寇窃竞兴，因河据洛，跨秦带赵，论其建国立家，虽传名号，宪章礼乐，寂灭无闻。刘裕平姚，收其图籍，五经子史，才四千卷，皆赤轴青纸，文字古拙；僭伪之盛，莫过二秦，以此而论，足可用矣。故知衣冠轨物，图画记注，播迁之馀，皆归江左，晋、宋之际，学艺为多，齐、梁之间，经史弥盛，宋秘书丞王俭依刘氏七略，撰为七志，梁人阮孝绪亦为七录，总其书数，三万馀卷；及侯景渡江，破灭梁室，秘省经籍，虽从兵火，其文德殿内书史，宛然犹存，萧绎据有江陵，遣将破平侯景，收文德之书及公私典籍，重本七万馀卷，悉送荆州，故江表图书，因斯尽萃于绎矣。及周师入郢，绎悉焚之于外城，所收十才一二，此则书之五厄也。"张彦远历代名画记一叙画之兴废："梁武帝尤加宝异，仍更搜葺。元帝雅有才艺，自善丹青，古之珍奇，充牣内府。侯景之乱，太子纲数梦秦皇更欲焚天下书，既而内府图书数百，果为景所焚也。及景之平，所有画皆载入江陵，为西魏将于谨所陷，元帝将降，乃聚名画法书及典籍二十四万卷，遣后阁舍人高善宝焚之，帝欲投火俱焚，宫嫔牵衣得免。吴、越宝剑并将斫柱令折，乃叹曰：‘萧世诚遂至于此！儒雅之道，今夜穷矣。’于谨等于煨烬之中，收其书画四千馀轴，归于长安。故颜之推观我生赋云：‘人民百万而囚虏，书史千两而烟飏，史籍已来，未之有也，溥天之下，斯文尽丧。’”

〔二一〕卢文弨曰：“汉书项籍传：‘异时诸侯吏卒繇役屯戍过秦中，秦中遇之多无状。’”器案：师古注曰：“无善形状也。”王幼学资治通鉴纲目集览二曰：“谓待之多不以礼，其状无可寄言也。”

〔二二〕卢文弨曰：“弃草句谓婴孺。”徐鲲曰：“文选王仲宣七哀诗：‘路有饥妇人，抱子弃草间。’”

〔二三〕卢文弨曰：“受掠句谓老疾。踣，仆也。掠，笞也。”器案：广韵四十一漾：“掠，笞也，夺也，取也，治也，音与亮同，力让切。”又入声十八药亦收此字，乃抄掠劫人财物之义，音离灼切。

〔二四〕卢文弨曰：“‘无状’两字误，‘状’或是‘仗’。”器案：前老疾句改“无状”为“无仗”亦可，此谓于人神并无礼也。

〔二五〕卢文弨曰：“左氏襄廿五年传：‘崔氏侧庄公于北郭。丁亥，葬诸士孙之里，四翣不跸，下车七乘，不以兵甲。’”

〔二六〕卢文弨曰：“左氏哀二年传：‘桐棺三寸，不设属辟，素车朴马，无入于兆，下乡之罚也。’”器案：后汉书马援传：“裁买城西数亩地，藁葬而已。”注：“藁，草也。以不归旧茔时权葬，故称藁。”

〔二七〕器案：陶潜归去来辞：“云无心以出岫。”离骚：“遵赤水而容与。”王逸注：“容与，游戏貌。”

〔二八〕卢文弨曰：“左氏僖五年传：‘晋袭虞，灭之，执虞公，及其大夫井伯以媵秦穆姬。’此云井伯饮牛，盖以人之诬百里奚者加之，以井伯、百里奚为一人也。”器案：吕氏春秋慎人篇：“百里奚之未遇也，亡虢而虏晋，饭牛于秦，传鬻以五羊之皮。公孙枝得而说之，献诸穆公。”此文“饮牛”当作“饭牛”。晋虏井伯以媵秦穆姬，史记晋世家作“并其大夫井伯、百里奚以媵秦穆姬”,秦本纪则迳以百里奚替井伯,奚是虞之公族,井伯乃姜姓子牙之后,判然两人,自史迁误合为一人,而晋世家正义引南雍州记云:“百里奚字井伯,宛人也。”世说新语德行篇注引楚国先贤传:“百里奚,字井伯。”乐府解题云:“百里奚,字井伯。”是皆承其误而为之辞。

〔二九〕卢文弨曰:“史记苏建传:‘建中子武,字子卿,以父任,稍迁至栘中厩监。使匈奴,单于欲降之,徙武北海上无人处,使牧羝,羝乳乃得归。既至海上,廪食不至,掘野鼠,去屮实而食之。’”

〔三〇〕孙志祖读书脞录七:“御览七一八引晋纪云:‘王达妻卫氏,太安中为鲜卑所掠,路由章武台,留书并钗钏访其家。’”徐鲲补注同。

〔三一〕孙志祖曰:“击磬之子,见吕氏春秋精通篇。”徐鲲曰:“吕氏春秋精通篇:‘钟子期夜闻击磬者而悲,使人召而问之,曰:“子何击磬之悲也?”答曰:“臣之父,不幸而杀人,不得生;臣之母得生,而为公家为酒;臣之身得生,而为公家击磬。臣不睹臣之母三年矣,昔为舍氏,睹臣之母,量所以赎之则无有,而身固公家之财也,是故悲也。”钟子期叹嗟曰:“悲夫悲夫!心非臂也,臂非椎非石也,悲存乎心,而木石应之。”故曰诚乎此而谕乎彼,感乎己而发乎人,岂必强说乎哉。’”器案:之推此赋,以家、人对文,家亦人义,详辽海引年录器撰家人对文解。

小臣耻其独死〔一〕,实有愧于胡颜〔二〕,牵痾疻而就路〔三〕,策驽蹇以入关〔四〕。下无景而属蹈,上有寻而亟搴〔五〕,嗟飞蓬之日永〔六〕,恨流梗之无还〔七〕。

〔一〕器案:之推古意诗:“未获殉陵墓,独生良足耻。”意与此同。

〔二〕卢文弨:“曹子建上责躬应诏诗表:‘忍垢苟全,则犯诗人胡颜之讥。’李善注:‘即胡不遄死之义也。’”李详曰:“案:文选曹植上责躬应诏诗表：‘窃感相鼠之诗，无礼遄死之义，忍耻苟全，则犯诗人胡颜之讥。’李善注：‘孔安国尚书传：“胡，何也。”毛诗曰：“何颜而不速死也。”殷仲文表曰：“亦胡颜之厚。”义出于此。’详谓善注引孔传，于声转虽得，然余犹疑此为三家异文。艺文类聚三十丁廙蔡伯喈女赋：‘忍胡颜之重耻，恐终风之我萃。’以终风对胡颜，必诗之本文有作胡颜者，故曹、丁得而用之，颜氏所用，亦据相承如此。”案：文选吕向注：“诗无此句，今言诗者误也。”

〔三〕自注：“时患脚气。”卢文弨曰：“痾与疴同，玉篇：‘病也。’说文：‘疻，殴伤也。’”

〔四〕自注：“官给疲驴瘦马。”宋蜀本自注夺“给”字。

〔五〕器案：“属”疑“屡”字形近之误，亟、屡同义。淮南兵略篇：“山高寻云霓，谿深肆无景。”即此文所本。晋书羊祜传亦云：“高山寻云霓，深谷肆无景。”王叔岷曰：“艺文类聚五五引梁元帝职贡图序：‘高山寻云，深谷绝景。’”陈槃曰：“方言卷一：‘自关而西，秦晋梁益之间，凡物长谓之寻。’”

〔六〕卢文弨曰：“曹植诗：‘转蓬离本根，飘飖随长风；何意回飙举，吹我入云中。’”案，此植之杂诗也。王叔岷曰：“案商子禁使篇：‘今夫飞蓬遇飘风而千里，乘风之势也。’钟嵘诗品序：‘魂逐飞蓬。’”

〔七〕卢文弨曰：“战国齐策：‘苏代谓孟尝君曰：“土偶人与桃梗相与语，土偶曰：子东国之桃梗也，刻削子以为人，淄水至，流子而去，则漂漂者将如何耳。”’”

若乃五牛之旌〔一〕，九龙之路〔二〕，土圭测影〔三〕，璇玑审度〔四〕，或先圣之规模，乍前王之典故〔五〕，与神鼎而偕没〔六〕，切仙弓之永慕〔七〕。

〔一〕器案：“五”原作“玄”，今改，五与九以数字相对也。五牛旗者，晋武帝平吴师所造，五色各一旗，以木牛承其下，盖取其负重而安稳也，见晋书舆服志、宋书礼志、南齐书舆服志及隋书礼仪志五。唐六典十八卫尉寺武库令："旗之制三十有二，十八曰五牛旗。"原注："五牛等旗，武卫队所执。"唐制与六朝微别。宋书谢晦传："尚书符荆州曰：'銮舆效驾，六军鹏翔；警跸前临，五牛整旆。'"又臧质传："质上表曰：'八銮摇响，五牛舒旆。'"梁书元纪、文苑英华六〇〇沈炯劝进梁元帝第三表："群鸟惑众，五牛扬旌。"许敬宗奉和宴中山应制诗："养贤停八骏，观风驻五牛。"皆用五牛旗事。周婴卮林二非马言五牛旗事，不及颜氏此赋，盖未悟"玄牛"之为误文也。

〔二〕器案：路即辂也，言以九龙之形校饰辂车，犹言九龙之钟也。之推古意诗："吴师破九龙。"彼九龙正谓九龙之钟也。

〔三〕卢文弨曰："周礼地官大司徒：'以土圭之法测土深，正日景，以求地中。'"

〔四〕卢文弨曰："书舜典：'在璇玑玉衡，以齐七政。'孔传：'璇玑，王者正天文之器，可运转者。'"陈槃曰："案虞书璇玑有二义：一以为正天文之器，伪孔传是也。马融（正义引）、郑玄（史记天官书索隐引）等并主此说，是伪传亦有所本。一以为斗魁，尚书大传'在璇玑玉衡，以齐七政。……璇玑谓之北极'（御览二九引），说苑辨物篇'璇玑，谓北辰句陈枢星也'，尚书纬'璇玑，斗魁四星'（五行大义论七政篇引）之等是也。颜赋或主前者。然若谓旧籍古义止有此一事而已，则固不可也。"

〔五〕卢文弨曰："周书于谨传：'收梁府库珍宝，得宋浑天仪，梁日晷、铜表，魏相风铜蟠螭、大玉径四尺，围七尺，及诸舆辇法物以献，军无私焉。'"器案：乍亦或也，对文则异，散文则通。家训归心篇："或浑或盖，乍宣乍安。"用法与此正同。

〔六〕卢文弨曰："史记封禅书：'秦灭周，周之九鼎入于秦。或曰：宋太丘社亡而鼎没于泗水彭城下。'"

〔七〕“弓”原作“宫”，宋蜀本作“弓”，今据改正。史记封禅书：“黄帝采首山铜，铸鼎于荆山下，鼎既成，有龙垂胡髯下迎黄帝，黄帝上骑，群臣后宫从上者七十馀人，龙乃上去。馀小臣不得上，乃悉持龙髯，龙髯拔堕，堕黄帝弓。百姓仰望，黄帝既上天，乃抱其弓及龙髯号；故后世因名其处曰鼎湖，其弓曰乌号。”颜赋即用此事。

尔其十六国之风教〔一〕，七十代之州壤〔二〕，接耳目而不通，咏图书而可想。何黎氓之匪昔，徒山川之犹曩；每结思于江湖，将取弊于罗网〔三〕。聆代竹之哀怨〔四〕，听出塞之嘹朗〔五〕，对皓月以增愁，临芳樽而无赏〔六〕。

〔一〕卢文弨曰：“十六国当以诗有十五国风，并鲁数之为十六也。或者，身已入关，举崔鸿所纪载之十六国为言，亦未可定。”

〔二〕卢文弨曰：“管仲言：‘古封禅之君七十二家。’今言七十代，举成数也。淮南缪称训：‘泰山之上有七十坛焉。’”

〔三〕卢文弨曰：“此即终制篇所云：‘计吾兄弟，不当仕进；所以靦冒人间，亦以北方政教严切、全无隐遁者故也。’”王叔岷曰：“案庄子山木篇：‘夫丰文豹……虽饥渴隐约，犹且胥疏于江湖之上而求食焉，定也。然且不免于罔罗机辟之患，是何罪之有哉？其皮为之灾也。’”

〔四〕器案：代竹，指代地丝竹之乐。汉书艺文志：“代、赵之讴，秦、楚之风，皆感于哀乐，缘事而发。”

〔五〕器案：乐府诗集二一：“晋书乐志曰：‘出塞、入塞曲，李延年造。’曹嘉之晋书曰：‘刘畴尝避乱坞壁，贾胡数百欲害之。畴无惧色，援笳而吹之，为出塞、入塞之声，以动其游客之思；于是群胡皆垂泣而去。’按：西京杂记曰：‘戚夫人善歌出塞、入塞、望归之曲。’则高帝时已有之，疑不起于延年也。唐又有塞上、塞下曲，盖出于此。”

〔六〕卢文弨曰：“所谓‘异方之乐，只令人悲’。”

日太清之内衅〔一〕，彼天齐而外侵〔二〕，始蹙国于淮浒〔三〕，遂压境于江浔〔四〕，获仁厚之麟角〔五〕，克俊秀之南金〔六〕，爰众旅而纳主，车五百以夐临〔七〕，返季子之观乐〔八〕，释钟仪之鼓琴〔九〕。窃闻风而清耳，倾见日之归心，试拂蓍以贞筮〔一〇〕，遇交泰之吉林〔一一〕。譬欲秦而更楚〔一二〕，假南路于东寻，乘龙门之一曲，历砥柱之双岑〔一三〕。冰夷风薄而雷响〔一四〕，阳侯山载而谷沉〔一五〕，侔挈龟以凭濬〔一六〕，类斩蛟而赴深〔一七〕，昏扬舲于分陕〔一八〕，曙结缆于河阴〔一九〕，追风飙之逸气〔二〇〕，从忠信以行吟〔二一〕。

〔一〕器案：汉书淮南王传："日得幸上有子。"师古曰："日谓往日。"此文义同。孙尔准校本改"日"作"自"，非是。

〔二〕卢文弨曰："史记封禅书：'齐所以为齐，以天齐也。'集解：'苏林曰："当天中央齐。"'"

〔三〕诗大雅召旻："今也日蹙国百里。"毛传："蹙，促也。"

〔四〕自注："侯景之乱，齐氏深斥梁家土宇，江北淮北，唯馀庐江、晋熙、高唐、新蔡、西阳、齐昌数郡，至孝元之败，于是尽矣，以江为界也。"器案：公羊传庄公十三年："城坏压境，君不图与？"王叔岷曰："案淮南子原道篇：'故虽游于江浔海裔。'高诱注：'浔，崖也。'文选郭景纯江赋注引许慎注：'浔，水涯也。'"

〔五〕卢文弨曰："诗周南麟之趾序：'虽衰世之公子，皆信厚如麟趾之时也。''麟之角，振振公族。'"

〔六〕卢文弨曰："晋书薛兼传：'兼少与纪瞻、闵鸿、顾荣、贺循齐名，号为五俊。初入洛，司空张华见而奇之，曰："皆南金也。"'"

〔七〕自注："齐遣上党王涣率兵数万，纳梁贞阳侯明为主。"徐鲲曰："左定五年传：'申包胥以秦师至，秦子蒲、子虎帅车五百以救楚。'"器案：

梁书敬帝纪："承圣四年二月癸丑，晋安王方智至自寻阳，入居朝堂。三月，齐遣其上党王高涣，送贞阳侯萧渊明来主梁嗣。七月辛丑，王僧辩纳贞阳侯萧渊明，自采石济江。甲辰，入于京师，以帝为皇太子；司空陈霸先举义旗袭杀王僧辩，黜萧渊明。丙午，帝即皇帝位，是为敬帝。"贞阳侯明，即渊明，唐人避李渊讳阙之。

〔八〕卢文弨曰："左氏襄廿九年传：'吴公子札来聘，请观于周乐。'"

〔九〕自注："梁武聘使谢挺、徐陵，始得还南；凡厥梁臣，皆以礼遣。"卢文弨曰："左氏成九年传：'晋侯观于军府，见钟仪，问之曰："南冠而絷者谁也？"有司对曰："郑人所献楚囚也。"问其族，对曰："泠人也。"使与之琴，操南音。公重为之礼，使归求成。'"器案：南史徐陵传："太清二年，兼通直散骑常侍使魏。"徐陵集有在北齐与杨仆射书："谢常侍今年五十有一，吾今年四十有四，介已知命，宾又杖乡。"谢常侍即谢挺也。资治通鉴梁纪十七："上遣建康令谢挺、散骑常侍徐陵等，聘于东魏。"胡三省注："案：梁官制，建康令秩千石，散骑常侍秩二千石，谢挺不当在徐之上。盖徐陵将命而使，谢挺特辅行耳。"四库全书总目提要别集类徐孝穆集笺注："集中在北齐与杨仆射书有云'谢常侍今年五十有一，吾今年四十有四，介已知命，宾又杖乡'云云。是谢挺实为正使，盖假散骑常侍以行。通鉴但书本官，并非舛错。胡三省未考陵书，未免曲为之说。参诸此书，可证其讹。"器案：提要纠胡注之谬，是，颜氏此注正叙谢挺在徐陵之上，当出目击而存之也。

〔一〇〕"筮"原作"噬"，严本据史文校改，今从之。卢文弨曰："易师彖：'师贞，丈人吉。'案：郑注礼记缁衣、周礼天府太卜皆以贞为问，此贞筮亦谓问于筮也。"

〔一一〕自注："之推闻梁人返国，故有奔齐之心，以丙子岁旦，筮东行吉不，遇泰之坎，乃喜，曰：'天地交泰，而更习坎，重险行而不失其信，此吉卦也，但恨小往大来耳，后遂吉也。'"卢文弨曰："汉焦赣、崔篆皆著周易林。"案：易泰卦象曰："天地交，泰。"

〔一二〕卢文弨曰："吕氏春秋首时篇：'墨者有田鸠，欲见秦惠王，留秦三年而弗得见。客有言之于楚王者，往见楚王，楚王说之，与将军之节以如秦。至，因见惠王，告人曰："之秦之道乃之楚乎！"固有近之而远、远之而近者。'"

〔一三〕卢文弨曰："尚书禹贡：'导河积石，至于龙门，南行至于华阴，东至于底柱。'水经注四：'魏土地记曰："梁山北有龙门山，大禹所凿。"'注又云：'砥柱，山名也。昔禹治洪水，山陵当水者凿之，故破山以通河，河水分流，包山而过，山见水中若柱然，故曰砥柱，亦谓之三门山，在虢城东北，太阳城东也。'公羊文十二年传：'河形千里而一曲。'案：河从积石北行，又东，乃南行，至于龙门，此所以云一曲也。"

〔一四〕卢文弨曰："海内北经：'从极之渊，深三百仞，维冰夷恒都焉。'郭璞注：'冰夷，即冯夷也。淮南云："冯夷得道，以潜大渊。"即河伯也。'薄，迫各切。易系辞上传：'雷风相薄。'呴，许后切，嗥也。郭璞江赋：'溢流雷呴而电激。'"

〔一五〕"阳侯"，原误"阳度"，今据钱大昕、卢文弨说校改，钱说已见前，卢曰："'阳度'疑'阳侯'之讹，初学记引博物志：'大波之神曰阳侯。'山载疑言戴山，古载、戴字通。"王叔岷曰："案庄子大宗师篇：'冯夷得之，以游大川。'释文引司马彪注：'清泠传曰：冯夷，华阴潼乡堤首人也。服八石，得水仙，是为河伯。'抱朴子释鬼篇：'冯夷，华阴人。以八月上庚日度河溺死，天帝署为河伯。'唐段成式酉阳杂俎十四：'河伯，人面，乘两龙，一曰冰夷，一曰冯夷。'卢氏疑'阳度'为'阳侯'之误，是也。侯本作矦，与度形近，故致误耳。淮南子览冥篇：'武王伐纣，渡于孟津，阳侯之波逆流而击之。'高诱注：'阳侯，阳陵国侯也。其国近水，溺死于水，其神能为大波，有所伤害，因谓之阳侯之波也。'说山篇：'渡江河而言阳侯之波。'高注略同。汉书扬雄传上：'凌阳侯之素波兮，岂吾累之独见许。'应劭注：'阳侯，古之诸侯也。有罪，自投江，其神为大波。'"

〔一六〕卢文弨曰："挈龟事未详，唯毛宝事略相近，见续搜神记，云：'晋咸康中，豫州刺史毛宝戍邾城，买一白龟子，放之。后邾城遭石勒败，众人越江，莫不沉溺。宝一同自投，既入水，觉如随一石上，中流视之，乃是先所养白龟。既送至东岸，出头视此人，徐游而去。'尔雅：'濬，深也。'"刘盼遂曰："案：'龟'当为'鼋'，隋、唐俗书鼋作黿，遂致误尔。晏子春秋内篇谏下：'古冶子曰："吾尝从济于河，鼋衔左骖以入砥柱之流，冶潜行得鼋而杀之，左操骖尾，右挈鼋头，鹤跃而出。"'此挈鼋用其事也。"案：刘说是。

〔一七〕卢文弨曰："斩蛟，博物志载澹台灭明、次非、菑丘䜣三事，晋书周处传：'处投水搏蛟，蛟或沈或浮，行数十里，而处与之俱，经三日三夜，果杀蛟而返。'"刘盼遂曰："张华博物志：'澹台子羽持千金之璧，渡河。阳侯波起，两蛟挟舟；子羽左操璧，右操剑，击蛟皆死。'此斩蛟用其事也。此二事皆大河中故实，故颜引之。"王叔岷曰："案吕氏春秋知分篇：'荆有次非者，得宝剑于干遂。还反涉江，至于中流，有两蛟夹绕其船，次非谓舟人曰：子尝见两蛟绕船，能两活者乎？船人曰：未之见也。次非攘臂袪衣，拔宝剑曰：此江中之腐肉朽骨也，弃剑以全己，余奚爱焉！于是赴江刺蛟，杀之而复上船。舟中之人皆得活。'又见淮南子道应篇，'至于中流'下，有'阳侯之波'四字，与此上言阳侯尤合。"

〔一八〕卢文弨曰："王逸注楚辞九章云：'舲，船有窗牖者。'陕，失冉切。"器案：分陕，借喻荆州，礼记乐记："五成而分陕（从毛诗周南召南谱正义引），周公左而召公右。"又见公羊传隐公五年。文选王元长永明十一年策秀才文："贤牧分陕，良守共治。"李善注："袁焕与曹植书曰：'召公与周公俱受分陕之任。'"又王元长三月三日曲水诗序："分陕流勿翦之欢。"又沈休文齐故安陆昭王碑文："地埒分陕。"

〔一九〕自注："水路七百里，一夜而至。"卢文弨曰："缆，维船索也。"徐鲲曰："续汉书地理志：'魏郡邺县有故大河。'文选陆士衡赠文罴诗：'驱马大河阴。'注:'谷梁传曰:"水南曰阴。"'"器案:本传云:"值河水暴长,具舡将妻子来奔,经砥柱之险,时人称其勇决。"文苑英华二八九引之推从周入齐夜度砥柱诗:"侠客重艰辛,夜出小平津。马色迷关吏,鸡鸣起戍人。露鲜华剑影,月照宝刀新。问我将何去,北海就孙宾。"陈槃曰:"河阴,今之孟津。(本汉置县,隋废。)由陕县东至孟津,陆途三百里。颜氏自注:'水路七百里,一夜而至。'盖陆路三百里,水路曲折,则宜为七百里矣。"案陈氏以分陕之陕为陕县也。

〔二〇〕徐鲲曰:"晋书王廙传:'廙性俦率,尝从南下,旦自寻阳迅飞帆,暮至都,倚舫楼长啸,神气甚逸。王导谓庾亮曰:"世将为伤时识事。"亮曰:"正足舒其逸气耳。"'"

〔二一〕卢文弨曰:"列子说符:'孔子自卫反鲁,息驾乎河梁而观焉。有悬水三十仞,圜流九十里,鱼鳖弗能游,鼋鼍弗能居;有丈夫厉之而出。孔子问之曰:"巧乎?有道术乎?"丈夫对曰:"始吾之入也,先以忠信,及吾之出也,又从以忠信,错吾躯于波流,而吾不敢用私,所以能入而复出也。"'说苑杂言篇、家语致思篇并载此事。"器案:楚辞渔父:"屈原既放,游于江潭,行吟泽畔。"

遭厄命而事旋,旧国从于采芑〔一〕;先废君而诛相〔二〕,讫变朝而易市〔三〕。遂留滞于漳滨〔四〕,私自怜其何已〔五〕。谢黄鹄之回集,恧翠凤之高峙〔六〕。曾微令思之对〔七〕,空窃彦先之仕〔八〕,纂书盛化之旁,待诏崇文之里〔九〕,珥貂蝉而就列〔一〇〕,执麾盖以入齿〔一一〕,款一相之故人〔一二〕,贺万乘之知己,祇夜语之见忌〔一三〕,宁怀厩之足恃〔一四〕。谏谮言之矛戟〔一五〕,惕险情之山水〔一六〕,由重裘以胜寒〔一七〕,用去薪而沸止〔一八〕。

〔一〕徐鲲曰："史记田敬仲完世家：'于是田常复修釐子之政，以大斗出贷，以小斗收，齐人歌之曰："妪乎！采芑归乎田成。"'索隐曰：'以刺齐国之政将归陈氏也。'"庞石帚先生养晴室笔记卷二："此言梁禅于陈，用事精切。"

〔二〕卢文弨曰："梁敬帝禅位于陈霸先。所诛之相谓王僧辩。"

〔三〕自注："至邺，便值陈兴而梁灭，故不得还南。"器案：之推古意诗："狐兔穴宗庙，霜露沾朝市。"意与此同。

〔四〕卢文弨曰："漳滨谓邺，即北齐所都也。"李详曰："案：刘桢赠五官中郎将诗：'余婴沉痼疾，窜身清漳滨。'"器案：隋书经籍志："齐宅漳滨，辞人间起。"

〔五〕卢文弨曰："怜，俗憐字。"徐鲲曰："楚辞宋玉九辩：'私自憐兮何极。'"李详说同。

〔六〕卢文弨曰："西京杂记：'始元元年，黄鹄下太液池，上为歌曰："自顾薄德，愧尔嘉祥。"'之推自言其至止也，视黄鹄之下，凤皇之仪，为有愧也。"何焯曰："'回'疑'迴'。"

〔七〕卢文弨曰："令思，华谭字。晋书谭传：'广陵人，刺史嵇绍举谭秀才，武帝亲策之，时九州秀孝策，无逮谭者。博士王济于众中嘲之曰："君，吴、楚之人，亡国之馀，有何秀异，而应斯举？"答曰："秀异同产于方外，不出于中域也，是以明珠文贝，生于江、郁之滨，夜光之璧，出乎荆、蓝之下。故以人求之，文王生于东夷，大禹生于西羌：子弗闻乎？"济又曰："夫危而不持，颠而不扶，至于君臣失位，国亡无主；凡在冠带，将何所取哉？"答曰："吁！存亡有运，兴衰有期；天之所废，人不能支。谅否泰有时，岂人事之所能哉！"济甚礼之。'"

〔八〕卢文弨曰："彦先，顾荣字。晋书荣传：'吴兴人也，弱冠仕吴，吴平，入洛，例拜为郎，齐王冏召为大司马主簿。冏擅权骄恣，荣惧及祸，终日昏酣，不综府事。冏诛，长沙王乂以为长史。乂败，转成都王颖丞相从事中郎。以世乱还吴，属广陵相陈敏反，假荣右将军丹阳内史。

荣数践危亡之际，恒以恭逊自免；后与甘卓、纪瞻潜谋起兵攻敏，事平还吴。元帝镇江东，以荣为军司，朝野甚推敬之。'"

〔九〕自注："齐武平中，署文林馆，待诏者仆射阳休之、祖孝征以下三十馀人，之推专掌，其撰修文殿御览、续文章流别等，皆诣进贤门奏之。"卢文弨曰："唐六典：'魏文帝招文儒之士，始置崇文馆，王肃以散骑常侍领崇文馆祭酒。'"器案：北史李德林传："李德林，博陵安平人也。齐王留情文雅，召入文林馆，又令与黄门侍郎颜之推同判文林馆事。"北齐书文苑传序："武平三年，祖珽奏立文林馆；于是更召引文学士，谓之待诏文林馆焉。珽又奏撰御览，诏珽及特进魏收、太子太师徐之才、中书令崔劼、散骑常侍张雕、中书监阳休之监撰，珽等奏追通直散骑侍郎韦道孙、陆乂、太子舍人王邵、御尉丞李孝基、殿中侍御史魏澹、中散大夫刘仲威、袁奭、国子博士朱才、奉车都尉眭道闲、考功郎中崔子枢、左外兵郎薛道衡、并省主客郎中卢思道、司空东阁祭酒崔德、大学博士诸葛汉、奉朝请郑公超、殿中侍御史郑子信等入阁撰书，并敕放、悫、之推等同入撰例，复令散骑常侍封孝琰、前乐陵太守郑元礼、卫尉少卿杜台卿、通直散骑常侍王训、前兖州长史羊肃、通直散骑常侍马元熙，并省三公郎中刘珉、开府行参军李师正、温君悠入馆，亦令撰书。复令特进崔季舒、前仁州刺史刘逖、散骑常侍李孝贞、中书侍郎李德林，续入待诏。寻又诏诸人各举所知，又有前济州长史李翥、前广武太守魏骞、前西兖州司马萧溉、前幽州长史陆仁惠、郑州司马江旰、前通直散骑侍郎辛德源、陆开明、通直郎封孝骞、太尉掾张德冲、并省右民郎高行恭、司徒户曹参军古道子、前司空功曹参军刘顗、获嘉令崔德儒、给事中李元楷、晋州治中阳师孝、太尉中兵参军刘儒行、司空祭酒阳辟疆、司空士曹参军卢公顺、司徒中兵参军周子深、开府参军王友柏、崔君洽、魏师骞，并入馆待诏，又敕右仆射段孝言亦入焉。御览成后，所撰录人，亦有不时待诏付所司处分者。凡此诸人，亦有文学肤浅、附会亲识、妄相推荐者，十三四焉；虽然，当时操笔之徒，搜求略尽。其外，如广平宋孝王、信都刘善经辈三数人，论其才性，入馆诸贤，亦十三四不逮之也，待诏文林，亦是一时盛事，故存录其姓名。”御览六〇一引三国典略：“齐主如晋阳，尚书右仆射祖珽等上言：‘昔魏文帝命韦诞诸人撰著皇览，包括群言，区分义别。陛下听览馀日，眷言缃素，究兰台之籍，穷策府之文，以为观书贵博，博而贵要，省日兼功，期于易简。前者，修文殿令臣等讨寻旧典，撰录斯书；谨罄庸短，登即编次，放天地之数，为五十五部，象乾坤之策，成三百六十卷。昔汉世诸儒，集论经传，奏之白虎阁，因名白虎通；窃缘斯义，仍曰修文殿御览。今缮写已毕，并目上呈，伏愿天鉴，赐垂裁览。’齐主令付史阁。初，齐武成令宋士素录古来帝王言行要事三卷，名为御览，置于齐主巾箱；阳休之创意，取芳林遍略加十六国春秋、六经拾遗录、魏史，第书以士素所撰之名，称为玄洲苑御览，后改为圣寿堂御览；至是，珽等又改为修文殿上之。徐之才谓人曰：‘此可谓床上之床、屋下之屋也。’”又案：隋书经籍志：“续文章流别三卷，孔宁撰。”原注：“孔宁始末未详。”或以为孔宁亦文林待诏，而文苑传序存录文林诸待诏姓名，未见其人。又案：隋书经籍志：“文林馆诗府八卷，后齐文林馆作。”两唐志作“文林诗府六卷，北齐后主作”，此亦当时文林著作之可考见者。

〔一〇〕卢文弨曰：“独断：‘武官太尉以下及侍中、常侍，皆冠惠文冠，侍中、常侍加貂蝉。’”器案：文选左太冲咏史诗：“金、张藉旧业，七叶珥汉貂。”李善注：“董巴舆服志曰：‘侍中、中常侍，冠武弁，貂尾为饰。’”刘良注：“珥，插也。”

〔一一〕自注：“时以通直散骑常侍迁黄门郎也。”“时”原误作“将”，重校正已改正，今据改。器案：曹植求通亲亲表：“安宅京室，执鞭珥笔，出从华盖，入侍辇毂，承答圣问，拾遗左右。”

〔一二〕自注：“故人祖仆射掌机密，吐纳帝令也。”案：宋蜀本“机”误“玑”。一相，一宰相也。公羊传隐公五年：“一相处乎内。”

〔一三〕姚姬传惜抱轩笔记七："此用杜袭与魏武夜语，王粲忌之，事见袭传。"

〔一四〕卢文弨曰："韩非子内储说下：'靖郭君相齐，与故人久语，则故人富；怀左右戚，则左右重。久语、怀戚，小资也，犹以成富，况于吏势乎！'此'夜语'疑亦'久语'之讹。"案："夜语"不讹，详见上注引姚姬传说。

〔一五〕卢文弨曰："'諫'旧作'谏'，误。'諫'与'刺'通，荀子荣辱篇：'与人善言，暖于布帛；伤人之言，深于矛戟。'"

〔一六〕卢文弨曰："庄子列御寇：'孔子曰："凡人心险于山川，难于知天。"'"王叔岷曰："案刘子心隐篇：'凡人之心，险于山川，难知于天。'"

〔一七〕卢文弨曰："三国魏志王昶传：'谚曰："救寒莫如重裘，止谤莫如自修。"'"

〔一八〕自注："时武职疾文人，之推蒙礼遇，每构创痏，故侍中崔季舒等六人以获诛，之推尔日邻祸而免。侪流或有毁之推于祖仆射者，仆射察之无实，所知如旧不忘。"卢文弨曰："后汉书董卓传：'臣闻扬汤止沸，莫若去薪。'"器案：汉书枚乘传："欲汤之沧，一人炊之，百人扬之，无益也，不如绝薪止火而已。"又案：自注所举崔季舒等六人，谓张雕虎、刘逖、封孝琰、裴泽、郭遵及季舒也，见北齐书后主纪及崔季舒传。

予武成之燕翼〔一〕，遵春坊而原始〔二〕；唯骄奢之是修，亦佞臣之云使〔三〕。惜染丝之良质〔四〕，惰琢玉之遗祉〔五〕，用夷吾而治臻，昵狄牙而乱起〔六〕。

〔一〕卢文弨曰："诗大雅文王有声：'诒厥孙谋，以燕翼子。'传云：'燕，安也；翼，敬也。'笺云：'传其所以顺天下之谋，以安其敬事之子孙，谓使行之也。'"

〔二〕卢文弨曰："案：春坊之名，隋书百官志不载，唐六典注云：'北齐有门下坊、典书坊，龙朔二年，改门下坊为左春坊，典书坊为右春坊。'据此，则唐已前尚未以春坊为官名，以其东宫所在，故以春名之，是时俗所呼，后来即以为署名。"

〔三〕自注："武成奢侈，后宫御者数百人，食于水陆，贡献珍异，至乃厌饱，弃于厕中。裈衣悉罗缬锦绣珍玉，织成五百一段，尔后宫掖遂为旧事。后主之在宫，乃使骆提婆母陆氏为之，又胡人何洪珍等为左右，后皆预政乱国焉。"自注"织"原误"缬"，严刻本据北齐书改，今从之。织成即后世之提花丝织品也。器案：北齐书后主纪："任陆令萱、和士开、高阿那肱、穆提婆、韩长鸾等，宰制天下，陈德信、邓长颙、何洪珍参预机权，各引亲党，超居非次，官由财进，狱以贿成，其所以乱政害人，难以备载。"陆氏即陆令萱，骆提婆即穆提婆，见北齐书恩幸传。又案：隋书食货志："武平之后，权幸并进，赐与无限，加之旱蝗，国用转屈。乃料境内六等富人，调令出钱。而给事黄门侍郎颜之推奏请立关市邸店之税，开府邓长颙赞成之。后主大悦。于是以其所入以供御府声色之费，军国之用不豫焉。未几而亡。"

〔四〕卢文弨曰："墨子所染篇：'墨子见染丝者，叹曰："染于苍则苍，染于黄则黄，五入则为五色，故染不可不慎也。"'"

〔五〕卢文弨曰："'惰'当作'堕'，坏也。礼记学记：'玉不琢，不成器。'"

〔六〕自注："祖孝征用事，则朝野翕然，政刑有纲纪矣。骆提婆等苦孝征以法绳己，谮而出之，于是教令昏僻，至于灭亡。"卢文弨曰："夷吾，管敬仲名，狄牙即易牙。谓齐桓公用管仲则霸，用狄牙等则乱起也。"王叔岷曰："案吕氏春秋贵公：'桓公行公，去私恶，用管子而为五伯长。'管子戒篇：'桓公去易牙、竖刁、卫公子开方，五味不至。于是乎复反易牙，宫中乱。'"案：梁玉绳古今人表考："易牙又作狄牙，见大戴礼保傅、贾谊新书胎教、法言问神、论衡谴告、自纪、文选琴赋、北齐书颜之推传。易、狄古通，故白虎通礼乐章云：'狄者，易也。'"

诚怠荒于度政〔一〕，惋驱除之神速〔二〕，肇平阳之烂鱼〔三〕，次太原之破竹〔四〕，寔未改于弦望，遂□□□□□。及都□而升降，怀坟墓之沦覆，迷识主而状人，竟己栖而择木〔五〕，六马纷其颠沛〔六〕，千官散于奔逐，无寒瓜以疗饥〔七〕，靡秋萤而照宿〔八〕，仇敌起于舟中〔九〕，胡、越生于辇毂〔一〇〕。壮安德之一战，邀文、武之馀福〔一一〕，尸狼籍其如莽〔一二〕，血玄黄以成谷〔一三〕，天命纵不可再来，犹贤死庙而恸哭〔一四〕。

〔一〕卢文弨曰："'度政'疑是'庶政'。"

〔二〕卢文弨曰："史记秦楚之际月表：'王迹之兴，起于闾巷，合从讨伐，轶于三代，乡秦之禁，适足以资贤者，为驱除难耳。'"

〔三〕宋蜀本"鱼"误"兼"。卢文弨曰："平阳，晋州。公羊僖十九年传：'梁亡，自亡也。其自亡奈何？鱼烂而亡也。'何休注：'鱼烂从内发，故云尔。'"

〔四〕自注："晋州小失利，便弃军还并，又不守并州，奔走向邺。"卢文弨曰："太原，并州。晋书杜预传：'今兵威已振，譬如破竹，数节之后，迎刃而解。'"

〔五〕卢文弨曰："左氏哀十一年传：'鸟则择木，木岂能择鸟？'"

〔六〕蔡邕独断："法驾，上所乘曰金根车，驾六马。"

〔七〕卢文弨曰："吴越春秋三：'越王复伐吴，吴王率其群臣遁去，昼驰夜走，至胥山西坂中，得生瓜，吴王掇而食之。'"

〔八〕自注："时在季冬，故无此物。"卢文弨曰："后汉书灵帝纪：'张让、段珪劫少帝陈留王协，走小平津，帝与陈留王夜步，逐荧光行数里，得民家露车共乘之。'荧与萤同。"

〔九〕卢文弨曰："说苑贵德篇：'吴起对魏武侯曰："在德不在险。若君不修德,船中之人尽敌国也。"'"

〔一〇〕卢文弨曰:"汉书司马相如传:'尝从至长杨猎,因上疏谏曰:"今陛下好陵险阻,射猛兽,卒然遇逸材之兽,舆不及还辕,人不暇施巧,是胡、越起于毂下,而羌、夷接轸也,岂不殆哉?"'"

〔一一〕左传僖公四年:"君惠徼福于敝邑之社稷。"又昭公三年:"徼福于大公、丁公。"杜预注:"徼,要也。"案:徼、邀俱借儌字,谓儌幸也。

〔一二〕宋蜀本"狼籍"作"狼藉",古通。孟子滕文公上:"乐岁粒米狼戾。"赵岐注:"狼戾,犹狼藉也。……狼藉,弃捐于地。"卢文弨曰:"左氏哀元年传:'吴日敝于兵,暴骨如莽。'"

〔一三〕自注:"后主奔后,安德王延宗收合馀烬,于并州夜战,杀数千人,周主欲退,齐将之降周者,告以虚实,故留至明,而安德败也。"卢文弨曰:"血玄黄,见易坤文言。"

〔一四〕卢文弨曰:"三国蜀志后主传注:'汉晋春秋曰:"后主将从谯周之策,北地王谌怒曰:'若理穷力竭,祸败必及,便当父子君臣,背城一战,同死社稷,以见先帝可也。'后主不纳。是日,谌哭于昭烈之庙,先杀妻子,而后自杀。"'"

乃诏余以典郡,据要路而问津〔一〕,斯呼航而济水〔二〕,郊乡导于善邻〔三〕,不羞寄公之礼〔四〕,愿为式微之宾〔五〕。忽成言而中悔〔六〕,矫阴疏而阳亲,信谄谋于公主,竞受陷于奸臣〔七〕。曩九围以制命〔八〕,今八尺而由人〔九〕;四七之期必尽〔一〇〕,百六之数溘屯〔一一〕。

〔一〕自注:"除之推为平原郡,据河津,以为奔陈之计。"案:论语微子篇:"使子路问津焉。"集解:"郑曰:'津,济渡处。'"王叔岷曰:"案文选古诗:'何不策高足,先据要路津。'"

〔二〕卢文弨曰:"淮南子道应训:'公孙龙在赵之时,谓弟子曰:"人而无能者,龙不与之游。”有客衣褐带素而见曰:“臣能呼。”公孙龙顾谓弟子曰:“门下故有能呼者乎?”对曰:“无有。”公孙龙曰:“与之弟子之籍。”数日,往说王,至于河上,而航在北,使客呼之,一呼而航来。’”

〔三〕殿本考证曰:“‘郊’疑‘效’字之讹。”徐鲲曰:“孙子军争篇:‘不用乡导者,不能得地利。’左隐六年传:‘五父谏曰:“亲仁善邻,国之宝也。”’”器案:“郊”疑“郤”之误。宋蜀本“导”作“道”,古通。

〔四〕卢文弨曰:“仪礼丧服传:‘寄公者何也?失地之君也。何以为所寓服齐衰三月也?言与民同也。’”

〔五〕卢文弨曰:“诗小序:‘式微,黎侯寓于卫,其臣劝以归也。’”

〔六〕卢文弨曰:“离骚:‘初既与余成言兮,后悔遁而有他。’”

〔七〕自注:“丞相高阿那肱等不愿入南,又惧失齐主,则得罪于周朝,故疏间之推。所以齐主留之推守平原城,而索船度济向青州。阿那肱求自镇济州,乃启报应齐主云:‘无贼,勿匆匆。’遂道周军追齐主而及之。”

〔八〕卢文弨曰:“九围,见诗商颂。”器案:商颂长发:“帝命式于九围。”毛传:“九围,九州也。”九围,即九域,围、域一声之转。

〔九〕卢文弨曰:“人身中制七尺,今曰八尺,言其长也。”

〔一〇〕自注:“赵郡李穆叔调妙占天文算术,齐初践祚,计止于二十八年。至是,如期而灭。”何焯曰:“穆叔名公绪,‘调’字疑。”

〔一一〕卢文弨曰:“汉书律志:‘易九厄,曰:“初入元百六阳九。”’孟康曰:‘初入元百六岁有厄者,则前元之馀气也。’又谷永传:‘遭无妄之卦运,直百六之灾阸。’说文:‘溘,奄忽也。’”

予一生而三化〔一〕,备荼苦而蓼辛〔二〕,鸟焚林而铩翮〔三〕,鱼夺水而暴鳞〔四〕,嗟宇宙之辽旷,愧无所而容身〔五〕。夫有过而自讼〔六〕,始发矇于天真〔七〕,远绝圣而弃智〔八〕,妄锁义以羁仁〔九〕,举世溺而欲拯,王道郁以求申。

既衔石以填海〔一〇〕，终荷戟以入榛〔一一〕，亡寿陵之故步〔一二〕，临大行以逡巡〔一三〕。向使潜于草茅之下，甘为畎亩之人，无读书而学剑〔一四〕，莫抵掌以膏身〔一五〕，委明珠而乐贱，辞白璧以安贫，尧、舜不能荣其素朴，桀、纣无以污其清尘，此穷何由而至，兹辱安所自臻？而今而后，不敢怨天而泣麟也〔一六〕。

〔一〕自注："在扬都，值侯景杀简文而篡位；于江陵，逢孝元覆灭；至此而三为亡国之人。"器案：据此，则此赋作于齐亡入周之时。庄子寓言："曾子再仕而心再化。"

〔二〕诗邶风谷风："谁谓荼苦。"毛传："荼，苦菜也。"说文草部："蓼，辛菜蔷虞也。"

〔三〕宋蜀本"铩"误"锻"。卢文弨曰："左思蜀都赋：'鸟铩翮，兽废足。'铩，所札切。"器案：淮南俶真篇："飞鸟铩翼，走兽挤脚。"又览冥篇："飞鸟铩翼，走兽废脚。"此又左赋所本。

〔四〕器案：文选潘岳西征赋："灵若翔于神岛，奔鲸浪而失水，曝鳞骼于漫沙，陨明月以双坠。"李周翰注："鲸鱼失水，曝于沙上。"郭璞客傲："登降纷于九五，沦涌悬乎龙泽，蚓蛾以不才陆熇，蟒蛇以腾骛暴鳞。"梁书何敬容传："会稽谢郁致书戒之曰：'曝鳃之鳞，不念杯勺之水，云霄之翼，岂顾笼樊之粮，何者？所托已盛也。'"寻御览九三〇引三秦记："河津一名龙门，巨灵迹犹存，去长安九百里。水悬船而行，旁有山，水陆不通，龟鱼之属莫能上。江海大鱼集门下数千，不得上，上即为龙。故云：'曝鳃龙门，垂耳辕下。'"曝鳞即谓曝鳃也。水经沔水注亦谓："汉水又东为鳣湍，洪波淬荡，澜浪云颓，古耆旧言：'有鳣鱼奋鳍溯流，望涛直上，至此则暴鳃失济，故因名湍矣。'"

〔五〕王叔岷曰："案史记信陵君列传：'于是公子立自责，似若无所容者。'"

〔六〕论语公冶长:"吾未见能见其过而内自讼者也。"

〔七〕卢文弨曰:"礼记仲尼燕居:'三子者既得闻此言也于夫子,昭然若发矇矣。'"

〔八〕卢文弨曰:"老子道经:'绝圣弃智,民利百倍;绝仁弃义,民复孝慈。'"王叔岷曰:"案庄子胠箧篇:'故绝圣弃智,大盗乃止。'在宥篇:'故曰:绝圣弃智,而天下大治。'"

〔九〕卢文弨曰:"此言锁羁,犹言束缚。"器案:意林引抱朴子:"羁鞍仁义,缨锁礼乐。"

〔一〇〕卢文弨曰:"山海经北山经:'发鸠之山,有鸟名曰精卫,是炎帝之少女,游于东海,溺而不返,常衔西山之木石以湮东海。'"

〔一一〕"榛"原作"秦",今据徐、朱、庞说校改。徐鲲曰:"按:'秦'当作'榛',御览三百八十五杨雄别传:'杨信,字子乌,雄第二子,幼而聪慧,雄笇玄经不会,子乌令作九数而得之。雄又疑易"羝羊触藩",弥日不就,子乌曰:"大人何不云荷戟入榛?"'"朱亦栋引雄别传同,并云:"'九龄而与我玄文',盖指此也。今作'入秦',疑误。"庞石帚先生养晴室笔记卷二:"按:'秦'当作'榛',写者脱去半字耳。御览三百八十五引刘向别传:'杨信,字子乌,雄第二子,幼而聪慧。雄尝疑(同"拟")易羝羊触藩,弥日不就。子曰:大人何不云荷戟入榛?'颜氏用此语,以言其进退维谷耳。"器案:徐、朱、庞俱据御览引杨雄别传以订"秦"为"榛"之误,是也。寻御览所引,乃"刘向别传",而非"杨雄别传",实则"刘向别传"又"刘向别录"之误,此向叙录扬雄书语也。艺文类聚五一引梁简文为子大心辞封当阳公表云:"荷戟入榛,异子乌之辩。"亦用此事,不误。淮南览冥篇:"入榛薄。"又主术篇:"入榛薄险阻。"两注俱云:"聚木为榛,深草为薄。"又案:太平御览卷四百三十七引胡非子:"吾闻勇有五等:夫负长剑,赴蓁薄,折兕豹,搏熊罴,猎徒之勇也。"蓁薄即榛薄,淮南子原道篇:"隐于榛薄之中。"古从艸从木之字多互出，诗邶风简兮："山有榛。"释文："榛，本作蓁。"然则扬乌之言，又本之墨家胡非子也。汉书艺文志诸子略墨家："胡非子三篇。"本注："墨翟弟子。"其书已亡，今有马国翰辑本，亦见孙诒让墨子间诂附录。

〔一二〕卢文弨曰："庄子秋水篇：'寿陵馀子学行于邯郸，未得国能，又失其故行矣。'"李详曰："案：注引庄子秋水篇，秖作'故行'，汉书叙传班嗣报桓谭书作'故步'，颜兼用之。"

〔一三〕卢文弨曰："大行，山名。"李详曰："案：阮籍咏怀诗：'北临太行道，失路将如何。'义见国策。"王叔岷曰："曹操苦寒行：'北上大行山，艰哉何巍巍。'文选谢惠连雪赋注引广雅：'逡巡，却步也。'"

〔一四〕卢文弨曰："汉书东方朔传：'朔初来，上书曰："臣朔年十二学书，十五学击剑，十六学诗、书，诵二十二万言，十九学孙吴兵法，亦诵二十二万言。"'"

〔一五〕卢文弨曰："战国秦策：'苏秦见说赵王于华屋之下，抵掌而谈，赵王大说。'膏身，犹言润身。"

〔一六〕卢文弨曰："公羊哀十四年传：'西狩获麟，孔子曰："孰为来哉！孰为来哉！"反袂拭面，涕沾袍。'"器案：论语宪问篇："子曰：'不怨天，不尤人。'"据史记孔子世家，孔子此言盖发于获麟之后，之推即本之。

之推在齐有二子：长曰思鲁，次曰慜楚〔一〕，不忘本也。

〔一〕"慜"，宋蜀本作"敏"，北史同。缃素杂记十："北史云：'之推在齐有二子：长曰思鲁，次曰敏楚，盖示不忘本也。'而唐书云：'师古父思鲁，以儒学显，武德初，为秦王府记室参军事。'又云：'师古叔父游秦，武德初，累迁廉州刺史，撰汉书决疑，师古多资取其义。'又与北史不同。南史载：'颜协二子：之仪、之推，并早知名。'则之仪为长，推为次,明矣。而北史载:‘之推字介,弟之仪字升。’则以之推为兄,之仪为弟,其不同又如此,何耶?”钱大昕廿二史考异曰:“‘敏’当作‘慜’,即愍字。之推又有子名游秦,盖入周后所生。”器案:缃素杂记所引系新唐书儒林颜师古传,旧唐书颜师古传则云:“颜籀,字师古,齐黄门侍郎之推孙也。”又案:史记高纪“楚歌”,索隐引颜游秦云:“楚歌,犹吴讴也。”汉书高纪上则为师古注;史记文纪“中大夫令勉”。索隐引颜游秦以“令是姓,勉是名,为中大夫”。汉书文纪后六年则为师古注;史记陈涉世家“腊月”索隐引颜游秦云:“按史记表,二世二年十月,诛葛婴,十一月,周文死,十二月,陈涉死是也。”汉书陈胜传则为师古注。俱用颜游秦论而干没其名,此其一隅耳。因是已,缃素之说,为不诬矣。

之推集在〔一〕,思鲁自为序录。

〔一〕颜鲁公文集附令狐峘颜鲁公神道碑铭:“五代祖之推,北齐黄门侍郎,为海内大儒,著家训、稽圣赋、冤魂志及文集,藏在书府,历代传之。”案:之推集,隋唐志都未著录,盖在隋代即已亡佚。

三　颜氏家训佚文

摎毐变嫪。

郭忠恕佩觿卷上:"鸡尸虎穴之议,妒媚提福之殊,杨震之鳣非鳣,丞相之林是状,摎毐变嫪,(摎音刘,是;作嫪,郎到翻,非。)田肯云宵,削柹施脯,莤木用最。"原注云:"自鸡口已下,颜氏家训说。"案:郭氏所举,俱见书证篇,惟"摎毐变嫪"无文,且亦不见于他篇,则此乃书证篇佚文也,即括符内之音反,亦当是颜氏原文。

子弟固能累父兄,父兄亦能累子弟也。

叶绍翁四朝闻见录甲集请斩赵忠定:"颜氏家训述卢氏事,子弟固能累父兄,父兄亦能累子弟也。"

四 颜之推集辑佚

古意二首〔一〕

其一

十五好诗书，二十弹冠仕〔二〕。楚王赐颜色，出入章华里〔三〕。作赋凌屈原，读书夸左史〔四〕。数从明月宴〔五〕，或侍朝云祀〔六〕。登山摘紫芝〔七〕，泛江采绿芷〔八〕。歌舞未终曲，风尘暗天起〔九〕。吴师破九龙〔一〇〕，秦兵割千里〔一一〕。狐兔穴宗庙，〔一二〕，霜露沾朝市〔一三〕。璧入邯郸宫〔一四〕，剑去襄城水〔一五〕。未获殉陵墓，独生良足耻〔一六〕。悯悯思旧都〔一七〕，恻恻怀君子〔一八〕。白发窥明镜，忧伤没馀齿〔一九〕。

〔一〕据艺文类聚二六引。文选徐敬业古意酬到长史溉登琅邪城吕向注："古意，作古诗之意也。"文镜秘府论南卷论文意："古意者，非若其古意，当何有今意；言其效古人意，斯盖未当拟古。"

〔二〕张玉谷古诗赏析二一曰："汉书：'王阳在位，贡禹弹冠。'"案：此见汉书王吉传，师古注："弹冠者，且入仕也。"又萧望之传："子育，少与陈咸、朱博为友，著闻当世；往者有王阳、贡公，故长安语曰：'萧、朱结绶，王、贡弹冠。'言其相荐达也。"

〔三〕赏析曰："左传：'楚子成章华之台。'"案：见昭公七年，杜预注曰："章华台，在今华容城内。"渚宫旧事三原注："章华台，在江陵东百馀里，台形三角，高十丈馀，亦名三休台是也。”案：此二句是说仕梁元帝朝，时梁元建都江陵也。

〔四〕赏析曰：“左传：‘左史倚相趋过，王曰：“是良史也……是能读三坟五典八索九丘。”’”案：见昭公十二年。

〔五〕御览一九六引渚宫旧事：“湘东王（萧绎）于子城中造湘东苑，穿池构山，长数百丈。……山北有临风亭、明月楼，颜之推诗云：‘屡陪明月宴。’并将军扈义熙所造。”艺文类聚七四引萧绎谢赐弹棋局启：“徘徊之势，方希明月之楼。”

〔六〕赏析曰：“宋玉高唐赋：‘王游高唐，怠而昼寝，梦见一妇人，曰：“妾，巫山之神女也，朝为行云，暮为行雨，朝朝暮暮，阳台之下。”旦朝视之，如言。故为立庙，号曰朝云。’”

〔七〕高士传中：“四皓采芝歌：‘漠漠高山，深谷逶迤；晔晔紫芝，可以疗饥。’”文选思玄赋：“留瀛洲而采芝兮，聊且以乎长生。”旧注：“瀛洲，海中山也。”

〔八〕吴均与柳恽相赠答六首：“黄鹂飞上苑，绿芷出汀洲。”

〔九〕三国志吴书华覈传：“覈上疏曰：‘卒有风尘不虞之变，当委版筑之役，应烽燧之急，驱怨苦之众，赴白刃之难，此乃大敌所因为资也。’”杜甫秋日荆南送石首薛明府辞满告别奉寄薛尚书颂德叙怀斐然之作：“风尘相澒洞。”赵次公注：“凡兵之地，谓之风尘。如隋颜之推古意诗云：‘歌舞未终曲，风尘暗天地。’”案：赵注引“起”作“地”，误，当以此为正。

〔一〇〕赏析曰：“淮南子：‘阖闾伐楚，破九龙之钟。’”案：见泰族篇高诱注曰：“楚为九龙之簴以悬钟也。”

〔一一〕赏析曰：“割千里，谓秦割楚国之地千里也。”案：战国策楚策：“横合，则楚割地以事秦。”

〔一二〕文选张孟阳七哀诗：“狐兔穴其中。”

〔一三〕器案：即观我生赋“讫变朝而易市”之意。

〔一四〕史记蔺相如传："赵惠文时，得楚和氏璧。"邯郸，赵地。

〔一五〕御览三四四引豫章记："吴未亡，恒有紫气见于牛斗之间，占者以为吴方兴，唯张华以为不然。及平，此气逾明。张华闻雷孔章妙达纬象，乃要宿，屏人，问天文将来吉凶。孔章曰：'无他，唯牛斗之间有异气，是宝物之精，上彻于天耳。''此气自正始、嘉平至今日，众咸谓孙氏之祥，惟吾识其不然。今闻子言，乃玄与吾同。今在何郡？'曰：'在豫章丰城。'张遂以孔章为丰城令。至县移狱，掘深二丈，得玉匣长八九尺，开之，得二剑：一龙渊，二即太阿。其夕，牛斗气不复见。孔章乃留其一，匣龙渊而进之。剑至，张公于密室发之，光焰铧铧，焕若电发。后张遇害，此剑飞入襄城水中。孔章临亡，诫其子恒以剑自随。后其子为建安从事，经浅濑，剑忽于腰中跃出；初出犹是剑，入水乃变为龙。逐而视之，见二龙相随而逝焉。孔章曾孙穆之犹有张公与其祖书反覆，桑根纸古字。县后有掘剑窟，方广七八尺。"

〔一六〕案：观我生赋"小臣耻其独死，实有愧于胡颜"意同。

〔一七〕梁简文帝伤离新体诗："悯悯怆还途。"旧都，指江陵。

〔一八〕赏析曰："君子，指梁主。"按：太玄翕："翕缴恻恻。"注："恻，痛心也。"文选欧阳坚石临终诗："下顾所怜女，恻恻心中酸。"

〔一九〕论语宪问篇："饭蔬食，没齿无怨言。"集解引孔安国曰："齿，年也。"皇侃义疏："没，终；齿，年也。……但食粗粝，以终馀年，不敢有怨言也。"古诗纪"馀"作"余"。赏析曰："此伤梁室灭亡，自愧不能殉难之诗，而题曰古意，且托于楚王，更用吴师秦兵作影，惧显言之触祸也。前四，直从幼学壮行、获逢知遇说起。'楚王'句是感旧之根。'作赋'六句，仍带文学，正写侍从之乐。'歌舞'八句，蒙上转落梁室兵连国灭，禾黍之感。后六，自愧独生，不胜怀旧，而以忧伤终老结住。白发馀齿，隐与'十五'二句呼应。篇中对偶虽多，而不涉纤巧，允称杰构。"又曰："颜历仕梁、齐、周、隋四朝，而此指为梁作者，一则元帝都江陵为楚地，二则始仕时在梁也。"

其二

宝珠出东国，美玉产南荆〔一〕。随侯曜我色〔二〕，卞氏飞吾声〔三〕。已加明称物〔四〕，复饰夜光名〔五〕。骊龙旦夕骇〔六〕，白虹朝暮生〔七〕。华彩烛兼乘〔八〕，价值讵连城〔九〕。常悲黄雀起〔一〇〕，每畏灵蛟迎〔一一〕。千刃安可舍〔一二〕，一毁难复营。昔为时所重，今为时所轻〔一三〕。愿与浊泥会〔一四〕，思将垢石并〔一五〕；归真川岳下〔一六〕，抱润潜其荣〔一七〕。

〔一〕之推以珠玉自比，本为南人，故揭出东国、南荆，下分承言之。

〔二〕淮南览冥篇："譬如随侯之珠，和氏之璧，得之者富，失之者贫。"高诱注："随侯，汉东之国，姬姓诸侯也。随侯见大蛇伤断，以药傅之，后蛇于江中衔大珠以报之，因曰随侯之珠，盖明月珠也。"史记李斯传："今陛下致昆山之玉，有随、和之宝。"正义："括地志云：'溠山，一名昆山，一名断蛇丘，在随州随县北二十五里。'说苑云：'昔随侯行遇大蛇中断，疑其灵，使人以药封之，蛇乃能去，因号其处为断蛇丘。岁馀，蛇衔明珠径寸，绝白而有光，因号随珠。'卞和璧，始皇以为传国玺也。"（和氏璧见下注。）

〔三〕韩非子和氏篇："楚人和氏得玉璞楚山中，奉而献之厉王。厉王使玉人相之，玉人曰：'石也。'王以和为诳，而刖其左足。及厉王薨，武王即位，和又奉其璞而献之武王；武王使玉人相之，又曰：'石也。'王又以和为诳，而刖其右足。武王薨，文王即位，和乃抱其璞而哭于楚山之下，三日三夜，泪尽而继之以血。王闻之，使人问其故，曰：'天下之刖者多矣，子奚哭之悲也？'和曰：'非悲刖也，悲夫宝玉而题之以石，贞士而名之以诳，此吾所以悲也。'王乃使玉人理其璞，而得宝焉，遂命曰和氏之璧。"案：文选卢子谅赠刘琨诗李善注引"和氏"作

“卞和”。又案：卞和所遇楚三王，韩非子作厉、武、文，新序杂事五作厉、武、共，淮南注作武、文、成，七谏注作厉、武、成；琴操又以为怀王、平王，此传闻异辞也。

〔四〕荀子天论篇：“在物莫明于珠玉，珠玉不睹，则王公不为宝。”

〔五〕战国楚策：“乃遣使车百乘，献鸡骇之犀、夜光之璧于秦王。”尹文子大道上：“魏田父有耕于野者，得宝玉径尺，弗知其玉也，以告邻人。邻人阴欲图之，谓之曰：‘此怪石也，畜之弗利其家，弗如复之。’田父虽疑，犹录以归，置于庑下。其夜，玉明光照一室，田父称家大怖，复以告。邻人曰：‘此怪之征，遄弃，殃可销。’于是遽而弃于远野。邻人无何盗之，以献魏王。魏王召玉工相之。玉工望之，再拜而立：‘敢贺王，王得此天下之宝，臣未尝见。’王问其价，玉工曰：‘此无价以当之，五城之都，仅可一观。’魏王立赐献玉者千金，长食上大夫禄。”

〔六〕庄子列御寇：“河上有家贫、恃纬萧而食者，其子没于渊，得千金之珠。其父谓其子曰：‘取石来锻之。夫千金之珠，必在千重之渊，而骊龙颔下。子能得珠者，必遭其睡也；使骊龙而寤，子尚奚微之有哉！’”

〔七〕礼记聘义：“夫昔者君子比德于玉焉：……气如白虹，天也。”郑玄注：“虹，天气也。”正义曰：“白虹，谓天之白气。言玉之白气，似天之白气，故云天也。”

〔八〕史记田完世家：“有径寸之珠，照车前后各十二乘者十枚。”

676 〔九〕御览八〇六引张载拟四愁诗：“佳人遗我云中翮，何以赠之连城璧。”

〔一〇〕吕氏春秋贵生篇：“以随侯之珠，弹千仞之雀，世必笑之。”战国策楚策：“黄雀因是，以俯噣白粒，仰栖茂树，鼓翅奋翼，自以为无患，与人无争也；不知夫公子王孙，左挟弹，右摄丸，将加己乎十仞之上。”颜氏此文，盖合两书用之。

〔一一〕博物志七：“澹台子羽赍千金之璧渡河。河伯欲之。阳侯波起，两蛟夹船，子羽左操璧，右操剑，两蛟皆死。既济，三投璧于河，河伯三跃而归之。子羽毁璧而去。”

〔一二〕器案：“千刃”疑当作“千仞”，见注〔一〇〕。彼言十仞，此言千仞，增之也。

〔一三〕汉书五行志二：“桂树华不实，黄爵巢其颠。故为人所羡，今为人所怜。”庾信伤王司徒褒诗：“昔为人所羡，今为人所怜。”

〔一四〕抱朴子君道篇：“夜光起乎泥泞。”御览八〇三引任子：“丹渊之珠，沈于黄泥。”

〔一五〕淮南子说山篇：“周之简圭，生于垢石。”高诱注：“简圭，大圭。美玉生于石中，故曰生垢石。”

〔一六〕荀子劝学篇：“玉在山而草木润，珠生渊而岸不枯。”陆机文赋：“石韫玉而山晖，水怀珠而川媚。”

〔一七〕抱润，指玉。潜荣，指珠。此之推思茂其才之意。

和阳纳言听鸣蝉篇（隋卢思道同赋）〔一〕

听秋蝉，秋蝉非一处。细柳高飞夕，长杨明月曙；历乱起秋声〔二〕，参差揽人虑〔三〕。单吟如转箫〔四〕，群噪学〔五〕调笙；风飘流曼响〔六〕，多含断绝声。垂阴自有乐，饮露独为清〔七〕；短緌何足贵〔八〕，薄羽不差轻〔九〕。螗蜋翳下偏难见〔一〇〕，翡翠竿头绝易惊〔一一〕；容止由来桂林苑〔一二〕，无事淹留南斗城〔一三〕。城中帝皇里，金、张及许、史〔一四〕；权势热如汤，意气喧城市；剑影奔星落〔一五〕，马色浮云起；鼎俎陈龙凤，金石谐宫徵。关中满季心〔一六〕，关西饶孔子〔一七〕。讵用虞公立国臣〔一八〕，谁爱韩王游说士〔一九〕？红颜宿昔同春

花〔二〇〕,素鬓俄顷变秋草。中肠自有极,那堪教作转轮车〔二一〕。

〔一〕据初学记三〇引。北史卢思道传:"周武帝平齐,授仪同三司,追赴长安,与同辈阳休之等数人作听蝉鸣篇,思道所为,词意清切,为时人所重。新野庾信,遍览诸同作者而深叹美之。"案:艺文类聚九七引思道听鸣蝉篇曰:"听鸣蝉,此听悲无极。群嘶玉树里,回噪金门侧;长风送晚声,清露供朝食。晚风朝露实多宜,秋日高鸣独见知。轻身蔽数叶,哀鸣抱一枝。流乱罢还续,酸伤合更离。暂听别人心即断,才闻客子泪先垂。故乡已超忽,空庭正芜没。一夕复一朝,坐见凉秋月。河流带地从来险,峭路干天不可越;红尘早敝陆生衣,明镜空悲潘掾发。长安城里帝王州,鸣钟列鼎自相求;西望渐台临大液,东瞻甲观距龙楼。说客恒持小冠出,越使常怀宝剑游;学仙未成便尚主,寻源不见已封侯;富贵功名本多豫,繁华轻薄尽无忧。讵念嫖姚嗟木梗,谁忆田单倦土牛。归去来,青山下;秋菊离离日堪把,独焚枯鱼宴林野;终成独校子云书,何如还驱少游马。"

〔二〕历乱,犹言杂乱。鲍照拟行路难:"黄丝历乱不可治。"

〔三〕诗小雅何人斯:"只搅我心。"搅虑,犹搅心也。

〔四〕转箫,犹言吹箫。淮南子修务篇:"故秦、楚、燕、赵之歌也,异转而皆乐。"高诱注:"转,音声也。"转为音声,使之发音声,亦谓之转。吴均赠周散骑兴嗣二首:"制赋已百篇,弹琴复千转。"弹琴称转,正如吹箫之称转也。白居易题周家歌者:"清紧如敲玉,深圆似转簧。"

〔五〕何逊与虞记室诸人咏扇诗:"如圭信非玷,学月但为云。"鲍泉奉和湘东王春日诗:"新扇如新月,新盖学新云。"与颜之推此诗俱以"学""如"对言,则学犹言如也。

〔六〕类聚九七引曹大家蝉赋:"当二秋之盛暑,凌高木之流响。"

〔七〕曹大家蝉赋:"吸清露于丹园。"类聚九七、御览九四四引陆云寒蝉赋:“含气饮露,则其清也。”

〔八〕礼记檀弓下:“范则冠而蝉有緌。”郑玄注:“范,蜂也。蝉,蜩也。緌谓蝉喙长,在腹下。”孔颖达正义曰:“蝉喙长,在腹下,似冠之緌。”

〔九〕陆云寒蝉赋:“爰蝉集止,轻羽莎佗。”

〔一〇〕说苑正谏篇:“园中有树,其上有蝉。蝉高居悲鸣饮露,不知螳螂在其后也。螳螂委身曲附欲取蝉,而不知黄雀在其傍也。”

〔一一〕乐府诗集十八刘孝绰钓竿:“金镨茱萸网,银钩翡翠竿。”张正见钓竿诗:“竹竿横翡翠,桂髓掷黄金。”李巨仁钓竿诗:“不惜黄金饵,唯怜翡翠竿。”翡翠竿亦名文竿。文选西都赋:“揄文竿。”李善注:“文竿,竿以翠羽为文饰也。”

〔一二〕文选吴都赋:“数军实乎桂林之苑。”刘渊林注:“吴有桂林苑。”

〔一三〕三辅黄图:“长安故城,汉之旧都,高祖七年,方修长乐宫成,自栎阳徙居此城,本秦离宫也。初置长安城,本狭小,至惠帝更筑之,高三丈五尺,下阔一丈五尺,上阔九尺,雉高三坂,周回六十五里。城南为南斗形,北为北斗形,至人呼汉旧京为斗城。”徐仁甫广释词卷十:“无事犹‘空教’,否定副词。金文‘事’‘使’一字,‘无事’即‘无使’。沈约初春:‘无事逐梅花,空教信杨柳。’(教一作交)‘无事’与‘空教’互文,‘无事’犹‘空教’也。颜之推和阳纳言听鸣蝉篇:‘容止由来桂林苑,无事淹留南斗城。’空教淹留也。庾信燕歌行:‘蒲桃一杯千日醉,无事九转学神仙。’言空教九转学神仙。又杨柳歌:‘定是怀王作计误,无事翻复用张仪。’言空教反复用张仪。又对雨:‘徒劳看蚁封,无事祀灵星。’谓空教祀灵星。‘空教’与‘徒劳’互文,‘徒劳’亦犹‘空教’也。吴均发湘州赠亲别三首:‘古来非一日,无事更劳心。’谓空教更劳心也。杜甫赠翰林张四学士垍:‘无复随高风,空馀泣聚萤。’‘无’‘空’互文,‘无’犹‘空’也。”

〔一四〕汉书盖宽饶传:“上无许、史之属,下无金、张之托。”应劭曰:“许伯,宣帝皇后父;史高,宣帝外家也;金,金日磾也;张,张安世也。”文选左太冲咏史诗:“朝集金、张馆,暮宿许、史庐。”

〔一五〕尔雅释天:“奔星为彴约。”郭注:“流星。”长杨赋:“疾如奔星。”

〔一六〕史记季布传:“季布弟季心,气盖关中,遇人恭谨,为任侠,方数千里,士皆争为之死。”又袁盎传:“盎曰:‘天下所望者,独季心、剧孟耳。’”

〔一七〕后汉书杨震传:“杨震,字伯起,弘农华阴人也。……少好学,受欧阳尚书于太常桓郁,明经博览,无不穷究,诸儒为之语曰:‘关西孔子杨伯起。’”

〔一八〕案:虞公立国臣,盖谓宫之奇也。左传僖公二年:“晋荀息请以屈产之乘,与垂棘之璧,假道于虞以伐虢。……虞公许之,且请先伐虢。宫之奇谏,不听;遂起师。夏,晋里克、荀息帅师会虞师伐虢,灭下阳。”又三年:“晋侯复假道于虞以伐虢。宫之奇谏曰:‘虢,虞之表也,虢亡,虞必从之。晋不可启,寇不可玩。一之为甚,其可再乎!谚所谓“辅车相依,唇亡齿寒”者,其虞、虢之谓也。’……弗听,许晋使。宫之奇以其族行,曰:‘虞不腊矣,在此行也,晋不更举矣。’”之推用此事,直为奔齐自解。庾信哀江南赋:“章曼枝以毂走,宫之奇以族行。”意亦同此。

〔一九〕案:此盖用苏秦以“宁为鸡口,无为牛后”说韩昭侯事,隐喻之推自己所进奔陈之策,不为齐主所用,以致覆灭,观我生赋所谓“曩九围以制命,今八尺而由人”者也。

〔二〇〕红颜,泛指青年。杜甫暮秋枉裴道州手札率尔遣兴寄近呈苏涣侍御诗:“忆子初尉永嘉去,红颜白面花映肉。”用法本此。古诗纪曰:“‘红颜’以下脱误,俟再考。”

〔二一〕乐府诗集六二悲歌古辞:“心思不能言,肠中车轮转。”

神仙〔一〕

红颜恃容色,青春矜盛年;自言晓书剑,不得学神仙。

风云落时后，岁月度人前；镜中不相识，扪心徒自怜。愿得金楼〔二〕要，思逢玉钤篇〔三〕。九龙游弱水〔四〕，八凤出飞烟。朝游采琼宝〔五〕，夕宴酌膏泉〔六〕。峥嵘下无地〔七〕，列缺上陵天〔八〕；举世聊一息〔九〕，中州安足旋〔一○〕。

〔一〕据文苑英华二二五引，此乐府古题也。

〔二〕金楼子志怪篇："前金楼先生是嵩高道士，多游名山，寻丹砂，于石壁上见有古文，见照宝物之秘方，用以照宝，遂获金石。"通志艺文略天文类宝气有金娄地镜一卷，当即"金楼"之误。

〔三〕颜氏家训杂艺篇："吾尝学六壬式，亦值世间好匠，聚得龙首、金匮、玉軨变、玉历十许种书，讨求无验，寻亦悔罢。""玉軨"即"玉钤"之讹。唐大诏令集二中宗即位赦："振玉钤而殪封豕，授金钺而斩长鲸。"沈珣授契苾通振武节度使制："挺鹄立鹰扬之操，知玉钤、金匮之书。"

〔四〕御览九三○引楚国先贤传："宋玉对楚王曰：'神龙朝发昆仑之墟，暮宿于孟诸，超腾云汉之表，婉转四渎之里；夫尺泽之鲵，岂能料江海之大哉！'"事类赋十九引括地图："昆仑山在弱水中，非乘龙不得至。"则龙游弱水，积古相传如此。武则天同太平公主游九龙潭诗："岩顶翔双凤，潭心倒九龙。"凡言凤实兼凰而言，故必成双捉对，沈约拟凤赋："拂九层之羽盖，转八凤之珠旆。"八凤双凤，其义一也。

〔五〕沈约绣像题赞："水耀金沙，树罗琼实。"卢思道神仙篇："玉英持作宝，琼实采成蹊。"

〔六〕山海经西山经："又西北四百二十里曰峚山，……丹水出焉，西流注于稷泽，其中多白玉，是有玉膏，其源沸沸汤汤，黄帝是食是飨。"郭璞注："所以得登龙于鼎湖而龙蜕也。"

〔七〕史记司马相如传："下峥嵘而无地兮，上寥廓而无天。"

〔八〕汉书司马相如传:"贯列缺之倒景兮。"服虔曰:"列缺,天闪也。"又扬雄传:"辟历列缺,吐火施鞭。"应劭曰:"列缺,天隙电照也。"

〔九〕汉书王褒传:"周流八极,万里一息。"拾遗记三周穆王录曰:"望绛宫而骧首,指瑶台而一息。"一息,犹言暂息。

〔一〇〕中州,谓帝都或中国。文选苏子卿诗四首:"山海隔中州,相去悠且长。"李善注:"楚辞曰:'蹇谁留兮中州。'"张铣注:"中州,帝都也。"旧唐书陈子昂传:"昔蜀与中国不通,秦以金牛美女啖蜀侯;侯使五丁力士栈褒斜,凿通谷,迎秦之馈。秦随以兵,而地入中州。"前言中国,后言中州,则中州即中国也。旋,谓回旋也。

从周入齐夜度砥柱〔一〕

侠客重艰辛〔二〕,夜出小平津〔三〕。马色迷关吏〔四〕,鸡鸣起戍人〔五〕。露鲜华剑彩〔六〕,月照宝刀新〔七〕。问我将何去,北海就孙宾〔八〕。

〔一〕据文苑英华二八九引。冯惟讷古诗纪北齐一曰:"梁词人丽句作惠慕道士诗,题云'犯虏将逃作'。"丁福保全北齐诗曰:"北史本传:'荆州为周军所破,大将军李穆送之推往弘农,令掌其兄阳平公远书翰。遇河水暴涨,具船将妻子奔齐,经砥柱之险,时人称其勇决。'"张玉榖古诗赏析二一曰:"汉书地理志:'底柱,在陕县东北,山在河中,形若柱也。"案:文镜秘府论东册引此诗,佚作者名,"重"作"倦"。

〔二〕文选陆士衡拟青青陵上栢:"侠客控绝景。"李善注引列子:"昔范氏有子曰子华,善养私名,使其侠客,以鄙相攻。"案:阳缙乐府侠客控绝影,即以陆诗首句为题,云:"园中追寻桃李径,陌上逢迎游侠人。"又曰:"游侠英名驰上国,人马意气俱相得。"则侠客谓游侠之士,袁宏所谓“三游”之一也。抱朴子外篇正郭亦谓郭林宗“为游侠之徒”，之推盖以侠客自命耳。吕向注文选，谓“侠客，游人也”，非是。

〔三〕赏析曰：“小平津，在今巩县西北。”案：后汉书灵纪注：“小平津，在今巩县西北。”御览七一引郡国志：“陕州平陆县小平津，张让劫献帝处。南岸有勾陈垒，武王伐纣，八百诸侯会处。”

〔四〕夜度，故马色迷也。

〔五〕史记孟尝君传：“关法：鸡鸣而出客。”文选鲍明远行药至城东桥诗：“鸡鸣关吏起。”清宋长白柳亭诗话卷二：“颜之推夜度砥柱诗：‘马色迷关吏，鸡鸣起戍人。’唐太宗入潼关诗：‘高谈先马度，伪晓豫鸡鸣。’按：刘向七略曰：‘公孙龙持白马之论以度关。’桓谭新论曰：‘龙尝论白马非马，人不能屈，后乘白马无符传，关吏不听出，此虚言难以夺实也。’上句指此，下句则用田文事。”

〔六〕江淹萧骠骑让太尉增封第三表：“文轩华剑。”华剑，犹江淹萧太尉上便宜表所谓“文彩利剑”。案：文镜秘府论一本“彩”作“影”。

〔七〕穀梁传僖公元年：“孟劳者，鲁之宝刀也。”

〔八〕赏析曰：“后汉书赵岐传：‘中常侍唐衡兄唐玹尽杀赵岐家属，岐逃难江湖间，匿名卖饼。时孙嵩察岐非常人，曰：“我北海孙宾石，阖门百口，势能相济。”遂俱归，藏岐复壁中。数年，诸唐后灭，岐因赦得免。’”器案：孙宾即孙宾石，三国志魏书阎温传注引鱼豢魏略作孙宾硕，割裂人名为文，此六朝习惯用法也。赏析曰：“诗因避难而作。首二，提清避难，破题总领；三四，顶次句，写乘夜偷度之景如画；后四，月露仍带夜来，而佩剑刀以就孙嵩，则与起句应。但孙宾押韵，未免割裂。”

佚句

悬鱼掩金扇。〔一〕

〔一〕倭名类聚钞卷三引狩谷望之笺注："按：事物原始云：'悬鱼者，搏风版合尖所垂之物也。今俗讹呼下桁。'"器案：白居易题洛中第宅诗："悬鱼挂青甃，行马护朱栏。"太平御览一八四引风俗通："钥施悬鱼，翳伏渊源，欲令扄闭如此。"金扇，犹言金扉，说文："扇，扉也。"

稽圣赋〔一〕

豦豕自为雌雄，决鼻生无牝牡〔二〕。

鼋鳖伏乎其阴，鸬鹚孕乎其口〔三〕。

鱼不咽水〔四〕。

雀奚夕瞽？鸱奚昼盲〔五〕？

雎鸠奚别？鸳鸯奚双〔六〕？

蛇晓方药，鸩善禁咒〔七〕。

蛴螬行以其背，蟪蛄鸣非其口〔八〕。

竹布实而根枯，蕉舒花而株槁〔九〕。

瓜寒于曝，油冷于煎〔一〇〕。

芩根为蝉〔一一〕。

魏妪何多，一孕四十？中山何夥，有子百廿〔一二〕？

乌处火而不燋，兔居水而不溺(拟)〔一三〕。

水母，东海谓之蛇（音秅），正白蒙蒙如沫〔一四〕。

〔一〕直斋书录解题十六："稽圣赋三卷，北齐黄门侍郎琅邪颜之推撰，其孙师古注。盖拟天问而作。中兴书目称李淳风注。"器案：疑此赋有颜、李二注本，故唐、宋人见其书者，或引为颜籀注，或引为李淳风注也。

〔二〕北户录一崔龟图注引。

〔三〕埤雅二引，原作颜籀稽圣赋，盖误以注者为作者耳。

〔四〕埤雅七引，原作颜之推曰：今审知为稽圣赋文。

〔五〕埤雅七引，原作颜之推曰：今审知为稽圣赋文。

〔六〕埤雅七引。

〔七〕埤雅十引。

〔八〕埤雅十一引。

〔九〕埤雅十五引。

〔一〇〕埤雅十六引。

〔一一〕东坡物类相感志十六引。又引注："抱朴子曰：'有自然之蝉，有荇菜茎、芩根、土龙之属皆化蝉。今验水泽巨树处，多水虫登岸，空有裂化出为蝉也。'"

〔一二〕佩觿序原注、焦氏笔乘六引。器案："魏"当作"郑"，此事见竹书纪年晋定公二十五年："郑一女生四十人，二十人死。"中山，谓中山王刘胜，史记五宗世家："中山靖王胜，以孝景前三年用皇子为中山王。……胜为人乐酒好内，有子枝属百二十馀人。"汉书胜传删"枝属"二字，之推用汉书，盖传其家学也。

〔一三〕一切经音义五一："王充论衡曰：'儒者皆云："日中有三足乌。"日者，阳精，火也。"月中有白兔、蟾蜍。"月者，阴精，水也。安得乌处火而不燋，兔居水而不溺？相违而理不然也。'李淳风注稽圣赋引'抱朴子云："今得道者及有妙术之人，亦能入火不燃，入水不濡。"且俱为人伦，而其异如此（“此”字原误植在“矣”下，今辄乙正）矣，王生安知日中之乌、月中之蟾兔，而不如人间之术士，有能入水入火者，与常乌凡兔之不同乎？’又云：‘业感在星天之上，日月之中，其形虽同，彼必神明之类，不可以人理凡情之所校测者矣。’”器案：据此，则李淳风之注，颇有诘难之辞；而颜籀之注，盖祖述之推之说耳，于此，益有以知稽圣赋之有二注也。

〔一四〕北户录一注引。按：此当为颜籀注文。

赋

岁精仕汉，风伯朝周〔一〕。

〔一〕艺林伐山十三引。器案：文见北齐书樊逊传逊对求才审官，疑升庵误记。

上言用梁乐

礼崩乐坏，其来自久。今太常雅乐，并用胡声；请冯梁国旧事，考寻古典〔一〕。

〔一〕隋书音乐志中：“开皇二年，齐黄门侍郎颜之推上言云云，高祖不从。”

奏请立关市邸店之税〔一〕（文佚）

〔一〕隋书食货志：“武平之后，权幸并进，赐与无限，加之旱蝗，国用转屈。乃料境内六等富人，调令出钱。而给事黄门侍郎颜之推奏请立关市邸店之税,开府邓长颙赞成之。后主大悦。于是以其所入以供御府声色之费,军国之用不豫焉。未几而亡。”通典卷十一食货十一:“北齐黄门侍郎颜之推奏请立关市邸店之税,开府邓长颙赞成之。后主大说。于是以其所入以供御府声色之费,军国之用不在此焉。”

失题

眉毫不如耳毫,耳毫不如项绦,项绦不如老饕〔一〕。

〔一〕能改斋漫录卷七引。案:瓮牖闲评卷一引谚曰:“眉毛不如耳毫,耳毫不如老饕。”续明道杂志引作世言,文与闲评同,吴曾以为颜氏文,非是。

逄逢之别,岂可雷同〔一〕?

〔一〕康熙字典辵部引。陈槃曰:“今本家训无此文,疑佚。汉、魏以前有逢(或作逄)字,无逄字。逄字乃六朝人所妄造,详孟子离娄下阮氏校勘记‘逄蒙学射于羿’条、钱大昕十驾斋养新录五古无轻唇音条、张澍姓氏辩误三逄氏条。”